普通高等学校规划教材

YINGYONG LILUN LIXUE

应用理论力学

■主编 邱支振

■参编 谢能刚 王 彪 冯建有

中国科学技术大学出版社

内容简介

本教材主要是为培养应用型工程技术人员而编写的，因此重视对学习者解决问题能力的训练. 整个教材不再采用静力学、运动学、动力学三大块的传统结构，而是按照一般解决理论力学问题的基本思维过程分为研究对象、运动分析、受力分析和建立方程四大部分.

全书共分为10章，包含了教育部制定的理工科非力学专业理论力学课程教学基本要求(A类)中所有的基础部分与部分专题部分(碰撞与非惯性系下的动力学)的内容. 另外，第10章为"动力学问题的分类与求解方法选择"，在该章中把动力学问题分成三类：必须计算加速度的、不必计算加速度的和不能计算加速度的. 这样可以有针对性地把解决动力学问题的方法分类，便于学生掌握使用.

为提高学生利用理论力学知识解决实际问题的能力，本书给出较多的例题，并且选编了一定量的习题，书末附有答案. 另有《应用理论力学习题详解》一书配套.

本书可作为高等院校工科专业理论力学课程的教材，也可供有关工程技术人员参考.

图书在版编目(CIP)数据

应用理论力学/邱支振主编. —合肥：中国科学技术大学出版社，2011.2(2020.8重印)

ISBN 978-7-312-02763-5

Ⅰ. 应…　Ⅱ. 邱…　Ⅲ. 应用力学：理论力学—高等学校—教材　Ⅳ. O3

中国版本图书馆CIP数据核字(2010)第239083号

出版　中国科学技术大学出版社
安徽省合肥市金寨路96号，230026
http://press.ustc.edu.cn
https://zgkxjsdxcbs.tmall.com

印刷　安徽省瑞隆印务有限公司

发行　中国科学技术大学出版社

经销　全国新华书店

开本　710 mm×960 mm　1/16

印张　25

字数　518千

版次　2011年2月第1版

印次　2020年8月第5次印刷

定价　48.00元

前　言

随着社会的发展，大量的知识积累与技术的飞速进步，都不断对工程技术人员解决问题的能力提出新的要求. 理论力学是一门工科专业普遍、重要的技术基础课，它对诸多工科专业后续课程的基础作用是无法取代的. 多年来对理论力学课程的教学内容与教学方法的改革探索生生不息，也取得了不少成绩，出现了一些新教材. 但是在教学实践中，发现学生总感到运用理论力学知识解决问题的能力难以得到提高. 教学的根本目的并不仅仅是让学生知道这些知识，而是使学生能够运用这些知识去解决问题. 如果有一本在学习理论的同时又训练了解决问题能力的教材，无疑对培养学生运用力学知识解决问题的能力是有益的. 这就是我们编写本教材的宗旨，也是本教材的基本特色.

本教材主要是为培养应用型工程技术人员编写的，因此重视对学习者解决问题能力的训练，而不受经典理论体系的束缚. 面向应用并不是降低要求，并不是在原来比较系统、经典的教材中做一些删减，而是在教学基本要求的范围内针对不同的要求设计不同的教学体系、教学内容，适应新的社会要求的上升与提高.

培养学生运用力学知识解决问题的能力也需要训练基本功. 在本教材中根据解决力学问题的基本思维过程，分步骤训练学生选取研究对象、进行运动分析与受力分析、建立方程的基本功，使他们在学习理论力学理论的同时也接受了运用理论力学知识解决问题能力的训练. 因此在本教材中放弃了传统理论力学教材的结构体系，从培养能力出发重新组织内容. 整个教材不再采用静力学、运动学、动力学三大块的传统结构，而是按照一般解决理论力学问题的基本思维过程分为研究对象、运动分析、受力分析和建立方程四大部分.

全书共分为 10 章，包含了教育部制定的理工科非力学专业理论力学课程教学基本要求(A 类)中所有的基础部分与部分专题部分(碰撞与非惯性系下的动力学)的内容. 另外，第 10 章为“动力学问题的分类与求解方法选择”，在该章中把动力学问题分成三类：必须计算加速度的、不必计算加速度的和不能计算加速度的. 这样可以有针对性地把解决动力学问题的方法分类，便于学生掌握使用. 本教材中加 * 的内容供学有余力的读者选用。

进行充分的解题练习是提高应用理论力学知识的能力的关键. 本教材选编了一定量的具有工程背景的习题，并逐一进行了核对、解答，便于学生更顺利地进行练习.

本教材主要由邱支振执笔，整个编写过程得到安徽工业大学有关教师的关心与支持.特别是参加编写的谢能刚、王彪、冯建有老师,以及参与了部分工作的邱晗与黄志来老师,本书的顺利完成与他们的共同努力是分不开的.

本教材编写过程中参考了许多理论力学优秀教材,在此对这些教材的编著者在提高理论力学教学效果上所做的努力表示崇高的敬意.

本教材是我们为提高理论力学教学效果进行多年探索的一个结晶,虽然作者兢兢业业、不敢懈怠,但囿于能力,疏漏之处难免,恳请读者指正.

编　者

2011 年 1 月于安徽工业大学

目　录

第 1 篇　研究对象

第2篇 运动分析

第3篇 受力分析

第4篇　建立方程

绪　论

0.1　力学与工程技术

力学是一门古老的自然科学，17 世纪牛顿建立的经典力学奠定了力学发展的基础，也确立了力学作为一门基础学科的地位. 到 19 世纪末，力学已经发展到很高的水平，建立起了相当完善的理论体系. 随着工业生产的发展，力学与工程技术的结合越来越紧密，逐渐成为一门重要的技术学科. 20 世纪前，人类的近代工业发展中，蒸汽机与内燃机、机械加工业、大水利工程、大跨度桥梁、铁路与机车、轮船、枪炮等无一不是在力学知识积累的基础上产生与发展起来的.

力学解决了工程技术中出现的难题，推动了工业生产的进步，同时在解决问题的过程中自身也得到了丰富与提高，并形成了许多分支. 如流体力学有黏性流体力学、空气动力学、气动热力学、热化学流体力学、电磁流体力学、稀薄气体动力学等，固体力学有弹塑性力学、振动力学、结构力学、断裂力学、损伤力学、板壳力学和复合材料力学等.

20 世纪，由于力学的参与而形成与发展的工程技术学科有航空航天、船舶工程、土木工程、机械工程、海洋工程，等等. 它们对于人类社会的发展与进步起着巨大的推动作用.

虽然迄今为止力学与工程技术已取得了巨大的成就，但是人类的需求与社会的发展是永无止境的. 工程技术与自然界中的不少问题，至今还无法解决. 从这些问题中提炼出基础性的力学问题来研究，仍然是今后力学学科的重要使命.

0.2　理论力学的特点

理论力学是研究**物体机械运动一般规律**的科学. 物体在空间的位形(位置与姿态)随时间的变化称为**机械运动**. 最简单的机械运动是静止与匀速直线运动，也称为**平衡**状态. 理论力学只研究速度远小于光速的宏观物体的运动，它属于经典力学的范畴，我们在物理学中已经学过的牛顿运动三大定律是它的基础.

在自然界与人类的生产生活中，存在各种各样的物质运动，机械运动是最常见的一种.而且其他的运动形式往往也伴随着物质的机械运动,所以机械运动是物质运动中最基本、最简单的一种.因此,理论力学研究的内容具有广泛的应用性,是许多相关学科进一步研究的基础.

许多工程技术专业都要涉及物体的机械运动问题.有些工程问题可以直接运用理论力学知识去解决,有些则需要用理论力学与其他专门知识共同解决,所以理论力学知识是解决许多工程问题的基础.

在工程技术专业的课程体系中,包含许多与理论力学相关的课程,例如材料力学、机械原理、机械设计、结构力学、弹塑性力学、流体力学、振动力学、断裂力学等许多专业课程,所以理论力学课程是一系列后续课程的重要基础.

0.3 怎样学好理论力学

力学既是基础科学又是技术科学,所以在学习力学时既要注意基础理论的学习,又要注意用理论解决实际问题能力的训练.力学现象充斥在生活、生产实践之中,我们提倡不仅仅要做一定量的力学练习题,而且要努力捕捉周围的力学问题,尝试用已有的力学知识去分析、解决.

学习知识的目的是应用知识,所以学好理论力学的标准是能否运用理论力学知识去解决实际问题.掌握好理论力学的理论是解决问题的基础,但是熟悉理论力学的理论未必能够很好地解决问题.如果在学习理论力学理论时,始终能够清楚所学的内容在应用中所起的作用,一定会有助于更好地运用这些知识.整个理论力学学习内容的作用都包含在这样一句话里:理论力学研究**物体机械运动的一般规律**.其中的关键词有三个:物体、机械运动、一般规律.它们的内涵是:

物体
- 理论力学中怎样描述所研究的物体?
- 物体之间的联系会影响物体的机械运动,理论力学中怎样描述这些联系?

机械运动
- 理论力学中怎样描述机械运动?
- 影响物体机械运动的原因是物体之间的相互机械作用,在理论力学中怎样描述这种机械作用?

一般规律——机械运动与机械作用的关系有怎样的规律以及怎样运用这些规律?

概括地说,必须掌握这四种描述和一般规律,才能够运用理论力学知识去解决问题.

第1篇　研究对象

用理论力学知识解决工程问题时,首先要从工程问题中找出需要用力学知识解决的问题,并且要把习惯的、经验的、通俗的问题表达方式变成用力学语言描述的形式,归结为力学问题,这就是**力学问题的提炼**.

找到力学问题后再把问题所在的物体或物体系统转变成用力学标准要素构成的、便于用力学知识分析的**力学模型**.然后按照所要解决问题的目标从力学模型中选取适当的部分作为有针对性的**研究对象**.再用理论力学的定理、定律、公式进行分析,建立相应的**数学方程**进行计算求解.因此,确定力学模型中的研究对象是解决问题的第一步.

第1章　力学问题的提炼

在工程实际与日常生活中,经常出现各种各样的现象,发生各种各样的问题.能够从中找出用力学知识分析的现象、用力学知识解决的问题是运用力学知识的起点.我们碰到的问题往往并不是单一的力学问题,还与许多其他学科有关.能从错综复杂的关系中分离出力学问题,才可能运用力学知识去解决.显然对于一个缺乏力学知识的人,是难以做到这一点的.要从实际问题中提炼出力学问题必须有牢固的力学知识做基础.力学是个分支众多的学科,能用力学知识解决的问题十分丰富.

在本课程中只涉及理论力学的知识.如绪论中所言,理论力学是研究宏观物体机械运动一般规律的科学,所以凡是周围的物体涉及到运动快慢、平衡稳定、抖动摇晃、是否结实、姿态变化、碰撞冲击等现象都与理论力学有关,可以从中提炼出能用理论力学知识分析解决的问题.

在提炼力学问题时需要**把实际问题中的力学成分用力学语言表达出来**,也就是说要把对问题经验的、习惯的描述变成力学的描述,这是用力学知识解决问题的出发点.

以下的几个例子是工程中出现的并不复杂的问题,借以说明力学问题提炼的概念.在学习理论力学知识以前可能看不懂这些分析与表述,等学完相关知识后再回顾时就自然明白了.

1.1　起重机的安全工作问题

实际问题　图1.1(a)所示建筑工地上的移动起重机,除平衡重 W_0 外的机架部分的自重为 W,其重心在两轨道之间.起吊重量为 W_1 时,起重机会发生向前(左方)的倾倒.为了防止倾倒发生,要在起重机后部(右方)安装平衡重 W_0.但是在不起吊重物时,起重机又可能因平衡重的设置不当而向后(右方)倾倒.为了保证起重机的安全工作,平衡重 W_0 应该多重,而且应该放在什么位置呢?

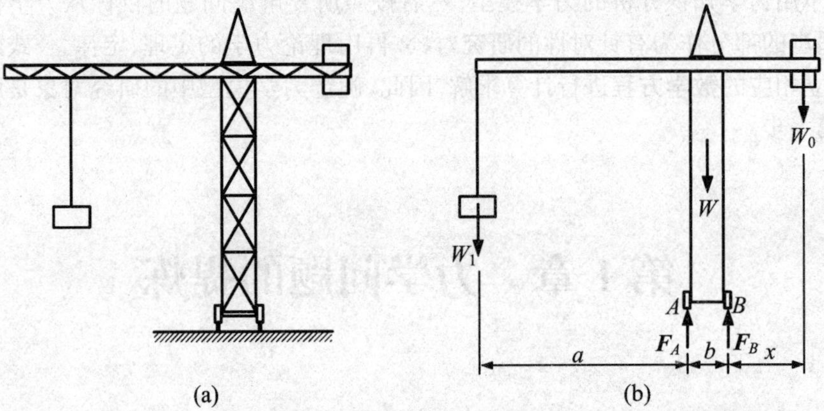

图1.1　起重机及其受力图

分析　这是个物体的平衡问题,属理论力学的范畴.在分析起重机整体的稳定时,不必考虑其细部结构,而作为一个刚体分析.它的力学模型与受力图如图1.1(b)所示.向前倾斜时,起重机会绕 A 轮与轨道的接触点转动,而 B 轮脱离轨道.向后倾斜时,起重机会绕 B 轮与轨道的接触点转动,而 A 轮脱离轨道.因此起重机安全工作的条件是两轮始终与轨道接触.两轮与轨道接触意味着两轨道对起重机的约束力存在,这样就把安全工作的条件变成了力的条件.这里"两轮始终与轨道接触"是通常的语言表述方式,而"两轨道对起重机的约束力存在"就是力学的语言了.

力学的表述　该起重机在起吊重物时,必须保证:$F_B>0$;在不起吊重物时,必须保证:$F_A>0$.

这表示起重机安全工作的问题提炼成了两个关于力的不等式,再用力学方法计算起吊重物时的 F_B 与不起吊重物时的 F_A 就可以解决这个问题了.

1.2　电动机的振动与噪声问题

实际问题　车间里有一台设备，开动电动机后楼板振动、噪声很大，影响到其他工人的操作. 怎样减少振动与噪声呢？

分析　这是个环境质量的问题，但振动是理论力学研究的内容. 振动与噪声的来源是电动机，电动机通过底座作用在楼板上的力引起楼板的振动与噪声. 如果不能更换或改造电动机，就只能设法减少电动机传到楼板上的力了. 也就是改造电动机与基础的连接方式，使它通过一定的支承系统再安装到楼板上.

力学的表述　在电动机与楼板之间设置具有一定刚度与阻尼的支承作为隔振装置，使系统如图 1.2(b)所示. 电动机运行时产生简谐激振力 $F_0\sin\omega t$，这也是原来直接作用在楼板上的力，其最大值是 F_0. 现在需要确定支承的参数刚度 k 与阻尼因数 c，使得隔振装置的弹簧与阻尼器共同作用于楼板的力的最大值小于 F_0. 即

$$(F_k + F_c)_{\max} < F_0$$

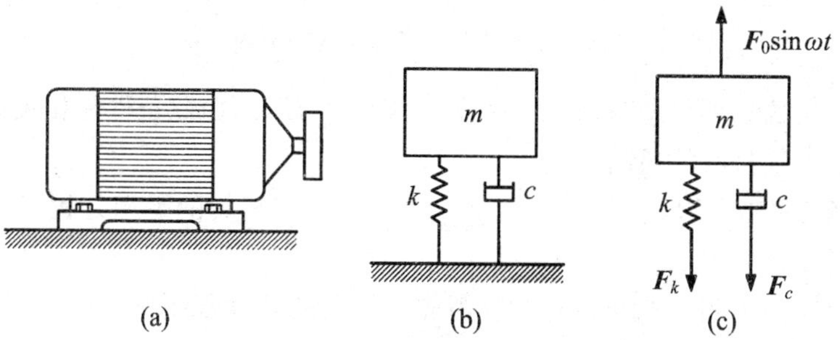

图 1.2　电动机及其受力图

利用理论力学的知识可以分别计算出 F_k 与 F_c，这样就把振动与噪声的问题变成了力的计算问题.

1.3　装载车转弯限速问题

实际问题　大型装载车在弯道行驶时，如果速度过大会出现打滑甚至倾覆事故. 为了保证安全，对速度必须限制. 而且为了起到预警作用，要求速度过大时打滑在倾覆之前发生. 这样万一出现打滑时，驾驶员立即减速就可以避免更严重的倾覆事故发生. 现在需要确定这个速度限制值.

分析　这是个安全操作规范的问题. 这里出现的是车辆运动与受力的关系，属

于理论力学的范畴.车辆转弯时依靠地面与轮胎的横向摩擦力.正常行驶没有打滑时,轮胎与地面的摩擦力为静摩擦力.当静摩擦力达到最大值时,车辆就进入即将打滑的临界状态.另一方面,车辆转弯倾覆时都是向弯道外侧翻倒,此时处于弯道内侧的轮胎会脱离地面.因此行驶中如果地面对内侧轮胎的作用力变为零时,车辆就进入即将倾覆的危险临界状态了.

力学的表述 如图 1.3 所示大型装载车重 W,重心高度 h,轮距为 b,在半径为 ρ 的弯道匀速行驶,地面摩擦因数为 f.

图 1.3 装载车及其转弯受力图

进入打滑的临界状态时,有 $F_A = fF_{NA}$ 且 $F_B = fF_{NB}$,由此条件与相关的平衡方程可以计算出不致打滑的最高速度 v_1.

进入倾覆的临界状态时,有 $F_{NB} = 0$,由此条件与相关的平衡方程可以计算出不致倾覆的最高速度 v_2.

由 $v_1 < v_2$ 的条件,就可以得到打滑先于倾覆的速度限制值.

1.4 重力坝的稳定问题

实际问题 重力坝是一种常见的结构比较简单的水坝.重力坝的设计与施工中有许多力学问题.在理论力学中我们只研究其中一个最基本的问题:重力坝在内外水压力差的作用下会不会整体倾倒?图 1.4(a)是一个重力坝的简图.坝自重为 W,坝内水压力是 F_1,坝外水压力是 F_2.

分析 分析坝的整体倾倒时,可以把坝作为一个刚体考虑.为了提高坝的安全性,这里除去比较复杂的基础对坝的作用,假设坝放在一个刚体支承面上.如果此时坝是稳定的,那么加上基础的作用坝就更加稳定了.这种简化对提高坝的稳定性有利,是允许的.显然,如果作用在坝上的几个力的合力把水坝牢牢地压在支承面上,坝就是稳定的.因此,保证坝稳定条件就是图中几个力的合力方向指向支承面而且合力的作用线在坝的底面之内.

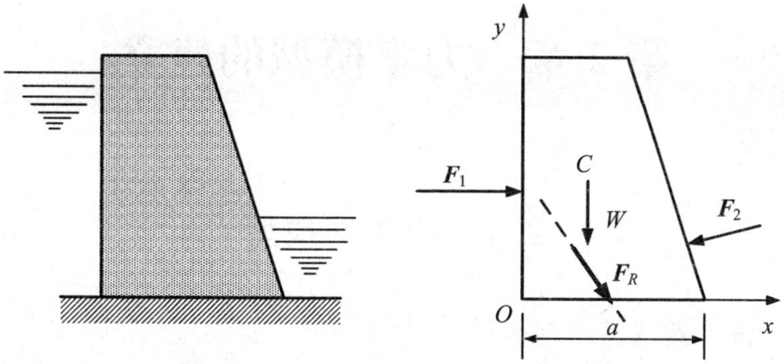

(a)　(b)

图 1.4　重力坝及其受力图

力学的表述　把作用在水坝上的外力系向 O 点简化,得到这个力系的主矢 $\boldsymbol{F}_R$ 与主矩 M_O. 合力向下指向支承面就是要求 $F_{Ry}<0$. 另一方面合力的作用线的方程是 $xF_{Ry}-yF_{Rx}=M_O$,设这个直线与底面的交点是 $(x_0,0)$,则有 $x_0=\dfrac{M_O}{F_{Ry}}$. 所以坝稳定的条件是 $F_{Ry}<0$,且 $0<\dfrac{M_O}{F_{Ry}}<a$.

第2章 力学模型的建立

2.1 物体的模型

2.1.1 质点 质点系 刚体

对每个物体都可以给出一系列的量来描述它特有的个性，如：形状、大小（尺寸）、重量（质量）、硬度、刚性、内部结构、外部色彩、光洁度、材料、气味等. 描述不同特性的量分属不同学科关注的范畴. 对于研究物体机械运动的理论力学，关注的只是物体自身与运动状态改变有关以及便于描述物体运动状态的量：质量、形状与大小. 如果物体的形状与大小在其运动描述中并不重要的话，也可以忽略其形状与大小，而只把物体视为一个点. 这种只有质量的点，称为**质点**. 质点是物体在理论力学中最基本的模型.

如果在空间建立一个直角坐标系，那么确定一个点在空间的位置只要三个独立的坐标(x,y,z)，换句话说它可以在x、y、z三个方向自由运动（图2.1）.

我们把确定物体在空间位置与形态的独立参数数目称为物体的**自由度**. 一个自由的质点有三个自由度.

如果研究飞机在飞行中的姿态，那么就必须考虑它的形状、大小及质量的分布情况，显然此时不能再用一个质点的模型了. 一般可以用由有限个或无限个有着一定联系的质点组成的**质点系**模型.

由无限个质点组成，且各质点的距离保持不变的质点系称为**刚体**. 刚体的形状大小是不会发生改变的，它是会发生变形的实际物体在理论力学中的理想化模型. 研究飞机飞行姿态时就用飞机的刚体模型. 此时除了描述飞机在空间位置的三个坐标(x,y,z)以外，还需要描述其姿态的三个量，即绕竖轴z'轴转动的航向，绕横轴y'轴转动的俯仰与绕纵轴x'轴转动的侧滚. 可见一个自由刚体有六个自由度（图2.2）.

质点系模型是力学中基本、最普遍的物体模型，它包括刚体、变形体、流体和自由质点系等模型. 采用哪一种模型由研究问题的需要决定. 比如：研究飞机在空中飞行的速度或者它的位置时，把整个飞机作为一个质点处理就可以了；研究飞机的飞行姿态变化时，要把飞机作为一个刚体处理；而在研究飞机遇到气流发生颤动时，就必须把飞机作为变形体处理了.

由若干个刚体组成的系统也是质点系，但通常称之为物体系统，简称**物系**. 工程中常见的物系分为机构与结构两大类.它们最主要的区别在于:机构的组成物体之间可以相对运动,而结构的组成物体之间是相对静止的.比如:自行车的脚踏、链条、车轮组成机构,而车架的横梁、斜杠组成一个结构.从这个例子可以看到,结构与机构常常共存在一个物系里.

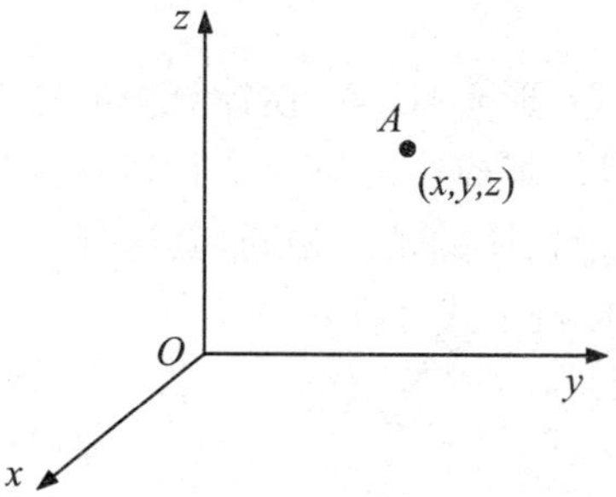

图2.1　自由质点的三个自由度

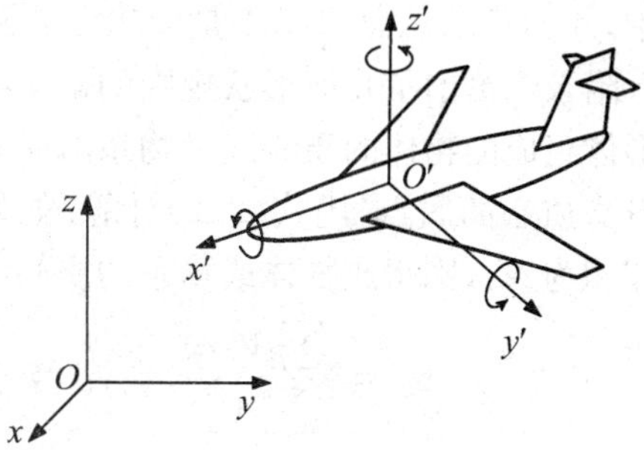

图2.2　自由刚体的六个自由度

2.1.2　质心　转动惯量

质点系的运动特性不但与它的总质量有关,还与它的质量分布情况有关.质点系的质量分布特点用两个基本特征量表示:质心与转动惯量.

1. 质心

设有 n 个质点组成的质点系,其中第 i 个质点的质量是 m_i,位置的矢径是 $\boldsymbol{r}_i$,坐标是(x_i, y_i, z_i).于是定义这个质点系的质量中心(简称**质心**)C 的位置的矢径 $\boldsymbol{r}_C$ 与坐标(x_C, y_C, z_C)分别为

$$\boldsymbol{r}_C = \frac{\sum m_i \boldsymbol{r}_i}{m} \tag{2.1}$$

$$x_C = \frac{\sum m_i x_i}{m}, \quad y_C = \frac{\sum m_i y_i}{m}, \quad z_C = \frac{\sum m_i z_i}{m} \tag{2.2}$$

式中 $m = \sum m_i$ 是整个质点系的质量.

刚体的质量是连续分布的,计算刚体的质心时要把刚体分成无限个微小的质量元,每个质量元相当于一个质点,此时上式中的求和变成积分.

体积为 V、密度 ρ 是常数的物体的质量 $m = V\rho$.如果质量元的体积是 $\mathrm{d}V$,则质量元的质量 $\mathrm{d}m = \rho\mathrm{d}V$.代入式(2.2)得到物体形心的坐标计算公式为

$$x_C = \frac{\int_V x\mathrm{d}V}{V}, \quad y_C = \frac{\int_V y\mathrm{d}V}{V}, \quad z_C = \frac{\int_V z\mathrm{d}V}{V} \tag{2.3}$$

对于质量均匀的物体,其质心与形心是重合的.

当物体是密度为常数的等厚度的均质平板时，质心在板平面上的位置与平面图形的形心一致(设平板是 Oxy 面上的平面图形)，有

$$x_C = \frac{\int_A x\mathrm{d}A}{A}, \quad y_C = \frac{\int_A y\mathrm{d}A}{A} \tag{2.4}$$

式中，A 是板的总面积，$\mathrm{d}A$ 是面积元的面积.

附录 1 给出了几何形状规则的常见物体的质心(形心)位置. 在计算由有限个常见形体组成的物体的质心或者物系的质心时，可以把组成中的每一个物体视为位于其自身质心的质点，用式(2.2)计算. 如果这有限个物体的密度相同，其中任一形体的体积为 V_i，则组成物体或物系的质心(形心)可以按下式计算：

$$x_C = \frac{\sum V_i x_i}{\sum V_i}, \quad y_C = \frac{\sum V_i y_i}{\sum V_i}, \quad z_C = \frac{\sum V_i z_i}{\sum V_i} \tag{2.5}$$

当物体均是密度相同、等厚度的均质平板时，其中任一形体的面积为 A_i，则组成物体或物系的质心(形心)可以按下式计算：

$$x_C = \frac{\sum A_i x_i}{\sum A_i}, \quad y_C = \frac{\sum A_i y_i}{\sum A_i} \tag{2.6}$$

例 2.1 图 2.3 表示振动沉桩器中的偏心块，可视为等厚度均质平板. 测量得 $R = 100$ mm，$r = 17$ mm，$b = 13$ mm. 试计算该偏心块的质心.

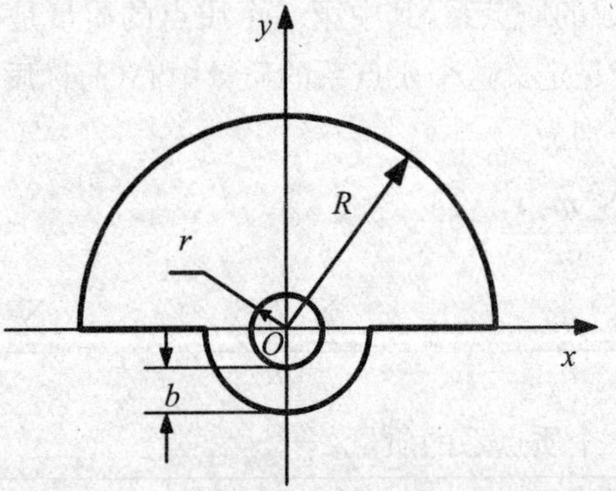

图 2.3 例 2.1 图

解：由于偏心块是等厚度均质平板，故质心必在厚度的一半处. 现只需计算质心在平板图形上的位置. 将偏心块图形看成由 3 部分组成：半径为 R 的半圆 A_1 与半径为 $r+b$ 的半圆 A_2 拼接后再挖去半径为 r 的小圆 A_3. 因为 A_3 是挖去的部分，所以其面积取为负值. 在图示坐标系中，由于对称性，必有 $x_C = 0$. 设 y_1，y_2，y_3 分别是 A_1，A_2，A_3 质心的坐标，由附录 1 查表可得

$$y_1 = \frac{4R}{3\pi} = \frac{400}{3\pi}(\mathrm{mm}), \quad y_2 = \frac{-4(r+b)}{3\pi} = -\frac{40}{\pi}(\mathrm{mm}), \quad y_3 = 0$$

由式(2.6),偏心块质心的坐标 y_C 为

$$y_C=\frac{A_1y_1+A_2y_2+A_3y_3}{A_1+A_2+A_3}$$

$$=\frac{\frac{\pi}{2}\times100^2\times\frac{400}{3\pi}+\frac{\pi}{2}\times(17+13)^2\times\left(-\frac{40}{\pi}\right)-17^2\pi\times0}{\frac{\pi}{2}\times100^2+\frac{\pi}{2}\times(17+13)^2-17^2\pi}$$

$$\approx40.01\ (\mathrm{mm})$$

例 2.2　图 2.4 所示的曲柄滑杆机构中,曲柄 OA 的长度 $OA=l$,质量为 m_1,质心在 OA 中点;滑块 A 的质量为 m_2;滑杆 BD 的质量为 m_3,质心在 E 点.试求在图示状态时机构的质心位置.

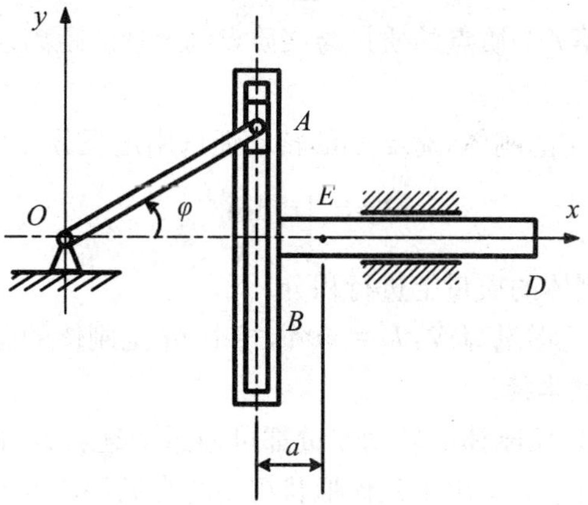

图 2.4　例 2.2 图

解:此机构由曲柄 OA、滑块 A 与滑杆 BD 三个物体组成,在图示坐标系中分别计算它们的质心坐标.

曲柄 OA:$x_1=\frac{l}{2}\cos\varphi$, $y_1=\frac{l}{2}\sin\varphi$

滑块 A:$x_2=l\cos\varphi$, $y_2=l\sin\varphi$

滑杆 BD:$x_3=l\cos\varphi+a$, $y_3=0$

由式(2.2),机构质心的坐标为

$$x_C=\frac{m_1x_1+m_2x_2+m_3x_3}{m_1+m_2+m_3}=\frac{\frac{m_1l}{2}\cos\varphi+m_2l\cos\varphi+m_3(l\cos\varphi+a)}{m_1+m_2+m_3}$$

$$=\frac{\left(\frac{m_1}{2}+m_2+m_3\right)l\cos\varphi+m_3a}{m_1+m_2+m_3}$$

$$y_C=\frac{m_1y_1+m_2y_2+m_3y_3}{m_1+m_2+m_3}=\frac{\frac{m_1l}{2}\sin\varphi+m_2l\sin\varphi+m_3\cdot0}{m_1+m_2+m_3}$$

$$= \frac{\left(\frac{m_1}{2} + m_2\right) l \sin \varphi}{m_1 + m_2 + m_3}$$

2. 转动惯量

仅用质心的概念还不能完全反映质点系内部质量分布的情况.比如图2.5(a)与图2.6所示的质量相同的圆环与圆板,它们的质心都在轴线上,质心坐标都是$x_C = 0, y_C = 0$.两者质量相同,质心坐标相同,但质量分布明显不同.引入转动惯量的概念就能够全面描述质点系的质量分布情况.

通常使用质点系对轴的转动惯量.质点系内每个质点的质量与它们到某一轴线(如z轴)的距离的平方的乘积之和定义为质点系对该轴的**转动惯量**,用J_z表示:

$$J_z = \sum m_i r_i^2 \tag{2.7}$$

式中m_i与r_i分别是第i个质点的质量与该质点到z轴的距离.在国际单位制中转动惯量的单位是$\mathrm{kg \cdot m^2}$.

对于质量连续分布的刚体,对z轴的转动惯量用定积分计算:

$$J_z = \int_M r^2 \mathrm{d}m \tag{2.8}$$

式中M表示在整个刚体的质量上进行积分.

在工程中常将转动惯量写成:$J_z = m\rho_z^2$,式中m是刚体的总质量,ρ_z称为刚体对z轴的**回转半径或惯性半径**.

各种形状规则的均质刚体的转动惯量都可通过上述公式计算得到,也可以从工程手册中查找.本书附录2给出了几何形状规则的常见物体的转动惯量.工程中对于几何形状复杂的物体或非均质物体常用实验方法确定其转动惯量.

刚体的转动惯量与轴的位置有关,一般工程手册中只给出刚体对过质心的轴的转动惯量.如果需要刚体对其他轴的转动惯量必须通过**平行轴定理**计算.

平行轴定理:刚体对于任一轴的转动惯量等于刚体对于通过质心并与该轴平行的轴的转动惯量加上刚体的质量与两轴距离平方的乘积.即

$$J_z = J_{z_C} + md^2 \tag{2.9}$$

式中J_{z_C}必须是刚体对质心轴的转动惯量,z轴必须与z_C轴平行,d是两轴之间的距离.从此式可见,在刚体对所有平行轴的转动惯量中,对质心轴的转动惯量最小.

例2.3 如图2.5所示,已知质量为m、半径为R的均质薄圆环对于质心轴z的转动惯量是mR^2;质量为m、长度为l的均质细直杆对于质心轴z的转动惯量是$\frac{1}{12}ml^2$.分别计算质量为m、半径为R的均质圆板对中心轴(过圆心且垂直于圆板的轴)的转动惯量和此圆板对于任一直径的转动惯量.

解:(1) 计算均质圆板对中心轴的转动惯量

如图2.6(a),把圆板分为无数同心的薄圆环,任一圆环的半径为r,宽度为$\mathrm{d}r$,

则薄圆环的质量 $\mathrm{d}m$ 为 $\mathrm{d}m = \rho_A \cdot 2\pi r \mathrm{d}r$，式中 $\rho_A = \dfrac{m}{\pi R^2}$ 是均质圆板单位面积的质量.因此薄圆环对中心轴的转动惯量是

$$\mathrm{d}J_O = \mathrm{d}mr^2 = 2\pi\rho_A r^3 \mathrm{d}r = \frac{2m}{R^2}r^3\mathrm{d}r$$

$$J_z = mR^2 \qquad\qquad\qquad J_z = \frac{1}{12}ml^2$$

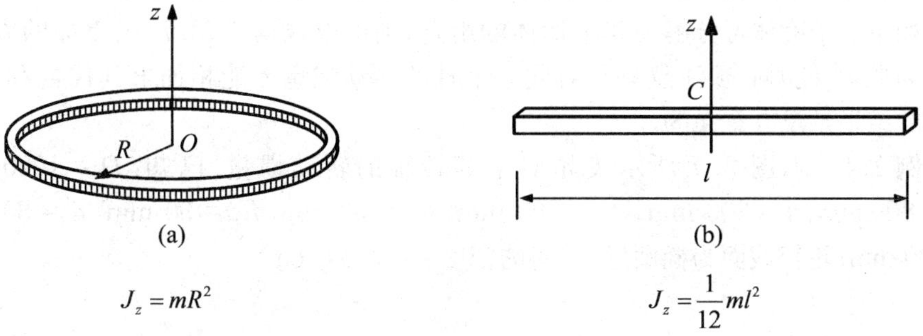

图 2.5　均质薄圆环与均质细直杆对于质心轴 z 的转动惯量

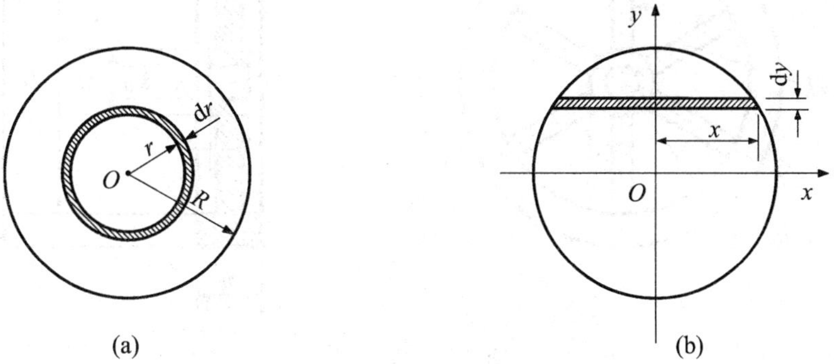

图 2.6　均质圆板对两个轴的转动惯量

整个圆板对中心轴的转动惯量是所有薄圆环对中心轴的转动惯量之和,所以均质圆板对中心轴的转动惯量是

$$J_O = \int_0^R \frac{2m}{R^2}r^3\mathrm{d}r = \frac{1}{2}mR^2$$

(2) 计算均质圆板对于任一直径的转动惯量

如图 2.6(b),圆板外圆周的方程是 $x^2 + y^2 = R^2$,把圆板分为无数与直径(y 轴)垂直的细长条,任一细长条的长度是 $2x$,宽度是 $\mathrm{d}y$,质量是

$$\mathrm{d}m = \rho_A \cdot 2x\mathrm{d}y = \frac{2m}{\pi R^2}\sqrt{R^2 - y^2}\mathrm{d}y$$

因此细长条对 y 轴的转动惯量是

$$\mathrm{d}J_y = \frac{1}{12}(2x)^2\mathrm{d}m = \frac{1}{3}x^2\mathrm{d}m = \frac{2m}{3\pi R^2}(\sqrt{R^2 - y^2})^3\mathrm{d}y$$

整个圆板对直径(y轴)的转动惯量是所有细长条对y轴的转动惯量之和,所以均质圆板对直径的转动惯量是

$$J_y = 2\int_0^R \frac{2m}{3\pi R^2}(\sqrt{R^2 - y^2})^3 \mathrm{d}y = \frac{1}{4}mR^2$$

由上述结果可见,均质圆板对于同样过圆心的不同方向的轴的转动惯量不同.

如果一个物体可分解为几个形体的组合,则可以根据式(2.7)用叠加的方法计算转动惯量.此时必须注意只有对同一个轴的转动惯量才能相加求其代数和,否则相加的结果是没有意义的.

例 2.4　求图 2.7 所示飞轮对于其转轴的转动惯量.已知:$D = 1000$ mm,$D_1 = 800$ mm,$d = 200$ mm,$d_1 = 100$ mm,$h = 100$ mm,$h_1 = 60$ mm,$a = 50$ mm,$b = 30$ mm;轮辐截面为椭圆形,材料的密度$\rho = 7.8\ \mathrm{g/cm^3}$.

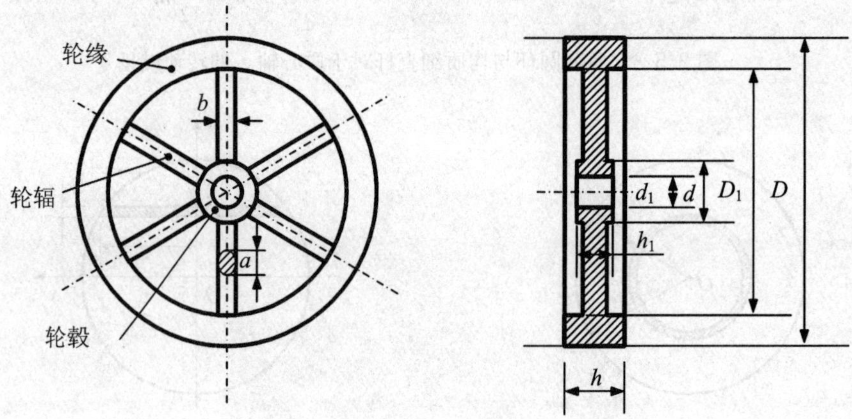

图 2.7　例 2.4 图

解:把飞轮分解成轮缘、轮辐和轮毂 3 个组成部分.轮缘和轮毂可视为空心圆柱,轮辐可视为 6 根细直杆.分别计算它们对转轴的转动惯量.

轮缘可以看成是从直径为D的大圆柱中减去直径为D_1的小圆柱,因此它的转动惯量是二者的转动惯量之差(也可直接从附录 2 中查表计算):

$$J_{O1} = \frac{1}{2}\pi R^2 h\rho \cdot R^2 - \frac{1}{2}\pi R_1^2 h\rho \cdot R_1^2 = \frac{1}{2}\pi h\rho(R^4 - R_1^4) \approx 45.211(\mathrm{kg \cdot m^2})$$

轮毂也可以看成是从直径为d的大圆柱中减去直径为d_1的小圆柱,因此它的转动惯量是二者的转动惯量之差:

$$J_{O2} = \frac{1}{2}\pi r^2 h_1\rho \cdot r^2 - \frac{1}{2}\pi r_1^2 h_1\rho \cdot r_1^2 = \frac{1}{2}\pi h_1\rho(r^4 - r_1^4) \approx 0.069(\mathrm{kg \cdot m^2})$$

每个轮辐对转轴的转动惯量要用平行轴定理计算:

$$J_{O3} = \frac{1}{12} \cdot \frac{\pi ab}{4}(R_1 - r)\rho \cdot (R_1 - r)^2 + \frac{\pi ab}{4}(R_1 - r)\rho \cdot \left(\frac{R_1 + r}{2}\right)^2$$

$$= \frac{\pi ab}{4}\rho(R_1 - r)\left[\frac{(R_1 - r)^2}{12} + \frac{(R_1 + r)^2}{4}\right] \approx 0.193(\mathrm{kg \cdot m^2})$$

所以,整个飞轮对转轴的转动惯量为

$$J_O = J_{O1} + J_{O2} + 6J_{O3} \approx 46.44(\mathrm{kg \cdot m^2})$$

2.2　约束的模型

2.2.1　自由体　非自由体　约束

在空间可以不受限制、自由运动的物体称为**自由体**,如飞行中的飞机、火箭等.受到某些限制,在空间不能自由运动的物体称为**非自由体**,如在轨道上行驶的火车、在汽缸中运动的活塞、房屋中的横梁,等等.

在力学问题中,我们选定的研究对象大多是非自由体.非自由体研究对象的运动(位置和速度)所受到的限制条件称为**约束**.约束一般是与研究对象接触的周围物体形成的,因此常常就把这些周围的物体也叫做约束.例如,钢轨是火车的约束、汽缸是活塞的约束、柱子是横梁的约束.

在工程中绝大多数研究对象是非自由体.如果机构中各个零件不按照适当的方式相互联系,机构就不可能按要求传递运动而完成所需的工作了.如果结构中的各个构件不能恰当地连接并给出必要的运动限制,结构就不能承受载荷正常工作了.

约束限制了研究对象的运动,也就是说约束减少了研究对象的自由度.下面我们按照减少的自由度的数目分类介绍常见的约束模型.

2.2.2　约束模型的分类

为讨论自由度方便,以下假设约束都是不动的.

1. 减少一个自由度的约束

(1) 柔索

理想化的柔索十分柔软且不可伸长,它限制研究对象沿柔索所在直线离开约束的运动,但对其他运动形式都没有限制.也就是说,柔索只减少研究对象沿柔索伸长方向移动的一个自由度.如图2.8(a)所示,图中深色物体为研究对象,带×的箭头表示限制的运动方向.

工程中的钢丝绳、传动皮带、链条等都可以简化成柔索.

(2) 光滑接触面

研究对象与约束互相以光滑的表面直接接触,形成光滑接触面约束模型.这种约束只能阻碍研究对象沿着接触面的法线向约束内部运动,而对其他运动没有限制.也就是说,光滑接触面只减少研究对象沿接触面的法线向约束内部移动的一个自由度,如图 2.8(b)所示.

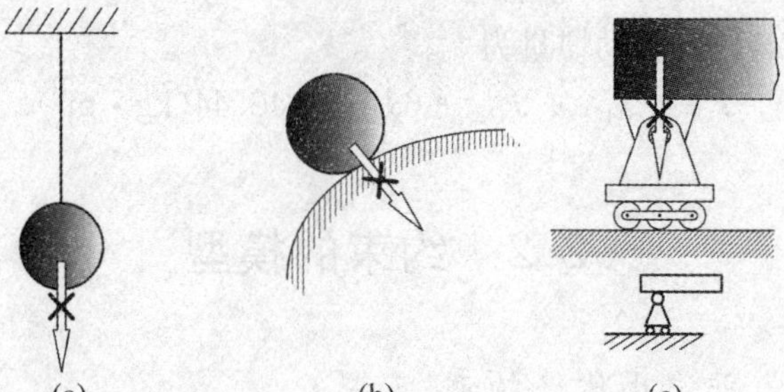

(a) (b) (c)

图 2.8 减少一个自由度的约束举例

工程中承载物体的固定面、啮合齿轮的齿面、机床中的导轨等在接触面的摩擦力很小可以忽略不计的情况下,都可以简化成光滑接触面约束.

(3) 滚动支座

在桥梁、屋架等结构中,经常采用滚动支座(又称辊轴支座)约束,如图 2.8(c)所示,下边的小图是简图.这种约束用几个圆柱形滚轮支承结构,以便当温度变化引起桥梁等结构物在跨度方向伸缩时,支座可以沿支承面的切线方向自由移动,避免结构物的破坏.滚动支座限制研究对象沿接触面法线方向移动的一个自由度,它既能限制向接触面内部的移动,也能限制离开接触面的移动.

2. 减少两个自由度的约束

(1) 光滑圆柱铰链(简称为柱铰)

用光滑的圆柱销钉将两个带有光滑销钉孔的物体连接在一起,就形成光滑圆柱铰链的约束模型.这是一种平面约束,用于被连接的物体可在同一平面运动的场合.这种约束限制了一个物体在平面内沿任意方向离开另一个物体的运动,但不限制它们在平面内的相对转动.也就是说,这种约束使受到约束的研究对象失去了沿 x、y 方向移动的自由度,如图 2.9(a)所示.

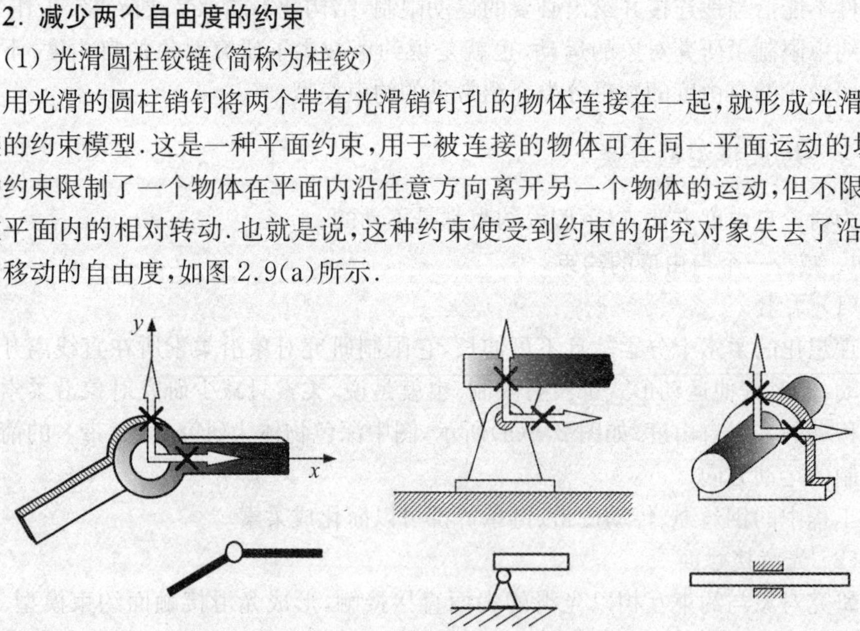

(a) (b) (c)

图 2.9 减少两个自由度的约束举例

门窗上的合页、活塞与连杆的活塞销连接等都可简化成柱铰.

(2) 固定柱铰支座

在柱铰约束中,如果被连接的两个物体之一是支座,就成为固定柱铰支座的约束模型,如图 2.9(b)所示.桥梁与屋架的支座中必须有固定柱铰支座,以限制沿支承面的整体移动.

机器中常用的支承轴的向心轴承也可以简化为固定柱铰支座,不过此时销钉(即圆轴)自身是研究对象,如图 2.9(c)所示.

3. 减少三个自由度的约束

(1) 光滑球铰链(简称为球铰)

与柱铰类似,不过此处圆柱销钉变成了圆球,圆柱销钉孔变成了球窝.它是一种空间约束,被连接的物体可以不在同一平面运动.这种约束限制了一个物体沿空间任一方向离开另一物体的移动,但不限制它们之间任何方向的相对转动.也就是说,这种约束使受到约束的研究对象失去了沿 x、y、z 三个方向移动的自由度.如图 2.10(a)所示.

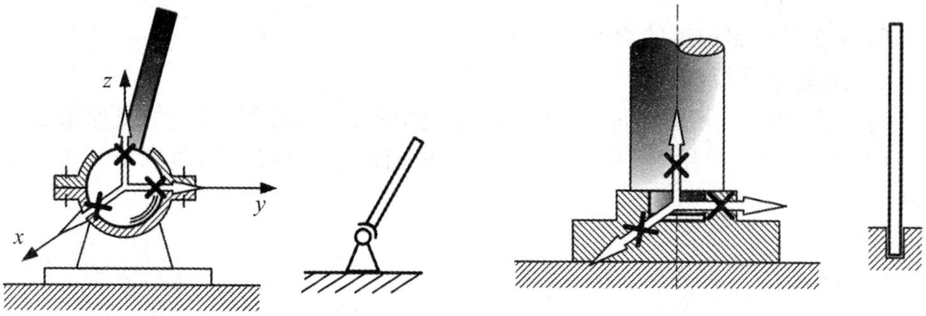

图 2.10　减少三个自由度的约束举例

(2) 止推轴承

止推轴承也是机器中常用的轴的支承之一,它比向心轴承增加了一个对轴沿轴线方向移动的限制,因此它与球铰一样使轴减少了三个自由度,如图 2.10(b)所示.

轴在机器上安装时,一般都必须配套使用向心轴承与止推轴承.

4. 减少四个自由度的约束

(1) 导向轴承

如图 2.11(a)所示,圆杆套在一个圆柱形长孔中,圆杆可以在圆孔中滑动与转动.此约束与向心轴承相似,但是圆孔比向心轴承长,因此比向心轴承多两个运动限制.限制了绕 y 轴与绕 z 轴的转动.该约束使研究对象圆杆一共减少了四个自由度.

(2) 万向接头

如图 2.11(b)所示,中间的十字轴连接两个叉形接头,每个叉形接头可以绕十字

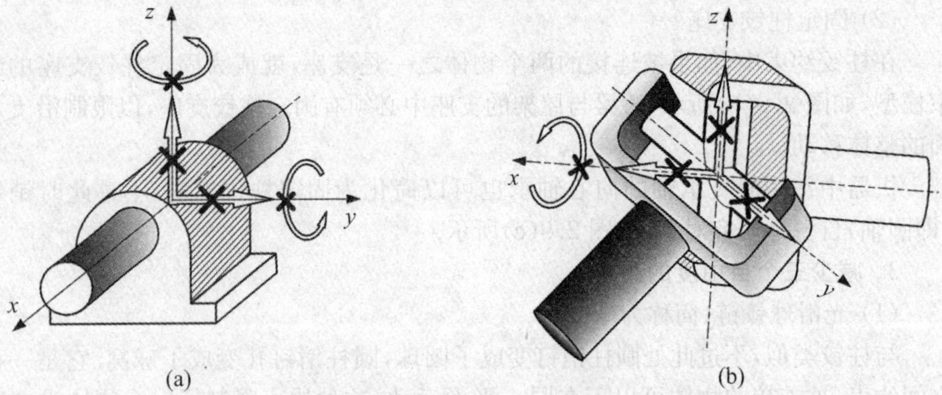

图 2.11　减少四个自由度的约束举例

轴的一个轴转动.如果以一个叉形接头为研究对象,另一个叉形接头为约束,那么研究对象相对约束沿 x、y、z 三个方向的移动与绕 x 轴的转动都被限制了.研究对象减少了四个自由度.

5. 减少五个自由度的约束

(1) 带柱销夹板

与柱铰类似,实际是空间结构中的柱铰,如图 2.12(a)所示.它的支座形成一个夹板把研究对象夹在其中,使之只能在夹板平面内绕 y 轴转动,限制了其他五个自由度.

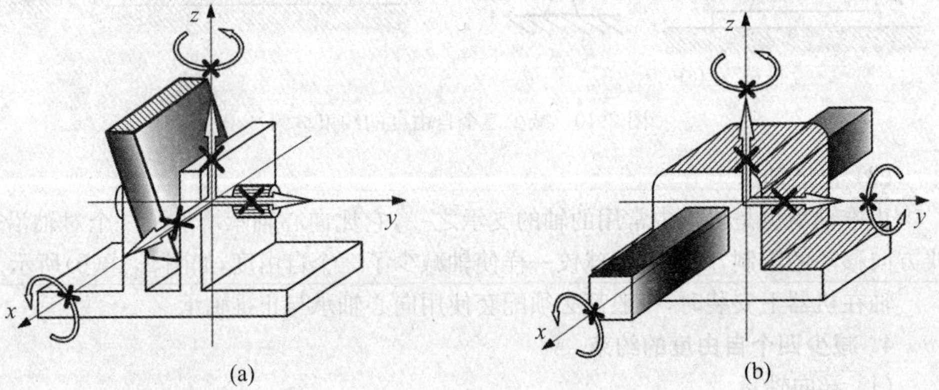

图 2.12　减少五个自由度的约束举例

(2) 导轨

矩形或其他非圆截面杆套在同样形状的孔中,与导向轴承类似,杆可以在孔中滑动,如图 2.12(b)所示.由于杆与孔是非圆截面的,所以杆不能绕孔的轴线 x 轴转动,因此它比导向轴承又少了一个自由度,只剩下一个沿 x 方向移动的自由度.

6. 减少六个自由度的约束

如图 2.13 所示的固定端，研究对象与约束固定地连接在一起成为一个刚体，失去了所有的六个自由度.

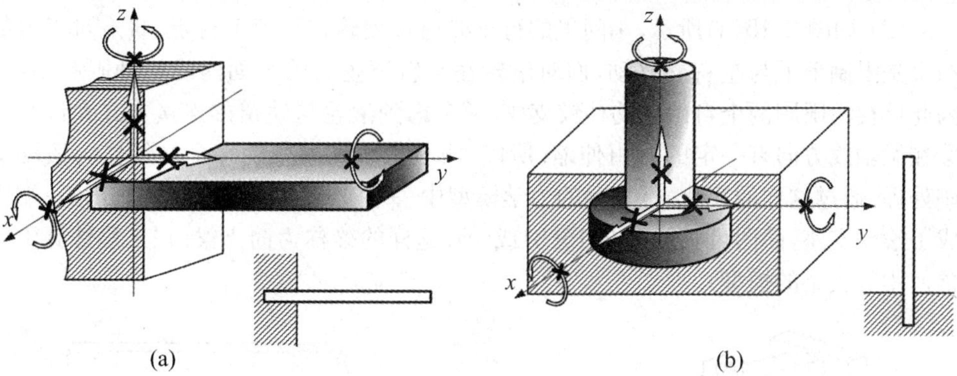

图 2.13　减少六个自由度的约束举例

2.2.3　建立约束模型举例

以上约束模型是物体实际连接方式的理想化模型，往往并不是物体真实的连接形式. 在处理实际问题时，要抓住主要因素，忽略次要因素，进行合理的简化. 主要因素是约束对研究对象运动限制的种类与方向以及限制的强度. 约束模型的确定是建立力学模型的一个不可缺少的重要环节. 以下举例说明约束模型的建立.

(1) 一般门上都装有两个合页，它主要限制门离开门轴的移动，并不限制门绕门轴的转动. 单个合页对门转动的限制作用很小，因此可以不计摩擦视为光滑柱铰(或向心轴承). 但门在自重作用下有沿门轴移动的趋势，此时两个合页中的一个将限制门沿轴向移动，因此一个合页应视为止推轴承. 门所受的约束如图 2.14(a)所示.

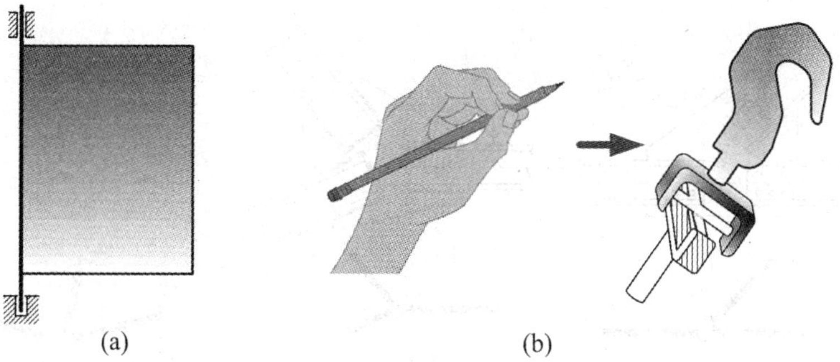

图 2.14　约束模型举例

(2) 人手的腕关节连接手与小臂. 手不可能离开小臂，但可以相对小臂左右、上下作幅度较大的摆动.围绕小臂的轴线,手相对小臂虽不是绝对不能转动,但是转动的范围很小;与左右、上下的摆动相比这样的转动可以忽略不计.因此可以认为腕关节限制了手的四个自由度,只有左右、上下转动的两个自由度.这样腕关节就可以理想化为万向接头的约束.如图 2.14(b)所示.

(3) 如图 2.15(a)所示,车间里的行车梁通过滚轮在轨道上行走,轨道对滚轮的约束是限制上下与左右的移动,而对滚轮在与轨道垂直的平面内的转动限制很小,因此可视为限制两个自由度的柱铰支座.又考虑到滚轮与轨道的连接方式允许行车梁在梁轴线方向有一定的自由伸缩.所以,两个柱铰支座中的一个必须作为滚动支座处理.通过这样的简化,行车梁的力学模型中一端变成了固定柱铰支座,另一端变成了滚动支座,简图可画为图 2.15(b)或(c).这样的梁称为简支梁.在工程计算中经常使用简支梁的模型.

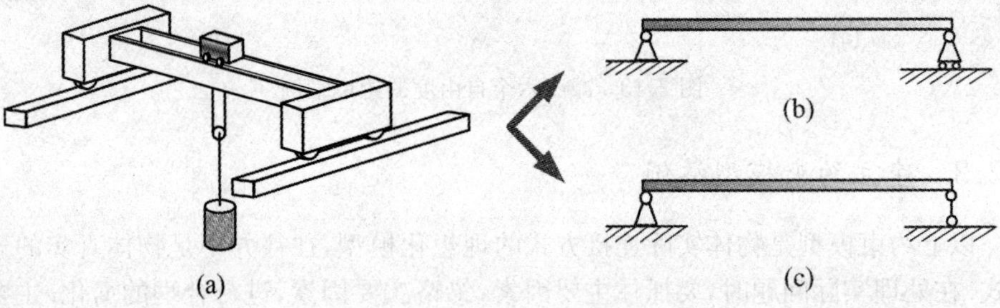

图 2.15 行车的约束模型举例

(4) 桁架是一种常见的工程结构,特别是在一些大跨度的建筑物或大尺寸的机械设备中经常使用.例如铁路桥梁、油田井架、起重设备、飞机骨架、电线铁塔等都用到桁架.桁架由若干直杆在两端按一定的方式相互连接组成.杆件的相互连接处称为节点.节点形成的方式一般是把几根杆通过铆接(图 2.16(a))或焊接(图 2.16(b))到同一块角撑板上,或者简单地把在同一位置的杆端用螺栓直接连接(图 2.16(c)).

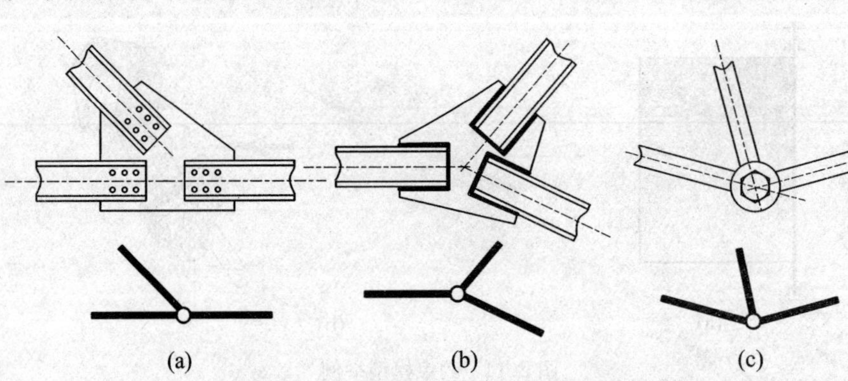

图 2.16 桁架节点的形式及简化模型

实际上桁架的节点限制各杆不能完全自由转动，但是这样的考虑会使桁架的分析过程大大复杂化，不利于工程中的使用．理论分析与实测结果表明，如果连接于同一个节点处的各杆轴线汇交于一点，节点对转动的限制很小．因此就可以把桁架的节点简化成光滑铰链，如图 2.16 所示．只有在需要更精确地分析桁架杆件的内力时，才考虑节点对转动的限制．桁架的理想模型就是若干直杆用光滑铰链连接而成的结构．

2.3　机械作用的模型

2.3.1　机械作用

由于物体的运动状态发生改变，或者形状发生改变而表现出的物体之间的作用称为**机械作用**．机械作用是物体之间的相互作用，它产生两种效应：改变物体运动状态的效应称为**运动效应**（或外效应），改变物体形状的效应称为**变形效应**（或内效应）．在理论力学中只研究机械作用的运动效应，而忽略其变形效应．

一般把机械作用简称为**力**，但是严格地说力只是机械作用的两种模型之一，机械作用的另一种模型是**力偶**．

机械作用是看不见的，看得见的只是它们的效应．在理论力学中我们从物体表现出来的运动效应去了解机械作用的性质．物体的基本运动效应只有两种：移动与转动．对应的机械作用也有两种基本模型：**力与力偶**．一个力偶只能使物体产生转动，不会产生移动．但是只受一个力作用的物体不但可能转动，而且必然会产生移动．因此一个力不能与一个力偶等效，力与力偶是两个效应不同的、独立的机械作用模型．

例如，电动机起动后，转子在定子的作用下开始高速转动．我们无法看到定子对转子的作用力，但是从转子的转动可以判断定子对转子的机械作用是一个力偶．

一个物体常常受到许多不同物体的机械作用，所有的机械作用组成一个**力系**．在研究力系的运动效应时，可以通过力系简化的方法确定物体所受的机械作用的基本特征．

2.3.2　力的基本性质

1．力的三要素

作用在物体上的力是**定位矢量**．一个力对物体的作用效果取决于它的**大小**、**方向**、**作用点**这三个要素．力的图形表示是一个明确作用点的带箭头的有向线段，如图 2.17 所示．本书中用黑体字母 $\boldsymbol{F}$ 表示力矢量，而用普通字母 F 表示力的大小．本书采用国际单位制，力的单位是 N 或 kN．

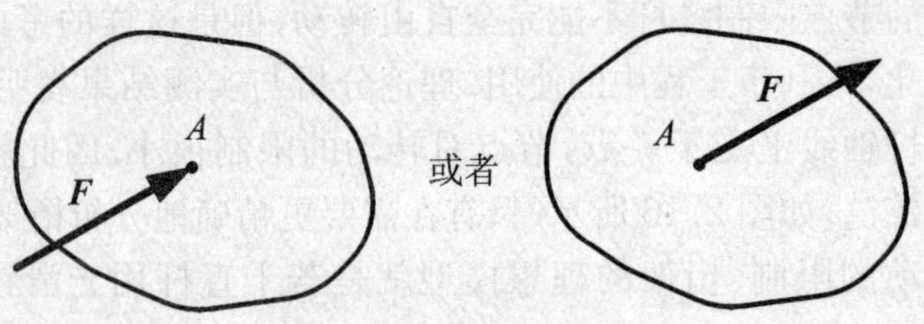

图 2.17 作用在 A 点的力的图形表示

如果研究对象取刚体模型，则由于力对刚体的作用只有运动效应，力沿着其作用线（可简称为**力线**）在刚体上移动到任何位置都不会改变刚体的运动效应. 力的这种性质叫做力的**可传性**（图 2.18）. 因此作用在刚体上的力的三要素转化为：**大小、方向、作用线**. 具有这种三要素的矢量称为**滑动矢量**. 作用在刚体上的力是滑动矢量.

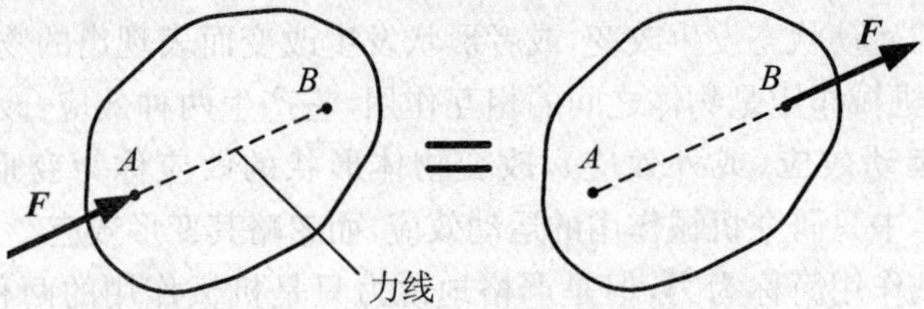

图 2.18 作用在刚体上的力的可传性示意图

2. **作用与反作用定律**

力是物体之间的相互作用，受力物体必反作用于施力物体. 受力物体所受的作用力与它反作用于施力物体的反作用力存在这样的关系：**作用力与反作用力同时存在，且大小相等、方向相反、沿同一直线分别作用在两个物体上**.

如果作用力用 $\boldsymbol{F}$ 表示，反作用力必须用 $\boldsymbol{F}'$ 表示，且 $\boldsymbol{F}' = -\boldsymbol{F}$. 所以，在图示中它们箭头的方向相反，在方程中作为一个未知数处理，如图 2.19 所示.

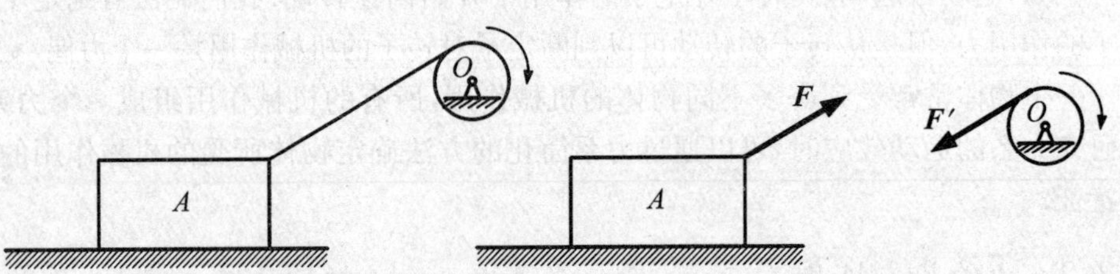

图 2.19 作用力与反作用力的图示

3. **力的平行四边形法则**

作用在物体上同一点的两个力可以用一个力等效代替，这个力称为这两个力的**合力**，原来的两个力叫做**分力**. 计算合力必须按照平行四边形法则，即**作用于物体上同一点的两个力的合力，也作用在该点上，其大小与方向由这两个力为边构成的平**

行四边形的对角线确定.也就是说,合力用矢量求和的方法计算.

图 2.20(a)是用平行四边形法则计算 $\boldsymbol{F}_1$ 与 $\boldsymbol{F}_2$ 的合力 $\boldsymbol{F}_R$ 的图示,力的平行四边形也可以用**力三角形**代替,如图 2.20(b),(c)所示.

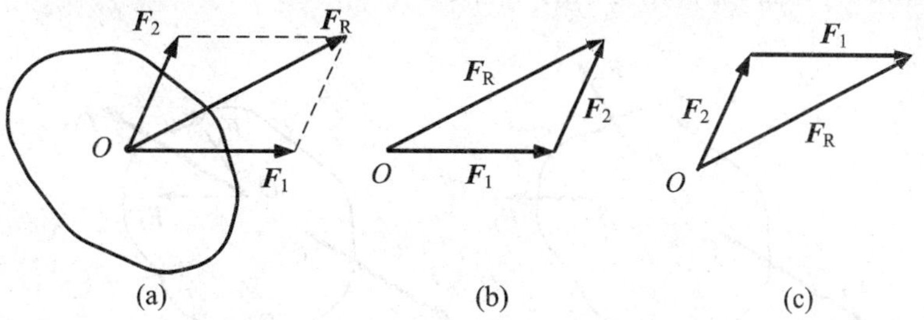

图 2.20　$\boldsymbol{F}_R = \boldsymbol{F}_1 + \boldsymbol{F}_2$ 的计算图示

4. 二力平衡条件

最简单的运动效应是**平衡**状态,最常见的平衡状态是静止.刚体受两个力作用而平衡的必要且充分条件是:这**两个力大小相等、方向相反、且作用在同一直线上**.由力的平行四边形法则可知,此时这两个力的合力为零.

两个力构成了最简单的力系.二力平衡条件给出了最简单的运动效应与最简单的力系之间的关系,这是机械作用与运动效应的最基本关系.

工程上常遇到**仅受两个力**作用而平衡的构件,称为**二力构件**或**二力杆**.如图 2.21 所示,图中的物体只在 A,B 两个点有作用力 $\boldsymbol{F}_A$ 和 $\boldsymbol{F}_B$ 且平衡.由二力平衡条件可以判断,不管这两个力的大小和方向如何,必有 $F_A = F_B$;而且这二个力的作用线一定在两个力的作用点的连线 AB 上,两个力的方向必定相反.在分析物体的受力情况时,应该优先分析二力构件.

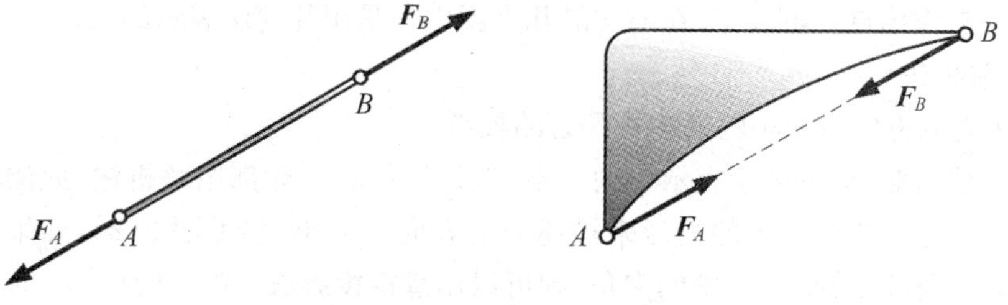

图 2.21　二力构件(二力杆)

两端用光滑铰链与其他构件连接,且不考虑自重的刚性杆称为**链杆**.链杆常作为拉杆或压杆形成链杆约束,链杆是结构中常用的二力杆.

例 2.5　证明**三力平衡汇交定理**:若刚体受三个力作用而平衡,且其中两个力的力线相交,则此三个力必在同一平面内,而且第三个力的力线通过汇交点.

证明:如图 2.22(a)所示,刚体受力 $\boldsymbol{F}_1$、$\boldsymbol{F}_2$、$\boldsymbol{F}_3$ 作用而处于平衡状态,且其中 $\boldsymbol{F}_1$

和 $\boldsymbol{F}_2$ 的力线相交于 O 点.由刚体上力的可传性,将 $\boldsymbol{F}_1$ 和 $\boldsymbol{F}_2$ 沿各自的力线移到 O 点,如图 2.22(b)所示.由力的平行四边形法则,求得的 $\boldsymbol{F}_1$ 和 $\boldsymbol{F}_2$ 合力为 $\boldsymbol{F}_{12}$,则刚体等效于在 $\boldsymbol{F}_{12}$ 和 $\boldsymbol{F}_3$ 的作用下平衡.由二力平衡条件知,$\boldsymbol{F}_{12}$ 和 $\boldsymbol{F}_3$ 必定在一条直线上,故 $\boldsymbol{F}_3$ 与 $\boldsymbol{F}_1$ 和 $\boldsymbol{F}_2$ 共面,并且相交于同一点 O.

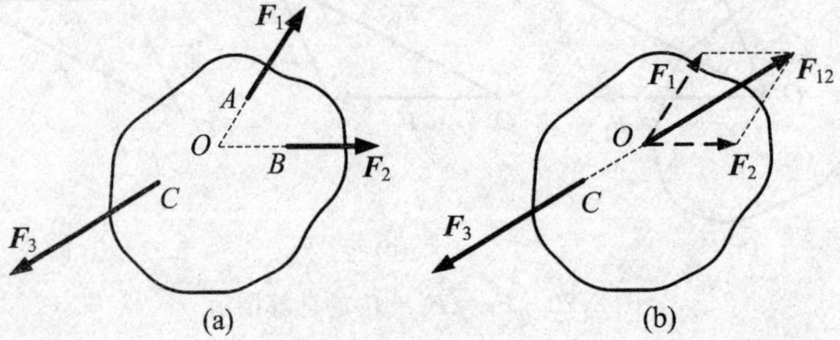

图 2.22　例 2.5 图

该定理说明三个不平行的力平衡的必要条件,只有在已知平衡的前提下,才能判断三个力交于一点.此定理可用于物体的受力分析.物体处于平衡状态时,如果只受三个力作用且其中两个力的力线位置已知,则可以运用此定理,确定第三个力的力线.

2.3.3　力的描述

1. 几何法(图示法)

在前节中已介绍可以用一个明确作用点的带箭头的有向线段图示力.有向线段的端点表示作用点,箭头表示力的方向,力的大小则可以用有向线段的长度表示.这就是描述力的几何法.工程中一般不用有向线段的长度表示力的大小,只要图示出力的方向与作用点就可以了.在前文的几个图中都是用几何法表示的力.

2. 解析法

(1) 力的方向与大小的描述——力的投影

几何法直观,但不便于表示力的大小.工程计算时一般都用解析法,此法通过力在某个坐标系的坐标轴上的投影来描述力的方向与大小.参见图 2.23,如果已知力 $\boldsymbol{F}$ 与直角坐标系 $Oxyz$ 三个轴的夹角,则可以用**直接投影法**计算力的投影.即

$$\left.\begin{aligned} F_x &= F\cos(\boldsymbol{F},\boldsymbol{i}) \\ F_y &= F\cos(\boldsymbol{F},\boldsymbol{j}) \\ F_z &= F\cos(\boldsymbol{F},\boldsymbol{k}) \end{aligned}\right\} \tag{2.10}$$

当力 $\boldsymbol{F}$ 与坐标轴 Ox,Oy 间的夹角难以确定时,可用**二次投影法**计算 F_x 和 F_y.即先把力 $\boldsymbol{F}$ 投影到坐标平面 Oxy 上得到力 $\boldsymbol{F}_{xy}$,再把 $\boldsymbol{F}_{xy}$ 投影到 x,y 轴上.在图 2.23 中,已知角 γ 与 φ,则力 $\boldsymbol{F}$ 在三个坐标轴上的投影分别为

$$\left.\begin{aligned} F_x &= F\sin\gamma\cos\varphi \\ F_y &= F\sin\gamma\sin\varphi \\ F_z &= F\cos\gamma \end{aligned}\right\} \tag{2.11}$$

力 $\boldsymbol{F}$ 的解析表达式为

$$\boldsymbol{F} = F_x\boldsymbol{i} + F_y\boldsymbol{j} + F_z\boldsymbol{k} \tag{2.12}$$

力 $\boldsymbol{F}$ 的大小与方向余弦为

$$\left.\begin{aligned} &F = \sqrt{F_x^2 + F_y^2 + F_z^2} \\ &\cos(\boldsymbol{F},\boldsymbol{i}) = \frac{F_x}{F},\quad \cos(\boldsymbol{F},\boldsymbol{j}) = \frac{F_y}{F},\quad \cos(\boldsymbol{F},\boldsymbol{k}) = \frac{F_z}{F} \end{aligned}\right\} \tag{2.13}$$

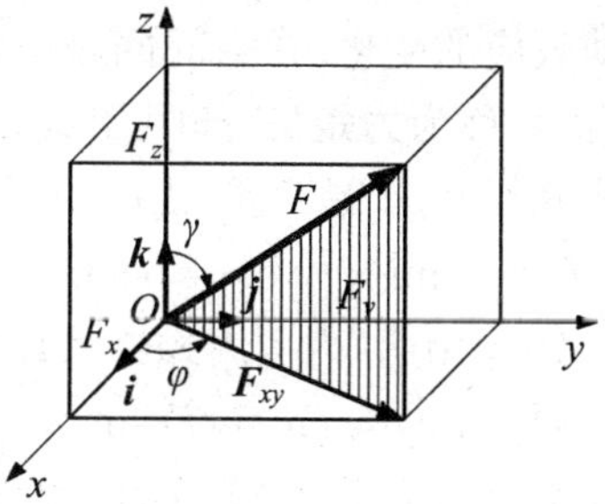

图 2.23　力的投影计算

(2) 力的位置的描述——力矩

式(2.12)可以描述力的方向与大小，但是未能给出力的位置(作用点或作用线)的描述. 描述力的位置需要用到力矩的概念. 由物理学可知，力矩是度量力对物体的转动效应的物理量；在国际单位制中，力矩的单位是 N · m 或 kN · m. 如果保持力的大小与方向不变，只改变力的作用线(力线)的位置，那么力矩必会发生改变.

在图 2.24(a)中，$\boldsymbol{F}$ 对 O 点的力矩为

$$M_O(\boldsymbol{F}) = Fd_1 \tag{2.14}$$

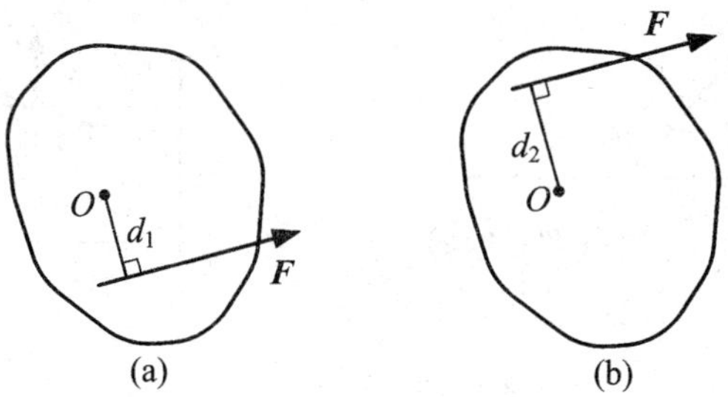

图 2.24　力的位置对力矩的影响

式中，O 为矩心，d_1是力臂，规定逆时针方向的力矩为正值. 在图 2.24(b)中，力 $\boldsymbol{F}$ 的

大小与方向没有变化,但是力线的位置变了.此时,$\boldsymbol{F}$ 对 O 点的力矩为

$$M_O(\boldsymbol{F}) = -Fd_2 \tag{2.15}$$

显然,对于指定的矩心,在力的大小与方向不变的情况下,在每个力线的位置上力只能有唯一的力矩.由此可见,力矩不仅可以度量力的转动效应,还可以表征力线的位置.

用式(2.14)计算力矩只是力线与矩心在某个固定平面内的简单情况,在一般的空间问题中力矩的计算要复杂得多,包含力对点的矩和力对轴的矩两种力矩计算.

① 力对点的矩

在一般情况下,力方向的改变会引起力线与矩心确定的平面(力矩作用面)方位的改变,也就会造成物体转动效应的变化.在空间问题中,为了说明力矩作用面的变化,力对点的矩必须用矢量表示,称为**力矩矢**.如图 2.25(a)所示,$\boldsymbol{r}$ 是点 O 至力 $\boldsymbol{F}$ 的作用点 A 的矢径,$\boldsymbol{r}$ 与 $\boldsymbol{F}$ 的夹角是 φ,d 是力臂.由图中可知

$$d = r\sin(\pi - \varphi) = r\sin\varphi$$

在 $\boldsymbol{r}$ 与 $\boldsymbol{F}$ 确定的平面(力矩作用面)内可用式(2.14)计算力矩

$$M_O(\boldsymbol{F}) = Fd = Fr\sin\varphi$$

再考虑力矩作用面方位的变化,力 $\boldsymbol{F}$ 对 O 点的力矩矢用 $\boldsymbol{M}_O(\boldsymbol{F})$ 表示,且有

$$\boldsymbol{M}_O(\boldsymbol{F}) = \boldsymbol{r} \times \boldsymbol{F} \tag{2.16}$$

由右手螺旋法则,力矩矢 $\boldsymbol{M}_O(\boldsymbol{F})$ 的方向垂直于 $\boldsymbol{r}$ 与 $\boldsymbol{F}$ 确定的平面,这正是力矩作用面的法线方向.由于力矩矢 $\boldsymbol{M}_O(\boldsymbol{F})$ 的大小和方向都与矩心 O 的位置有关,所以力矩矢是在矩心的定位矢量.

在图 2.25(a)中,令 $\boldsymbol{i},\boldsymbol{j},\boldsymbol{k}$ 为各坐标轴的单位矢量,力 $\boldsymbol{F}$ 用式(2.12)表示,$\boldsymbol{r}$ 的解析表达式为

$$\boldsymbol{r} = x\boldsymbol{i} + y\boldsymbol{j} + z\boldsymbol{k}$$

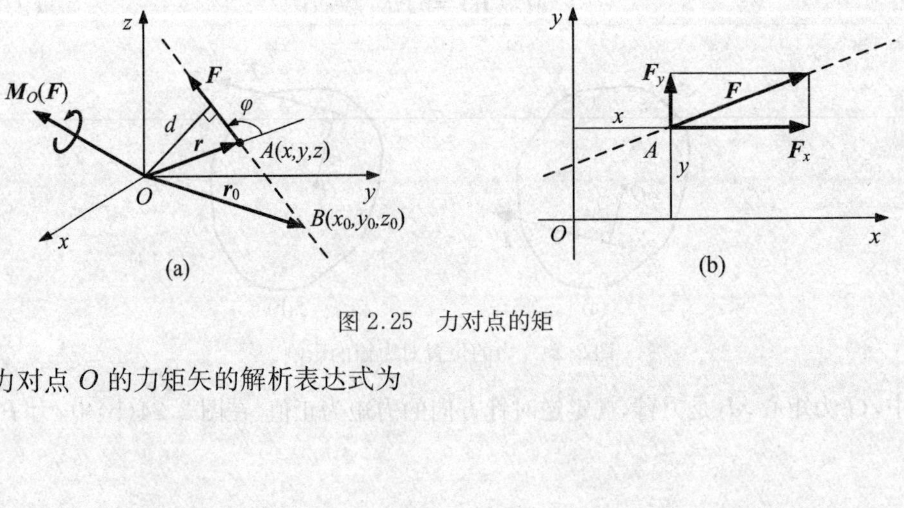

图 2.25 力对点的矩

则力对点 O 的力矩矢的解析表达式为

$$M_O(F) = r \times F = \begin{vmatrix} i & j & k \\ x & y & z \\ F_x & F_y & F_z \end{vmatrix}$$
$$= (yF_z - zF_y)i + (zF_x - xF_z)j + (xF_y - yF_x)k \tag{2.17}$$

由式(2.17)可以得到描述力线位置的解析表达式.如果对于 F 的力线上的某个特殊点 $B(x_0, y_0, z_0)$ 已经计算出力矩

$$M_O(F) = M_{Ox}i + M_{Oy}j + M_{Oz}k$$

则对于力线上任一点 $A(x, y, z)$,由式(2.17)可以得方程组

$$\left.\begin{aligned} yF_z - zF_y &= M_{Ox} \\ zF_x - xF_z &= M_{Oy} \\ xF_y - yF_x &= M_{Oz} \end{aligned}\right\} \tag{2.18}$$

由于 $F \perp M_O(F)$,所以 $F \cdot M_O(F) = 0$,即

$$F_xM_{Ox} + F_yM_{Oy} + F_zM_{Oz} = 0 \tag{2.19}$$

由此可以确定式(2.18)中只有两个独立方程.如果选前两个方程,可得

$$\frac{x + \dfrac{M_{Oy}}{F_z}}{F_x} = \frac{y - \dfrac{M_{Ox}}{F_z}}{F_y} = \frac{z}{F_z} \tag{2.20}$$

这就是力 F 的力线方程.

如果力 F 在 Oxy 面上(图 2.25(b)),有 $F_z = 0$ 且 $z = 0$,由式(2.17)可得

$$M_O(F) = xF_y - yF_x \tag{2.21}$$

这就是平面问题中力矩计算式(2.14)的解析式.如果对于 F 的力线上的某个特殊点已经计算出力矩 $M_O(F)$,则对于力线上任一点 (x, y),式(2.21)也就是力线在 Oxy 面的方程.

② 力对轴的矩

力对轴的矩是力使物体绕轴转动效应的度量,物体绕轴转动只有正反两个方向,所以力对轴的矩用代数量表示即可.力对轴的矩的正负号由右手螺旋法则确定,即用弯曲的四指表示力使物体绕轴转动的方向,若拇指指向与轴的正向相同,则力矩为正,反之为负.

如图 2.26 所示,计算力 F 对任意轴 z 的力矩 $M_z(F)$.过力的作用点 A 作垂直于 z 轴的平面 S,与 z 轴相交于 O 点.再将 F 正交分解,分力 F_z 与 z 轴平行,F_{xy} 在 Oxy 面(即 S 面)上.由合力与诸分力共同作用的等效性可得

$$M_z(F) = M_z(F_z) + M_z(F_{xy})$$

如果力与某轴共面(力线与轴平行或相交),则该力不能使物体绕此轴转动,即该力对轴的力矩为零.F_z 与 z 轴平行,不可能使物体绕 z 轴转动,所以 $M_z(F_z) = 0$,而又有 $M_z(F_{xy}) = M_O(F_{xy})$,因此

$$M_z(F) = M_O(F_{xy}) \tag{2.22}$$

这说明**力对轴的矩等于此力在垂直于轴的平面上的投影对这个平面与该轴交点的矩**.

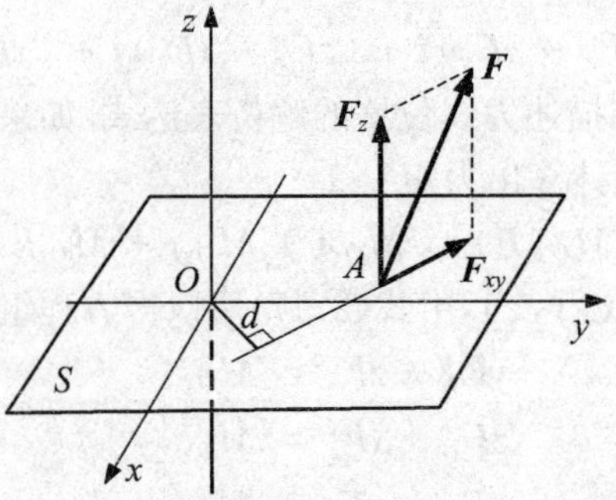

图 2.26 力对轴的矩

由式(2.21),可得力 $\boldsymbol{F}$ 对 z 轴的力矩的解析式为

$$M_z(\boldsymbol{F}) = xF_y - yF_x$$

同理可得力 $\boldsymbol{F}$ 对 x 轴与 y 轴的力矩的解析式.三式合并就是力 $\boldsymbol{F}$ 对轴的矩的解析表达式

$$\left.\begin{aligned} M_x(\boldsymbol{F}) &= yF_z - zF_y \\ M_y(\boldsymbol{F}) &= zF_x - xF_z \\ M_z(\boldsymbol{F}) &= xF_y - yF_x \end{aligned}\right\} \tag{2.23}$$

③ 力对点的矩与力对通过该点的轴的矩的关系

比较式(2.17)与式(2.23)可得

$$\left.\begin{aligned} [\boldsymbol{M}_O(\boldsymbol{F})]_x &= M_x(\boldsymbol{F}) \\ [\boldsymbol{M}_O(\boldsymbol{F})]_y &= M_y(\boldsymbol{F}) \\ [\boldsymbol{M}_O(\boldsymbol{F})]_z &= M_z(\boldsymbol{F}) \end{aligned}\right\} \tag{2.24}$$

此式说明,**力对点的矩矢在通过该点的某轴上的投影等于此力对该轴的矩**.

因此式(2.17)力对点 O 的力矩矢的解析表达式可以写为

$$\boldsymbol{M}_O(\boldsymbol{F}) = M_x(\boldsymbol{F})\boldsymbol{i} + M_y(\boldsymbol{F})\boldsymbol{j} + M_z(\boldsymbol{F})\boldsymbol{k}$$

在计算力对点的矩时,如果根据上述的力矩关系计算力对各轴的力矩作为力对点的力矩矢在各轴的投影,常常比直接计算力对点的力矩矢方便.

在实际运算中,常常不必直接套用这些公式,而可充分利用力和力矩的性质进行比较方便的计算.

例 2.6 在图 2.27(a)中,计算在直角三棱锥底面上作用在底边中点 D 处的力 $\boldsymbol{F}$ 对顶点 O 的力矩.$\boldsymbol{F}$ 的力线过底面的一个顶点 C.

解:先利用力在刚体上的可传性把 $\boldsymbol{F}$ 沿力线滑动到 C 点,如图 2.27(b)所示,由于此时 $\boldsymbol{F}$ 与 y 轴相交,所以判断 $M_y(\boldsymbol{F})=0$,只要计算 $M_x(\boldsymbol{F})$ 与 $M_z(\boldsymbol{F})$ 即可.

再把 $\boldsymbol{F}$ 分解成在 Oxy 面的分力 $\boldsymbol{F}_{xy}$ 和与 z 轴平行的分力 $\boldsymbol{F}_z$，这样就把问题变成了计算比较容易计算的 $\boldsymbol{F}_{xy}$ 与 $\boldsymbol{F}_z$ 对 x 和 z 轴的力矩.

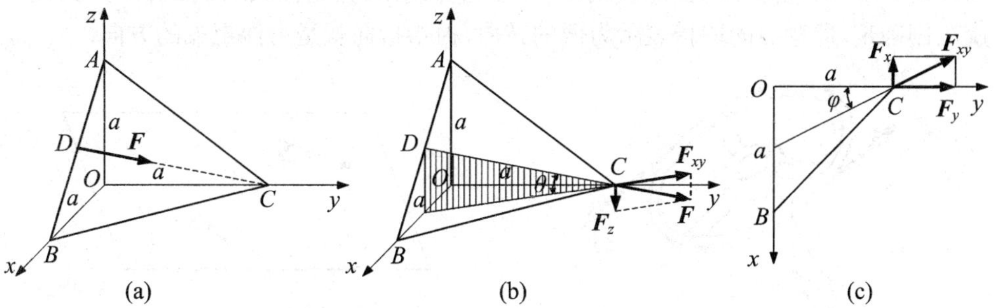

图 2.27　例 2.6 图

$\boldsymbol{F}_z$ 与 z 轴平行，必有 $M_z(\boldsymbol{F}_z)=0$；只要计算 $\boldsymbol{F}_z$ 对 x 轴的力矩 $M_x(\boldsymbol{F}_z)=-aF_z$.

$\boldsymbol{F}_{xy}$ 与 x 轴相交，必有 $M_x(\boldsymbol{F}_{xy})=0$；再把 $\boldsymbol{F}_{xy}$ 按 x 和 y 轴的方向分解成 $\boldsymbol{F}_x$ 与 $\boldsymbol{F}_y$，如图 2.27(c) 所示. $\boldsymbol{F}_y$ 与 z 轴相交，因此只要计算 $\boldsymbol{F}_x$ 对 z 轴（O 点）的力矩 $M_z(\boldsymbol{F}_x)=aF_x$.

以上力矩计算式中的 F_x、F_y、F_z 只表示各力的大小，它们是

$$F_x = F\cos\theta\sin\varphi = \frac{\sqrt{6}}{6}F,\quad F_y = F\cos\theta\cos\varphi = \frac{\sqrt{6}}{3}F,\quad F_z = F\sin\theta = \frac{\sqrt{6}}{6}F$$

所以力 $\boldsymbol{F}$ 对 O 点的力矩矢为

$$\boldsymbol{M}_O(\boldsymbol{F}) = -\frac{\sqrt{6}}{6}Fa\boldsymbol{i} + \frac{\sqrt{6}}{6}Fa\boldsymbol{k}$$

2.3.4　力偶的性质与描述

1. 力偶的基本性质

(1) 最简单的力偶模型

力与**力偶**是效应不同的、独立的机械作用模型. 用两个力可以构成最简单的力偶模型.

如图 2.28 所示，两个大小相等、方向相反且不共线的平行力构成一个力偶，这两个力所在的平面称为**力偶作用面**，两个力之间的距离 d 称为**力偶臂**. 若力的大小为 F，则 $M=Fd$ 称为这个力偶的**力偶矩**，习惯上把逆时针方向转动的力偶的力偶矩计为正值，反之计为负值.

汽车司机用双手转动方向盘时，钳工用丝锥攻螺纹时，施加在方向盘、丝锥上的都是这样的力偶.

(2) 力偶的三要素

力偶的转向、力偶矩的大小或力偶作用面改变时，力偶对刚体的转动效应都会

改变.因此,力偶对刚体的作用效果取决于它的**大小**、**转向**与**作用面**这三个要素.综合这三个要素,可以用一个矢量 $\boldsymbol{M}$ 表示力偶,这个矢量称为**力偶矩矢**(图 2.29(a)).力偶矩矢 $\boldsymbol{M}$ 沿力偶作用面的法线,其大小为力偶矩,其指向按力偶的转向用右手螺旋法则确定,即弯曲的四指表示力偶的转向,拇指指向就是力偶矩矢的方向.

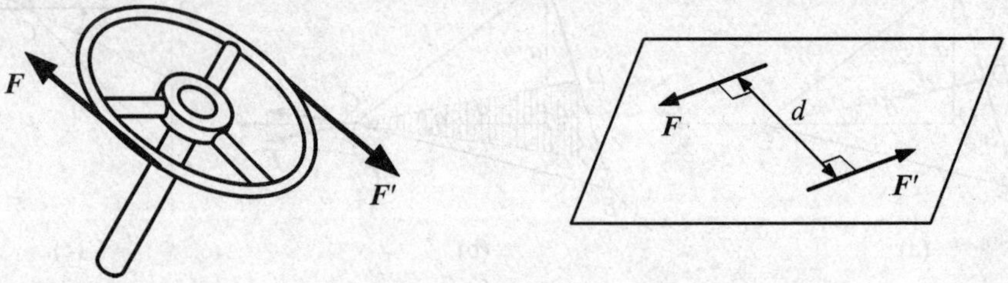

图 2.28 最简单的力偶模型

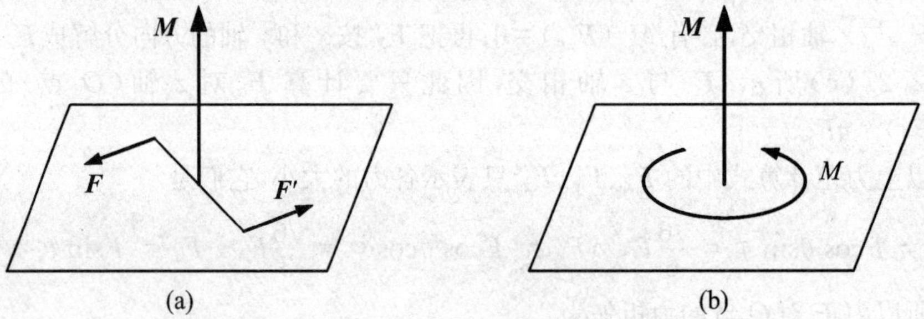

图 2.29 力偶矩矢

(3) 力偶的等效性

再以转动方向盘为例(图 2.30(a)),司机用双手转动方向盘时,两只手对方向盘的作用力形成一个力偶.

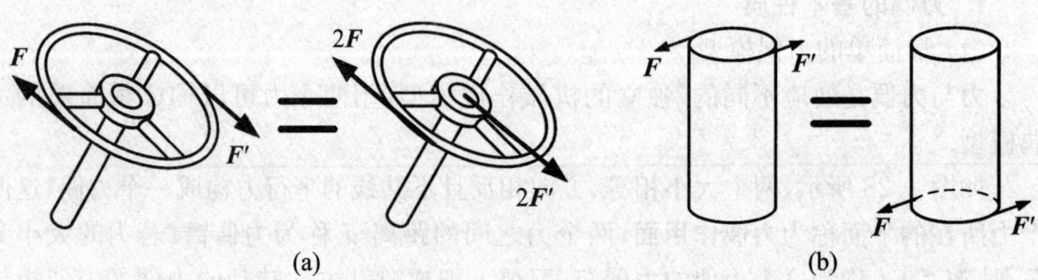

图 2.30 力偶的等效性

如果司机只用一只手握在方向盘的边缘转动方向盘,显然要比双手转动方向盘多花一倍的力量,这时一只手的作用力与方向盘轴对方向盘的作用力也形成了一个力偶.这两个力偶的构成不同(力不同、力臂也不同),位置也不同.但是由于它们的作用面相同(方向盘平面),而且力偶矩相同,所以对方向盘的转动效应是相同的.也就是说，这两个力偶是等效的（如图2.30(a)）.一般地说，只要保持力偶矩的大小与方向不变、力偶的作用面不变，力偶处于作用面内的任意位置对于刚体的作用都是等效的.另一方面，在力偶矩的大小与方向不变的情况下，力偶的作用面平行移动到任一新位置都不会改变对刚体的作用效果（如图2.30(b)）.

由于力偶的这些特性，表示力偶的力偶矩矢就是自由矢量.只要保持大小、方向不变，力偶矩矢在刚体内部任意位置对该刚体的作用都是等效的.

因此在空间问题中用一个力偶矩矢表示力偶，在力偶作用面所在的平面问题中用一个旋转箭头表示力偶（如图2.29(b)），就不必再用两个力的力偶模型表示了.

2. 力偶的描述

(1) 几何法

自由矢量的力偶矩矢可以用一个不受位置限制的带箭头的有向线段表示.有时为了与力矢区别，在力偶矩矢的箭头下加一个旋转箭头，如图2.31(a)所示.

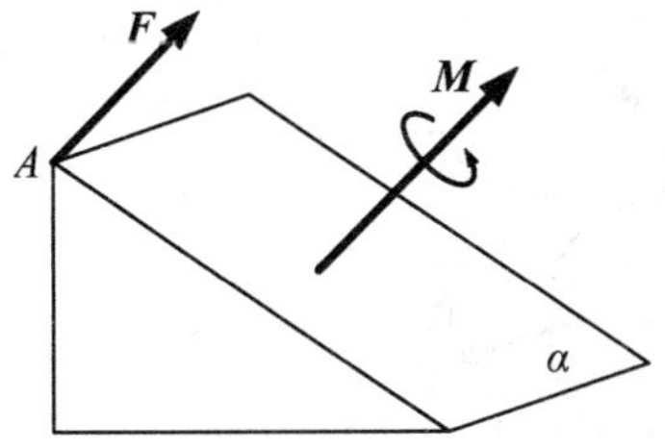

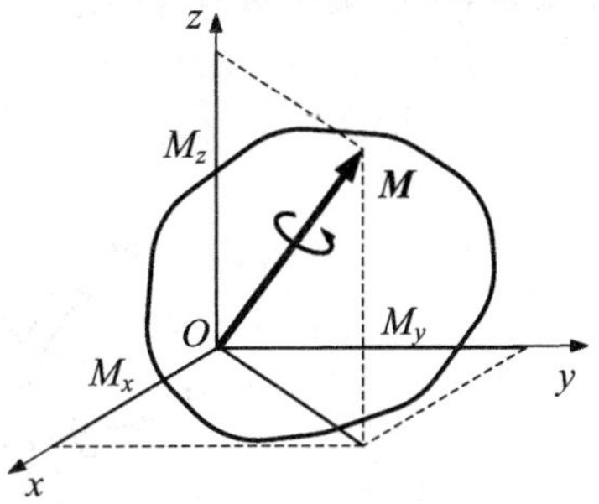

图2.31　力偶的描述方法

(2) 解析法

与描述力的解析法类似，用直接投影法或二次投影法计算力偶矩矢在三个坐标轴上的投影（图2.31(b)），则力偶矩矢的解析表达式为

$$\boldsymbol{M} = M_x\boldsymbol{i} + M_y\boldsymbol{j} + M_z\boldsymbol{k} \tag{2.25}$$

由于力偶矩矢是自由矢量，所以与对力描述时力的位置（力线）还需要用力矩描述不同，式(2.25)给出了对力偶的完全描述.此力偶的大小，即力偶矩为

$$M = \sqrt{M_x^2 + M_y^2 + M_z^2} \tag{2.26}$$

此力偶的作用面的法线单位矢量是

$$\boldsymbol{n} = \frac{1}{M}(M_x\boldsymbol{i} + M_y\boldsymbol{j} + M_z\boldsymbol{k}) \tag{2.27}$$

2.3.5　力系的等效与简化

1. 力系的分类

对于作用在物体上的许多机械作用组成的**力系**，可以根据力系中各个力的力线

的分布情况，把力系分为：

(1) **平面力系**：所有的力线及力偶的作用面都在同一个平面内.

空间力系：力线及力偶的作用面不都在同一个平面内.

(2) **汇交力系**：所有的力线都汇交于同一点，汇交力系中没有力偶.

力偶系：全部是力偶组成的力系，力偶系中没有单独的力.

平行力系：所有力线都互相平行，平行力系中不考虑力偶.

任意力系：对力线没有任何限制的力系.

以上两组特点可以兼有，从而出现如平面汇交力系、空间平行力系、平面任意力系、空间力偶系等情况. 最一般的力系是空间任意力系.

2. 力系的特征量

如图 2.32 所示，一个一般的由力($\boldsymbol{F}_1,\boldsymbol{F}_2,\cdots,\boldsymbol{F}_n$)与力偶($\boldsymbol{M}_1,\boldsymbol{M}_2,\cdots,\boldsymbol{M}_m$)组成的力系，图中($P_1,P_2,\cdots,P_n$)分别是力($\boldsymbol{F}_1,\boldsymbol{F}_2,\cdots,\boldsymbol{F}_n$)的作用点. 由于力偶矩矢是自由矢量，可以集中放在 O 点，O 点是刚体上任取的一点.

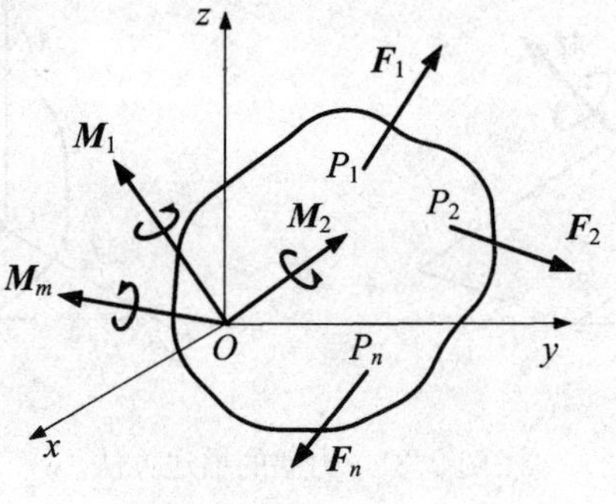

图 2.32　空间任意力系

(1) 主矢

如果不考虑各个力的作用点，把它们作为自由矢量相加，则可以求得它们的矢量和 $\boldsymbol{F}_\mathrm{R}$

$$\boldsymbol{F}_\mathrm{R} = \boldsymbol{F}_1 + \boldsymbol{F}_2 + \cdots + \boldsymbol{F}_n = \sum \boldsymbol{F}_i \tag{2.28}$$

$\boldsymbol{F}_\mathrm{R}$称为力系的主矢量，简称**主矢**. 计算主矢时，只考虑了反映各个力的方向和大小的力矢，所以主矢不是一个力，是一个只有方向与大小的自由矢量.

主矢在坐标轴上的投影是各个力的投影的代数和，即

$$\left.\begin{aligned} F_{\mathrm{R}x} &= \sum F_{ix} \\ F_{\mathrm{R}y} &= \sum F_{iy} \\ F_{\mathrm{R}z} &= \sum F_{iz} \end{aligned}\right\} \tag{2.29}$$

(2) 主矩

图2.32中以 O 为矩心计算各力对 O 点力矩（$\boldsymbol{M}_O(\boldsymbol{F}_1),\boldsymbol{M}_O(\boldsymbol{F}_2),\cdots,\boldsymbol{M}_O(\boldsymbol{F}_n)$），这些力矩矢与力系中各个力偶矩矢（$\boldsymbol{M}_1,\boldsymbol{M}_2,\cdots,\boldsymbol{M}_m$）的矢量和 $\boldsymbol{M}_O$ 称为力系对 O 点的主矩，

$$\boldsymbol{M}_O = \sum \boldsymbol{M}_O(\boldsymbol{F}_i) + \sum \boldsymbol{M}_i$$

或简记为

$$\boldsymbol{M}_O = \sum \boldsymbol{M}_{Oi} \tag{2.30}$$

由于各个力的力矩与矩心的选择有关，所以主矩是个与矩心有关的矢量，即主矩矢是个位于所选矩心的定位矢量.

主矩在坐标轴上的投影是各个力矩矢与力偶矩矢的投影的代数和：

$$\left.\begin{aligned} M_{Ox} &= \sum M_x(\boldsymbol{F}_i) + \sum M_{ix} \\ M_{Oy} &= \sum M_y(\boldsymbol{F}_i) + \sum M_{iy} \\ M_{Oz} &= \sum M_z(\boldsymbol{F}_i) + \sum M_{iz} \end{aligned}\right\} \tag{2.31}$$

式(2.31)可简记为

$$\left.\begin{aligned} M_{Ox} &= \sum M_{ix} \\ M_{Oy} &= \sum M_{iy} \\ M_{Oz} &= \sum M_{iz} \end{aligned}\right\} \tag{2.32}$$

例 2.7　图2.33中的立方体的顶点 A 和 C 上作用有力 $\boldsymbol{F}_1$、$\boldsymbol{F}_2$，构成力系（$\boldsymbol{F}_1,\boldsymbol{F}_2$）；立方体的尺寸如图所示，$\boldsymbol{r}_1$ 和 $\boldsymbol{r}_2$ 分别表示 $\boldsymbol{F}_1$ 和 $\boldsymbol{F}_2$ 的作用点的矢径.试计算该力系的主矢 $\boldsymbol{F}_R$ 与主矩 $\boldsymbol{M}_O$、$\boldsymbol{M}_A$ 和 $\boldsymbol{M}_E$.

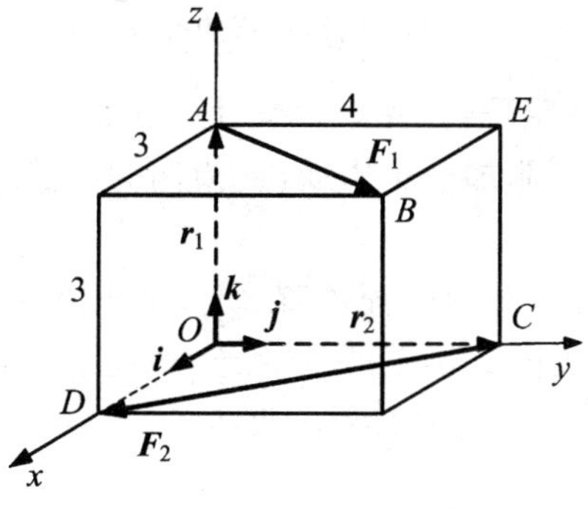

图2.33　例2.7图

解：(1) 主矢

$$\boldsymbol{F}_1 = 3\boldsymbol{i} + 4\boldsymbol{j}, \quad \boldsymbol{F}_2 = 3\boldsymbol{i} - 4\boldsymbol{j}, \quad \boldsymbol{F}_R = \boldsymbol{F}_1 + \boldsymbol{F}_2 = 6\boldsymbol{i}$$

(2) 对点 O 的主矩

$$\boldsymbol{M}_O = \boldsymbol{r}_1 \times \boldsymbol{F}_1 + \boldsymbol{r}_2 \times \boldsymbol{F}_2 = 3\boldsymbol{k} \times (3\boldsymbol{i} + 4\boldsymbol{j}) + 4\boldsymbol{j} \times (3\boldsymbol{i} - 4\boldsymbol{j})$$
$$= -12\boldsymbol{i} + 9\boldsymbol{j} - 12\boldsymbol{k}$$

(3) 对点 A 的主矩

$$\boldsymbol{M}_A = \boldsymbol{r}_{AC} \times \boldsymbol{F}_2 = (4\boldsymbol{j} - 3\boldsymbol{k}) \times (3\boldsymbol{i} - 4\boldsymbol{j}) = -12\boldsymbol{i} - 9\boldsymbol{j} - 12\boldsymbol{k}$$

(4) 对点 E 的主矩

$$\boldsymbol{M}_E = \boldsymbol{r}_{EA} \times \boldsymbol{F}_1 + \boldsymbol{r}_{EC} \times \boldsymbol{F}_2 = -4\boldsymbol{j} \times (3\boldsymbol{i} + 4\boldsymbol{j}) - 3\boldsymbol{k} \times (3\boldsymbol{i} - 4\boldsymbol{j})$$
$$= -12\boldsymbol{i} - 9\boldsymbol{j} + 12\boldsymbol{k}$$

比较 $\boldsymbol{M}_O$、$\boldsymbol{M}_A$、$\boldsymbol{M}_E$可见,同一个力系对于不同点的主矩是不同的.

3. 力系的等效

(1) 力的平移定理

作用在刚体上的力可以等效地在它的力线上滑动,但是不能脱离力线平行移动.如图 2.34(a)所示,作用在 A 点的力$\boldsymbol{F}$ 能使滑轮绕O 轴转动,力矩 $M_O = -Fr$.如果把力 $\boldsymbol{F}$ 平移到O 点,就不能使滑轮转动了(图 2.34(b)),可见力平移后不能等效.为了保持等效,必须补充一个力偶 M_O,其力偶矩为力 $\boldsymbol{F}$ 在原来的位置对新作用点O 点的力矩 $-Fr$(图 2.34(c)),这个力偶称为**附加力偶**.可见一个被平移了的力必须加上一个附加力偶才能够和原来的力等效.

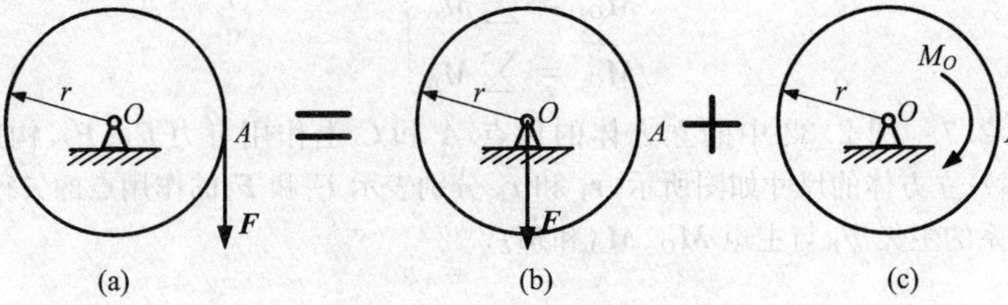

图 2.34　力线平移的等效示意

一般情况有**力的平移定理:作用在刚体上的力可以平移到刚体上任一新作用点,但是为了保持等效必须附加一个力偶,此力偶的力偶矩等于原力对新作用点的力矩**.

力的滑动与力线平移只对刚体等效.在研究力的变形效应时,作用在变形体上的力不能滑动或移动.参见图 2.35 的几个例子,在变形体的悬臂梁中,AB 部分的形状由力平移之前的曲线变成了力平移后的直线.

(2) 等效力系定理

等效力系定理:两个力系对刚体运动效应相等的条件是它们的主矢相等而且对同一点的主矩也相等.

此定理说明,力系对刚体的运动效应完全由其主矢与主矩决定.作用在同一个刚体上的两个力系,不论组成多么不同,如果它们的主矢相等而且对同一点的主矩也相等，那么这两个力系对该刚体产生的运动效应是相同的．因此说**主矢与主矩是力系的两个特征量**．

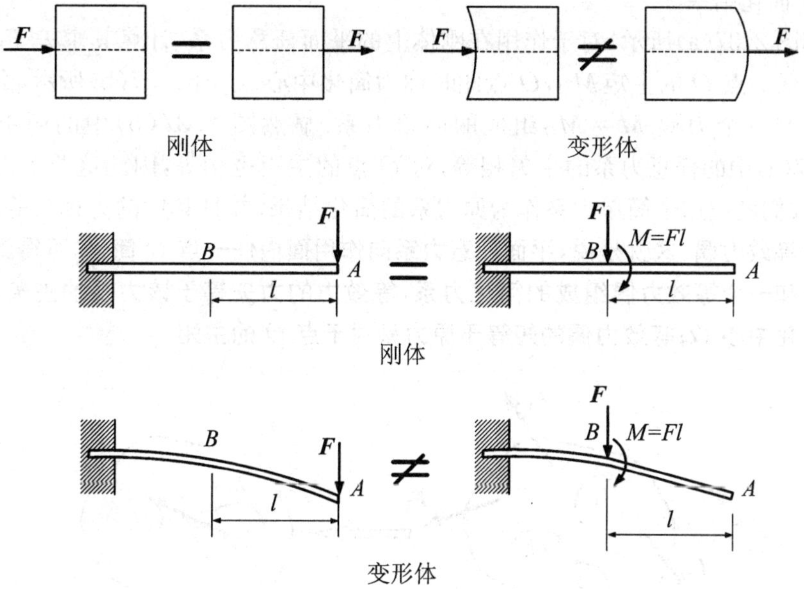

图 2.35　力只能在刚体上等效移动

此定理可以用图 2.36 说明．考虑在同一刚体上的两个力系，一个是图 2.36(a)中作用在 A 点的力 $\boldsymbol{F}_A$；另一个是图 2.36(b)中作用在刚体上任一其他点 B 的力 $\boldsymbol{F}_B$ 和力偶 $\boldsymbol{M}$，且 $\boldsymbol{F}_B=\boldsymbol{F}_A=\boldsymbol{F}$，力偶矩 $\boldsymbol{M}=\boldsymbol{r}_{BA}\times\boldsymbol{F}$．图 2.36(a)力系的主矢是 $\boldsymbol{F}_A=\boldsymbol{F}$，对 B 点的主矩是 $M_B=\boldsymbol{r}_{BA}\times\boldsymbol{F}$；图 2.36(b)力系的主矢是 $\boldsymbol{F}_B=\boldsymbol{F}$，对 B 点的主矩是 $\boldsymbol{M}=\boldsymbol{r}_{BA}\times\boldsymbol{F}$．两个力系的主矢与主矩都相等．由力的平移定理可知，如果把 $\boldsymbol{F}_A$ 平移到 B 点，那么附加力偶正好就是 $\boldsymbol{M}$，所以这两个力系是等效的．

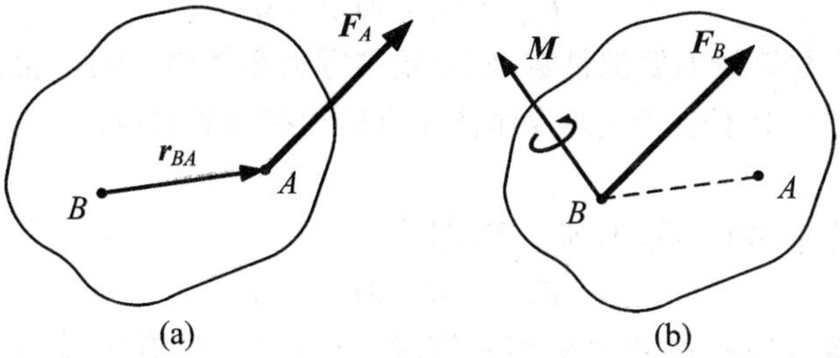

图 2.36　力系等效图示

由等效力系定理易知，一个力不可能与一个力偶等效，一个力偶只能与另一个力偶等效．

4. 力系的简化

(1) 平面任意力系向作用面内一点的简化

① 简化结果

如图 2.37(a)所示,对于作用在刚体上的平面任意力系,计算其主矢 $\boldsymbol{F}_R$ 和对作用面内任一点 O 的主矩 M_O,O 点此时称为**简化中心**.如图 2.37(b)所示,由一个力 $\boldsymbol{F}=\boldsymbol{F}_R$ 与一个力偶 $M=M_O$ 组成的简单力系.显然图 2.37(b)中的简单力系与图 2.37(a)中的任意力系的主矢相等,对 O 点的主矩也相等,因此这两个力系是等效的.我们就把这个简单力系作为原力系的简化结果,并且其中的力称为**等效力**,力偶称为**等效力偶**.这就是说,**平面任意力系向作用面内任一点 O 简化,可得到由一个等效力和一个等效力偶组成的简化力系,等效力的力矢等于该力系的主矢,作用线通过简化中心 O;等效力偶的矩等于原力系对于点 O 的主矩.**

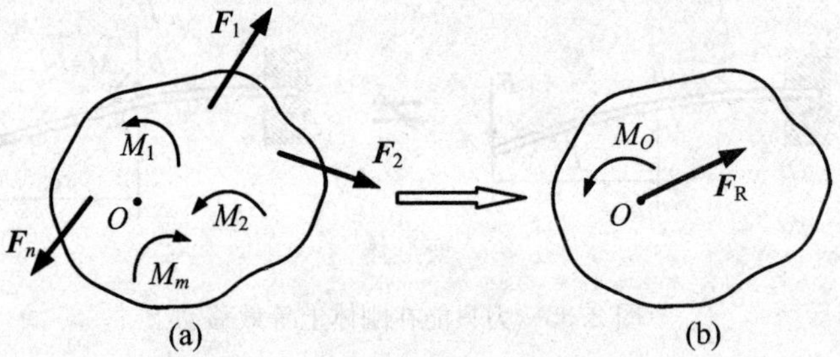

图 2.37 平面任意力系的简化力系

② 简化结果分析

根据力系的主矢与主矩是否为零,可以把平面任意力系向作用面内一点简化的结果进一步归结为以下三种情况.

a. 平衡

如果主矢与主矩皆等于零,即

$$\boldsymbol{F}_R = 0, \quad M_O = 0$$

此时等效力与等效力偶都是零,原力系与零力系等效,因此称之为平衡力系.平衡力系作用在刚体上不会产生改变刚体原有运动状态的效应.

b. 合力偶

如果主矢等于零但主矩不等于零,即

$$\boldsymbol{F}_R = 0, \quad M_O \neq 0$$

此时原力系对任一点的主矩都相等.简化力系中没有等效力只有等效力偶存在,此时可称等效力偶为原力系的合力偶,其力偶矩等于该力系对任一点的主矩.

c. 合力

只要主矢不等于零,该力系都可以与一个力等效,此力称为该力系的合力.合力的力矢即为主矢 $\boldsymbol{F}_R$,合力作用线的方程是

$$xF_{Ry} - yF_{Rx} = M_O \tag{2.33}$$

在主矩等于零时(即 $F_R \neq 0, M_O = 0$ 时),合力的作用线通过简化中心 O 点.

在主矩不等于零时(即 $F_R \neq 0, M_O \neq 0$ 时),合力的作用线不过简化中心.

例 2.8　图 2.38 是重力坝的受力图.已知:$P_1 = 450$ kN,$P_2 = 200$ kN,$F_1 = 300$ kN,$F_2 = 70$ kN.求力系向点 O 简化的结果,合力与基线 OA 的交点到 O 的距离 x.

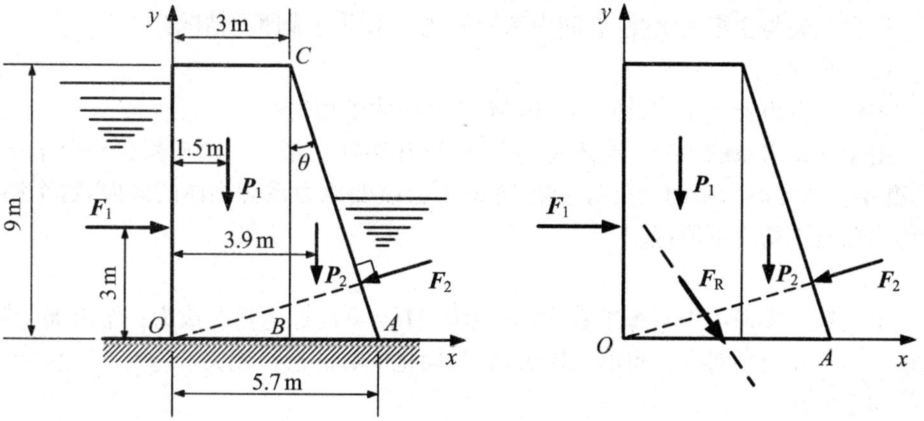

图 2.38　例 2.8 图

解:① 计算力系的主矢与向 O 点简化的主矩

$$\theta = \arctan\frac{AB}{BC} = 16.7^\circ$$

$$F_{Rx} = \sum F_x = F_1 - F_2\cos\theta = 232.9(\text{kN})$$

$$F_{Ry} = \sum F_y = -P_1 - P_2 - F_2\sin\theta = -670.1(\text{kN})$$

$$M_O = \sum M_O(\boldsymbol{F}) = -3F_1 - 1.5P_1 - 3.9P_2 = -2355(\text{kN}\cdot\text{m})$$

② 由于主矢与主矩皆不为零,所以该力系合成为一个力.合力的大小为

$$F_R = \sqrt{F_{Rx}^2 + F_{Ry}^2} = 709.4(\text{kN})$$

由 $F_{Rx} > 0$ 且 $F_{Ry} < 0$ 可知 $\boldsymbol{F}_R$ 在第四象限,合力与 x 轴正方向的夹角$(\boldsymbol{F}_R, \boldsymbol{i})$为

$$\tan(\boldsymbol{F}_R, \boldsymbol{i}) = \frac{F_{Ry}}{F_{Rx}} = -2.877$$

所以

$$(\boldsymbol{F}_R, \boldsymbol{i}) = -70.83^\circ$$

合力的作用线方程为

$$-670.1x - 232.9y = -2355$$

即

$$x + 0.348y = 3.514$$

令 $y=0$ 即得合力作用线与基线的交点 $x=3.514\ \text{m}$.

(2) 空间任意力系向一点的简化

与平面任意力系一样,**空间任意力系向任一点 O 简化,也得到由一个等效力和一个等效力偶组成的简化力系,但是此时等效力偶是矢量.等效力的力矢等于该力系的主矢,作用线通过简化中心 O;等效力偶的力偶矩矢等于该力系对于点 O 的主矩.**

根据主矢与主矩的情况,空间力系的简化结果可分成四种情况:

(1) 平衡

主矢与主矩皆等于零,即 $\boldsymbol{F}_{\mathrm{R}}=0,\boldsymbol{M}_O=0$ 时为平衡力系.

由于平衡力系的主矢与主矩皆为零,所以在刚体上增加一个或减少一个平衡力系,都不会改变原力系的主矢与主矩,亦即不会改变原力系对刚体的效应,这个结论也称为加减平衡力系原理.

(2) 合力偶

主矢等于零但主矩不等于零,即 $\boldsymbol{F}_{\mathrm{R}}=0,\boldsymbol{M}_O\neq0$ 时原力系合成为一个力偶.其力偶矩矢等于原力系对任一点的主矩矢,它与简化中心的选择无关.

(3) 合力

主矢不等于零,而主矩等于零或者主矩虽不等于零但与主矢垂直,此时原力系都可以合成为一个力.此合力的力线方程由式(2.20)给出

$$\frac{x+\dfrac{M_{Oy}}{F_z}}{F_x}=\frac{y-\dfrac{M_{Ox}}{F_z}}{F_y}=\frac{z}{F_z}$$

当主矩为零时,合力的力线通过简化中心 O 点.

当主矩不为零时,合力的力线通过 Oxy 面上的点$\left(-\dfrac{M_{Oy}}{F_z},\dfrac{M_{Ox}}{F_z},0\right)$.

(4) 力螺旋

主矢与主矩都不为零,且主矢与主矩矢不垂直,即简化力系中的等效力 $\boldsymbol{F}_{\mathrm{R}}$与等效力偶矩矢 $\boldsymbol{M}_O$不垂直,如图 2.39(a)所示.

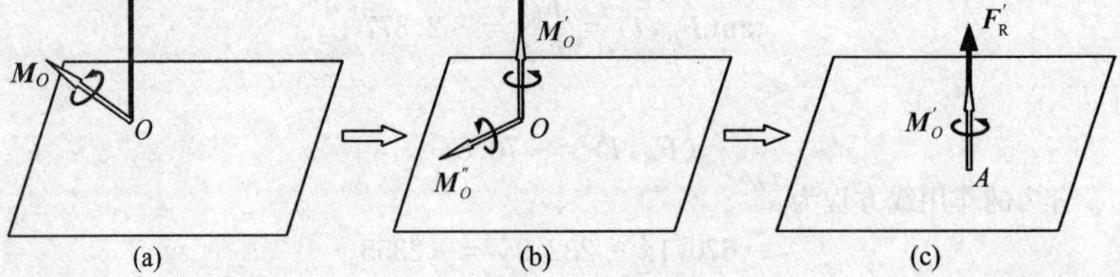

图 2.39 力螺旋

此时再把 $\boldsymbol{M}_O$分解成两个正交分量，一个是与 $\boldsymbol{F}_R$垂直的 $\boldsymbol{M}_O''$，另一个是与 $\boldsymbol{F}_R$平行的 $\boldsymbol{M}_O'$，如图 2.39(b)所示. $\boldsymbol{F}_R$与 $\boldsymbol{M}_O''$可以再简化成一个作用在另一点 A 的力$\boldsymbol{F}_R'$，如图 2.39(c)所示. 这样原力系就与由 $\boldsymbol{F}_R'$和 $\boldsymbol{M}_O'$组成的简化力系等效了. 这种由共线的一个力与一个力偶组成的力系是无法再简化的力系，称之为**力螺旋**. 力偶的转向和力的指向符合右手螺旋法则的称为右螺旋，反之符合左螺旋法则的称为左螺旋. 力螺旋的力作用线称为该力螺旋的中心轴. 例如，钻孔时钻头对工件的作用以及拧木螺钉时螺丝刀对螺钉的作用都是力螺旋.

2.4　研究对象的选择

力学模型建立以后，正确选取研究对象是解决问题的关键，直接影响到解决过程的简繁、优劣，以致最终影响到问题的解决结果. 选取研究对象时，往往有很大的灵活性，没有一成不变的规定. 但是无论怎样选择，都必须注意以下一些要点.

2.4.1　外力　内力　外约束　内约束

力学模型一般都是由若干物体组成的，如前所述，它们可以是质点系或者是刚体系统(物系)，以下皆称为系统. 系统以外的物体对系统的作用力称为**外力**，系统内部物体的相互作用力称为**内力**. 外力与内力的根本区别是外力的反作用力在系统外部，而内力的作用力与反作用力都在系统内部. 由力的作用与反作用定律可知，作用力与反作用力是等值、反向、共线的. 虽然内力的作用力与反作用力作用在系统内不同的物体上，但是都是作用在系统上的力. 以内力的作用力与反作用力组成的力系的主矢与主矢都是零，对系统而言是一个平衡力系. 因此在许多问题中，可以不必考虑内力的作用. 只有在内力做功的和不为零的情况下，才需要考虑系统的内力(参见动能定理中相关论述). 而外力在任何情况下都是不可忽视的. 所以在选取研究对象时，严格区分内力与外力十分重要.

系统外的物体对系统的约束称为**外约束**，系统内部物体之间的约束称为**内约束**. 约束对研究对象的作用力称为**约束力**. 外约束力是外力，内约束力是内力. 因此选择研究对象时，必须严格区分内约束与外约束.

但是，外力、内力之分并不是一成不变的. 选取的研究对象可以是系统整体，也可以是系统中的一部分. 根据研究对象的不同，原来的外力可以变成内力，原来的内力也可以变成外力. 例如图 2.40(a)所示的曲柄连杆机构，系统是由曲柄 OA，连杆 AB 与滑块 C 组成. 如果以整体为研究对象(图 2.40(b))，O 处的轴承与 C 处的滑槽为外约束，它们对系统的约束力是外力. 而 A 和 B 处的柱铰是内约束，它产生的约束力是内力，不必考虑. 如果以滑块与连杆为研究对象(图 2.40(c))，则 A 铰变为外约束,必须分析它的约束力,而 B 铰仍是内约束,不必考虑.图中具体力的分析方法在受力分析中介绍,此处只需了解内外约束力的不同.

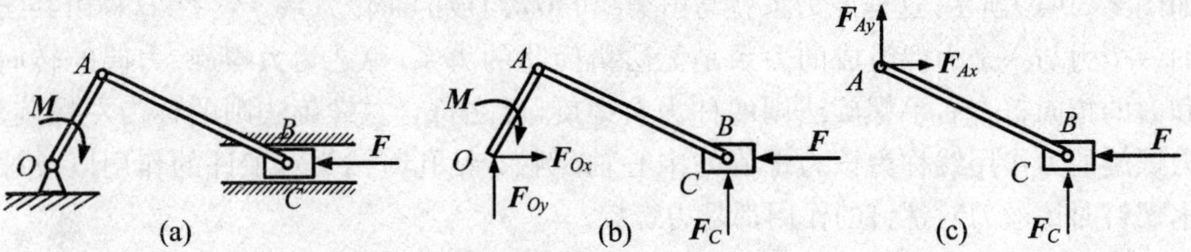

图 2.40 曲柄连杆机构受力图

由于不考虑内力可以大大减少系统中未知力的数目,使问题的解答更加方便简洁,所以一般选择研究对象时都尽量选取系统整体.只有在仅仅研究整体不能解决问题时,才考虑把系统拆开,取其中的一部分为研究对象.在选取研究对象时,**先整体、后局部**是应该注意的方法.

2.4.2 分离体

确定了研究对象以后,为了能够目标明确地进行分析计算,必须把研究对象从周围物体对它的约束中分离出来,另行单独做出力学简图加以研究.这种被解除了约束的物体称为**分离体**.分离体给出了研究对象的明确、具体的表示.只有对分离体才能正确进行受力分析,从而建立方程,计算结果.对于由多个物体组成的物系,不允许不取分离体就进行分析计算.例如图 2.40(b)中是以整体为研究对象时的分离体图,图 2.40(c)中是以连杆与滑块为研究对象时的分离体图.

习 题

2.1 求阴影线所示平面图形形心的坐标.

2.2 组合对称断面如图所示.求其形心位置,图中尺寸以 mm 计.

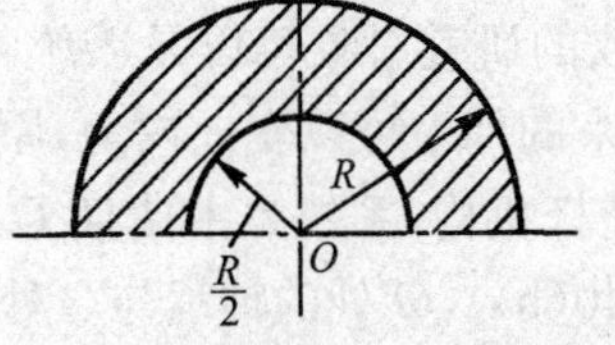

题 2.1 图

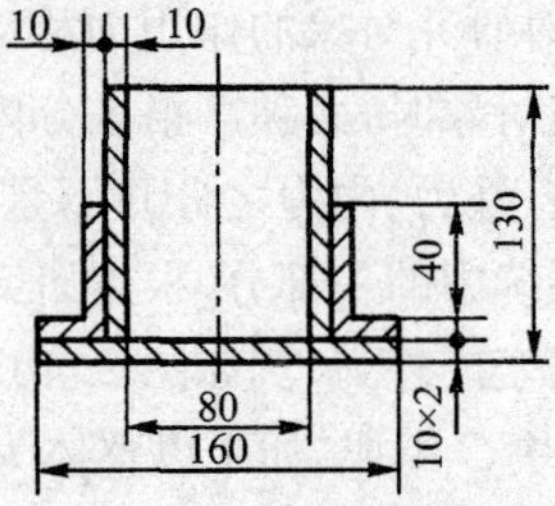

题 2.2 图

2.3　平面桁架由七根截面相同的均质杆组成，杆长如图所示．如各杆单位长度的质量均相等，求桁架质心的坐标．

2.4　图示均质正方形薄板 $ABCD$ 边长为 a．试在其中求一点 E 的极限位置 y_{max}，使薄板在被截去等腰三角形 AEB 后，剩余面积的形心仍在板内．

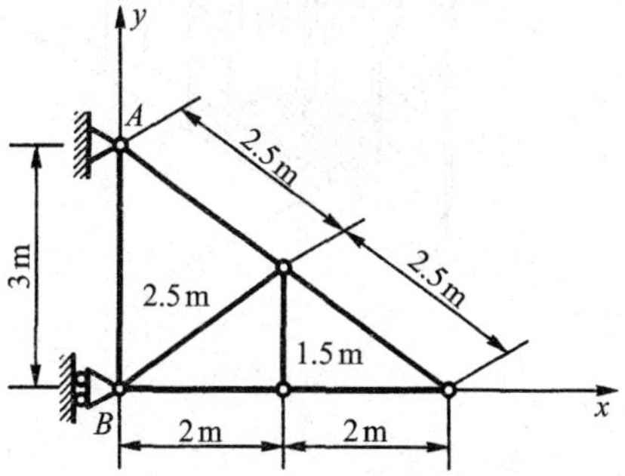

题 2.3 图

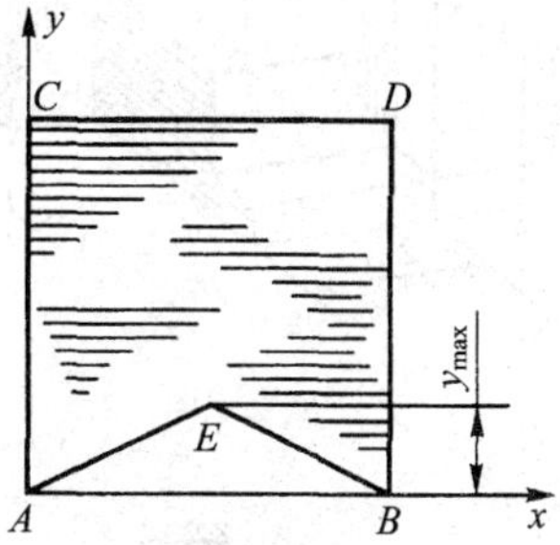

题 2.4 图

2.5　某预应力钢筋混凝土梁桥的截面如图所示，钢索孔的直径为 50 mm，其他尺寸以 mm 计．求截面形心的坐标．

2.6　图示为某双曲拱桥的主拱圈截面．求该对称截面的形心坐标，图中尺寸以 mm 计．

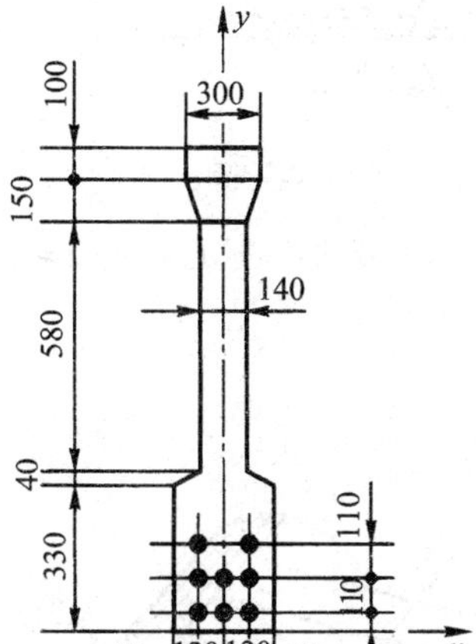

题 2.5 图

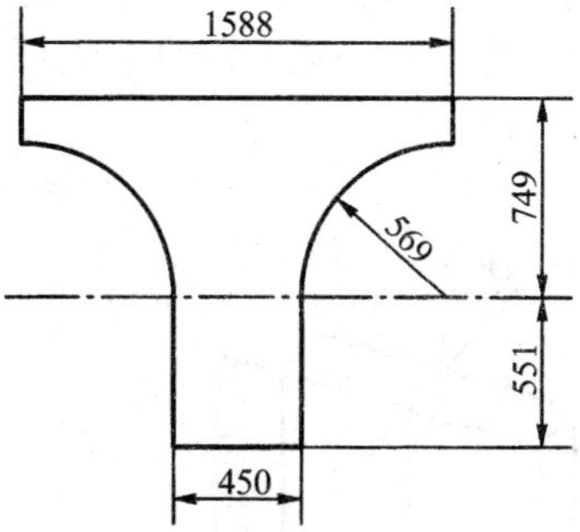

题 2.6 图

2.7　求图示均质混凝土基础的质心的位置．

2.8　求图示铸模质心的位置，图中尺寸以 mm 计．

2.9　图示钟表的摆由杆和圆盘组成．杆长 $l=1$ m，质量 $m_l=4$ kg；圆盘的半径 $R=0.2$ m，质量 $m_2=6$ kg．如杆和圆盘视为均质，求摆对于 O 轴的转动惯量．

2.10　图示均质半圆柱的质量 $m=45$ kg，半径 $r=200$ mm，厚度 $h=100$ mm．计算对 A-A 轴的转动惯量．

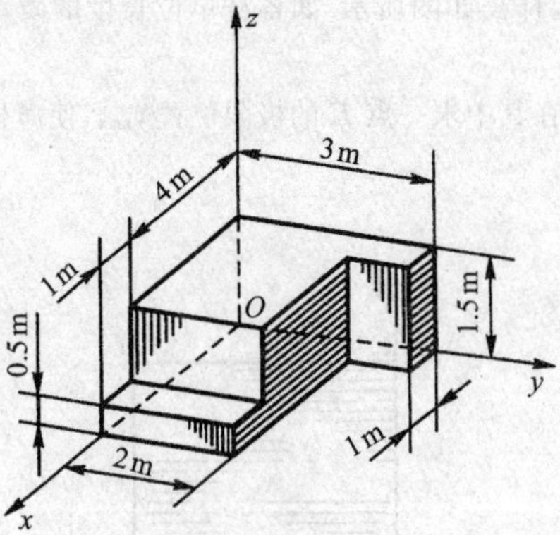

题 2.7 图

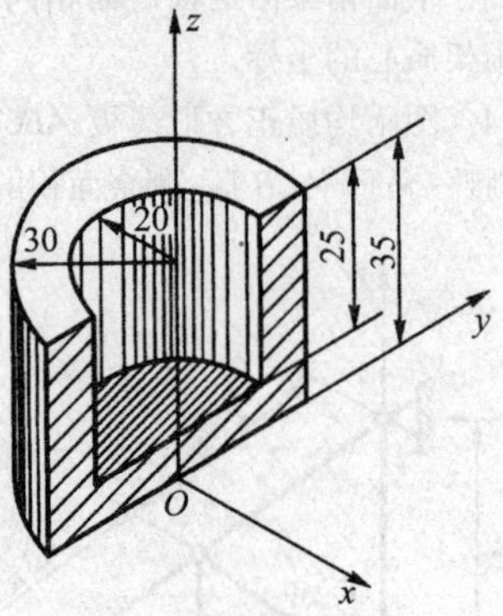

题 2.8 图

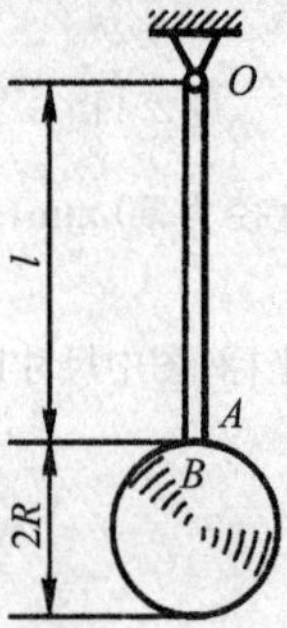

题 2.9 图

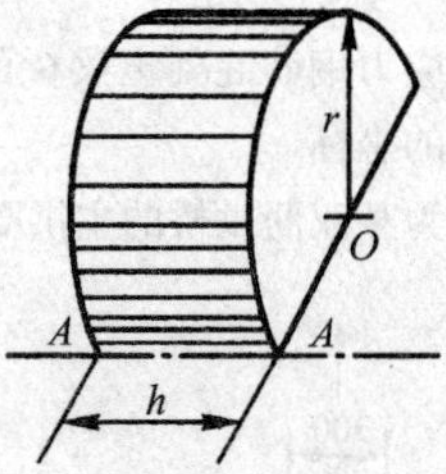

题 2.10 图

2.11 图示零件的质量为 2 kg，设此零件的厚度与其他尺寸相比很小，求它对 O-O 轴的转动惯量.

2.12 求图示对称钢连杆对 O-O 轴的回转半径.

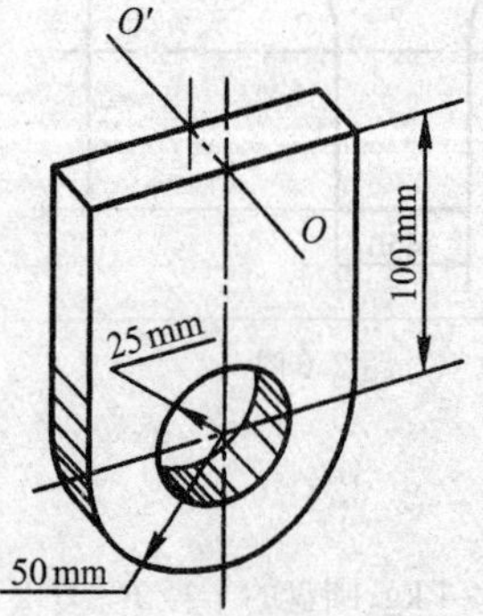

题 2.11 图

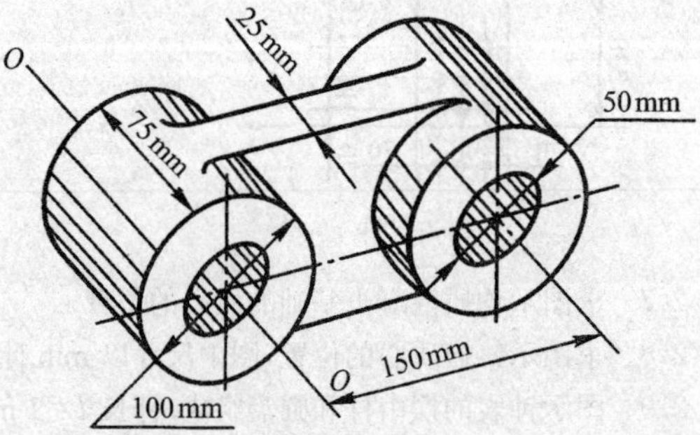

题 2.12 图

2.13　分析下列各研究对象所受的约束及各约束产生的运动限制.

(1) 托架与重物为研究对象，A 点为固定柱铰支座.

(2) 杆 OA 与其上端悬挂的物体为研究对象，在 B 点用钢索拉住，O 点为固定柱铰支座.

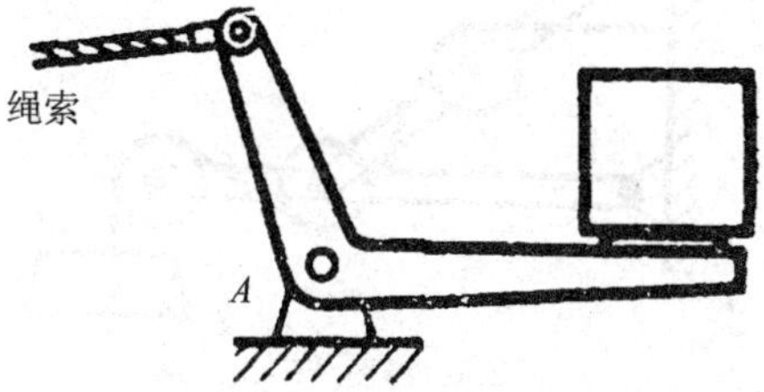

题 2.13(1)图

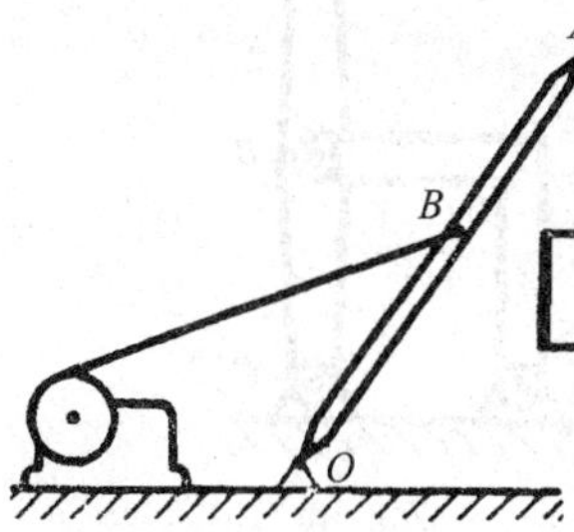

题 2.13(2)图

(3) 箱体为研究对象，一端靠在光滑的墙壁上，一端搁在水平的粗糙地面上.

(4) 托架为研究对象，其 A 点为固定铰连接，B 点为一固定销钉，销钉和托架的槽为光滑接触.

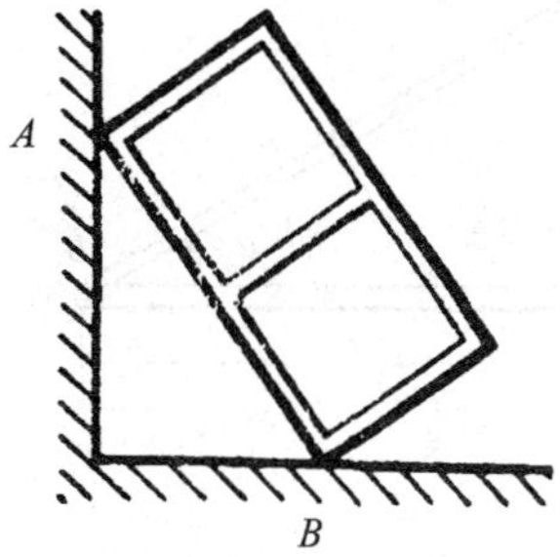

题 2.13(3)图

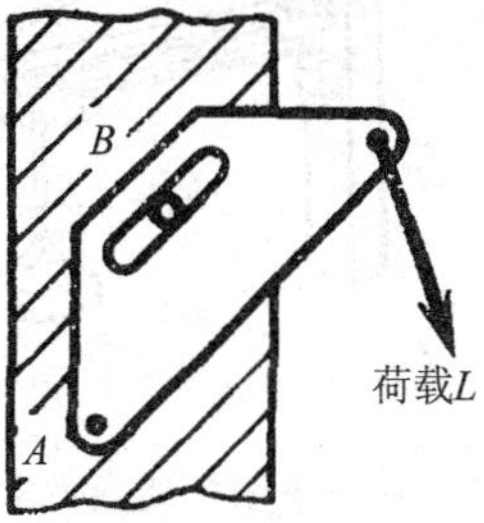

题 2.13(4)图

(5) 撬杠为研究对象，它与箱体为光滑接触，而与地面为粗糙面接触.

(6) 杆为研究对象，它被绳拉住保持在一定的平衡位置，为了防止杆滑动，在水平地面上挖了一小坑.

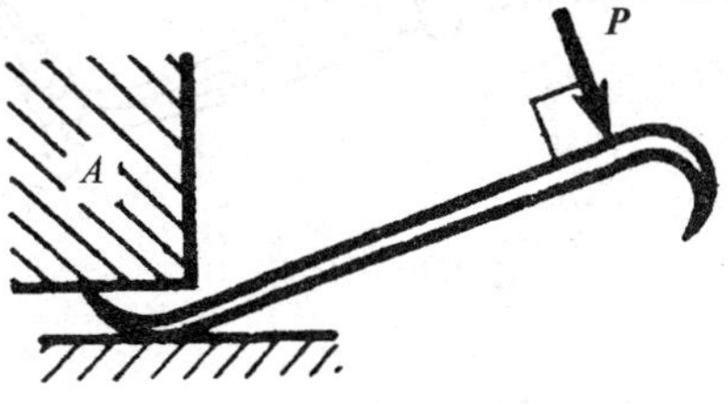

题 2.13(5)图

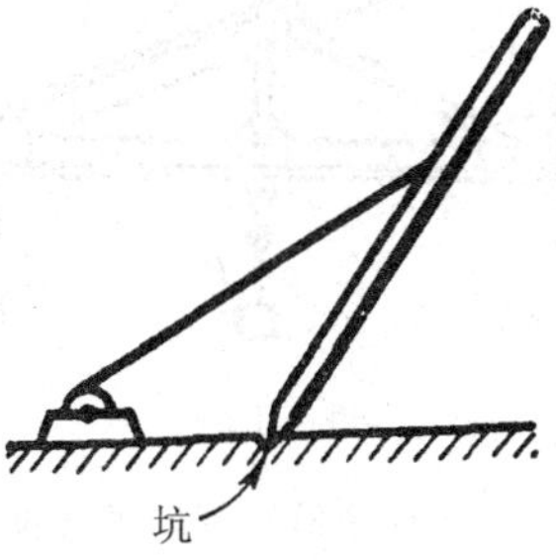

题 2.13(6)图

(7) AB 为一直角形支架，A、B、C 为柱铰连接，以直杆 BC 为研究对象.

(8) 将整个框架、滑轮与钢索作为整体的研究对象，A、B 为固定柱铰支座.

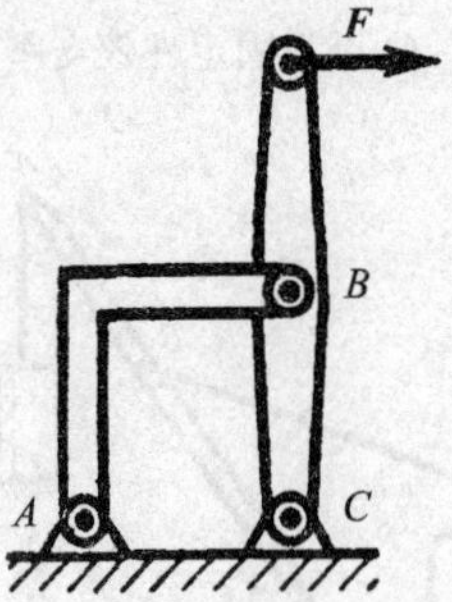

题 2.13(7)图

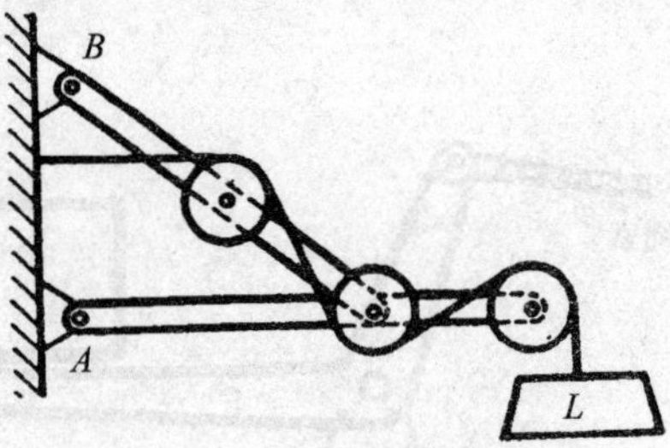

题 2.13(8)图

2.14 左图为转轴单臂吊车，右图为其力学模型简图，比较两图，了解力学简图的画法.

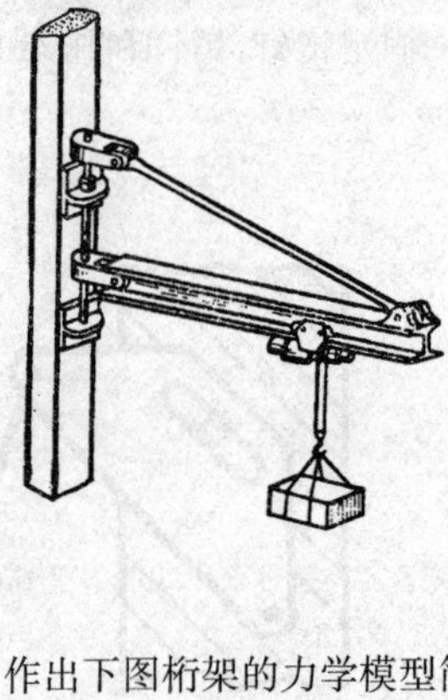

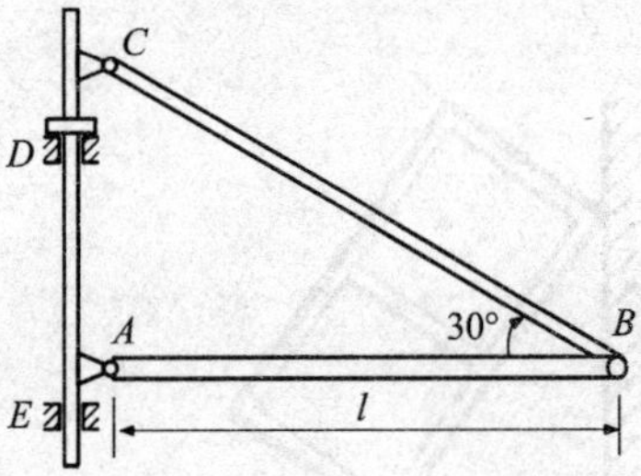

题 2.14 图

2.15 作出下图桁架的力学模型简图.

2.16 图为小腿的骨架.通过附着在髋部 A 和膝盖骨 B 上的四头肌使小腿抬起，膝盖骨可在膝关节的软骨上自由滑动，四头肌进一步延伸，并与胫骨 C 相附着.试作小腿的力学模型简图.

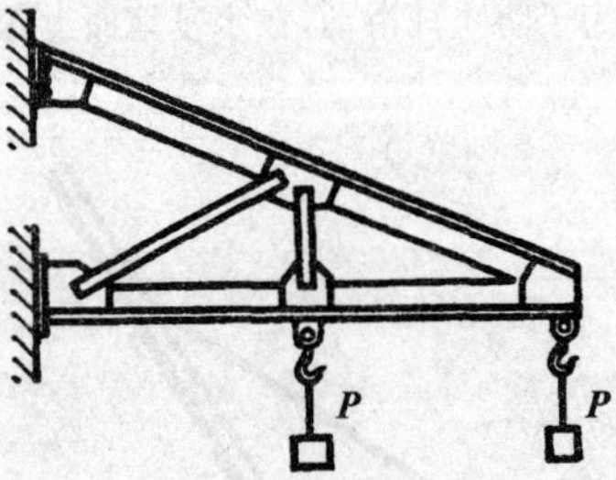

题 2.15 图

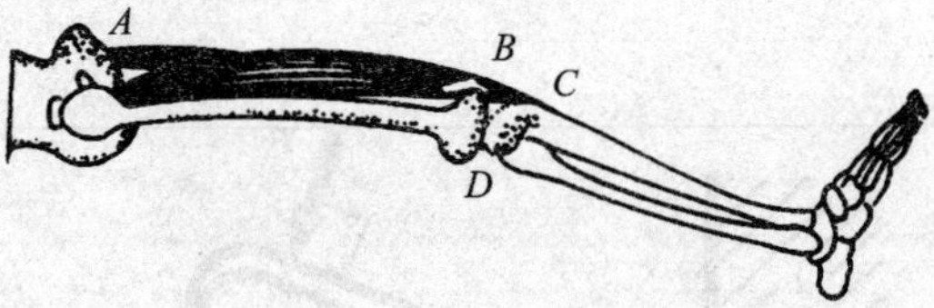

题 2.16 图

2.17 作出符合下列要求的约束：

(1) 物体只能绕某直线转动而不能移动.

(2) 物体只能绕某个点转动而不能移动.

(3) 物体只能沿某直线移动，不能绕该直线转动.

(4) 物体能沿某直线移动,并且能绕该直线转动.

(5) 只能在平面上运动的物体上的某个点沿某直线运动,并且物体可以绕该点转动.

(6) 一个点被限制在与原点的距离不超过 R 的范围内运动.

(7) 在同一平面内运动的两个物体之间只能发生相对转动,而不能分开.

(8) 在同一平面内运动的两个物体之间能发生相对转动,而且能在一个方向上相对移动,但不能分开.

(9) 在平面内运动的物体可以在平面内任意平移,但不能转动.

(10) 两个物体不能产生任何相对运动.

2.18　如图所示的曲杆上,作用有力 $F_1 = 260$ kN,$F_2 = 100$ kN,及力偶矩为 300 kN·mm 的力偶.求力系向 O 点简化的结果及力系的合力.

2.19　平面力系如图所示,且 $F_1 = F_2 = F_3 = F_4 = F$.求该力系向 A,B 两点的简化结果.

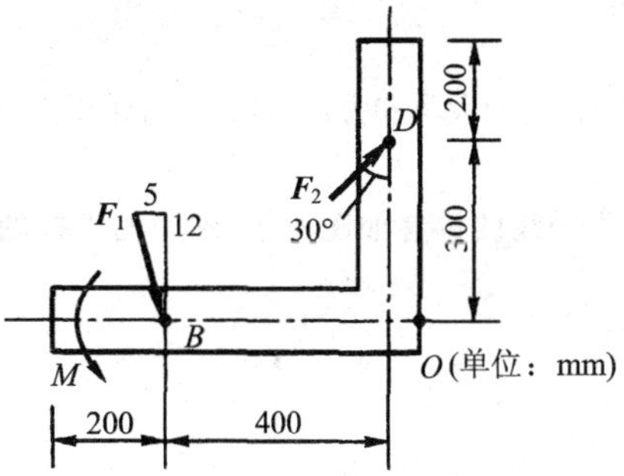

题 2.18 图

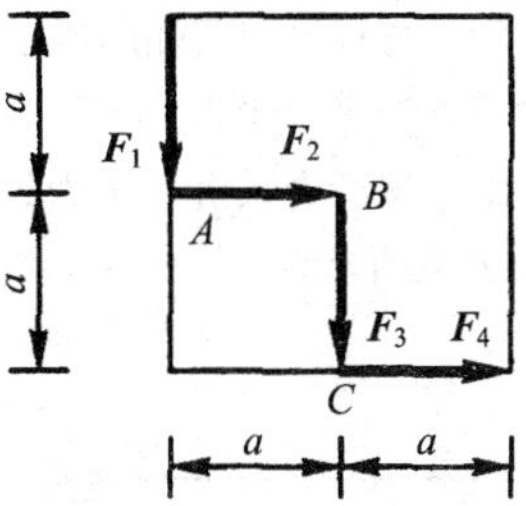

题 2.19 图

2.20　图示水箱上开有一长方形的孔,用板挡住.已知板上任意点的压强(单位面积上的力)$p = \rho gh$,ρ 为水的密度,h 为该点离水平面的距离.试计算板上水压力的合力 $\boldsymbol{F}_R$ 及其作用点(称为压力中心)离水面的距离 H.

2.21　已知三力 $\boldsymbol{F}_1$,$\boldsymbol{F}_2$ 和 $\boldsymbol{F}_3$ 的大小都等于 100 N,分别作用在等边三角形 ABC 的各边上,如图所示.已知三角形边长为 200 mm,求力系合成的结果.

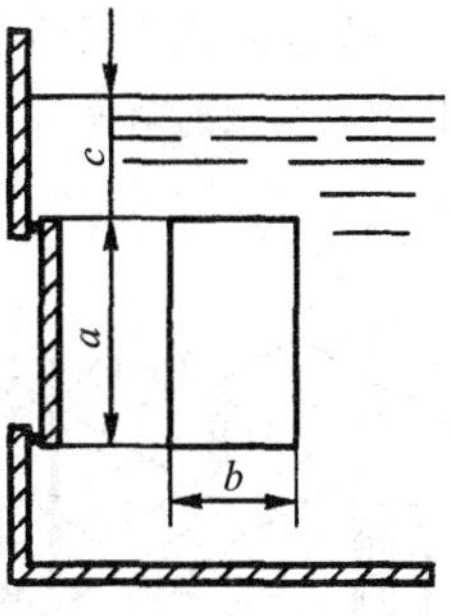

题 2.20 图

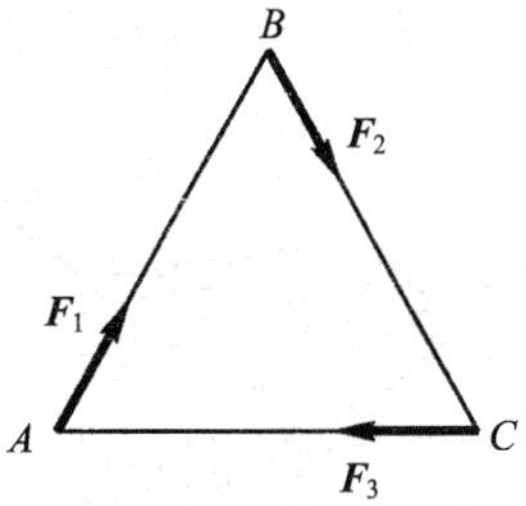

题 2.21 图

2.22　平面上有五个力作用,如图示.已知 $F_1 = F_2 = F_3 = F_5 = 1000$ N,水平力 F_4 的大小及位置未定.如果要使这五个力的合力 $\boldsymbol{F}_R$ 通过长方形的形心 C 并铅垂向上,求 F_4 的大小及其离 DE 线的距离 d,并求此时合力 $\boldsymbol{F}_R$ 的大小.

2.23 一石砌堤，堤身筑在基石上，高为 h，宽为 b，如图所示.堤前水深等于堤高 h，水和堤身的单位体积重量分别为 γ 和 q.问欲防止堤身绕 A 点翻倒，比值 $\dfrac{b}{h}$ 应等于多少？

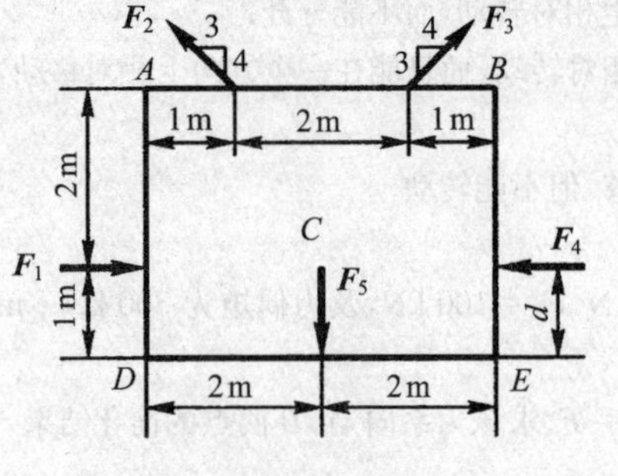

题 2.22 图

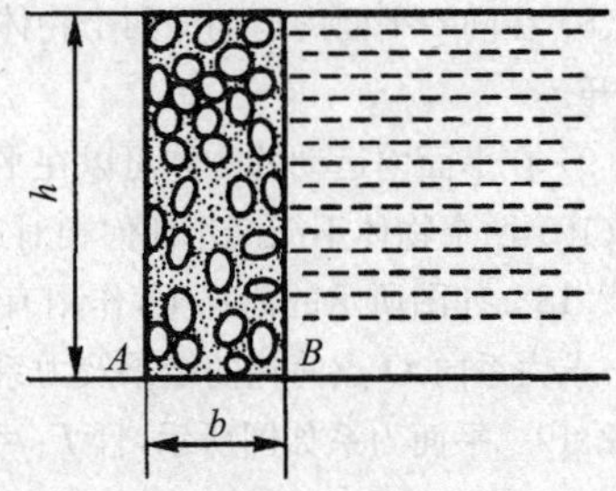

题 2.23 图

2.24 弯杆受载荷如图所示.求：(1) 这些载荷合力的大小和方向；(2) 合力作用点在 AB 线上的位置；(3) 合力作用点在 BC 线上的位置.

2.25 平行力系由五个力组成，力的大小和作用线的位置如图所示，图中的坐标的单位为 mm.求力系的合力.

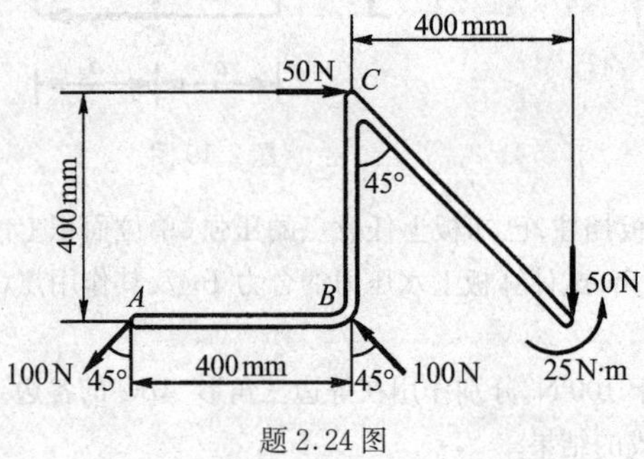

题 2.24 图

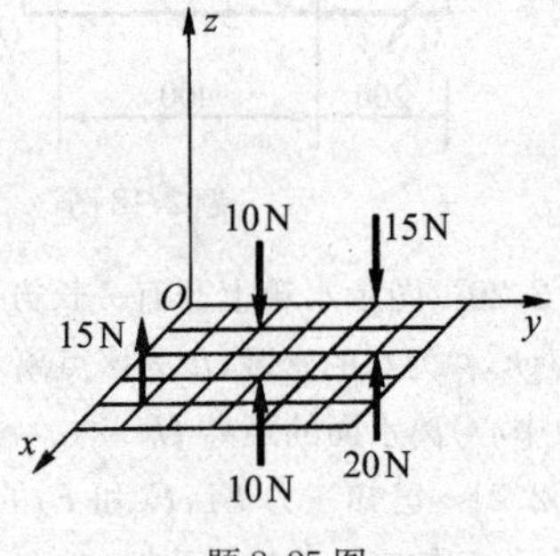

题 2.25 图

2.26 三力汇交于 O 点，其大小和方向如图所示，图中坐标单位为 m.求力系的合力.

2.27 截面为工字形的立柱受力如图所示.求此力向截面形心 C 简化的结果.

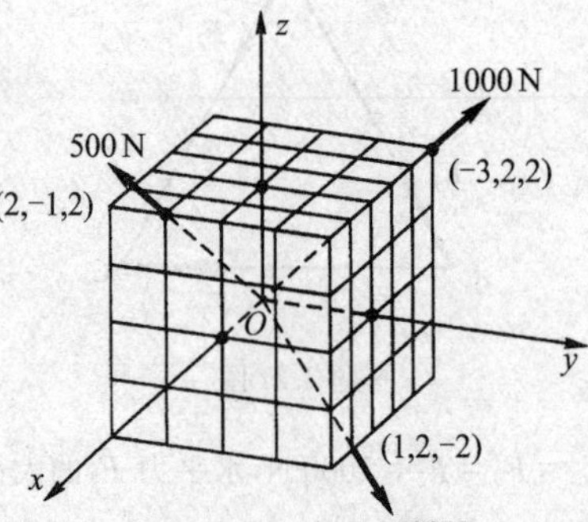

题 2.26 图

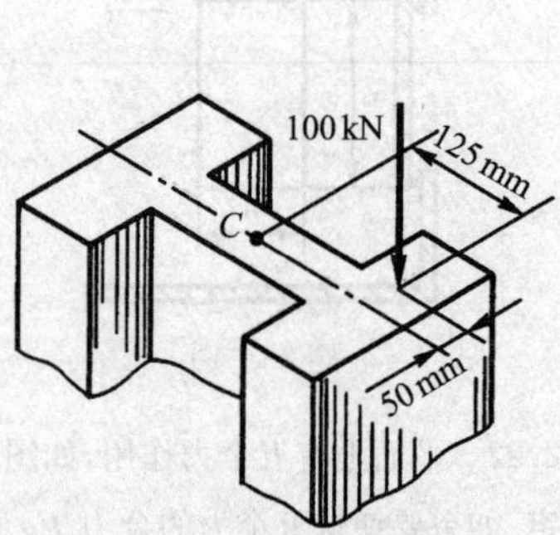

题 2.27 图

2.28　图示力系的三力分别为 $F_1=3500\ \mathrm{N}$，$F_2=4000\ \mathrm{N}$ 和 $F_3=6000\ \mathrm{N}$，其作用线位置如图所示.将此力系向原点 O 简化.

2.29　图示自重为160 N的电动机固定在支架上，在电动机的轴上作用一推力及力偶，该力的大小 $F=120\ \mathrm{N}$，力偶矩 $M=25\ \mathrm{N\cdot m}$.求此力系向坐标系原点简化的结果.

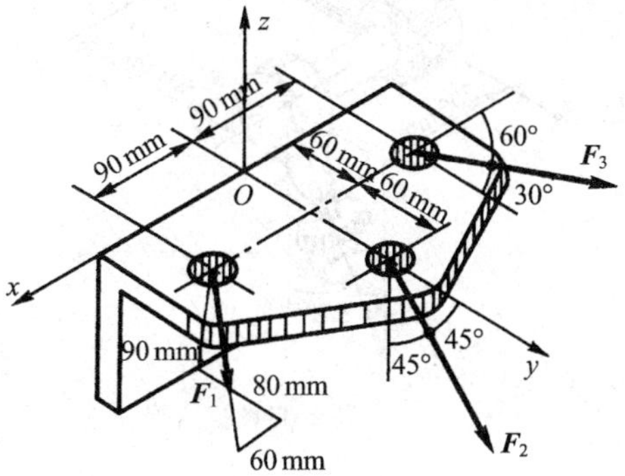

题2.28图

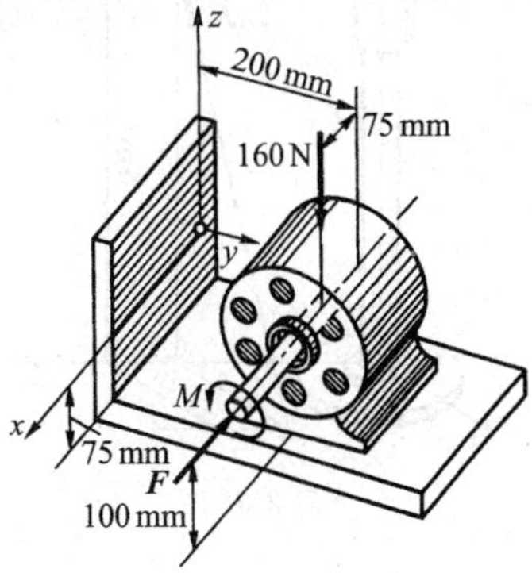

题2.29图

2.30　图示轴 AB 与铅垂线成 β 角；悬臂 CD 垂直地固结在轴上，其长为 a，并与铅垂面 AzB 成 θ 角.如在 D 点作用铅垂向下的力 $\boldsymbol{F}$，求此力对 AB 轴的矩.

2.31　求图示力 $F=1000\ \mathrm{N}$ 对于 z 轴的力矩 M_z.

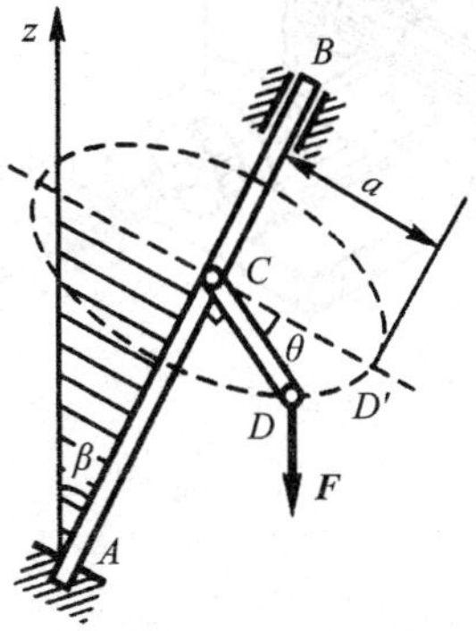

题2.30图

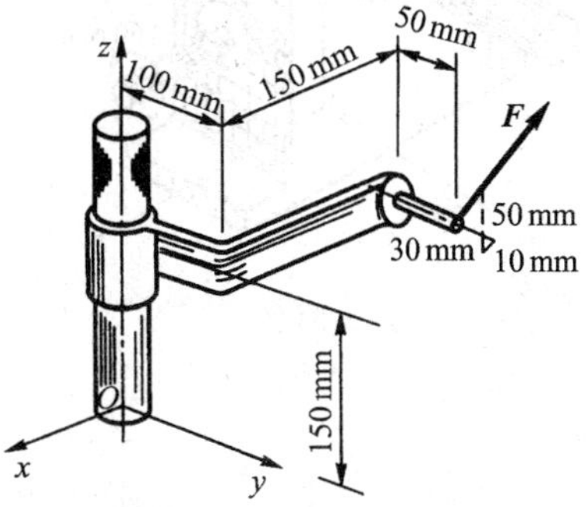

题2.31图

2.32　摇臂起重机上作用一力 $F_T=13\ \mathrm{kN}$，如图所示.求力 $\boldsymbol{F}_T$ 对图示坐标轴 Ox、Oy、Oz 的矩.

2.33　在铣刀上作用一个力及一个力偶，如图所示，已知力 $F=1200\ \mathrm{N}$，力偶矩 $M=240\ \mathrm{N\cdot m}$.求此力系对固定端 O 的力矩.

2.34　图示齿轮箱受三个力偶作用.求此力偶系的合力偶.

2.35　蜗轮蜗杆减速器如图所示.A 为输入轴，B 为输出轴，其转动方向用虚线箭头表示，在 A 轴上作用一与轴转向相同的力偶，在 B 轴上作用一与轴转向相反的力偶.求此两力偶的合力偶，并计算合力偶矩矢与 x 轴的方向余弦.

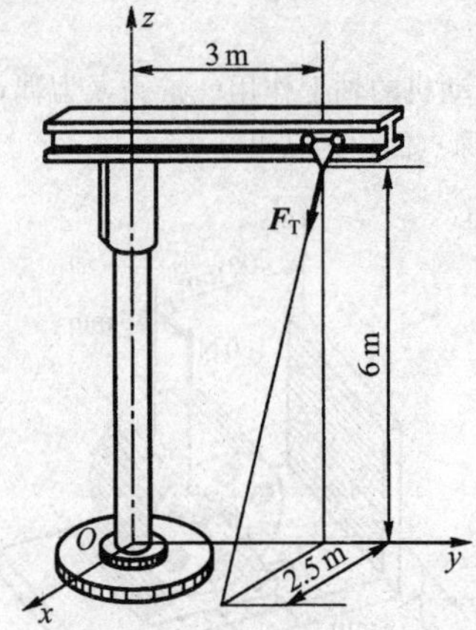

题 2.32 图

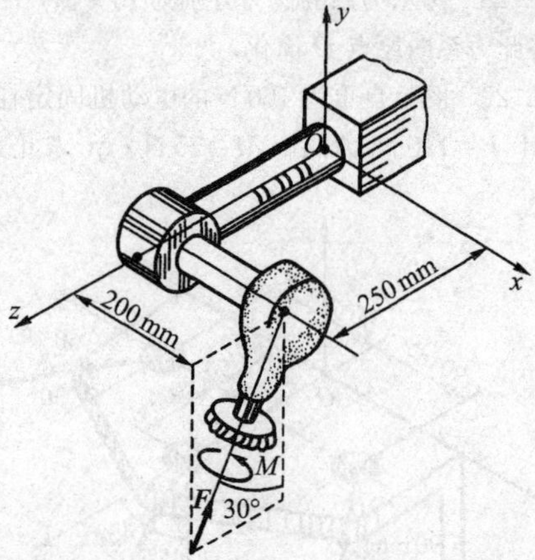

题 2.33 图

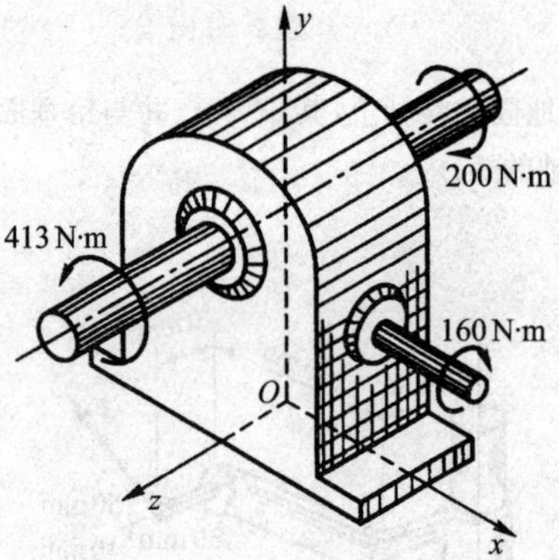

题 2.34 图

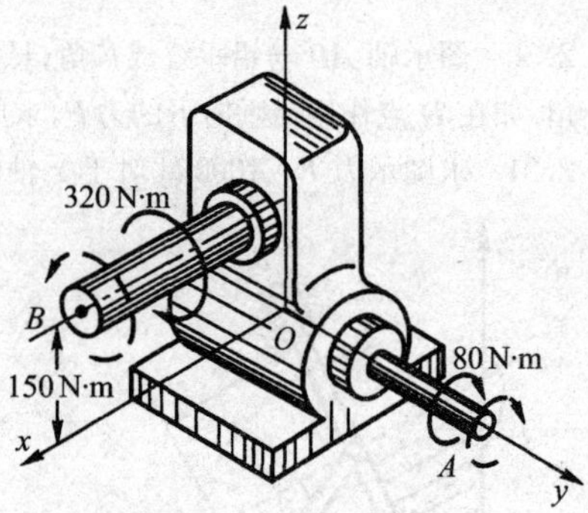

题 2.35 图

第2篇　运 动 分 析

理论力学研究物体机械运动的一般规律，因此在研究对象确定以后，就必须对物体的运动进行分析．传统上把运动分析的理论与方法称为运动学．本篇**运动分析的任务就是研究物体在空间的位置随时间变化的几何性质，提出对物体进行运动分析的一般方法**．包括：

对于指定的运动选择合适的参考系进行数学描述，写出能确定物体任一瞬时在空间位置的数学表达式，即运动方程．

研究表征运动几何性质的基本物理量，如速度、加速度、角速度与角加速度等．

研究运动分解与合成的规律．

在本课程中，只在经典力学的绝对空间、绝对时间范围内研究物体的运动，即认为物体运动的速度远小于光速，空间与时间的尺度不随物体的运动变化．

第3章　运动分析基础

3.1　运动的相对性

1．运动的相对性

研究一个物体的机械运动，首先必须把机械运动描述出来．由日常的生活实践我们都知道，对同一个运动从不同的角度会得出不同的描述．例如，坐在行驶的火车上的乘客对于火车是相对静止的，但是对于车站而言却是高速运动的．这就是运动的一个最基本属性：**运动的相对性**．

2．参考体、参考系

由于运动具有相对性，描述一个物体的运动时必须选取另一个物体作为参考，这个参考的物体称为**参考体**．如果参考体不同，那么物体相对于不同参考体的运动也不同．因此，在运动分析时必须首先指明参考体，没有参考体的运动描述没有任何意义.

参考体只是描述运动的一个参照物,要想给出运动几何性质的数学描述,还必须进一步在参考体上连接一个与参考体固定在一起的坐标系.这种固连在参考体上的坐标系称为**参考系**.参考系随参考体一样在空间运动,但是参考体是具体物体,甚至可以是一个点,它占据的空间是有限的,而参考系可以包容整个空间.参考系的选择由描述运动的需要而定.

3. 定系、动系

从不同的参考系描述同一个运动会有不同的结果,在运动分析时一般取一个基础参考系对运动进行基本描述.在生产与生活中对运动的描述大多都是以地面为参考体的,因此在一般的工程实践中皆以固连在地面的参考系为基础参考系,并且特称之为定参考系,简称**定系**.任何固连在相对地面运动的物体上的参考系皆是动参考系,简称**动系**.用直角坐标系做参考系时,一般定系用($Oxyz$)表示,动系用($O'x'y'z'$)表示.

4. 绝对运动、相对运动与牵连运动

选定定系与动系以后,就可以从不同的参考系描述同一个物体的运动.物体相对于定系的运动称为**绝对运动**,物体相对于动系的运动称为**相对运动**,而动系相对于定系的运动称为**牵连运动**.这里绝对运动与相对运动都是作为研究对象的物体的运动,而牵连运动是动系相对于定系的运动,亦即动系所固连的物体相对定系的运动.

如图 3.1(a)所示,取沿直线轨道运动的列车的车轮轮缘上的一点 M 为研究对象,定系固连在地面上,动系固连在列车上.牵连运动是列车(动系)相对地面的直线运动.M 点的绝对运动是沿旋轮线的曲线运动,M 点的相对运动是以车轴为圆心,轮半径为半径的圆周运动.如图 3.1(b)所示是车间里的行车一边匀速起吊重物一边匀速向前移动的情况.以重物为研究对象,定系固连地面,动系固连在行车上.牵连运动是行车(动系)沿 x 轴的直线运动,重物的相对运动是沿轴 y' 的直线运动,重物的绝对运动是沿 Oxy 面内的一根斜直线的运动.

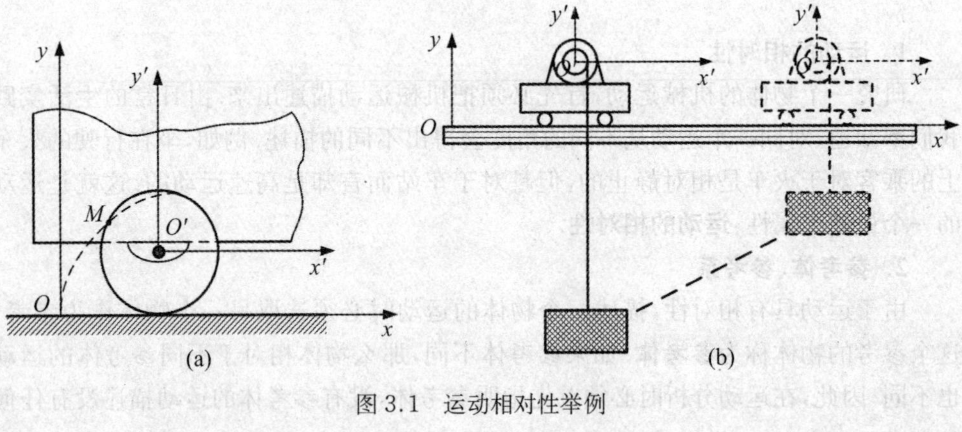

图 3.1 运动相对性举例

3.2　点的运动的基本描述

点相对某一参考系的运动常用矢量法和坐标法进行描述.描述的内容包括运动方程、速度和加速度.

3.2.1　矢量法

1. 运动方程

如图3.2所示,以参考系上某确定点O为原点,从原点O向动点M作矢量$\boldsymbol{r}$,称$\boldsymbol{r}$为点M相对原点O的位置矢量,简称**矢径**.当点M运动时,矢径$\boldsymbol{r}$是时间t的单值连续函数,即

$$\boldsymbol{r} = \boldsymbol{r}(t) \tag{3.1}$$

式(3.1)称为动点M的**矢量式运动方程**.矢径$\boldsymbol{r}$的**矢端曲线**就是M点的**运动轨迹**.

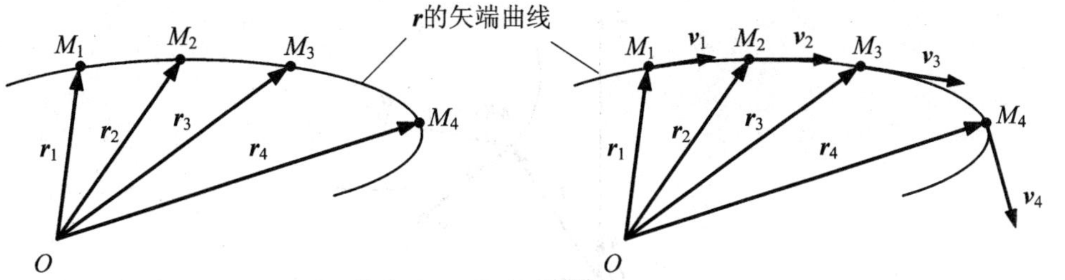

图3.2　矢径、运动轨迹与速度矢

2. 速度

点的**速度**是矢量,它表征点运动的快慢与方向.**点的速度等于该点的矢径$\boldsymbol{r}$对时间的一阶导数**,即

$$\boldsymbol{v} = \frac{\mathrm{d}\boldsymbol{r}}{\mathrm{d}t} \tag{3.2}$$

速度矢$\boldsymbol{v}$在矢径$\boldsymbol{r}$的矢端曲线的切线上,亦即在动点运动轨迹的切线上,指向动点运动的方向.速度的大小,即速度矢的模,表示点运动的快慢.在国际单位制中,速度的单位为m/s.

3. 加速度

点的速度矢对时间的变化率称为**加速度**.点的加速度也是矢量,它表征了速度大小与方向的变化.**点的加速度等于该点的速度矢$\boldsymbol{v}$对时间的一阶导数,或等于它的矢径$\boldsymbol{r}$对时间的二阶导数**,即

$$\boldsymbol{a} = \frac{\mathrm{d}\boldsymbol{v}}{\mathrm{d}t} = \frac{\mathrm{d}^2\boldsymbol{r}}{\mathrm{d}t^2} \tag{3.3}$$

有时变量对时间的导数用在该量的上方加点表示，一阶导数加一个点，二阶导数加两个点.如式(3.2)与式(3.3)可记为

$$\boldsymbol{v} = \dot{\boldsymbol{r}} \quad 与 \quad \boldsymbol{a} = \dot{\boldsymbol{v}} = \ddot{\boldsymbol{r}}$$

在国际单位制中，加速度的单位为m/s^2.

3.2.2 坐标法

常用坐标分为直角坐标与曲线坐标两大类，曲线坐标包括弧坐标、极坐标、柱坐标和球坐标等，它们都可以用来描述点的运动.

1. 直角坐标法

(1) 运动方程

取一固定的直角坐标系 $Oxyz$，$\boldsymbol{i}$、$\boldsymbol{j}$、$\boldsymbol{k}$ 分别是沿 x、y、z 轴的单位矢量，在坐标系为定系时它们是常矢量，如图3.3所示.动点 M 在空间的位置可以用相对原点 O 的矢径 $\boldsymbol{r}$ 表示，也可以用它的直角坐标(x, y, z)表示，它们的关系为

$$\boldsymbol{r} = x\boldsymbol{i} + y\boldsymbol{j} + z\boldsymbol{k} \tag{3.4}$$

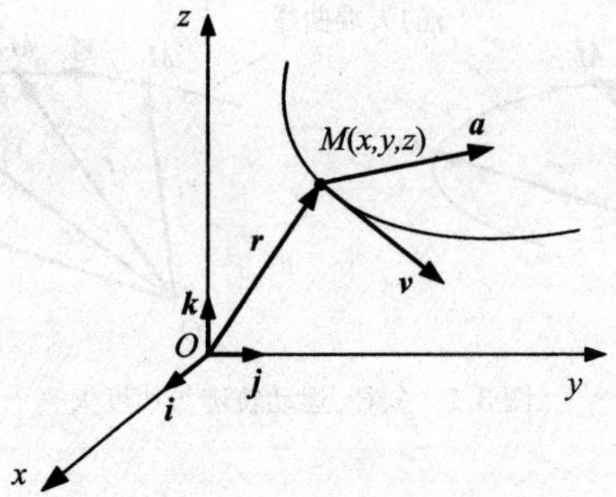

图3.3 用直角坐标法描述点的运动

由此可将式(3.1)的运动方程写成

$$\left.\begin{aligned} x &= f_1(t) \\ y &= f_2(t) \\ z &= f_3(t) \end{aligned}\right\} \tag{3.5}$$

式(3.5)称为动点 M 的**直角坐标形式运动方程**.

从式(3.5)的诸方程中消去时间 t，便可得到动点 M 的轨迹方程.其实式(3.5)本身就可以看成是动点 M 的轨迹的参数方程，其中参数是 t.

在工程中，经常遇到动点只在某平面内运动的情况，此时点的轨迹为一平面曲线.在轨迹所在的平面建立平面直角坐标系 Oxy，则动点的运动方程为

$$\left.\begin{aligned} x &= f_1(t) \\ y &= f_2(t) \end{aligned}\right\} \tag{3.6}$$

从上式消去时间 t,即得到轨迹方程

$$f(x,y) = 0 \tag{3.7}$$

(2) 速度

将式(3.4)代入式(3.2)中,由于 $\boldsymbol{i}$、$\boldsymbol{j}$、$\boldsymbol{k}$ 为常矢量,因此有

$$\boldsymbol{v} = \dot{x}\boldsymbol{i} + \dot{y}\boldsymbol{j} + \dot{z}\boldsymbol{k} \tag{3.8}$$

设动点 M 的速度矢 $\boldsymbol{v}$ 在直角坐标轴上的投影为 v_x、v_y 和 v_z,即

$$\boldsymbol{v} = v_x\boldsymbol{i} + v_y\boldsymbol{j} + v_z\boldsymbol{k} \tag{3.9}$$

比较式(3.8)与式(3.9),可得

$$\left.\begin{aligned} v_x &= \frac{\mathrm{d}x}{\mathrm{d}t} = \dot{x} \\ v_y &= \frac{\mathrm{d}y}{\mathrm{d}t} = \dot{y} \\ v_z &= \frac{\mathrm{d}z}{\mathrm{d}t} = \dot{z} \end{aligned}\right\} \tag{3.10}$$

上式表明,**速度在某坐标轴上的投影等于相应坐标对时间的一阶导数**.

速度的大小与方向余弦分别为

$$v = \sqrt{v_x^2 + v_y^2 + v_z^2} = \sqrt{\dot{x}^2 + \dot{y}^2 + \dot{z}^2} \tag{3.11}$$

$$\left.\begin{aligned} \cos(\boldsymbol{v},\boldsymbol{i}) &= \frac{v_x}{v} \\ \cos(\boldsymbol{v},\boldsymbol{j}) &= \frac{v_y}{v} \\ \cos(\boldsymbol{v},\boldsymbol{k}) &= \frac{v_z}{v} \end{aligned}\right\} \tag{3.12}$$

(3) 加速度

将式(3.4)或式(3.9)代入式(3.3)中,由于 $\boldsymbol{i}$、$\boldsymbol{j}$、$\boldsymbol{k}$ 为常矢量,因此有

$$\boldsymbol{a} = \ddot{x}\boldsymbol{i} + \ddot{y}\boldsymbol{j} + \ddot{z}\boldsymbol{k} \tag{3.13}$$

或

$$\boldsymbol{a} = \dot{v}_x\boldsymbol{i} + \dot{v}_y\boldsymbol{j} + \dot{v}_z\boldsymbol{k} \tag{3.14}$$

设动点 M 的加速度矢 $\boldsymbol{a}$ 在直角坐标轴上的投影为 a_x、a_y 和 a_z,即

$$\boldsymbol{a} = a_x\boldsymbol{i} + a_y\boldsymbol{j} + a_z\boldsymbol{k} \tag{3.15}$$

比较式(3.15)与式(3.14)、式(3.13),可得

$$\left.\begin{aligned} a_x &= \dot{v}_x = \ddot{x} \\ a_y &= \dot{v}_y = \ddot{y} \\ a_z &= \dot{v}_z = \ddot{z} \end{aligned}\right\} \tag{3.16}$$

上式表明,**加速度在某坐标轴上的投影等于相应坐标对时间的二阶导数**.

与速度类似,由加速度在坐标轴上的投影可以计算出加速度的大小与方向余弦.

例 3.1 直杆 AB 两端分别沿两相互垂直的固定直线 Ox 与 Oy 运动,如图 3.4 所示.试确定杆上任一点 M 的运动方程和轨迹方程,已知 $MA=a$,$MB=b$,角 $\varphi=\omega t$.

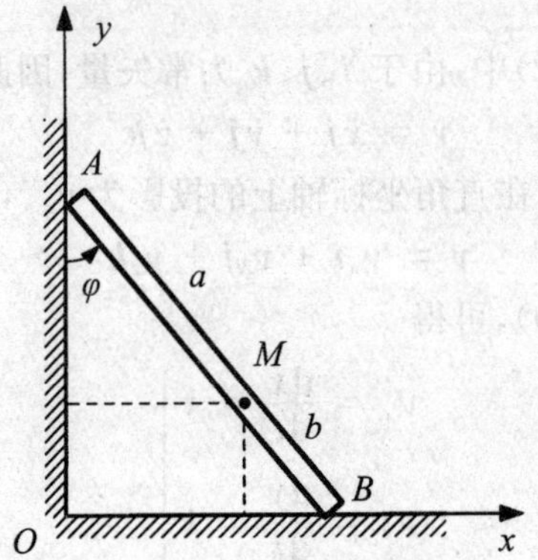

图 3.4 例 3.1 图

解:建立直角坐标系 Oxy,则动点 M 的坐标为

$$x = a\sin\varphi = a\sin\omega t$$

$$y = b\cos\varphi = b\cos\omega t$$

这就是 M 点的运动方程,从运动方程中消去时间 t,则得 M 点的轨迹方程

$$\frac{x^2}{a^2} + \frac{y^2}{b^2} = 1$$

这是以 a 及 b 为半轴的椭圆方程.

例 3.2 如图 3.5 所示,刨床的曲柄滑道摇杆机构由曲柄 OA,摇杆 O_1B 及滑块 A、B 组成.当曲柄绕 O 轴转动时,摇杆可绕 O_1 轴摆动,摇杆借滑块 B 与扶架相连,当摇杆摆动时可带动扶架作往复运动.已知 $O_1B=l$,$OA=r$,$O_1O=a$,且 $r<a$.当曲柄以匀角速度转动时(即 $\varphi=\omega t$),求扶架的运动方程.

解:取坐标系 O_1xy 如图 3.5 所示,令 M 点表示扶架的运动,由$\triangle O_1BC$ 可知 M 点的坐标为

$$x = BC = O_1B\sin\theta = l\sin\theta \tag{a}$$

为了求出 x 与时间的关系,应找出 θ 与转角 φ 的关系.

由$\triangle O_1AD$ 及$\triangle OAD$ 得知

$$r\sin\varphi = O_1A\sin\theta$$

即

$$\sin\theta = \frac{r\sin\varphi}{O_1A} = \frac{r\sin\varphi}{\sqrt{a^2 + r^2 + 2ar\cos\varphi}}$$

将 $\sin\theta$ 的值代入式(a),即得扶架的运动方程

$$x = l\sin\theta = \frac{rl\sin\varphi}{\sqrt{a^2 + r^2 + 2ar\cos\varphi}} = \frac{rl\sin\omega t}{\sqrt{a^2 + r^2 + 2ar\cos\omega t}}$$

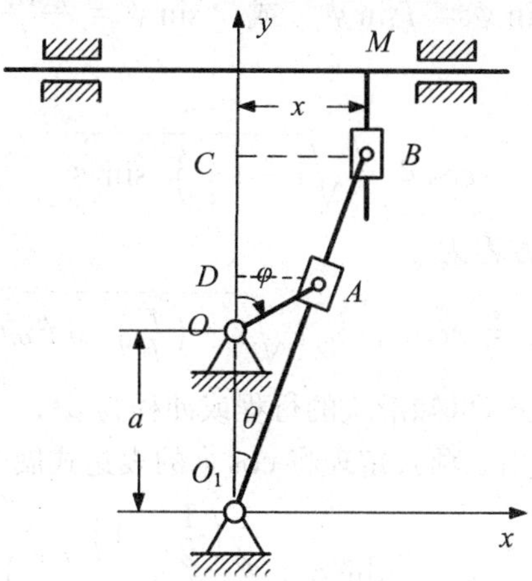

图 3.5　例 3.2 图

例 3.3　图 3.6 所示的曲柄连杆机构中,曲柄 OA 以匀角速度 ω 绕 O 轴转动,由于连杆 AB 的带动,滑块 B 沿直线导槽作往复直线运动.已知 $OA = r$,$AB = l$,且 $l > r$.求滑块 B 的运动方程、速度及加速度.

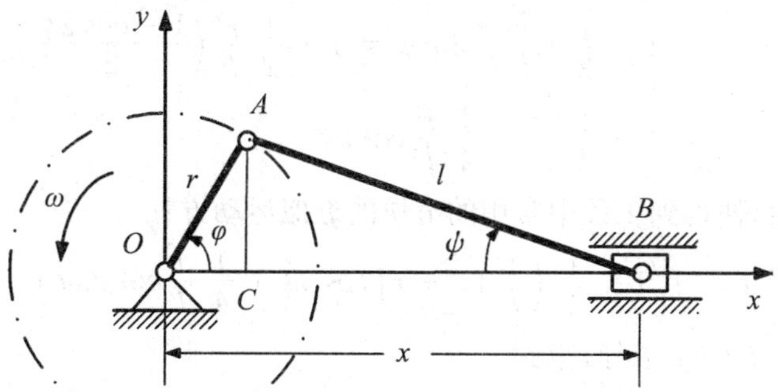

图 3.6　例 3.3 图

解:曲柄连杆机构在工程中有非常广泛的应用,这种机构能将转动转换为平移,如压气机、往复式水泵、锻压机等机械中使用的曲柄连杆机构;或将平移转换为转动,如蒸汽机、内燃机等机械中使用的曲柄连杆机构.

基本的曲柄连杆机构由曲柄、连杆与滑块构成,其中曲柄定轴转动,滑块平移.图中滑块 B 的运动是往复直线运动,轨迹沿 OB 直线,可用直角坐标法建立其运动方程.取轴 O 为原点,建立坐标系 Oxy,则滑块 B 在任一瞬时的位置为

$$x = OC + CB = r\cos\varphi + l\cos\psi$$

其中 $\varphi=\omega t$.

从直角三角形 OCA 及 ACB 得到

$$r\sin\varphi = l\sin\psi \quad 或 \quad \sin\psi = \frac{r\sin\varphi}{l}$$

于是

$$\cos\psi = \sqrt{1-\left(\frac{r}{l}\right)^2\sin^2\varphi}$$

因此滑块 B 的运动方程为

$$x = r\cos\omega t + l\sqrt{1-\left(\frac{r}{l}\right)^2\sin^2\omega t}$$

以 $\varphi=0$ 和 $\varphi=\pi$ 代入上式,可知滑块的行程或冲程为 $2r$.

为了便于工程运算,用二项式定理将 $\cos\psi$ 的表达式展开,得到

$$\begin{aligned}\cos\psi &= 1-\frac{1}{2}\left(\frac{r}{l}\right)^2\sin^2\varphi+\frac{\frac{1}{2}\left(\frac{1}{2}-1\right)}{1\times 2}\left(\frac{r}{l}\right)^4\sin^4\varphi-\cdots \\ &= 1-\frac{1}{2}\left(\frac{r}{l}\right)^2\sin^2\varphi-\frac{1}{8}\left(\frac{r}{l}\right)^4\sin^4\varphi-\cdots\end{aligned}$$

一般$\frac{r}{l}$均小于 1,例如$\frac{r}{l}<\frac{1}{4}$时,$\frac{1}{8}\left(\frac{r}{l}\right)^4<\frac{1}{2048}$,这样展开式从第三项起以后的所有各项均可略去,于是

$$\begin{aligned}\cos\psi &\approx 1-\frac{1}{2}\left(\frac{r}{l}\right)^2\sin^2\varphi = 1-\frac{1}{2}\frac{r^2}{l^2}\left(\frac{1-\cos 2\varphi}{2}\right) \\ &= 1-\frac{1}{4}\frac{r^2}{l^2}+\frac{1}{4}\frac{r^2}{l^2}\cos 2\varphi\end{aligned}$$

代入运动方程后,便得到工程中常用的滑块的近似运动方程

$$x \approx l\left[1-\frac{1}{4}\left(\frac{r}{l}\right)^2\right]+r\left(\cos\omega t+\frac{1}{4}\frac{r}{l}\cos 2\omega t\right)$$

运动方程对时间 t 求导,得到

滑块的速度为

$$v = v_x = \dot{x} \approx -r\omega\left(\sin\omega t+\frac{1}{2}\frac{r}{l}\sin 2\omega t\right)$$

加速度为

$$a = a_x = \dot{v} \approx -r\omega^2\left(\cos\omega t+\frac{r}{l}\cos 2\omega t\right)$$

2. 弧坐标法

如果动点 M 的运动轨迹是已知的,就可以采用沿轨迹的弧坐标描述点的运动,为此建立相应的**自然轴系**.

当动点的轨迹是平面曲线时，轨迹所在的平面称为动点的密切面．当轨迹是空间曲线时，可以认为动点 M 附近无限小的轨迹微段近似为平面曲线，其所在的平面即为点 M 处的密切面，轨迹在 M 点的切线在密切面内．如图 3.7(a)所示，通过 M 点可以作出相互垂直的三条直线：轨迹的切线，在密切面内与切线垂直的主法线，与密切面垂直的副法线．设三条直线上的单位矢量分别为 $\boldsymbol{\tau}$、$\boldsymbol{n}$、$\boldsymbol{b}$．其中切向单位矢量 $\boldsymbol{\tau}$ 在点 M 处的轨迹切线上，指向轨迹的正向一端；主法线单位矢量 $\boldsymbol{n}$ 指向点 M 处的轨迹曲线的曲率中心；副法线单位矢量 $\boldsymbol{b}$ 的方向按 $\boldsymbol{b}=\boldsymbol{\tau}\times\boldsymbol{n}$ 确定．

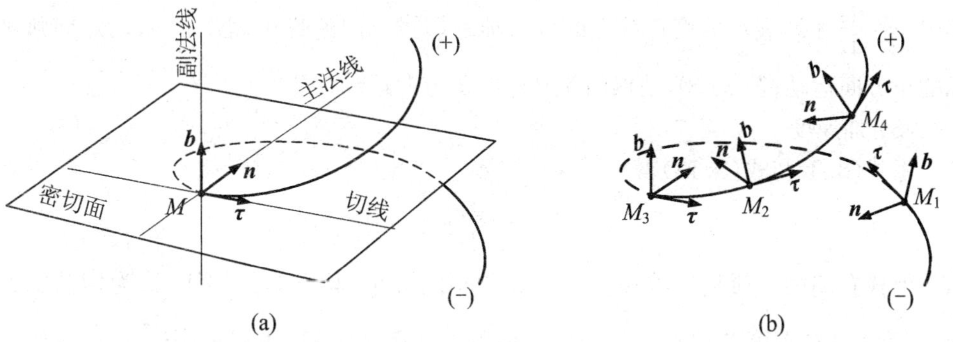

图 3.7　自然轴系

以动点 M 为原点，由该点的切线、主法线与副法线为坐标轴组成的正交坐标系称为点 M 处的自然轴系．自然轴系就是弧坐标的坐标系，它的坐标轴的方向随着动点位置的变化而改变，如图 3.7(b)所示．弧坐标法也称为自然法．

(1) 运动方程

在动点 M 的已知轨迹上任选一点 O 为原点，并规定在原点 O 的某一侧为正方向，则点 M 在轨迹上的位置可用弧长的代数值，即弧坐标 s 表示，如图 3.8 所示．当动点 M 运动时，s 是时间 t 的单值连续函数，即

$$s = f(t) \tag{3.17}$$

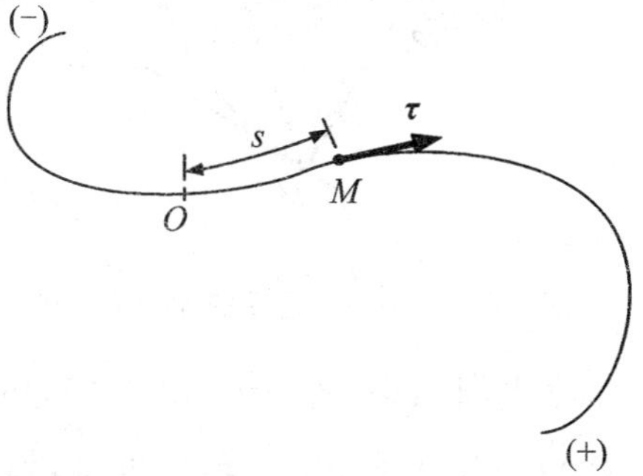

图 3.8　弧坐标

此式称为动点 M 的**弧坐标形式的运动方程**.

(2) 速度

因为 $\boldsymbol{v}=\dfrac{\mathrm{d}\boldsymbol{r}}{\mathrm{d}t}=\dfrac{\mathrm{d}\boldsymbol{r}}{\mathrm{d}s}\cdot\dfrac{\mathrm{d}s}{\mathrm{d}t}$;但 $\left|\dfrac{\mathrm{d}\boldsymbol{r}}{\mathrm{d}s}\right|=\lim\limits_{\Delta s\to 0}\left|\dfrac{\Delta\boldsymbol{r}}{\Delta s}\right|=1$,且当 $\Delta t\to 0$ 时,$\Delta\boldsymbol{r}$ 的方向,亦即 $\dfrac{\Delta\boldsymbol{r}}{\Delta s}$的方向是 $\boldsymbol{\tau}$ 的方向,所以$\dfrac{\mathrm{d}\boldsymbol{r}}{\mathrm{d}s}=\boldsymbol{\tau}$.因此有

$$\boldsymbol{v}=\frac{\mathrm{d}s}{\mathrm{d}t}\boldsymbol{\tau}=v\boldsymbol{\tau} \tag{3.18}$$

其中 $v=\dfrac{\mathrm{d}s}{\mathrm{d}t}=\dot{s}$,表示速度在该点的自然轴系切线方向的投影.若 $\dot{s}>0$,动点向弧坐标的正方向运动;若 $\dot{s}<0$,动点向弧坐标的负方向运动.

(3) 加速度

由式(3.3)与式(3.18)得

$$\boldsymbol{a}=\frac{\mathrm{d}\boldsymbol{v}}{\mathrm{d}t}=\frac{\mathrm{d}v}{\mathrm{d}t}\boldsymbol{\tau}+v\frac{\mathrm{d}\boldsymbol{\tau}}{\mathrm{d}t}$$

上式右端第一项是反映速度大小变化率的分量,其方向沿切线,称为**切向加速度**,记为 $\boldsymbol{a}_\tau$.右端第二项是反映速度方向的变化率的分量,可以证明$\dfrac{\mathrm{d}\boldsymbol{\tau}}{\mathrm{d}t}=\dfrac{v}{\rho}\boldsymbol{n}$,所以 $v\dfrac{\mathrm{d}\boldsymbol{\tau}}{\mathrm{d}t}=\dfrac{v^2}{\rho}\boldsymbol{n}$,可见第二项是一个沿主法线指向曲率中心的矢量,称为**法向加速度**,记为 $\boldsymbol{a}_\mathrm{n}$.故有

$$\boldsymbol{a}=\boldsymbol{a}_\tau+\boldsymbol{a}_\mathrm{n}=\frac{\mathrm{d}v}{\mathrm{d}t}\boldsymbol{\tau}+\frac{v^2}{\rho}\boldsymbol{n} \tag{3.19}$$

上式表明动点的加速度等于它的切向加速度与法向加速度的矢量和.它们位于密切面内.在副法线方向的分量恒为零,如图 3.9 所示.

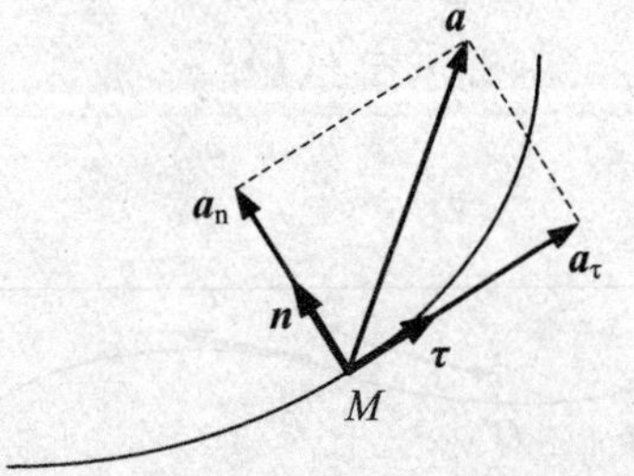

图 3.9 点沿曲线运动的加速度

例 3.4 图 3.10 为一曲柄摇杆机构,曲柄长 $OA=10$ cm,绕 O 轴转动,转角 φ(单位为 rad)与时间 t(单位为 s)的关系为 $\varphi=\dfrac{\pi}{4}t$.曲柄 OA 通过其端部可在摇杆 O_1B上滑动的套筒 A 与摇杆连接,摇杆 $O_1B=24$ cm,距离 $O_1O=10$ cm.求摇杆端

部 B 点的运动方程、速度及加速度.

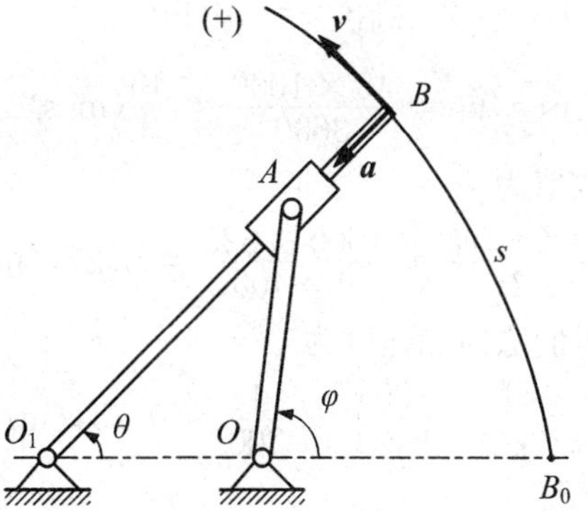

图 3.10　例 3.4 图

解:B 点的运动轨迹是以 O_1B 为半径的圆弧,$t=0$ 时,B 点在 B_0 处.取 B_0 为弧坐标原点,则 B 点的弧坐标

$$s = O_1B \cdot \theta$$

由于 ΔOAO_1 是等腰三角形,则 $\varphi=2\theta$,故

$$s = O_1B \cdot \frac{\varphi}{2} = 24 \times \frac{\frac{\pi}{4}t}{2} = 3\pi t\,(\text{cm})$$

这就是 B 点沿已知轨迹的运动方程.于是 B 点的速度及加速度为

$$v = \frac{\mathrm{d}s}{\mathrm{d}t} = 3\pi = 9.42\,(\text{cm/s})$$

$$a_\tau = \frac{\mathrm{d}^2s}{\mathrm{d}t^2} = 0$$

$$a = a_\mathrm{n} = \frac{v^2}{\rho} = \frac{(3\pi)^2}{24} = 3.70\,(\text{cm/s}^2)$$

其方向如图 3.10 所示,可见,B 点作匀速圆周运动.

例 3.5　列车在曲率半径 $R=300$ m 的曲线轨道上匀加速行驶.轨道的曲线部分长 $l=200$ m,当列车开始行走上曲线时的速度 $v_0=30$ km/h,在将要离开曲线时的速度 $v_1=48$ km/h.求列车走上曲线与将要离开曲线时的加速度.

解:因为列车作匀加速运动,所以 $a_\tau=$常数,而$\frac{\mathrm{d}v}{\mathrm{d}t}=v\frac{\mathrm{d}v}{\mathrm{d}s}$,所以有

$$v\frac{\mathrm{d}v}{\mathrm{d}s} = a_\tau$$

设初始条件为:$s=0$ 时,$v=v_0$;积分上式可得

$$v^2 - v_0^2 = 2a_\tau s$$

根据已知条件,有

$$s = l = 200(\text{m})$$

$$v_0 = \frac{30 \times 1000}{3600} = \frac{25}{3}(\text{m/s})$$

$$v = v_1 = \frac{48 \times 1000}{3600} = \frac{40}{3}(\text{m/s})$$

代入上式,则求出 a_τ 的数值为

$$a_\tau = \frac{v_1^2 - v_0^2}{2s} = \frac{1600 - 625}{9 \times 400} = 0.271(\text{m/s}^2)$$

列车开始走上曲线时的法向加速度为

$$a_{n0} = \frac{v_0^2}{\rho} = \left(\frac{25}{3}\right)^2 \times \frac{1}{300} = 0.231(\text{m/s}^2)$$

故全加速度为

$$a_0 = \sqrt{a_\tau^2 + a_{n0}^2} = \sqrt{0.271^2 + 0.231^2} = 0.356(\text{m/s}^2)$$

$$\theta_0 = \arctan\frac{a_\tau}{a_{n0}} = \arctan\frac{0.271}{0.231} = 49^\circ 29'$$

列车将要离开曲线时的法向加速度为

$$a_{n1} = \frac{v_1^2}{\rho} = \left(\frac{40}{3}\right)^2 \times \frac{1}{300} = 0.593(\text{m/s}^2)$$

故其全加速度为

$$a_1 = \sqrt{a_\tau^2 + a_{n1}^2} = \sqrt{0.271^2 + 0.593^2} = 0.652(\text{m/s}^2)$$

$$\theta_1 = \arctan\frac{a_\tau}{a_{n1}} = \arctan\frac{0.271}{0.593} = 24^\circ 34'$$

例 3.6 已知点作平面曲线运动,其运动方程为

$$x = x(t), \quad y = y(t)$$

求在任一瞬时该点的切向加速度、法向加速度及轨迹曲线的曲率半径.

解:由已知的运动方程可求得动点在任一瞬时的速度与加速度的大小为

$$v = \sqrt{\dot{x}^2 + \dot{y}^2}$$

$$a = \sqrt{\ddot{x}^2 + \ddot{y}^2}$$

则切向加速度为

$$a_\tau = \frac{\mathrm{d}v}{\mathrm{d}t} = \frac{\dot{x}\ddot{x} + \dot{y}\ddot{y}}{\sqrt{\dot{x}^2 + \dot{y}^2}}$$

法向加速度为

$$a_n = \sqrt{a^2 - a_\tau^2} = \frac{|\dot{x}\ddot{y} - \dot{y}\ddot{x}|}{\sqrt{\dot{x}^2 + \dot{y}^2}}$$

轨道的曲率半径为

$$\rho = \frac{v^2}{a_n} = \frac{(\dot{x}^2 + \dot{y}^2)^{\frac{3}{2}}}{|\dot{x}\ddot{y} - \dot{y}\ddot{x}|}$$

在上述点的运动的描述方法中，矢径法简洁直观，常用于理论推导；坐标法采用标量形式，便于计算，常用于具体问题的求解. 但其中弧坐标要依据轨迹建立，所以适用于轨迹已知的场合，而直角坐标法无此限制. 解决问题时，要根据具体问题的特点，对点的运动选择适当的描述方法. 直角坐标法与弧坐标法只是常用的两种坐标法，一般来说，数学中用来描述点在空间位置的方法都可以用于描述点的运动，比如在平面的运动问题中还可以用极坐标系，在空间的运动问题中还可以用柱坐标系、球坐标系等.

3.3　刚体的基本运动

一个点的运动特征可以按轨迹明显区分为直线运动与曲线运动，而区分一个刚体的运动特征要复杂得多. 为此，在刚体上固连一个坐标系，可以从坐标系的运动特点来判断刚体的运动特征.

3.3.1　刚体平移

如图 3.11 所示，在刚体上固连一个直角坐标系 $Ax'y'z'$，运动开始时 x'、y'、z' 轴分别与定系 $Oxyz$ 的 x、y、z 轴平行. **如果刚体在运动过程中，动系 $Ax'y'z'$ 的坐标轴始终保持与定系 $Oxyz$ 的坐标轴平行，那么刚体的运动称为平行移动**，简称平移.

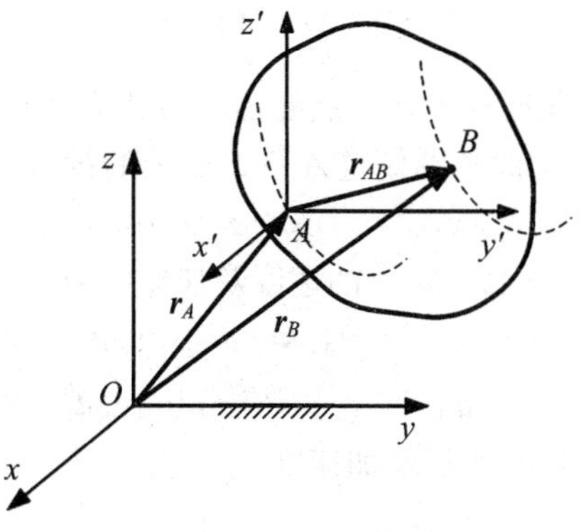

图 3.11　刚体平移的描述

显然，刚体平移时，刚体内任一直线始终与其初始位置保持平行. 在刚体上任取一点 B，在动系中它相对 A 点的矢径为 $\boldsymbol{r}_{AB}$，在定系中它相对于 O 点的矢径是 $\boldsymbol{r}_B$. 在刚体平移过程中，$\boldsymbol{r}_{AB}$ 是个常矢量. 且有

$$\boldsymbol{r}_B = \boldsymbol{r}_A + \boldsymbol{r}_{AB} \tag{3.20}$$

由上式可知，把 A 点的轨迹沿方向 $\boldsymbol{r}_{AB}$ 平移距离 AB，就能与 B 点的轨迹完全重合.

将式(3.20)对时间求一阶导数与二阶导数，注意到 $\boldsymbol{r}_{AB}$ 是个常矢量，有

$$\boldsymbol{v}_A = \boldsymbol{v}_B \tag{3.21}$$

$$\boldsymbol{a}_A = \boldsymbol{a}_B \tag{3.22}$$

可见,**刚体平移时,其上各点的轨迹形状相同,且相互平行;在同一瞬时,各点的速度相同,加速度也相同**.因此,刚体平移问题可以归结为其上任一点的运动问题来研究.

例 3.7 图 3.12 所示为一曲柄滑道机构,当曲柄 OA 在平面上绕定轴 O 转动时,通过滑槽连杆中的滑块 A 的带动,可使连杆在水平槽中沿直线往复滑动.若曲柄 OA 的半径为 r,曲柄与 x 轴的夹角为 $\varphi=\omega t$,其中 ω 是常数,求此连杆在任一瞬时的速度及加速度.

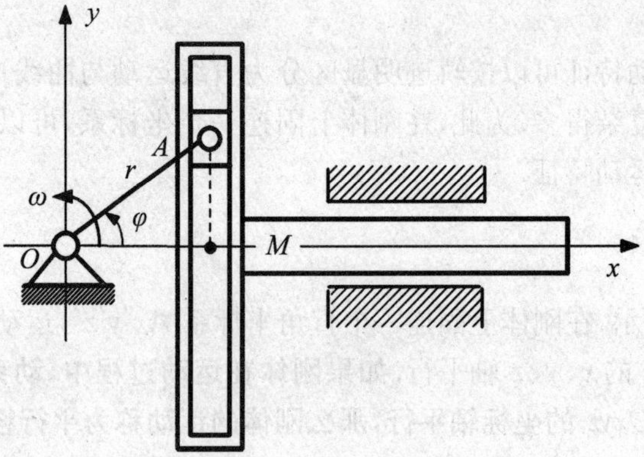

图 3.12 例 3.7 图

解:连杆作平移,因此连杆上任一点的运动可代表连杆的运动,为此可取滑槽中间的 M 点来代表,M 点是曲柄的铰链 A 在 x 轴上的投影.于是 M 点的位置坐标为

$$x_M = r\cos\varphi = r\cos\omega t$$

这就是 M 点的运动方程.因此 M 点的速度及加速度为

$$v_M = \dot{x}_M = -r\omega\sin\omega t$$

$$a_M = \dot{v}_M = -r\omega^2\cos\omega t$$

这也就是所求的连杆平移的速度及加速度.

3.3.2 刚体定轴转动

刚体运动时,如果在固连于刚体上的坐标系中有一相对定系始终不动的直线,那么刚体的运动称为**定轴转动**,简称**转动**.这条不动的直线称为**转轴**.图 3.13(a)中绕门轴运动的门与图 3.13(b)中在圆弧槽中滑动的杆都是定轴转动,门的转轴在门上,而杆的转轴在圆弧槽的圆心处.

1. 刚体定轴转动的运动方程、角速度与角加速度

如图 3.13(a)所示,设刚体的转轴为 z 轴,过 z 轴作定平面 A 和与刚体固连的运

动平面 B,两平面间的夹角 φ 称为刚体的**转角**.转角是代数量,其正负号按右手法则确定,即四指沿转动方向,大拇指指向与 z 轴正向一致时 φ 为正值,反之为负值.对于常见在平面内转动的物体,转轴与平面垂直.转角的正负号可按顺时针或逆时针转向而定.一般令逆时针转向为正转角,顺时针转向为负转角.有时根据具体情况也可以令顺时针转向为正转角,逆时针为负转角.只要在同一个问题中规定一致即可.一般转角的单位为弧度(rad).刚体转动时转角 φ 是时间 t 的单值连续函数,即

$$\varphi = f(t) \tag{3.23}$$

此式称为**刚体定轴转动的运动方程**(简称**转动方程**).

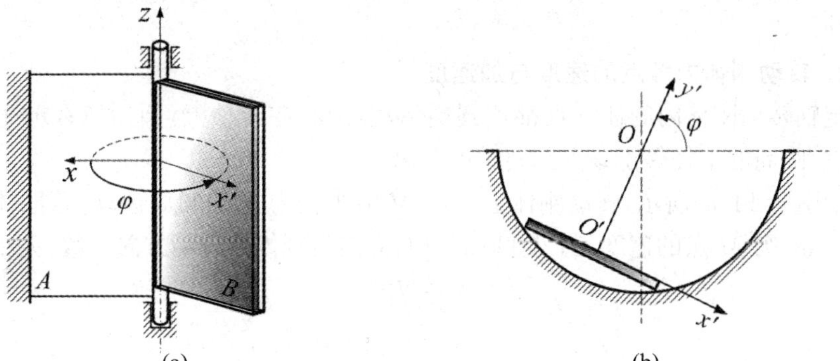

图3.13　定轴转动刚体的描述

转角 φ 对时间 t 的一阶导数,称为刚体的**角速度** ω,即

$$\omega = \frac{d\varphi}{dt} \tag{3.24}$$

角速度表征刚体转动的快慢与方向,其单位一般用 rad/s.角速度是代数量,其正负号与转角的规定一致.工程中机器转动的角速度常用转速 n 表示,n 的单位是转/分(r/min).转速 n 与角速度 ω 的大小的关系是

$$\omega = \frac{2\pi n}{60} = \frac{\pi n}{30} \tag{3.25}$$

角速度可以用矢量表示,**角速度矢 $\boldsymbol{\omega}$** 的大小等于角速度的绝对值,即

$$|\boldsymbol{\omega}| = |\omega| = \left|\frac{d\varphi}{dt}\right| \tag{3.26}$$

角速度矢 $\boldsymbol{\omega}$ 沿轴线,它的指向按右手法则确定,即四指沿转动方向,大拇指指向代表角速度矢 $\boldsymbol{\omega}$ 的指向.角速度矢 $\boldsymbol{\omega}$ 是可以标在轴线上任意位置的滑动矢量.

如果转轴为 z 轴,它的单位矢量为 $\boldsymbol{k}$,则刚体定轴转动的角速度矢 $\boldsymbol{\omega}$ 可以写成

$$\boldsymbol{\omega} = \omega\boldsymbol{k} \tag{3.27}$$

将上式对时间 t 求一阶导数,有$\dfrac{d\boldsymbol{\omega}}{dt} = \dfrac{d\omega}{dt}\boldsymbol{k}$,即得**角加速度矢 $\boldsymbol{\alpha}$** 为

$$\boldsymbol{\alpha} = \alpha \boldsymbol{k} \tag{3.28}$$

式中

$$\alpha = \frac{\mathrm{d}\omega}{\mathrm{d}t} = \frac{\mathrm{d}^2\varphi}{\mathrm{d}t^2} \tag{3.29}$$

表示角加速度 α 的大小，它表征角速度变化的快慢，其单位一般用 $\mathrm{rad/s^2}$. 角加速度也是代数量. **如果 ω 与 α 同号，刚体加速转动；如果 ω 与 α 异号，刚体减速转动**.

角加速度矢 $\boldsymbol{\alpha}$ 也沿轴线，它的指向按右手法则确定，即四指沿角加速度的方向，大拇指指向代表角加速度矢 $\boldsymbol{\alpha}$ 的指向. 角加速度矢 $\boldsymbol{\alpha}$ 也是可以标在轴线上任意位置的滑动矢量. 从矢量的指向看，$\boldsymbol{\omega}$ 与 $\boldsymbol{\alpha}$ 同向时，刚体加速转动；$\boldsymbol{\omega}$ 与 $\boldsymbol{\alpha}$ 反向时，刚体减速转动.

2. 转动刚体内各点的速度与加速度

定轴转动刚体内的任一点都作圆周运动，圆心在转轴上，圆周所在的平面与转轴垂直，圆周的半径等于该点到转轴的距离.

如图 3.14(a)所示，转动刚体上一点 M 沿半径为 R 的圆周运动，若刚体的角速度矢是 $\boldsymbol{\omega}$，则 M 点的速度矢 $\boldsymbol{v}$ 与圆周相切，方向与刚体的转动方向一致，大小是

$$v = R\omega \tag{3.30}$$

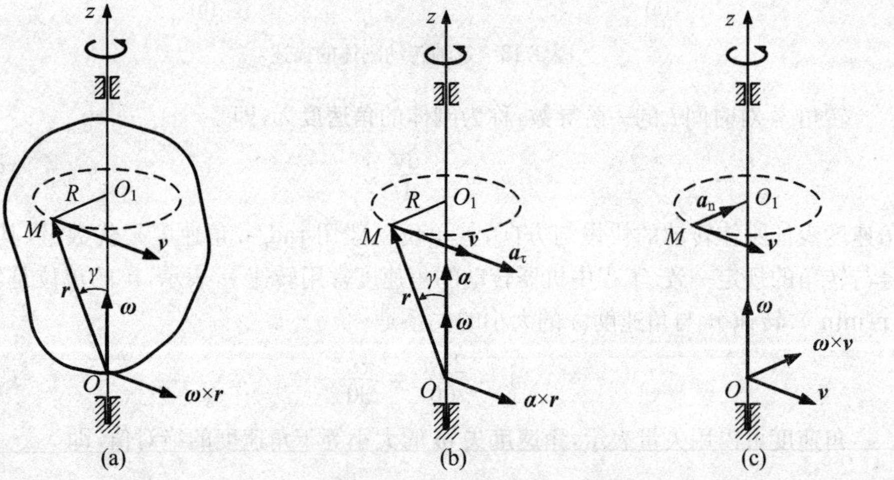

图 3.14 转动刚体内点的速度与加速度

如果从转轴上一点到 M 点的矢径为 $\boldsymbol{r}$，刚体转动的角速度矢为 $\boldsymbol{\omega}$，则 $\boldsymbol{v}$ 可表示为

$$\boldsymbol{v} = \boldsymbol{\omega} \times \boldsymbol{r} \tag{3.31}$$

将上式对时间 t 求一阶导数，即得 M 点的加速度表达式

$$\frac{\mathrm{d}\boldsymbol{v}}{\mathrm{d}t} = \frac{\mathrm{d}}{\mathrm{d}t}(\boldsymbol{\omega} \times \boldsymbol{r}) = \frac{\mathrm{d}\boldsymbol{\omega}}{\mathrm{d}t} \times \boldsymbol{r} + \boldsymbol{\omega} \times \frac{\mathrm{d}\boldsymbol{r}}{\mathrm{d}t}$$

即

$$\boldsymbol{a} = \boldsymbol{\alpha} \times \boldsymbol{r} + \boldsymbol{\omega} \times \boldsymbol{v} \tag{3.32}$$

由此式可见,加速度由两项构成,其中右端第一项 $\boldsymbol{\alpha}\times\boldsymbol{r}$ 的大小为

$$|\boldsymbol{\alpha} \times \boldsymbol{r}| = r\alpha\sin\gamma = R\alpha \tag{3.33}$$

方向沿圆周上 M 点的切线,指向与 α 的转向一致,如图 3.14(b)所示,故称为 M 点的**切向加速度 $\boldsymbol{a}_\tau$**,即

$$\boldsymbol{a}_\tau = \boldsymbol{\alpha} \times \boldsymbol{r} \tag{3.34}$$

式(3.32)右端第二项 $\boldsymbol{\omega}\times\boldsymbol{v}$ 的大小为

$$|\boldsymbol{\omega} \times \boldsymbol{v}| = \omega v\sin(\omega, v) = \omega v\sin 90^\circ = R\omega^2 \tag{3.35}$$

方向从 M 点沿半径指向圆心,如图 3.14c 所示,故称为 M 点的**法向加速度 $\boldsymbol{a}_n$**,即

$$\boldsymbol{a}_n = \boldsymbol{\omega} \times \boldsymbol{v} \tag{3.36}$$

综上所述,**转动刚体内任一点的加速度 $\boldsymbol{a}$ 有正交的两个分量,一个是与点的圆周轨迹相切的切向加速度 $\boldsymbol{a}_\tau$,方向与角加速度 α 的转向一致,大小等于刚体的角加速度 α 与该点到转轴距离 R 的乘积;另一个是与该点速度垂直的法向加速度 $\boldsymbol{a}_n$,方向指向转轴,大小等于刚体的角速度 ω 的平方与该点到转轴距离 R 的乘积.**

所以,转动刚体上任一点的全加速度 $\boldsymbol{a}$ 的大小为

$$a = \sqrt{a_\tau^2 + a_n^2} = \sqrt{(R\alpha)^2 + (R\omega^2)^2} = R\sqrt{\alpha^2 + \omega^4} \tag{3.37}$$

它与法向加速度 $\boldsymbol{a}_n$的夹角的正切为

$$\tan(\boldsymbol{a}_n, \boldsymbol{a}) = \frac{a_\tau}{a_n} = \frac{R\alpha}{R\omega^2} = \frac{\alpha}{\omega^2} \tag{3.38}$$

3. 定轴轮系的传动

工程中常利用定轴轮系传动提高或降低机械的转速,最常见的轮系有齿轮系和带轮系.

(1) 齿轮传动

机械中常用齿轮作为传动部件.齿轮传动的类型很多,现只以最基本的圆柱齿轮传动为例.圆柱齿轮传动分外啮合与内啮合两种,分别参见图 3.15(a)与(b).

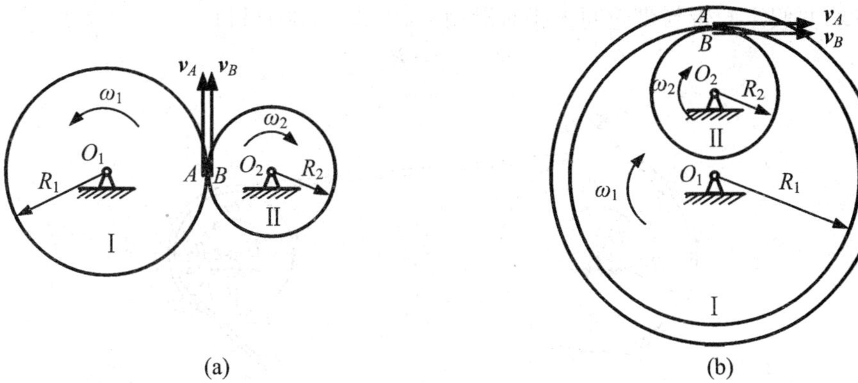

图 3.15 圆柱齿轮传动

设两个齿轮各绕固定轴 O_1 和 O_2 转动.已知其节圆半径各为 R_1 和 R_2,齿数各为 z_1 和 z_2,角速度各为 ω_1 和 ω_2.令 A 和 B 分别是两个齿轮节圆的接触点,因两圆之间没有相对滑动,所以 $v_B = v_A$,并且速度方向也相同.由式(3.30)可得

$$R_2\omega_2 = R_1\omega_1$$

或

$$\frac{\omega_1}{\omega_2} = \frac{R_2}{R_1}$$

齿轮正常啮合时,节圆上的齿距相等,因而它们的齿数与半径成正比,故

$$\frac{\omega_1}{\omega_2} = \frac{R_2}{R_1} = \frac{z_2}{z_1} \tag{3.39}$$

可见,**啮合中的两个定轴齿轮的角速度与两齿轮的齿数成反比,或与两齿轮的节圆半径成反比**.

设轮Ⅰ是主动轮,轮Ⅱ是从动轮.则 $i_{12} = \dfrac{\omega_1}{\omega_2}$ 称为**传动比**.由式(3.39)可得

$$i_{12} = \frac{\omega_1}{\omega_2} = \frac{R_2}{R_1} = \frac{z_2}{z_1} \tag{3.40}$$

上式定义的传动比是两个角速度大小的比值,与转动方向无关,因此不仅适用于圆柱齿轮传动,也适用于传动轴成任意角度的圆锥齿轮传动、摩擦轮传动等.

有些场合为了区分轮系中各轮的转向,规定统一的转动正向,这时各轮的角速度可取代数值,从而传动比也取代数值:

$$i_{12} = \frac{\omega_1}{\omega_2} = \pm\frac{R_2}{R_1} = \pm\frac{z_2}{z_1}$$

式中,正号表示主动轮与从动轮的转向相同(内啮合),负号表示转向相反(外啮合).

(2) 带轮传动

在机床中,常用电动机通过胶带使变速箱的轴转动.如图3.16所示的带轮装置中,主动轮和从动轮的半径分别为 R_1 和 R_2,角速度分别为 ω_1 和 ω_2.如果不计胶带的厚度,并假定胶带与带轮间无相对滑动,则由式(3.30)可得

$$R_1\omega_1 = R_2\omega_2$$

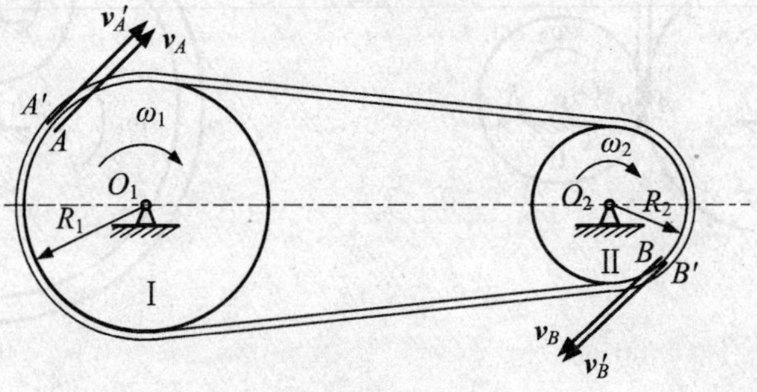

图3.16 带轮传动

于是带轮的传动比为

$$i_{12} = \frac{\omega_1}{\omega_2} = \frac{R_2}{R_1} \tag{3.41}$$

即带轮传动中两轮的角速度与其半径成反比.

例 3.8　图 3.17 所示为半径 $R = 0.2\ \text{m}$ 的圆轮绕定轴 O 转动，其转动方程为 $\varphi = -t^2 + 4t$，单位为 rad. 求 $t = 1\ \text{s}$ 时，轮缘上任一点 M 的速度和加速度. 如在此轮缘上绕一柔软而不可伸长的绳子并在绳端悬一物体 A，求当 $t = 1\ \text{s}$ 时，物体 A 的速度和加速度.

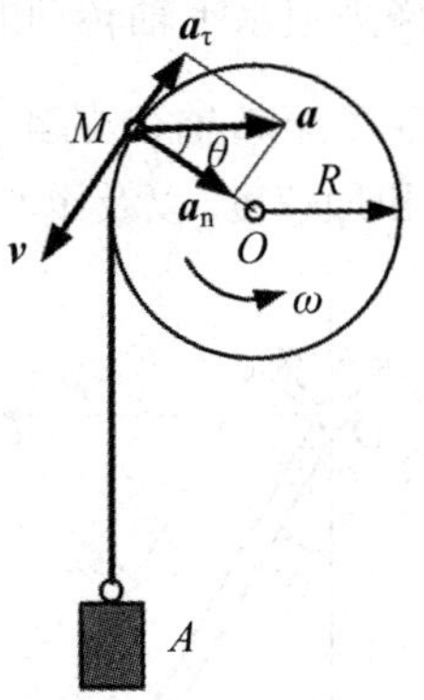

图 3.17　例 3.8 图

解：圆轮在任一瞬时的角速度和角加速度为

$$\omega = \dot{\varphi} = -2t + 4$$

$$\alpha = \ddot{\varphi} = -2$$

当 $t = 1\ \text{s}$ 时，则为

$$\omega = (-2 \times 1 + 4) = 2(\text{rad/s}), \quad \alpha = -2(\text{rad/s}^2)$$

因此轮缘上任一点 M 的速度和加速度为

$$v = R\omega = 0.2 \times 2 = 0.4(\text{m/s})$$

$$a_\tau = R\alpha = 0.2 \times (-2) = -0.4(\text{m/s}^2)$$

$$a_n = R\omega^2 = 0.2 \times 2^2 = 0.8(\text{m/s}^2)$$

它们的方向如图 3.17 所示. M 点的全加速度及其偏角为

$$a = \sqrt{a_\tau^2 + a_n^2} = \sqrt{(-0.4)^2 + (0.8)^2} = 0.894(\text{m/s}^2)$$

$$\theta = \arctan \frac{|\alpha|}{\omega^2} = \arctan \frac{2}{2^2} = \arctan 0.5 = 26°34'$$

因为 ω 与 α 正负号相反，于是 $\boldsymbol{v}$ 与 $\boldsymbol{a}_\tau$ 的指向也相反，可见刚体在 $t = 1\ \text{s}$ 时是作匀减速转动，故全加速度偏向转动方向相反的一边.

现在求物体 A 的速度和加速度. 因为绳子不可伸长，故知物体 A 落下的距离 s_A

应与轮缘上任一点 M 在同一时间内走的弧长 s_M 完全相等，即

$$s_A = s_M$$

求上式两边对时间 t 的一阶及二阶导数，则得

$$v_A = v_M, \quad a_A = a_{M\tau}$$

即物体的速度和加速度的代数值与 M 点的速度和切向加速度的代数值相等，因此

$$v_A = 0.4(\mathrm{m/s}), \quad a_A = -0.4(\mathrm{m/s^2})$$

显然物体 A 的速度方向是向下的，而加速度的方向则是向上的.

例 3.9 图 3.18 所示为可绕固定水平轴转动的摆，其转动方程为 $\varphi = \varphi_0 \cos \frac{2\pi}{T}t$，式中 T 是摆的周期. 设摆的重心 C 至转轴 O 的距离为 l，求在初瞬时（$t=0$）及经过平衡位置时（$\varphi=0$）摆的角速度和加速度，以及重心 C 的速度和加速度.

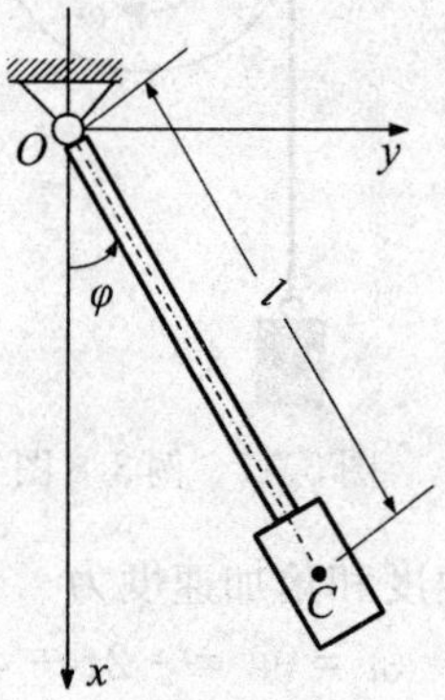

图 3.18 例 3.9 图

解：已知摆的转动方程为 $\varphi = \varphi_0 \cos \frac{2\pi}{T}t$，对时间 t 分别求一阶与二阶导数，可得摆的角速度和角加速度分别为

$$\omega = \dot{\varphi} = -\frac{2\pi\varphi_0}{T}\sin\frac{2\pi}{T}t$$

$$\alpha = \ddot{\varphi} = -\frac{4\pi^2\varphi_0}{T^2}\cos\frac{2\pi}{T}t$$

在初瞬时（$t=0$）摆的角速度和角加速度为

$$\omega_0 = 0, \quad \alpha_0 = -\frac{4\pi^2\varphi_0}{T^2}$$

因此重心 C 的速度和加速度为

$$v_0 = l\omega_0 = 0$$

$$a_{0\tau} = l\alpha_0 = -\frac{4\pi^2\varphi_0 l}{T^2}$$

$$a_{0n} = l\omega_0^2 = 0$$

可见在初瞬时，重心 C 的全加速度等于切向加速度，方向指向角 φ 减小的一边.

经过平衡位置的瞬时，$\varphi = 0$，由转动方程得知 $\cos\frac{2\pi}{T}t = 0$，因此 $\sin\frac{2\pi}{T}t = \pm 1$. 摆的角速度和角加速度为

$$\omega = \pm\frac{2\pi\varphi_0}{T}, \quad \alpha = 0$$

因此摆的重心 C 的速度和加速度为

$$v = l\omega = \pm\frac{2\pi\varphi_0 l}{T}$$

$$a_\tau = 0$$

$$a_n = l\omega^2 = \frac{4\pi^2\varphi^2 l}{T^2}$$

可见在经过平衡位置时，重心 C 的全加速度等于法向加速度，方向指向摆的转轴. ω 和 v 表达式中的"+"号对应于由左向右的摆动，"−"号对应于由右向左的摆动.

例 3.10　汽轮机叶轮由静止开始作匀加速转动. 轮上 M 点距轴心 O 为 $r = 0.4$ m，在某瞬时的全加速度 $a = 40$ m/s^2，与转动半径的夹角 $\theta = 30^\circ$，参见图 3.19. 若 $t = 0$ 时，位置角 $\varphi_0 = 0$，求叶轮的转动方程及 $t = 2$ s 时 M 点的速度和法向加速度.

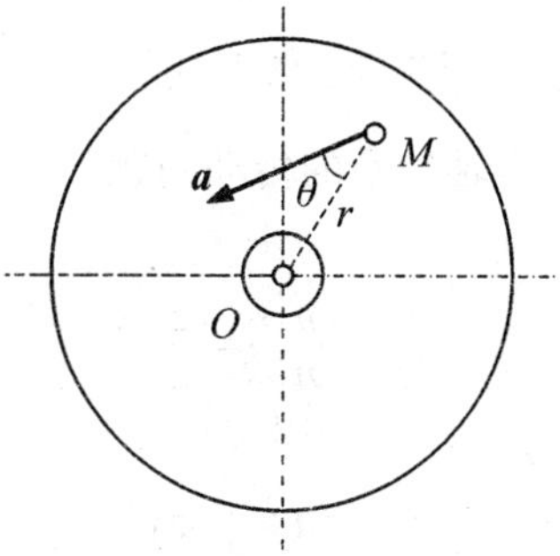

图 3.19　例 3.10 图

解：将 M 点在某瞬时的全加速度 $\boldsymbol{a}$ 沿其轨迹的切向及法向分解，则切向加速度及角加速度为

$$a_\tau = a\sin\theta = 40\sin 30^\circ = 20\ (\text{m/s}^2)$$

$$\alpha = \frac{a_\tau}{r} = \frac{20}{0.4} = 50\ (\text{rad/s}^2)$$

由于是匀加速转动，故 α 为常量，且 ω 与 α 的转向相同.

即有 $\ddot{\varphi} = \alpha$，$\dot{\varphi} = \alpha t + \omega_0$，$\varphi = \frac{1}{2}\alpha t^2 + \omega_0 t + \varphi_0$

已知 $t=0$ 时,$\varphi_0=0$,$\omega_0=0$,则可得叶轮的转动方程为

$$\varphi = \varphi_0 + \omega_0 t + \frac{1}{2}\alpha t^2 = 25t^2$$

当 $t=2$ s 时,叶轮的角速度为

$$\omega = \alpha t = 50 \times 2 = 100(\text{rad/s})$$

因此 M 点的速度及法向加速度为

$$v = r\omega = 0.4 \times 100 = 40(\text{m/s})$$

$$a_{\text{n}} = r\omega^2 = 0.4 \times 100^2 = 4000(\text{m/s}^2)$$

例 3.11 图 3.20 所示为一减速箱,轴Ⅰ为主动轴,与电机相连.已知电机转速为 $n=1450$ r/min,各齿轮的齿数 $z_1=14$,$z_2=42$,$z_3=20$,$z_4=36$.求减速箱的总传动比 i_{13} 及轴Ⅲ的转速.

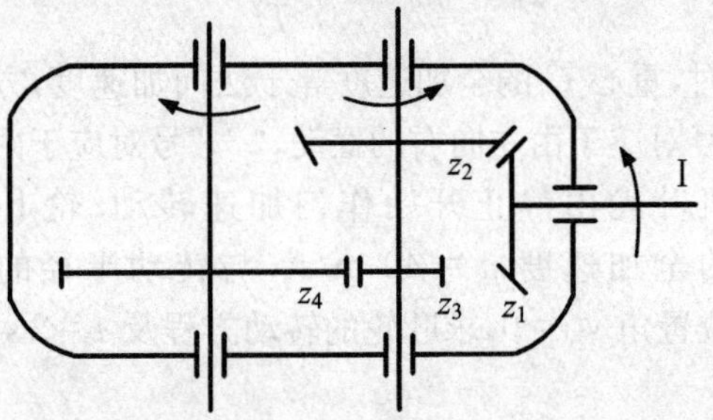

图 3.20 例 3.11 图

解:各齿轮作定轴转动,为定轴轮系的传动问题.

轴Ⅰ与轴Ⅱ的传动比为

$$i_{12} = \frac{n_1}{n_2} = \frac{z_2}{z_1}$$

轴Ⅱ与轴Ⅲ的传动比为

$$i_{23} = \frac{n_2}{n_3} = \frac{z_4}{z_3}$$

从轴Ⅰ至轴Ⅲ的总传动比为

$$i_{13} = \frac{n_1}{n_3} = \frac{n_1}{n_2} \times \frac{n_2}{n_3} = \frac{z_2}{z_1} \times \frac{z_4}{z_3} = i_{12} \times i_{23}$$

这说明,**传动系统的总传动比等于各级传动比的连乘积**,它等于轮系中所有从动轮(此处为轮 2 及轮 4)齿数的连乘积与所有主动轮(此处为轮 1 及轮 3)齿数的连乘积之比.

代入已知数据,得总传动比及轴Ⅲ的转速为

$$i_{13} = \frac{n_1}{n_3} = \frac{42}{14} \times \frac{36}{20} = 5.4$$

$$n_3 = \frac{n_1}{i_{13}} = \frac{1450}{5.4} \approx 268.5(\text{r/min})$$

轴Ⅲ的转向如图所示.

例3.12　如图3.21所示为一带式输送机,已知由电动机带动的主动轮Ⅰ的转速为 $n = 1200$ r/min,其齿数 $z_1 = 24$;齿轮Ⅲ和Ⅳ用链条传动,其齿数 $z_3 = 15$,而 $z_4 = 45$;轮Ⅴ的直径为 $d_5 = 46$ cm,如希望输送带的速度 v 约 2.4 m/s,求轮Ⅱ应有的齿数 z_2.

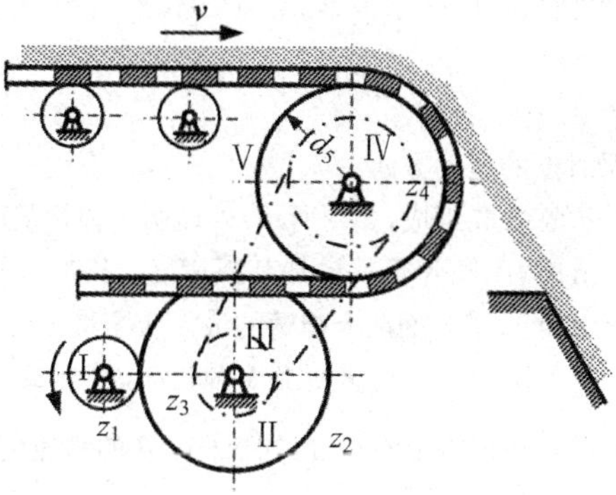

图3.21　例3.12图

解:已知 $n = 1200$ r/min,所以有

$$\omega_1 = \frac{2\pi n}{60} = \frac{2 \times 1200\pi}{60} = 40\pi(\text{rad/s})$$

由于直接啮合或用链条传动的一对齿轮,转动的角速度与其齿数成反比,即

$$\frac{\omega_1}{\omega_2} = \frac{z_2}{z_1}, \quad \frac{\omega_3}{\omega_4} = \frac{z_4}{z_3}$$

同时齿轮Ⅱ与轮Ⅲ固连在一起,有 $\omega_3 = \omega_2$,于是

$$\frac{\omega_1}{\omega_4} = \frac{z_2 z_4}{z_1 z_3}$$

即

$$\omega_4 = \frac{z_1 z_3}{z_2 z_4}\omega_1$$

因轮Ⅳ与轮Ⅴ固连,有 $\omega_4 = \omega_5$,可得轮Ⅳ的角速度与输送带速度的关系为

$$v = \frac{d_5}{2}\omega_5 = \frac{d_5}{2}\omega_4$$

或

$$\omega_4 = \frac{2v}{d_5} = \frac{2 \times 2.4}{0.46} = \frac{240}{23}(\text{rad/s})$$

比较 ω_4 的两个表达式,即可求出轮Ⅱ的齿数为

$$z_2 = \frac{\omega_1}{\frac{240}{23}} \cdot \frac{z_1 z_3}{z_4} = \frac{40\pi}{\frac{240}{23}} \cdot \frac{24 \times 15}{45} \approx 96.3$$

但齿轮的齿数必须为整数，因此可选取 $z_2=96$；这时输送带的速度将为 2.407 m/s，满足 2.4 m/s 的要求.

习　题

3.1　已知点按下列运动方程运动：

$$\begin{cases} x = 4t - 2t^2 \\ y = 3t - 1.5t^2 \end{cases} \quad \text{（其中 } t \text{ 以 s 计，} x\text{、}y \text{ 以 mm 计）}$$

画出其轨迹，并指出在不同瞬时点的运动方向.

3.2　弹簧缓冲器由三个弹簧并联组成，如图所示.外面两个弹簧的减速度的大小 a 与弹簧的变形成比例.当变形超过 15 cm 时，中间弹簧就增加其减速度.已知一较大物体沿水平方向运动，它与缓冲器接触时的速度为 12 m/s.求外面两个弹簧的最大压缩量 s 等于多少？

3.3　摇杆 AB 在机构一定范围内以匀角速度绕 A 轴转动，滑块 B 作为连接点，既在固定的圆形滑道上滑动，又在摇杆 AB 的直线滑道上滑动.已知摇杆 AB 的角速度 $\omega=\frac{\pi}{10}$ rad/s，固定圆形滑道的半径 $R=100$ mm，求：

(1) 选 O_1 为原点，用自然法建立滑块 B 的运动方程，并求 B 点的速度和加速度.

(2) 选 Oxy 坐标系，用直角坐标法建立滑块 B 的运动方程，并求 B 点的速度和加速度.

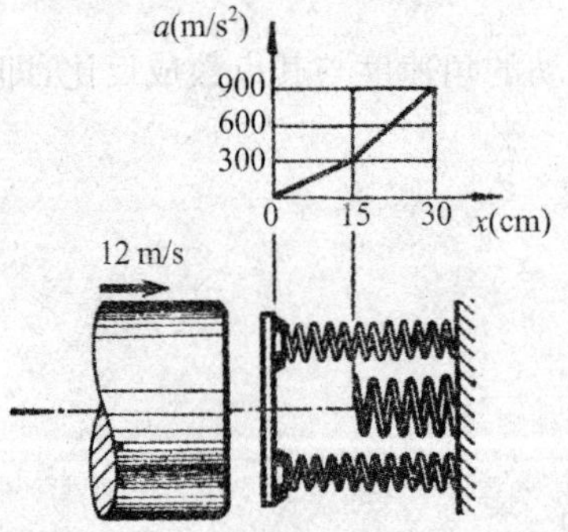

题 3.2 图

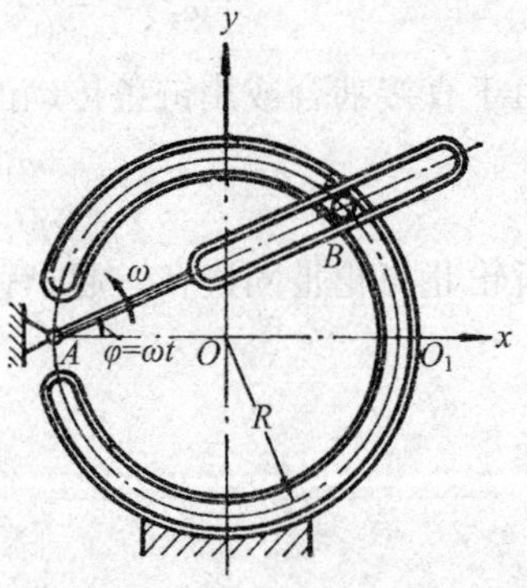

题 3.3 图

3.4　图示椭圆规尺的长 $BC=2l$，A 为 BC 的中点.曲柄 $OA=l$ 以等角速度 ω 绕 O 轴转动，当运动开始时，曲柄 OA 在铅垂位置.如 $MA=b$，求尺上 M 点的运动方程和轨迹.

3.5　图示刨床的曲柄滑道机构由曲柄 OA、摇杆 O_1B 及滑块 A、B 组成.当曲柄 OA 绕 O 轴转动时，摇杆可绕 O_1 轴摆动，摇杆借滑块 B 与扶架相连，当摇杆摆动时，可带动扶架作往复运动.已知：$O_1B=l$，$OA=r$，$O_1O=a$，且 $r<a$.当曲柄以匀角速度 ω 转动时，求扶架的运动方程.

3.6　某列火车可能有的最大加速度是 a，最大减速度是 b，最大速度是 c.设甲乙两站之间的铁路是直线，长度为 l.求该火车由甲站开动，到乙站停止，整个过程所需的最短时间 t.

3.7　一仓库高 25 m，宽 40 m，如图所示.今在距仓库前 l、高 5 m 的 A 处抛一石块，使石块抛过屋顶.问距离 l 为多大时,初速度之值 v_0 为最小(重力加速度取近似值 $g=10\ \mathrm{m/s^2}$).

3.8　图示光源 A 以等速 v 沿铅垂线下降,地上有一高为 h 的立柱,它离铅垂线的距离为 b.求该顶端的影子 M 沿地面移动的速度和加速度与 y 的关系.

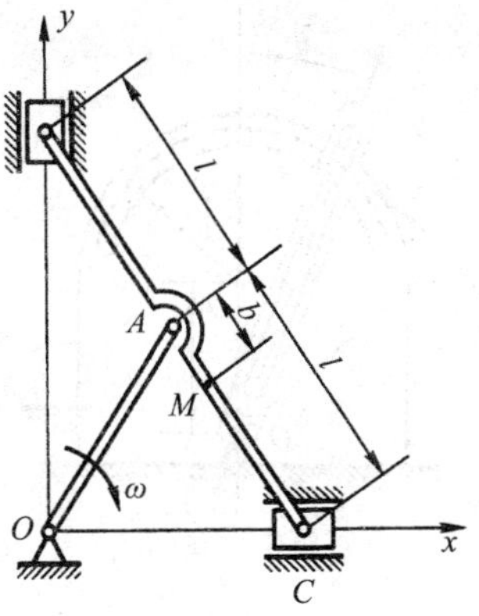

题 3.4 图

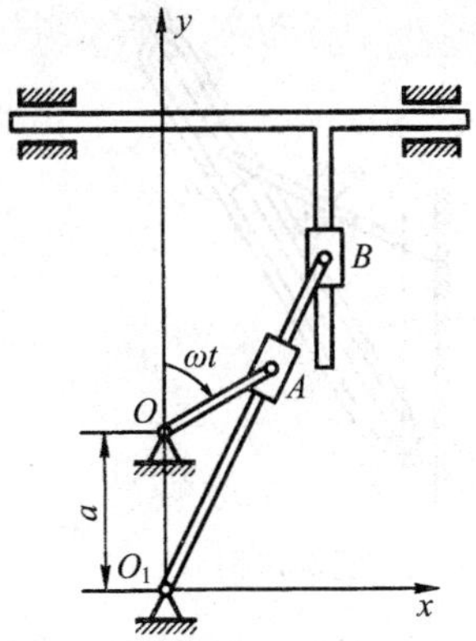

题 3.5 图

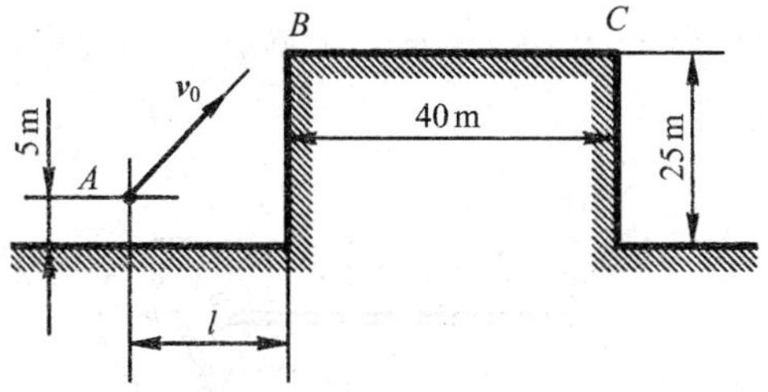

题 3.7 图

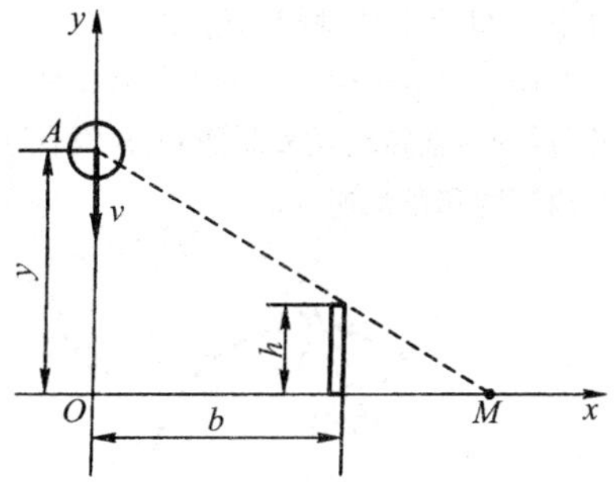

题 3.8 图

3.9　动点从静止开始作平面曲线运动,设每一瞬时的切向加速度为 $20t\ \mathrm{mm/s^2}$,而法向加速度为 $\frac{t^4}{3}\ \mathrm{mm/s^2}$.求该点的轨迹曲线.

3.10　在图示曲柄摇杆机构中,曲柄 $O_1A=100\ \mathrm{mm}$,摇杆 $O_2B=240\ \mathrm{mm}$,距离 $O_1O_2=100\ \mathrm{mm}$.曲柄以等角速度 $\omega=\frac{\pi}{4}\ \mathrm{rad/s}$ 绕 O_1 轴转动,运动开始时,曲柄铅垂向上.求 B 点的运动方程、速度和加速度.

3.11　图示机构中,槽杆 OB 绕点 O 转动时,带动销子 A 在固定圆弧槽内运动,设 OB 杆转动角速度为常数,即 $\omega=\frac{\mathrm{d}\theta}{\mathrm{d}t}=k$.运动开始时 OB 杆在铅垂位置,求销子 A 的全加速度 $\boldsymbol{a}_A$.

3.12　升降机开始上升时的加速度是 $\boldsymbol{a}_0$,以后随时间而均匀地逐渐减小,到 t_1 秒时减为零.如升降机由静止开始按着这个规律运动,求升降机在加速过程中所能达到的最大速度 $v_{\max}$ 及达到最大速度时所经过的距离 H.

3.13　火车沿曲线轨道行驶,当火车行驶在 M_1 点处时速度 $v_1=36\ \mathrm{km/h}$,若其速度均匀增加,行走 $s=1\ \mathrm{km}$ 后加速至 $v_2=108\ \mathrm{km/h}$.已知:在 M_1 点与 M_2 点曲线轨道的曲率半径分别为

$\rho_1=600$ m、$\rho_2=800$ m.求火车从 M_1 点到 M_2 点所需的时间和经过 M_1、M_2 两点时的全加速度.

3.14　点沿半径为 R 的圆周运动，初速的大小为 v_0.在运动过程中，点的切向加速度恒与法向加速度大小相等.求点的速度随时间的变化规律.

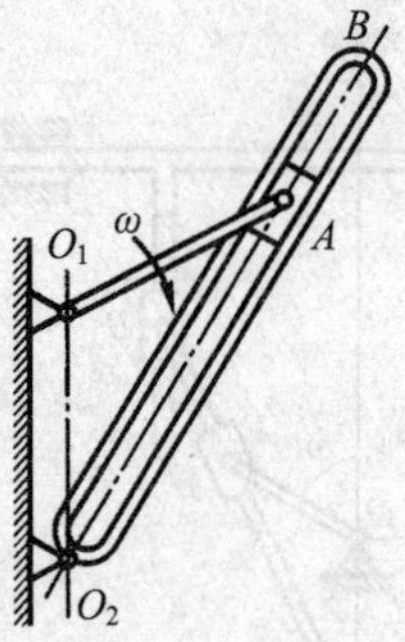

题 3.10 图

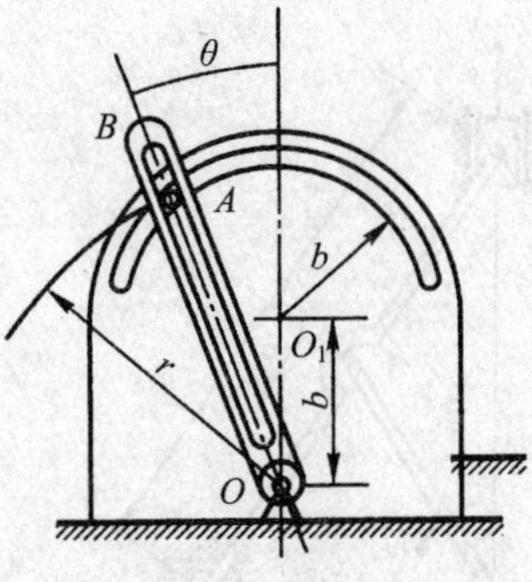

题 3.11 图

3.15　图示揉茶机的揉桶由三个曲柄支持，曲柄的支座 A、B、C 的连线与支轴 A_1、B_1、C_1 的连线都恰成等边三角形.曲柄各长 $l=150$ mm，并同以等转速 $n=45$ r/min 分别绕其支座转动.求揉桶中心 O 点的速度和加速度.

3.16　图示机构中齿轮Ⅰ固接在杆 AC 上，$AB=O_1O_2$.齿轮Ⅰ和半径为 r_2 的齿轮Ⅱ啮合.齿轮Ⅱ可绕 O_2 轴转动且和曲柄 O_2B 没有联系.设 $O_1A=O_2B=l$，$\varphi=b\sin\omega t$.确定 $t=\pi/2\omega$ 时，轮Ⅱ的角速度和角加速度.

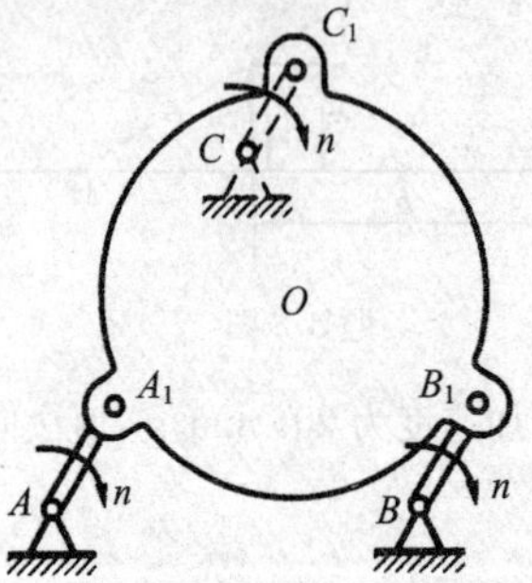

题 3.15 图

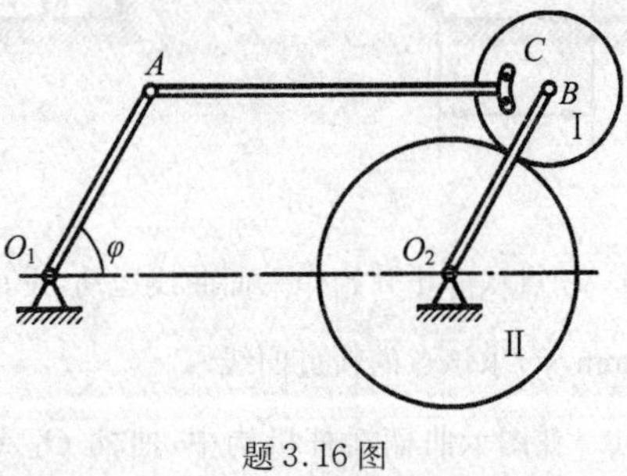

题 3.16 图

3.17　升降机装置由半径为 $R=0.2$ m 的鼓轮带动，如图所示.被升降物体的运动方程为 $x=5t^2$，其中 t 以 s 计，x 以 m 计.求鼓轮的角速度和角加速度，并求任意瞬时鼓轮轮缘上一点的全加速度.

3.18　图示飞轮绕固定轴 O 转动，在运动过程中，其轮缘上任一点的全加速度与轮半径的交角恒为 60°.当运动开始时，其转角 φ_0 等于零，其角速度为 ω_0.求飞轮的转动方程以及角速度和转角间的关系.

3.19　滑块以等速 $\boldsymbol{v}_0$ 沿水平方向向右平移，通过滑块上销钉 B 带动摇杆 OA 绕 O 轴转动，如图所示.开始时，销钉在 B_0 处，且 $OB_0=b$.求摇杆 OA 的转动方程及其角速度随时间的变化规律.

3.20　与滑套 A 相连的柔索 OA 卷绕在转轴 O 上，如图所示.已知滑套在滑杆上以匀速 $\boldsymbol{v}_0$ 向右运动，试以 v_0、b、θ 表示角 θ 的变化率.

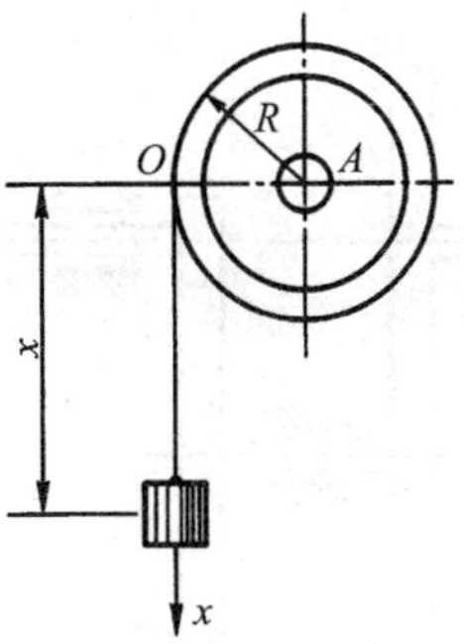

题 3.17 图

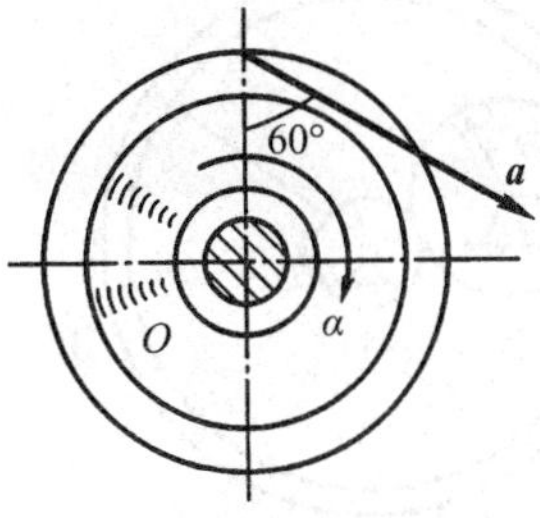

题 3.18 图

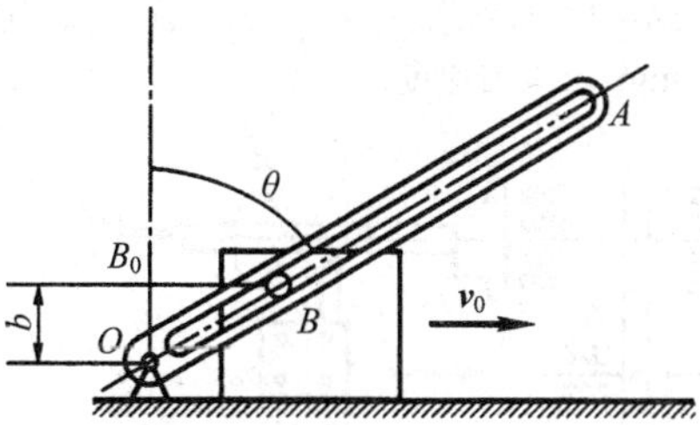

题 3.19 图

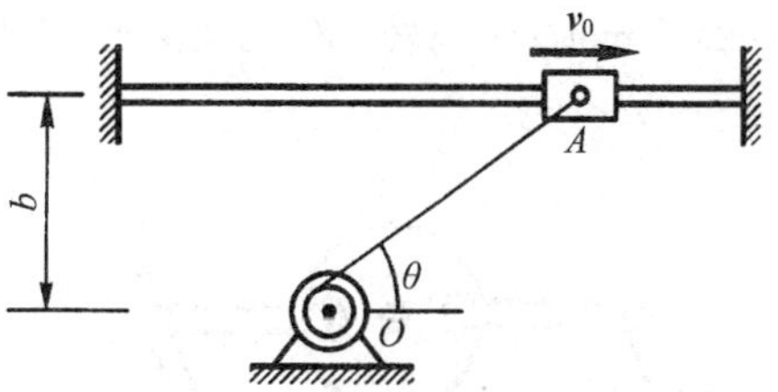

题 3.20 图

3.21　图示锥齿轮 1 和 2 的节圆直径分别为 $d_1 = 200$ mm 和 $d_2 = 400$ mm，圆柱齿轮 3 和 4 的节圆直径分别为 $d_3 = 160$ mm 和 $d_4 = 480$ mm. 已知主动轴Ⅰ的转速 $n_1 = 60$ r/min. 求从动轴Ⅲ的角速度.

3.22　图示仪表机构中，齿轮 1、2、3 和 4 的齿数分别为：$z_1 = 6$、$z_2 = 24$、$z_3 = 8$、$z_4 = 32$，齿轮 5 的半径为 40 mm. 如齿条 B 移动 10 mm，求指针 A 所转过的角度 φ.

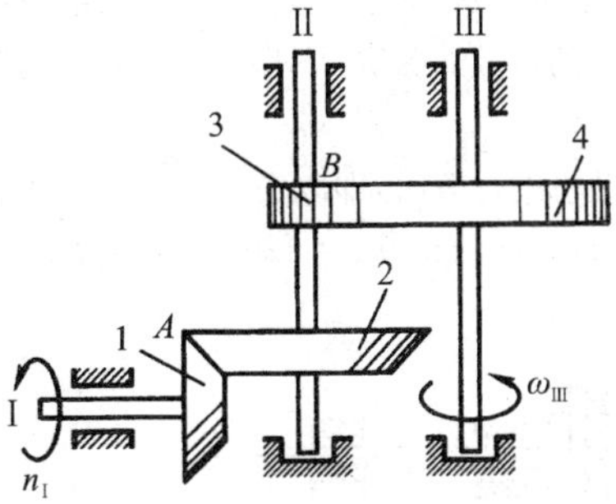

题 3.21 图

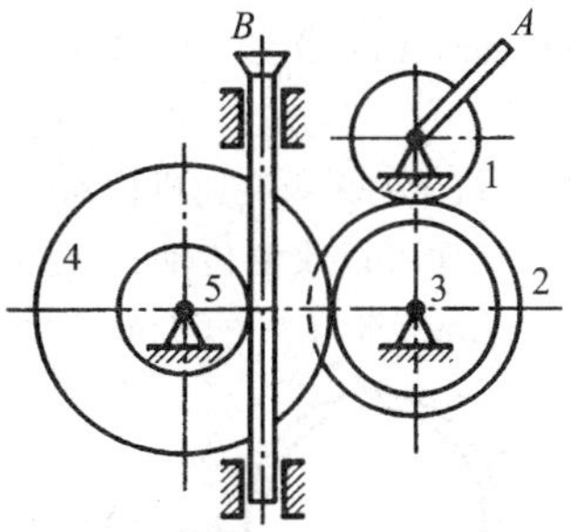

题 3.22 图

3.23　图示轮系由外齿轮Ⅰ、Ⅱ和内齿轮Ⅲ所组成. 各轮半径分别为 $r_1 = 100$ mm，$r_2 = 200$ mm，$r_3 = 500$ mm. 如轮Ⅰ的角速度为 $\omega_1 = 2\pi$ rad/s，求轮Ⅲ的角速度 ω_3.

3.24　为了降低由Ⅰ轴传动到Ⅱ轴的转速，应用由四个齿轮组成的减速器，如图所示. 各轮的齿数为：$z_1 = 10$、$z_2 = 60$、$z_3 = 12$、$z_4 = 70$. 求机构的传动比.

3.25　长均为 $2r$ 的两平行曲柄 O_1A 和 O_2B 以匀角速度 ω_0 分别绕轴 O_1 和轴 O_2 转动，如图所示. 固连于连杆 AB 上的齿轮Ⅱ带动同样大小的齿轮Ⅰ作定轴转动. 试求齿轮Ⅰ节圆上任一点的加速度的大小.

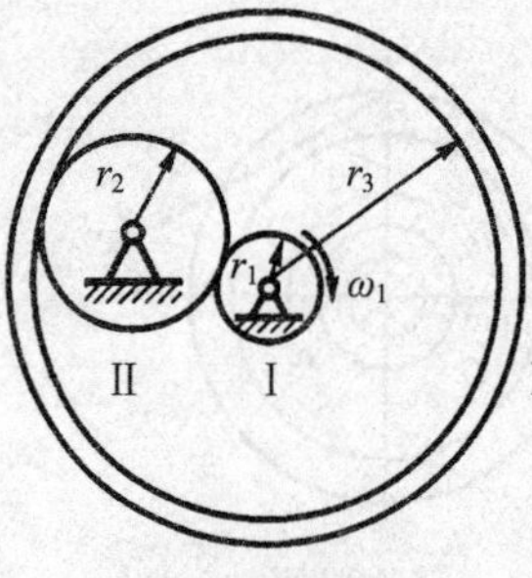

题 3.23 图

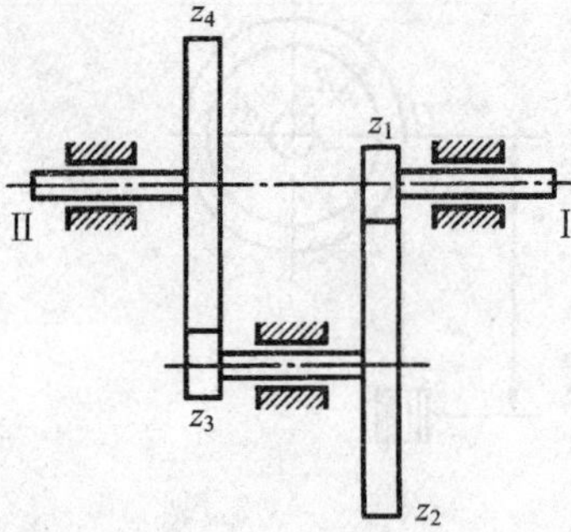

题 3.24 图

3.26 走刀机构如图所示.已知齿轮的齿数分别为 $z_1=40$、$z_2=90$、$z_3=60$、$z_4=20$，主轴转速 $n_1=120$ r/min，丝杠每转一圈，刀架移动一个螺距 $t=6$ mm.求走刀速度.

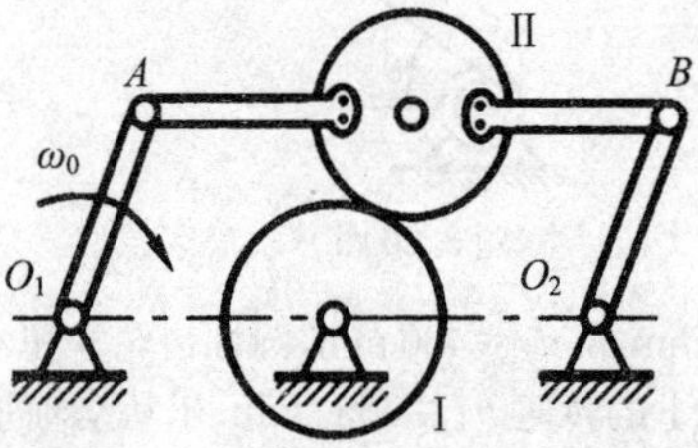

题 3.25 图

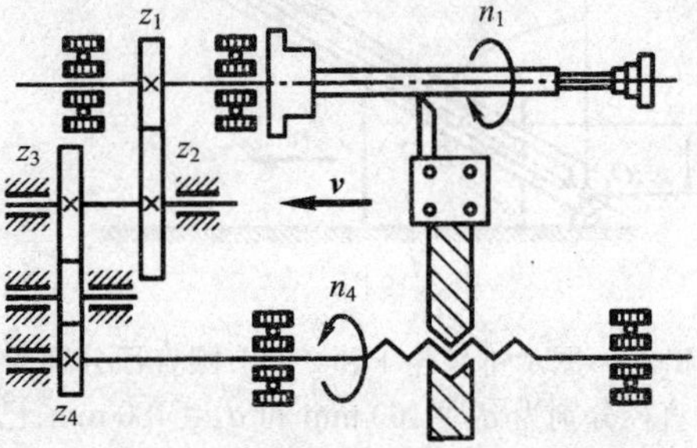

题 3.26 图

3.27 图示为一齿轮搅拌机，安装在主轴 O_1 上的齿轮使安装在 O_2、O_3 两轴上的齿轮向图示箭头的方向转动.搅拌机的搅棍 BAC 用销钉 A、B 装在两个从动轮上，若已知主动轮的转速为 $n=950$ r/min，$AB=O_2O_3$，$O_2A=O_3B=250$ mm，各轮的齿数如图所示.求搅棍端点 C 的轨迹和速度的大小.

3.28 机床的无级变速机构如图所示.当调节电动机的位置时，即改变了摩擦轮Ⅰ与Ⅱ之间的接触点，从而可以改变传动比.已知：$r_2=90$ mm、$d_3=90$ mm、$d_4=120$ mm，电动机的转速 $n_1=1400$ r/min.求当 $r_1=60$ mm 时轴Ⅲ的转速 n_3.

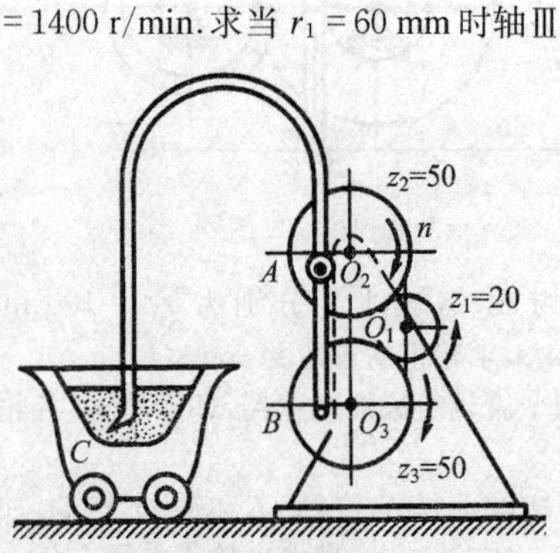

题 3.27 图

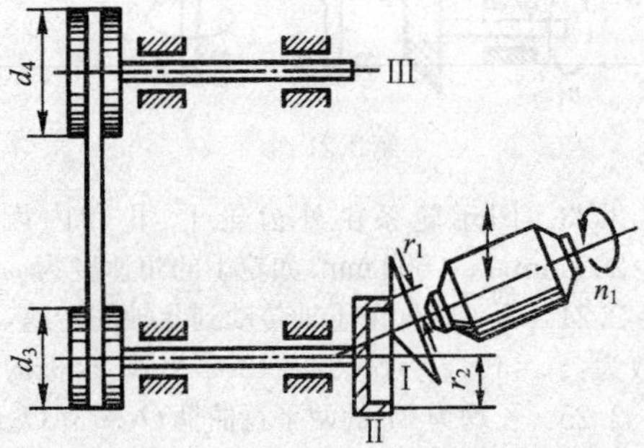

题 3.28 图

第4章　运动的合成

由运动的相对性可知,对同一个物体的运动从不同的参考系可以做出不同的描述.如果物体对于定系的绝对运动是复杂的,但对于某个动系的相对运动比较简单,并且动系对于定系的牵连运动也不复杂,那么就可以把绝对运动看成相对运动与牵连运动的合成结果,这样的运动分析方法称为**运动的合成**.绝对运动可视为相对运动与牵连运动的**合成运动**或**复合运动**;反之也可把绝对运动分解为相对运动和牵连运动.

在运动的合成中,研究物体相对不同参考系的运动以及它们之间的关系.利用这些关系,不但可以比较方便地描述物体较复杂的运动;还能给相互连接的物体(如机构)运动的研究提供便利,可以无须建立系统的运动方程,直接分析求解机构中有关点的速度与加速度,从而使机构运动问题的研究得以简化.

本章中,先研究点运动的合成,再研究常见的刚体运动的合成.

4.1　点的运动的合成

4.1.1　动点　动系　牵连点

1. 动点与动系的选取

在点的运动合成中,研究动点在定系和动系中的运动以及它们之间的关系.因此首先必须明确动点、定系、动系三个要素.

在运动合成中定系是基础参考系,通常默认定系固连于地面(根据问题要求也可以取定系固连在指定的运动物体上),因此一般定系的选取是明确的.而合理地选取动点与动系则是正确运用运动合成方法的关键,为此在选择动点、动系时应遵循以下原则:

(1) 动系要动

动系的运动是牵连运动,如果没有牵连运动,相对运动与绝对运动就没有不同了.

(2) 动点要有相对运动

动点与动系不能固连,缺失相对运动也无法运用运动合成的方法.

(3) 动点的相对轨迹要简单明确

运动合成中一般都是通过比较简单的相对运动去研究比较复杂的绝对运动.如果相对运动轨迹不明确、难以确定,相对运动自身描述不清,就难以运用运动合成方法去研究绝对运动.

2. 牵连点

动点对动系相对运动的同时,也随着动系牵连运动.可以认为带着动点一起进行牵连运动的只是动系中动点“脚下”的点,或者说是**动系中与动点瞬时重合的点**,这个点称为动点的**牵连点**.动点在动系中运动时,牵连点是不断变化的.牵连点的位置由该瞬时动点在动系中的位置确定,但是它的运动与动点无关.牵连点是动系上的固定点,随着动系运动.下一瞬时,动点与动系上的另一个点“重合”,牵连点的位置随之改变,但牵连点的运动仍由动系确定.可以说,**牵连点随动点变化,随动系运动**.

例如参见图 4.1(a),直管 OA 绕轴 O 匀速转动,小球 M 沿着直管 OA 以匀速 v 运动.在 t_1时刻,小球 M 在管内的 B 处,在 t_2时刻,小球 M 在管内的 C 处.此时应以小球 M 为动点,而动系固连在直管 OA 上.显然不能以管子上的 B 点或 C 点为动点,因为它们虽然也在运动,但相对动系是不动的,没有相对运动.此时的牵连运动是直管的定轴转动,相对运动是小球在直管内的直线运动.小球在 t_1时刻,牵连点是管子上的 B 点;在 t_2时刻,牵连点是管子上的 C 点.

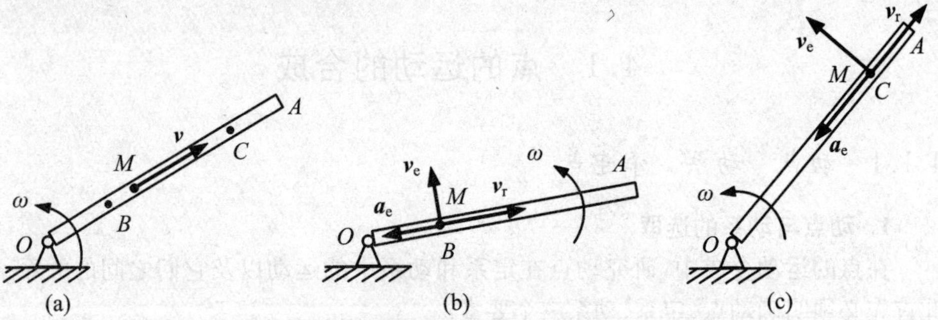

图 4.1　牵连点、牵连速度与牵连加速度

4.1.2　三种速度与三种加速度

动点、动系和定系确定以后,就可以研究动点在两种坐标系中的运动以及它们之间的关系.

参见图 4.2,$Oxyz$ 为定系,$O'x'y'z'$为作任意运动的动系,M 为动点.动系坐标原点在定系中的矢径是 $\boldsymbol{r}_{O'}$,动系的三个单位矢量分别为 $\boldsymbol{i}'$、$\boldsymbol{j}'$、$\boldsymbol{k}'$.动点 M 在定系中的矢径是 $\boldsymbol{r}_M$,在动系中的矢径是 $\boldsymbol{r}'$.有

$$\left.\begin{aligned}\boldsymbol{r}_M &= \boldsymbol{r}_{O'} + \boldsymbol{r}' \\ \boldsymbol{r}' &= x'\boldsymbol{i}' + y'\boldsymbol{j}' + z'\boldsymbol{k}'\end{aligned}\right\} \tag{4.1}$$

设此瞬时动点 M 的牵连点为 M'，它在定系中的矢径是 $\boldsymbol{r}_{M'}$. 有

$$\boldsymbol{r}_{M'} = \boldsymbol{r}_M$$

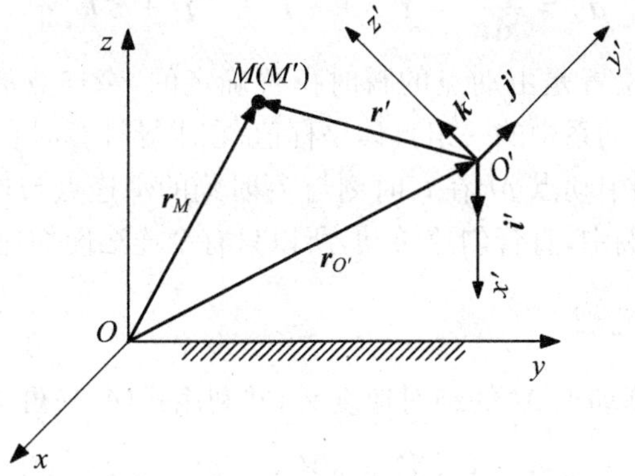

图 4.2　点的合成运动图示

因此可以计算三种速度与三种加速度如下：

(1) 绝对速度 $\boldsymbol{v}_a$ 和绝对加速度 $\boldsymbol{a}_a$

由于动点相对定系的运动是绝对运动，所以动点 M 相对定系运动的速度和加速度称为**绝对速度**和**绝对加速度**，分别用 $\boldsymbol{v}_a$ 和 $\boldsymbol{a}_a$ 表示. 且有

$$\left.\begin{aligned} \boldsymbol{v}_a &= \frac{d\boldsymbol{r}_M}{dt} \\ \boldsymbol{a}_a &= \frac{d\,\boldsymbol{v}_a}{dt} \end{aligned}\right\} \tag{4.2}$$

(2) 相对速度 $\boldsymbol{v}_r$ 和相对加速度 $\boldsymbol{a}_r$

动点相对动系的运动是相对运动，所以动点 M 相对动系运动的速度和加速度称为**相对速度**和**相对加速度**，分别用 $\boldsymbol{v}_r$ 和 $\boldsymbol{a}_r$ 表示. 且有

$$\left.\begin{aligned} \boldsymbol{v}_r &= \frac{\tilde{d}\boldsymbol{r}'}{dt} = \dot{x}\boldsymbol{i}' + \dot{y}'\boldsymbol{j}' + \dot{z}'\boldsymbol{k}' \\ \boldsymbol{a}_r &= \frac{\tilde{d}\boldsymbol{v}_r}{dt} = \ddot{x}'\boldsymbol{i}' + \ddot{y}'\boldsymbol{j}' + \ddot{z}'\boldsymbol{k}' \end{aligned}\right\} \tag{4.3}$$

其中，因为相对运动是动系中的观察者对动点运动的观察、描述，对于该观察者动系的单位矢量 $\boldsymbol{i}'$、$\boldsymbol{j}'$、$\boldsymbol{k}'$ 是常矢量；这样计算的导数是对动系的导数，所以称为**相对导数**，且在导数符号上加“～”表示，此后凡是相对导数皆如此表示. 相应地，对定系的导数也可称为绝对导数，计算绝对导数时，$\boldsymbol{i}'$、$\boldsymbol{j}'$、$\boldsymbol{k}'$ 是变矢量.

(3) 牵连速度 $\boldsymbol{v}_e$ 和牵连加速度 $\boldsymbol{a}_e$

某瞬时动点在动系上的牵连点对于定系的速度和加速度称为**牵连速度**和**牵连加速度**，分别用 $\boldsymbol{v}_e$ 和 $\boldsymbol{a}_e$ 表示. 注意到 $\boldsymbol{r}_{M'} = \boldsymbol{r}_M$ 与式(4.1)，有

$$\left.\begin{aligned} \boldsymbol{v}_e &= \frac{\mathrm{d}\boldsymbol{r}_{M'}}{\mathrm{d}t} = \dot{\boldsymbol{r}}_{O'} + x'\dot{\boldsymbol{i}}' + y'\dot{\boldsymbol{j}}' + z'\dot{\boldsymbol{k}}' \\ \boldsymbol{a}_e &= \frac{\mathrm{d}\boldsymbol{v}_e}{\mathrm{d}t} = \ddot{\boldsymbol{r}}_{O'} + x'\ddot{\boldsymbol{i}}' + y'\ddot{\boldsymbol{j}}' + z'\ddot{\boldsymbol{k}}' \end{aligned}\right\} \tag{4.4}$$

其中,由于牵连点的位置是由动点的瞬时位置确定的,牵连点的坐标(x',y',z')是该瞬时对应的动点在动系中的一组具体坐标值,在求导计算时它们是常数.

参见图 4.1 的例中动点 M 在 t_1时刻与 t_2时刻的牵连点与这两个时刻的牵连速度与牵连加速度,此例中,直管匀速转动,所以只有牵连法向加速度.

4.1.3 速度合成定理

参见图 4.2,计算动点 M 的绝对速度 $\boldsymbol{v}_a$,并利用式(4.1)可得

$$\boldsymbol{v}_a = \frac{\mathrm{d}\boldsymbol{r}_M}{\mathrm{d}t} = \dot{\boldsymbol{r}}_{O'} + x'\dot{\boldsymbol{i}}' + y'\dot{\boldsymbol{j}}' + z'\dot{\boldsymbol{k}}' + \dot{x}'\boldsymbol{i} + \dot{y}'\boldsymbol{j}' + \dot{z}'\boldsymbol{k}'$$

利用式(4.3)和式(4.4)中的 $\boldsymbol{v}_r$与 $\boldsymbol{v}_e$的表达式,得到

$$\boldsymbol{v}_a = \boldsymbol{v}_e + \boldsymbol{v}_r \tag{4.5}$$

这就是点的**速度合成定理**.该定理表明,**无论动系作何种运动,动点在某瞬时的绝对速度等于该瞬时它的牵连速度与相对速度的矢量和.**

例 4.1 图 4.3 所示为一桥式起重机,重物以匀速度 $\boldsymbol{u}$ 上升,行车以匀速度 $\boldsymbol{v}$ 在静止桥架上向右运动.求重物对地面的速度.

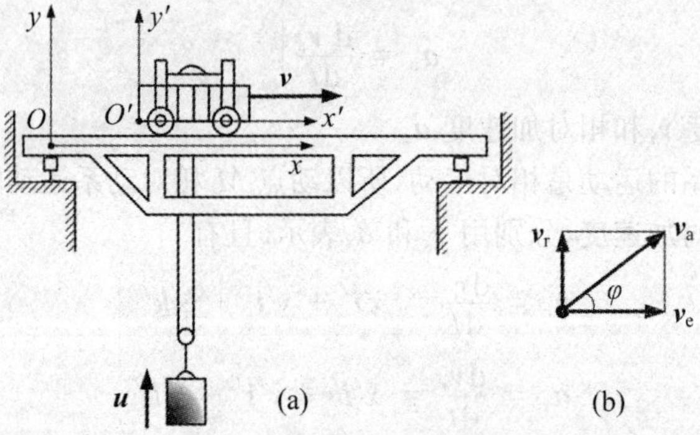

图 4.3 例 4.1 图

解:(1) 首先确定动点,并选取适当的动参考系.在此情形下以重物为动点,动系 $O'x'y'$固连于行车上,定系固连于地面上.

(2) 分析三种运动.动点的相对运动显然是铅垂匀速直线运动,其速度为 $\boldsymbol{u}$;行车带动重物的水平向右运动为动点的牵连运动,由于行车为平移,故动点的牵连速度即为 $\boldsymbol{v}$;动点对于地面的运动是绝对运动.所以本题是已知相对速度及牵连速度,求绝对速度.

(3) 根据速度合成定理画出速度矢图(图 4.3(b)),由图得知重物的绝对速度 $\boldsymbol{v}_a$

的大小为：$v_a=\sqrt{u^2+v^2}$，其方向与水平线成 φ 角，φ 角的数值为：$\varphi=\arctan\dfrac{u}{v}$.

例 4.2　凸轮机构中的凸轮外形为半圆形，顶杆 AB 沿垂直槽滑动. 设凸轮以匀速度 $\boldsymbol{v}$ 沿水平面向左移动，当在图 4.4(a)所示位置 $\theta=30^\circ$ 时，求顶杆 B 端的速度 $\boldsymbol{v}_B$.

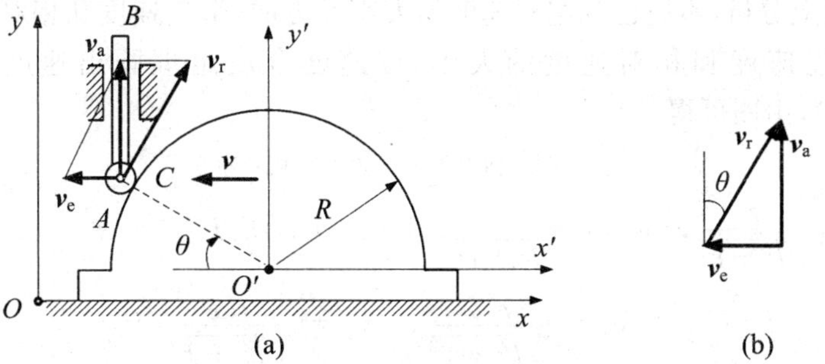

图 4.4　例 4.2 图

解：(1) 确定动点动系

在本题的情况下，顶杆与凸轮彼此有相对运动，当凸轮向左移动时，顶杆 AB 沿铅垂槽向上滑动. 因 AB 杆是平移，得知 B 点的运动与 A 点的运动相同，且 A 点沿凸轮的边缘运动，故以杆的 A 点为动点，动系固连于凸轮上，定系固连于地面.

(2) 分析三种运动

动点 A 沿半圆凸轮的运动为相对运动，因而相对速度 $\boldsymbol{v}_r$ 的方向为沿半圆在 C 点处的切线方向，而其大小是未知量；凸轮的向左平移为牵连运动，凸轮上的 C 点为牵连点，由于凸轮的运动是平移，故 A 点的牵连速度 $\boldsymbol{v}_e$ 即凸轮的平移速度 $\boldsymbol{v}$，其方向水平向左；动点 A 的绝对运动是铅垂的直线运动，故 A 点的绝对速度 $\boldsymbol{v}_a$ 的方向铅垂向上，大小待求.

(3) 用速度合成定理求解

本题为求 A 点的绝对速度 $\boldsymbol{v}_A$ 的大小. 因为已知 $\boldsymbol{v}_e$ 的大小及方向和 $\boldsymbol{v}_r$、$\boldsymbol{v}_a$ 的方向，因而根据速度合成定理可画出速度矢量三角形(图 4.4(b)). 由图可得

$$v_B=v_A=v_a=v\tan 60^\circ=\sqrt{3}\,v$$

例 4.3　刨床急回机构如图 4.5 所示；曲柄 OA 的一端与滑块 A 用铰链连接. 当曲柄 OA 以匀角速度 ω 绕定轴 O 转动时，滑块在摇杆 O_1B 的槽中滑动，并带动摇杆 O_1B 绕固定轴 O_1 转动. 设曲柄长 $OA=r$，两轴间距离 $OO_1=l$. 求曲柄在水平位置的瞬时，摇杆 O_1B 绕 O_1 轴转动的角速度 ω_1 及滑块 A 对于摇杆 O_1B 的相对速度.

解：(1) 确定动点动系

根据机构的运动情形，知滑块与摇杆彼此有相对运动，且相对运动轨迹为直线，因而选取滑块 A 为动点，动系固连于摇杆 O_1B 上，定系固连于地面.

(2) 分析三种运动

滑块沿滑槽的直线运动为相对运动，相对速度 $\boldsymbol{v}_r$ 沿摇杆 O_1B；摇杆绕 O_1 轴的转动为牵连运动，因而点 A 的牵连速度 $\boldsymbol{v}_e$ 垂直于摇杆 O_1B(图 4.5(a))；点 A 的绝对运动是以曲柄 OA 为半径的圆周运动，故绝对速度 $\boldsymbol{v}_a$ 垂直于 OA，其大小为 $r\omega$.

(3) 用速度合成定理求解

根据以上分析，本题已知绝对速度的大小及方向，牵连速度和相对速度的方向，而需求牵连速度和相对速度的大小. 按速度合成定理画出速度矢量三角形(图 4.5(b))，由图可得

$$v_e = v_a \sin\varphi, \quad v_r = v_a \cos\varphi$$

但 $\sin\varphi = \dfrac{r}{\sqrt{l^2+r^2}}, \cos\varphi = \dfrac{l}{\sqrt{l^2+r^2}}$，且 $v_a = r\omega$，所以

$$v_e = \frac{r^2\omega}{\sqrt{l^2+r^2}}, \quad v_r = \frac{rl\omega}{\sqrt{l^2+r^2}}$$

另一方面 $v_e = O_1A \cdot \omega_1$，其中 $O_1A = \sqrt{l^2+r^2}$，因此求得摇杆在此瞬时(即曲柄在水平位置的瞬时)的角速度为

$$\omega_1 = \frac{r^2\omega}{l^2+r^2}$$

其转向为逆时针.

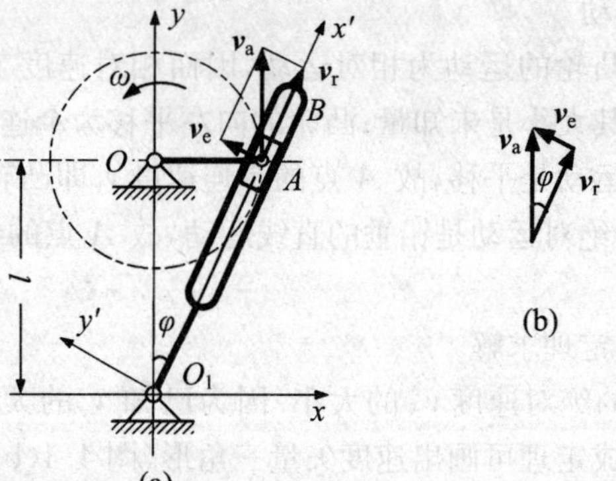

图 4.5 例 4.3 图

4.1.4 加速度合成定理

由式(4.5)对时间 t 求绝对导数，有

$$\boldsymbol{a}_a = \dot{\boldsymbol{v}}_e + \dot{\boldsymbol{v}}_r$$

分别按式(4.3)和式(4.4)中的 $\boldsymbol{v}_r$ 与 $\boldsymbol{v}_e$ 的表达式计算 $\dot{\boldsymbol{v}}_e$ 与 $\dot{\boldsymbol{v}}_r$，得

$$\dot{\boldsymbol{v}}_e = \ddot{\boldsymbol{r}}_{O'} + x'\ddot{\boldsymbol{i}}' + y'\ddot{\boldsymbol{j}}' + z'\ddot{\boldsymbol{k}}' + \dot{x}'\dot{\boldsymbol{i}}' + \dot{y}'\dot{\boldsymbol{j}}' + \dot{z}'\dot{\boldsymbol{k}}'$$

$$\dot{\boldsymbol{v}}_r = \ddot{x}'\boldsymbol{i}' + \ddot{y}'\boldsymbol{j}' + \ddot{z}'\boldsymbol{k}' + \dot{x}'\dot{\boldsymbol{i}}' + \dot{y}'\dot{\boldsymbol{j}}' + \dot{z}'\dot{\boldsymbol{k}}'$$

利用式(4.3)和式(4.4)中的 $\boldsymbol{a}_r$ 与 $\boldsymbol{a}_e$ 的表达式，得到

$$\boldsymbol{a}_a = \boldsymbol{a}_e + \boldsymbol{a}_r + 2(\dot{x}'\dot{\boldsymbol{i}}' + \dot{y}'\dot{\boldsymbol{j}}' + \dot{z}'\dot{\boldsymbol{k}}') \tag{4.6}$$

1. 牵连运动为平移

此时动系的单位矢量 $\boldsymbol{i}',\boldsymbol{j}',\boldsymbol{k}'$ 是常矢量，即 $\dot{\boldsymbol{i}}'=\dot{\boldsymbol{j}}'=\dot{\boldsymbol{k}}'=0$，所以由式(4.6)得

$$\boldsymbol{a}_a = \boldsymbol{a}_e + \boldsymbol{a}_r \tag{4.7}$$

这就是**牵连运动为平移时点的加速度合成定理**. 该定理表明，**牵连运动为平移时，动点在某瞬时的绝对加速度等于该瞬时它的牵连加速度与相对加速度的矢量和.**

2. 牵连运动为定轴转动

首先计算式(4.6)中出现的 $\dot{\boldsymbol{i}}',\dot{\boldsymbol{j}}',\dot{\boldsymbol{k}}'$. 可以把 $\dot{\boldsymbol{i}}',\dot{\boldsymbol{j}}',\dot{\boldsymbol{k}}'$ 分别看作是矢径为 $\boldsymbol{i}',\boldsymbol{j}',\boldsymbol{k}'$ 的点的速度，由式(3.31)可得泊松公式

$$\dot{\boldsymbol{i}}' = \boldsymbol{\omega}\times\boldsymbol{i}',\quad \dot{\boldsymbol{j}}' = \boldsymbol{\omega}\times\boldsymbol{j}',\quad \dot{\boldsymbol{k}}' = \boldsymbol{\omega}\times\boldsymbol{k}' \tag{4.8}$$

所以

$$2(\dot{x}'\dot{\boldsymbol{i}}' + \dot{y}'\dot{\boldsymbol{j}}' + \dot{z}'\dot{\boldsymbol{k}}') = 2\boldsymbol{\omega}\times(\dot{x}'\boldsymbol{i}' + \dot{y}'\boldsymbol{j}' + \dot{z}'\boldsymbol{k}') = 2\boldsymbol{\omega}\times\boldsymbol{v}_r$$

定义**科氏加速度** $\boldsymbol{a}_C$ 为

$$\boldsymbol{a}_C = 2\boldsymbol{\omega}\times\boldsymbol{v}_r \tag{4.9}$$

因此由式(4.6)得到

$$\boldsymbol{a}_a = \boldsymbol{a}_e + \boldsymbol{a}_r + \boldsymbol{a}_C \tag{4.10}$$

这就是**牵连运动为定轴转动时点的加速度合成定理**. 该定理表明，**牵连运动为定轴转动时，动点在某瞬时的绝对加速度等于该瞬时它的牵连加速度、相对加速度与科氏加速度的矢量和.**

对于任何牵连运动，式(4.10)都成立，它是点的加速度合成定理的普遍形式.

科氏加速度是法国工程师科里奥利(G. G. Coriolis)于1832年研究水轮机时发现的，为纪念他将该加速度命名为科里奥利加速度，简称科氏加速度.

根据矢积运算法则，矢量 $\boldsymbol{a}_C$ 垂直于 $\boldsymbol{\omega}$ 和 $\boldsymbol{v}_r$，指向按右手法则确定，$\boldsymbol{a}_C$ 的大小为

$$a_C = 2\omega v_r \sin(\boldsymbol{\omega},\boldsymbol{v}_r)$$

当 $\boldsymbol{\omega}$ 和 $\boldsymbol{v}_r$ 垂直时，$a_C=2\omega v_r$；当 $\boldsymbol{\omega}$ 和 $\boldsymbol{v}_r$ 平行时，$a_C=0$.

工程中常见的平面机构中，$\boldsymbol{\omega}$ 和 $\boldsymbol{v}_r$ 垂直，此时有 $a_C=2\omega v_r$，而且把 $\boldsymbol{v}_r$ 的方向按 $\boldsymbol{\omega}$ 的转向转动 90°就是 $\boldsymbol{a}_C$ 的方向.

一般情况下，点的绝对运动轨迹和相对运动轨迹可能都是曲线，并且牵连运动也是曲线运动，因此点的加速度合成定理可以写成如下形式：

$$\boldsymbol{a}_a^\tau + \boldsymbol{a}_a^n = \boldsymbol{a}_e^\tau + \boldsymbol{a}_e^n + \boldsymbol{a}_r^\tau + \boldsymbol{a}_r^n + \boldsymbol{a}_C$$

式中每一项都有大小和方向两个要素，必须认真分析每一项，才可能正确解决问题. 其中的各个法向加速度的方向总是指向相应曲线的曲率中心，它们的大小都是由相应的速度大小与曲率半径计算；科氏加速度的大小与方向由 $\boldsymbol{\omega}$ 和 $\boldsymbol{v}_r$ 确定. 因此在应

用加速度合成定理时，一般应先进行速度分析，这样有助于计算法向加速度和科氏加速度.

例 4.4 轮船以已知加速度 $\boldsymbol{a}$ 作直线平移，船上的涡轮机以已知的角速度 ω 作匀速转动，其转轴与轮船前进方向垂直，参见图 4.6. 求半径为 R 的涡轮机转子上 A_1、A_2、A_3、A_4 各点的绝对加速度.

解：将动系固连于轮船上，并分别取涡轮机转子上 A_1、A_2、A_3 及 A_4 点为动点. 因为牵连运动是平移，故涡轮机转子上各点的牵连加速度都等于 $\boldsymbol{a}_e = \boldsymbol{a}$；又因涡轮是匀速转动，故轴缘上各点的相对加速度的大小都等于 $R\omega^2$，方向是由各点指向圆心；因此各点的绝对加速度的大小分别为

$$a_{a1} = a + R\omega^2$$

$$a_{a2} = \sqrt{a^2 + R^2\omega^4}$$

$$a_{a3} = a - R\omega^2$$

$$a_{a4} = \sqrt{a^2 + R^2\omega^4}$$

它们的方向如图 4.6 所示.

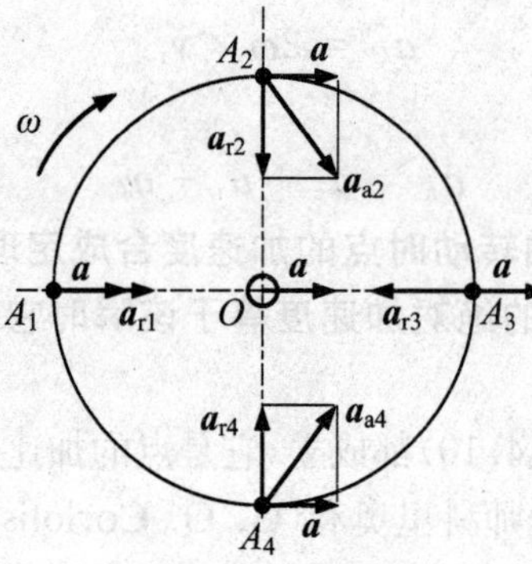

图 4.6 例 4.4 图

例 4.5 图 4.7 所示的曲柄滑道机构中，曲柄长 $OA = 10$ cm，绕 O 轴转动. 当 $\varphi = 30°$ 时，其角速度 $\omega = 1$ rad/s，角加速度 $\alpha = 1$ rad/s². 求导杆 BC 的加速度和滑块 A 在滑道中的相对加速度.

解：(1) 确定动点动系

取滑块 A 为动点，动系固连于导杆上，定系固连于地面.

(2) 分析三种运动

动点 A 的绝对运动是圆周运动，绝对加速度分为切向加速度 $\boldsymbol{a}_a^\tau$ 和法向加速度 $\boldsymbol{a}_a^n$，其大小为

$$a_a^\tau = OA \cdot \alpha = 10(\text{cm/s}^2)$$

$$a_a^n = OA \cdot \omega^2 = 10(\text{cm/s}^2)$$

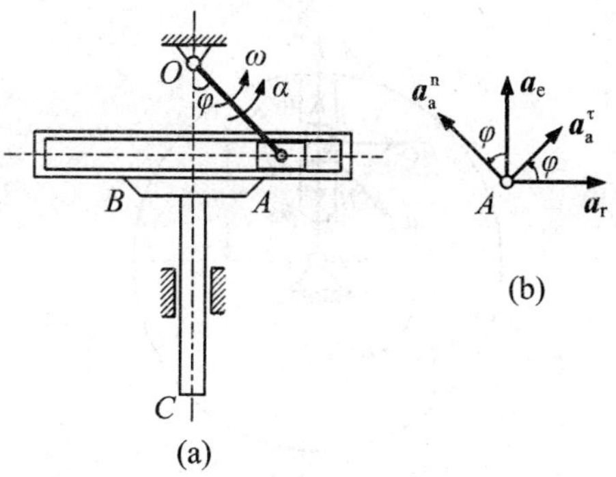

图4.7　例4.5图

方向如图4.7(b)所示.相对运动为沿滑道的往复直线运动,设相对加速度$\boldsymbol{a}_r$的方向为沿滑道水平向右,大小待求;牵连运动为导杆的直线运动,设牵连加速度$\boldsymbol{a}_e$的方向为铅垂向上,大小待求.

(3) 用加速度合成定理求解

牵连运动为平移的加速度合成定理为

$$\boldsymbol{a}_a = \boldsymbol{a}_a^\tau + \boldsymbol{a}_a^n = \boldsymbol{a}_e + \boldsymbol{a}_r$$

在此平面矢量方程中,只有$\boldsymbol{a}_r$与$\boldsymbol{a}_e$的大小未知,故此矢量方程可解.把此矢量方程分别投影到$\boldsymbol{a}_r$与$\boldsymbol{a}_e$的方向上(即以$\boldsymbol{a}_r$与$\boldsymbol{a}_e$所在直线为投影轴,以$\boldsymbol{a}_r$与$\boldsymbol{a}_e$的方向为投影轴的正方向),可得

$$a_a^\tau \cos 30^\circ - a_a^n \sin 30^\circ = a_r$$

$$a_a^\tau \sin 30^\circ + a_a^n \cos 30^\circ = a_e$$

解得

$$a_r = 10\cos 30^\circ - 10\sin 30^\circ = 3.66(\mathrm{cm/s^2})$$

$$a_e = 10\sin 30^\circ + 10\cos 30^\circ = 13.66(\mathrm{cm/s^2})$$

求得a_r、a_e是正值,假设的方向正确;而a_e即为导杆BC在此瞬时的平移加速度.

例4.6　图4.8所示的圆盘绕定轴O以匀角速度$\omega = 4\ \mathrm{rad/s}$转动,滑块$M$按$x' = 2t^2$的规律沿径向滑槽$OA$滑动,$x'$的单位是cm,$t$的单位是s.求当$t = 1$ s时滑块M的绝对加速度.

解:(1) 确定动点动系

以滑块M为动点,动系固连在圆盘上.

(2) 分析三种运动

已知滑块M的相对运动方程为$x' = 2t^2$,故滑块M的相对速度为

$$v_r = \frac{\mathrm{d}x'}{\mathrm{d}t} = 4t(\mathrm{cm/s})$$

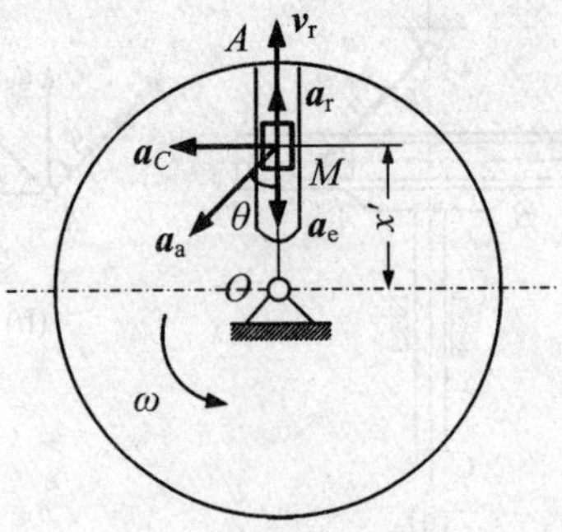

图 4.8 例 4.6 图

当 $t=1\ \mathrm{s}$ 时，$v_r=4\ \mathrm{cm/s}$，其方向沿滑槽背向轴心 O. 而滑块 M 的相对加速度为

$$a_r=\frac{\mathrm{d}^2x'}{\mathrm{d}t^2}=4(\mathrm{cm/s^2})$$

其方向沿滑槽背向轴心 O.

滑块的牵连运动是圆盘绕定轴 O 的匀速定轴转动，当 $t=1\ \mathrm{s}$ 时，滑块在槽中的位置 $x'=2t^2=2\times(1)^2=2\ \mathrm{cm}$. 故滑块的牵连加速度为

$$a_e=x'\omega^2=2\times4^2=32(\mathrm{cm/s^2})$$

其方向沿滑槽指向轴心 O.

科氏加速度的大小为

$$a_C=2\omega v_r=32(\mathrm{cm/s^2})$$

根据右手法则得知其方向与滑槽垂直而指向左方.

(3) 用加速度合成定理求解

根据牵连运动为定轴转动的加速度合成定理，并参见图 4.8 可见，$\boldsymbol{a}_C$ 与 $\boldsymbol{a}_r$、$\boldsymbol{a}_e$ 垂直，所以滑块 M 的绝对加速度 $\boldsymbol{a}_a$ 的大小为

$$a_a=\sqrt{(a_e-a_r)^2+a_C^2}=42.5(\mathrm{cm/s^2})$$

绝对加速度与滑槽的夹角为

$$\theta=\arctan\frac{a_C}{a_e-a_r}=\arctan\frac{8}{7}=48^\circ49'$$

例 4.7 已知空气压缩机的工作轮以匀角速度 ω 绕 O 轴转动，空气以大小不变的相对速度 $\boldsymbol{v}_r$ 沿弯曲的叶片 AB 流动，参见图 4.9. 曲线 AB 在 C 点的曲率半径为 ρ，在 C 点的法线与半径所成的角为 φ，半径 $CO=r$. 求在 C 点处气体分子的绝对加速度.

解：(1) 确定动点动系

取在 C 点的气体分子作为动点 M，将动系 $Ox'y'$ 固连于工作轮上，定系固连于地面.

(2) 分析三种运动

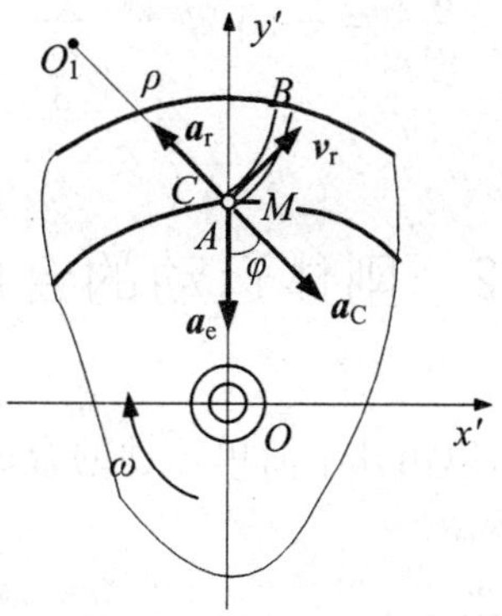

图 4.9　例 4.7 图

因为动系 $Ox'y'$ 作转动，所以气体分子 M 的绝对加速度为相对、牵连和科氏加速度三项的合成，现分别求这三项加速度如下：

$\boldsymbol{a}_r$：由于气体分子 M 相对叶片作匀速曲线运动，故只有法向加速度 $a_r=\dfrac{v_r^2}{\rho}$，方向沿法线指向曲线 AB 的曲率中心 O_1 点.

$\boldsymbol{a}_e$：由于动参考系作匀速转动，故牵连点 C 作匀速圆周运动，因而只有法向加速度，即 $a_e=r\omega^2$，方向沿半径指向轴 O.

$\boldsymbol{a}_C$：它与矢量 $\boldsymbol{\omega}$ 和 $\boldsymbol{v}_r$ 组成的平面垂直，其大小为 $a_C=2\omega v_r\sin 90^\circ=2\omega v_r$，方向如图 4.9 所示.

(3) 用加速度合成定理求解

由牵连运动为定轴转动的加速度合成定理，有

$$\overset{??}{\boldsymbol{a}_a} = \overset{\vee\vee}{\boldsymbol{a}_e} + \overset{\vee\vee}{\boldsymbol{a}_r} + \overset{\vee\vee}{\boldsymbol{a}_C}$$

此平面矢量方程中只有绝对加速度 $\boldsymbol{a}_a$ 的大小与方向未知，可解.

把此矢量方程分别投影到 x' 轴和 y' 轴上，有

$$a_{ax'} = -a_r\sin\varphi + a_C\sin\varphi$$

$$a_{ay'} = -a_e + a_r\cos\varphi - a_C\cos\varphi$$

解得

$$a_{ax'} = \left(2\omega v_r - \frac{v_r^2}{\rho}\right)\sin\varphi$$

$$a_{ay'} = \left(\frac{v_r^2}{\rho} - 2\omega v_r\right)\cos\varphi - r\omega^2$$

因此绝对加速度 $\boldsymbol{a}_a$ 的大小及方向可根据下式求得

$$a_a = \sqrt{a_{ax'}^2 + a_{ay'}^2} = \sqrt{\left(\frac{v_r^2}{\rho} - 2\omega v_r\right)^2 - 2r\omega^2\left(\frac{v_r^2}{\rho} - 2\omega v_r\right)\cos\varphi + r^2\omega^4}$$

$$\tan(\boldsymbol{a}_{\mathrm{a}}, \boldsymbol{i}') = \frac{a_{\mathrm{a}y'}}{a_{\mathrm{a}x'}} = -\cot\varphi + \frac{r\omega^2}{\left(\frac{v_{\mathrm{r}}^2}{\rho} - 2\omega v_{\mathrm{r}}\right)\sin\varphi}$$

4.2 刚体运动的合成

刚体的任何复杂运动都可以由几个简单运动的合成得到.下面讨论几种工程中常见的刚体简单运动的合成运动.

4.2.1 平移与平移的合成

运动刚体相对动系作平移,动系相对定系也作平移,此时**相对运动与牵连运动都是平移,称为平移与平移的合成**.

如图 4.10 所示,由于牵连运动是平移,所以动系 $O'x'y'z'$ 在运动过程中始终与定系 $Oxyz$ 平行;又由于相对运动是平移,所以固连于刚体上的坐标系 $O''x''y''z''$ 始终与动系 $O'x'y'z'$ 平行.因此得到固连于刚体上的坐标系 $O''x''y''z''$ 始终与定系 $Oxyz$ 平行,所以刚体的绝对运动仍然是平移.

于是得到结论:**如果刚体的相对运动与动系的牵连运动都是平移,则刚体的绝对运动也一定是平移**.

根据平移刚体的特点,平移与平移合成的刚体运动可以用点的合成运动的方法去研究.

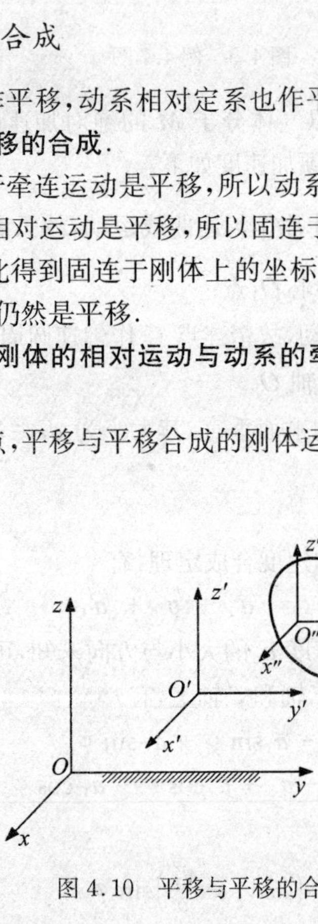

图 4.10 平移与平移的合成

4.2.2 平移与转动的合成

如图 4.11 所示的曲柄连杆机构,曲柄 OA 定轴转动,滑块 B 直线平移,都是简单运动.连杆 AB 的运动不属于两种简单运动,是一种复杂运动.如果把参考系固连在滑块 B 上,连杆 AB 的相对运动就是绕动系中 B 点的转动,这个相对运动是简单运动.因此连杆的复杂的绝对运动可以视为转动的相对运动与平移的牵连运动的合成运动.

在上例中牵连运动的平移速度矢与相对运动的转动角速度矢始终相互垂直,这是一种常见的平移与转动的合成形式.一般情况参见图 4.12,在刚体上任选一点 O' 为动系的原点,且称之为**基点**,动系的坐标轴在运动中与定系始终保持平行,因此牵连运动是平移.这个动系只与运动刚体上的基点联系,它的运动完全与基点相同,而与刚体上的其他点无关.取 z' 轴为刚体相对平移动系转动的转轴,即相对运动是转动,此时角速度矢 $\boldsymbol{\omega}$ 在 z' 轴上,与 z 轴平行.刚体的绝对运动就是相对转动与牵连移动的合成运动.

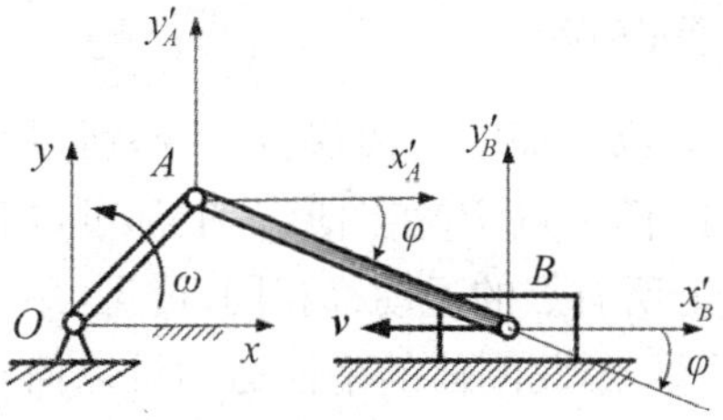

图 4.11　连杆的复杂运动

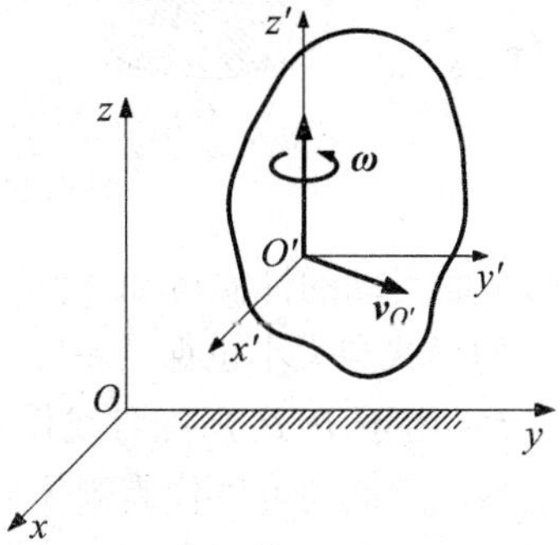

图 4.12　平面运动

如果运动中角速度矢 $\boldsymbol{\omega}$ 始终与 z 轴平行,而且 O' 点的速度 $\boldsymbol{v}_{O'}$ 始终与角速度矢 $\boldsymbol{\omega}$ 垂直,亦即与 z' 和 z 轴垂直,则 O' 点就只能在某个与 Oxy 面平行的平面内运动.此时,$O'x'y'$ 面与 Oxy 面的距离始终不变.而由于相对转动的转轴为 z' 轴,刚体上所有点与 $O'x'y'$ 面的距离保持不变,所以在运动过程中,**刚体上的每个点与固定平面 Oxy 的距离始终保持不变,刚体的这种运动称为平面运动**.显然,平面运动刚体上任一点都在与固定平面平行的某个平面内运动.工程中常见平面运动的物体,比如,沿直线轨道行驶的车辆的车轮,行星圆柱齿轮机构中的行星轮,滑轮组中的动滑轮等,参见图 4.13.

图 4.13　平面运动的物体举例

如图 4.14(a)所示，把平面运动的刚体投影到固定平面 Oxy 上得到一个平面图形 S.

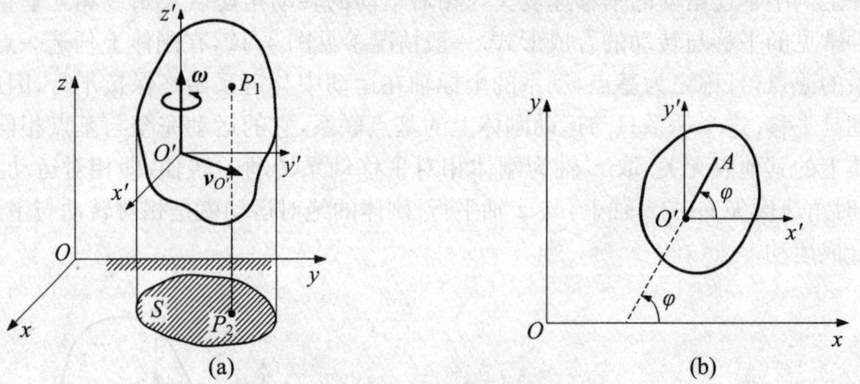

图 4.14　简化为平面图形的运动

由平面运动的性质可知，运动过程中刚体与 Oxy 面的距离保持不变，所以平面图形 S 的形状与大小也保持不变. 对于刚体上的任一点 P_1 在图形 S 上都可以找到对应点 P_2，由于 P_1P_2 所在直线作平移，所以其上所有点的运动都相同. 可见，用平面图形上各点的运动可以代表刚体内所有点的运动. 因此刚体的平面运动可以简化为平面图形在其自身平面内的运动.

平面图形在其自身平面上的位置完全可由图形内任意线段 $O'A$ 的位置来确定，参见图 4.14(b). 确定 $O'A$ 的位置只需要线段上任一点 O' 的坐标和线段 $O'A$ 与固定坐标轴 Ox 间的夹角 φ 即可. 点 O' 的坐标和 φ 角都是时间的函数，即

$$\left.\begin{aligned} x_{O'} &= f_1(t) \\ y_{O'} &= f_2(t) \\ \varphi &= f_3(t) \end{aligned}\right\} \tag{4.11}$$

此式就是平面图形的运动方程，亦即**刚体平面运动的运动方程**.

在平面图形的运动中，牵连运动就是连接在基点 O' 上的平移坐标系的运动，相对运动就是绕基点 O' 的转动. 于是**平面图形在自身平面内的运动可以视为随同基点的平移和绕基点转动的合成运动**.

研究平面运动时，可以选择不同的基点，一般平面图形上各点的运动不相同，以图 4.11 的曲柄连杆机构为例，连杆上的点 B 作直线运动，点 A 作圆周运动. 因此在平面图形上选取不同的基点，相应动系的平移牵连运动是不同的. 这表明，**平面图形随同基点的平移与基点的选择有关**.

在图 4.11 中，分别以 A、B 为基点建立平移坐标系 $Ax'_Ay'_A$ 与 $Bx'_By'_B$，即运动中两坐标系的坐标轴始终与定系 Oxy 的坐标轴保持平行. 可见，运动中 AB 连线分别与坐标系 $Ax'_Ay'_A$ 与 $Bx'_By'_B$ 的坐标轴的夹角始终保持相同，并且也等于与定系的坐标轴

的夹角.由于任一瞬时转角相等,所以对于不同坐标系的角速度与角加速度也必然相等.这表明,**平面图形绕基点转动的角速度与角加速度与基点的选择无关**.必须注意到,这里所说的角速度与角加速度都是相对于各基点处的平移动参考系而言的,并且这些角速度与角加速度也就是平面图形的绝对角速度与绝对角加速度,对于非平移的动参考系此结论不成立.

以上只讨论了牵连运动的平移速度矢与相对运动的转动角速度矢始终相互垂直时的平移与转动的合成形式.如果平移速度矢与转动角速度矢平行,则合成的刚体运动是转动轴位置固定的**螺旋运动**,钻削加工时钻床上的钻头的运动,拧紧木螺丝时木螺丝的运动就是这样的螺旋运动.如果平移速度矢与转动角速度矢成任意角,则合成的刚体运动是转动轴位置不固定的螺旋运动.

4.2.3　转动与转动的合成

牵连运动是转动,相对运动也是转动,刚体的运动就是转动与转动的合成.通常按照两个转动轴的位置关系可分为以下两种类型.

1. 绕两个平行轴转动的合成

在曲柄连杆机构中,如果把动参考系固连在定轴转动的曲柄 OA 上,参见图 4.15,牵连运动就变成了转动.连杆 AB 相对动系中的 A 点转动,相对运动仍是转动.这样,连杆的平面运动又可以视为转动的相对运动与转动的牵连运动的合成运动.在轮系机构的运动分析中,采用转动与转动合成的方法往往更方便.

参见图 4.16 的行星圆柱齿轮机构中的行星轮,按照平移与转动合成的方法,行星轮Ⅱ的运动是随轴 O_2 平移并且绕 O_2 轴转动的合成,这种分析方法未能明确表示出系杆 O_1O_2 绕 O_1 轴的转动,对于轮系的运动描述不够直观.现在在系杆 O_1O_2 上固连坐标系 $O_1x'y'$,动系的牵连运动是绕 O_1 轴的转动;轮Ⅱ绕固定在系杆上的 O_2 轴转动,轮Ⅱ的相对运动也是转动.因此轮Ⅱ的运动视为相对转动与牵连转动的合成运动.由于轴 O_1 与轴 O_2 平行,所以轮Ⅱ的运动是绕两个平行轴的转动的合成.

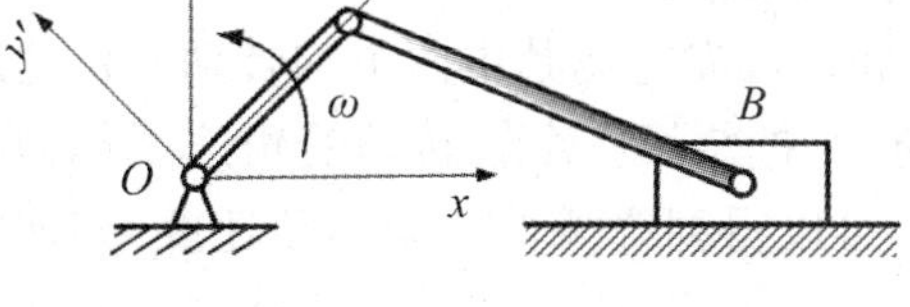

图 4.15　连杆相对曲柄转动

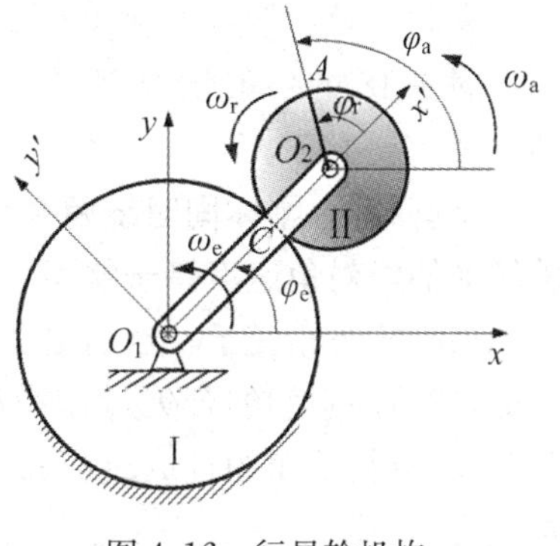

图 4.16　行星轮机构

在图4.16的行星轮机构中，设运动开始时系杆 O_1O_2、轮Ⅱ上的半径 O_2A 都与 x 轴重合. 当系杆 O_1O_2 牵连转动的转角为 φ_e 时，O_2A 相对动系的相对转角是 φ_r，由图中的几何关系可得到轮Ⅱ相对定系的绝对转角为

$$\varphi_a = \varphi_r + \varphi_e \tag{4.12}$$

由于转动都是在同一平面内发生的，式(4.12)对时间 t 求导数，即得

$$\omega_a = \omega_r + \omega_e \tag{4.13}$$

式中，ω_e 为系杆 O_1O_2，即动系转动的牵连角速度；ω_r 为轮Ⅱ相对动系转动的相对角速度；ω_a 为轮Ⅱ相对定系的转动、亦即合成运动的绝对角速度.

于是有结论：**刚体绕两平行轴转动时，其合成运动的角速度等于牵连角速度与相对角速度的代数和.**

若 ω_e 与 ω_r 的转向相同，则称为同向平行轴转动的合成，绝对角速度的大小等于 ω_e 与 ω_r 之和，且转向相同；若 ω_e 与 ω_r 的转向相反，则称为反向平行轴转动的合成，绝对角速度的大小等于 ω_e 与 ω_r 之差，转向与其中较大的角速度相同. 若 ω_e 与 ω_r 的大小相等但转向相反时，则绝对角速度等于零，此时刚体的合成运动是平移，这种运动也称**转动偶**，参见例4.9.

2. 绕相交轴转动的合成

图4.17是行星锥齿轮机构的图示. 行星锥齿轮 A 绕 z' 轴转动，同时 z' 轴又绕 z 轴转动. 两轴相交于定点 O，所以行星锥齿轮 A 的运动是由绕相交轴的转动合成的运动. 而且，绕相交轴转动的合成运动是定点运动，两轴的交点就是定点. 图中，z' 轴绕 z 轴的转动是牵连运动，其角速度矢为 $\boldsymbol{\omega}_e$；齿轮 A 绕 z' 轴的转动是相对运动，其角速度矢为 $\boldsymbol{\omega}_r$. 由于 B 齿轮是不动的，此瞬时 A 齿轮相当于绕它与 B 齿轮的啮合线定轴转动，这种瞬时定轴转动的转轴称为**瞬轴**. 瞬轴不是固定的，随着 A 齿轮与 B 齿轮的啮合位置变化，瞬轴在 B 齿轮上不断地变换位置. 由于瞬轴是定系上的直线，所以 A 齿轮绕瞬轴的转动就是绝对运动，其角速度矢为 $\boldsymbol{\omega}_a$，而且 $\boldsymbol{\omega}_a$ 的矢量一定在瞬轴上. 可以证明，三个角速度矢量的关系为

$$\boldsymbol{\omega}_a = \boldsymbol{\omega}_r + \boldsymbol{\omega}_e \tag{4.14}$$

在图4.18的一般情况下，绝对角速度矢 $\boldsymbol{\omega}_a$ 所在的直线也是刚体绝对运动的瞬轴.

于是有结论：**刚体同时绕两个相交轴转动时，合成运动为绕瞬轴的转动，而且绕瞬轴转动的绝对角速度等于绕两个轴转动的角速度的矢量和.**

如果刚体绕相交于一点的更多个轴转动时，可先把绕其中两个轴转动的角速度矢合成，然后用它们的合矢量作为相对角速度，把绕第三个轴转动的角速度作为牵连角速度，重复上面的合成过程；以此类推. 可以得到绕瞬轴转动的角速度，亦即绝对角速度

$$\boldsymbol{\omega}_a = \boldsymbol{\omega}_1 + \boldsymbol{\omega}_2 + \cdots + \boldsymbol{\omega}_n = \sum \boldsymbol{\omega}_i$$

于是有结论：**刚体同时绕相交于一点的多个轴转动时，合成运动为绕瞬轴的转动，而且绕瞬轴转动的角速度等于绕各轴转动的角速度的矢量和，瞬轴为此合矢量所在的直线.**

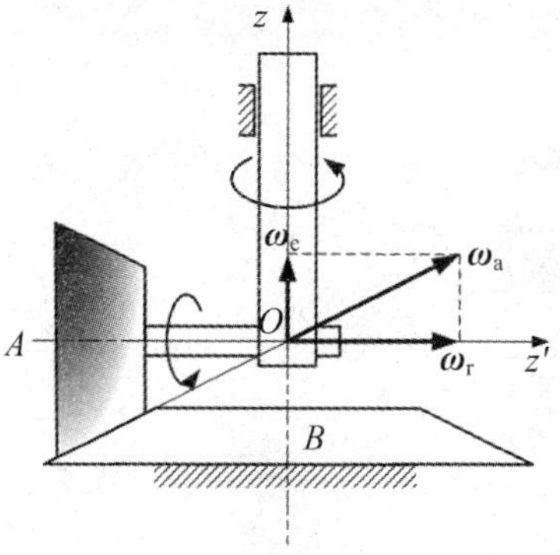

图 4.17　行星锥齿轮机构示意

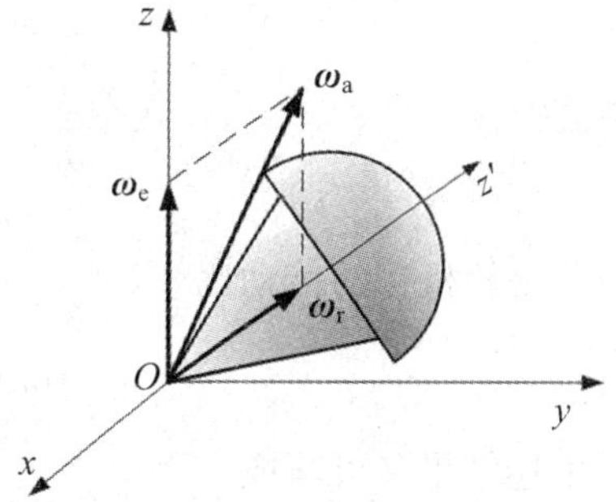

图 4.18　一般绕相交轴转动的合成

例 4.8　行星轮减速机构如图 4.19 所示，太阳轮 Ⅰ 绕 O_1 轴转动，带动行星轮 Ⅱ 沿固定齿圈 Ⅲ 滚动，行星轮 Ⅱ 又带动其轴架（称为系杆）H 绕 O_H 轴转动. 已知各齿轮的节圆半径为 r_1、r_2 及 r_3，求传动比 i_{1H}.

解：图示机构中，太阳轮 Ⅰ 和系杆 H 作定轴转动，行星轮 Ⅱ 作平面运动，而齿圈 Ⅲ 固定不动. 设齿轮 Ⅰ 和系杆 H 相对于固定参考系的角速度分别为 ω_1 和 ω_H. 取系杆为动参考系，则齿轮 Ⅰ、Ⅱ 和 Ⅲ 相对于系杆作定轴转动（图 4.19(b)），以 ω_{1r}、ω_{2r} 和 ω_{3r} 表示各齿轮的相对角速度，由定轴轮系传动比公式有（式中负号表示两者的转向相反）

$$\frac{\omega_{1r}}{\omega_{3r}}=-\frac{r_2}{r_1}\cdot\frac{r_3}{r_2}=-\frac{r_3}{r_1}$$

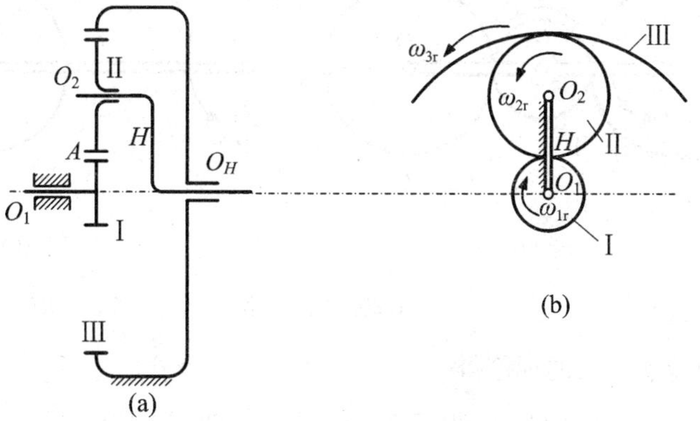

图 4.19　例 4.8 图

由平行轴转动合成的理论知

$$\omega_1 = \omega_e + \omega_{1r} = \omega_H + \omega_{1r}$$

$$\omega_3 = \omega_e + \omega_{3r} = \omega_H + \omega_{3r} = 0$$

则

$$\omega_{1r} = \omega_1 - \omega_H$$

$$\omega_{3r} = -\omega_H$$

得

$$\frac{\omega_{1r}}{\omega_{3r}} = \frac{\omega_1 - \omega_H}{-\omega_H} = -\frac{\omega_1}{\omega_H} + 1 = -\frac{r_3}{r_1}$$

所以行星轮机构的传动比

$$i_{1H} = \frac{\omega_1}{\omega_H} = 1 + \frac{r_3}{r_1}$$

上述结果又可写成

$$i_{1H} = \frac{\omega_1}{\omega_H} = 1 + \frac{z_3}{z_1}$$

其中 z_1、z_3 分别是太阳轮Ⅰ和固定齿圈Ⅲ的齿数.

例 4.9 图 4.20 所示的行星轮系中,已知轮Ⅰ、Ⅲ的半径均为 R,轮Ⅱ的半径 r,系杆 O_1O_3 以角速度 ω_0 顺时针转动;求轮Ⅲ的相对角速度 ω_{3r} 与绝对角速度 ω_3 以及图示瞬时 A、B 两点的速度.

解:取系杆为动参考系,则齿轮Ⅰ、Ⅱ和Ⅲ相对于系杆作定轴转动.设各齿轮的相对角速度分别以 ω_{1r}、ω_{2r}、ω_{3r} 表示,由传动比公式有

$$\frac{\omega_{1r}}{\omega_{3r}} = \frac{R}{r} \cdot \frac{r}{R} = 1$$

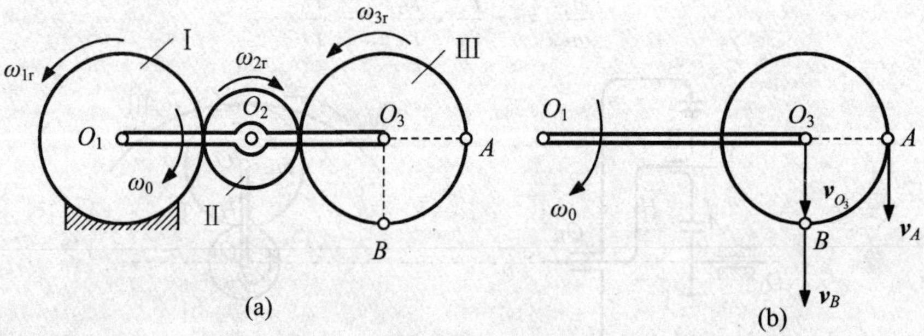

图 4.20 例 4.9 图

由平行轴转动合成的理论得

$$\omega_1 = \omega_e + \omega_{1r} = -\omega_0 + \omega_{1r} = 0$$

$$\omega_3 = \omega_e + \omega_{3r} = -\omega_0 + \omega_{3r}$$

于是得

$$\omega_3 = -\omega_0 + \omega_{1r} = 0$$

由此可知轮Ⅲ作平移.从平移刚体的运动特性知刚体内各点的速度相同,故所求 A、B 两点的速度为

$$v_A = v_B = v_{O_3} = O_1O_3 \cdot \omega_0 = 2(R + r)\omega_0$$

方向垂直于杆 O_1O_3,指向朝下(图 4.20(b)).

行星轮Ⅲ的牵连角速度与相对角速度的大小相等、方向相反,这时的合成运动不是转动而是平移,刚体的这样的两个平行轴转动称为转动偶.魏晋时代马钧(约公元 235 年)就是利用转动偶的概念设计了指南车,利用轮系传动使车上木人的手始终指向南方(或某一固定方向).

例 4.10　行星锥齿轮Ⅱ与固定锥齿轮Ⅰ相啮合,可绕动轴 OO_2 转动,而动轴以角速度 ω_e 绕定轴 OO_1 转动,如图 4.21(a)所示.设在点 C 处轮Ⅰ的半径为 r_1,轮Ⅱ的半径为 r_2,求锥齿轮相对于动轴的角速度 ω_r.

解:因为两齿轮啮合点 C 的速度等于零,可知 O、C 两点的连线为瞬时轴.已知相对角速度矢 $\boldsymbol{\omega}_r$ 沿动轴 OO_2,牵连角速度矢 $\boldsymbol{\omega}_e$ 的大小已知,方向如图示.于是可画出平行四边形,以绝对角速度矢 $\boldsymbol{\omega}_a$ 为对角线.由图可见,角速度矢平行四边形与矩形 OO_2CO_1 相似,于是有

$$\frac{\omega_r}{OO_2} = \frac{\omega_e}{OO_1}$$

或

$$\omega_r = \frac{OO_2}{OO_1}\omega_e = \frac{r_1}{r_2}\omega_e$$

本题还可以用另一种方法求解.研究齿轮Ⅰ和齿轮Ⅱ相对于动轴 OO_2 的运动,如图 4.21(b)所示.两齿轮相对于动轴 OO_2 的角速度分别为 ω_{r1} 和 ω_{r2},传动比为

$$\frac{\omega_{r2}}{\omega_{r1}} = \frac{r_1}{r_2}$$

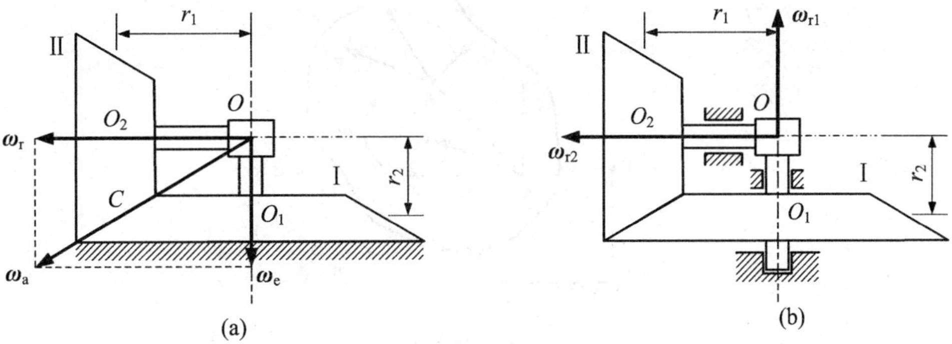

图 4.21　例 4.10 图

将 $\omega_{r1}=\omega_e$ 代入上式,得

$$\omega_{r2}=\omega_r=\frac{r_1}{r_2}\omega_e$$

4.3 平面运动刚体上点的运动分析

由 4.2.2 节可知刚体的平面运动可以简化为平面图形在自身平面内的运动,而且平面图形的运动可视为随基点的平移与绕基点的转动的合成,现在利用这个关系分析平面图形内各点的速度和加速度.

4.3.1 速度分析

1. 基点法

如图 4.22 所示,某瞬时平面图形的角速度为 ω,图形上 A 点的速度为 $\boldsymbol{v}_A$.取 A 点为基点,建立平移动系 $Ax'y'$,则平面图形的运动是随 A 点的平移与绕 A 点转动的合成运动.

设平面图形上的任一点 B 为动点,B 点的相对运动是绕基点 A 的圆周运动,相对速度 $\boldsymbol{v}_r$(此处用 $\boldsymbol{v}_{AB}$ 表示)的大小为 $v_{AB}=\omega\cdot AB$,方向与 AB 垂直且指向图形的转动方向.由于牵连运动是平移,B 点的牵连速度与 A 点的速度相同,$\boldsymbol{v}_e=\boldsymbol{v}_A$.由点的速度合成定理式(4.5)可得 B 点的速度 $\boldsymbol{v}_B$ 为

$$\boldsymbol{v}_B=\boldsymbol{v}_A+\boldsymbol{v}_{BA} \tag{4.15}$$

该式表明,**平面图形上任一点的速度等于基点的速度与该点绕基点作圆周运动的速度的矢量和**.这就是求平面图形上任一点速度的**基点法**,这是基于运动合成的基本方法.

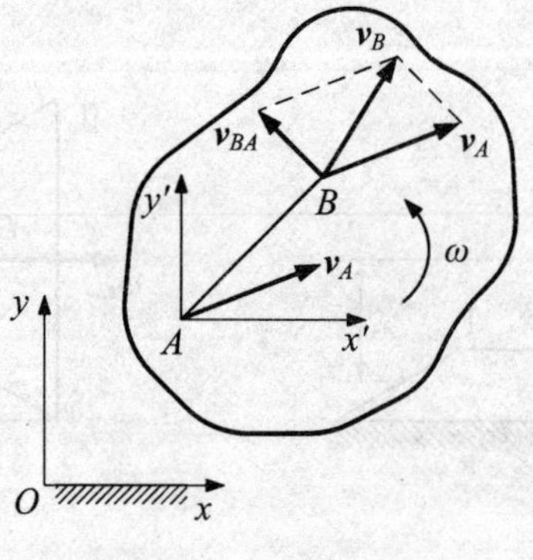

图 4.22 基点法图示

2. 速度投影法

在图 4.23 中，A、B 是平面图形上的任意两点．若以 A 为基点，B 点的速度可按基点法计算如图．将两点的速度矢 $\boldsymbol{v}_A$、$\boldsymbol{v}_B$ 投影到两点的连线 AB 上，由于 $\boldsymbol{v}_{AB}$ 总是与 AB 垂直，它在 AB 上的投影始终是零，所以 $\boldsymbol{v}_A$ 和 $\boldsymbol{v}_B$ 在 AB 上的投影始终相等，即

$$[\boldsymbol{v}_A]_{AB} = [\boldsymbol{v}_B]_{AB} \tag{4.16}$$

这就是**速度投影定理**，它表明：**在任一瞬时，平面图形上任意两点的速度在这两点连线上的投影相等**．

有时应用此定理求平面图形内点的速度非常方便，这样的方法称为速度投影法．

这个定理不但适用于刚体平面运动，而且适用于刚体的任何运动，因为它反映了刚体上任意两点间的距离保持不变的基本特征．

3. 速度瞬心法

如图 4.24 所示，平面图形的角速度为 ω，其上一点 A 的速度为 $\boldsymbol{v}_A$．取 A 为基点，过 A 点作 $\boldsymbol{v}_A$ 的垂线；把 $\boldsymbol{v}_A$ 速度矢按 ω 的转向转 90°，按此时矢量的指向在垂线上选取 C 点，使 $CA = \dfrac{v_A}{\omega}$．用基点法求 C 点的速度，由于 $v_{CA} = \omega \cdot CA = v_A$，而且 $\boldsymbol{v}_{CA}$ 与 $\boldsymbol{v}_A$ 方向相反，所以有 $\boldsymbol{v}_C = \boldsymbol{v}_A + \boldsymbol{v}_{CA} = 0$．这个平面图形上某瞬时速度为零的点称为平面图形的**瞬时速度中心**，简称**速度瞬心**，或**瞬心**．

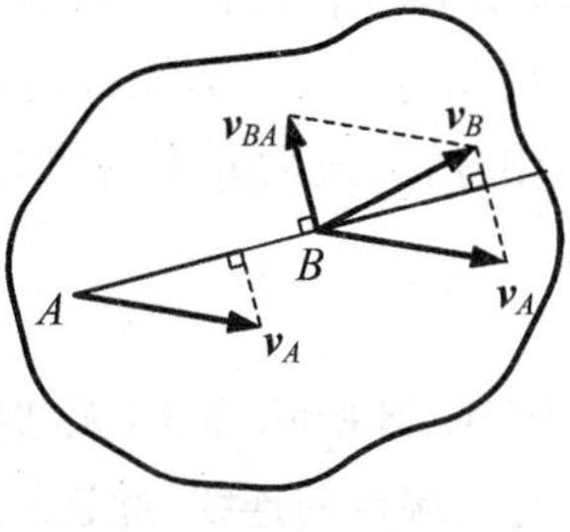

图 4.23　速度投影定理图示

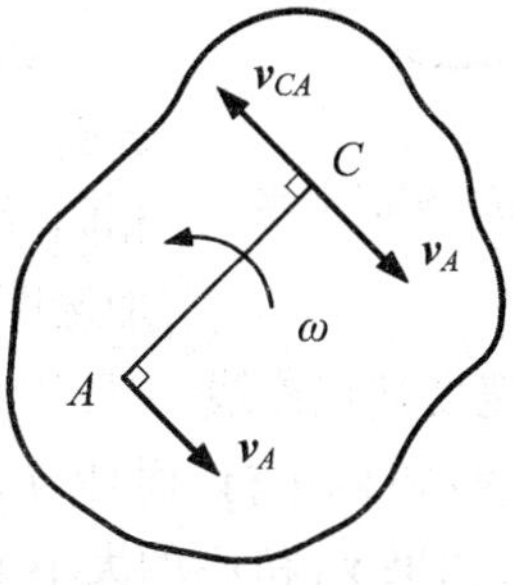

图 4.24　速度瞬心

从以上分析过程可见，在平面图形的角速度不为零的瞬时，速度瞬心总是唯一存在的．速度瞬心并不是平面图形上固定的点，在运动过程中，瞬心位置不断变化．而且，速度瞬心也可以在平面图形之外，也就是在与平面图形固连的坐标系上．

如果能找出速度瞬心 C，那么取速度瞬心为基点，计算平面图形上点的速度就非常方便了．由于 $\boldsymbol{v}_C = 0$，由式(4.15)平面图形上任一点 A 的速度 $v_A = v_{AC} = \omega \cdot AC$，方向与 AC 垂直．**此瞬时，平面图形上各点速度的分布如同绕瞬心 C 定轴转动一样**，如图 4.25 所示．选取速度瞬心为基点求平面图形上点的速度的方法称为**速度瞬心法**．

用速度瞬心法，必须先确定速度瞬心的位置．下面介绍几种确定速度瞬心的常用方法：

(1) 速度垂线交点

已知平面图形内任意两点 A 和 B 的速度方向，由于速度瞬心 C 在每一点的速度矢的垂线上，因此过 A、B 点分别作与 $\boldsymbol{v}_A$、$\boldsymbol{v}_B$ 垂直的直线，两直线的交点 C 就是此瞬时平面图形的速度瞬心，参见图 4.26.

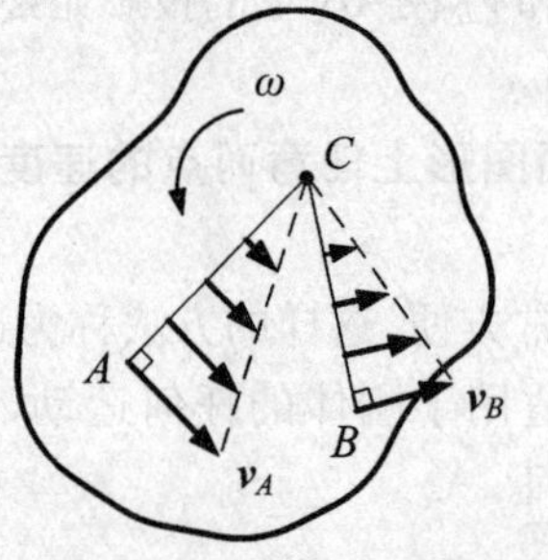

图 4.25 速度瞬心法图示

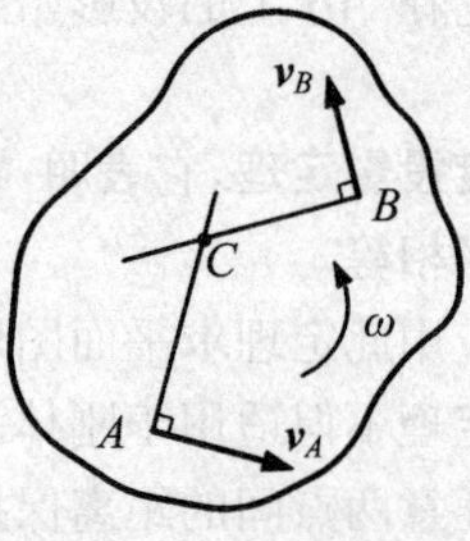

图 4.26 速度垂线求瞬心

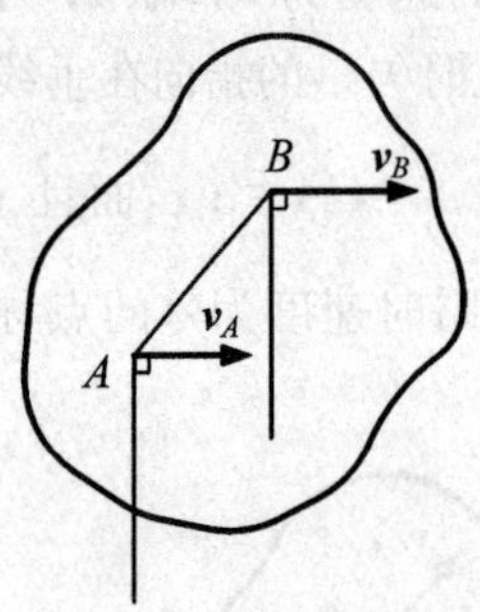

图 4.27 瞬时平移

如果 $\boldsymbol{v}_A$ 和 $\boldsymbol{v}_B$ 平行，而且不与 AB 连线垂直，如图 4.27 所示. 此时两速度垂线的交点，即速度瞬心 C 在无穷远处，且此瞬时平面图形的角速度 $\omega=\dfrac{v_A}{AC}=0$，这说明此瞬时平面图形内各点的速度都相同，速度分布如同平移，因此称为**瞬时平移**.

必须注意，瞬时平移并非真正的平移，瞬时平移只是指此瞬时平面图形的角速度等于零，因而此瞬时各点的速度相同. 但此瞬时平面图形的角加速度并不为零，因而各点的加速度并不一定相同.

(2) 速度端点连线

如果 $\boldsymbol{v}_A$ 和 $\boldsymbol{v}_B$ 平行，而且与 AB 连线垂直，如图 4.28 所示，此时无法作出速度垂线的交点. 如果 $\boldsymbol{v}_A$ 和 $\boldsymbol{v}_B$ 的大小不等，可以作两速度矢端点的连线，此连线与 AB 连线的交点 C 即为瞬心，参见图 4.28(a)和(b). 如果 $\boldsymbol{v}_A$ 和 $\boldsymbol{v}_B$ 平行而且大小相等，两速度矢端点的连线与 AB 连线相交在无穷远处，此瞬时平面图形为瞬时平移，如图 4.29 所示.

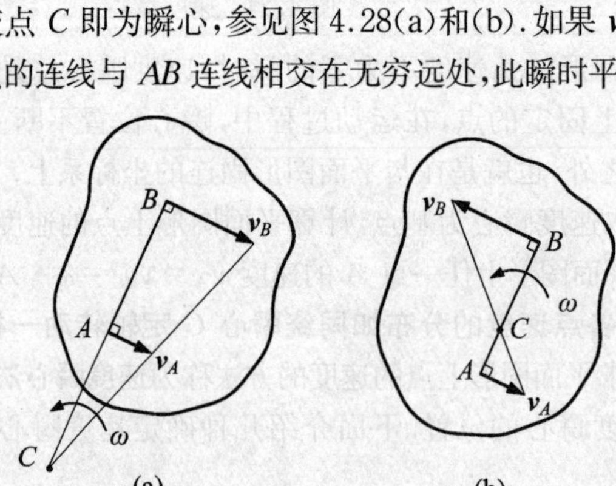

图 4.28 速度端点连线求瞬心

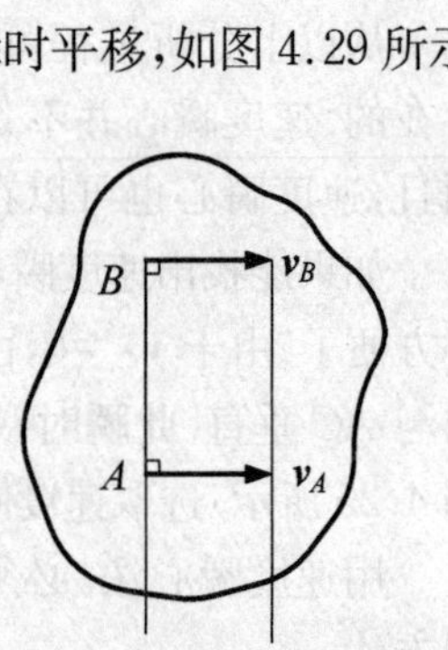

图 4.29 瞬时平移

(3) 只滚不滑

如果平面图形沿一个固定表面作无滑动的滚动(简称**只滚不滑**或**纯滚动**),则平面图形与固定面的接触点 C 就是速度瞬心.因为此时 C 点与固定表面没有相对滑动,即 C 点相对于固定面的速度为零.车轮沿地面只滚不滑时,轮缘上的各点相继与地面接触而成为车轮在不同时刻的速度瞬心,参见图 4.30.行星圆柱齿轮机构中的行星轮Ⅱ与固定齿轮Ⅰ的啮合点 C 为行星轮的瞬心,参见图 4.31.必须注意,行星轮绕瞬心 C 转动的角速度 ω 是图 4.16 中的绝对角速度 ω_a,而不是绕 O_2 轴转动的相对角速度 ω_r.

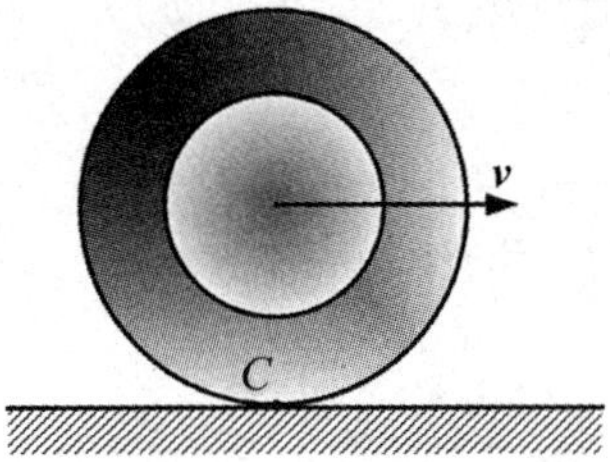

图 4.30　只滚不滑的车轮

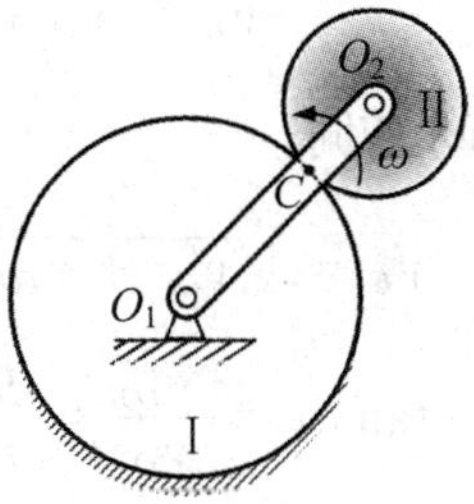

图 4.31　绕固定轮运动的行星轮

例 4.11　如图 4.32 所示,车轮沿直线轨道作无滑动的滚动,已知轮心的速度 $\boldsymbol{v}_O$ 及车轮的大小半径 R 和 r,求轮缘上 A、B、D、E 各点的速度.

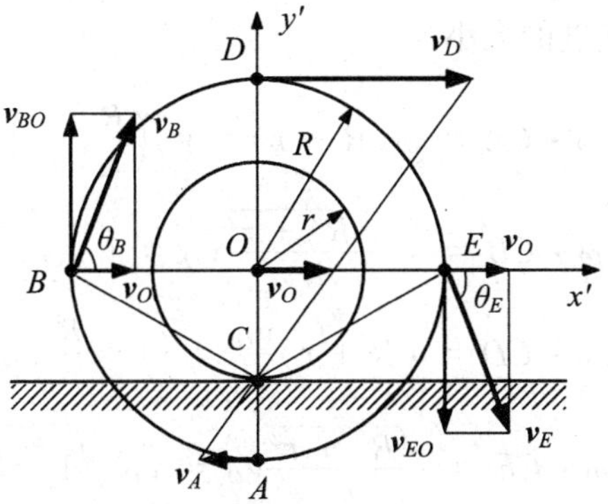

图 4.32　例 4.11 图

解:(1) 基点法

因车轮作纯滚动,故知车轮绕轮心 O 转动的角速度为 $\omega = \dfrac{v_O}{r}$.

为了计算方便,我们选取轮心 O 作为基点.已知基点的速度 $\boldsymbol{v}_O$,绕基点 O 转动的角速度为 $\omega = \dfrac{v_O}{r}$,根据基点法,知各点的速度为

$$v_A = v_O - v_{AO} = v_O - \frac{v_O}{r}R = -v_O\left(\frac{R}{r} - 1\right)$$

其方向与 $\boldsymbol{v}_O$ 相反.

$$v_B = \sqrt{v_O^2 + v_{BO}^2} = \sqrt{v_O^2 + \left(\frac{v_O}{r}R\right)^2} = v_O\sqrt{1 + \left(\frac{R}{r}\right)^2}$$

$$\tan\theta_B = \frac{v_{BO}}{v_O} = \frac{R}{r}$$

式中 θ_B 是$\boldsymbol{v}_B$ 与 x'轴正向的夹角.

$$v_D = v_O + v_{DO} = v_O + \frac{v_O}{r}R = v_O\left(1 + \frac{R}{r}\right)$$

其方向与$\boldsymbol{v}_O$ 相同.

$$v_E = \sqrt{{v_O}^2 + {v_{EO}}^2} = \sqrt{{v_O}^2 + \left(\frac{v_O}{r}R\right)^2} = v_O\sqrt{1 + \left(\frac{R}{r}\right)^2}$$

$$\tan\theta_E = \frac{v_{EO}}{v_O} = \frac{R}{r}$$

其中 θ_E 是$\boldsymbol{v}_E$ 与 x'轴正向的夹角.

(2) 速度瞬心法

车轮与轨道的接触点 C 是速度瞬心，于是在此瞬时车轮绕此瞬心 C 作转动，因为平面图形的角速度对于任何一个基点都是相同的，因此车轮绕瞬心转动的角速度亦为 $\omega = \frac{v_O}{r}$，而各点速度的大小为

$$v_A = \omega \cdot CA = \omega(R - r) = v_O\left(\frac{R}{r} - 1\right)$$

$$v_B = \omega \cdot CB = = \frac{\sqrt{R^2 + r^2}}{r}v_O = v_O\sqrt{1 + \left(\frac{R}{r}\right)^2}$$

$$v_D = \omega \cdot CD = (R + r)\frac{v_O}{r} = \left(1 + \frac{R}{r}\right)v_O$$

$$v_E = \omega \cdot CE = \frac{\sqrt{R^2 + r^2}}{r}v_O = v_O\sqrt{1 + \left(\frac{R}{r}\right)^2}$$

各点速度的方向垂直于各点与瞬心 C 的连线，如图 4.32 所示.

可见，上述两种方法所得到的结果相同，但速度瞬心法比较简洁.

例 4.12 在如图 4.33 所示的曲柄连杆机构中，连杆 AB 长 $l = 200$ cm，曲柄 OA 长 $r = 40$ cm，以匀角速度 $\omega = 5$ rad/s 转动. 求当曲柄与水平线成 45°角时滑块 B 的速度及连杆 AB 的角速度.

解:(1) 基点法

曲柄的运动是绕定轴转动，滑块 B 的运动是沿 x 轴作直线平移，连杆的运动是平面运动. 连杆上 A 点的速度可通过曲柄 OA 的关系求出，这就是说平面图形上 A

点的速度是已知的，因此选该点作基点．而连杆与滑块连接的 B 点的运动可以看作随同基点 A 的牵连运动与绕 A 点的相对运动的合成运动，因此 B 点的速度为

$$\boldsymbol{v}_B = \boldsymbol{v}_A + \boldsymbol{v}_{BA}$$

已知 $v_A = r\omega = 40\times 5 = 200$ cm/s，其方向与 OA 垂直；又知滑块沿 x 轴滑动，故点 B 的速度$\boldsymbol{v}_B$ 必沿 x 轴而指向左方；B 点对于基点 A 的相对速度$\boldsymbol{v}_{BA}$必与连杆垂直．作速度矢量三角形 $A_1B_1C_1$，如图 4.33(b)所示，由正弦定理得

$$\frac{v_{BA}}{\sin 45^\circ} = \frac{v_B}{\sin(45^\circ + \theta)} = \frac{v_A}{\sin(90^\circ - \theta)} = \frac{200}{\cos\theta}$$

由图 4.33(a)的△OAB 得

$$\frac{l}{\sin 45^\circ} = \frac{r}{\sin\theta}$$

所以

$$\sin\theta = \frac{r}{l}\sin 45^\circ = \frac{40}{200}\times\frac{\sqrt{2}}{2} = \frac{\sqrt{2}}{10},\quad \cos\theta = \frac{7\sqrt{2}}{10}$$

将 $\sin\theta$ 及 $\cos\theta$ 的数值代入上式，则得

$$v_B = \frac{200}{\cos\theta}\sin(45^\circ + \theta) = 200\times\left(\frac{\sqrt{2}}{2} + \frac{\sqrt{2}}{2}\times\frac{1}{7}\right) = 162(\text{cm/s})$$

$$v_{BA} = \frac{200}{\cos\theta}\sin 45^\circ = \frac{2000}{7\sqrt{2}}\times\frac{\sqrt{2}}{2} = 143(\text{cm/s})$$

因为 $v_{BA} = l\omega_{AB}$，故连杆 AB 的角速度

$$\omega_{AB} = \frac{v_{BA}}{l} = \frac{143}{200} = 0.715(\text{rad/s})$$

由 $\boldsymbol{v}_{BA}$的指向知 ω_{AB}应为顺时针方向．

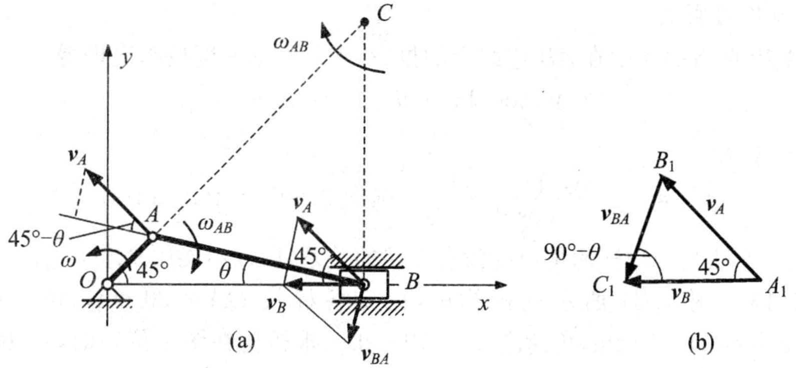

图 4.33　例 4.12 图

(2) 速度瞬心法

因连杆上 A、B 两点的速度 $\boldsymbol{v}_A$ 及 $\boldsymbol{v}_B$ 的方向是已知的，过点 A 及 B 各作直线与

该点的速度垂直，则此两直线的交点即为速度瞬心 C. 连杆绕瞬心的角速度 ω_{AB} 可通过 A 点的已知速度 $v_A = r\omega$ 求出. 如将 A 点视为连杆上的一点，则有

$$v_A = CA \cdot \omega_{AB}$$

将 $v_A = r\omega$ 代入上式，得

$$\omega_{AB} = \frac{r\omega}{CA}$$

由 $\boldsymbol{v}_A$ 的指向知 ω_{AB} 应为顺时针，因此得 B 点的速度为

$$v_B = CB \cdot \omega_{AB} = \frac{CB}{CA} r\omega$$

在图 4.33(a)的△ABC 中，$\angle CAB = 45^\circ + \theta$，$\angle ABC = 90^\circ - \theta$，$\angle BCA = 45^\circ$，应用正弦定理得

$$\frac{CA}{\sin(90^\circ - \theta)} = \frac{CB}{\sin(45^\circ + \theta)} = \frac{AB}{\sin 45^\circ} = 200\sqrt{2}(\text{cm})$$

所以

$$CA = 200\sqrt{2}\sin(90^\circ - \theta) = 200\sqrt{2} \times \frac{7\sqrt{2}}{10} = 280(\text{cm})$$

$$\frac{CB}{CA} = \frac{\sin(45^\circ + \theta)}{\sin(90^\circ - \theta)} = 0.808$$

由此求出

$$\omega_{AB} = \frac{r}{CA}\omega = \frac{40}{280} \times 5 = 0.714(\text{rad/s})$$

$$v_B = \frac{CB}{CA} r\omega = 0.808 \times 40 \times 5 = 162(\text{cm/s})$$

由 ω_{AB} 的转向知 $\boldsymbol{v}_B$ 应水平向左.

(3) 速度投影法.

取 A、B 两点的速度在 AB 连线上的投影，于是根据速度投影定理得

$$v_A \cos(45^\circ - \theta) = v_B \cos\theta$$

由此求出

$$v_B = v_A \frac{\cos(45^\circ - \theta)}{\cos\theta} = 200 \times 0.808 = 162(\text{cm/s})$$

速度投影法与 AB 杆的角速度没有直接的关系，所以不能用来求 ω_{AB}.

例 4.13　图 4.34 所示的机构中，已知各杆长 $OA = 20$ cm，$AB = 80$ cm，$BD = 60$ cm，$O_1D = 40$ cm，角速度 $\omega_0 = 10$ rad/s. 求机构在图示位置时，杆 BD 的角速度、杆 O_1D 的角速度及杆 BD 的中点 M 的速度.

解：图示机构中，杆 AB 和 BD 作平面运动，欲求 ω_{BD}、$\boldsymbol{v}_M$ 及 $\boldsymbol{v}_D$. O_1D 杆作定轴转动，$\boldsymbol{v}_D$ 求出后，即可求出 ω_{O_1D}.

取 AB 杆研究求 $\boldsymbol{v}_B$. 由速度投影定理知

$$v_A = v_B \cos\theta$$

在直角三角形 OAB 中

$$\tan\theta = \frac{OA}{AB} = \frac{20}{80} = \frac{1}{4}$$

则

$$\cos\theta = \frac{4}{\sqrt{17}}$$

代入上式可得

$$v_B = \frac{v_A}{\cos\theta} = \frac{20\times 10}{\frac{4}{\sqrt{17}}} = 206(\mathrm{cm/s})$$

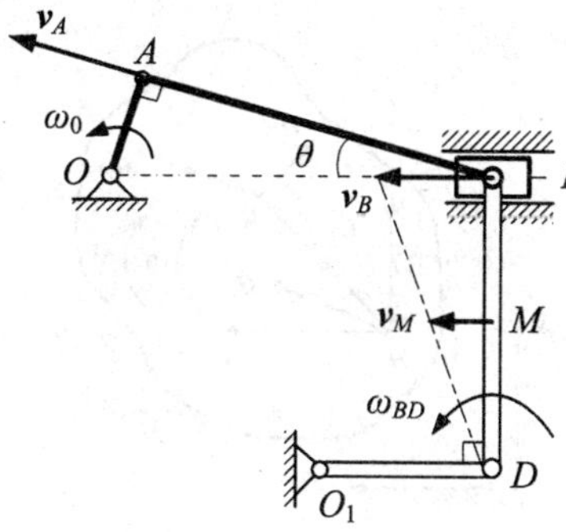

图 4.34　例 4.13 图

取 BD 杆研究，在图示位置 BD 杆的速度瞬心为$\boldsymbol{v}_B$ 和$\boldsymbol{v}_D$ 的垂线的交点. 因 $\boldsymbol{v}_B \perp BD$，$\boldsymbol{v}_D \perp O_1D$，故 BD 杆的瞬心就在 D 点. 由速度瞬心法得

$$v_B = BD \cdot \omega_{BD}$$

则

$$\omega_{BD} = \frac{v_B}{BD} = \frac{206}{60} = 3.43(\mathrm{rad/s})$$

其转向为逆时针方向；BD 杆中点 M 的速度为

$$v_M = MD \cdot \omega_{BD} = 30 \times 3.43 = 103(\mathrm{cm/s})$$

其方向水平向右.

由于 BD 杆上的 D 点和瞬心重合，则 $v_D = 0$. 故 O_1D 杆的角速度为

$$\omega_{O_1D} = \frac{v_D}{O_1D} = 0$$

4.3.2　加速度分析

由前述可知，刚体的平面运动可视为随基点的平移与绕基点的转动的合成运

动，并且由此求出了平面图形内任一点的速度. 平面图形内任一点的加速度也可以用相同的运动合成的方法，即根据加速度合成定理进行计算.

如图 4.35 所示，某瞬时平面图形的角速度为 ω，角加速度为 α，图形上 A 点的加速度为 $\boldsymbol{a}_A$. 取 A 点为基点，平面图形上的任一点 B 的相对运动是绕基点 A 的圆周运动，相对加速度 $\boldsymbol{a}_{BA}$ 可分为切向加速度 $\boldsymbol{a}_{BA}^{\tau}$ 与法向加速度 $\boldsymbol{a}_{BA}^{n}$ 两部分. 由于牵连运动是平移，B 点的牵连加速度与 A 点的加速度相同，$\boldsymbol{a}_e = \boldsymbol{a}_A$. 由点的加速度合成定理式(4.7)可得 B 点的加速度 $\boldsymbol{a}_B$ 为

$$\boldsymbol{a}_B = \boldsymbol{a}_A + \boldsymbol{a}_{BA}^{\tau} + \boldsymbol{a}_{BA}^{n} \tag{4.17}$$

该式表明，**平面图形上任一点的加速度等于基点的加速度与该点绕基点作圆周运动的切向加速度和法向加速度的矢量和**. 这就是求平面图形上任一点加速度的**基点法**，这是基于运动合成的基本方法.

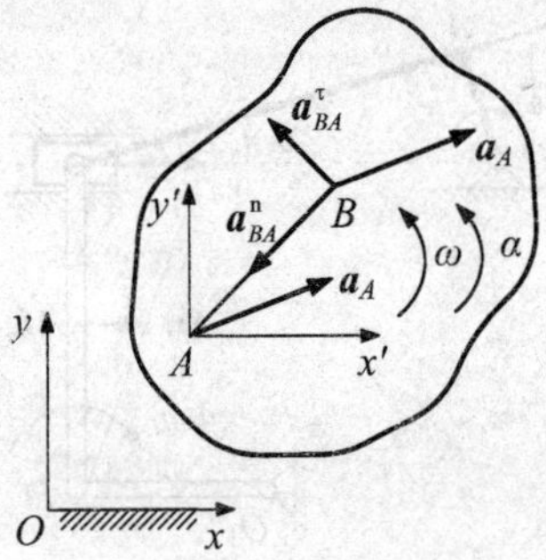

图 4.35 基点法求加速度

式(4.17)中，$\boldsymbol{a}_{BA}^{\tau}$ 的方向与 AB 垂直，指向与角加速度 α 的转向一致，大小为

$$a_{BA}^{\tau} = \alpha \cdot AB$$

$\boldsymbol{a}_{BA}^{n}$ 的方向沿 BA 连线，指向基点 A，大小为

$$a_{BA}^{n} = \omega^2 \cdot AB$$

由式(4.17)可知，在平面图形或在固连于平面图形的坐标系上总可以找到一点 Q，使该点相对基点 A 作圆周运动的切向加速度与法向加速度的矢量和与基点的加速度等值反向，即 $\boldsymbol{a}_{QA}^{\tau} + \boldsymbol{a}_{QA}^{n} = -\boldsymbol{a}_A$，则有 Q 点的加速度为零. 这个平面图形上某瞬时加速度为零的点称为平面图形的**加速度瞬时中心**，简称为**加速度瞬心**.

必须注意，一般情况下加速度瞬心与速度瞬心不是同一个点，而且加速度瞬心的求法比速度瞬心的求法麻烦得多，因此求平面图形内任一点的加速度时一般都用基点法. 但是在一些特殊情况下，加速度瞬心不难找到.

比如，图 4.36 的圆轮在直线轨道上匀速纯滚动时，其圆心 Q 的速度 $\boldsymbol{v}$ 是常矢量，Q 点的加速度为零，所以圆心 Q 就是加速度瞬心，轮上各点的加速度皆指向 Q 点. 又比如，在平面图形瞬时平动，或者从静止开始运动的瞬时，有 $\omega = 0$ 的条件，此时各点相对基点的法向加速度皆为零，只有相对基点的切向加速度. 所以在 $\omega = 0$ 的

瞬时，如果已知平面图形上两点的加速度方向，此瞬时的加速度瞬心是两点的加速度矢的垂线的交点 Q，如图 4.36 所示.

例 4.14　图 4.37 的机构中，曲柄 $OO'=l$，以匀角速度 ω_1 绕定轴 O 转动，同时带动可绕曲柄一端的轴销 O' 转动的轮Ⅱ沿固定轮Ⅰ滚动而不滑动. 已知轮Ⅱ的半径为 r，求在图示位置轮缘上 A、B 两点的加速度 $\boldsymbol{a}_A$ 及 $\boldsymbol{a}_B$，A 点在 OO' 的延长线上，而 B 点位于通过 O' 点并与 OO' 垂直的半径上.

解：取 O' 点为基点，基点 O' 作半径为 l、中心为 O 的圆周运动，其速度及加速度为

$$v_{O'} = l\omega_1$$

$$a_{O'} = a_{O'}^{n} = l\omega_1^2$$

因轮Ⅱ沿轮Ⅰ纯滚动，故切点 C 即为轮Ⅱ的速度瞬心，由此得到轮Ⅱ的角速度为

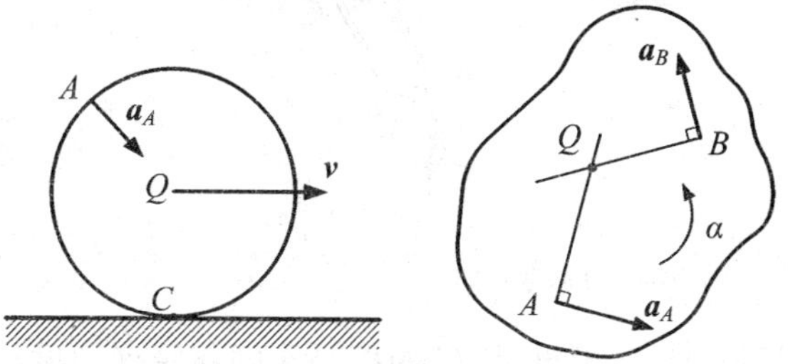

图 4.36　加速度瞬心的例

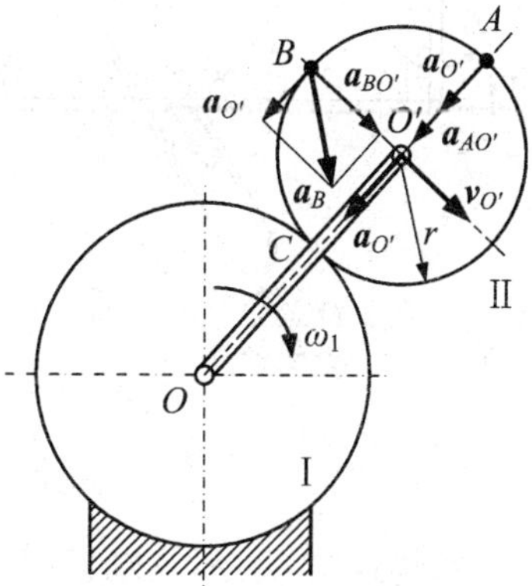

图 4.37　例 4.14 图

$$\omega = \frac{v_{O'}}{r} = \frac{l}{r}\omega_1$$

式中 ω_1 是常量，由此 ω 也是常量，故知轮Ⅱ的角加速度 α 等于零，因而 A、B 两点的相对加速度仅有相对法向加速度，且皆等于

$$a_{AO'} = a_{BO'} = r\omega^2 = \frac{l^2}{r}{\omega_1}^2$$

其方向由 A、B 两点分别指向圆心 O'.

根据加速度合成定理，所求 A 点加速度的大小为

$$a_A = a_{O'} + a_{AO'} = l\omega_1^2 + \frac{l^2}{r}\omega_1^2 = l\omega_1^2\left(1+\frac{l}{r}\right)$$

其方向由 A 点指向 O'.

B 点加速度的大小为

$$a_B = \sqrt{a_{O'}^{\ 2} + a_{BO'}^{\ 2}} = l\omega_1^2\sqrt{1+\frac{l^2}{r^2}}$$

其方向如图所示.

例 4.15 图 4.38 所示的机构中，曲柄 $OA = r$，以匀角速度 ω_0 绕 O 轴转动. 带动连杆滑块机构，连杆 $AB = l$，滑块 B 在水平滑道内滑动. 在连杆的中点 C 铰接一滑块 C，可在摇杆 O_1D 的槽内滑动，从而带动摇杆 O_1D 绕 O_1 轴转动. 当 $\theta = 60°$ 时，$O_1C = b = 2r$ 时，求摇杆 O_1D 的角速度 ω 和角加速度 α.

解:(1) 速度分析

曲柄 OA 定轴转动，作出 $\boldsymbol{v}_A$，且 $v_A = \omega_0 r$. 连杆 AB 平面运动，由 $\boldsymbol{v}_A$ 与 $\boldsymbol{v}_B$ 平行且不与 AB 垂直，知连杆 AB 为瞬时平移. 所以 $\omega_{AB} = 0$，且点 C 的绝对速度 $v_a = v_A = \omega_0 r$.

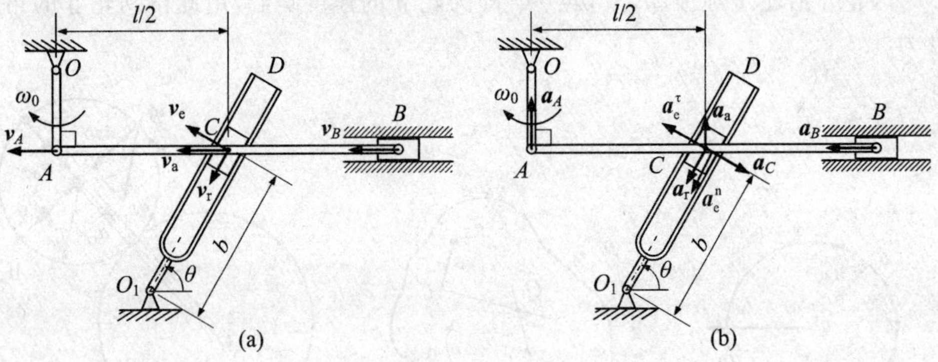

图 4.38 例 4.15 图

取滑块 C 为动点，动系固连于摇杆 O_1D，作出点 C 的相对速度与牵连速度，由速度合成定理，可得

$$v_r = v_a\cos\theta = \frac{1}{2}\omega_0 r, \quad v_e = v_a\sin\theta = \frac{\sqrt{3}}{2}\omega_0 r$$

所以，摇杆 O_1D 的角速度为

$$\omega = \frac{v_e}{b} = \frac{\sqrt{3}}{4}\omega_0 \quad （逆时针方向）$$

(2) 加速度分析

曲柄 OA 匀速定轴转动，作出 $\boldsymbol{a}_A$，且 $a_A = \omega_0^2 r$. 连杆 AB 瞬时平移，且 $\boldsymbol{a}_B$ 的方向必为水平，因此可以判断此瞬时连杆 AB 的加速度瞬心为点 B. 所以可得

$$\alpha_{AB} = \frac{a_A}{AB} = \frac{\omega_0^2 r}{l}$$

且点 C 的绝对加速度为

$$a_a = \alpha_{AB}\cdot CB = \frac{\omega_0^2 r}{2}$$

作出点 C 的相对加速度、牵连加速度与科氏加速度，由牵连运动为转动的加速度合成定理，可得

$$\overset{\vee\vee}{\boldsymbol{a}_{\mathrm{a}}} = \overset{\vee ?}{\boldsymbol{a}_{\mathrm{r}}} + \overset{\vee ?}{\boldsymbol{a}_{\mathrm{e}}^{\tau}} + \overset{\vee\vee}{\boldsymbol{a}_{\mathrm{e}}^{\mathrm{n}}} + \overset{\vee\vee}{\boldsymbol{a}_{C}}$$

其中 $a_{\mathrm{a}} = \dfrac{\omega_0^2 r}{2}$，$a_C = 2\omega v_{\mathrm{r}} = \dfrac{\sqrt{3}}{4}\omega_0^2 r$. 把该矢量方程投影到 $\boldsymbol{a}_{\mathrm{e}}^{\tau}$方向上，得到

$$a_{\mathrm{a}}\cos\theta = a_{\mathrm{e}}^{\tau} - a_C$$

得到

$$a_{\mathrm{e}}^{\tau} = a_{\mathrm{a}}\cos\theta + a_C = \frac{1+\sqrt{3}}{4}\omega_0^2 r$$

所以，摇杆 O_1D 的角加速度为

$$\alpha = \frac{a_{\mathrm{e}}^{\tau}}{b} = \frac{1+\sqrt{3}}{8}\omega_0^2 \quad （逆时针方向）$$

4.4 平面机构的运动分析

由若干平面构件用约束连接而成的几何可变系统称为**平面机构**，它是机械工程中常见的力学模型. 在机构中若干构件相互连接形成一条**运动链**，运动从主动构件开始沿着运动链传递. **机构的运动分析**就是从主动件的已知运动确定各个构件的运动情况.

运动分析方法可分为**解析法**与**矢量法**（几何法）两类. 解析法的特点是对于运动的全过程（或某一部分过程）建立运动方程，再从运动方程求解速度与加速度，所以解析法适用于对运动过程的研究. 在点的运动的基本描述与刚体的基本运动中，主要运用解析法. 在点与刚体的合成运动中，主要根据速度合成定理与加速度合成定理分析某一瞬时速度与加速度的矢量关系，建立矢量方程；再根据速度、加速度矢量的几何图形，投影求解. 这种方法称为矢量法（几何法）. 显然，矢量法适用于运动的瞬时分析.

4.4.1 平面机构运动分析的矢量法

矢量法多用于分析机构在某个瞬时，或在某个特定的位置时各构件的运动学量的关系. 利用矢量法可以忽略对运动全过程的分析，避免了可能比较复杂的运动方程的建立. 在许多工程问题中得到广泛的运用.

利用矢量法对机构进行运动分析时必须注意以下两点：

1. 确定运动链

首先明确主动件，从主动件开始，按照构件的连接顺序，确定运动链的组成方式与运动的传递路径，同时确定各个构件的运动类型. 分析运动时，必须从主动件开始

沿着运动链的顺序进行.

2. 分析连接点的速度与加速度

构件之间的运动是通过它们之间的约束传递的,在此称这些约束位置为连接点.在分析机构运动时,连接点的运动分析是关键.如果连接点的位置对于相互连接的两构件都是不变的(如用铰链连接),应该注意用平面运动的分析方法;如果连接点的位置对于一个构件不是固定的(如用滑块连接),应该注意用点的合成运动分析方法.

例 4.16 图 4.39 所示平面机构,滑块 B 沿杆 OA 滑动.杆 BE 与 BD 分别与滑块 B 铰接,BD 杆可沿水平导轨运动.滑块 E 以匀速 $\boldsymbol{v}$ 沿铅直导轨向上运动,杆 BE 长为 $\sqrt{2}l$.图示瞬时杆 OA 铅直,且与杆 BE 夹角为 45°.求该瞬时杆 OA 的角速度和角加速度.

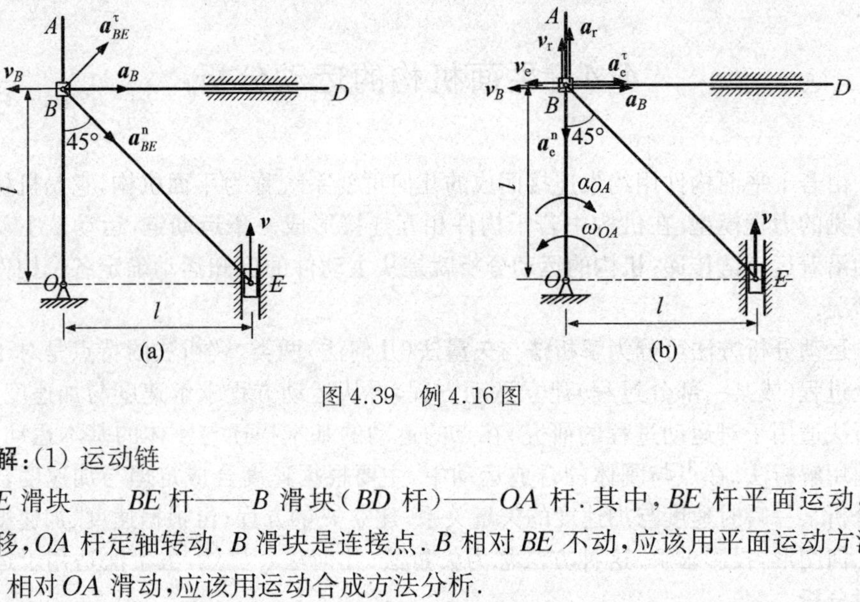

图 4.39 例 4.16 图

解:(1) 运动链

E 滑块——BE 杆——B 滑块(BD 杆)——OA 杆.其中,BE 杆平面运动,BD 杆平移,OA 杆定轴转动.B 滑块是连接点.B 相对 BE 不动,应该用平面运动方法分析;B 相对 OA 滑动,应该用运动合成方法分析.

(2) 连接点 B 的运动分析

由 BD 杆的运动,知 B 点的速度方向应该与 BD 重合,又在 BE 杆上由速度投影定理知 $\boldsymbol{v}_B$ 必须向左,如图 4.39(a)所示.此时虽可以由速度投影定理求出 $\boldsymbol{v}_B$,但是无法求出 BE 杆的角速度 ω_{BE},而下面计算加速度要用到 ω_{BE},所以用速度瞬心法计算.

作 B、E 点的速度 $\boldsymbol{v}_B$ 与 $\boldsymbol{v}$ 的垂线,得此瞬时 BE 杆的速度瞬心为 O 点.因此得到

$$\omega_{BE} = \frac{v}{OE} = \frac{v}{l} \quad 和 \quad v_B = \omega_{BE} \cdot OB = \frac{v}{l} \cdot l = v$$

在 BE 杆上以 E 为基点,则求 B 点的加速度有以下平面矢量方程

$$\overset{\vee ?}{\boldsymbol{a}}_B = \overset{\vee\vee}{\boldsymbol{a}}_E + \overset{\vee ?}{\boldsymbol{a}}{}^{\tau}_{BE} + \overset{\vee\vee}{\boldsymbol{a}}{}^{n}_{BE} \tag{a}$$

分析此矢量方程的可解性：由于 E 的匀速直线运动，知 $\boldsymbol{a}_E=0$，式中其他加速度矢的方向如图 4.39(a)所示；又由已求出的 ω_{BE}，可得

$$a_{BE}^{\mathrm{n}} = \omega_{BE}^2 \cdot BE = \frac{\sqrt{2}v^2}{l}$$

式(a)中只有 $\boldsymbol{a}_B$ 与 $\boldsymbol{a}_{BE}^{\tau}$ 的大小未知，此平面矢量方程可解. 因为不必求解 $\boldsymbol{a}_{BE}^{\tau}$，所以将式(a)投影到 $\boldsymbol{a}_{BE}^{\mathrm{n}}$ 方向上，得到

$$a_B \cos 45^\circ = a_{BE}^{\mathrm{n}}$$

所以

$$a_B = \sqrt{2}a_{BE}^{\mathrm{n}} = \frac{2v^2}{l}$$

至此求出连接点 B 的速度与加速度.

(3) OA 杆的运动分析

以 B 滑块为动点，动系固连在 OA 杆上，此时牵连运动为定轴转动. 由点的速度合成定理，有矢量方程

$$\overset{\vee\vee}{\boldsymbol{v}_{\mathrm{a}}} = \overset{\vee ?}{\boldsymbol{v}_{\mathrm{e}}} + \overset{\vee ?}{\boldsymbol{v}_{\mathrm{r}}} \tag{b}$$

分析此矢量方程的可解性：$\boldsymbol{v}_{\mathrm{a}}=\boldsymbol{v}_B$，是上面已求出的结果；$\boldsymbol{v}_{\mathrm{e}}$ 的方向与 OA 垂直，大小为 $v_{\mathrm{e}}=\omega_{OA}\cdot OB$，而 ω_{OA} 是待求的量；$\boldsymbol{v}_{\mathrm{r}}$ 的方向沿着 OA，大小未知，而且由于牵连运动是定轴转动，在加速度分析中会出现科氏加速度，所以需要计算出 v_{r}，以备计算科氏加速度所用. 式(b)只有两个未知数，是可解的平面矢量方程.

将式(b)投影到 $\boldsymbol{v}_B$ 方向，得

$$v_B = v_{\mathrm{e}}$$

所以

$$\omega_{OA} = \frac{v_{\mathrm{e}}}{OB} = \frac{v}{l}$$

将式(b)投影到 $\boldsymbol{v}_{\mathrm{r}}$ 方向，得

$$0 = v_{\mathrm{r}}$$

再由牵连运动是转动的点的加速度合成定理，有矢量方程

$$\overset{\vee\vee}{\boldsymbol{a}_{\mathrm{a}}} = \overset{\vee ?}{\boldsymbol{a}_{\mathrm{r}}} + \overset{\vee ?}{\boldsymbol{a}_{\mathrm{e}}^{\tau}} + \overset{\vee\vee}{\boldsymbol{a}_{\mathrm{e}}^{\mathrm{n}}} + \overset{\vee\vee}{\boldsymbol{a}_C} \tag{c}$$

分析此矢量方程的可解性：$\boldsymbol{a}_{\mathrm{a}}=\boldsymbol{a}_B$，是上面已求出的结果；由于相对运动是直线运动，$\boldsymbol{a}_{\mathrm{r}}$ 方向沿着 OA，但大小未知；$\boldsymbol{a}_{\mathrm{e}}^{\tau}$ 的方向与 OA 垂直，大小未知；$\boldsymbol{a}_{\mathrm{e}}^{\mathrm{n}}$ 的方向指向 O 点，大小为 $a_{\mathrm{e}}^{\mathrm{n}}=\omega_{OA}^2\cdot OB=\dfrac{v^2}{l}$；由于已求出 $v_{\mathrm{r}}=0$，所以 $a_C=2\omega_{OA}\cdot v_{\mathrm{r}}=0$，属已知量. 式(c)只有两个未知数，此平面矢量方程可解. 因不必计算 $\boldsymbol{a}_{\mathrm{r}}$，所以将式(a)投影到 $\boldsymbol{a}_B$ 方向上，得到

$$a_B = a_{\mathrm{e}}^{\tau}$$

所以

$$\alpha_{OA} = \frac{a_e^\tau}{OB} = \frac{a_B}{l} = \frac{2v^2}{l^2}$$

ω_{OA}与α_{OA}的计算结果皆为正值，它们的方向与图 4.39(b)所示方向一致.

例 4.17　图 4.40 所示平面机构，AB 长为 l，滑块 A 可沿摇杆 OC 的长槽滑动. 摇杆 OC 以匀角速度 ω 绕 O 轴转动，滑块 B 以匀速 $v=\omega l$ 沿水平导轨滑动. 图示瞬时 OC 铅直，AB 与水平线 OB 夹角 30°. 求此瞬时 AB 杆的角速度和角加速度.

解：(1) 运动链

OC 摇杆——A 滑块——AB 杆——B 滑块. 其中 OC 定轴转动，AB 平面运动，A 是两杆的连接点. A 相对 OC 滑动，应该用合成运动方法分析. A 相对 AB 不动，应该用平面运动方法分析. 要注意，这是一个有两个运动输入量 ω 和 $\boldsymbol{v}$ 的较复杂的机构运动分析问题，摇杆 OC 和滑块 B 都是主动件.

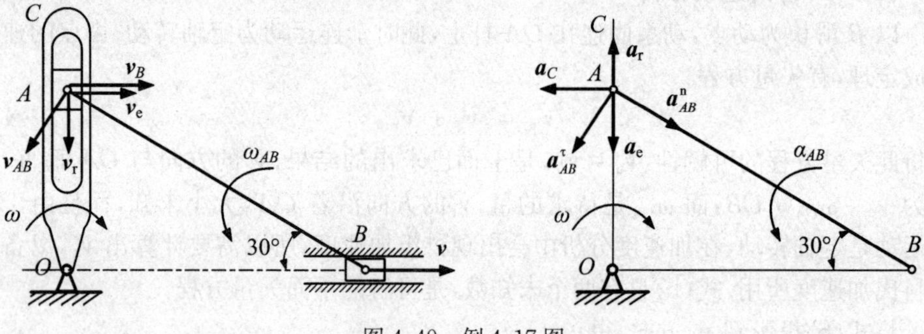

图 4.40　例 4.17 图

(2) 连接点 A 的速度分析

以 A 为动点，动系固连于 OC. 分析得 $\boldsymbol{v}_r$的方向，$\boldsymbol{v}_e$的方向与大小. $v_e=\omega\cdot OA=\frac{\omega l}{2}$. 由点的速度合成定理，有矢量方程

$$\overset{??}{\boldsymbol{v}_a} = \overset{\vee\vee}{\boldsymbol{v}_e} + \overset{\vee ?}{\boldsymbol{v}_r} \tag{a}$$

式中，$\boldsymbol{v}_a$的方向与大小及 $\boldsymbol{v}_r$的大小皆为未知量，一个平面矢量方程无法求解. 因此再考虑 A 所连接的另一个构件 AB. 在 AB 中，以 B 为基点，A 点的绝对速度为

$$\overset{??}{\boldsymbol{v}_A} = \overset{\vee\vee}{\boldsymbol{v}_B} + \overset{\vee ?}{\boldsymbol{v}_{AB}} \tag{b}$$

式中，$\boldsymbol{v}_A=\boldsymbol{v}_a$，$\boldsymbol{v}_B=\boldsymbol{v}$. 式(b)中增加了一个未知量 $\boldsymbol{v}_{AB}$的方向，但(a)、(b)两个平面矢量方程共有四个未知量，可以联立求解. 即令两式相等，有

$$\overset{\vee\vee}{\boldsymbol{v}_e} + \overset{\vee ?}{\boldsymbol{v}_r} = \overset{\vee\vee}{\boldsymbol{v}_B} + \overset{\vee ?}{\boldsymbol{v}_{AB}} \tag{c}$$

将式(c)投影到 $\boldsymbol{v}_e$方向上，得

$$v_e = v - v_{AB}\sin 30^\circ$$

故

$$v_{AB} = 2(v - v_e) = \omega l$$

因而，AB 杆的角速度方向如图，大小为

$$\omega_{AB} = \frac{v_{AB}}{AB} = \omega$$

为加速度计算需要，再计算 $\boldsymbol{v}_{\mathrm{r}}$，将式(c)投影到 $\boldsymbol{v}_{\mathrm{r}}$ 方向上，得

$$v_{\mathrm{r}} = v_{AB}\cos 30^{\circ}$$

故

$$v_{\mathrm{r}} = \frac{\sqrt{3}}{2}\omega l$$

(3) 连接点 A 的加速度分析

以 A 为动点，动系固连于 OC．分析得 $\boldsymbol{a}_{\mathrm{r}}$、$\boldsymbol{a}_{\mathrm{e}}$ 和 $\boldsymbol{a}_C$ 的方向如图所示，且 $a_{\mathrm{e}} = a_{\mathrm{e}}^{\mathrm{n}} = \omega^2 \cdot OA = \dfrac{\omega^2 l}{2}$，$a_C = 2\omega v_{\mathrm{r}} = \sqrt{3}\omega^2 l$．由牵连运动是转动的点的加速度合成定理，有矢量方程

$$\overset{??}{\boldsymbol{a}_{\mathrm{a}}} = \overset{\surd ?}{\boldsymbol{a}_{\mathrm{r}}} + \overset{\surd\surd}{\boldsymbol{a}_{\mathrm{e}}} + \overset{\surd\surd}{\boldsymbol{a}_C} \tag{d}$$

式中，$\boldsymbol{a}_{\mathrm{a}}$的方向与大小及 $\boldsymbol{a}_{\mathrm{r}}$的大小皆为未知量，一个平面矢量方程无法求解．因此再考虑 A 所连接的另一个构件 AB．在 AB 中，以 B 为基点，A 点的绝对加速度为

$$\overset{??}{\boldsymbol{a}_A} = \overset{\surd\surd}{\boldsymbol{a}_B} + \overset{\surd ?}{\boldsymbol{a}_{AB}^{\tau}} + \overset{\surd\surd}{\boldsymbol{a}_{AB}^{\mathrm{n}}} \tag{e}$$

式中，$\boldsymbol{a}_A = \boldsymbol{a}_{\mathrm{a}}$，$\boldsymbol{a}_B = 0$，$a_{AB}^{\mathrm{n}} = \omega_{AB}^2 \cdot l = \omega^2 l$．式(e)中增加了一个未知量$\boldsymbol{a}_{AB}^{\tau}$的大小，但(d)、(e)两个平面矢量方程共有四个未知量，可以联立求解．即令两式相等，有

$$\overset{\surd ?}{\boldsymbol{a}_{\mathrm{r}}} + \overset{\surd\surd}{\boldsymbol{a}_{\mathrm{e}}} + \overset{\surd\surd}{\boldsymbol{a}_C} = \overset{\surd\surd}{\boldsymbol{a}_B} + \overset{\surd ?}{\boldsymbol{a}_{AB}^{\tau}} + \overset{\surd\surd}{\boldsymbol{a}_{AB}^{\mathrm{n}}} \tag{f}$$

其中，$\boldsymbol{a}_{\mathrm{r}}$不必计算，故将式(f)投影到与 $\boldsymbol{a}_{\mathrm{r}}$垂直的 $\boldsymbol{a}_C$方向上，得

$$a_C = a_{AB}^{\tau}\sin 30^{\circ} - a_{AB}^{\mathrm{n}}\cos 30^{\circ}$$

故

$$a_{AB}^{\tau} = 2a_C + \sqrt{3}a_{AB}^{\mathrm{n}} = 3\sqrt{3}\omega^2 l$$

因而，AB 杆的角加速度的大小为

$$\alpha_{AB} = \frac{a_{AB}^{\tau}}{AB} = 3\sqrt{3}\omega^2 l$$

因为计算结果为正值，α_{AB}的转向与$\boldsymbol{a}_{AB}^{\tau}$的方向一致，如图 4.40 所示．

*4.4.2　平面机构运动分析的解析法

在机构的运动链中，构件之间的约束限制了构件的相对运动，因此各个构件的运动不是独立的．描述各个构件位置的坐标之间存在一定的关系，这些关系的解析表达式就是**约束方程**，也称为**运动方程**．

对于描述构件一般位置坐标关系的约束方程，可以对时间进行一次、二次求导，从而得到相应的速度、加速度的关系式．对于需要计算的指定瞬时，只要在一般关系

式中代入相关构件在此瞬时的几何参数、运动参数即可.

解析法必须对机构的一般位置建立约束方程,有时虽然建立方程可能麻烦一些,但是求导计算的过程比较规范、简单,所以有时会比用矢量法方便.在有些运动方程比较简单,并且已知条件适用于运动全过程的情况下,对于特殊位置的运动关系分析也可以转化为一般位置的分析,用解析方法方便地求解.

值得注意的是,解析法给出对机构一般位置的运动分析,而矢量法往往局限于对于机构特殊位置的运动分析,因此对于机构的运动过程的研究,解析法是更重要的方法.对于比较复杂的约束方程,现在可以使用能做符号运算的计算机软件进行微分运算,或者利用计算机对过程进行数值分析计算.因此借助计算机工具,解析法能得到更广泛的运用.

有时适当地综合应用解析法与矢量法,可以发挥各自的长处,更方便地解决问题.

1. 平面机构自由度

平面机构的构件都在同一个平面内.确定一个在平面上自由运动刚体的位置需要三个坐标,亦即一个在平面上自由运动的刚体有三个自由度.如果平面机构由 n 个运动构件组成,此机构最多有 $3n$ 个自由度.但是组成机构的构件不是自由运动刚体,它们之间的约束限制了它们的相对运动与相对位置,减少了它们的自由度.

参见图 4.41,平面机构中常见的约束有接触面(图 4.41(a))、柱铰(图 4.41(b))、滑槽中的滑块(图 4.41(c))、滑杆上的套筒(图 4.41(d)).接触面减少一个移动自由度,柱铰减少两个移动自由度,滑槽-滑块与滑杆-套筒减少两个自由度(一个相对转动自由度、一个垂直滑槽相对移动的自由度).

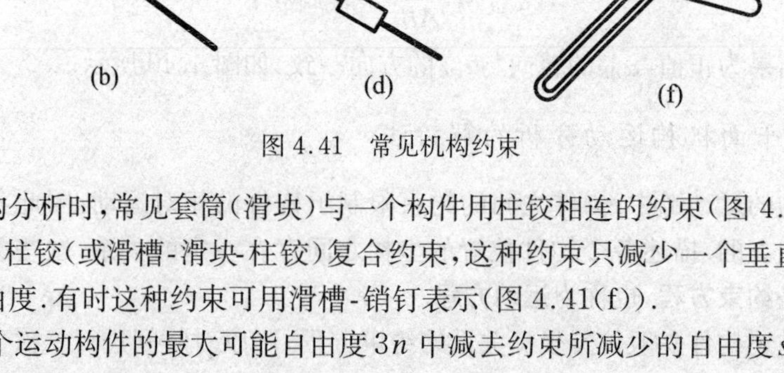

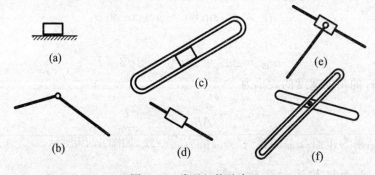

图 4.41　常见机构约束

在机构分析时,常见套筒(滑块)与一个构件用柱铰相连的约束(图 4.41(e)),即滑杆-套筒-柱铰(或滑槽-滑块-柱铰)复合约束,这种约束只减少一个垂直滑槽相对移动的自由度.有时这种约束可用滑槽-销钉表示(图 4.41(f)).

从 n 个运动构件的最大可能自由度 $3n$ 中减去约束所减少的自由度 s,就是**机构的自由度** N.即

$$N = 3n - s \tag{4.18}$$

例 4.18 如图 4.42 所示机构,套筒 A 可在 OC 杆上滑动,且与 AD 杆及 AB 杆相铰接,AD 杆在水平槽内滑动,轮 B 在水平支撑面上作纯滚动.计算此机构的自由度.

解:此平面机构有 4 个运动构件,最大可能自由度是 $3n = 12$.

其中有一个与轮 B 的接触面,一个复合约束(AD 杆与 OC 杆之间的滑杆-套筒-柱铰),它们是减少 1 个自由度的约束.三个柱铰(B、O 及 AB 与套筒 A 相连的柱铰),一个滑槽,它们都是减少 2 个自由度的约束.另外,轮 B 的纯滚动条件限制了轮心 B 点的速度与轮的角速度之间的关系,也是一个减少 1 个自由度的约束.因此减少自由度的总数 $s = 11$.

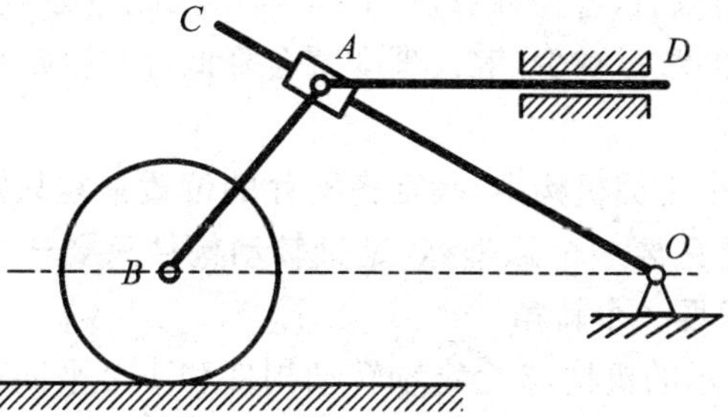

图 4.42 例 4.18 图

所以此机构的自由度是 $N = 3n - s = 1$.

计算自由度时要注意多余约束.如果在系统中增加一个约束后系统的自由度并不减少,则该约束为**多余约束**.在计算机构的自由度时,计入多余约束会使计算自由度减少,出现自由度丢失.因此在机构运动分析时,必须仔细判断有无多余约束.

例如,在图 4.43 中如果杆 1、2、3、4 平行且长度相等,则杆 AB 在杆 1 与 2 的约束下平移,有一个自由度.增加杆 3、4 后,杆 AB 仍然只有一个自由度,所以杆 3 与 4 是多余约束.因此在计算机构的自由度时,就不能计入杆 3、4 及其带来的约束.

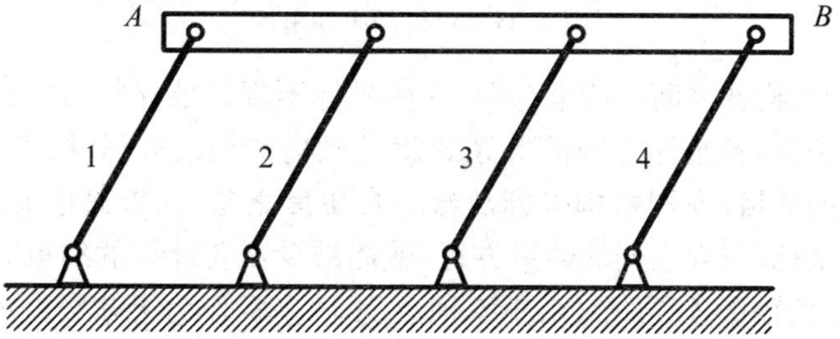

图 4.43 多余约束的例子

2．平面机构的坐标与约束方程

平面机构构件的运动形式只有平移、定轴转动、平面运动三种.对于在平面上任意平移的构件，确定其位置需要两个坐标；但是对于在机构中常见的在确定轨道上平移的构件只要一个坐标(弧坐标).对于定轴转动的构件，确定其位置只要一个坐标(转角).对于平面运动的构件，确定其位置一般需要三个坐标(两个基点的坐标，一个转角)，但是如果该平面运动构件与另一个构件铰接，则只需要一个转角坐标就可以了.因为此时可以取铰接点为基点，基点的坐标可以由另一个构件的位置确定，不需要再另取基点坐标为未知量了.

平面机构的坐标就是确定构件在空间位置的坐标的集合.在这个坐标的集合中，有些坐标与其他坐标的关系一目了然，就不必作为未知数处理.例如图4.44中，曲柄 OA 的转角确定以后，容易计算点 A 的坐标，因此不必再把点 A 的坐标作为未知数处理.未知坐标的数目越少，解题难度就会降低，因此应该尽可能减少未知坐标的使用.

如上所述，**在一个平面机构中，确定各构件的位置常常只需要一个未知坐标：有确定轨道的平移构件只要一个弧坐标，定轴转动构件只要一个转角，与另一构件铰接的平面运动构件只要一个转角**.

如图4.44(a)所示的机构，2个定轴转动构件和1个平面运动构件，此机构的未知坐标为3个转角.图4.44(b)所示的机构，有1个定轴转动构件和2个平面运动构件，此机构的未知坐标也是3个转角.

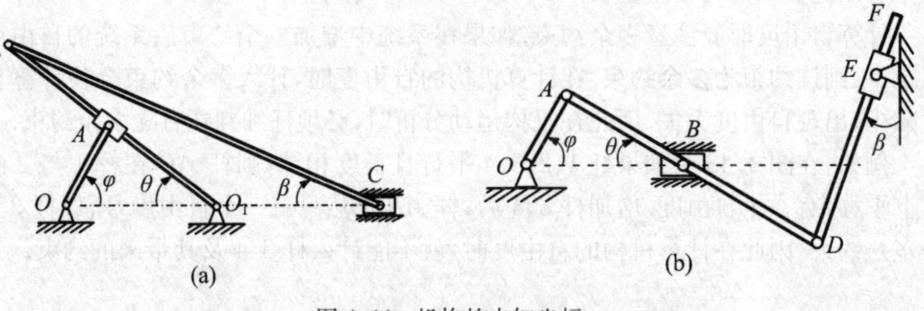

图4.44　机构的未知坐标

但是，由于各构件之间的约束存在，这些坐标不都是独立的.**独立坐标的数目与机构的自由度相等**.各坐标之间的关系式就是机构的约束方程.**约束方程的数目等于非独立坐标的数目，亦即机构坐标总数与自由度之差**.如果只把关系不易确定的坐标作为未知坐标，建立它们的约束方程，就能减少需要计算的约束方程的数目，减少计算工作量.例如图4.44中，由于不把点 A 的坐标作为未知数处理，所以就不必使用显而易见的点 A 的坐标与曲柄 OA 的转角关系的约束方程了.在绝大多数平面机构中，可以按每个构件的一个未知坐标建立数目最少的必须计算的约束方程.

约束方程按照机构在一般位置时构件的几何关系确定.经常使用的是构件与机

架连接处的不变几何尺寸关系，或是构件形成的三角形中的三角函数关系．有时为了便于按照几何关系建立约束方程，可以引入中间变量；引入中间变量后需要增加约束方程，然后再通过运算消去中间变量，即得到机构坐标的约束方程．

例4.19　写出图4.45(a)所示机构的约束方程，其中各杆的长度均为 a．

解：此机构有4个运动构件，约束为5个柱铰，自由度为2，即机构只有两个独立坐标．4个构件中2个是定轴转动，2个是平面运动，且平面运动构件皆与定轴转动构件铰接．因此，取各构件与水平方向的夹角 φ、θ、β、γ 为未知坐标．因只有2个独立坐标，所以应有两个约束方程．

设两个支座 O 与 D 的水平距离为 L，铅直距离为 H，这是机构的不变几何量．因此机构的约束方程为

$$a\cos\varphi + a\cos\theta + a\cos\beta + a\cos\gamma = L$$
$$a\sin\varphi - a\sin\theta - a\sin\beta + a\sin\gamma = H$$

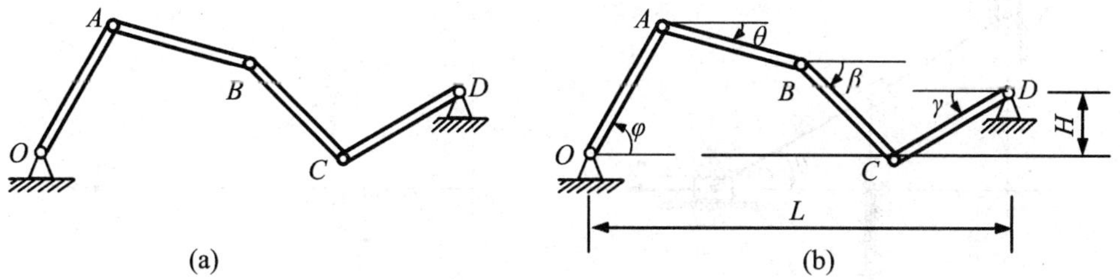

图4.45　例4.19图

例4.20　写出图4.46(a)所示曲柄滑槽机构的约束方程．

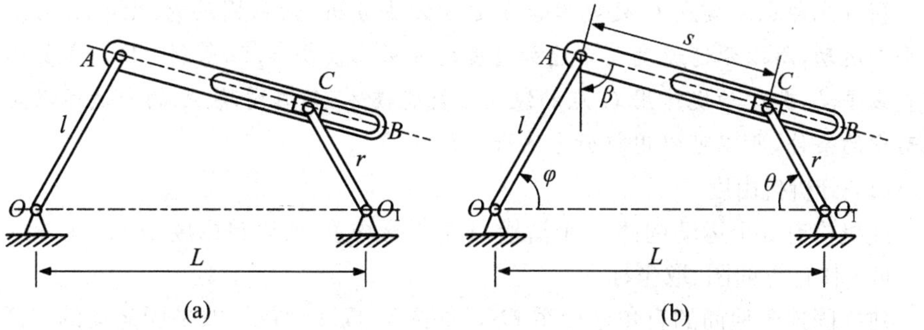

图4.46　例4.20图

解：此机构有3个运动构件，3个柱铰，1个复合约束，所以自由度为2，即机构有2个独立坐标．3个构件中2个定轴转动，1个平面运动，且平面运动的杆 AB 与曲柄 OA 铰接；因此取三个构件的转角 φ、θ、β 为未知坐标．因有两个独立坐标，所以只有一个约束方程．

按支座的距离 OO_1 建立约束方程，因 AC 的长度是变量，增加中间变量 $AC = s$．

必须增加一个方程，有

$$l\cos\varphi + s\sin\beta + r\cos\theta = L \quad 和 \quad l\sin\varphi - s\cos\beta - r\sin\theta = 0$$

从这两个方程中消去中间变量 s，得到三个转角坐标的约束方程

$$L\cos\beta - l\cos(\varphi - \beta) - r\cos(\theta + \beta) = 0$$

3. 平面机构运动分析的解析法举例

以下诸题均可以用矢量法求解，有兴趣的读者可以再试用矢量法解之，加以比较，可见不同方法的特点与短长.

例 4.21 已知图 4.47(a)所示平面机构中，滑块 A 以不变的速度 $v_A = 0.2$ m/s 在水平轨道中运动，滑块 B 在铅直轨道中运动，$AB = 0.4$ m. 在铅直轨道中滑动的 CD 杆用铰链与在 AB 杆上滑动的套筒连接. 求当 $AC = CB$，且 $\theta = 30^\circ$时杆 CD 的速度和加速度.

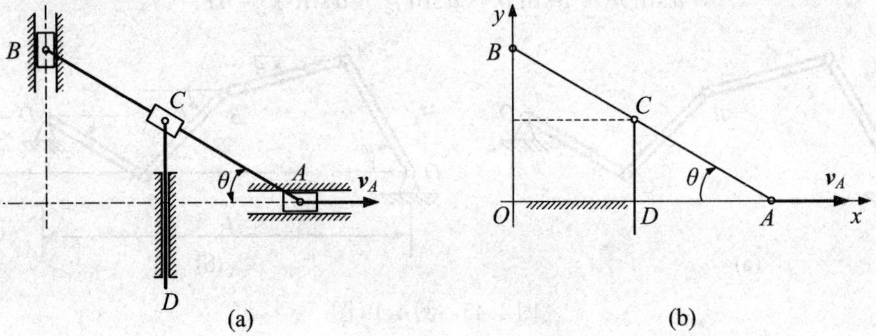

图 4.47 例 4.21 图

解：（此题在连接点 C 处要用合成运动方法分析，动系固连在 AB 上. 由于动系是平面运动，所以牵连速度与牵连加速度的分析比较复杂. 注意到 CD 杆是铅垂方向的直线平动，其运动规律用 C 点的纵坐标就能描述，而且滑块 A 的匀速运动是全程运动中的条件，所以可以用解析方法进行计算.）

(1) 分析自由度

此机构有 2 个运动构件，1 个滑槽，3 个复合约束，所以自由度为 1.

(2) 作计算简图、取坐标

建立固连于地面的直角坐标系 Oxy，如图 4.47(b)所示. 取平面运动的 AB 杆的基点 A 的坐标为$(x_A, 0)$，转角为 θ，θ 角的方向应该从固定的 x 轴开始计算，在此图中转角就是顺时针方向为正. 取平移杆 CD 的坐标为 y_C.

(3) 建立约束方程

以上共取 3 个坐标，而机构的自由度为 1，所以必须有 2 个约束方程. 按几何关系建立约束方程.

两铅直轨道的距离 OD 不变，由已知条件可得 $OD = 0.2\cos 30^\circ = 0.1\sqrt{3}$m. 因此

可以建立两个约束方程为

$$x_A = 0.4\cos\theta$$

$$y_C = 0.4\sin\theta - 0.1\sqrt{3}\tan\theta$$

(4) 计算

以上两式分别对时间 t 求导,得到

$$\dot{x}_A = -0.4\sin\theta\cdot\dot{\theta} \tag{a}$$

$$\dot{y}_C = 0.4\cos\theta\cdot\dot{\theta} - 0.1\sqrt{3}\sec^2\theta\cdot\dot{\theta} \tag{b}$$

因为 $\dot{x}_A = v_A = 0.2\ \mathrm{m/s}$,所以由式(a)可得

$$\dot{\theta} = \frac{-1}{2\sin\theta}(\mathrm{rad/s}) \tag{c}$$

代入式(b)得

$$\dot{y}_C = -0.2\cot\theta + 0.05\sqrt{3}\sec^2\theta\csc\theta \tag{d}$$

当 $\theta=30^\circ$时,有 $\dot{y}_C=-0.115\ \mathrm{m/s}$.所以此时刻 CD 杆的速度方向向下,大小是 $0.115\ \mathrm{m/s}$.

式(d)再对时间 t 求导,得到

$$\ddot{y}_C = \frac{0.2\dot{\theta}}{\sin^2\theta} - 0.05\sqrt{3}\dot{\theta}\frac{1-3\sin^2\theta}{\sin^2\theta\cos^3\theta} \tag{e}$$

当 $\theta=30^\circ$时,由式(c)得 $\dot{\theta}=-1\ \mathrm{rad/s}$,代入式(e),得到 $\ddot{y}_C=-0.667\ \mathrm{m/s^2}$.所以此时刻 CD 杆的加速度方向向下,大小是 $0.667\ \mathrm{m/s^2}$.

例 4.22　在图 4.48 所示的机构中,杆 AB 与 CD 平行,分别以速度 $v_1=100\ \mathrm{mm/s}$,$v_2=200\ \mathrm{mm/s}$ 如图示方向运动.在两杆间有一杆 GF,其一端为不计直径的小滚子 F,可沿柱塞 W 的底面滚动;一端与 CD 以铰链 G 连接;中间有导槽套在 AB 杆的销子 E 上.求当 FG 与 AB 成 $\varphi=60^\circ$时,GF 杆的角速度,角加速度.已知:$a=50\ \mathrm{mm}$,$b=200\ \mathrm{mm}$.

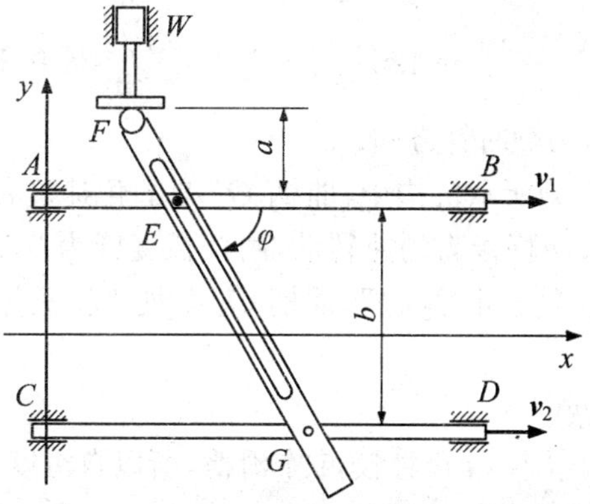

图 4.48　例 4.22 图

解：(此题在连接点 E 处要用合成运动方法分析，动系固连在 FG 上. 由于动系是平面运动，所以牵连速度与牵连加速度的分析比较复杂. 改用解析法就方便多了.)

(1) 分析自由度

此机构有 4 个运动构件，1 个柱铰、3 个滑槽、1 个接触面、1 个复合约束、所以自由度为 2.

(2) 作计算简图、取坐标

建立直角坐标系，使 y 轴过 A、C 两点，x 轴水平向右. 取两个平移杆 AB、CD 的坐标为点 E 与 G 的 x 坐标. 平面运动杆 FG 与杆 CD 铰接，只取转角 φ 为其坐标. 因无须研究柱塞 W，故不取它的坐标.

(3) 建立约束方程

以上共取 3 个坐标，而机构的自由度为 2，所以必须有 1 个约束方程.

按几何关系建立约束方程为

$$x_G = x_E + b\cot\varphi \tag{a}$$

式(a)对时间 t 求导一次，且由于 $\dot{x}_E = v_1$，$\dot{x}_G = v_2$，所以有

$$v_2 = v_1 - b\csc^2\varphi \cdot \dot{\varphi}$$

即得 GF 杆的角速度

$$\omega = \dot{\varphi} = \frac{v_1 - v_2}{b}\sin^2\varphi \tag{b}$$

$\varphi = 60^\circ$ 时得到 GF 杆的角速度

$$\omega = \dot{\varphi} = \frac{v_1 - v_2}{b}\sin^2 60^\circ = -\frac{3}{8} = -0.375(\text{rad/s})$$

负号表示 ω 的方向与 φ 的方向相反，为逆时针方向.

式(b)对时间再求导一次，且由于 $\dot{v}_1 = \dot{v}_2 = 0$，得到 GF 杆的角加速度

$$\alpha = \ddot{\varphi} = \frac{v_1 - v_2}{b}\sin 2\varphi \cdot \dot{\varphi}$$

当 $\varphi = 60^\circ$ 时得到 GF 杆的角加速度为

$$\alpha = \ddot{\varphi} = \frac{v_1 - v_2}{b}\sin 120^\circ \cdot \left(-\frac{3}{8}\right) = \frac{3\sqrt{3}}{32} \approx 0.162(\text{rad/s}^2)$$

方向与 φ 的方向相同，为顺时针方向.

例 4.23 图 4.49(a)所示机构中，曲柄 O_1A 的角速度 $\omega_1 = 4$ rad/s，曲柄 O_2B 的角速度 $\omega_2 = 2$ rad/s，两杆皆为匀速转动，两杆长度皆为 0.1 m. 杆 BD 可在 AC 套筒内滑动. 若曲柄 O_2B 处于水平位置，曲柄 O_1A 处于铅垂位置，求图示瞬时 BD 的角速度与角加速度.

解：(1) 分析自由度

此机构有 4 个运动构件，4 个柱铰，1 个滑槽，所以自由度为 2.

(2) 作计算简图、取坐标

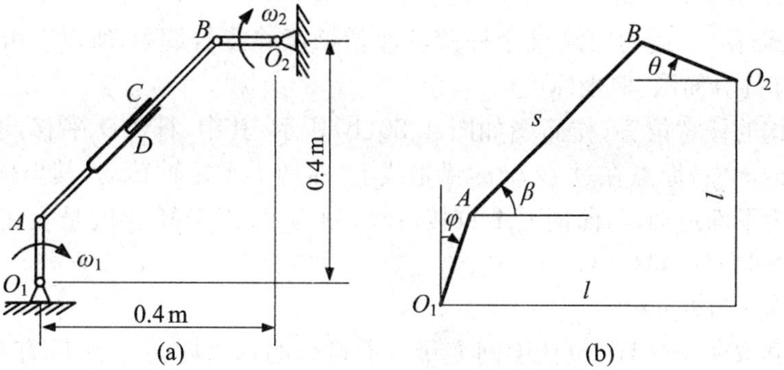

图 4.49　例 4.23 图

取机构的任意位置，作简图如图 4.49(b)所示．其中，杆 O_1A 与 O_2B 为定轴转动，分别取其坐标为转角 φ 与 θ．杆 AC 与 BD 平面运动，分别与杆 O_1A 与 O_2B 铰接，且两者用套筒相连，转角相同，设为 β．又 AB 长度是变化的，为便于计算，设中间变量 $AB=s$．

(3) 建立约束方程

以上共取 4 个坐标(包括中间变量)，而机构的自由度为 2，所以有 2 个约束方程．按几何关系建立约束方程：

$$r\sin\varphi + s\cos\beta + r\cos\theta = l \tag{a}$$

$$r\cos\varphi + s\sin\beta - r\sin\theta = l \tag{b}$$

(4) 计算

从式(a)与式(b)中消去 s，即(a)×$\sin\beta$－(b)×$\cos\beta$，得

$$l(\sin\beta - \cos\beta) + r\cos(\varphi+\beta) - r\sin(\theta+\beta) = 0 \tag{c}$$

式(c)对时间 t 求导一次与二次得到

$$l\dot{\beta}(\cos\beta + \sin\beta) - r(\dot{\varphi}+\dot{\beta})\sin(\varphi+\beta) - r(\dot{\theta}+\dot{\beta})\cos(\theta+\beta) = 0 \tag{d}$$

$$l\ddot{\beta}(\cos\beta+\sin\beta) - l\dot{\beta}^2(\sin\beta-\cos\beta) - r(\ddot{\varphi}+\ddot{\beta})\sin(\varphi+\beta)$$

$$- r(\dot{\varphi}+\dot{\beta})^2\cos(\varphi+\beta) - r(\ddot{\theta}+\ddot{\beta})\cos(\theta+\beta) + r(\dot{\theta}+\dot{\beta})^2\sin(\theta+\beta) = 0 \tag{e}$$

在题中的瞬时，有 $\varphi=0$，$\theta=0$，$\beta=45^\circ$，$\dot{\varphi}=4\ \text{rad/s}$，$\ddot{\varphi}=0$，$\dot{\theta}=2\ \text{rad/s}$，$\ddot{\theta}=0$，分别代入式(d)与式(e)中，得到杆 BD 在此瞬时的角速度与角加速度为 $\dot{\beta}=1\ \text{rad/s}$(与 β 方向同为逆时针方向)，$\ddot{\beta}=\dfrac{8}{3}\ \text{rad/s}^2$(逆时针方向)．

例 4.24　图 4.50(a)所示机构由三个杆件组成，曲柄 OA 与摇杆 AB 铰接于 A 点，固结在导杆 CD 上的销钉 M 可以在摇杆 AB 的滑槽中滑动．在如图所示瞬时．曲柄 OA 的角速度为 ω，角加速度为零．导杆 CD 的速度 $v_{CD}=l\omega$，加速度为零．求此瞬时摇杆 AB 的角速度与角加速度．

解:(1) 分析自由度

此机构有 3 个运动构件,2 个柱铰,1 个滑槽,1 个复合约束,所以自由度为 2.

(2) 作计算简图、取坐标

取机构的任意位置,作简图如图 4.50(b)所示.其中,杆 CD 平移,取其坐标为 x,x 轴方向向左,原点在过 O 轴的铅垂线上.曲柄 OA 定轴转动,其坐标为转角 θ.摇杆 AB 为平面运动,与曲柄 OA 铰接,设转角为 φ.因 AM 长度是变化的,为计算方便,设中间变量 $AM=s$.

(3) 建立约束方程

以上共取 4 个坐标(包括中间变量),而机构的自由度为 2,所以有 2 个约束方程.按几何关系建立约束方程

$$s\sin\varphi + l\sin\theta = x \tag{a}$$

$$s\cos\varphi + l\cos\theta = 2l \tag{b}$$

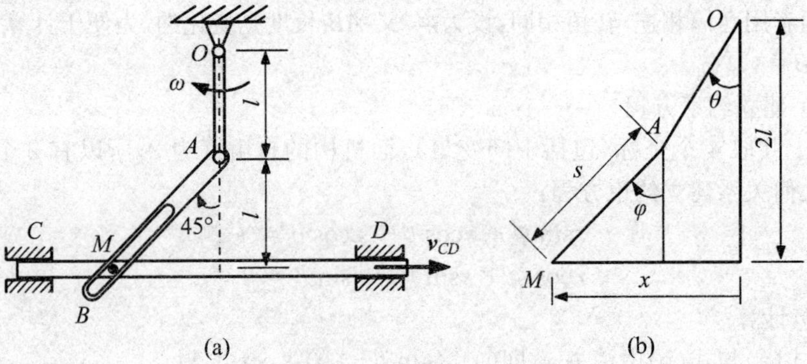

图 4.50 例 4.24 图

(4) 计算

从式(a)与式(b)中消去 s,即(a)×cos φ−(b)×sin φ,得

$$x\cos\varphi - 2l\sin\varphi - l\sin(\theta-\varphi) = 0 \tag{c}$$

式(c)对时间 t 求导一次与二次得到

$$\dot{x}\cos\varphi - x\dot{\varphi}\sin\varphi - 2l\dot{\varphi}\cos\varphi - l(\dot{\theta}-\dot{\varphi})\cos(\theta-\varphi) = 0 \tag{d}$$

$$\begin{aligned}&\ddot{x}\cos\varphi - 2\dot{x}\dot{\varphi}\sin\varphi - x\ddot{\varphi}\sin\varphi - x\dot{\varphi}^2\cos\varphi - 2l\ddot{\varphi}\cos\varphi + 2l\dot{\varphi}^2\sin\varphi \\ &\quad - l(\ddot{\theta}-\ddot{\varphi})\cos(\theta-\varphi) + l(\dot{\theta}-\dot{\varphi})^2\sin(\theta-\varphi) = 0\end{aligned} \tag{e}$$

在题中的瞬时,有 $\varphi=45^\circ$,$\theta=0$,$\dot{\theta}=\omega$,$\ddot{\theta}=0$,$x=l$,$\dot{x}=-l\omega$,$\ddot{x}=0$.分别代入式(d)与式(e),得到摇杆 AB 在此瞬时的角速度与角加速度为 $\dot{\varphi}=-\omega$(与 φ 方向相反,为逆时针方向),$\ddot{\varphi}=-\dfrac{5}{2}\omega^2$(逆时针方向).

4. 矢量法与解析法的综合应用

矢量法与解析法各有长处,可以只用其中一种方法解题,但是如果能够恰当地

利用它们的长处，就能更好地提高解题的效率.一般而言，对于不太复杂的机构，用解析法计算角速度与角加速度方便些；用矢量法计算具体点的速度与加速度方便些.但也不能一概而论，分析具体问题时建议注意以下几点：

(1) 分析运动链连接点的速度，观察有无瞬时平移的平面运动构件.对于瞬时平移的构件，可以优先采用矢量法.因为瞬时平移构件的瞬时角速度为零，而且比较容易确定其加速度瞬心.

(2) 注意机构中构件之间形成的三角形，往往能利用这个三角形中的三角函数关系计算角速度或角加速度的关系.

(3) 如果问题中需要建立固连在平面运动构件上的动系，可考虑用解析法计算该构件的角速度与角加速度，再用矢量法计算点的速度与加速度.

例 4.25　图 4.51(a)中，半径为 r 的半圆槽边缘上装有一可绕 C 点转动的套管，其内穿有一直杆 AB，令杆的一端 A 以匀速度 v_A 沿半圆槽运动.求在图示位置时，AB 杆上与 C 点重合的一点的速度与加速度.

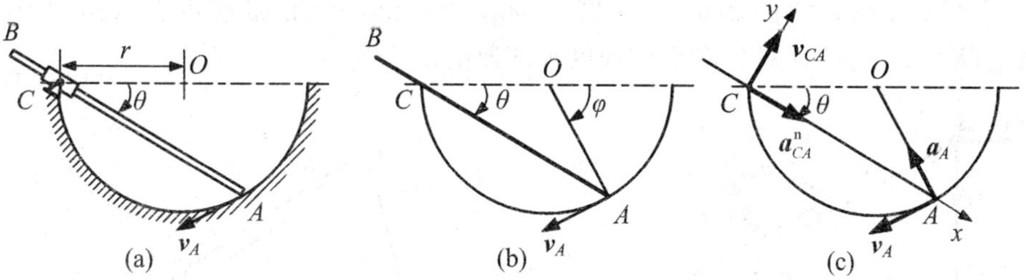

图 4.51　例 4.25 图

解：(分析题意，问题所求实际是平面运动的杆 AB 上 C 点的速度与加速度.而 A 点的运动已知，所以只需求出杆 AB 的角速度与角加速度就可以用基点法计算了.此时用解析法计算杆 AB 的角速度与角加速度比较方便.)

(1) 解析法计算

在图 4.51(b)中，AB 的转角为 θ，半径 OA 的转角为 φ，易知：$\varphi = 2\theta$.又由点 A 的匀速运动，有 $v_A = r\dot{\varphi}$ 与 $\ddot{\varphi} = 0$.所以得到杆 AB 的角速度与角加速度分别为 $\dot{\theta} = \frac{\dot{\varphi}}{2} = \frac{v_A}{2r}$，$\ddot{\theta} = \frac{\ddot{\varphi}}{2} = 0$.

(2) 矢量法计算

参见图 4.51(c)在杆 AB 中以 A 为基点，计算点 C 的速度与加速度.由平面运动刚体上点的速度与加速度计算的基点法有

$$\boldsymbol{v}_C = \boldsymbol{v}_A + \boldsymbol{v}_{CA}$$

其中 $v_{CA} = \dot{\theta} \cdot AC = v_A \cos\theta$.

分别投影到 x、y 轴上，有

$$v_{Cx} = -v_A\sin\theta,\quad v_{Cy} = -v_A\cos\theta + v_{CA} = 0$$

所以，$v_C = v_{Cx} = -v_A\sin\theta$，方向沿 AB，指向 B 端.

又有

$$\boldsymbol{a}_C = \boldsymbol{a}_A + \boldsymbol{a}_{CA}^{\mathrm{n}} + \boldsymbol{a}_{CA}^{\tau}$$

其中 $a_A = \dfrac{v_A^2}{r}$，$a_{CA}^{\mathrm{n}} = \dot{\theta}^2 \cdot AC = \dfrac{v_A^2}{2r}\cos\theta$，$a_{CA}^{\tau} = \ddot{\theta}\cdot AC = 0$.

分别投影到 x、y 轴上，有

$$a_{Cx} = -a_A\cos\theta + a_{CA}^{\mathrm{n}} = -\frac{v_A^2}{2r}\cos\theta,\quad a_{Cy} = a_A\sin\theta = \frac{v_A^2}{r}\sin\theta$$

所以

$$a_C = \sqrt{a_{Cx}^2 + a_{Cy}^2} = \frac{v_A^2}{2r}\sqrt{1 + 3\sin^2\theta},\quad \tan(\boldsymbol{a}_C, \boldsymbol{x}) = \frac{a_{Cy}}{a_{Cx}} = -2\tan\theta$$

例 4.26 在图 4.52(a)所示的机构中，OA 杆长为 100 mm，可绕 O 点转动；连杆 AB 长为 100 mm；汽缸 CO_1 可绕 O_1 摆动，$OO_1 = 100\sqrt{3}$ mm，在同一水平线上. 在图示位置时，OA 杆的瞬时角速度为 $\omega_{OA} = 2$ rad/s，角加速度为 $\alpha_{OA} = 0$，且 $OA \perp OO_1$. 求此时活塞上 B 点的速度和加速度.

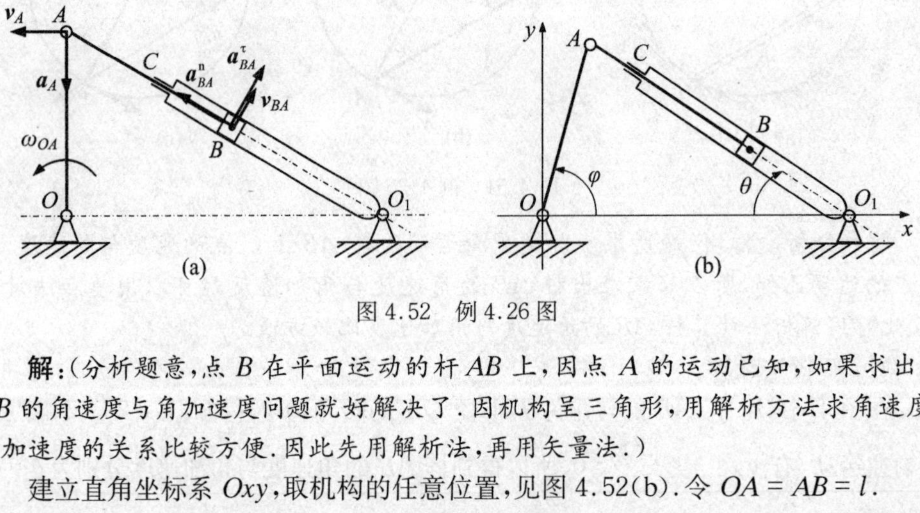

图 4.52 例 4.26 图

解：(分析题意，点 B 在平面运动的杆 AB 上，因点 A 的运动已知，如果求出杆 AB 的角速度与角加速度问题就好解决了. 因机构呈三角形，用解析方法求角速度、角加速度的关系比较方便. 因此先用解析法，再用矢量法.)

建立直角坐标系 Oxy，取机构的任意位置，见图 4.52(b). 令 $OA = AB = l$.

首先计算 CO_1 的角速度与 OA 的角速度的关系. 在$\triangle OO_1A$ 中，由正弦定理有

$$\frac{\sin\theta}{l} = \frac{\sin(\varphi + \theta)}{\sqrt{3}l}$$

即

$$\sqrt{3}\sin\theta = \sin(\varphi + \theta) \tag{a}$$

式(a)依次对时间 t 求导一次与二次，得到

$$\sqrt{3}\cos\theta \cdot \dot{\theta} = \cos(\varphi + \theta)\cdot(\dot{\varphi} + \dot{\theta}) \tag{c}$$

$$-\sqrt{3}\sin\theta\cdot\dot{\theta}^2+\sqrt{3}\cos\theta\cdot\ddot{\theta}=-\sin(\varphi+\theta)\cdot(\dot{\varphi}+\dot{\theta})^2+\cos(\varphi+\theta)\cdot(\ddot{\varphi}+\ddot{\theta}) \quad \text{(d)}$$

在图示位置时，$\varphi=90^\circ$，$\theta=30^\circ$，$\dot{\varphi}=\omega_{OA}=2\ \text{rad/s}$，$\ddot{\varphi}=\alpha_{OA}=0$，因此得到 O_1C 杆的角速度与角加速度分别为：$\dot{\theta}=-0.5\ \text{rad/s}$ 与 $\ddot{\theta}=-\frac{\sqrt{3}}{2}\approx-0.866\ \text{rad/s}^2$，方向皆与 θ 的正向相反，即皆为逆时针方向.

再用矢量法计算点 B 的速度与加速度，在杆 AB 中以 A 为基点，作点 B 的速度与加速度分析图，参见图 4.52(a). 有方程

$$\boldsymbol{v}_B=\boldsymbol{v}_A+\boldsymbol{v}_{BA}\quad 与 \quad \boldsymbol{a}_B=\boldsymbol{a}_A+\boldsymbol{a}_{BA}^{\text{n}}+\boldsymbol{a}_{BA}^{\tau}$$

其中，$v_A=\omega_{OA}l=0.2\ \text{m/s}$，$a_A=\omega_{OA}^2l=0.4\ \text{m/s}^2$，$v_{BA}=|\dot{\theta}|l=0.05\ \text{m/s}$，$a_{BA}^{\text{n}}=\dot{\theta}^2l=0.025\ \text{m/s}^2$，$a_{BA}^{\tau}=|\ddot{\theta}|l=0.0866\ \text{m/s}^2$. 图中各速度、加速度的方向都按真实方向画出.

把速度与加速度的矢量方程分别投影到 x、y 轴，得到

$$v_{Bx}=-v_A+v_{BA}\sin 30^\circ=-0.175(\text{m/s}),$$
$$v_{By}=v_{BA}\cos 30^\circ=0.043(\text{m/s})$$
$$a_{Bx}=-a_{BA}^{\text{n}}\cos 30^\circ+a_{BA}^{\tau}\sin 30^\circ=0.0216(\text{m/s}^2)$$
$$a_{By}=-a_A+a_{BA}^{\text{n}}\sin 30^\circ+a_{BA}^{\tau}\cos 30^\circ=-0.3125(\text{m/s}^2)$$

所以

$$v_B=\sqrt{v_{Bx}^2+v_{By}^2}=0.180(\text{m/s}),\quad a_B=\sqrt{a_{Bx}^2+a_{By}^2}=0.313(\text{m/s}^2)$$

此题也可以单纯使用矢量法或解析法，但是综合运用解析法与矢量法可以使解法更加简洁.

例 4.27　图 4.53(a)所示机构中，$O_1A=2O_2B=0.2\ \text{m}$，半圆凸轮 $R=0.1\ \text{m}$，曲柄 O_1A 以匀角速度 $\omega=2\ \text{rad/s}$ 转动. 在图示瞬时，AB 处于水平位置，两曲柄的角度如图所示，求此瞬时顶杆 DE 的速度与加速度.

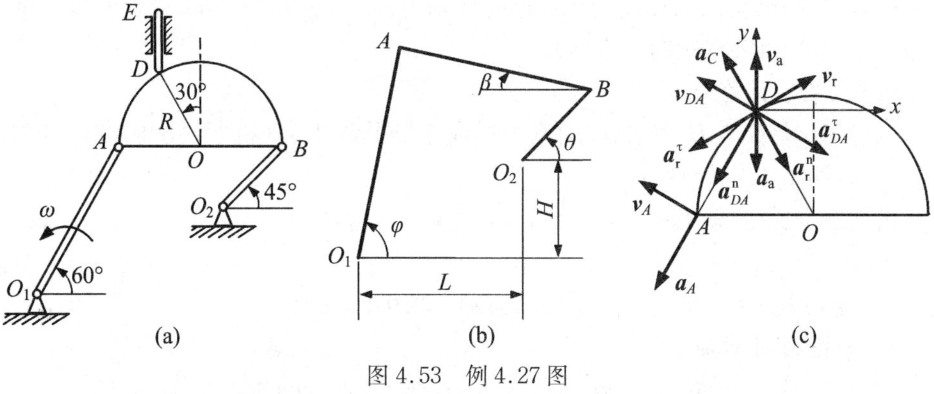

图 4.53　例 4.27 图

解：(分析题意，顶杆 DE 平移，计算端点 D 的速度与加速度即可，因此需将动系固连在平面运动的半圆凸轮上. 可先用解析法计算半圆凸轮的角速度与角加速度，再用矢量法计算点 D 的速度与加速度.)

（1）解析法计算

设机构在任意位置，如图 4.53(b)所示. 其中平面运动构件 AB 与其他构件铰接，只取转角坐标 β 即可. 由两个支座的位置，可以得到 $L=0.229\ \mathrm{m}$，$H=0.102\ \mathrm{m}$. 此机构为 1 个自由度，3 个转角坐标需要 2 个约束方程. 即

$$0.2\cos\varphi + 0.2\cos\beta - 0.1\cos\theta = L \tag{a}$$

$$0.2\sin\varphi - 0.2\sin\beta - 0.1\sin\theta = H \tag{b}$$

式(a)与式(b)对时间 t 求导一次得到

$$\left.\begin{aligned} -2\dot{\varphi}\sin\varphi - 2\dot{\beta}\sin\beta + \dot{\theta}\sin\theta = 0 \\ 2\dot{\varphi}\cos\varphi - 2\dot{\beta}\cos\beta - \dot{\theta}\cos\theta = 0 \end{aligned}\right\} \tag{c}$$

式(a)与式(b)对时间 t 求导二次得到

$$\left.\begin{aligned} 2\ddot{\varphi}\sin\varphi + 2\dot{\varphi}^2\cos\varphi + 2\ddot{\beta}\sin\beta + 2\dot{\beta}^2\cos\beta - \ddot{\theta}\sin\theta - \dot{\theta}^2\cos\theta = 0 \\ 2\ddot{\varphi}\cos\varphi - 2\dot{\varphi}^2\sin\varphi - 2\ddot{\beta}\cos\beta + 2\dot{\beta}^2\sin\beta - \ddot{\theta}\cos\theta + \dot{\theta}^2\sin\theta = 0 \end{aligned}\right\} \tag{d}$$

在题中的瞬时，有 $\varphi=60^\circ$，$\theta=45^\circ$，$\beta=0$，$\dot{\varphi}=\omega=2\ \mathrm{rad/s}$，$\ddot{\varphi}=0$，代入式(c)与式(d)，分别得到

$$\left.\begin{aligned} 4\sqrt{3} - \sqrt{2}\dot{\theta} = 0 \\ 4 - 4\dot{\beta} - \sqrt{2}\dot{\theta} = 0 \end{aligned}\right\} \tag{e}$$

$$\left.\begin{aligned} 8 + 4\dot{\beta}^2 - \sqrt{2}\ddot{\theta} - \sqrt{2}\dot{\theta}^2 = 0 \\ -8\sqrt{3} - 4\ddot{\beta} - \sqrt{2}\ddot{\theta} + \sqrt{2}\dot{\theta}^2 = 0 \end{aligned}\right\} \tag{f}$$

解得 $\dot{\theta}=4.899\ \mathrm{rad/s}$，$\dot{\beta}=-0.732\ \mathrm{rad/s}$，$\ddot{\theta}=-16.828\ \mathrm{rad/s^2}$，$\ddot{\beta}=10.971\ \mathrm{rad/s^2}$.

所以，半圆凸轮的角速度与角加速度分别为：$\omega_{AOB}=0.732\ \mathrm{rad/s}$（逆时针方向），$\alpha_{AOB}=10.971\ \mathrm{rad/s^2}$（顺时针方向）.

（2）矢量法计算

取杆 DE 的端点 D 为动点，动系固连在半圆凸轮上，分析题设瞬时的速度与加速度关系，如图 4.53(c)所示.

由速度合成定理，有 $\boldsymbol{v}_\mathrm{a}=\boldsymbol{v}_\mathrm{r}+\boldsymbol{v}_\mathrm{e}$，而 $\boldsymbol{v}_\mathrm{e}=\boldsymbol{v}_A+\boldsymbol{v}_{DA}$，所以

$$\boldsymbol{v}_\mathrm{a} = \boldsymbol{v}_\mathrm{r} + \boldsymbol{v}_A + \boldsymbol{v}_{DA} \tag{g}$$

其中，$v_A=\omega O_1A=0.4\ \mathrm{m/s}$，$v_{DA}=\omega_{AOB}DA=0.0732\ \mathrm{m/s}$.

式(g)投影到 x 轴上

$$0 = v_\mathrm{r}\cos 30^\circ - v_A\cos 30^\circ - v_{DA}\cos 30^\circ$$

所以 $v_\mathrm{r}=0.473\ \mathrm{m/s}$.

式(g)投影到 y 轴上：

$$v_\mathrm{a} = v_\mathrm{r}\sin 30^\circ + v_A\sin 30^\circ + v_{DA}\sin 30^\circ = 0.473(\mathrm{m/s})$$

由加速度合成定理，有$\boldsymbol{a}_a=\boldsymbol{a}_r^n+\boldsymbol{a}_r^\tau+\boldsymbol{a}_C+\boldsymbol{a}_e$，而$\boldsymbol{a}_e=\boldsymbol{a}_A+\boldsymbol{a}_{DA}^n+\boldsymbol{a}_{DA}^\tau$，所以

$$\boldsymbol{a}_a=\boldsymbol{a}_r^n+\boldsymbol{a}_r^\tau+\boldsymbol{a}_C+\boldsymbol{a}_A+\boldsymbol{a}_{DA}^n+\boldsymbol{a}_{DA}^\tau \tag{h}$$

其中，$a_A=\omega^2 O_1A=0.8\ \mathrm{m/s^2}$，$a_C=2v_r\omega_{AOB}=0.692\ \mathrm{m/s^2}$，$a_r^n=\dfrac{v_r^2}{R}=2.237\ \mathrm{m/s^2}$，$a_{DA}^n=\omega_{AOB}^2DA=0.0536\ \mathrm{m/s^2}$，$a_{DA}^\tau=\alpha_{AOB}DA=1.097\ \mathrm{m/s^2}$.

式(h)投影到$\boldsymbol{a}_r^n$方向上：

$$a_a\cos30^\circ=a_r^n-a_C+a_A\cos60^\circ+a_{DA}^n\cos60^\circ+a_{DA}^\tau\cos30^\circ$$

解得

$$a_a=3.374(\mathrm{m/s^2})$$

所以，此瞬时顶杆DE的速度为0.473 m/s(向上)；加速度为3.374 m/s²(向下).

例4.28　平面机构如图4.54(a)所示.其中，$O_1C=2r$，$O_2D=r$，A和B为两个可在杆上滑动的套筒，杆AB的A端与套筒A焊接成60°角，B端与套筒B铰接.已知在图示位置($AD\parallel O_1O_2$，$\angle ACD=30^\circ$，且$O_1C\perp O_1O_2$，$O_2D\perp O_1O_2$)时，曲柄O_2D的角速度为ω_0，求此瞬时套筒B的绝对速度.

(下面先后用经典的矢量法和用矢量法与解析法综合运用求解此题，两相比较可以看出适当地综合运用两种方法，可以使解题过程更加简洁，有效提高解题的效率.)

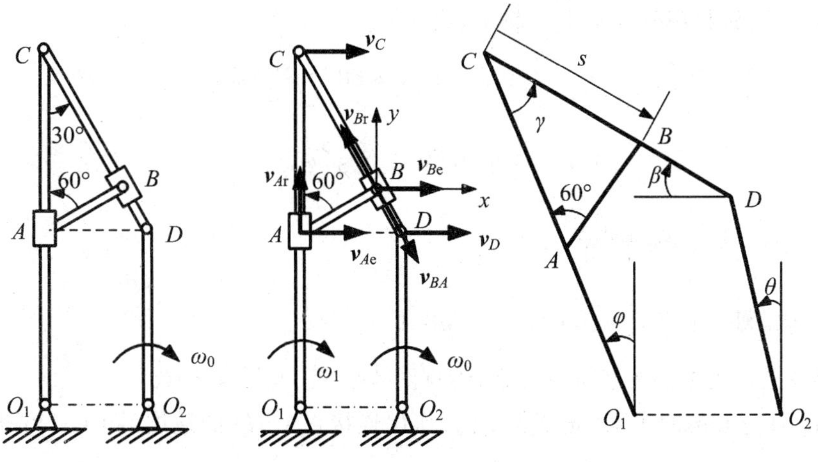

图4.54　例4.28图

解法一：(矢量法)参见图4.54(b).

(1) 作出连接点C、D的速度，知$\boldsymbol{v}_C$、$\boldsymbol{v}_D$平行，且不与杆CD垂直，所以杆CD为瞬时平移.所以$\omega_{CD}=0$，且有$v_C=v_D=\omega_0r$，$\omega_1=\dfrac{v_C}{2r}=\dfrac{\omega_0}{2}$.

(2) 以套筒A为动点，动系固连在杆O_1C上，有

$$\boldsymbol{v}_A=\boldsymbol{v}_{Ae}+\boldsymbol{v}_{Ar} \tag{a}$$

其中$v_{Ae}=\dfrac{v_C}{2}=\dfrac{1}{2}\omega_0r$.

(3) 以套筒 B 为动点,动系固连在杆 CD 上,有

$$\boldsymbol{v}_B = \boldsymbol{v}_{Be} + \boldsymbol{v}_{Br} \tag{b}$$

其中 $v_{Be} = v_D = \omega_0 r$.

(4) 杆 AB 平面运动,以点 A 为基点,有

$$\boldsymbol{v}_B = \boldsymbol{v}_A + \boldsymbol{v}_{BA} \tag{c}$$

其中 $v_{BA} = \omega_{AB} \cdot AB$,而由于杆 AB 与套筒 A 刚性连接,所以 $\omega_{AB} = \omega_1 = \dfrac{\omega_0}{2}$,又有 $AB = \dfrac{r}{2}$,所以得到 $v_{BA} = \dfrac{1}{4}\omega_0 r$.

(5) 将式(a)与式(b)代入式(c),有

$$\boldsymbol{v}_{Be} + \boldsymbol{v}_{Br} = \boldsymbol{v}_{Ae} + \boldsymbol{v}_{Ar} + \boldsymbol{v}_{BA} \tag{d}$$

式(d)投影到 x 轴上,有

$$v_{Be} - v_{Br}\cos 60^\circ = v_{Ae} + v_{BA}\cos 60^\circ$$

解得

$$v_{Br} = \frac{3}{4}\omega_0 r.$$

式(b)分别投影到 x 轴与 y 轴上,有

$$v_{Bx} = v_{Be} - v_{Br}\cos 60^\circ = \frac{5}{8}\omega_0 r$$

$$v_{By} = v_{Br}\sin 60^\circ = \frac{3\sqrt{3}}{8}\omega_0 r$$

所以 $v_B = \sqrt{v_{Bx}^2 + v_{By}^2} = \dfrac{\sqrt{13}}{4}\omega_0 r$.

$\boldsymbol{v}_B$ 与 x 轴的夹角 $\theta = \arctan\dfrac{v_{By}}{v_{Bx}} = 46.1^\circ$.

解法二:(矢量法与解析法综合)参见图 4.54(b)与图 4.54(c).

(1) 注意到瞬时平移,先用矢量法.作出连接点 C、D 的速度,知 $\boldsymbol{v}_C$、$\boldsymbol{v}_D$ 平行,且不与杆 CD 垂直,杆 CD 为瞬时平移.所以 $\omega_{CD} = 0$,且有 $v_C = v_D = \omega_0 r$,$\omega_1 = \dfrac{v_C}{2r} = \dfrac{\omega_0}{2}$.

(2) 注意到三角形 ABC,用解析法计算套筒 B 的相对速度.

取机构的任意位置,如图 4.54(c)所示,杆 O_1C 与杆 O_2D 为定轴转动,设转角分别为 φ 与 θ;杆 CD 平面运动且与其他杆铰接,设转角为 β;又设 $\angle ACB = \gamma$.

设 $CB = s$,s 即为套筒 B 相对杆 CD 的位移,沿 CD 为正方向.

在$\triangle ABC$ 中,有 $\dfrac{s}{\sin 60^\circ} = \dfrac{AB}{\sin\gamma}$,而 $AB = \dfrac{r}{2}$,$\gamma = \dfrac{\pi}{2} - \varphi - \beta$,所以 $s = \dfrac{\sqrt{3}r}{4\cos(\varphi+\beta)}$.

对时间 t 求导，有 $\dot{s}=\frac{\sqrt{3}r}{4}\cdot\frac{(\dot{\varphi}+\dot{\beta})\sin(\varphi+\beta)}{\cos^2(\varphi+\beta)}$，这就是 v_{Br}.

在题设的瞬时，有 $\varphi=0,\dot{\varphi}=-\omega_1=-\frac{\omega_0}{2},\beta=60^\circ,\dot{\beta}=\omega_{CD}=0$，代入上式，得到此瞬时 $v_{Br}=-\frac{3}{4}\omega_0 r$，方向与 s 的正方向相反，即沿着 DC 方向.

(3) 再用矢量法，计算套筒 B 的绝对速度.

以套筒 B 为动点，动系固连在杆 CD 上，有：$\boldsymbol{v}_B=\boldsymbol{v}_{Be}+\boldsymbol{v}_{Br}$，其中 $v_{Br}=-\frac{3}{4}\omega_0 r$，$v_{Be}=v_D=\omega_0 r$，分别投影到 x 轴与 y 轴上，有

$$v_{Bx} = v_{Be}+v_{Br}\cos 60^\circ = \frac{5}{8}\omega_0 r$$

$$v_{By} = -v_{Br}\sin 60^\circ = \frac{3\sqrt{3}}{8}\omega_0 r$$

所以 $v_B=\sqrt{v_{Bx}^2+v_{By}^2}=\frac{\sqrt{13}}{4}\omega_0 r$.

$\boldsymbol{v}_B$ 与 x 轴的夹角 $\theta=\arctan\frac{v_{By}}{v_{Bx}}=46.1^\circ$.

习　题

4.1　图示塔式起重机的水平悬臂以匀角速度 ω 绕铅垂轴 OO_1 转动，同时跑车 A 带着重物 B 沿悬臂运动. 如 $\omega=0.1$ rad/s，而跑车的运动规律为 $x=20-0.5t$，其中 x 以 m 计，t 以 s 计，并且悬挂重物的钢索 AB 始终保持铅垂. 求 $t=10$ s 时，重物 B 的绝对速度.

4.2　图示两种滑道摇杆机构中，两平行轴距离 $OO_1=200$ mm，在某瞬时，$\theta=20^\circ$、$\varphi=30^\circ$、$\omega_1=6$ rad/s. 求两种机构中角速度 ω_2 的值.

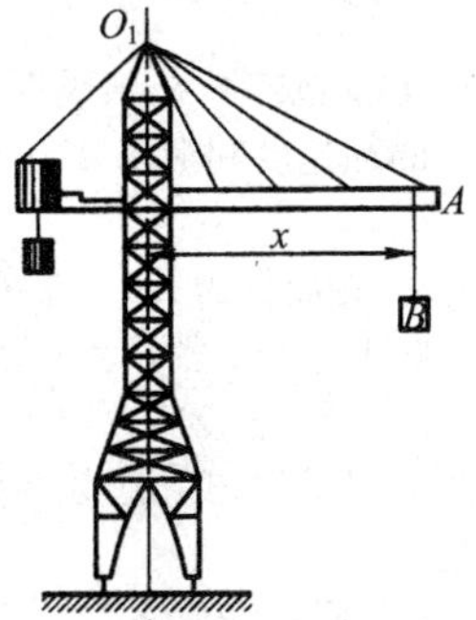

题 4.1 图

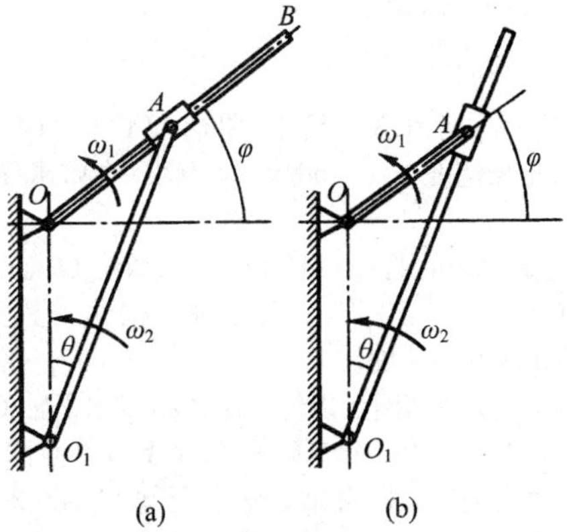

题 4.2 图

4.3 图示摇杆 OC 绕 O 轴转动，通过固定于齿条 AB 上的销子 K 带动齿条平移，而齿条又带动半径为 0.1 m 的齿轮 D 绕固定轴 O_1 转动. 如 $l=0.4$ m，摇杆的角速度 $\omega=0.5$ rad/s，求当 $\varphi=30^\circ$ 时齿轮的角速度.

4.4 水流在图示水轮机工作轮入口处的绝对速度 $v_a=15$ m/s，其方向与铅垂直径成 $\theta=60^\circ$ 角. 工作轮半径 $R=2$ m，转速 $n=30$ r/min. 为避免水流与工作轮叶片相冲击，叶片应恰当安装，以使水流对工作轮的相对速度与叶片相切. 求在工作轮外缘处水流对工作轮的相对速度大小和方向.

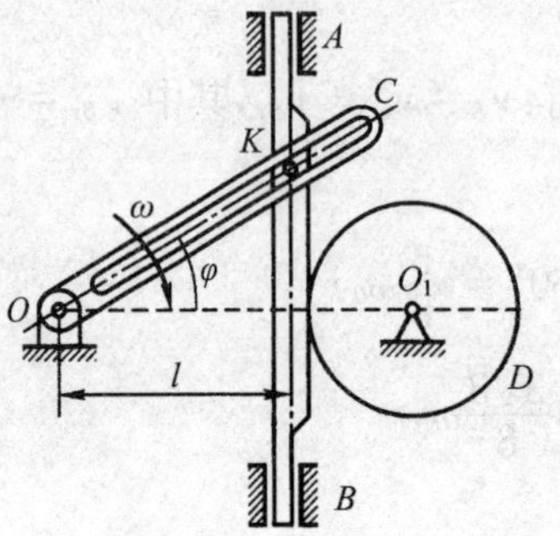

题 4.3 图

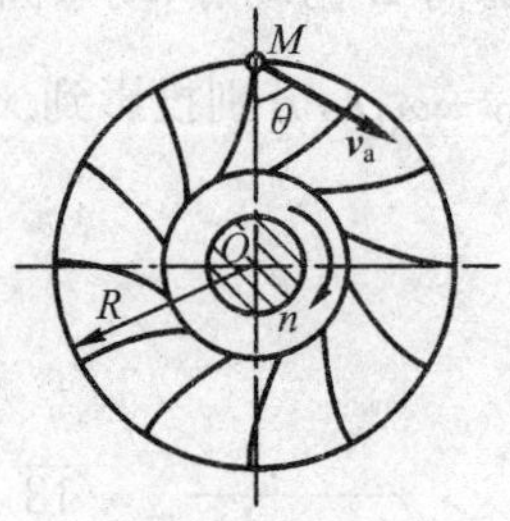

题 4.4 图

4.5 图示车床主轴的转速 $n=30$ r/min，工件的直径 $d=40$ mm，如车刀横向走刀速度为 $v=10$ mm/s. 求车刀对工件的相对速度.

4.6 图示曲柄滑杆机构中，滑杆上有圆弧形滑道，其半径 $R=100$ mm，圆心在导杆 BC 上. 曲柄长 $OA=100$ mm，以角速度 $\omega=4t$（ω 以 rad/s 计，t 以 s 计）绕 O 轴转动. 当 $t=1$ s 时，机构在图示位置，曲柄与水平线的交角 $\varphi=30^\circ$，求此时滑杆 AC 的速度和加速度.

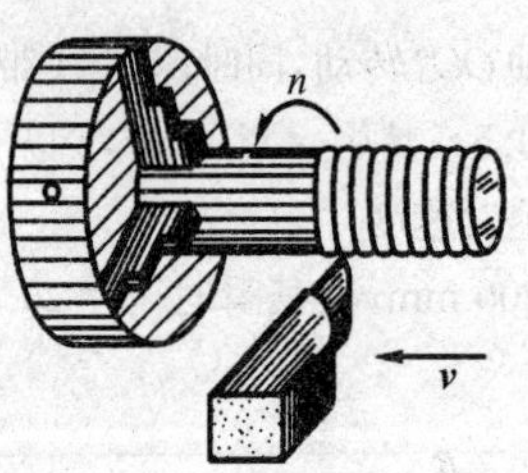

题 4.5 图

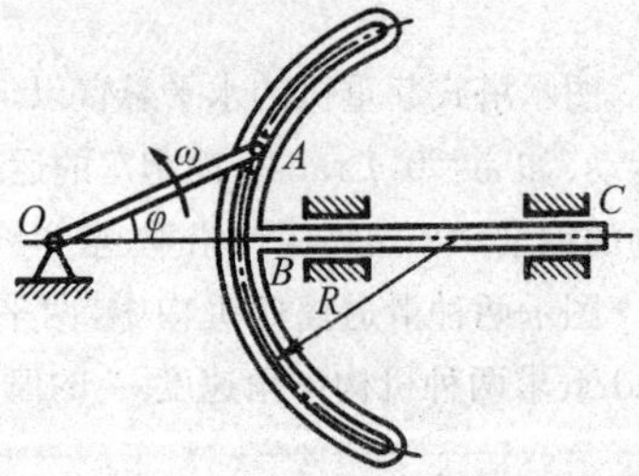

题 4.6 图

4.7 图示曲柄滑道机构中，曲柄长 $OA=100$ mm，并绕 O 轴转动. 在某瞬时，其角速度 $\omega=1$ rad/s，角加速度 $\alpha=1$ rad/s^2，$\angle AOB=30^\circ$. 求导杆上 C 点的加速度和滑块 A 在滑道中的相对加速度.

4.8 弯成直角的曲杆 OAB 以 $\omega=$ 常数绕 O 点作逆时针转动. 在曲杆的 AB 段装有滑筒 C，滑筒又与铅直杆 DC 铰接于 C，O 点与 DC 位于同一铅垂线上. 设曲杆的 OA 段长为 r，求当 $\varphi=30^\circ$ 时 DC 杆的速度和加速度.

4.9 半径为 R 的圆盘以匀角速度 ω_1 绕水平轴 O_1O_2 转动，该轴又以匀角速度 ω_2 绕铅垂轴转动，如图所示. 求圆盘上铅垂直径的两端 A、B 两点的速度与加速度.

4.10 牛头刨床的机构如图所示. 已知 $O_1A=200$ mm，匀角速度 $\omega_1=2$ rad/s. 求图示位置滑杆 CD 的速度和加速度.

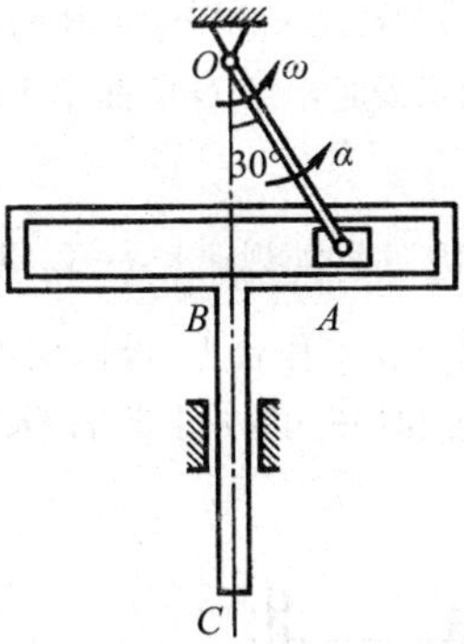

题 4.7 图

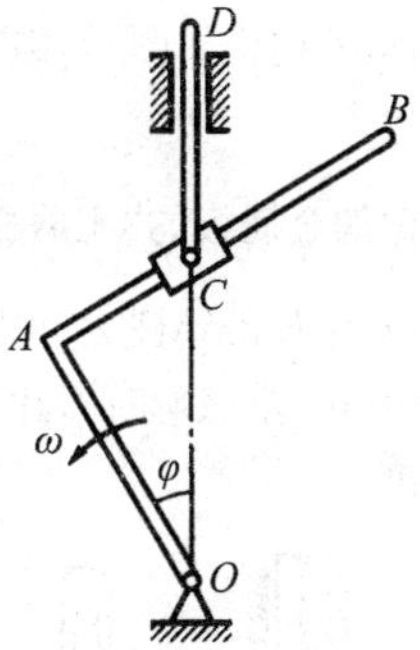

题 4.8 图

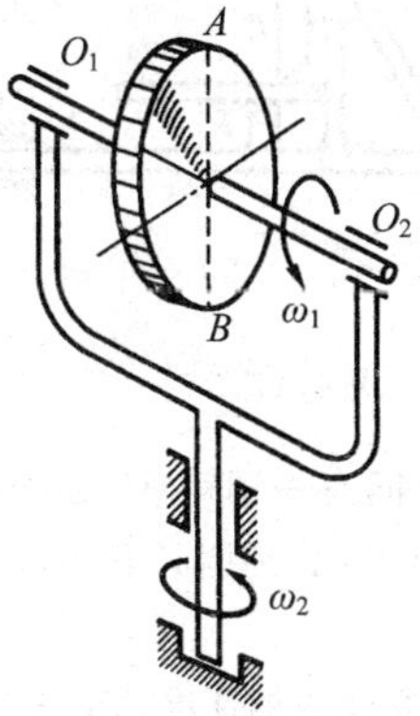

题 4.9 图

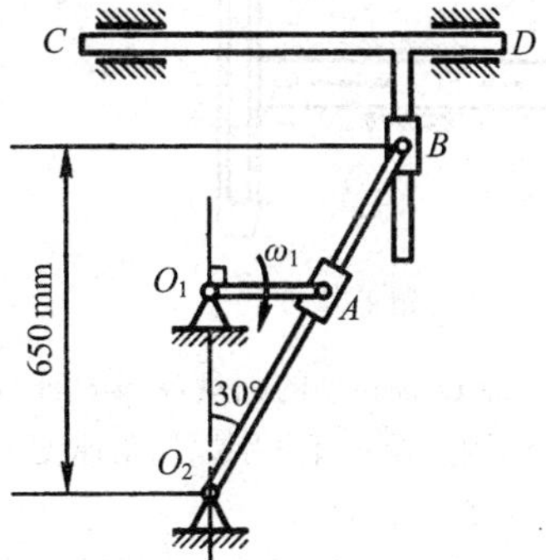

题 4.10 图

4.11　凸轮推杆机构如图所示.已知偏心圆凸轮的偏心距 $OC=e$,半径 $r=3e$.若凸轮以匀角速度 ω 绕 O 轴逆时针转动,且推杆 AB 的延长线通过轴 O,求当 OC 与 CA 垂直时杆 AB 的速度和加速度.

4.12　销钉 M 被限制在 AB、CD 两个平移构件的滑槽中运动,其中 AB 以匀速 $v_{AB}=80\ \mathrm{mm/s}$ 沿图示方向运动,而 CD 在此瞬时,则以速度 $v_{CD}=40\ \mathrm{mm/s}$、加速度 $a_{CD}=10\ \mathrm{mm/s^2}$ 沿水平方向运动.求此瞬时销钉 M 的速度和加速度.

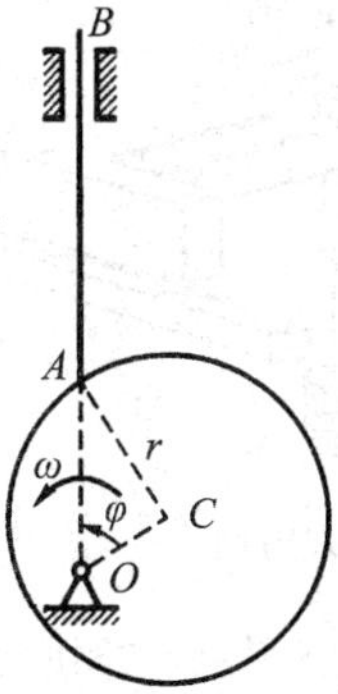

题 4.11 图

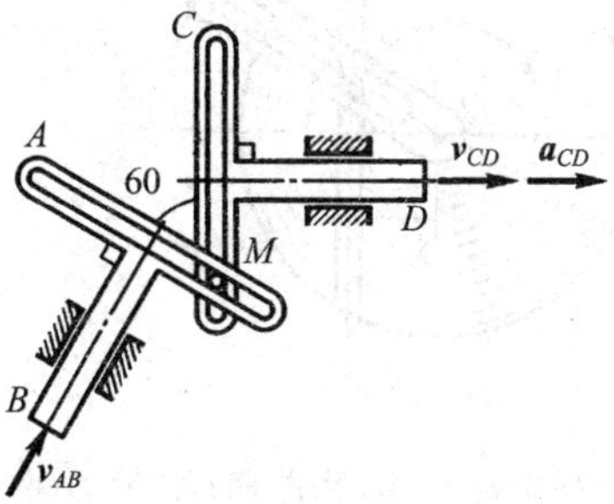

题 4.12 图

4.13 图示机构中，槽 A 的速度 $v_A=50\ \mathrm{mm/s}$，加速度 $a_A=20\ \mathrm{mm/s^2}$；槽 B 的速度为恒量，$v_B=10\ \mathrm{mm/s}$，方向皆如图示.销钉 D 可在两槽中滑动.求图示瞬时销钉 D 的曲率半径，并画出曲率中心的位置.

4.14 剪切金属板的“飞剪机”机构如图所示.工作台 AB 的移动规律是 $s=0.2\sin\frac{\pi}{6}t\ \mathrm{m}$，滑块 C 带动上刀片 E 沿导柱运动以切断工件 D，下刀片 F 固定在工作台上.设曲柄 $OC=0.6\ \mathrm{m}$，$t=1\ \mathrm{s}$ 时，$\varphi=60^\circ$.求该瞬时刀片 E 相对于工作台运动的速度和加速度，并求曲柄 OC 转动的角速度及角加速度.

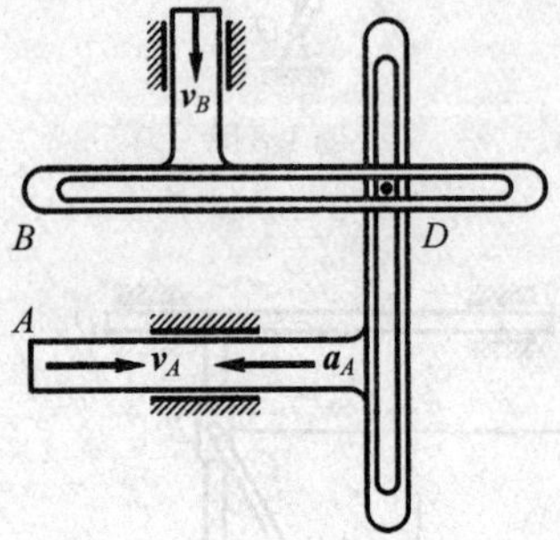

题 4.13 图

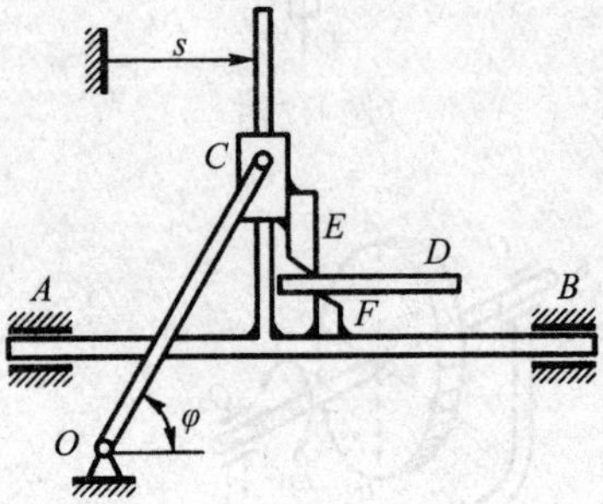

题 4.14 图

4.15 绕 O 轴转动的圆盘 O 及直杆 OA 上均有一导槽，导槽间有一销钉 M，如图所示.已知 $b=100\ \mathrm{mm}$，圆盘及直杆分别以匀角速度 $\omega_1=9\ \mathrm{rad/s}$ 及 $\omega_2=3\ \mathrm{rad/s}$ 作逆时针转动.求图示瞬时销钉 M 的速度与加速度.

4.16 如图所示的瞬时，行车梁沿 y 方向的直线轨道行走的速度与加速度为 $v_1=0.3\ \mathrm{m/s}$ 与 $a_1=0.01\ \mathrm{m/s^2}$，小车在与 x 轴平行的行车梁上行走的速度与加速度为 $v_2=0.2\ \mathrm{m/s}$ 与 $a_2=0.02\ \mathrm{m/s^2}$，被提升的重物 D 相对于小车以不变速度 $v_3=0.5\ \mathrm{m/s}$ 铅垂向上运动.试确定：

(1) 此瞬时重物相对地面的运动方向？（速度方向的单位矢量）

(2) 重物的运动轨迹是直线还是曲线？

(3) 如果重物是曲线运动，计算此瞬时它的法向加速度与切向加速度.

(4) 如果重物是曲线运动，计算此瞬时其轨迹的曲率半径.

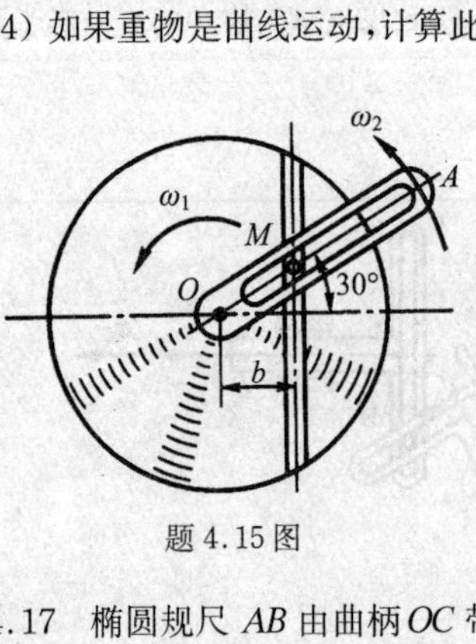

题 4.15 图

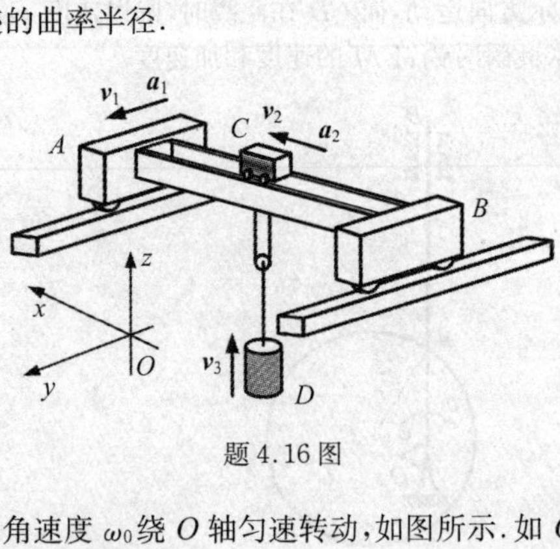

题 4.16 图

4.17 椭圆规尺 AB 由曲柄 OC 带动，曲柄以角速度 ω_0 绕 O 轴匀速转动，如图所示.如 $OC=BC=AC=r$，并取 C 为基点，求椭圆规尺 AB 的平面运动方程.

4.18　图示半径为 r 的齿轮由曲柄 OA 带动，沿半径为 R 的固定齿轮滚动．如曲柄 OA 以等角加速度 α 绕 O 轴转动，当运动开始时，角速度 $\omega_0=0$，转角 $\varphi_0=0$，求动齿轮以中心 A 为基点的平面运动方程．

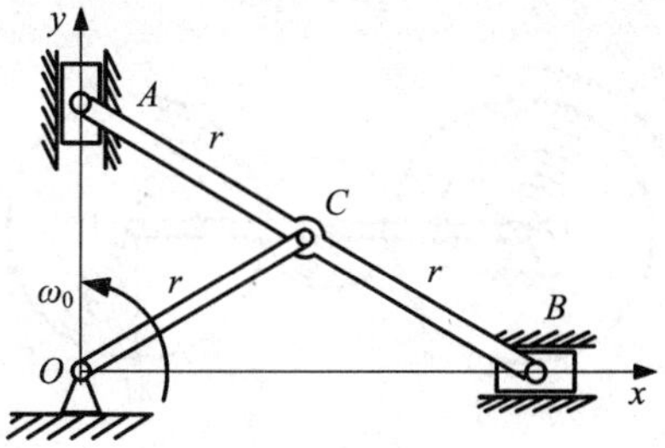

题 4.17 图

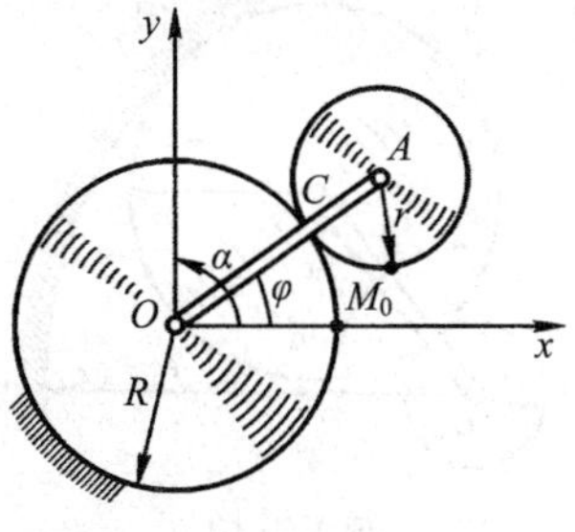

题 4.18 图

4.19　图示行星轮系中各轮半径为 r_1、r_2、r_3、r_4，曲柄 OAB 以匀角速度 ω_0 转动，求解轮Ⅳ的角速度．

4.20　曲柄Ⅲ连接定齿轮Ⅰ的 O_1 轴和行星齿轮Ⅱ的 O_2 轴，齿轮的啮合可为外啮合(图(a))，也可为内啮合(图(b))．曲柄Ⅲ以角速度 ω_3 绕 O_1 轴转动．如齿轮半径分别为 r_1 和 r_2，求齿轮Ⅱ的绝对角速度 ω_2 和其相对于曲柄的角速度 ω_{23}．

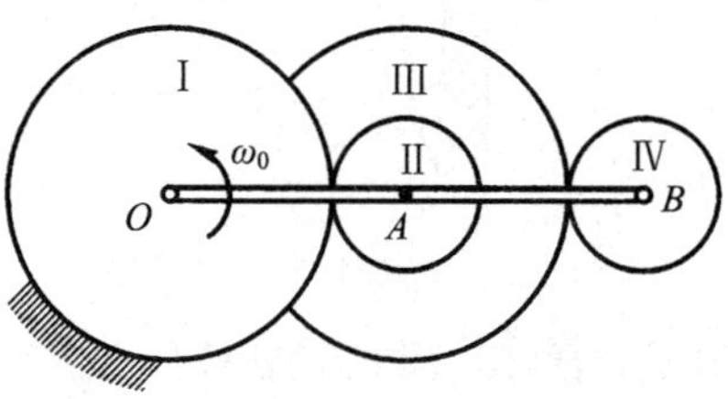

题 4.19 图

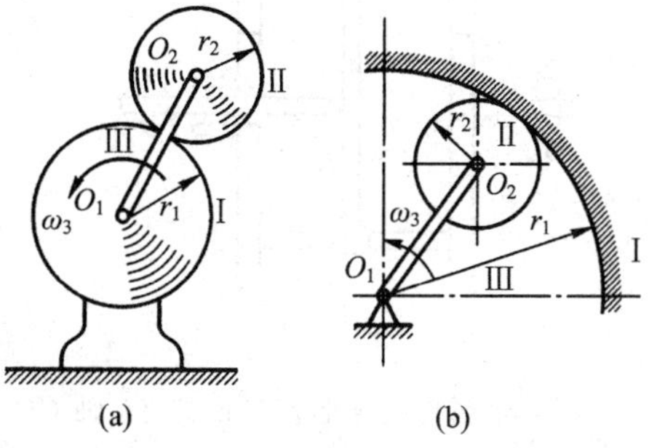

题 4.20 图

4.21　使砂轮高速转动的装置如下：杆Ⅳ借手柄以角速度 ω_4 绕 O_1 轴转动，在杆的另一端 O_2 轴上活动地套一半径为 r_2 的轮Ⅱ．当手柄转动时，轮Ⅱ在半径为 r_3 的固定外圆上只滚不滑，同时带动半径为 r_1 的轮Ⅰ只滚不滑的转动．轮Ⅰ活动地套在 O_1 轴上并与砂轮相固接，如图所示．如固定外圆的半径 r_3 为已知，问欲使 $\frac{\omega_1}{\omega_4}=12$，即砂轮转速比手柄转速快 12 倍，问 r_1 的值应为多少？

4.22　在图示周转传动装置中，半径为 R 的主动齿轮以匀角速度 ω_0 作逆时针方向转动，而长为 $3R$ 的曲柄以同样的角速度绕 O 轴作顺时针方向转动．M 点位于半径为 R 的从动齿轮上，在垂直于曲柄的直径的末端．以 M 点为动点，动系固连在 OA 杆上，用点的运动合成方法计算 M 点的速度和加速度．

4.23　行星减速轮系如图所示．齿轮Ⅰ固定在机器外壳上，齿轮Ⅳ是中心轮作定轴转动．行星轮Ⅱ及Ⅲ固结一体可绕系杆 H 上的轴 O_2 转动，系杆 H 又绕固定轴转动．设 $z_1=20$、$z_2=22$、$z_3=21$、$z_4=21$．试求传动比 $i_{ⅣH}=\frac{\omega_Ⅳ}{\omega_H}$ 之值．

4.24　图示伞形齿轮 B 的 OA 轴绕固定轴 Ox 以匀角速度 $\omega=2\pi$ rad/s 转动，齿轮 B 和固定齿轮 C 的啮合线与水平线相交成 γ 角，且 $\tan\gamma=1.5$. 试求伞齿轮 B 的绝对角速度.

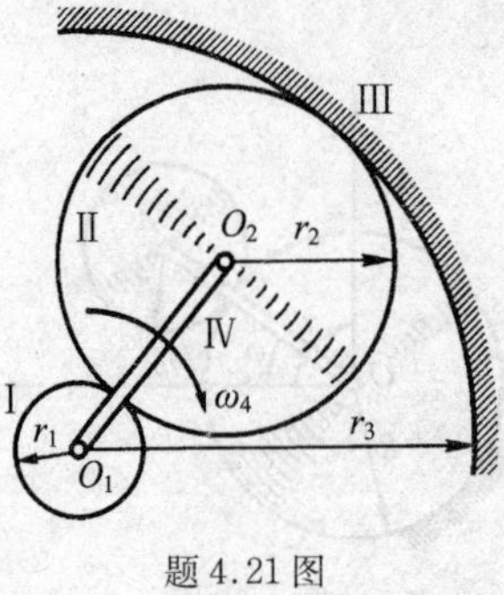

题 4.21 图

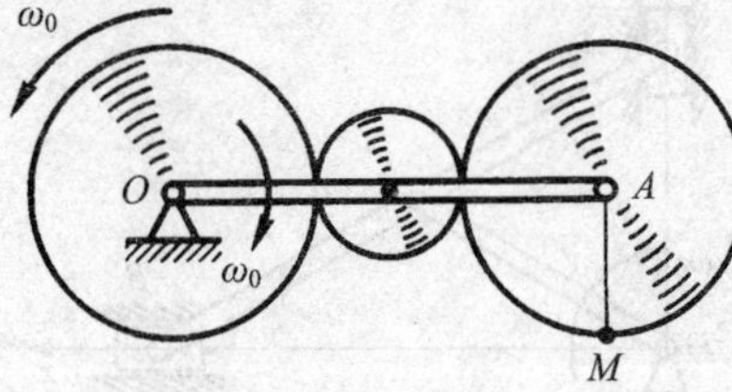

题 4.22 图

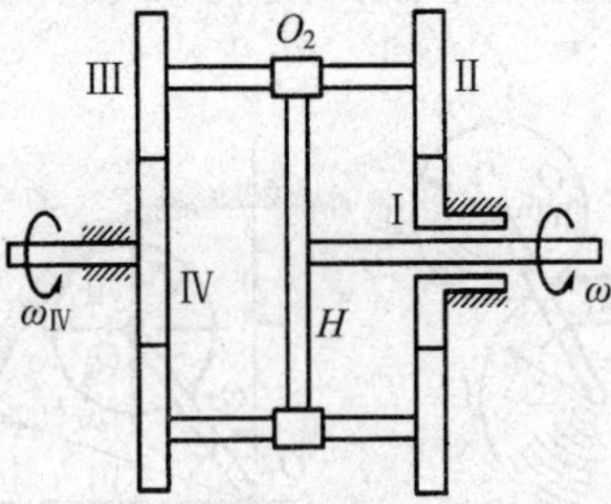

题 4.23 图

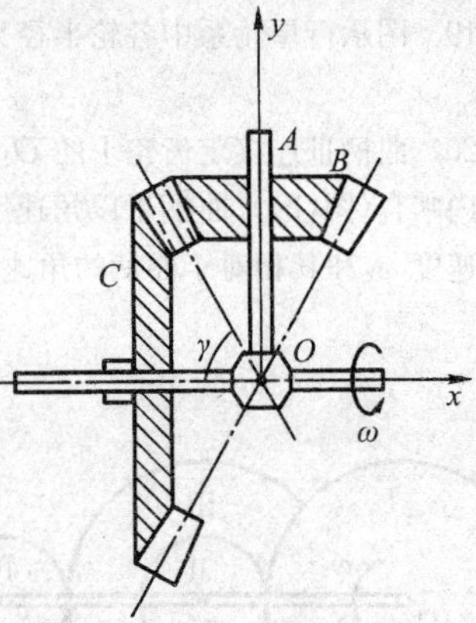

题 4.24 图

4.25　球磨机的球形容器Ⅱ安装在轴 CD 上，轴 CD 放在台架Ⅰ所携带的轴承上，如图所示. 台架的轴 AB 穿过固定锥齿轮 F 的中心孔并可借手柄 G 使它转动. 锥齿轮 E 固连在轴 CD 上并和固定齿轮 F 相啮合，两齿轮的节圆半径分别是 r 和 R. 轴 AB 和 CD 间的夹角等于 θ. 求当手柄以角速度 ω_0 转动时，容器Ⅱ的角速度.

4.26　图示差动机构中，在曲柄Ⅳ上活动地安装着行星锥齿轮Ⅲ，曲柄绕固定轴 CD 转动. 行星齿轮Ⅲ与锥齿轮Ⅰ和Ⅱ相啮合，齿轮Ⅰ，Ⅱ分别以角速度 $\omega_1=5$ rad/s 和 $\omega_2=3$ rad/s 绕 CD 轴作同向转动. 齿轮Ⅲ的半径 $r=20$ mm，锥齿轮Ⅰ和Ⅱ的半径均为 $R=70$ mm. 求曲柄Ⅳ的角速度 ω_4，行星齿轮相对于曲柄的角速度 ω_{34} 和行星锥齿轮轮心 A 的速度.

4.27　图示为一双重差动机构，其构造如下：曲柄Ⅲ绕固定轴 ab 转动，在曲柄上活动地套一行星齿轮Ⅳ，此行星齿轮由两个半径各为 $r_1=50$ mm 和 $r_2=20$ mm 的锥齿轮固结而成. 这两个锥齿轮又分别与半径各为 $R_1=100$ mm 和 $R_2=50$ mm 的另外两个锥齿轮Ⅰ和Ⅱ相啮合. 齿轮Ⅰ和Ⅱ空套在 ab 轴上，其转动角速度分别为 $\omega_1=4.5$ rad/s、$\omega_2=9$ rad/s，且转动方向相同，求曲柄Ⅲ的角速度 ω_3 和行星齿轮相对于曲柄的角速度 ω_{43}.

4.28　图示两齿条以速度 $\boldsymbol{v}_1$ 和 $\boldsymbol{v}_2$ 作同方向运动，且 $v_1>v_2$. 在两齿条间夹一齿轮，其半径为 r. 求齿轮的角速度及其中心的速度.

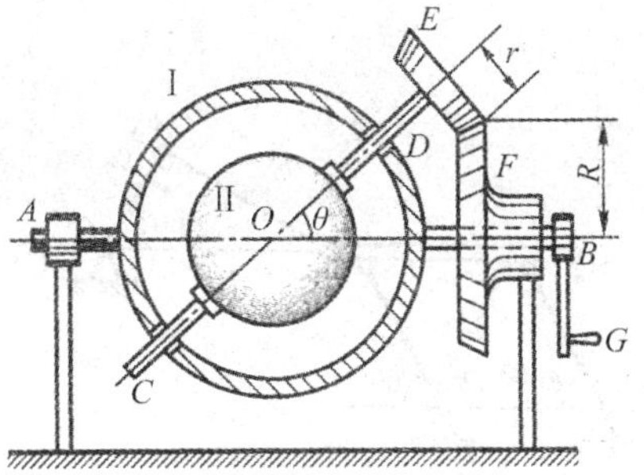

题 4.25 图

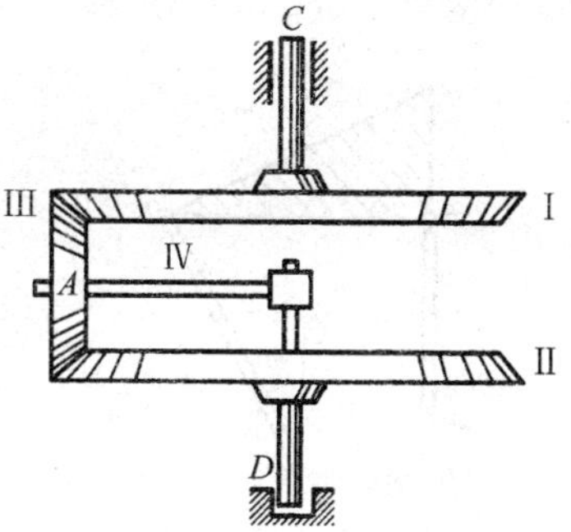

题 4.26 图

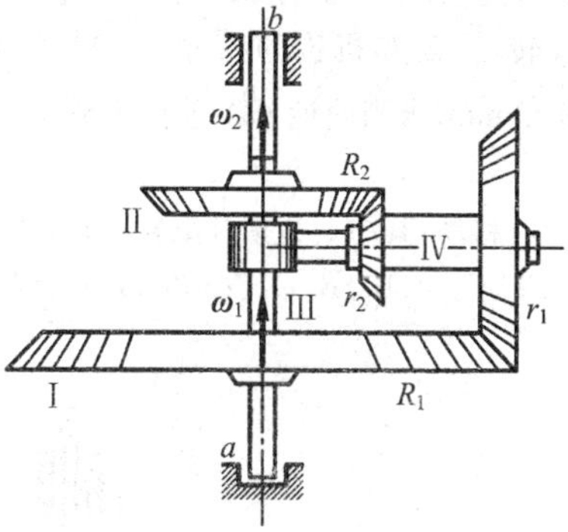

题 4.27 图

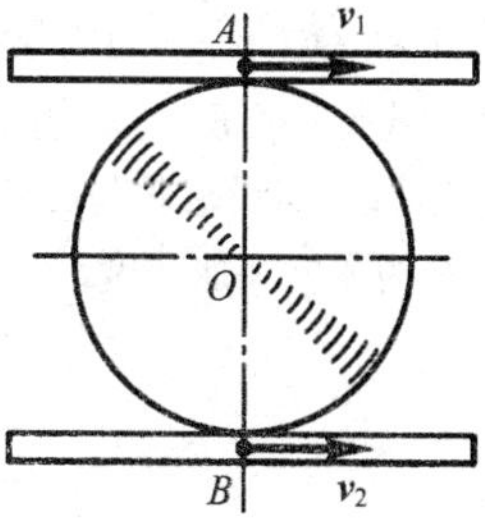

题 4.28 图

4.29　滑块 A 以匀速 $\boldsymbol{v}_A$ 在固定水平杆 BC 上滑动，从而带动杆 AD 沿半径为 R 的固定圆盘滑动. 求在图示位置时杆 AD 的角速度 ω_{AD}(用 v_A、R、θ 表示).

4.30　图示卡车驶上 20° 的斜坡. 计速仪指示出后轮的速度为 $v_A = 8$ km/h. 两车轮的直径各为 0.9 m，均作纯滚动. 求图示位置时，前、后轮的角速度 ω_B、ω_A 和车身的角速度 ω.

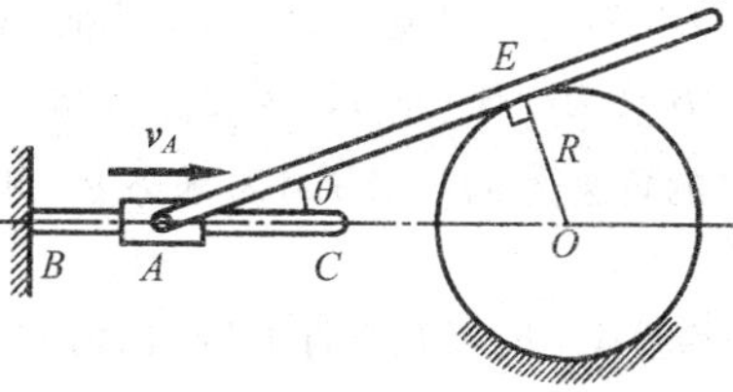

题 4.29 图

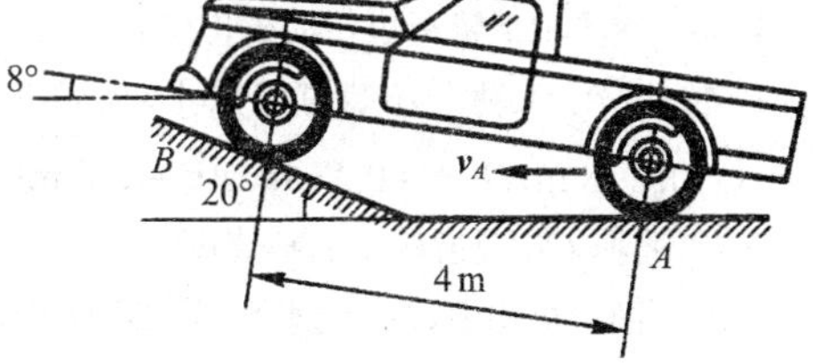

题 4.30 图

4.31　图示四连杆机构中，连杆 A 上固联一块三角形板 ABD，机构由曲柄 O_1A 带动. 已知曲柄的角速度 $\omega_{O_1A} = 2$ rad/s，曲柄 $O_1A = 100$ mm，水平距离 $O_1O_2 = 50$ mm，$AD = 50$ mm；当 O_1A 铅垂时，AB 平行于 O_1O_2，且 AD 与 AO_1 在同一直线上，角 $\varphi = 30^\circ$. 求三角形板 ABD 的角速度和 D 点的速度.

4.32　在图示筛动机构中，筛子的摆动由曲柄连杆机构带动. 已知曲柄 OA 的转速 $n_0 = 40$ r/min，$OA = 0.3$ m. 当筛子 BC 运动到与点 O 在同一水平线上时，$\angle BAO = 90^\circ$. 求此瞬时

筛子 BC 的速度.

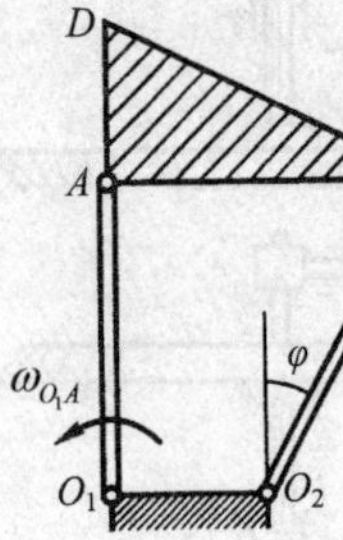

题 4.31 图

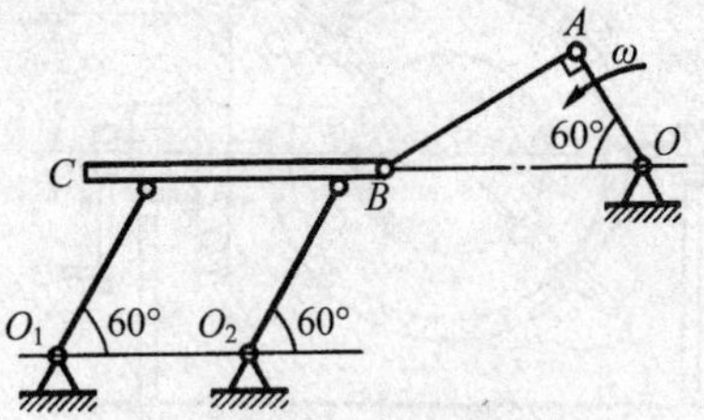

题 4.32 图

4.33 图示双曲柄连杆机构的滑块 B 和 E 用 BE 杆连接. 主动曲柄 OA 与从动曲柄 OD 都绕 O 轴转动，主动曲柄 OA 以等角速度 $\omega_0 = 12$ rad/s 转动. 已知机构的尺寸为 $OA = 100$ mm，$OD = 120$ mm，$AB = 260$ mm，$BE = 120$ mm，$DE = 120\sqrt{3}$ mm. 求当曲柄 OA 垂直于滑块的导轨方向时，从动曲柄 OD 和连杆 DE 的角速度.

4.34 图示半径 $R = 3r$ 的凸轮以匀速 $\boldsymbol{v}$ 沿水平向右移动，其中 r 为顶杆滚轮半径. 顶杆 O_1O_2 沿铅直导轨滑动，假设滚轮与凸轮接触处无相对滑动. 求当 $\theta = 30^\circ$，B、O_1、O_2 在同一直线时，滚轮轮缘上点 B 的速度和加速度.

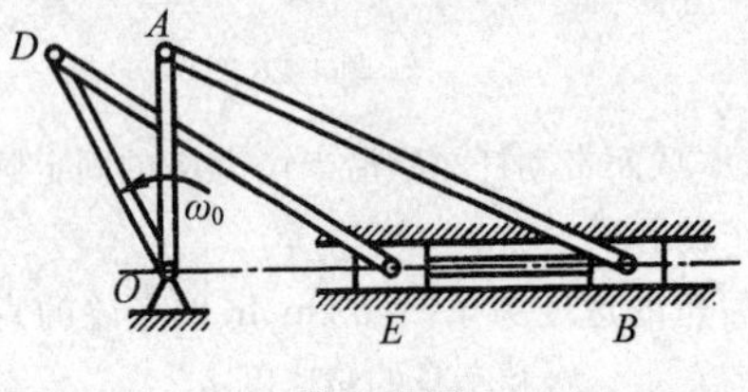

题 4.33 图

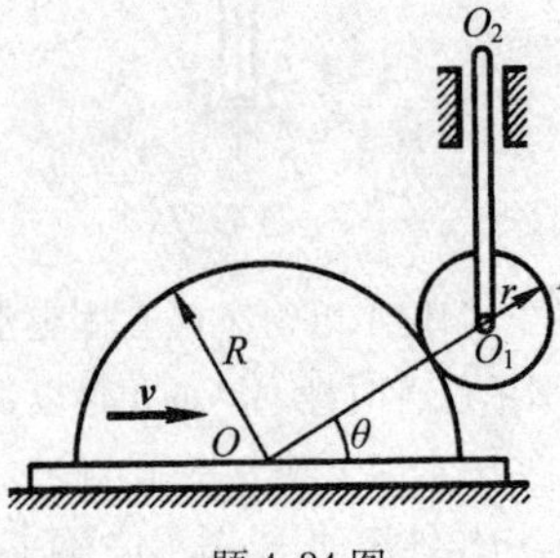

题 4.34 图

4.35 在图示瓦特行星传动机构中，平衡杆 O_1A 绕 O_1 轴转动，并借连杆 AB 带动曲柄 OB 绕定轴 O 转动；在 O 轴上还装有齿轮Ⅰ. 齿轮Ⅱ与连杆 AB 连为一体，并带动齿轮Ⅰ转动. 已知 $r_1 = r_2 = 0.3\sqrt{3}$ m，$O_1A = 0.75$ m，$AB = 1.5$ m；又平衡杆的角速度 $\omega_{O_1} = 6$ rad/s. 求当 $\theta = 60^\circ$ 和 $\beta = 90^\circ$ 时，曲柄 OB 及齿轮Ⅰ的角速度.

4.36 图示机构中，OB 线水平，当 B、D 和 F 在同一铅垂线上时，DE 垂直于 EF，曲柄 OA 正好在铅垂位置. 已知 $OA = 100$ mm，$BD = 100$ mm，$DE = 100$ mm，$EF = 100\sqrt{3}$ mm，$\omega_{OA} = 4$ rad/s. 求 EF 杆的角速度和 F 点的速度.

4.37 矿石轧碎机的活动夹板 AB 长 600 mm，由曲柄 OE 借连杆组带动，使它绕 A 轴摆动. 曲柄 OE 绕 O 轴作 100 r/min 的转动，$OE = 100$ mm，$BC = CD = 400$ mm. 当机构在图示位置时，求活动夹板 AB 的角速度.

4.38 图示为一小型精压机的传动机构，$OA = O_1B = r = 0.1$ m，$EB = BD = AD = l = 0.4$ m. 在图示瞬时，$OA \perp AD$，$O_1B \perp ED$，O_1D 在水平位置，OD 和 EF 在铅直位置. 已知曲柄 OA 的转

速 $n = 120\ \mathrm{r/min}$，求此时压头 F 的速度.

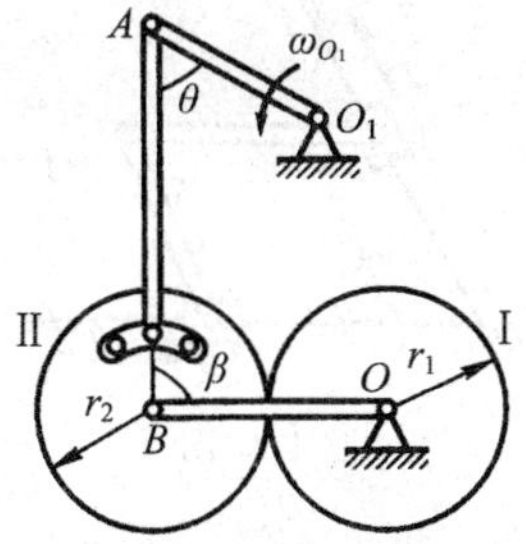

题 4.35 图

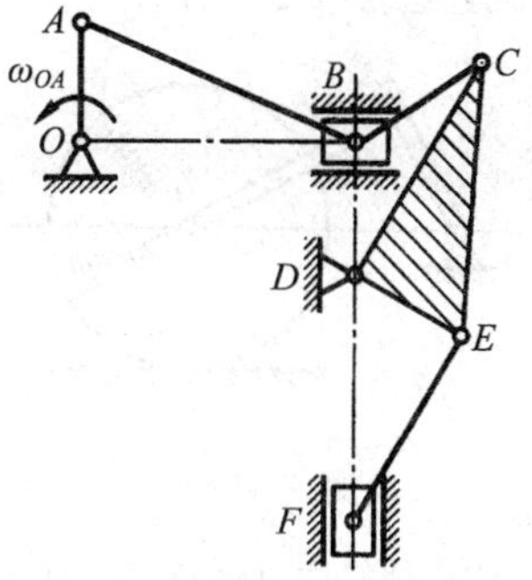

题 4.36 图

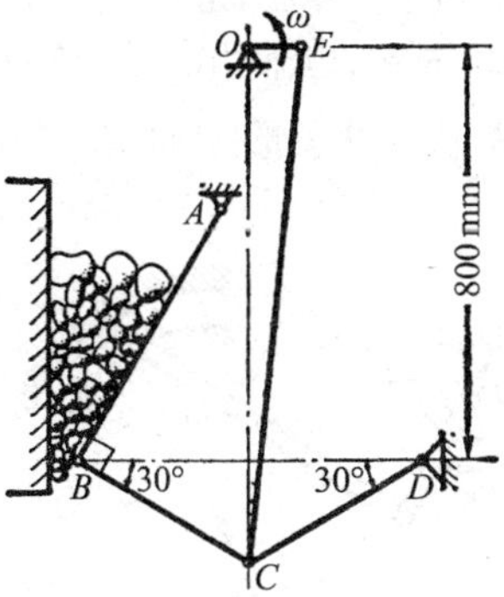

题 4.37 图

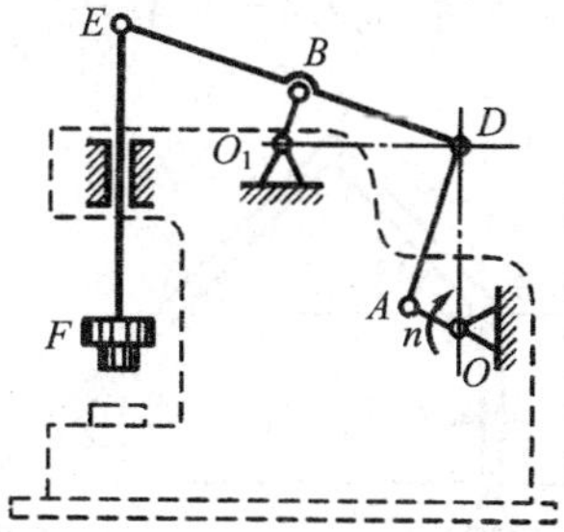

题 4.38 图

4.39　图中齿轮 Ⅰ 在固定齿轮 Ⅱ 内滚动，其半径分别为 r 和 $R = 2r$. 曲柄 OO_1 绕 O 轴以等角速度 ω_0 转动，并带动行星齿轮 Ⅰ. 求该瞬时在齿轮 Ⅰ 上瞬时速度中心的加速度.

4.40　图示绕线轮沿水平面滚动而不滑动，轮的半径为 R. 在轮上有圆柱部分，其半径为 r. 将线绕于圆柱上，线的 B 端以速度 $\boldsymbol{v}$ 和加速度 $\boldsymbol{a}$ 沿水平方向运动. 求绕线轮轴心 O 的速度和加速度.

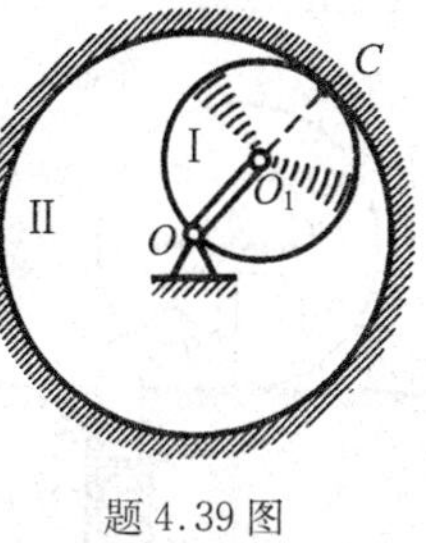

题 4.39 图

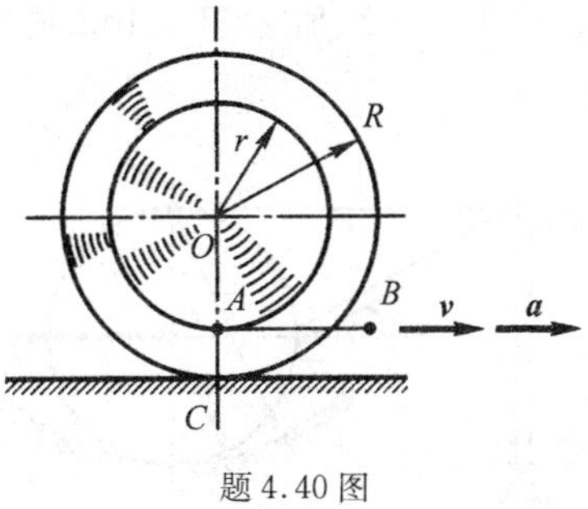

题 4.40 图

4.41　图示滚压机构的滚子沿水平地面滚动而不滑动，曲柄 OA 的半径为 $r = 0.1\ \mathrm{m}$，以等转速 $n = 30\ \mathrm{r/min}$ 绕 O 轴转动，OB 与地面平行. 如滚子半径 $R = 0.1\ \mathrm{m}$，连杆 AB 长为 $0.173\ \mathrm{m}$，求当曲柄与水平线交角为 60° 时，滚子的角速度和角加速度.

4.42　长 l 的两杆 AC 与 BC 铰接后，其两端 A 与 B 分别沿两直线以大小相等的速度 $v_1=v_2=v$ 匀速运动，如图所示. 求当 $OACB$ 成平行四边形时，C 点的加速度.

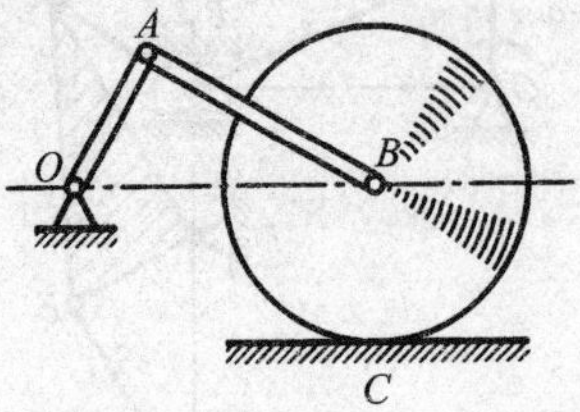

题 4.41 图

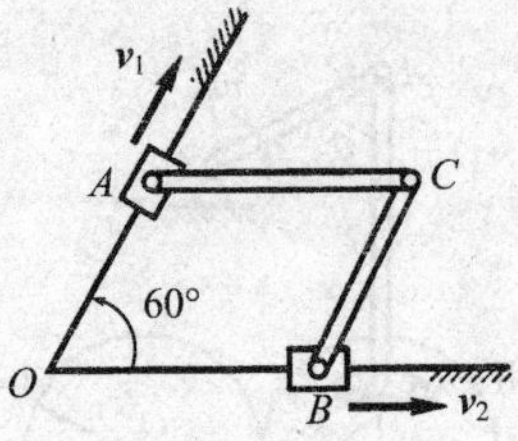

题 4.42 图

4.43　四连杆机构 $ABCD$ 的尺寸和位置如图所示. 如 AB 杆以等角速度 $\omega=1$ rad/s 绕 A 轴转动，求 C 点的加速度.

4.44　在图示曲柄连杆机构中，曲柄 OA 绕 O 轴转动，其角速度为 ω_0，角加速度为 α_0. 在某瞬时，曲柄与水平线交成 60°角，而连杆 AB 与曲柄 OA 垂直. 滑块 B 在圆弧槽内滑动，此时 O_1B 半径与连杆交成 30°角. 如 $OA=a$，$AB=2\sqrt{3}a$，$O_1B=2a$. 求在该瞬时，滑块 B 的切向和法向加速度.

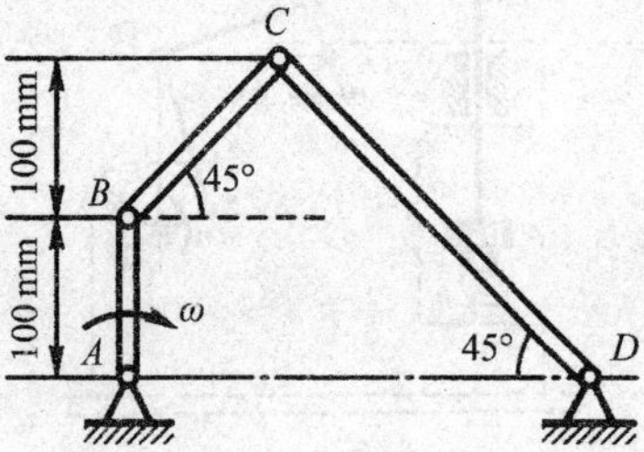

题 4.43 图

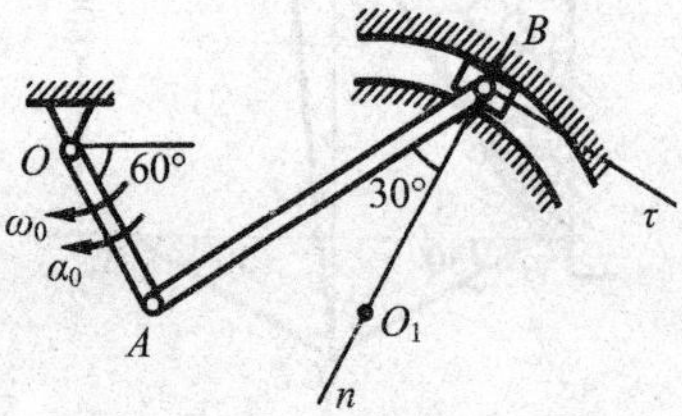

题 4.44 图

4.45　半径为 R 的轮子在半径为 $2R$ 的圆弧轨道上作纯滚动，轮心 C 的速度 $\boldsymbol{v}_C$、加速度 $\boldsymbol{a}_C^{\mathrm{t}}$ 为已知. 图示瞬时 $\theta=30°$，求此时 OA 杆的角速度 ω_O 和角加速度 α_O.

4.46　为使货车车厢减速，在轨道上装有液压减速顶，如图所示. 半径为 R 的车轮滚过时将压下减速顶的顶帽 AB 而消耗能量以降低速度. 如轮心的速度为 $\boldsymbol{v}$，加速度为 $\boldsymbol{a}$，轮与轨道之间无相对滑动. 求 AB 下降速度、加速度和减速顶对于轮子的相对滑动速度与角 θ 的关系.

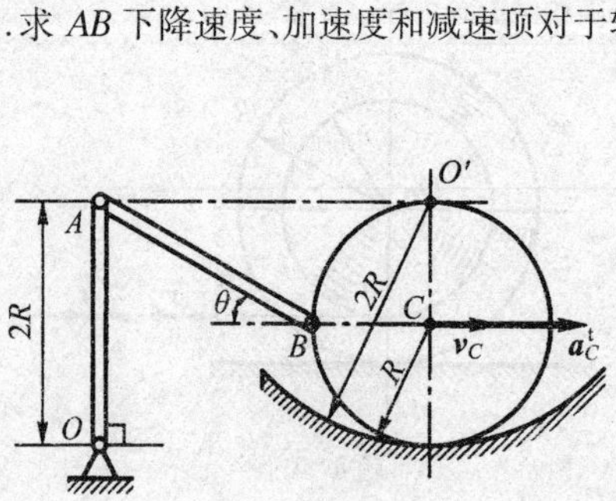

题 4.45 图

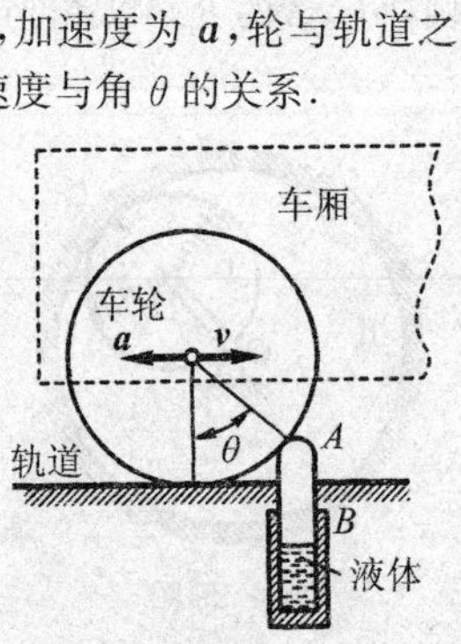

题 4.46 图

4.47　图示曲柄连杆机构中，摇杆 O_1C 绕固定轴 O_1 摆动. 在连杆 AD 上装有两个滑块，滑块

B 在铅直槽内滑动，而滑块 D 则在摇杆 O_1C 的槽内滑动. 已知曲柄长 $OA = 50$ mm，其绕 O 轴转动的角速度 $\omega = 10$ rad/s，在图示瞬时，曲柄位于水平位置，摇杆与铅直线成 60°角，距离 $O_1D = 70$ mm. 求该瞬时摇杆的角速度.

4.48　图示滑块 A 用铰链固定在杆 AB 的一端，杆 AB 穿过可绕定轴 O 转动的套筒. 设 $OE = 0.3$ m，滑块 A 的速度为 0.8 m/s. 求当 $\theta = 60°$时套筒的角速度.

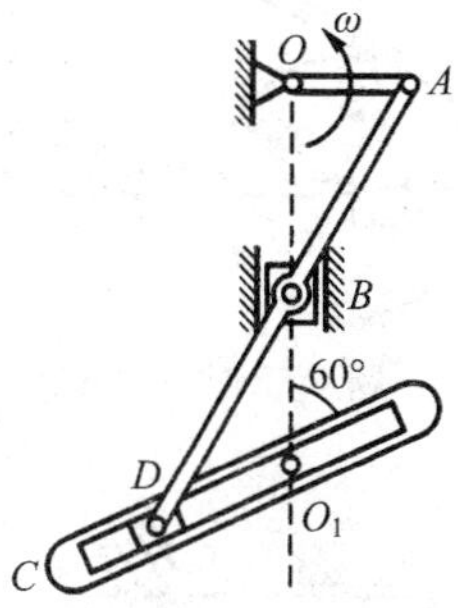

题 4.47 图

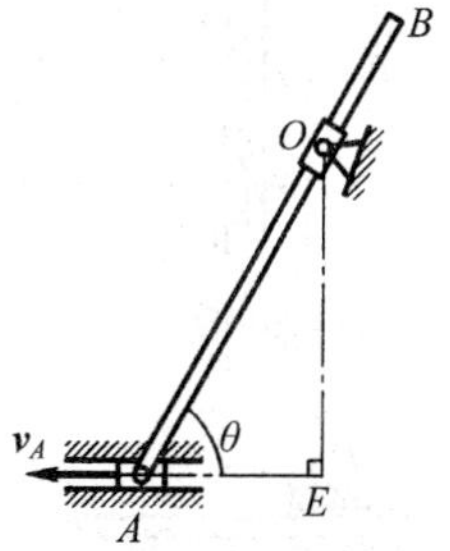

题 4.48 图

4.49　如图所示机构中，曲柄 OA 以等角速度 ω_O 绕 O 轴转动，套筒 A 沿杆 O_1B 滑动，从而带动杆 O_1B 绕 O_1 轴转动，滑块 D 可沿水平导槽滑动. 已知：$OA = r$、$OO_1 = \sqrt{3}r$、$O_1B = l$、$BD = \frac{l}{\sqrt{3}}$，在图示瞬时 $OA \perp OO_1$、$BD \perp O_1B$. 求滑块 D 的速度.

4.50　图示为刨齿机的进刀机构，曲柄 O_1A 以匀角速度 ω_1 转动，通过连杆 AB 使圆盘绕 O_2 轴摆动. 圆盘上刻有直槽 EF，盘摆动时，借可在槽内滑动的滑块 C 推动刨刀 D（与杆 CD 固连）往复运动. 已知 h 及 ω_1，$O_1A = r$，$O_2B = 2r$，$AB = 3r$. 求当连杆 AB 与刨刀运动方向平行时（即图示水平位置）：

(1) 圆盘的角速度 ω_2；

(2) 连杆 AB 的角速度 ω_{AB}；

(3) 刨刀的速度 $\boldsymbol{v}_D$.

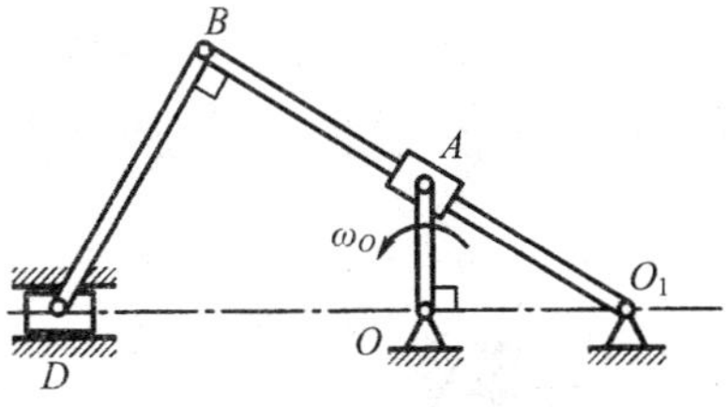

题 4.49 图

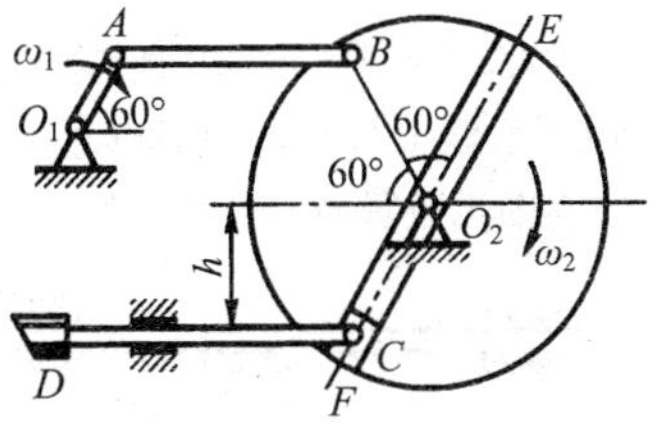

题 4.50 图

4.51　图示放大机构中，杆Ⅰ和Ⅱ分别以速度 $\boldsymbol{v}_1$ 和 $\boldsymbol{v}_2$ 沿箭头方向运动，其位移分别以 x 和 y 表示. 如杆Ⅱ和杆Ⅲ间的距离为 a，求杆Ⅲ的速度和滑道Ⅳ的角速度.

4.52　杆 OC 与轮Ⅰ在轮心 O 处铰接并以匀速 $\boldsymbol{v}$ 水平向左平移，如图所示，起始时点 O 与点 A 相距 l，AB 杆可绕 A 轴定轴转动，与轮Ⅰ在 D 点接触，接触处有足够大的摩擦使之不打滑，轮Ⅰ的半径为 r. 求：当 $\theta = 30°$时，轮Ⅰ的角速度 ω_1 和 AB 杆的角速度 ω.

4.53 图示三种刨床机构中,已知曲柄 $O_1A=a$,以角速度 ω 转动,$b=4a$.求在图示位置时滑枕 DE 的速度.

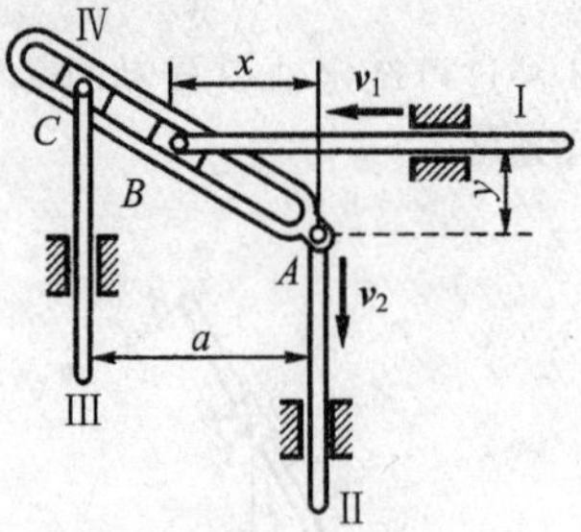

题 4.51 图

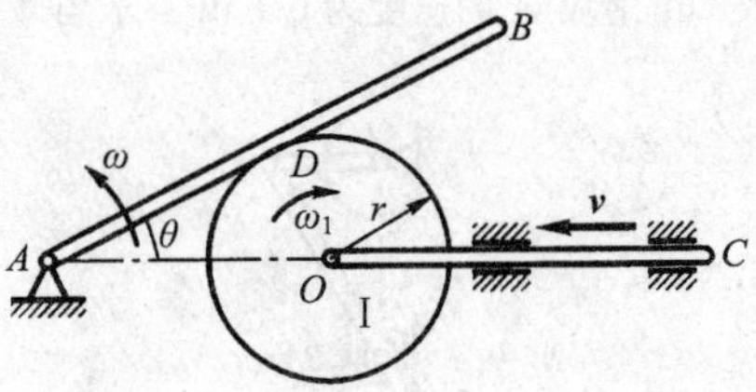

题 4.52 图

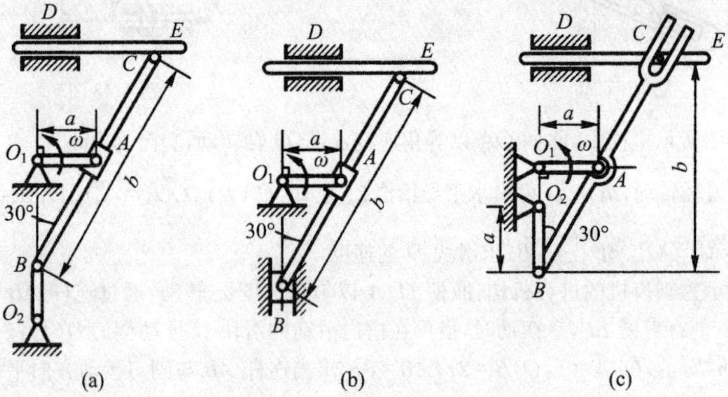

题 4.53 图

4.54 在图示机构中,曲柄 OA 长 r,以匀角速度 ω_O 逆时针方向转动,通过滑块 A 带动摇杆 BC 摆动,再通过连杆 BD 带动导杆 MN 水平往复运动.已知 $BC=4r$,$BD=1.5r$.求当 $OA\perp OC$,$\theta=30^\circ$,$\beta=20^\circ$的图示瞬时,导杆 MN 的速度和加速度.

4.55 如图所示机构中套筒可绕 O 点转动,杆 AB 可在套筒中滑动,B 端可沿水平槽滑动(A 点为杆 AB 中心线上与 O 点重合的点).已知 B 点匀速运动,其速度 $v_B=0.9$ m/s,$\theta=30^\circ$,$b=0.225$ m.求 A 点在图示位置的加速度.

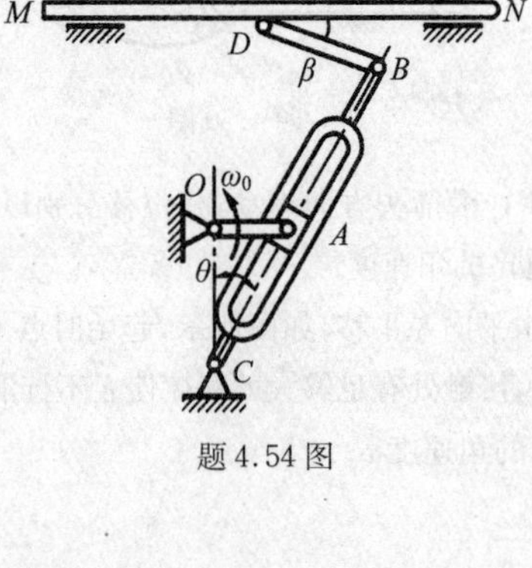

题 4.54 图

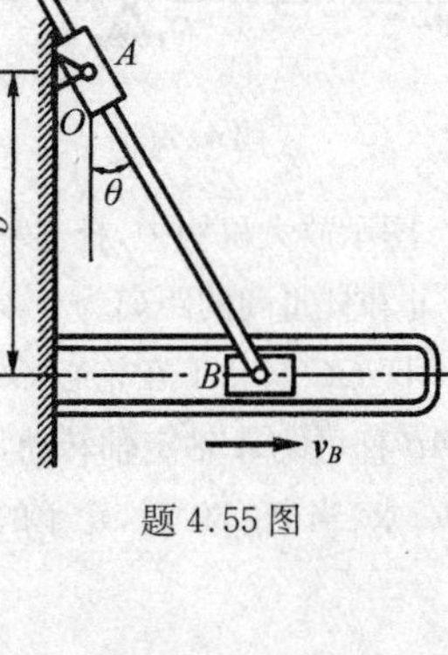

题 4.55 图

4.56　曲柄 OB 以匀角速度 $\omega_O = 1$ rad/s 顺时针绕 O 轴转动，通过连杆带动滑块 A 在铅垂导槽内作直线运动，并通过连杆另一端的销钉 D 带动有径向滑槽的圆盘也绕 O 轴转动. 已知在图示位置时 $\angle AOB = 90^\circ$，$OB = BD = 50$ mm，$AB = 100$ mm. 试求此瞬时圆盘 E 的角速度和角加速度.

4.57　如图所示机构，半径为 r 的轮子以匀角速度 ω 在水平面上纯滚动，连杆 $AB = 2r$，其一端与轮缘铰接，另一端 B 与 OB 杆铰接，摇杆 $OB = 2r$，滑块 E 可在 OB 杆上滑动，并铰接在一水平杆 ED 上. 在某瞬时 AC 和 OB 皆为铅垂方向，且 $OE = r$，A、E、D 三点在同一水平线上. 求此瞬时 ED 杆的速度和加速度的大小.

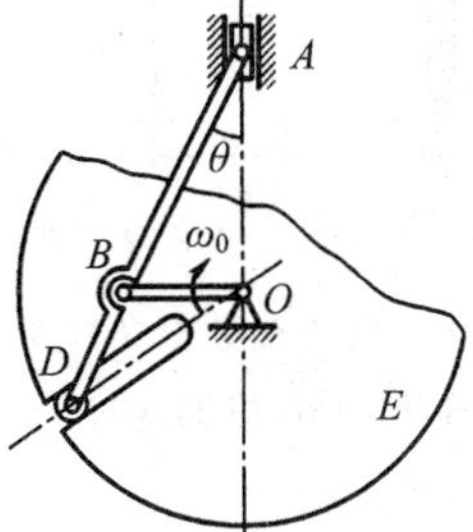

题 4.56 图

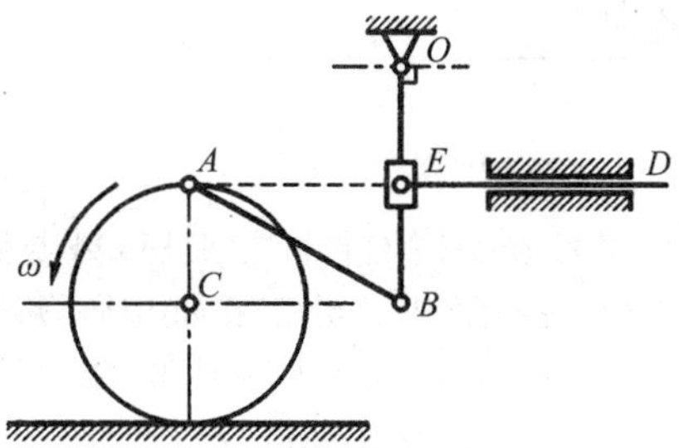

题 4.57 图

4.58　如图所示机构中，曲柄 $OA = r$，以匀角速度 ω_O 绕 O 轴转动，带动连杆滑块机构，连杆 $AB = l$，滑块 B 在水平滑道内滑动. 在连杆的中点 C 铰接一滑块 C，可在摇杆 O_1D 的槽内滑动，从而带动摇杆 O_1D 绕 O_l 轴转动. 当 $\theta = 60^\circ$、$O_1C = a = 2r$ 时，求摇杆 O_1D 的角速度 ω 和角加速度 α.

4.59　如图所示开槽圆盘，以匀角速度 ω_1 逆时针转动，曲柄 $OA = r$ 以匀角速度 ω_2 逆时针转动，通过连杆 $AB = l$ 带动滑块 B 沿槽运动. 试求在图示位置时，B 点在该瞬时的绝对速度和绝对加速度. 已知 $\omega_2 > \omega_1$，滑槽中线距转轴 O' 的距离 $h = r$，$OO' = l$.

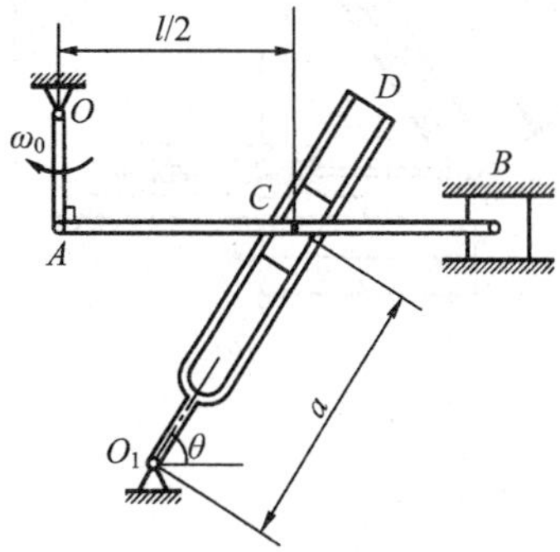

题 4.58 图

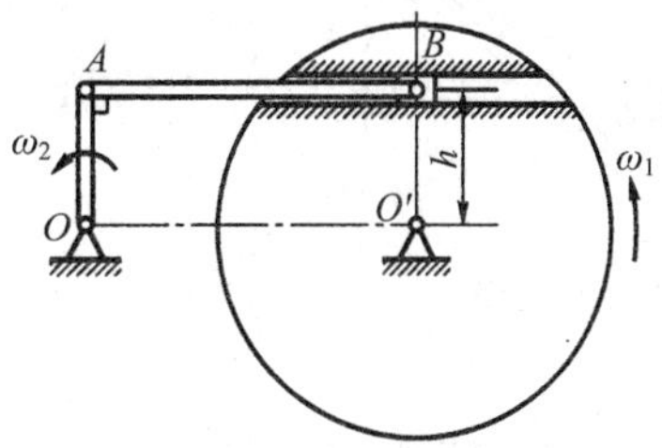

题 4.59 图

4.60　在图示位置时，摆杆 OD 的角速度为 ω，角加速度为零，$BC = DC = b$，并互相垂直. 求该瞬时 DC 杆的角速度和角加速度.

4.61　如图所示机构中，曲柄 OA 以匀角速度 ω_0 绕 O 轴转动，带动摇杆 AB 作摆动，连杆 DG 一端的滑块 D 沿水平轨道运动，带动导杆 GF 沿铅垂槽滑动，导杆上的销钉 E 可沿摇杆 AB 上的滑槽作相对运动.已知 $DG=\frac{4}{3}\sqrt{3}l$、$\varphi=30^\circ$、$\theta=60^\circ$时,滑块 D 的速度和加速度分别为 $\boldsymbol{v}_1$,$\boldsymbol{a}_1$.试求此时摇杆 AB 的角速度和角加速度.

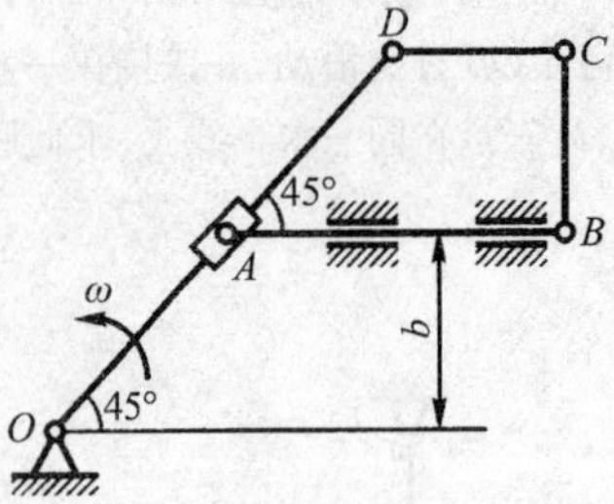

题 4.60 图

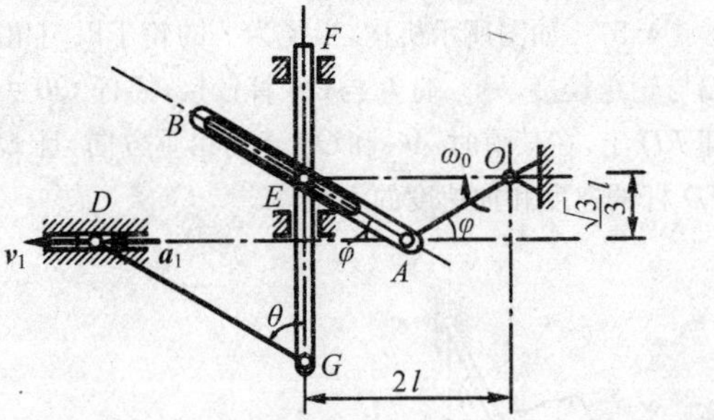

题 4.61 图

4.62 某机构由三个杆件组成,曲柄 OA 与摇杆 AB 铰接于 A 点,固结在导杆 CD 上的销钉 M,可以在摇杆 AB 的滑槽中滑动.在如图所示瞬时,曲柄 OA 的角速度为 ω,角加速度为零,导杆 CD 的速度 $v_{CD}=l\omega$,加速度为零.求此瞬时摇杆 AB 的角速度及角加速度.

4.63 一机构如图所示,曲柄 OA 处于水平位置,其匀速转动的角速度 $\omega=1.5$ rad/s.控制杆 BC 可在水平方向匀速移动,其 B 端位置由坐标 x 决定.现知:$OA=100$ mm,$x=150$ mm,$\dot{x}=-100$ mm/s,$a=50$ mm,$l=250$ mm,试求:

(1) 活塞 P 相对筒体 H 的速度和加速度;

(2) 筒体 H 轴线的角速度.

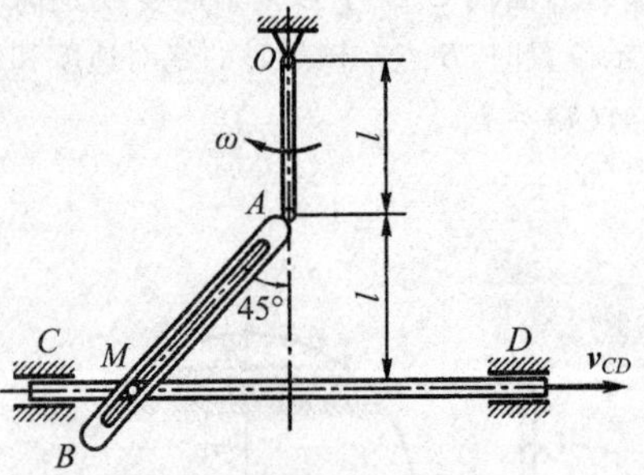

题 4.62 图

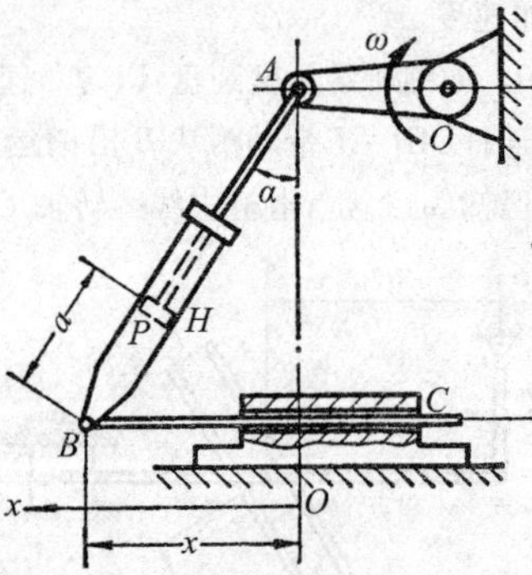

题 4.63 图

第3篇　受 力 分 析

上一篇我们学习了描述物体运动的方法，引起物体运动状态改变的原因是作用在物体上的机械作用，或简称为力.因此在进一步了解物体机械运动的一般规律之前，必须学习分析物体受力情况的方法.

分析被选择为研究对象的物体的受力情况，称为受力分析.

作用在物体上的力可分为两类，一类是有明确的施力物体和受力物体的常规的力：**主动力**与**约束力**，作用在研究对象上的每个主动力或约束力都必定有明确的施力者.另一类力没有、也不必要追究其具体的施力者或受力者，它们只与物体运动状态的改变有关，更确切地说是只与物体的加速度有关.这一类力是由于物体的惯性而表现出来的机械作用，所以称为**惯性力**.

受力分析的结果用**受力图**表示，受力图必须画在研究对象的**分离体**上.受力图中只有研究对象的分离体与其所受的力.所有的约束必须解除，代之以相应约束力的力矢或力偶.研究对象受的所有的力都应该毫无遗漏地画在受力图上.

第5章　主动力与约束力

5.1　主动力

主动力是使物体产生运动或运动趋势的主动因素，因此称为主动力，工程中也称为载荷.如物体的重力，结构承受的风力、水力、雪载荷，机械中的弹簧力、电磁力、油缸的压力，等等.在实际问题中，确定主动力是十分重要的环节，可以根据设计指标确定(如起重的吨位、撞击力等)，根据调查研究确定(如风载荷、雪载荷、地震载荷等)或由实验测定(如机床切削力、油缸压力等).这涉及到许多专业知识.在理论力学中，主动力一般是预先给定的已知力.

在进行受力分析时，常常可以认为力集中作用于一点，这种力称为**集中力**.实际上物体之间的作用力都是分布在物体体积或表面上的**分布力**，或**分布载荷**. 分布在体积内的力称为**体积力**，如重力、惯性力；分布在表面上的力称为**表面力**，如水压力、风压力.

集中力是作用面很小的表面力的理想化模型，或者是用来表示分布力简化后的等效力.

工程中常见诸力方向平行的平行分布力，但是也有非平行分布的情况. 比如装有压力气体的球形容器中，球形外壳受到的力分布在球面上，诸力作用线汇交在球心. 以后除非特指，均为平行分布力. 分布力的大小用**载荷集度**来表示，它是单位体积或单位面积上的载荷，一般用字母 q 表示. 表面力载荷集度的单位是 N/m^2，体积力载荷集度的单位是 N/m^3. 工程上常把一些有对称性的空间问题转变为平面问题来处理，这时体积力与表面力可变成线分布力，它的载荷集度的单位是 N/m.

线分布载荷是工程中常见的一种主动力模型，在把研究对象视为刚体时，可以把它等效简化为一个合力. 这个合力的方向与分布力相同，大小等于分布载荷图形的面积，力线通过分布载荷图形的形心. 下面是两个线分布载荷的例子.

在图 5.1 中，载荷集度 $q=\dfrac{q_0}{h}y$，q_0 是水坝底部的水压力载荷集度，q 是线性分布载荷，合力 $F=\dfrac{1}{2}q_0h$，F 作用在距底面 $\dfrac{h}{3}$ 处.

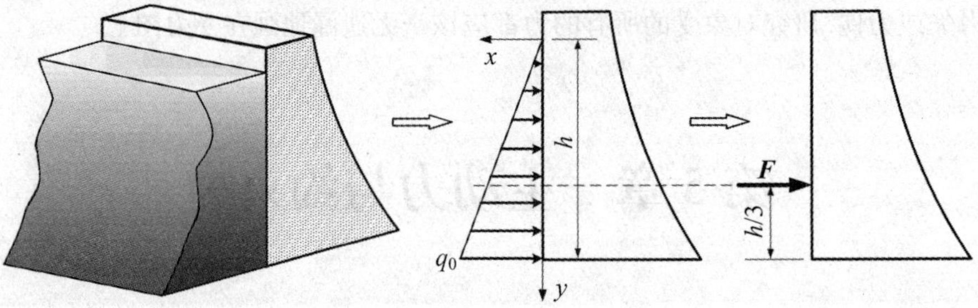

图 5.1 水压力分布载荷

在图 5.2 中，梁的自重载荷集度 $q=\dfrac{Al\rho g}{l}=A\rho g$ 是个常数，其中 A 是横截面积，ρ 是密度，g 是重力加速度. 这里 q 是**均布载荷**. 合力 $F=ql$ 的力线通过梁的跨度中点.

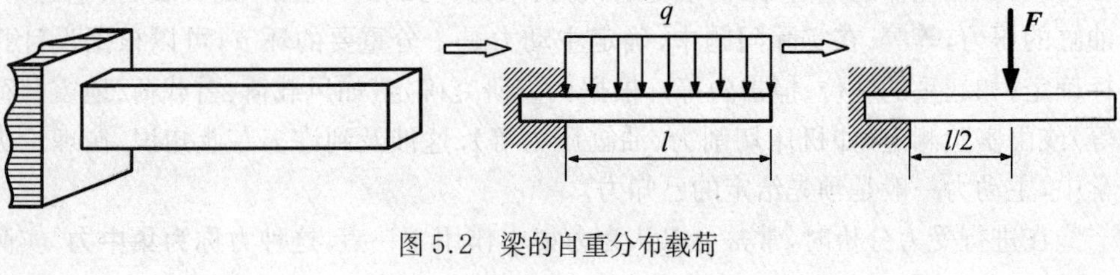

图 5.2 梁的自重分布载荷

如图5.2的例,重力是分布力,可以用一个合力等效代替.合力的大小等于整个物体的重量,方向铅直向下,作用点是物体的重心.在一般的工程问题中,重力加速度是常量,重心位置与质心位置重合,所以可以用计算质心位置的式(2.1)与式(2.2)计算重心的位置.图5.3是用一个集中力表示物体重力的例子.

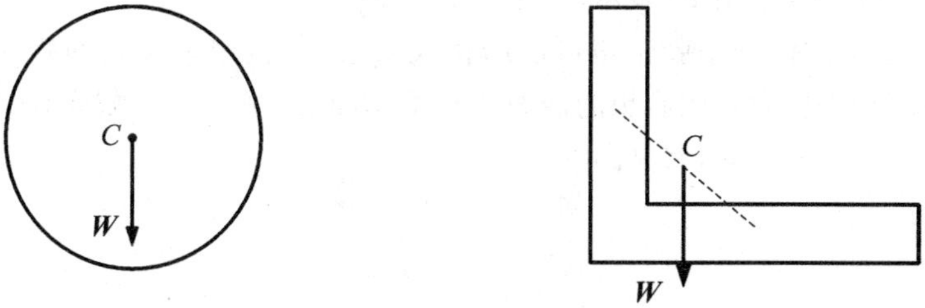

图5.3　圆球与角尺的重力图示

只有在采用物体的刚体模型时,才能用合力代替分布力.对于研究物体的变形效应时的变形体模型,不能用合力代替分布力,因为合力与分布力的变形效应完全不同.

5.2　约　束　力

被选择为研究对象物体的自由运动受到约束的限制,是由于受到约束给予的作用力,这种力称为**约束力**.与主动力不同,它是一种被动力.主动力变化时约束力也跟着发生变化.由于约束力对研究对象的运动起着阻碍、限制作用,所以约束力的方向必然与被限制的运动方向相反.因此,根据约束所限制的自由度,就可以确定约束力的种类、方向与位置.如果约束限制一个移动自由度,则约束产生一个力,这个力的方向与失去的移动方向相反.如果约束限制一个转动自由度,则约束产生一个力偶,这个力偶的方向与失去的转动方向相反.

实际上两个相互接触的物体在产生相对运动或具有相对运动趋势时,在它们的接触面上会产生阻碍相对运动或相对运动趋势的力,这种力称为**摩擦力**.按照两个物体相对运动的形式,摩擦力分为滑动摩擦力与滚动摩阻力偶两种.摩擦力也是约束力的一种,但它具有特殊的性质,所以把它们与一般的约束力分开进行研究.不考虑摩擦力的约束称为**理想约束**.以下我们分别讨论理想约束力与摩擦力.

5.2.1　理想约束力

在2.2节约束的模型中,我们已经了解了常见约束的模型.按照约束力的方向必然与被限制的运动方向相反的准则,不难确定各种约束的约束力.下面着重分析几种常见的约束力.

1. 柔索

柔索限制物体沿柔索所在直线离开约束的运动,但对其他运动形式都没有限制.所以**柔索的约束力作用在接触点,方向沿着柔索背离被约束的物体**.也可以说柔索的约束力是拉力,常用 $\boldsymbol{F}_T$表示,参见图 5.4(a).

绕在轮子上的链条与胶带也可以简化成柔索.分析这种柔索的约束力时,不必把它们与轮子分离,而是用假想的截面把柔索切断,约束力画在截面处,作用线沿着柔索,指向为拉力的方向,参见图 5.4(b).

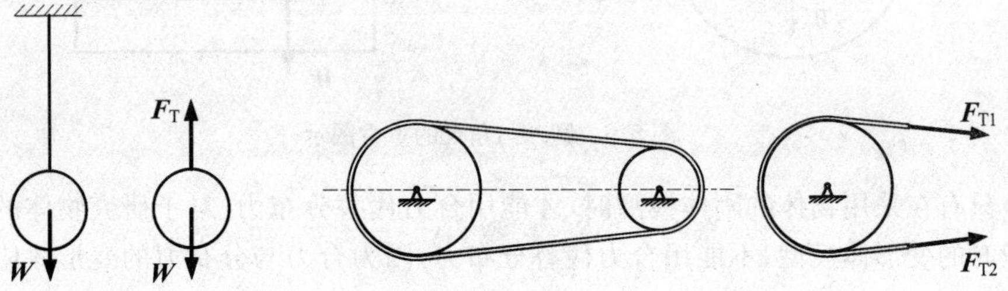

图 5.4 柔索的约束力

2. 光滑接触面

光滑接触面只能阻碍物体沿着接触面的法线向约束内部运动,而对其他运动没有限制.因此**光滑接触面约束力作用在接触点处,方向沿接触面的公法线,指向被约束的物体**.这种约束力称为**法向力**,常用 $\boldsymbol{F}_N$表示.参见图 5.5(a)放在支承面上的小球和图 5.5(b)相互啮合的齿轮的齿所受的约束力.

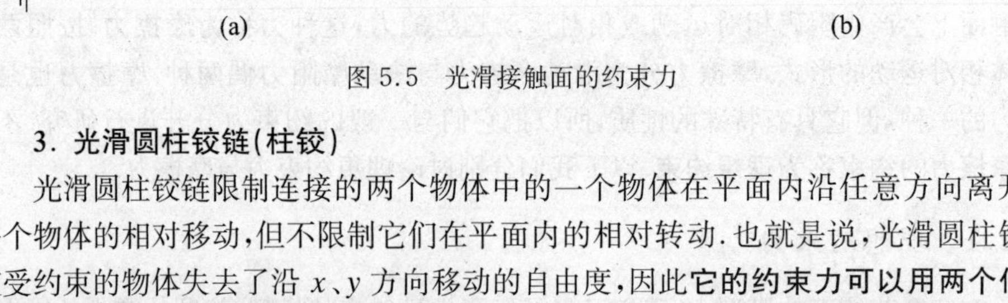

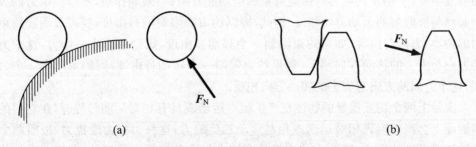

图 5.5 光滑接触面的约束力

3. 光滑圆柱铰链(柱铰)

光滑圆柱铰链限制连接的两个物体中的一个物体在平面内沿任意方向离开另一个物体的相对移动,但不限制它们在平面内的相对转动.也就是说,光滑圆柱铰链使受约束的物体失去了沿 x、y 方向移动的自由度,因此**它的约束力可以用两个作用在铰链中心的正交分力表示**.参见图 5.6.

4. 滚动支座

滚动支座限制被约束物体沿接触面法线方向的任何移动，其**约束力通过铰链的中心垂直于支承面，指向不受必须指向被约束物体的限制**，参见图 5.7，右侧的小图是滚动支座的常用简图.

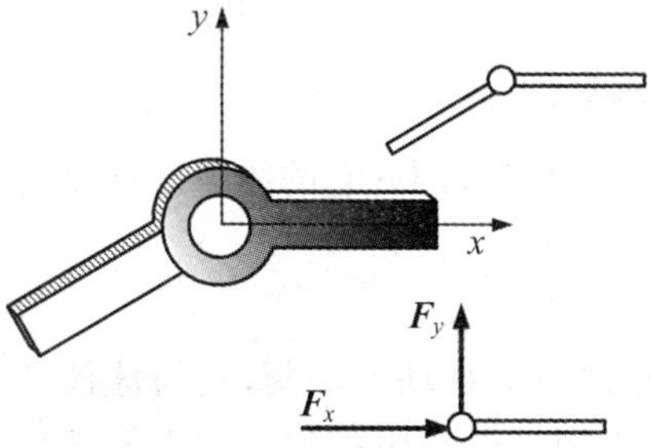

图 5.6　光滑圆柱铰链

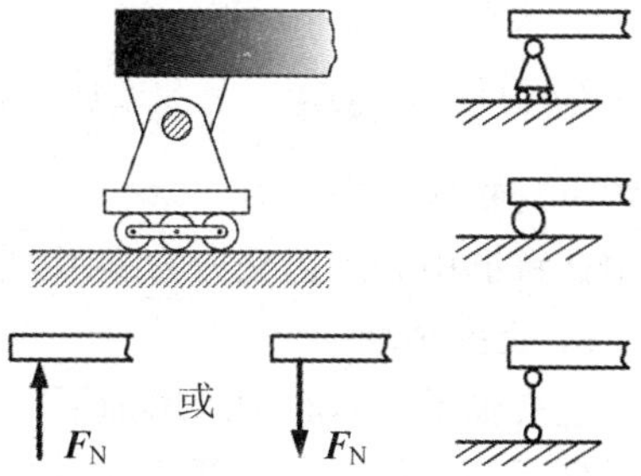

图 5.7　滚动支座

5. 固定铰支座

在柱铰约束中，如果其中一个构件是支座，就成为固定铰支座的约束模型. 所以固定铰支座的约束力与柱铰的约束力相同，参见图 5.8.

向心轴承的约束力与固定铰支座相同，不过此时销钉(即圆轴)自身是被约束体，约束力在与轴垂直的平面内，参见图 5.9.

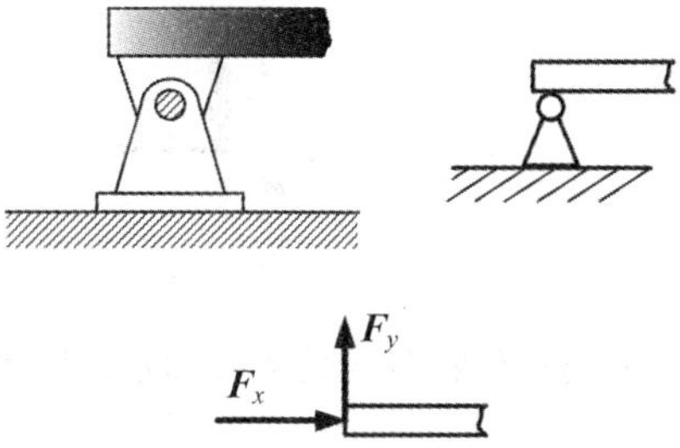

图 5.8　固定铰支座

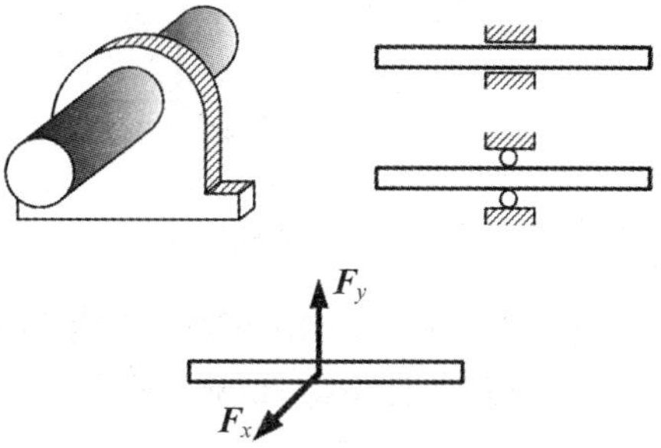

图 5.9　向心轴承

6. 固定端

一般的固定端约束把被约束物体的全部六个自由度都限制了，所以有六个约束力，其中三个是力，三个是力偶. 常见的平面问题中，物体只有三个自由度，即沿 x、y 方向的移动和绕 z 轴的转动. 所以平面问题中的固定端约束有三个约束力，其中两个是正交的分力，一个是力偶. 图 5.10(a)是空间固定端，图 5.10(b)是平面固定端.

7. 光滑球铰链

光滑球铰链限制连接的两个物体中的一个物体在空间沿任意方向离开另一个物体的相对移动，但不限制它们之间任何方向的相对转动. 也就是说，光滑球铰链使

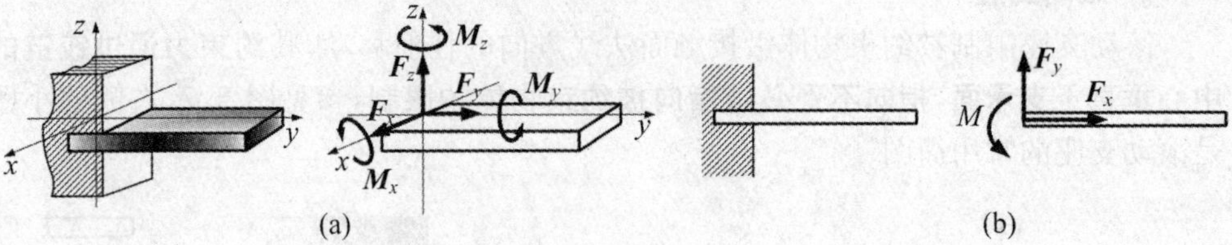

图 5.10 固定端

受约束的物体失去了沿 x、y、z 三个方向移动的自由度，因此它的约束力可以用三个作用在铰链中心的正交分力表示，参见图 5.11.

8. 止推轴承

止推轴承比向心轴承增加了一个对轴沿轴线方向移动的限制，它与球铰一样使轴减少了三个移动自由度.因此它的约束力可以用三个作用在轴承中心的正交分力表示，参见图 5.12.但是在平面问题中，只要用在受力平面内的两个正交分力即可.

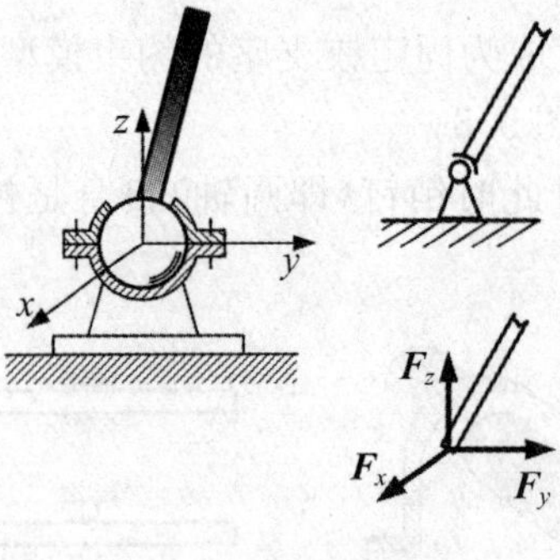

图 5.11 光滑球铰链

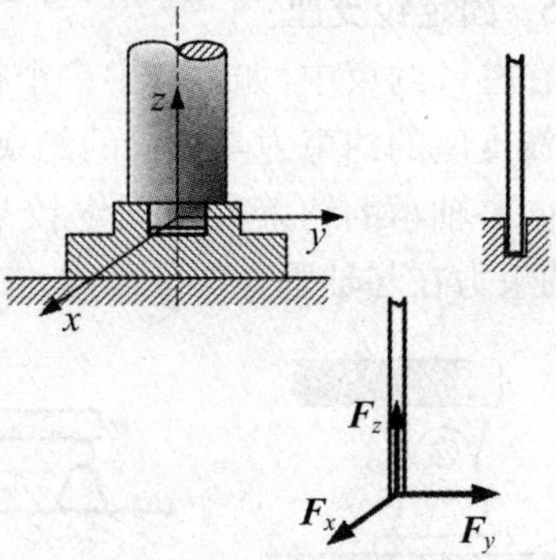

图 5.12 止推轴承

例 5.1 如图 5.13(a)所示，用力拉动碾子以压平路面，重量为 $\boldsymbol{G}$ 的碾子受到一石块的阻碍，不计摩擦，试画出碾子的受力图.

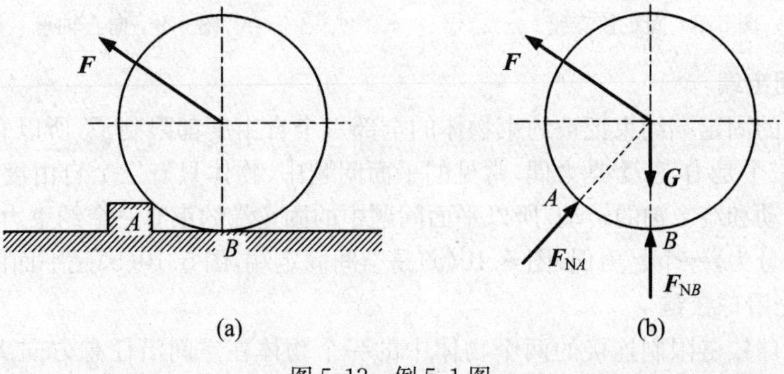

图 5.13 例 5.1 图

解:(1) 取碾子为**研究对象**,画出其分离体图,参见图 5.13(b).

(2) 画**主动力**.地球的引力(重力)$\boldsymbol{G}$ 和碾子中心的拉力 $\boldsymbol{F}$.

(3) 画**约束力**.因碾子在 A 和 B 两处受到石块和地面的光滑约束,故在 A 处和 B 处受石块与地面的法向约束力 $\boldsymbol{F}_{NA}$ 和 $\boldsymbol{F}_{NB}$ 的作用,它们都沿着碾子上接触点的公法线而指向圆心.

碾子的受力图如图 5.13(b)所示.

在对由若干物体组成的物系进行受力分析时,一定要分清外约束与内约束.在受力图上不应该画出内约束力,只能画出研究对象所受的主动力与外约束力.如例 5.2 中以整个屋架为研究对象时,连结各杆的铰链皆是内约束,不可画出这些铰链的约束力.

例 5.2　如图 5.14(a)所示的屋架,A 处为固定铰支座,B 处为滚动支座,搁在光滑的水平面上.已知屋架自重 $\boldsymbol{G}$,在屋架的 AC 边上受到垂直于它的均匀分布的风压力 q.试画出屋架的受力图.

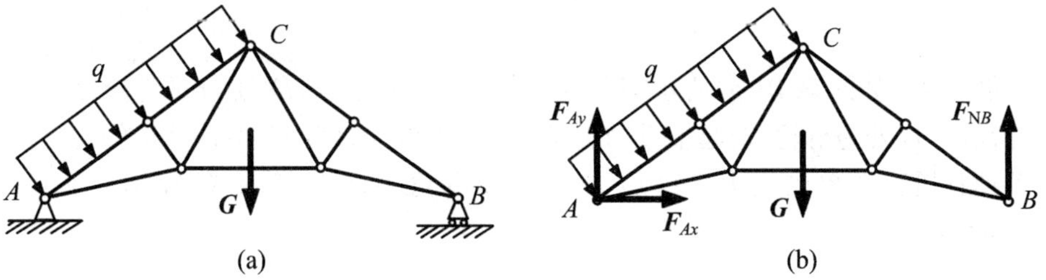

图 5.14　例 5.2 图

解:(1) 取屋架为**研究对象**,除去约束并画出其简图.

(2) 画**主动力**.屋架的重力 $\boldsymbol{G}$ 的均布的风压力 q.

(3) 画**约束力**.因 A 处为固定铰支座,其约束力用两个正交分力 $\boldsymbol{F}_{Ax}$ 和 $\boldsymbol{F}_{Ay}$ 表示,它们的方向设为坐标轴正向.B 处为滚动支座,约束力 $\boldsymbol{F}_{NB}$ 垂直于地面,方向设为垂直向上.

屋架的受力图如图 5.14(b)所示.

由等效力系定理可知,在静平衡的情况下,如果主动力是力偶系,约束力系也必然是力偶系,也就是说**力偶只能与力偶平衡**.在受力分析时要注意二力体与只受力偶作用的物体,利用它们的性质可以减少未知约束力的数目,简化受力图.参见例 5.3.

例 5.3　在图 5.15(a)所示的结构中,各构件的自重忽略不计.在构件 AB 上作用一力偶矩为 M 的力偶,求支座 A 和 C 的约束力.

解:(1) 在自重不计时,构件 BC 是二力体,可分析出作用在 B、C 两铰链处的约束力 $\boldsymbol{F}_B$ 和 $\boldsymbol{F}_C$ 沿 B、C 两点的连线,作出受力图如图 5.15(b)所示.此时不必再按两个

正交分力分析 B、C 两铰链处的约束力.

(2) 再分析构件 AB. 作用在 AB 上的主动力只有一个力偶 M,所以约束力系也应该是一个力偶. 而铰链 B 处的约束力已确定为 $\boldsymbol{F}'_B$,所以固定铰支座 A 处的约束力应该与 $\boldsymbol{F}'_B$ 构成一个力偶,因此由 $\boldsymbol{F}_A = -\boldsymbol{F}'_B$ 确定 $\boldsymbol{F}_A$. 作出构件 AB 的受力图如图 5.15(c)所示.

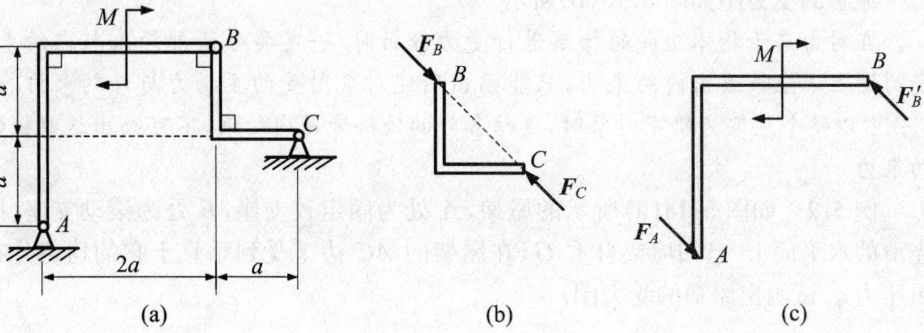

图 5.15 例 5.3 图

例 5.4 如图 5.16(a)所示简单起重架,A 为固定端,D 处为固定铰支座,C 为圆柱铰链. B 处为滑轮. 被起吊重物重量为 $\boldsymbol{G}$,绳端拉力为 $\boldsymbol{F}$,不计结构的自重. 试画出下列各研究对象的受力图:(1) 重物连同滑轮 B;(2) 斜杆 CD;(3) 横梁 AB;(4) 整体.

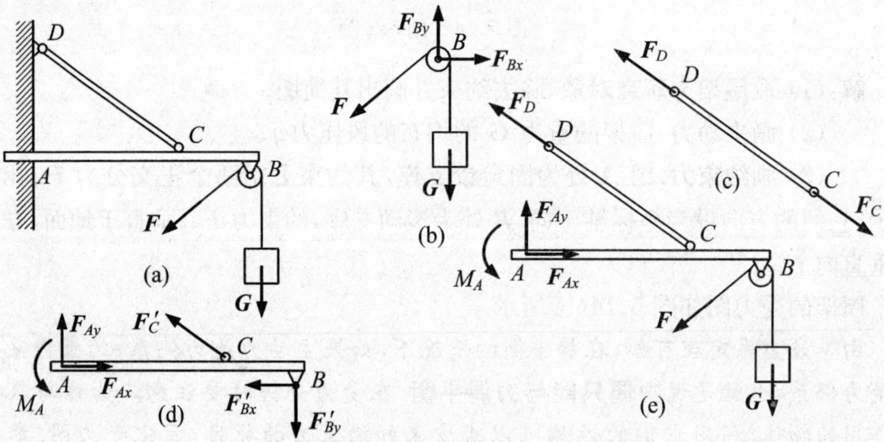

图 5.16 例 5.4 图

解:(1) 重物连同滑轮的受力图. 主动力有重力 $\boldsymbol{G}$ 和拉力 $\boldsymbol{F}$,滑轮轴相当圆柱铰链,其约束力用通过滑轮轴中心的相互垂直的两个分力 $\boldsymbol{F}_{Bx}$、$\boldsymbol{F}_{By}$ 表示,如图 5.16(b)所示.

(2) 斜杆 CD 的受力图. 不计杆的自重时,杆 CD 是二力杆,作用于杆两端的约

束力 $\boldsymbol{F}_C$ 和 $\boldsymbol{F}_D$ 沿 C、D 两点的连线，假设为拉力，表示为图 5.16(c)所示的方向.

(3) 横梁 AB 的受力图. 梁 AB 上有三处约束，B 端受滑轮作用于滑轮轴的力，是图 5.16(b)中滑轮轴作用于滑轮的力 $\boldsymbol{F}_{Bx}$、$\boldsymbol{F}_{By}$ 的反作用力，用 $\boldsymbol{F}'_{Bx}$、$\boldsymbol{F}'_{By}$ 表示；铰链 C 处受斜杆 CD 的力，是图 5.16(c)中铰链 C 对斜杆 CD 的作用力 $\boldsymbol{F}_C$ 的反作用力，用 $\boldsymbol{F}'_C$ 表示；A 端为固定端，其约束力有三个分量，两个相互垂直的分力 $\boldsymbol{F}_{Ax}$、$\boldsymbol{F}_{Ay}$，和一个约束力偶 M_A；横梁 AB 的受力图如图 5.16(d)所示.

作用力与反作用力是等值、反向、共线的，在受力图中，由于作图位置的变化，共线的要求不必苛求. 但是反向一定要正确表示，等值的要求用同样的字母命名来达到，仅用上标区分如 $\boldsymbol{F}_{Bx}$ 与 $\boldsymbol{F}'_{Bx}$.

(4) 整体的受力图. 作用于整体这个研究对象上的主动力有重力 $\boldsymbol{G}$、拉力 $\boldsymbol{F}$；约束力有 A 端固定端的约束力 $\boldsymbol{F}_{Ax}$、$\boldsymbol{F}_{Ay}$ 与 M_A 和固定铰支座 D 处的约束力 $\boldsymbol{F}_D$. 其他约束为内约束，内约束力一概不画. 整体的受力图如图 5.16(e)所示.

例 5.5 如图 5.17(a)所示结构中，A 为固定端，O 为固定铰支座，B、D 为中间铰，E 为活动铰支座. 不计自重，试画各构件的受力图.

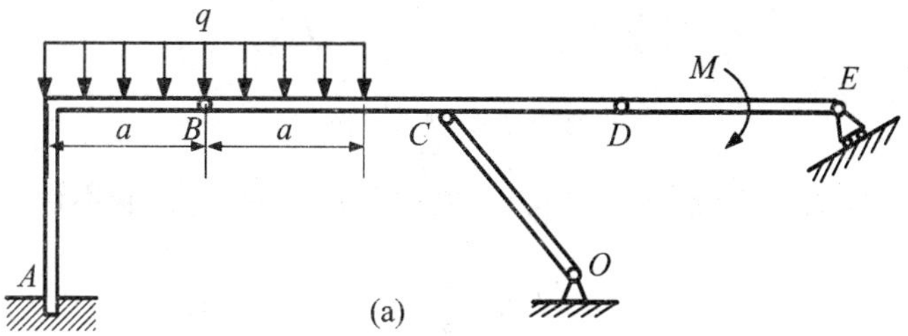

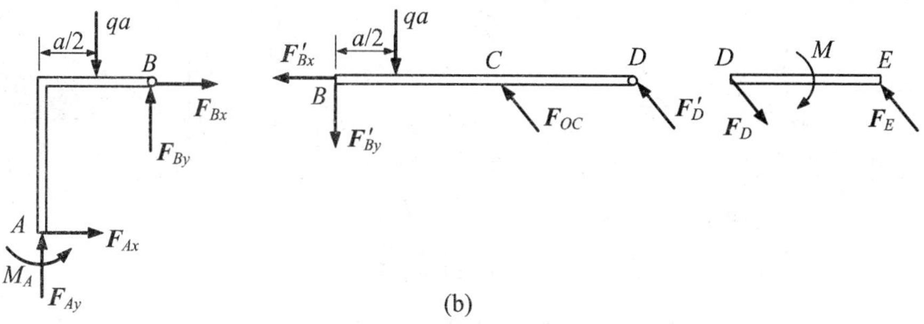

图 5.17　例 5.5 图

解：首先由二力杆 OC，作出它对杆 BD 的作用力 $\boldsymbol{F}_{OC}$，力线沿 OC，方向任意假定. 再注意到 DE 杆主动力为力偶，约束力亦构成力偶，作出 $\boldsymbol{F}_D /\!/ \boldsymbol{F}_E$. 再分析杆 AB、BD 的受力，画出各构件的受力图，注意各处作用力与反作用力的关系.

例 5.6 在如图 5.18(a)所示的提升系统中，若不计各构件自重. 试画出杆 AC、BC、滑轮 C 及销钉 C 的受力图.

解：先分析二力杆 AC、BC 的受力，可假设它们均受拉；销钉 C 同时受到杆 AC、

BC 的反作用力以及轮 C 的作用力 $\boldsymbol{F}_{Cx}$、$\boldsymbol{F}_{Cy}$；轮 C 除受到绳的拉力外，还在孔 C 处受到销钉 C 的反作用力 $\boldsymbol{F}'_{Cx}$ 和 $\boldsymbol{F}'_{Cy}$.

注意：由铰链结构可知，用同一个铰链连接的几个不同物体之间并不直接发生作用，而是通过销钉发生相互作用. 但是在实际进行受力分析时，因为销钉很小，往往不必把销钉独立取做一个研究对象，而是假想地把销钉附着于其中某一个物体上，而被销钉连接的其他物体分别与这个销钉附着的物体发生相互作用，从而简化研究过程. 为了有所区别，在作图时用一小圆圈表示销钉附着的位置，而没有附着销钉的物体上不画小圆圈. 如上题中把销钉附着在滑轮 C 上，受力图如图 5.18(c)所示.

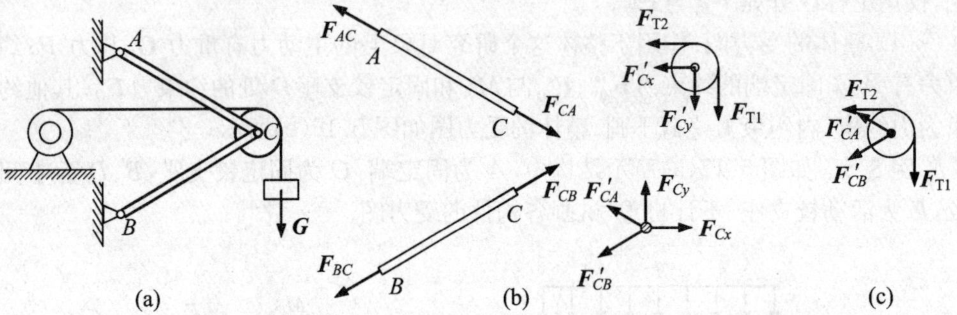

图 5.18　例 5.6 图

例 5.7　在如图 5.19 所示的结构中，画出各构件的受力图(不计自重).

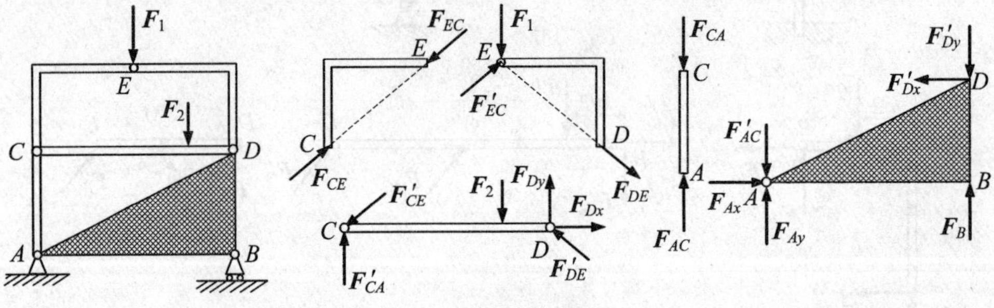

图 5.19　例 5.7 图

解：将结构拆开，圆圈表示销钉附着位置. 先分析二力构件 CE 及 CA 的受力，再分析 ED、CD 受力；最后分析三角板的受力. 注意各构件之间的作用力与反作用力的表示.

注意：(1) 作用在铰链处的集中力可以放在被铰链连接的任一个物体上，一般放在销钉所在的物体上较好，不要分开放在两个被连接的物体上.

(2) 要注意观察铰链 C、D 及固定铰支座 A 处的受力分析，这些铰链处皆有三个物体相连. 以铰链 C 为例，设销钉附着在杆 CD 上，则 CE 与 AC 分别与 CD 相互作用，而 CE 与 AC 之间没有相互作用.

例 5.8　如图 5.20(a)所示车床主轴简图,已知车刀对工件的切削力分为径向切削力 $\boldsymbol{F}_x$,纵向切削力 $\boldsymbol{F}_y$ 和主切削力(切向) $\boldsymbol{F}_z$. 在直齿轮 C 上啮合齿的作用力分为切向力 $\boldsymbol{F}_t$ 和径向力 $\boldsymbol{F}_r$. 主轴由 A 处的向心轴承与 B 处的止推轴承支承. 工件 OD 通过三爪卡盘 E 夹紧. 卡盘、工件与主轴的自重不计. 试画出主轴、卡盘与工件整体的受力图与工件 OD 的受力图.

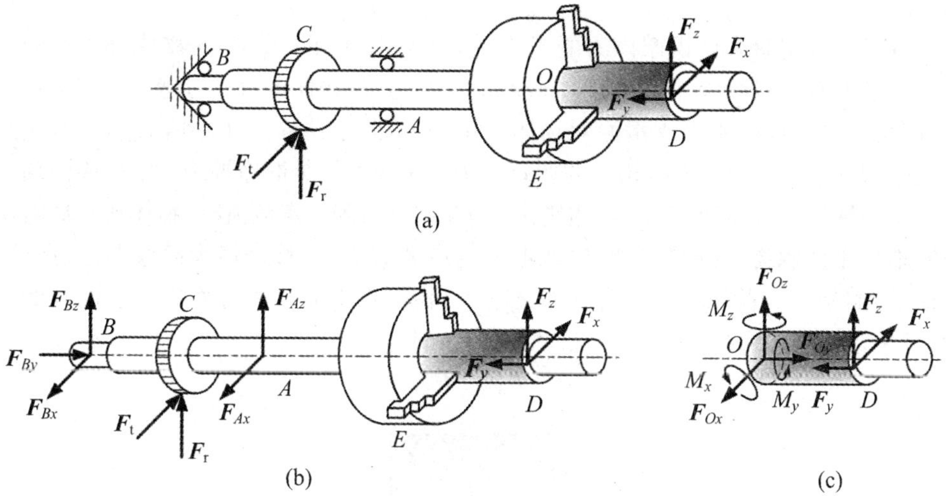

图 5.20　例 5.8 图

解:(1) 整体的受力图. 主动力为车刀对工件的切削力的三个分力 $\boldsymbol{F}_x$、$\boldsymbol{F}_y$ 和 $\boldsymbol{F}_z$ 以及齿轮 C 上啮合力的两个分力 $\boldsymbol{F}_t$ 和 $\boldsymbol{F}_r$,这是个空间力系. 约束分别为 A 和 B 处的轴承,A 处向心轴承的约束力在与轴垂直的平面内,用两个相互垂直的分力 $\boldsymbol{F}_{Ax}$ 和 $\boldsymbol{F}_{Az}$ 表示;B 处止推轴承的约束力用三个相互垂直的分力 $\boldsymbol{F}_{Bx}$、$\boldsymbol{F}_{By}$ 和 $\boldsymbol{F}_{Bz}$ 表示. 如图 5.20(b)所示.

(2) 工件 OD 的受力图. 主动力是车刀对工件的切削力的三个分力 $\boldsymbol{F}_x$、$\boldsymbol{F}_y$ 和 $\boldsymbol{F}_z$. O 端卡盘 E 对工件的约束属于固定端,空间力系的固定端约束有六个约束力分量,分别为三个互相垂直的力 $\boldsymbol{F}_{Ox}$、$\boldsymbol{F}_{Oy}$ 和 $\boldsymbol{F}_{Oz}$ 和三个互相垂直的力偶矩矢 $\boldsymbol{M}_x$、$\boldsymbol{M}_y$ 和 $\boldsymbol{M}_z$. 工件 OD 的受力图如图 5.20(c)所示.

5.2.2　摩擦力

在前述的理想约束中,都忽略了摩擦力而假设接触面绝对光滑. 当摩擦力很小,对运动或运动趋势的影响可以忽略不计时,这种理想化是允许的. 如果摩擦力有明显影响,在受力分析中就必须考虑摩擦力的作用. 摩擦是一种极其复杂的现象,这里只介绍工程中常用的近似理论,用于解决与物体的一般运动效应有关的摩擦问题.

1. 滑动摩擦力(简称摩擦力)

两个表面粗糙的物体,当它们的接触表面之间有相对滑动趋势或相对滑动时,相互作用有阻碍相对滑动的阻力,即**滑动摩擦力**.由于滑动摩擦力最为常见,所以一般简称为**摩擦力**.摩擦力沿着两物体接触面的切线方向,与物体相对运动或相对运动趋势的方向相反.当物体仅有相对运动趋势,但仍保持静止时的摩擦力称为**静摩擦力**.

可以通过实验来认识摩擦力的规律.如图 5.21 所示,重 W 的物体静止在粗糙的固定水平面上,若对物体作用一个较小的水平力 $\boldsymbol{F}$,物体虽有相对运动的趋势但仍保持静止.可见此时水平支承面对物体作用的力,除了法向力 $\boldsymbol{F}_N$外,必然还有一个与物体相对运动的趋势方向相反的切向力 $\boldsymbol{F}_S$,这个力就是静摩擦力.当 $\boldsymbol{F}$ 逐渐增大而物体仍然静止时,静摩擦力 $\boldsymbol{F}_S$也随之增大.$\boldsymbol{F}$ 增大到一定数值时,物体达到即将滑动的**临界平衡状态**,此时的静摩擦力也达到最大值 $\boldsymbol{F}_{max}$,称为**最大静摩擦力**.此后,如果 $\boldsymbol{F}$ 继续增大,静摩擦力不会再随之增大,物体将不能再保持静止状态而开始滑动.可见,静摩擦力的值介于零与最大值之间,即

$$0 \leqslant \boldsymbol{F}_S \leqslant \boldsymbol{F}_{max} \tag{5.1}$$

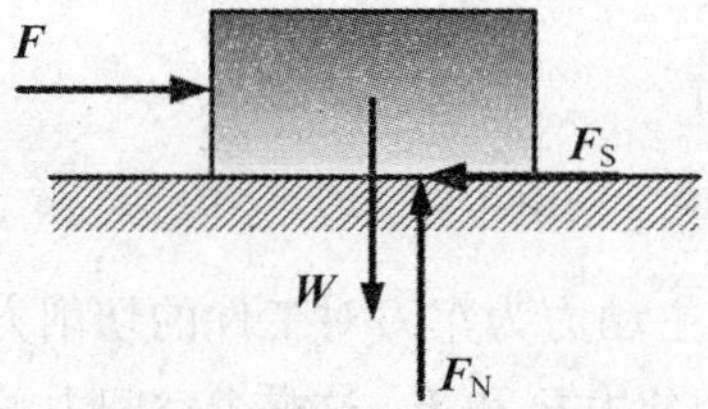

图 5.21 滑动摩擦力

实验表明,**最大静摩擦力的大小与两物体间的正压力(即法向约束力)成正比**,即

$$F_{max} = f_S F_N \tag{5.2}$$

式中 f_S是比例常数,称为**静摩擦因数**,它是量纲为 1 的量.

物体滑动后,接触面之间仍作用有阻碍相对滑动的阻力,这种阻力称为**动滑动摩擦力**,简称**动摩擦力**.实验表明,**动摩擦力的大小与接触物体间的正压力(即法向约束力)成正比**,即

$$F_d = fF_N \tag{5.3}$$

式中 f 是动摩擦因数,它也是量纲为 1 的量.

一般情况下,动摩擦因数小于静摩擦因数.动摩擦因数不但与物体的材料有关而且与接触物体间相对滑动速度的大小有关.在大多数情况下,动摩擦因数随相对滑动速度的增大而稍减小.当相对滑动速度不大时,可以近似地认为是个常数.

上述关于滑动摩擦的规律是法国物理学家库仑于 18 世纪总结的,也称为**库仑摩**

擦定律,是工程中常用的近似理论.

摩擦因数的大小需由实验测定.它与接触物体的材料和表面情况(如粗糙度、温度、湿度等)有关,而与接触面积的大小无关.摩擦因数的数值可以在工程手册中查到,表5.1中列出了一些常用材料的摩擦因数.但影响摩擦因数的因素很复杂,如果需要比较准确的数值,必须在具体条件下进行实验测定.

表5.1　常用材料的静摩擦因数和动摩擦因数

材料名称	静摩擦因数 f_S	动摩擦因数 f
钢-钢	0.15	0.15
钢-铸铁	0.30	0.18
钢-青铜	0.15	0.15
皮革-铸铁	0.4	0.6
木材-木材	0.4～0.6	0.2～0.5

粗糙支承面对物体的法向约束力 $\boldsymbol{F}_N$ 与切向约束力 $\boldsymbol{F}_S$(摩擦力)的合力称为**全约束力** $\boldsymbol{F}_R$,它的力线与接触面的公法线成一偏角 φ,当物体处于临界平衡状态时,静摩擦力达到由式(5.2)确定的最大值 F_{max},偏角也达到最大值 φ_f,如图5.22所示.全约束力与法线间的夹角的最大值 φ_f 称为**摩擦角**.

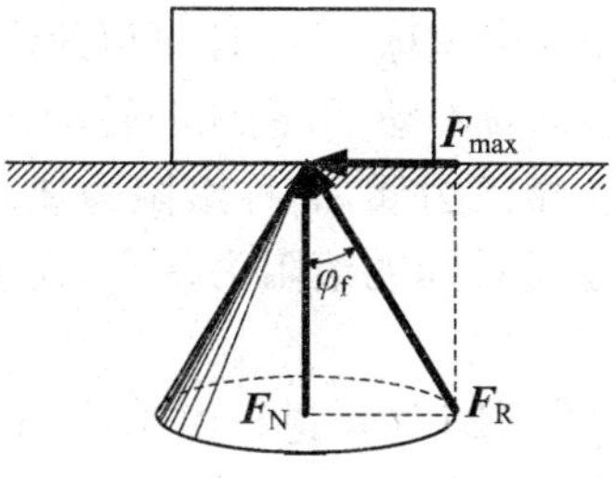

图5.22　摩擦角与摩擦锥

由图5.22与式(5.2)可得

$$\tan\varphi_f = \frac{F_{max}}{F_N} = f_S \tag{5.4}$$

即**摩擦角的正切等于静摩擦因数**.可见,摩擦角是静摩擦因数的直观的几何表示.

当物体的滑动趋势方向改变时,全约束力力线的方位也随之改变;在临界平衡状态下,$\boldsymbol{F}_R$ 的力线将画出一个锥面,称为**摩擦锥**,如图5.22所示.如果各个方向的静摩擦因数都相同,摩擦锥就是以 $2\varphi_f$ 为顶角的正圆锥.

物体平衡时,静摩擦力不一定达到最大值,全约束力与法线的夹角 φ 也不一定达到最大值,由式(5.1)和式(5.4)可知,φ 的变化范围是

$$0 \leqslant \varphi \leqslant \varphi_f \tag{5.5}$$

可见，支承面的全约束力只能在摩擦角(摩擦锥)内变化，不可能超出此范围.

当物体所受的主动力的合力力线在摩擦锥内时，不论主动力有多大，粗糙的刚体支承面都能提供全约束力使物体保持静止，这种现象称为**自锁现象**.例如，物体放在倾斜角小于摩擦角的斜面上总能保持静止而不会下滑，参见图 5.23.工程中常用自锁条件设计一些机构或夹具，如千斤顶、压榨机、圆锥销等，使它们始终保持在平衡状态下工作.

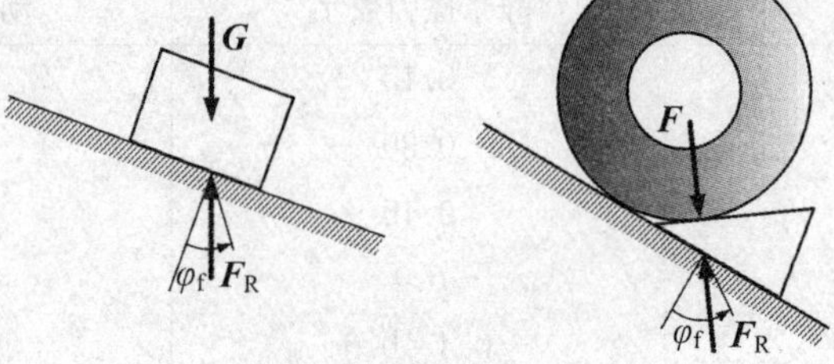

图 5.23　自锁现象举例

2. 滚动摩阻

移动物体时，用滚动代替滑动要省力得多，因而在工程中广泛采用，比如车辆用轮子行走，轴用滚动轴承支承.物体在支承面上滚动时所受的阻力虽然比滑动要小得多，但是阻力仍然是存在的.滚动时的阻力与滑动时的阻力有不同的形成机制.例如，在平整的玻璃台板上滚动一个钢球，这个球可以滚动很长的距离，但是如果在地毯上滚这个钢球，它滚不了多远就不动了.钢球的转动运动状态被改变，表明它受到的阻力是一个力偶，称为**滚动摩阻力偶**，简称**滚阻力偶**.从上面的例子可见，这个力偶与支承面的性质有关.刚性支承面的滚阻力偶小，而柔性(或弹性)支承面的滚阻力偶大得多.

滚阻力偶的形成可以如图 5.24 所示进行说明:滚子 O 静止在非刚体的平面上，如图 5.24(a)所示，$\boldsymbol{G}$ 是滚子的重力.$\boldsymbol{F}$ 是驱动滚子 O 在平面上滚动的主动力，在 $\boldsymbol{G}$ 和 $\boldsymbol{F}$ 的共同作用下，平面与滚子的接触部分发生变形，平面对滚子的作用力是一个平面分布力系，如图 5.24(b).把这个平面力系向 A 点简化，得到一个等效力 $\boldsymbol{F}_R$ 与一个等效力偶 M_f，如图 5.24(c).等效力 $\boldsymbol{F}_R$ 可以分解成法向力 $\boldsymbol{F}_N$ 与摩擦力 $\boldsymbol{F}_S$，等效力偶 M_f 就是滚阻力偶，如图 5.24(d)所示.

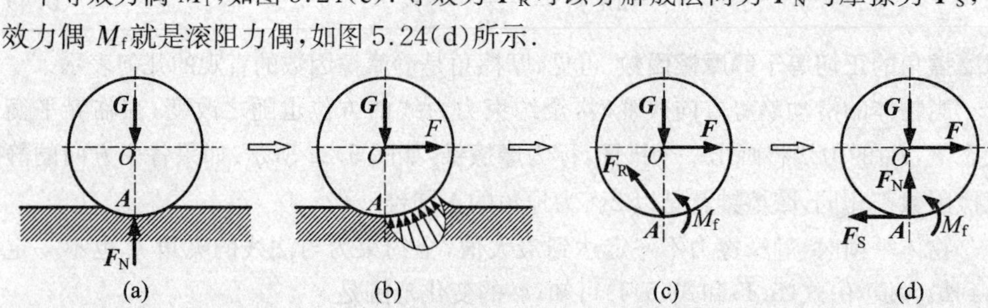

图 5.24　滚动摩阻的形成

与静滑动摩擦力相似，滚阻力偶矩 M_f 随着主动力的增大而增大，当力 $\boldsymbol{F}$ 增大到某个值时，滚子处于即将滚动的临界平衡状态，这时滚阻力偶矩达到最大值 M_{max}，称为最大滚阻力偶. 若 $\boldsymbol{F}$ 再增大，滚子就会滚动. 在滚动过程中，滚阻力偶矩近似等于 M_{max}.

由此可知，滚阻力偶矩的大小介于零与最大值之间，即

$$0 \leqslant M_f \leqslant M_{max} \tag{5.6}$$

实验表明，**最大滚阻力偶矩 M_{max} 与滚子的半径无关，而与支承面的正压力（即法向约束力）F_N 的大小成正比**，即

$$M_{max} = \delta F_N \tag{5.7}$$

这就是**滚动摩阻定律**，也是库仑于 18 世纪发现的. 其中 δ 称为**滚动摩阻因数**，简称**滚阻因数**，它具有长度的量纲，单位一般用 mm. 滚动摩阻因数是接触变形区域大小的一种度量，接触变形大时滚阻因数也大，滚动摩阻必然也大. 所以，火车车轮必须在钢轨上行驶；车胎充气不足时骑车费劲，开车耗油都与此有关.

滚动摩阻因数由实验测定，它与滚子和支承面的材料的硬度和湿度有关，一般认为与滚子的半径无关. 滚动摩阻一般较小，在许多问题中常常可以忽略不计.

例 5.9　如图 5.25(a)所示为尖劈顶重装置. 在 A 块上受力 $\boldsymbol{F}$ 的作用，在 B 块上受力 $\boldsymbol{G}$ 的作用. A 与 B 间有摩擦，其他支承处无摩擦（用滚珠表示光滑面）. 试分别作出 A 块、B 块的受力图.

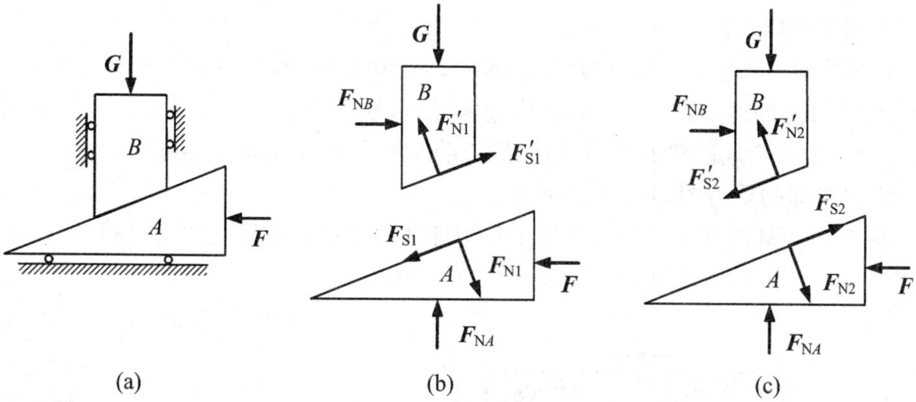

图 5.25　例 5.9 图

解：分别作出 A 块与 B 块的分离体，摩擦力在两个物块的接触面上. 主动力为 $\boldsymbol{G}$ 与 $\boldsymbol{F}$. 光滑接触面上只有法向约束力 $\boldsymbol{F}_{NA}$、$\boldsymbol{F}_{NB}$. 粗糙接触面上的法向约束力 $\boldsymbol{F}_{N1}$ 与 $\boldsymbol{F}_{N2}$ 方向是明确的，可以直接画出.

摩擦力与相对运动或相对运动趋势方向相反，所以在分析摩擦力之前，先要分析相对运动趋势的方向. 在该装置中，当 $\boldsymbol{F}$ 相对 $\boldsymbol{G}$ 过小时，A 块会向右运动，B 块会向下运动，当 $\boldsymbol{F}$ 相对 $\boldsymbol{G}$ 过大时，A 块会向左运动，B 块会向上运动；两种情况的相对

运动趋势相反,因此必须分两种情况研究.

(1) 当 $\boldsymbol{F}$ 相对 $\boldsymbol{G}$ 过小时,A 块有相对 B 块向右运动的趋势,所以 A 块上的摩擦力 $\boldsymbol{F}_{S1}$ 向左,B 块上的摩擦力是它的反作用力方向向右.受力图如图 5.25(b)所示.

(2) 当 $\boldsymbol{F}$ 相对 $\boldsymbol{G}$ 过大时,A 块有相对 B 块向左运动的趋势,所以 A 块上的摩擦力 $\boldsymbol{F}_{S2}$ 向右,B 块上的摩擦力是它的反作用力方向向左.受力图如图 5.25(c)所示.

例 5.10 如图 5.26 所示,重量为 $\boldsymbol{G}$ 的均质半球静止地放在粗糙的水平面上,球心为 O,质心为 C.现在其边缘上作用一个力 $\boldsymbol{F}$;如果在力 $\boldsymbol{F}$ 作用的瞬时,半球不发生滑动,试作出此瞬时半球的受力图.

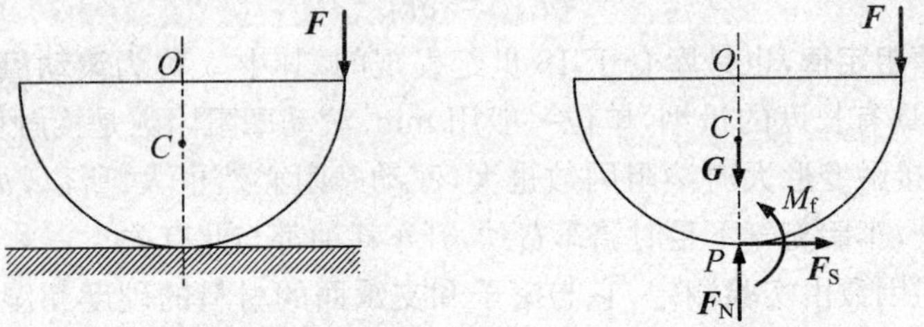

图 5.26 例 5.10 图

解:以半球为研究对象.主动力为重力 $\boldsymbol{G}$ 与作用力 $\boldsymbol{F}$.

约束只有粗糙接触面,可能有摩擦力存在.按照相对运动趋势分析摩擦力.半球在力 $\boldsymbol{F}$ 的作用下,会产生平面运动,转动趋势的方向为顺时针方向,所以接触面有逆时针方向的滚阻力偶 M_f.

分析半球与地面的接触点 P 的相对滑动运动趋势时,可以假设地面是光滑的,分析点 P 可能的运动方向.显然,如果地面光滑,在力 $\boldsymbol{F}$ 的作用下,点 P 必然向左滑动;这就是相对滑动趋势的方向.所以静滑动摩擦力 $\boldsymbol{F}_S$ 的方向应该向右.

作出半球的受力图如图 5.26 所示.

例 5.11 如图 5.27 所示,构件 1 和构件 2 用楔块 3 连接,已知楔块与构件间的摩擦因数 $f_S = 0.1$,楔块自重不计.求能自锁的倾斜角 θ.

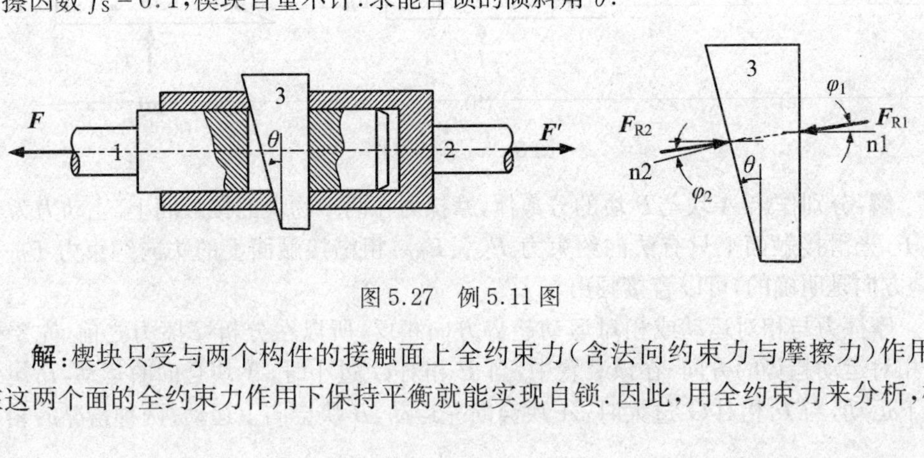

图 5.27 例 5.11 图

解:楔块只受与两个构件的接触面上全约束力(含法向约束力与摩擦力)作用,在这两个面的全约束力作用下保持平衡就能实现自锁.因此,用全约束力来分析,楔块是个二力体.二力体平衡时,两个全约束力 $\boldsymbol{F}_{R1}$、$\boldsymbol{F}_{R2}$ 等值、反向、共线.分析楔块的运动趋势,知楔块只可能向外(即图中的向上)滑动,所以两个接触面上的摩擦力皆向下,因而两个全约束力 $\boldsymbol{F}_{R1}$ 与 $\boldsymbol{F}_{R2}$ 应在各自接触面的法线 n1 与 n2 的上方,如图 5.27所示.

设 $\boldsymbol{F}_{R1}$ 和 $\boldsymbol{F}_{R2}$ 与各自接触面的法线 n1 与 n2 的夹角分别是 φ_1 与 φ_2,由于 $\boldsymbol{F}_{R1}$ 与 $\boldsymbol{F}_{R2}$ 共线,由几何关系可得

$$\theta = \varphi_1 + \varphi_2$$

而由摩擦角的概念可知,$\varphi_1 \leqslant \varphi_f$,$\varphi_2 \leqslant \varphi_f$,所以得到

$$\theta = \varphi_1 + \varphi_2 \leqslant 2\varphi_f = 2\arctan f_s$$

即能自锁的楔块的倾斜角应为

$$\theta \leqslant 11^\circ 25'$$

习　　题

5.1　画出以下图示各题中各物体的受力图.假设所有接触处都是光滑的,未画重力的物体均不计自重.

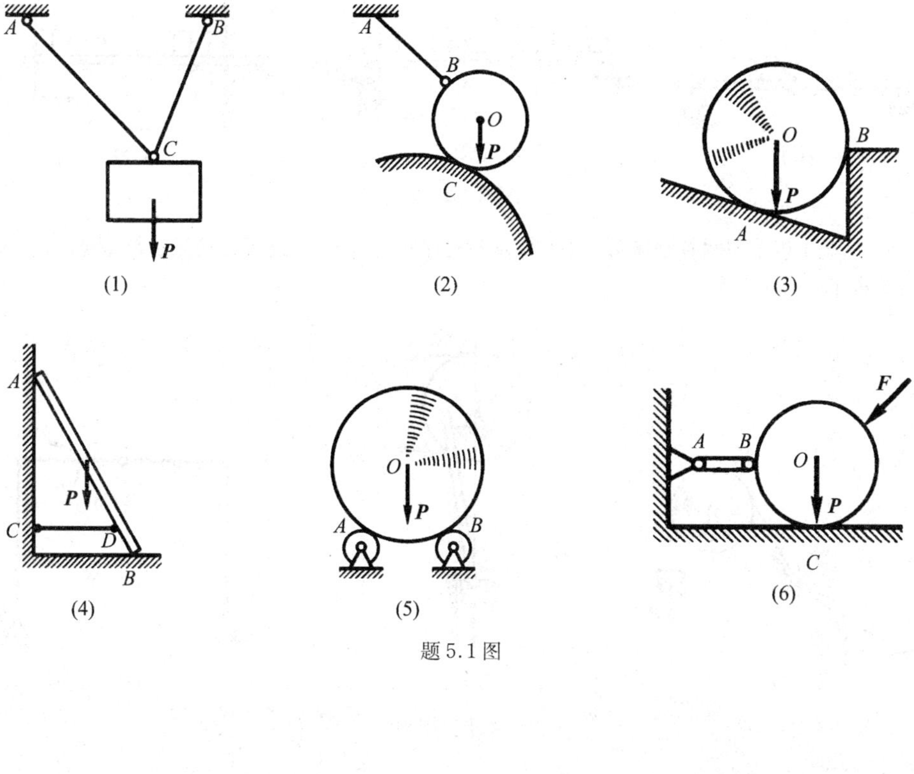

题 5.1 图

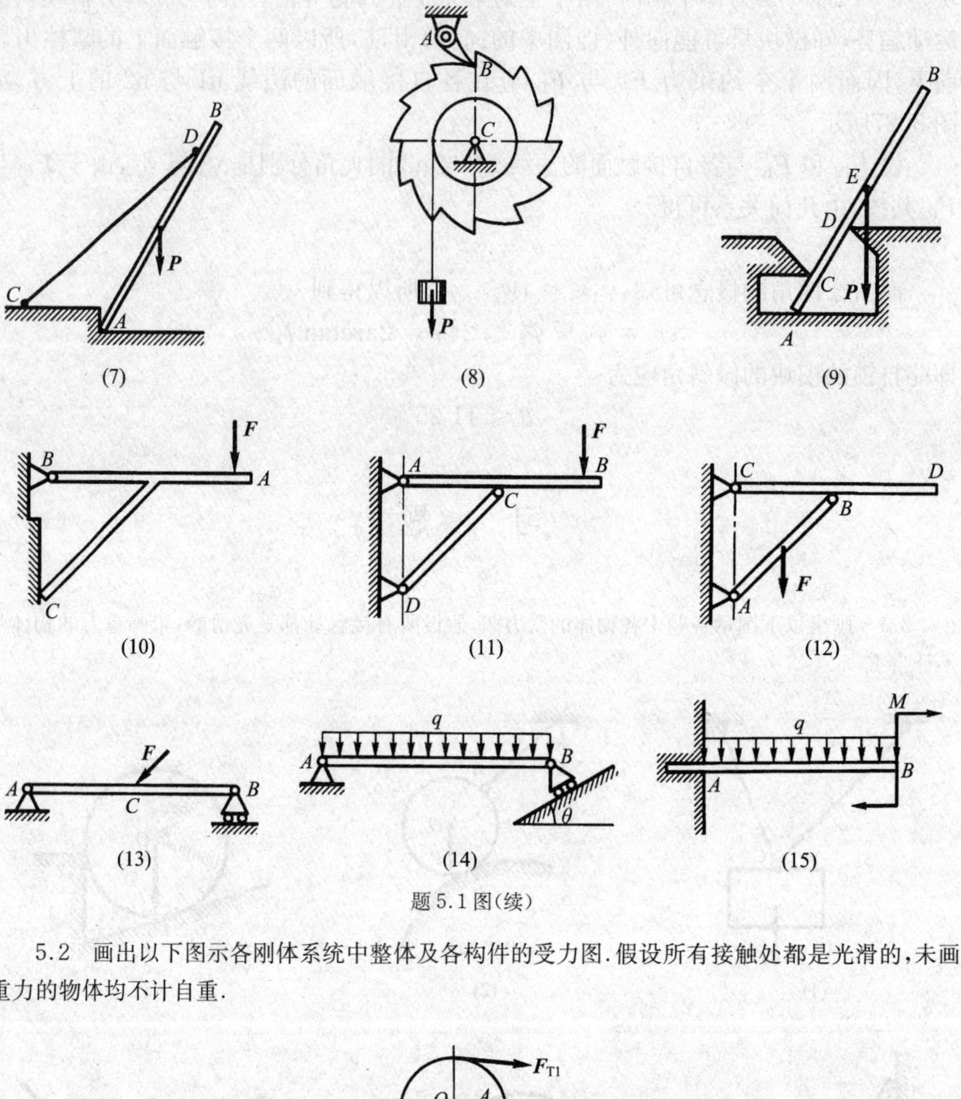

题 5.1 图(续)

5.2 画出以下图示各刚体系统中整体及各构件的受力图.假设所有接触处都是光滑的,未画重力的物体均不计自重.

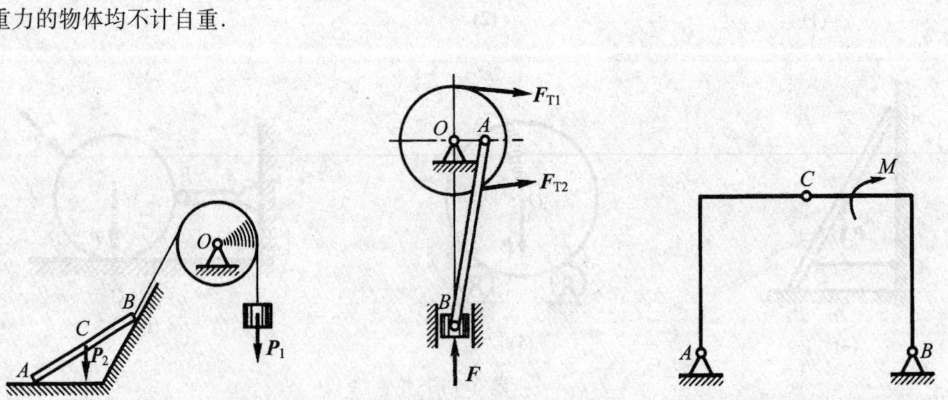

题 5.2 图

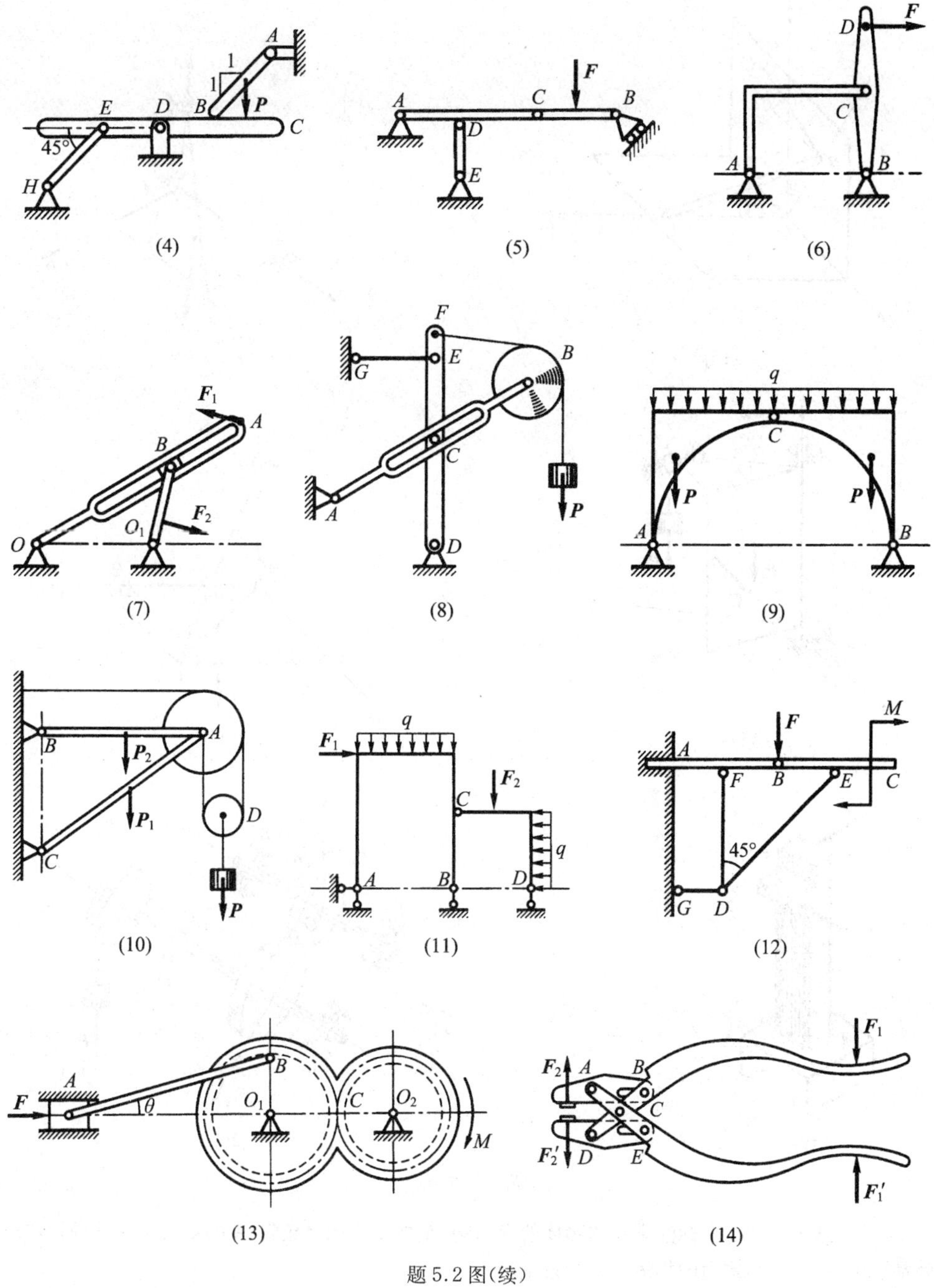

(4)
A
1
1
E
D
B
P
C
45°
H
(5)
F
A
C
B
D
E
(6)
F
D
C
A
B
(7)
F1
A
B
F2
O
O1
(8)
F
E
B
G
C
A
D
P
(9)
q
C
P
P
A
B
(10)
B
A
P2
P1
D
C
P
(11)
q
F1
F2
C
q
A
B
D
(12)
F
M
A
F
B
E
C
45°
G
D
(13)
A
B
F
θ
O1
C
O2
M
(14)
F1
F2
A
B
C
F2'
D
E
F1'

题5.2图(续)

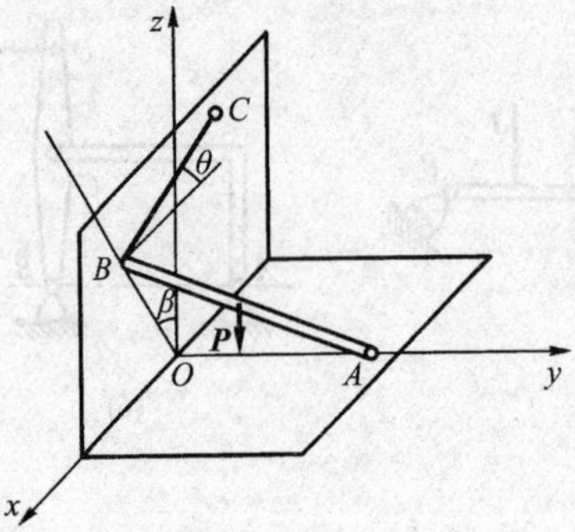

(15)

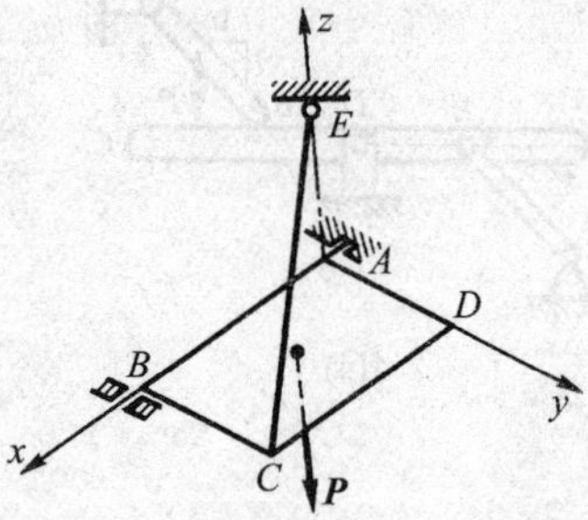

(16)

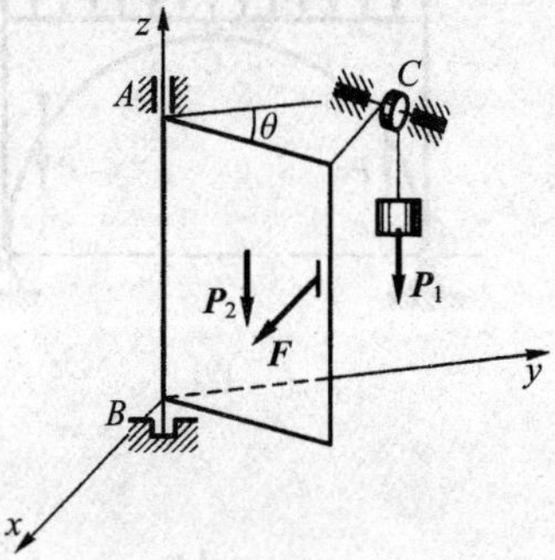

(17)

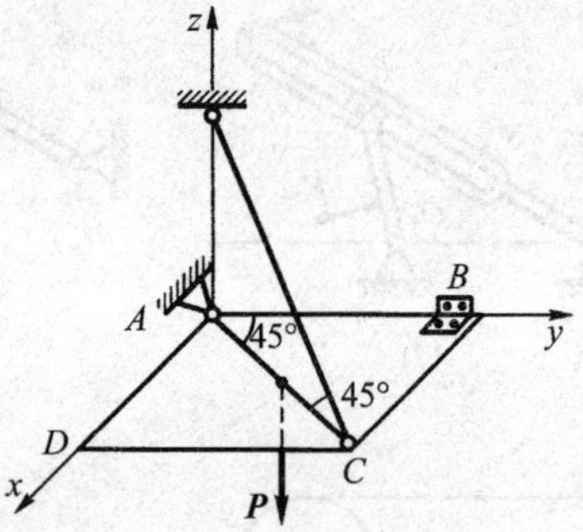

(18)

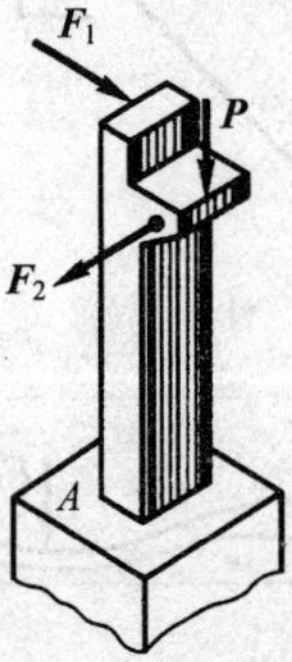

(19)

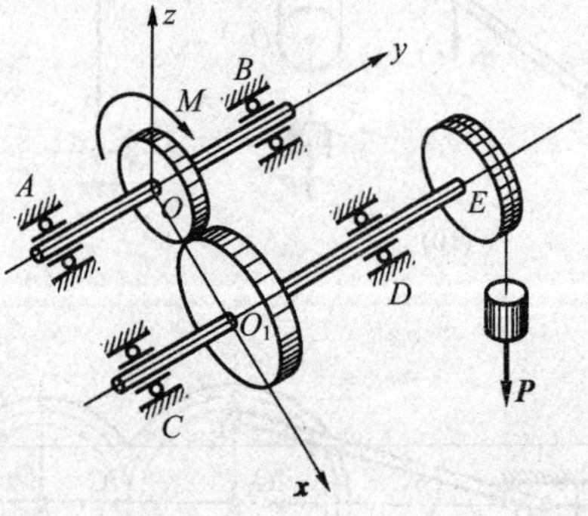

(20)

题 5.2 图(续)

5.3 画出下列每个标注字符的物体的受力图,整体受力图及销钉 A 的受力图.假设所有接触处都是光滑的,未画重力的物体均不计自重.

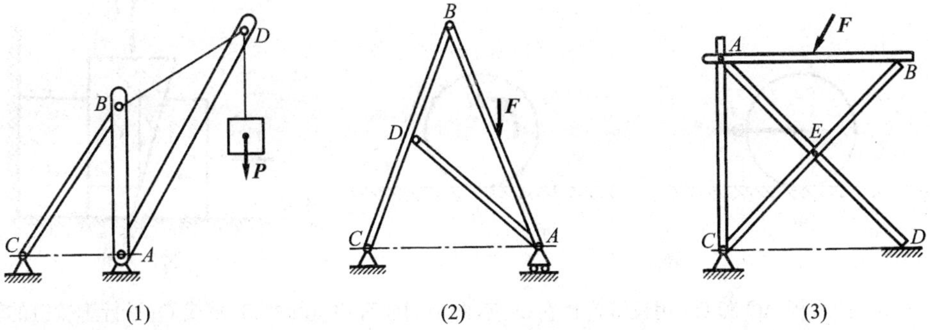

题 5.3 图

5.4　图示流水线中输送工件的滑道，为了减少建成流水线的工作量，要求高度差 H 尽量小，设工件滑道的摩擦因数 $f_S=0.3$，$L=2$ m. 问 H 不能低于何值.

5.5　如图所示，砂石与胶带输送机的胶带之间的静摩擦因数 $f_S=0.5$. 问输送带的最大倾角 θ 为多大？

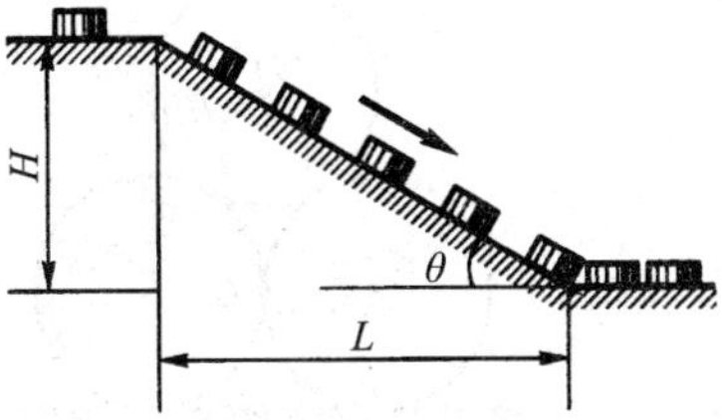

题 5.4 图

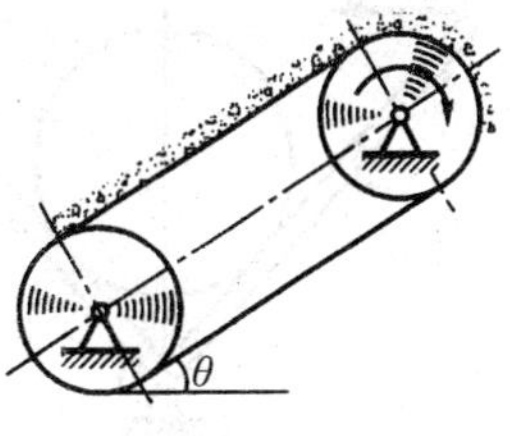

题 5.5 图

5.6　两重块 A 和 B 相叠放在水平面上，如图(a)所示. 已知 A 块重 $P_1=500$ N，B 块重 $P_2=200$ N；A 块和 B 块间的摩擦因数为 $f_{S1}=0.25$，B 块和水平面间的摩擦因数为 $f_{S2}=0.20$. 求拉动 B 块的最小水平力 $\boldsymbol{F}$ 的大小. 若 A 块被一绳拉住，如图(b)所示，此最小水平力 $\boldsymbol{F}$ 之值应为多少？

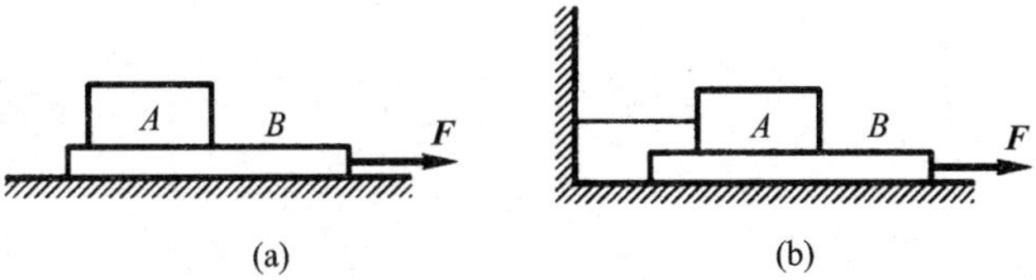

题 5.6 图

5.7　圆柱在粗糙的水平面上保持平衡，其所受的主动力如图(a)、(b)所示. 试分析两种情况下圆柱所受的滑动摩擦力与滚阻力偶，并作出受力图.

5.8　图示装置中，各接触面均有摩擦. 如有一力 $\boldsymbol{F}_1$ 作用于物块 C，另有一力 $\boldsymbol{F}_2$ 作用于物块 A. 当 $\boldsymbol{F}_1$ 较大时物块 C 有向下滑动的趋势；当 $\boldsymbol{F}_1$ 较小时物块 C 有向上滑动的趋势. 不计各物块的重量，试作出两种情况下三个物块的受力图.

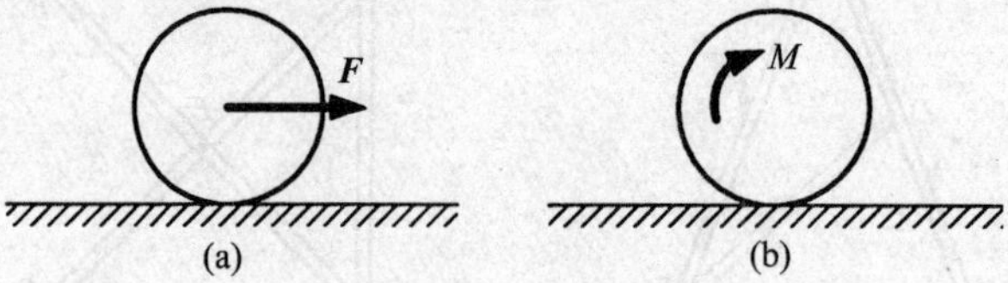

题 5.7 图

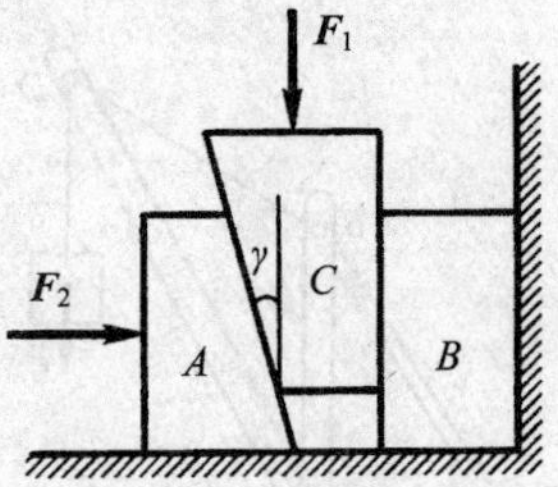

题 5.8 图

5.9 两木板 AO 和 BO 用铰链连接在 O 点，两板间放有均质圆柱，其轴线 O_1 平行于铰链的轴线，这两轴都是水平的，并在同一铅垂面内；由于 A 点和 B 点作用两相等而反向的水平力 F，使木板紧压圆柱，如图所示．木板与圆柱之间存在摩擦力，试作出圆柱的受力图．

5.10 三个大小相同、重量相等的圆柱叠起处于平衡状态，如图所示．分析各接触处的滑动摩擦力，并作出各圆柱的受力图．

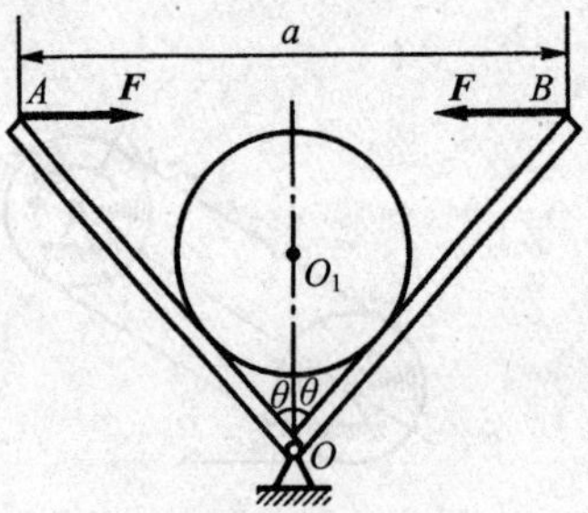

题 5.9 图

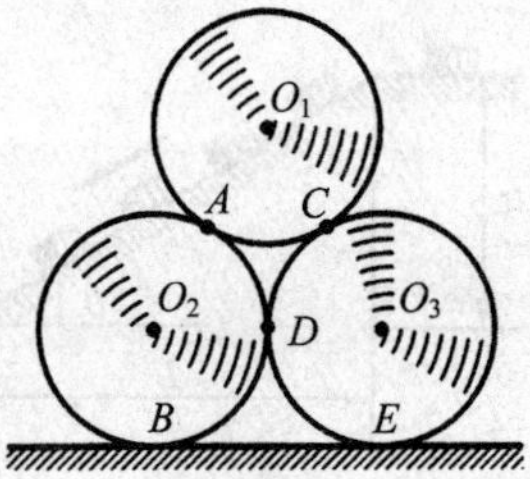

题 5.10 图

第6章 惯 性 力

6.1 非惯性系惯性力

6.1.1 牛顿定律 惯性系 非惯性系

在物理学中已经学习过的牛顿运动定律是理论力学的基础，它的第一定律提到物体(质点)的静止或匀速直线运动状态，第二定律提到物体(质点)的加速度，这些都涉及对质点运动的描述．在运动分析中我们知道对运动的描述必须指定参考系，同一运动在不同的参考系中有不同的描述结果．**牛顿运动定律中描述运动所用的参考系是一个特定的参考系，称为惯性参考系**，简称**惯性系**．也就是说，牛顿运动定律只对惯性系适用，而不能直接运用牛顿运动定律的参考系称为**非惯性系**．观察与实验证明，在绝大部分的工程问题中可以选取与地球固连的参考系为惯性系，即在运动分析中固连于地面的定系是惯性系．所以，牛顿第一定律中所讲的静止和匀速直线运动是相对地面而言的，牛顿第二定律中所讲的物体的加速度是对于定系的绝对加速度．

既然定系是惯性系，那么非惯性系必然是动系，但是动系未必都是非惯性系．由物理学中的伽利略相对性原理可知，相对于惯性系作匀速直线运动的一切参考系也都是惯性系．所以，**非惯性系就是相对于惯性系作变速运动的参考系**．例如，固连于在直线轨道上加速行驶，或者在弯道上行驶的火车的参考系都是非惯性系．

6.1.2 质点的非惯性系惯性力

由于非惯性系是动系，从运动分析可知，物体在动系中的相对加速度与在定系中的绝对加速度不同．因此，物体在非惯性系的动系中的受力情况也与在惯性系的定系中的受力情况不同．

比如，放在房间里的桌子上的茶杯，只要不去动它，它会一直静止在桌子上．放在直线行驶的列车小桌上的茶杯，在火车紧急刹车时会向前移动．从静止的惯性系中观察，我们认为茶杯运动的原因是它的“惯性”．但从固连于火车上的非惯性系中观察，我们觉得火车减速时，有一个力向前推动茶杯．可见，茶杯在非惯性系的火车上受到的力与在惯性系的房间里不一样．这个向前推动茶杯的力并不是与茶杯接触的桌面给的，桌面给茶杯的摩擦力是阻碍茶杯向前移动的．因此这个力与第5章中分析的主动力与约束力都不同,并没有明确的施力者,是个只与非惯性系动系的牵连加速度有关的力,称为**牵连惯性力** $\boldsymbol{F}_{\mathrm{Ie}}$,如图 6.1 所示.

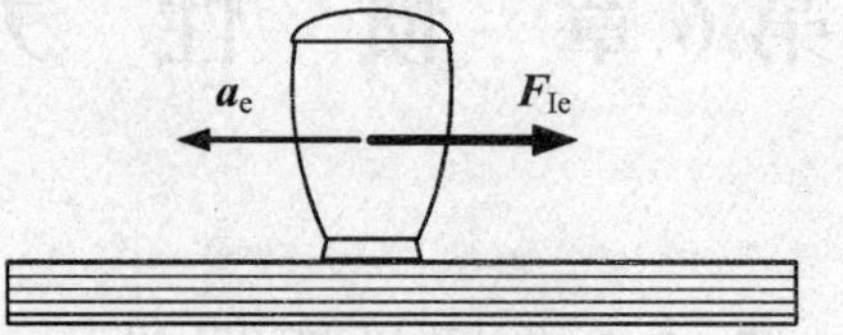

图 6.1 牵连惯性力

对于质量为 m 的质点,如果它的牵连加速度为 $\boldsymbol{a}_{\mathrm{e}}$,则它受到的牵连惯性力是

$$\boldsymbol{F}_{\mathrm{Ie}} = -m\boldsymbol{a}_{\mathrm{e}} \tag{6.1}$$

即作用在质点上的牵连惯性力的大小等于它的质量与牵连加速度的乘积,方向与牵连加速度的方向相反.

当物体在转动的非惯性系中运动时,也会出现类似的情况.比如,我们在平整的地面上划一条直线,给小球一个沿着直线的初速度,小球就会一直沿着这条直线滚动.如果,我们在一个可以绕铅直轴匀速转动的水平大圆盘上给小球一个沿着半径方向的初速度使它向圆心滚动.我们会发现小球并没有沿着半径的直线滚动,而是偏离了直线,滚出一条曲线的轨迹.一定有一个与半径垂直的横向力使小球偏离了半径直线.与上述的茶杯相似,这个力也不是与小球接触的圆盘面给的,而是与小球相对圆盘的速度和圆盘的角速度有关的惯性力,称为**科氏惯性力** $\boldsymbol{F}_{\mathrm{IC}}$,如图 6.2 所示.小球还受到牵连惯性力的作用,在图中并未画出.

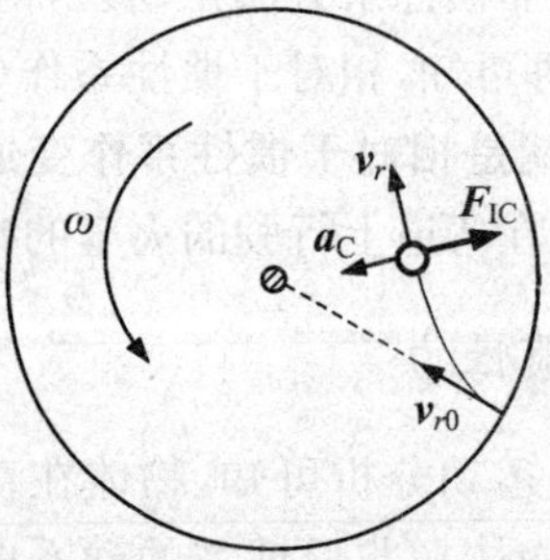

图 6.2 科氏惯性力

对于质量为 m 的质点,如果它的科氏加速度为 $\boldsymbol{a}_{\mathrm{C}}$,则它受到的科氏惯性力是

$$\boldsymbol{F}_{\mathrm{IC}} = -m\boldsymbol{a}_{\mathrm{C}} \tag{6.2}$$

即作用在质点上的科氏惯性力的大小等于它的质量与科氏加速度的乘积,方向与科氏加速度的方向相反.

有些机械依靠非惯性系惯性力工作,比如振动机械中的振动磨与振动光饰机,机体振动时形成非惯性系,物料在机体内的复杂运动就是由非惯性系惯性力造成的.

例 6.1 如图 6.3 所示,盛有液体的容器以角速度 ω 绕铅垂轴匀速转动,试求容器内距转轴距离为 r 的液滴的重力与非惯性系惯性力的合力的方向.

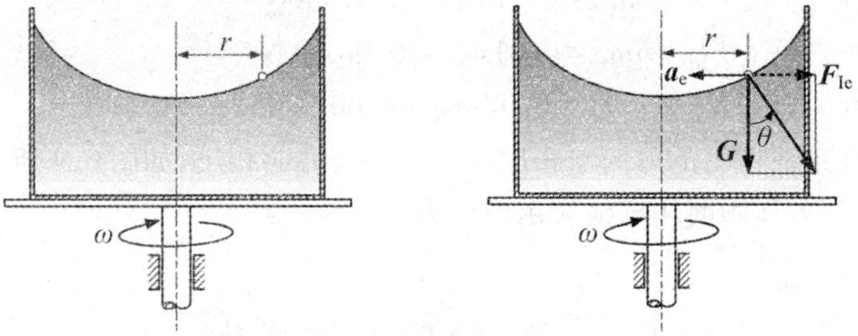

图 6.3 例 6.1 图

解:容器内的液体处于相对转动容器的静止状态,建立固连的容器上的动系,这是一个非惯性系.选择距转轴距离为 r 的液滴,其牵连加速度为法向加速度 $a_e = r\omega^2$.又因为相对静止,所以虽然动系转动,但没有科氏加速度.因此它的非惯性系惯性力为 $F_{Ie} = ma_e = mr\omega^2$,方向为与转轴垂直的水平方向,其中 m 是液滴的质量.液滴的重力 $G = mg$,方向铅垂向下.因此重力与非惯性系惯性力的合力与铅垂方向的夹角为

$$\theta = \arctan\frac{F_{Ie}}{G} = \arctan\frac{r\omega^2}{g}$$

例 6.2 如图 6.4 所示直杆 OA 长 $l = 0.5$ m,可绕过端点 O 的铅垂轴在水平面内转动,角加速度为常量 $\alpha = 0.1\pi$ rad/s^2;在杆 OA 上有一质量为 $m = 0.1$ kg 的套筒 B,套筒 B 沿杆 OA 以速度 $v = 0.01$ m/s 匀速运动.设运动开始时杆 OA 静止,套筒 B 处在 O 点.求运动开始后第 10 s 时,套筒 B 的非惯性系惯性力.

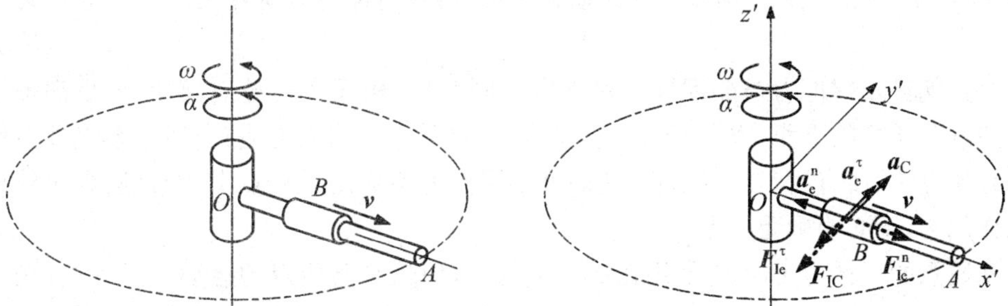

图 6.4 例 6.2 图

解:以套筒 B 为动点,动系固连的杆 OA 上,这是非惯性系,牵连运动为定轴转动.

(1) 计算 $t = 10$ s 时杆 OA 的角速度与套筒 B 在杆 OA 上的位置

$$\omega = 10\alpha = \pi(\text{rad/s}), \quad OB = 10v = 0.1(\text{m})$$

(2) 计算套筒 B 在此位置的牵连加速度与科氏加速度

$a_e^n=\omega^2 OB=0.1\pi^2(m/s^2)$，$a_e^\tau=\alpha OB=0.01\pi(m/s^2)$，$a_C=2\omega v=0.02\pi(m/s^2)$

(3) 计算套筒 B 的非惯性系惯性力

牵连惯性力 $F_{Ie}^n=ma_e^n=0.1m\pi^2=0.01\pi^2(N)$

$F_{Ie}^\tau=ma_e^\tau=0.01m\pi=0.001\pi(N)$

科氏惯性力 $F_{IC}=ma_C=0.02m\pi=0.002\pi(N)$

诸非惯性系惯性力的方向与相应的加速度的方向相反，如图 6.4 所示.有时为了与常规的力区别，作图时用虚线表示惯性力.

6.2 达朗贝尔惯性力

达朗贝尔惯性力的引入导致了一个重要的力学方法——动静法的产生（见第 4 篇）.它的应用比非惯性系惯性力广泛得多，所以通常直接称达朗贝尔惯性力为惯性力.下文若无特别说明，惯性力皆为达朗贝尔惯性力.

6.2.1 质点的惯性力

设想人拉车在地上行走，视车为质点，其质量为 m，加速度为 $\boldsymbol{a}$.若拉车人、地面等所有外界对车的作用力的合力为 $\boldsymbol{F}$.由牛顿第二定律知 $\boldsymbol{F}=m\boldsymbol{a}$.而由牛顿第三定律知，车对外界的反作用力 $\boldsymbol{F}'=-m\boldsymbol{a}$.对这个反作用力并不需要明确受力者，它是由于物体的惯性而表现出来的机械作用.这个力的形式与前述非惯性系惯性力十分相似，因此也可以把它作为一种惯性力，这种形式的惯性力是法国科学家达朗贝尔在 18 世纪首先使用的，所以称为**达朗贝尔惯性力**，简称为**惯性力**，记为 $\boldsymbol{F}_I$.即定义

$$\boldsymbol{F}_I=-m\boldsymbol{a} \tag{6.3}$$

达朗贝尔惯性力与非惯性系惯性力有同有异.相同之处是：它们的大小都等于加速度和质量的乘积，方向都与加速度的方向相反.不同之处是：非惯性系惯性力作用在质点上，没有明确的施力者.达朗贝尔惯性力不作用在质点上，而是质点对外界的作用力，不必明确受力者.

质点的惯性力 $\boldsymbol{F}_I$ 不是作用在质点上的力，但是它与质点的运动不可分离，是一个反映质点机械运动特性的重要物理量，所以在受力分析时把它和质点实际受到的力同样分析、标注.在受力图上把惯性力的作用点直接取在质点上，方向与加速度相反，为了与其他真实作用在质点上的力有所区别，往往用虚线来画惯性力的力矢.如图 6.5 所示物块在地面滑动与悬挂小球作匀速圆周运动时受力图中的惯性力 $\boldsymbol{F}_I$.

6.2.2 刚体惯性力系的简化

在运动状态改变的质点系中，每个质点都有相应惯性力，因此质点系的惯性力

是一个分布力系.在理论力学中,对物体主要采取刚体模型,所以下面只讨论刚体上的惯性力系.刚体上质点的加速度与表征整个刚体运动的量(如角速度、角加速度等)有确定的关系,可以运用力系简化的方法将刚体上各个质点的惯性力组成的惯性力系向一点简化,得到一个等效力与一个等效力偶.等效力作用在简化中心,大小与方向等于惯性力系的主矢,等效力偶矩等于惯性力系的主矩.因此,对刚体惯性力系的研究关键在于惯性力系的主矢与主矩的分析.

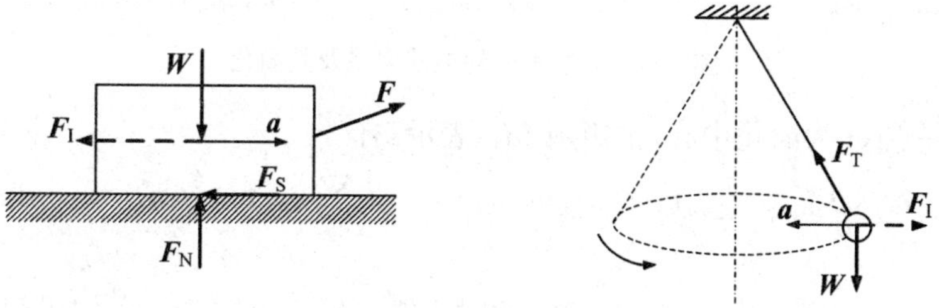

图6.5 惯性力的图示

刚体的运动形式不同,其惯性力系的简化结果也不同.下面只就刚体作平移、定轴转动与平面运动等常见情况进行分析.

1. 惯性力系的主矢

设质点系的总质量为 m,质心的加速度为 $\boldsymbol{a}_C$;其中任一质点的质量为 m_i,加速度为 $\boldsymbol{a}_i$.每个质点的惯性力为 $\boldsymbol{F}_{Ii}=-m_i\boldsymbol{a}_i$,则惯性力系的主矢为

$$\boldsymbol{F}_{IR}=\sum\boldsymbol{F}_{Ii}=\sum(-m_i\boldsymbol{a}_i)=-(\sum m_i\boldsymbol{a}_i)$$

由计算质心位置的式(2.1)可得

$$\sum m_i\boldsymbol{r}_i=m\boldsymbol{r}_C$$

所以,对于质量不变的质点系有

$$\sum m_i\boldsymbol{a}_i=m\boldsymbol{a}_C$$

于是,惯性力系的主矢

$$\boldsymbol{F}_{IR}=-m\boldsymbol{a}_C \tag{6.4}$$

此式表明,**质点系的惯性力系主矢等于质点系的质量与质心的加速度的乘积,方向与质心加速度的方向相反**;还表明质点系的惯性力系的主矢只与质点系的质量与质心的加速度有关,而与质点系的运动形式无关.因此,刚体平移、定轴转动与平面运动时,主矢都按此式计算.

2. 惯性力系的主矩及简化结果

质点系的惯性力系的主矩与质点系的运动形式有关,所以下面分别研究.

(1) 平移刚体

设平移刚体内任一质点的质量为 m_i,每一瞬时它的加速度与质心 C 的加速度

相同，即 $\boldsymbol{a}_i=\boldsymbol{a}_C$. 因此平移刚体的惯性力系是个平行的分布力系，如图 6.6 所示.

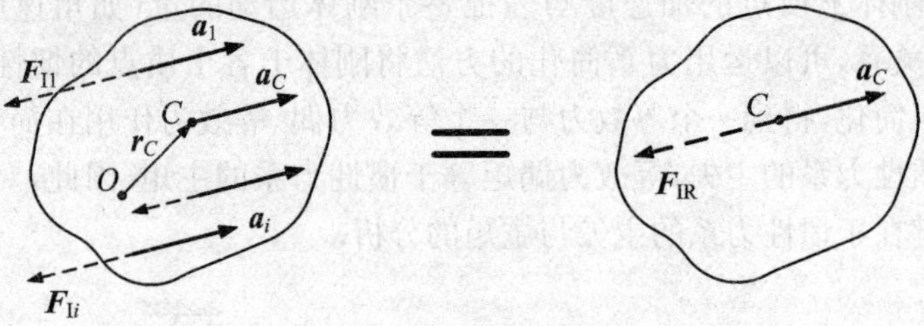

图 6.6　平移刚体的惯性力系及其简化

任选一点 O 为简化中心，主矩用 $\boldsymbol{M}_{IO}$ 表示，有

$$\boldsymbol{M}_{IO}=\sum \boldsymbol{r}_i\times \boldsymbol{F}_{Ii}=\sum \boldsymbol{r}_i\times(-m_i\boldsymbol{a}_i)=-\left(\sum m_i\boldsymbol{r}_i\right)\times \boldsymbol{a}_C=-m\boldsymbol{r}_C\times \boldsymbol{a}_C \tag{6.5}$$

式中，$\boldsymbol{r}_C$ 为质心对简化中心 O 的矢径，此时主矩一般不为零. 但是，如果简化中心取在质心，必有 $\boldsymbol{r}_C=0$，设此时的主矢为 $\boldsymbol{M}_{IC}$，则由式(6.5)有

$$\boldsymbol{M}_{IC}=0 \tag{6.6}$$

可见，平移刚体的惯性力系的主矩一般不为零，但是如果选质心为简化中心，则主矩一定为零.

结合式(6.4)得到平移刚体惯性力系的简化结果：**平移刚体的惯性力系可以简化为一个通过质心的惯性力，其大小等于刚体的质量与加速度的乘积，方向与加速度的方向相反.**

(2) 定轴转动刚体

设定轴转动刚体的角速度为 ω，角加速度为 α，在刚体上建立一个固连的直角坐标系 $Oxyz$，O 点为简化中心，转轴为 z 轴. 刚体内任一质点的质量为 m_i，对 O 点的矢径为 $\boldsymbol{r}_i$，坐标为(x_i, y_i, z_i)，参见图 6.7. 该质点的速度为 $\boldsymbol{v}_i$，加速度可分为法向加速度 $\boldsymbol{a}_{ni}$ 和切向加速度 $\boldsymbol{a}_{\tau i}$.

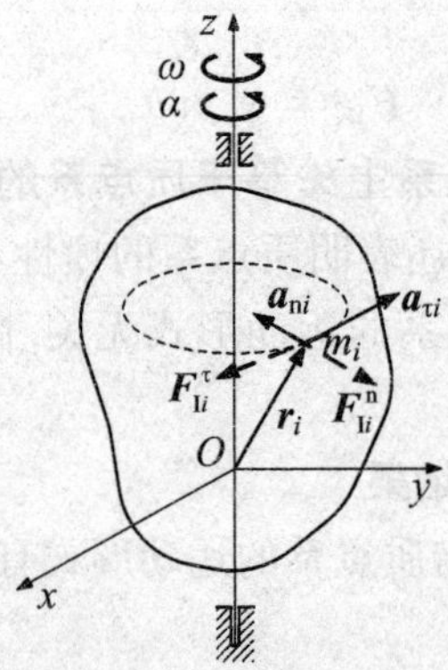

图 6.7　定轴转动刚体的惯性力系

为了简捷地得到一般结果，我们采用矢量方法分析. 由角速度和角加速度的矢量表示，有

$$\boldsymbol{\omega} = \omega \boldsymbol{k}$$

$$\boldsymbol{\alpha} = \alpha \boldsymbol{k}$$

而 $\boldsymbol{r}_i = x_i \boldsymbol{i} + y_i \boldsymbol{j} + z_i \boldsymbol{k}$，所以由式(3.31)，(3.34)，(3.36)有

$$\boldsymbol{v}_i = \boldsymbol{\omega} \times \boldsymbol{r}_i = \omega(-y_i \boldsymbol{i} + x_i \boldsymbol{j})$$

$$\boldsymbol{a}_{\tau i} = \boldsymbol{\alpha} \times \boldsymbol{r}_i = \alpha(-y_i \boldsymbol{i} + x_i \boldsymbol{j})$$

$$\boldsymbol{a}_{\mathrm{n}i} = \boldsymbol{\omega} \times \boldsymbol{v}_i = -\omega^2(x_i \boldsymbol{i} + y_i \boldsymbol{j})$$

因此，质点 m_i 的切向惯性力与法向惯性力分别是

$$\boldsymbol{F}_{\mathrm{I}i}^{\tau} = -m_i \boldsymbol{a}_{\tau i} = m_i \alpha (y_i \boldsymbol{i} - x_i \boldsymbol{j})$$

$$\boldsymbol{F}_{\mathrm{I}i}^{\mathrm{n}} = -m_i \boldsymbol{a}_{\mathrm{n}i} = m_i \omega^2 (x_i \boldsymbol{i} + y_i \boldsymbol{j})$$

质点 m_i 的惯性力为

$$\boldsymbol{F}_{\mathrm{I}i} = \boldsymbol{F}_{\mathrm{I}i}^{\tau} + \boldsymbol{F}_{\mathrm{I}i}^{\mathrm{n}} = m_i[(\omega^2 x_i + \alpha y_i)\boldsymbol{i} + (\omega^2 y_i - \alpha x_i)\boldsymbol{j}]$$

由式(2.30)和式(2.16)计算惯性力系对 O 点的主矩为

$$\begin{aligned}\boldsymbol{M}_{\mathrm{I}O} &= \sum \boldsymbol{M}_{\mathrm{I}O}(\boldsymbol{F}_{\mathrm{I}i}) = \sum \boldsymbol{r}_i \times \boldsymbol{F}_{\mathrm{I}i} \\ &= (\alpha \sum m_i x_i z_i - \omega^2 \sum m_i y_i z_i)\boldsymbol{i} + (\alpha \sum m_i y_i z_i + \omega^2 \sum m_i x_i z_i)\boldsymbol{j} \\ &\quad - \alpha \sum m_i (x_i^2 + y_i^2)\boldsymbol{k}\end{aligned}$$

记

$$J_{xz} = \sum m_i x_i z_i, \quad J_{yz} = \sum m_i y_i z_i \tag{6.7}$$

称为刚体对于 z 轴的**惯性积**，它取决于刚体质量对于坐标轴的分布情况. 而由式(2.7)可知，$J_z = \sum m_i (x_i^2 + y_i^2)$ 是刚体对于 z 轴的转动惯量.

于是定轴转动刚体的惯性力系对于转轴上一点 O 的主矩为

$$\boldsymbol{M}_{\mathrm{I}O} = (J_{xz}\alpha - J_{yz}\omega^2)\boldsymbol{i} + (J_{yz}\alpha + J_{xz}\omega^2)\boldsymbol{j} - J_z \alpha \boldsymbol{k} \tag{6.8}$$

或写为

$$\boldsymbol{M}_{\mathrm{I}O} = M_{\mathrm{I}x}\boldsymbol{i} + M_{\mathrm{I}y}\boldsymbol{j} + M_{\mathrm{I}z}\boldsymbol{k}$$

其中

$$\left.\begin{aligned} M_{\mathrm{I}x} &= J_{xz}\alpha - J_{yz}\omega^2 \\ M_{\mathrm{I}y} &= J_{yz}\alpha + J_{xz}\omega^2 \\ M_{\mathrm{I}z} &= -J_z \alpha \end{aligned}\right\} \tag{6.9}$$

分别是定轴转动刚体惯性力系对 x、y、z 轴的主矩.

如果刚体有质量对称平面，且转轴 z 与该平面垂直，简化中心 O 为 z 轴与该平面的交点，则刚体对 z 轴的惯性积为零，即 $J_{xz} = J_{yz} = 0$；所以有 $M_{\mathrm{I}x} = 0$、$M_{\mathrm{I}y} = 0$. 此定轴转动刚体的惯性力系对于转轴上一点 O 的主矩只有 z 轴上的分量，为

$$M_{\mathrm{I}O} = M_{\mathrm{I}z} = -J_z \alpha \tag{6.10}$$

工程中的定轴转动刚体常常具有质量对称平面，且转轴与该对称面垂直.

结合式(6.4)得到常见的有质量对称平面定轴转动刚体惯性力系的简化结果：**当定轴转动刚体有质量对称平面且转轴与此对称面垂直时，惯性力系向转轴与对称面的交点简化为此对称面内的一个等效惯性力与一个等效惯性力偶.惯性力的大小等于刚体的质量与质心加速度的乘积，方向与质心加速度的方向相反，力线通过转轴；惯性力偶的矩的大小等于刚体对转轴的转动惯量与角加速度的乘积，转向与角加速度的方向相反.** 图 6.8 是有质量对称面的定轴转动刚体(转子)的惯性力系的简化结果的图示方法.

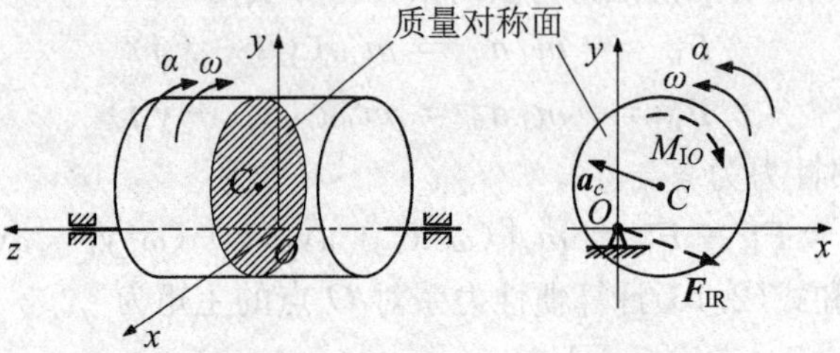

图 6.8 有质量对称面转子的惯性力系的简化

(3) 平面运动刚体

刚体平面运动时，取质心 C 为基点，建立原点在质心 C 的直角坐标系，使 Cxy 面平行于运动平面，则平面运动可分解为随质心 C 的平移和绕过质心 C 的 z 轴的转动，参见图 6.9.

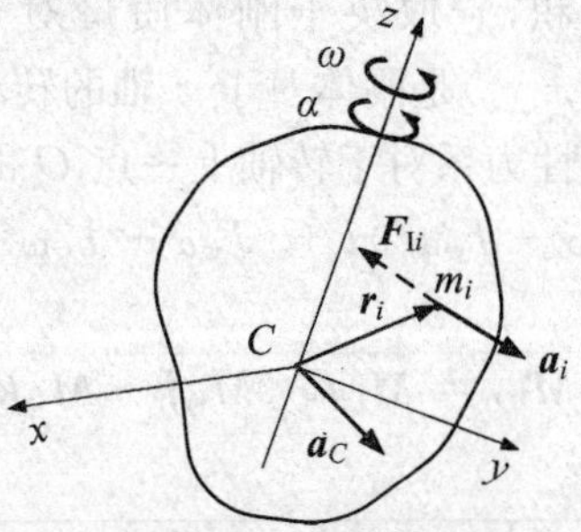

图 6.9 平面运动刚体的惯性力系

设刚体的角速度为 ω，角加速度为 α. 刚体内任一质点的质量为 m_i，对质心 C 的矢径为 $\boldsymbol{r}_i$，它的加速度 $\boldsymbol{a}_i = \boldsymbol{a}_C + \boldsymbol{a}_{iC}^{\mathrm{n}} + \boldsymbol{a}_{iC}^{\tau}$，此加速度在与 Cxy 面平行的平面内.该质点的惯性力为

$$\boldsymbol{F}_{\mathrm{I}i} = -m_i\boldsymbol{a}_i = -m_i\boldsymbol{a}_C - m_i\boldsymbol{a}_{iC}^{\mathrm{n}} - m_i\boldsymbol{a}_{iC}^{\tau} = -m_i\boldsymbol{a}_C + \boldsymbol{F}_{\mathrm{I}i}^{\mathrm{n}} + \boldsymbol{F}_{\mathrm{I}i}^{\tau}$$

其中 $\boldsymbol{F}_{\mathrm{I}i}^{\mathrm{n}}$ 和 $\boldsymbol{F}_{\mathrm{I}i}^{\tau}$ 是质点 m_i 绕过质心 C 的 z 轴转动的法向惯性力与切向惯性力.

惯性力系对质心 C 的主矩为

$$\boldsymbol{M}_{\mathrm{I}C}=\sum\boldsymbol{M}_C(\boldsymbol{F}_{\mathrm{I}i})=\sum\boldsymbol{M}_C(-m_i\boldsymbol{a}_C)+\sum\boldsymbol{M}_C(\boldsymbol{F}_{\mathrm{I}i}^{\mathrm{n}})+\sum\boldsymbol{M}_C(\boldsymbol{F}_{\mathrm{I}i}^{\tau})$$

但是

$$\sum\boldsymbol{M}_C(-m_i\boldsymbol{a}_C)=\sum\boldsymbol{r}_i\times(-m_i\boldsymbol{a}_C)=\sum m_i\boldsymbol{r}_i\times\boldsymbol{a}_C=0\times\boldsymbol{a}_C=0$$

(注意:这只是对质心简化的结果,对于任意的简化中心 A,有$\sum m_i\boldsymbol{r}_i\times\boldsymbol{a}_C=\boldsymbol{r}_{CA}\times\boldsymbol{a}_C$,一般并不为零.)

所以

$$\boldsymbol{M}_{\mathrm{I}C}=\sum\boldsymbol{M}_C(\boldsymbol{F}_{\mathrm{I}i}^{\mathrm{n}})+\sum\boldsymbol{M}_C(\boldsymbol{F}_{\mathrm{I}i}^{\tau})$$

这说明,把平面运动分解为随质心的平移和绕质心轴的转动时,惯性力系的主矩由刚体绕质心轴的转动确定,而与随质心的平移无关.因此可以引用刚体绕定轴转动的惯性力系主矩的计算方法,得到平面运动刚体惯性力系对质心 C 的主矩为

$$\boldsymbol{M}_{\mathrm{I}C}=M_{\mathrm{I}x}\boldsymbol{i}+M_{\mathrm{I}y}\boldsymbol{j}+M_{\mathrm{I}z}\boldsymbol{k} \tag{6.11}$$

其中 $M_{\mathrm{I}x}$、$M_{\mathrm{I}y}$、$M_{\mathrm{I}z}$ 由式(6.9)确定.

工程中的平面运动刚体常常具有质量对称平面,且运动平面与该质量对称平面平行.此时刚体对 z 轴的惯性积为零,即 $J_{xz}=J_{yz}=0$,所以有 $M_{\mathrm{I}x}=0$、$M_{\mathrm{I}y}=0$.该平面运动刚体的惯性力系对于质心 C 的主矩只有 z 轴上的分量,为

$$M_{\mathrm{I}C}=M_{\mathrm{I}z}=-J_z\alpha \tag{6.12}$$

结合式(6.4)得到常见的有质量对称平面且平行于该对称面运动的刚体惯性力系的简化结果:**当刚体有质量对称平面且平行于此对称面运动时,惯性力系向质心简化为此对称面内的一个等效惯性力与一个等效惯性力偶.惯性力的大小等于刚体的质量与质心加速度的乘积,方向与质心加速度的方向相反,力线通过质心;惯性力偶的矩的大小等于刚体对过质心且垂直于质量对称面的轴的转动惯量与角加速度的乘积,转向与角加速度的方向相反**.图 6.10 是有质量对称面的平面运动刚体惯性力系的简化结果的图示方法.

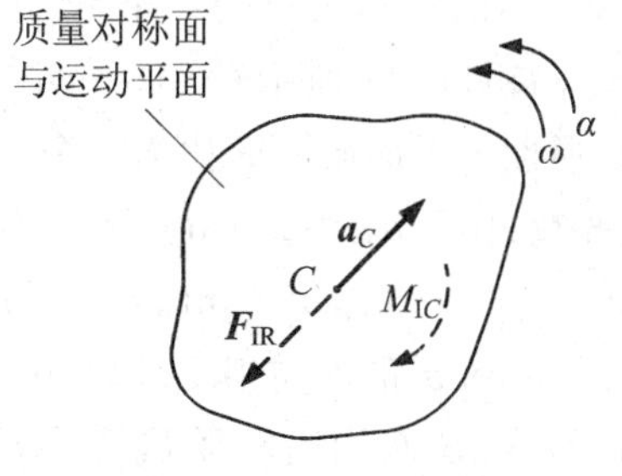

图 6.10 有质量对称面的平面运动刚体惯性力系简化

在动力学问题中,惯性力分析是一个十分重要的步骤.惯性力分析的结果不但与主动力、约束力的分析一样,必须在受力图上画出来,而且还要计算与相应加速度

的关系.

惯性力分析的一般步骤与要求为:

① 明确刚体的运动类型,确定刚体惯性力系的主矢与主矩的计算方法.

② 根据刚体惯性力系的主矢与主矩的计算需要,假设相应的加速度(速度).

③ 进行运动分析,确定所假设的加速度的关系.

④ 按与加速度相反的方向,在受力图上画出相应的等效惯性力与等效惯性力偶.

⑤ 写出等效惯性力与等效惯性力偶用相应加速度计算的表达式.

例 6.3 如图 6.11 所示,在水平面上放置一均质三棱柱 A,质量为 m_A,质心在点 A;在其斜面上又放着一个均质三棱柱 B,质量为 m_B,质心在点 B.两三棱柱的横截面均为直角三角形.试分析三棱柱 B 在下滑过程中,两个棱柱的惯性力.

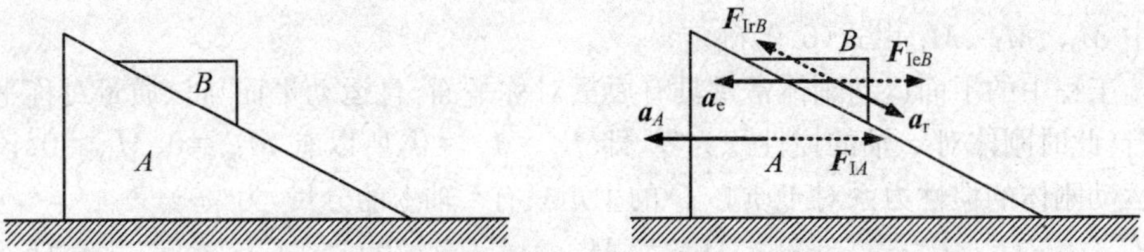

图 6.11 例 6.3 图

解:参考系固连在地面,为惯性系.

(1) 分析运动

三棱柱 A 平移,加速度为 $\boldsymbol{a}_A$.

三棱柱 B 相对三棱柱 A 平移,同时随三棱柱 A 平移.相对加速度为 $\boldsymbol{a}_r$,牵连加速度 $\boldsymbol{a}_e=\boldsymbol{a}_A$,其绝对加速度为 $\boldsymbol{a}_B=\boldsymbol{a}_r+\boldsymbol{a}_e=\boldsymbol{a}_r+\boldsymbol{a}_A$.

(2) 计算惯性力

三棱柱 A 平移,其惯性力系向质心简化为一个"作用"在质心 A 的等效惯性力 $F_{IA}=m_Aa_A$,方向与 $\boldsymbol{a}_A$ 相反,如图 6.11 所示.

三棱柱 B 也是平移,其惯性力系向质心简化为一个"作用"在质心 B 的等效惯性力 $\boldsymbol{F}_{IB}=m_Ba_B$,方向与 $\boldsymbol{a}_B$ 相反.由于 $\boldsymbol{a}_B=\boldsymbol{a}_r+\boldsymbol{a}_A$,所以有

$$\boldsymbol{F}_{IB}=-m_B\boldsymbol{a}_B=-m_B\boldsymbol{a}_r-m_B\boldsymbol{a}_A=\boldsymbol{F}_{IrB}+\boldsymbol{F}_{IeB}$$

$\boldsymbol{F}_{IrB}$ 和 $\boldsymbol{F}_{IeB}$ 的方向分别与 $\boldsymbol{a}_r$ 和 $\boldsymbol{a}_e$ 的方向相反,如图 6.11 所示,不必再画出 $\boldsymbol{F}_{IB}$ 了.

例 6.4 如图 6.12 所示,A、B 两均质轮质量皆为 m,对质心的转动惯量皆为 mr^2,且有 $R=2r$.小定滑轮 C 及绕于两轮上的细绳的质量忽略不计.当轮沿斜面只滚不滑时,试分析 A、B 两轮的惯性力.

解:参考系固连在地面,为惯性系.

(1) 明确刚体的运动类型

A、B 两轮皆为平面运动，且轮 A 的速度瞬心在点 P，轮 B 的速度瞬心在点 Q. 平面运动刚体的惯性力的计算需要质心的加速度与相对基点转动的角加速度.

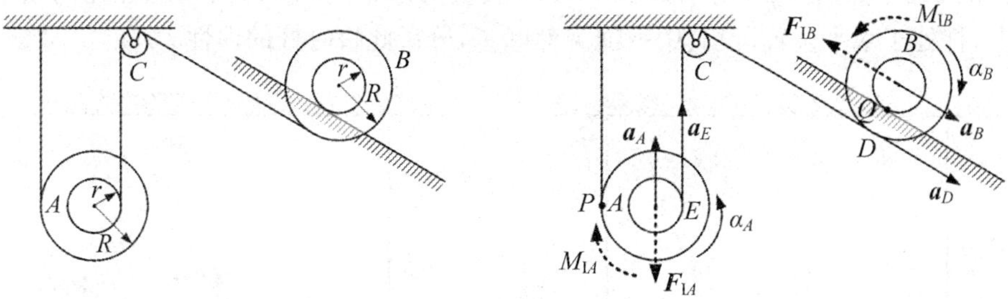

图 6.12　例 6.4 图

(2) 假设相应的加速度

设系统运动时轮 B 向下滚动，轮 A 向上运动. 因此，设轮 A 的质心加速度为 $\boldsymbol{a}_A$，方向铅垂向上，角加速度为 α_A，逆时针方向；轮 B 的质心加速度为 $\boldsymbol{a}_B$，方向沿斜面向下，角加速度为 α_B，顺时针方向，如图 6.12 所示.

(3) 进行运动分析，确定加速度的关系

轮 A 的速度瞬心在点 P，因而有 $a_A = R\alpha_A = 2r\alpha_A$，且绳上 E 点的加速度 $\boldsymbol{a}_E$ 与轮 A 上 E 点的加速度在绳上的分量相同，所以有 $a_E = a_A + r\alpha_A = 3r\alpha_A$.

绳上各点的加速度的大小相同，所以绳上 D 点的加速度 $a_D = a_E = 3r\alpha_A$.

轮 B 的速度瞬心在点 Q，因而有 $a_B = r\alpha_B$，且绳上 D 点的加速度 $\boldsymbol{a}_D$ 与轮 B 上 D 点的加速度在绳上的分量相同，所以有 $a_D = a_B - R\alpha_B = -r\alpha_B$.

而已有 $a_D = a_E = 3r\alpha_A$，所以得到两个轮子的角加速度的关系为

$$\alpha_A = -\frac{1}{3}\alpha_B$$

可见，在所设的四个加速度(角加速度)中，只有一个加速度是独立的.

(4) 画出等效惯性力与等效惯性力偶

由于平面运动刚体的惯性力系向质心简化，得到一个作用在质心的等效惯性力与一个对质心的等效惯性力偶. 它们的方向都与相应的加速度(角加速度)的方向相反，在图上按相应加速度的反方向画出，如图 6.12 所示，得到惯性力的受力图.

(5) 写出惯性力的表达式

根据加速度关系式，写出等效惯性力与等效惯性力偶用相应加速度计算的表达式(可用一个独立加速度表示)，为

$$F_{IA} = ma_A = 2mr\alpha_A = -\frac{2}{3}mr\alpha_B$$

$$M_{IA} = mr^2\alpha_A = -\frac{1}{3}mr^2\alpha_B$$

$$F_{IB} = ma_B = mr\alpha_B$$

$$M_{IB} = mr^2\alpha_B$$

例 6.5 如图 6.13 所示，均质杆 AB 质量为 m，杆长为 l，两端悬挂在两条平行绳上，杆处于水平位置. 设其中一绳突然断了，分析此瞬时杆的惯性力.

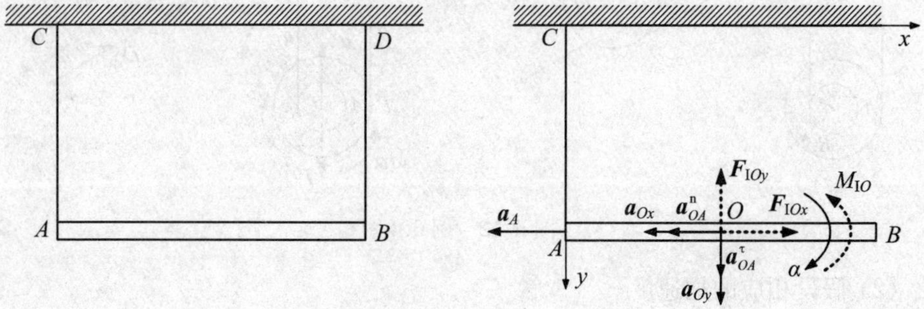

图 6.13 例 6.5 图

解:参考系固连在地面，为惯性系.

(1) 明确刚体的运动类型

绳 BD 断后，杆 AB 只受绳 AC 的约束和重力作用，产生的运动为平面运动. 平面运动刚体的惯性力的计算需要质心的加速度与相对基点转动的角加速度.

(2) 假设相应的加速度

设杆 AB 的质心为 O，加速度方向未知，设为两个正交分量 $\boldsymbol{a}_{Ox}$、$\boldsymbol{a}_{Oy}$，设杆 AB 的角加速度为 α.

(3) 进行运动分析，确定加速度的关系

为分析假设的加速度的关系，再寻找杆 AB 上的已知条件. 一个条件是在绳 BD 断的瞬间，杆 AB 的角速度为零. 另一个条件是在绳 BD 断的瞬间，杆端 A 受不可伸长的绳 AC 的约束，点 A 只能具有垂直于绳，亦即沿着杆 AB 方向的加速度 $\boldsymbol{a}_A$.

由平面运动刚体上点的加速度计算，若以点 A 为基点，有

$$\boldsymbol{a}_{Ox} + \boldsymbol{a}_{Oy} = \boldsymbol{a}_A + \boldsymbol{a}_{OA}^\tau + \boldsymbol{a}_{OA}^n$$

其中 $a_{OA}^n = 0, a_{OA}^\tau = \dfrac{l}{2}\alpha$. 上式分别投影于 x、y 轴，有

$$-a_{Ox} = -a_A, \quad a_{Oy} = a_{OA}^\tau$$

即为 $a_{Ox} = a_A, \quad a_{Oy} = \dfrac{l}{2}\alpha$.

(4) 画出等效惯性力与等效惯性力偶

由于平面运动刚体的惯性力系向质心简化，得到一个作用在质心的等效惯性力与一个对质心的等效惯性力偶. 它们的方向都与相应的加速度（角加速度）的方向相反，在图上按相应加速度的反方向画出，如图 6.13 所示，得到惯性力的受力图.

(5) 写出惯性力的表达式

根据加速度关系式,写出等效惯性力与等效惯性力偶用相应加速度计算的表达式,为

$$F_{IOx} = ma_{Ox} = ma_A$$

$$F_{IOy} = ma_{Oy} = \frac{ml}{2}\alpha$$

$$M_{IO} = J_O\alpha = \frac{ml^2}{12}\alpha$$

例 6.6　如图 6.14 所示,质量为 m 的滑块 A 在水平槽中运动,杆 AB 长为 l,质量不计,A 端与滑块铰接,B 端连接质量 m_1 的小球.试分析系统运动时各物体的惯性力.

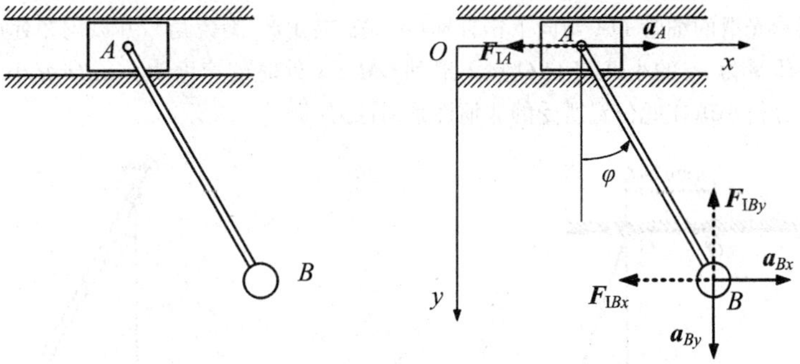

图 6.14　例 6.6 图

解:建立固连在地面的坐标系 Oxy,此为惯性系.

(1) 明确刚体的运动类型

系统由两个物体组成,滑块 A 沿 x 轴平移;小球 B 相对滑块 A 转动,同时随滑块 A 运动.

(2) 假设相应的加速度,确定加速度关系

用解析法写出物体的坐标,并计算出加速度表达式.

设滑块 A 的坐标为(x_A,0),小球 B 的坐标为($x_A + l\sin\varphi$,$l\cos\varphi$),其中 φ 为杆 AB 与 y 轴的夹角.

计算坐标表达式对时间 t 的二阶导数,即得物体的加速度为

$$a_A = \ddot{x}_A$$

$$a_{Bx} = \ddot{x}_B = \ddot{x}_A - l\dot{\varphi}^2\sin\varphi + l\ddot{\varphi}\cos\varphi$$

$$a_{By} = \ddot{y}_B = -l\dot{\varphi}^2\cos\varphi - l\ddot{\varphi}\sin\varphi$$

(3) 画出惯性力

根据惯性力的方向与相应的加速度方向相反,在图上作出惯性力的受力图,如图 6.14 所示.在解析法中,加速度的正向为坐标轴的正向.

(4) 写出惯性力的表达式

根据加速度关系式,写出惯性力的表达式,为

$$F_{IA} = ma_A = m\ddot{x}_A$$

$$F_{IBx} = m_1 a_{Bx} = m_1 \ddot{x}_A - m_1(l\dot{\varphi}^2 \sin\varphi - l\ddot{\varphi}\cos\varphi)$$

$$F_{IBy} = m_1 a_{By} = -m_1(l\dot{\varphi}^2 \cos\varphi + l\ddot{\varphi}\sin\varphi)$$

习　题

6.1　图示单摆长 l,其悬挂点 O_1 在固定点 O 的附近沿水平直线作简谐振动,即 $OO_1 = a\sin\omega_0 t$.在研究单摆相对 O_1 点摆动的规律时,试分析质量为 m 的摆球 M 所受的非惯性系惯性力.

6.2　图示光滑的细管 OA 与向下铅直轴 Oy 成 θ 夹角(θ 为锐角),并以匀角速度 ω 绕 Oy 轴转动,管内一质量为 m 的小球 M 自 O 点下滑到 $OM = s$ 处时的速度为 v.在研究小球相对管 OA 的运动时,试分析小球在此位置所受的非惯性系惯性力.

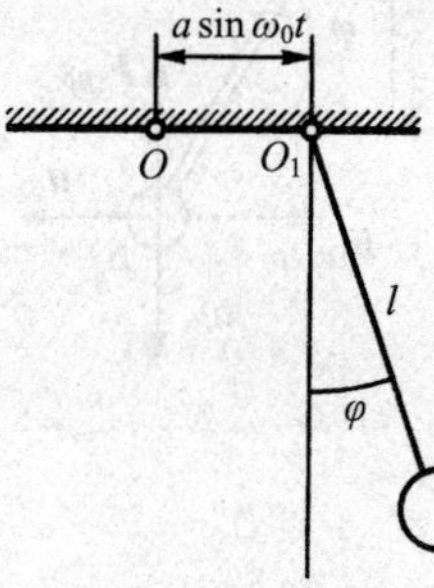

题 6.1 图

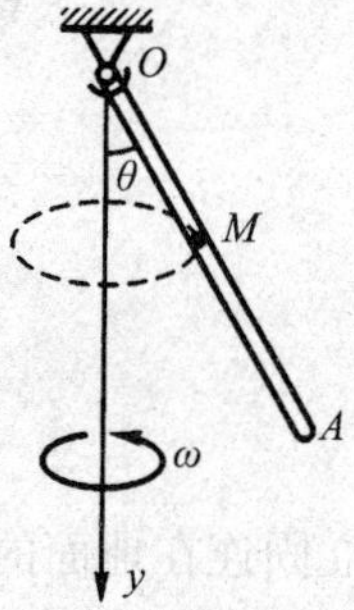

题 6.2 图

6.3　质量为 m 的单摆,其悬挂点 A 随构件以匀角速度 ω 绕 Oz 轴转动,如图所示.在研究小球相对转动构件的摆动时,试分析小球 B 所受的非惯性系惯性力.

6.4　图示质量为 m 的小球 M 放在半径为 r 的光滑圆管内,并可沿管滑动.如圆管在水平面内以速度 ω 绕管上某定点 A 转动.在研究小球相对圆管的运动时,试分析小球 M 所受的非惯性系惯性力.

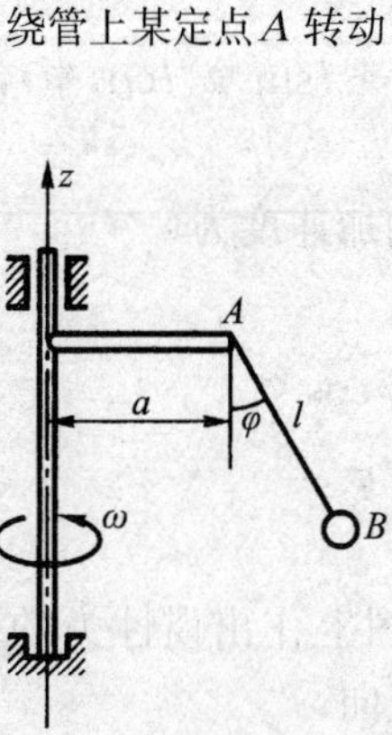

题 6.3 图

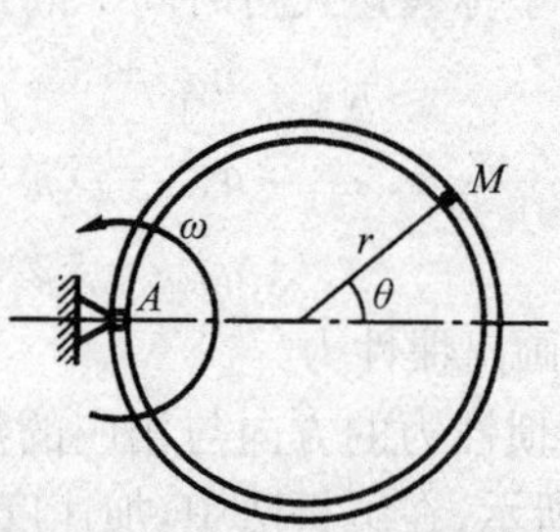

题 6.4 图

6.5　图示质量为 m 的质点 A 相对于半径为 R 的圆盘由 C 点沿倾斜角为 φ 的斜槽 CO 滑向圆盘中心 O，圆盘以匀角速度 ω 转动．设质点 A 在点 C 时相对圆盘静止，到达点 O（尚在斜槽上）时相对圆盘的速度为 $\boldsymbol{v}$，试分析质点 A 在斜槽两端点 C 与点 O 处的非惯性系惯性力．

6.6　如图所示为半径为 R 的带有径向槽 AB 的圆盘，在铅垂面内平面运动，其中心 O 的加速度为 $\boldsymbol{a}$，角速度为 ω，角加速度为 α．滑块 C 的质量为 m，以相对圆盘的匀速 $\boldsymbol{v}$ 从槽的 A 端运动到 B 端．试分析滑块 C 分别在 A、O、B 三点处的非惯性系惯性力．

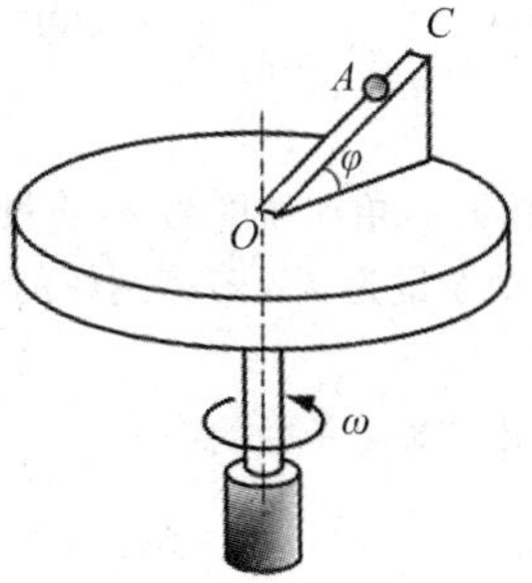

题 6.5 图

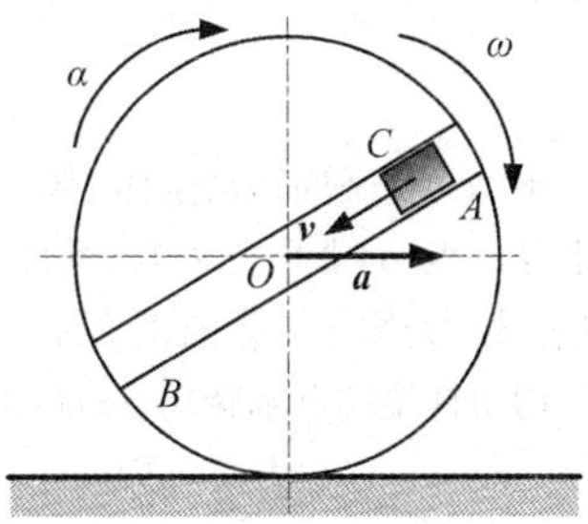

题 6.6 图

6.7　物体 A 放在水平面上，物体与平面间的动摩擦因数为 f；另一物体 B 的质量为 m_B，由跨过滑轮 C 的绳与物体 A 连接，如图所示．在重力作用下，物体 B 沿铅垂方向下降，设其下降的加速度为 $\boldsymbol{a}$．如物体 A 的质量为 m_A，滑轮 C 的质量不计，分别作出物体 A 与物体 B 的受力图（含惯性力）．

6.8　两重物 A 与 B 的质量分别为 m_A、m_B，通过定滑轮与动滑轮并与电机连接，如图所示，两个滑轮均可视为质量为 m，半径为 R 的均质圆盘．设重物 A 上升的加速度为 $\boldsymbol{a}$，试分别作出重物 A、B 与每个滑轮的受力图（含惯性力）．

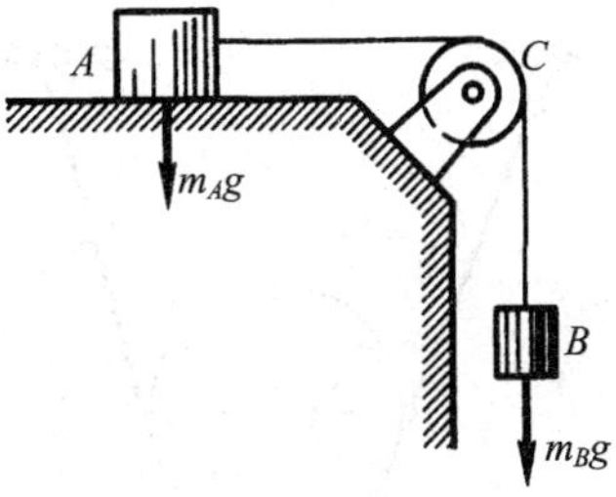

题 6.7 图

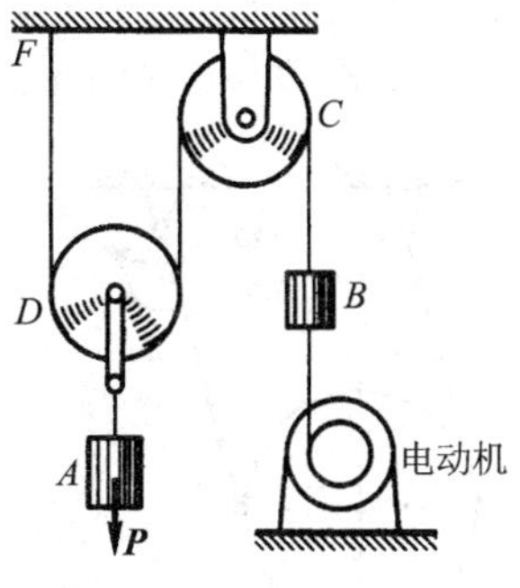

题 6.8 图

6.9　试向转轴简化质量为 m 的圆盘在以下四种情况的惯性力系（转轴垂直于质量对称面）：

(1) 均质圆盘的质心在转轴上，圆盘作匀速转动（见图(a)）；

(2) 偏心圆盘作匀速转动，偏心距为 e（见图(b)）；

(3) 均质圆盘的质心在转轴上，但为变速转动（见图(c)）；

(4) 偏心圆盘作变速转动，偏心距为 e，已知圆盘对质心的回转半径为 ρ（见图(d)）．

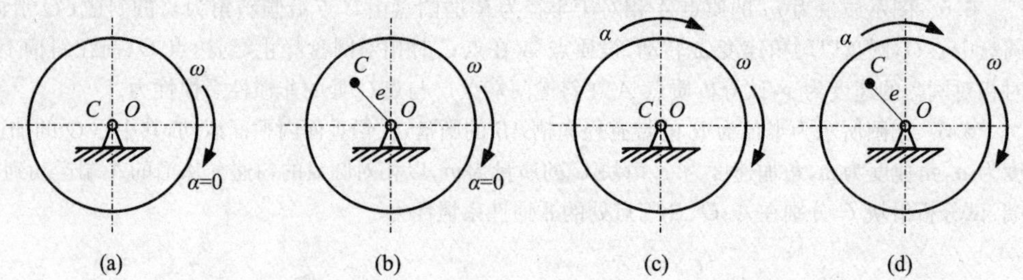

题 6.9 图

6.10　图示为作平面运动刚体的质量对称平面，其角速度为 ω，角加速度为 α，质量为 m，对通过平面上任一点 A（非质心 C）且垂直于对称平面的轴的转动惯量为 J_A. 若将刚体的惯性力系向该点简化，试讨论图示结果的正确性.

6.11　均质杆绕端点轴转动，试证明图示两种惯性力的简化结果是等效的.

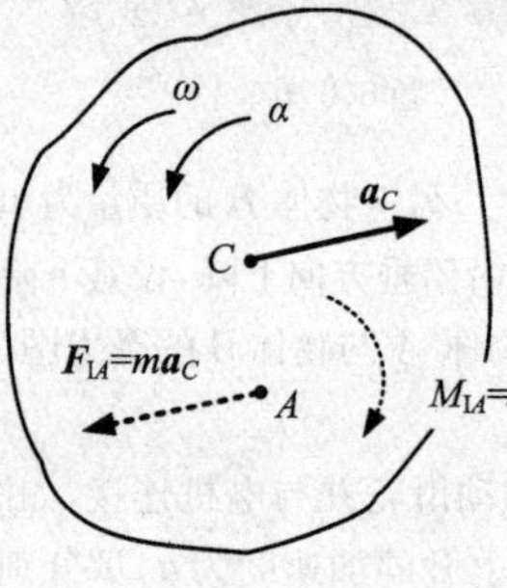

题 6.10 图

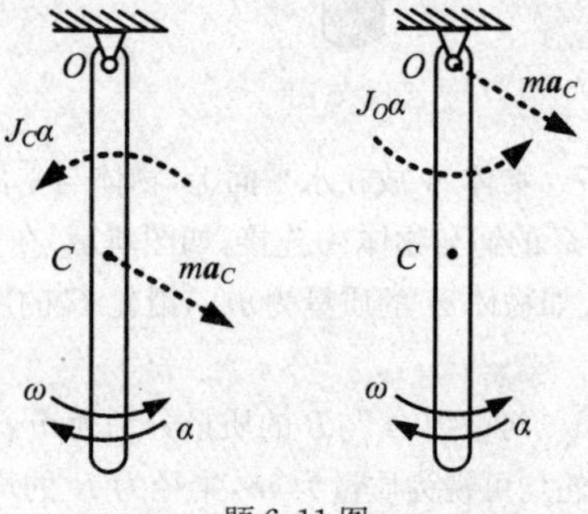

题 6.11 图

6.12　在图示瞬时，试分析下列各质量为 m、半径为 R 的均质圆轮的惯性力. 其中，图(a)中两支杆平行且等长；图(c)为在静止状态时右杆突然断裂.

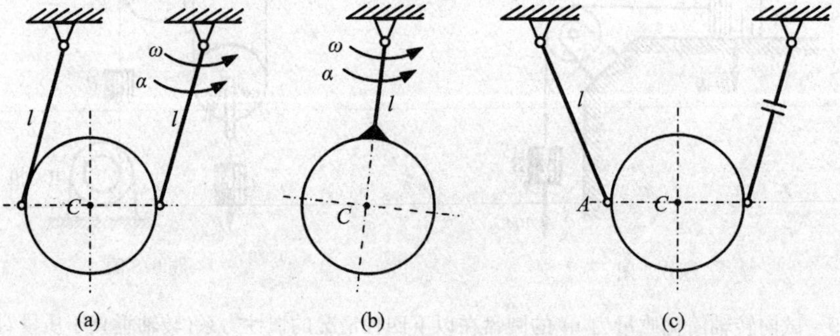

题 6.12 图

6.13　图示质量为 m、半径为 R 的均质圆盘，在 O 处铰接、B 处支承. 已知 $OB=L$，如果突然撤去 B 处约束，求在撤去瞬时，圆盘的惯性力系向点 O 简化的结果.

6.14　如图所示，质量为 m_1、倾角为 θ 的斜面以加速度 $\boldsymbol{a}$ 沿光滑水平面移动，带动半径为 R、

质量为 m_2 的均质轮 O 在粗糙斜面上纯滚动，质量为 m_3 的铅直杆 AO 与轮心 O 铰接；试分析系统的惯性力，分别作出斜面与均质轮的受力图.

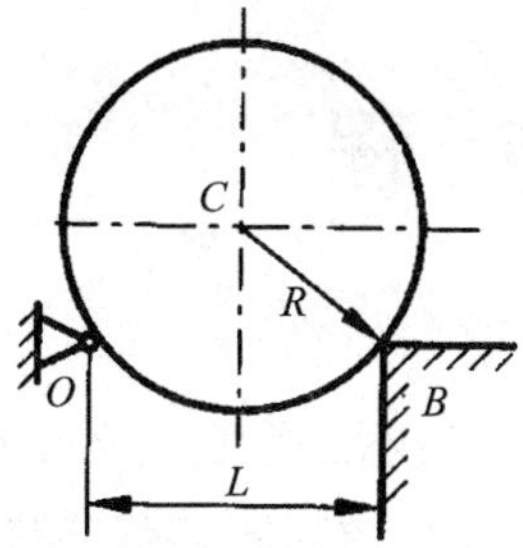

题 6.13 图

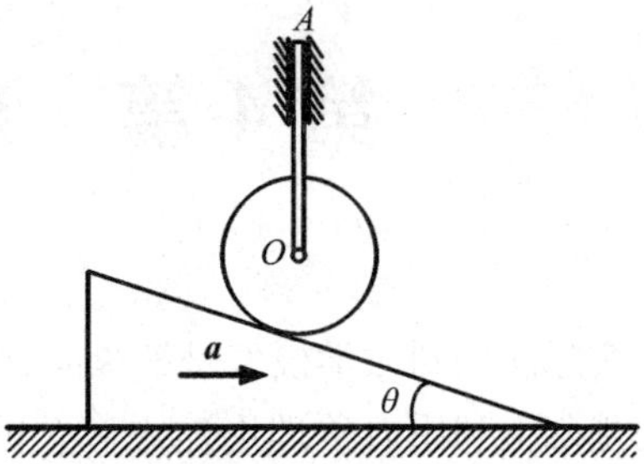

题 6.14 图

6.15 图示均质杆 CD 长为 $2l$，重 $\boldsymbol{P}$，以匀角速度 ω 绕铅垂轴 A 转动，此杆与 AB 轴固结，且与铅垂轴交角成 θ 角，其质心在轴上. 求 CD 杆的惯性力系向其质心简化的结果.

6.16 图示为均质细杆 $ABCDO$ 弯成的圆环，半径为 r，转轴 O 通过圆心垂直于环面，A 端自由，AD 段为微小缺口，设圆环以匀角速度 ω 绕轴 O 转动，环的线密度为 ρ. 试分析细杆 $ABCDO$ 的惯性力.

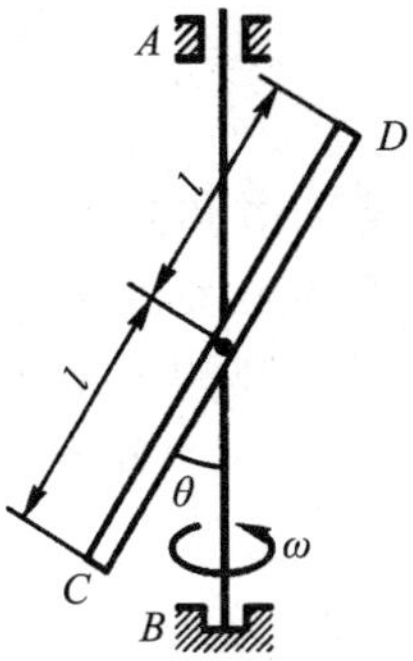

题 6.15 图

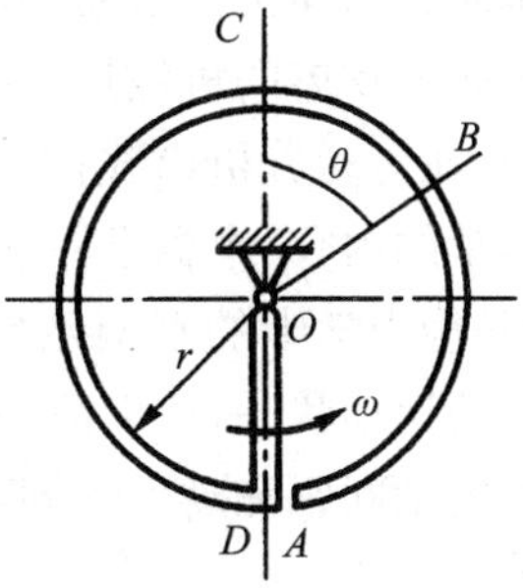

题 6.16 图

6.17 铅垂面内曲柄连杆滑块机构中，均质直杆 $OA=r$，$AB=2r$，质量分别为 m 和 $2m$，滑块质量为 m. 曲柄 OA 匀速转动，角速度为 ω_O. 试分析各组成物体的惯性力，作出机构整体的受力图.

6.18 杆 AB 和 BC 单位长度的质量皆为 m，连接如图所示. 圆盘在铅垂平面内绕 O 轴以角速度 ω 作匀速转动. 在图示位置时，AB 杆与 BC 杆垂直，且 O、A、B 在同一直线上，求此瞬时 AB 杆与 BC 杆的惯性力，并分别作出它们的受力图.

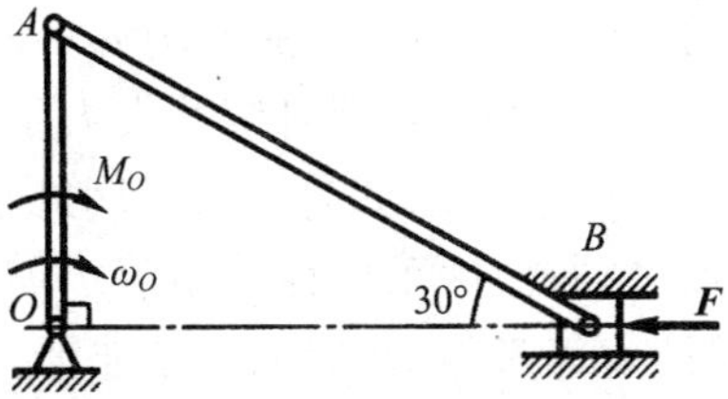

题 6.17 图

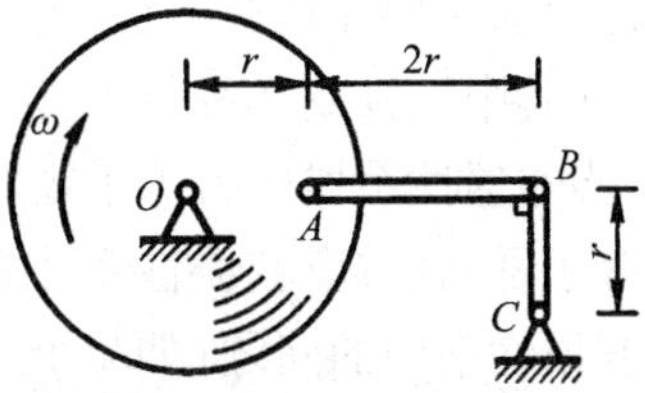

题 6.18 图

第4篇　建立方程

从实际问题到力学模型是解决问题的第一步，要得到问题的答案还必须在力学模型的基础上利用力学理论建立有关的方程，这些方程也称为问题的**数学模型**. 本篇介绍理论力学中建立方程的主要方法.

应该注意方法与问题并不是一一对应的，往往解决一种问题可以有多种方法. 只有通过解决问题的认真实践，才能准确、灵活地运用各种方法，才能达到学习理论力学的真正目的.

通常把理论力学的研究内容分为静力学、运动学与动力学三部分.

静力学研究物体受力分析、力系的简化方法，以及受力物体的平衡条件.

运动学研究物体机械运动的几何性质.

动力学研究物体的机械运动与其受力之间的关系.

本书中，在运动分析篇我们学习了运动学的内容，在受力分析篇中我们学习了一部分静力学的内容. 本篇学习在前面的知识基础上怎样建立运动与力之间的关系方程，也就是静力学中的平衡条件和动力学的内容. 静力学研究的平衡状态实质上是一种特殊的运动状态，所以静力学与动力学是相通的. 在本书中，着重介绍便于应用的处理静力学问题和动力学问题的相同方法.

第7章　平衡方程方法

由受力分析可知，在最一般的情况下，研究对象会受到主动力、约束力、非惯性系惯性力的作用并具有相应的达朗贝尔惯性力. 在许多问题里，这些力并不同时存在，往往其中一种或几种等于零. 因此就出现了几类情况，分别对应几类力学问题. 比如，当非惯性系惯性力等于零时，对应着惯性系中的问题；如果同时达朗贝尔惯性力也等于零，就对应着惯性系中的平衡问题. 反之，非惯性系惯性力不等于零时，就对应非惯性系中的问题；如果此时达朗贝尔惯性力等于零，对应的就是非惯性系中的平衡问题. 又比如，在非惯性系惯性力等于零，且主动力也等于零时，对应着惯性系中约束力与达朗贝尔惯性力的问题，也就是动约束力的问题.

以下分别研究几种工程中常见的情况.

7.1 静力平衡方程

物体相对惯性系的静止或匀速直线平移状态称为**静力平衡状态**，简称**平衡状态**. 在工程中最常见的平衡状态是相对地面的静止状态. 此时，所有的加速度都等于零，没有非惯性系惯性力，也没有达朗贝尔惯性力，只要研究主动力与约束力的关系. 这种关系用静力平衡方程计算.

理论力学研究的静力平衡是刚体在力系作用下的平衡，对于工程实际中的变形体，可以有条件地使用刚体静力平衡的方法进行研究. 静力学中的**刚化原理**对此给出论断：**变形体在力系作用下发生变形并已处于平衡时，若将它刚体化，则其平衡状态不变**. 刚化原理建立了刚体平衡与变形体平衡的联系，提供了用刚体模型研究变形体平衡的依据. 但是必须注意，刚体平衡条件对变形体平衡是必要而不充分的. 只有在确认变形体已处在平衡状态时，才可以用刚体平衡条件进行计算. 例如，一根刚性直杆两端受大小相等，方向相反的压力可以平衡；但这样的一对力作用在一根绳的两端，绳是不可能受压而平衡的.

7.1.1 平衡条件 任意力系的平衡方程

把作用在物体上的所有主动力与约束力作为一个力系，如果物体在这个力系的作用下处于静力平衡状态，则称该力系为**静力平衡力系**，简称**平衡力系**.

空间任意力系为平衡力系的充分必要条件是该力系的主矢和对任一点 O 的主矩均为零，即

$$\boldsymbol{F}_{\mathrm{R}} = \sum \boldsymbol{F}_i = 0 \quad 且 \quad \boldsymbol{M}_O = \sum \boldsymbol{M}_{Oi} = 0 \tag{7.1}$$

如果在刚体上建立直角坐标系 $Oxyz$，由式(2.29)与式(2.32)计算主矢与主矩在坐标轴上的投影，空间任意力系为平衡力系的充分必要条件可以用六个代数方程表示为

$$\left.\begin{aligned} \sum F_x &= 0 \\ \sum F_y &= 0 \\ \sum F_z &= 0 \\ \sum M_x &= 0 \\ \sum M_y &= 0 \\ \sum M_z &= 0 \end{aligned}\right\} \tag{7.2}$$

式(7.2)称为**空间任意力系的平衡方程**.它表明,**空间任意力系平衡的充分必要条件是:力系中所有的力在三个坐标轴的每个轴上的投影的代数和等于零,并且对每个坐标轴的矩的代数和也等于零**.如果方程中只含有主动力和约束力,这样的平衡方程就是**静力平衡方程**.

式(7.2)还表明,一个受空间任意力系作用的刚体有且只有六个独立的平衡方程,这组方程可以解出相关的六个未知数.式(7.2)是空间任意力系平衡方程的基本形式,还可以等价转变为由两个力投影方程与四个力矩方程组成的**四矩式**,或由一个力投影方程与五个力矩方程组成的**五矩式**,甚至全部是力矩方程的**六矩式**.在这些多力矩式的方程组中,对于矩轴的条件有所限制,但是这些限制条件比较复杂而且在求解已知的平衡问题时并不重要,所以一般不追究.不管平衡方程组的内容如何变化,方程组只能由六个方程组成,这是不可变的.而且力的投影方程最多只能有三个,对任意一个其他轴投影增加的力的投影方程都是不独立的方程.

例 7.1 图 7.1 所示传动轴 AB 上装有斜齿轮 C 和带轮 D,斜齿轮的节圆半径 $r=60$ mm,压力角 $\alpha=20^\circ$,螺旋角 $\beta=15^\circ$;带轮的半径 $R=100$ mm,胶带的紧边水平,松边与水平成角 $\theta=30^\circ$,胶带拉力 $T_1=2T_2=1300$ N;两轮在轴上的位置如图 7.1 所示,其中 $a=b=100$ mm,$c=150$ mm.轴在带轮带动下匀速转动,不计轮与轴的重量,求斜齿轮所受的圆周力与轴承 A、B 所受的约束力.

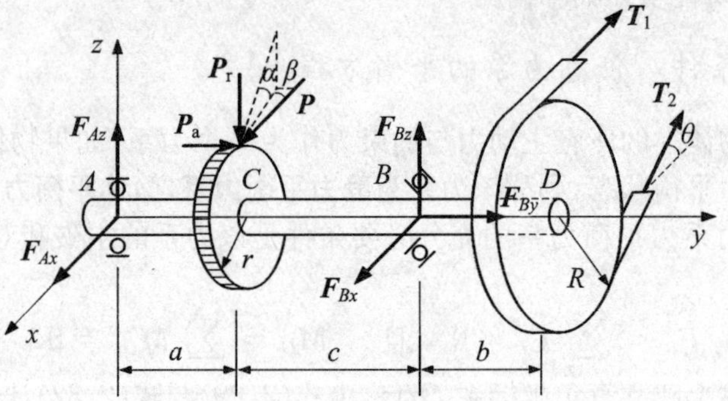

图 7.1 例 7.1 图

解:(1) 研究对象:取传动轴及其上安装的斜齿轮和带轮整体为研究对象.建立坐标系 $Axyz$.

(2) 受力分析:进行受力分析,作受力图如图 7.1 所示.

(3) 建立方程:这是空间任意力系,有六个独立的平衡方程,未知量为五个约束力与一个斜齿轮圆周力,可解.适当地选择平衡方程计算:

$$\sum M_y = 0,\quad Pr - T_1R + T_2R = 0,\quad P = \frac{T_1 - T_2}{r}R = 1083(\text{N})$$

由斜齿轮中圆周力 P,径向力 P_r和轴向力 P_a间的关系,可得

$$P_a = P\tan\beta = 290(\text{N}),\quad P_r = \frac{P}{\cos\beta}\tan\alpha = 408(\text{N})$$

$$\sum F_y = 0,\quad F_{By} + P_a = 0,\quad \therefore F_{By} = -290(\text{N})$$

$$\sum M_z = 0,\quad -Pa - F_{Bx}(a+c) + (T_1 + T_2\cos\theta)(a+c+b) = 0,$$

$$\therefore F_{Bx} = 2175(\text{N})$$

$$\sum F_x = 0,\quad F_{Ax} + F_{Bx} + P - T_1 - T_2\cos\theta = 0,\quad \therefore F_{Ax} = -1395(\text{N})$$

$$\sum M_x = 0,\quad -P_r a - P_a r + F_{Bz}(a+c) + T_2\sin\theta(a+c+b) = 0,$$

$$\therefore F_{Bz} = -222(\text{N})$$

$$\sum F_z = 0,\quad F_{Az} - P_r + F_{Bz} + T_2\sin\theta = 0,\quad \therefore F_{Az} = 305(\text{N})$$

F_{Ax}、F_{By}、F_{Bz}为负值，表明力 $\boldsymbol{F}_{Ax}$、$\boldsymbol{F}_{By}$、$\boldsymbol{F}_{Bz}$的方向与图示方向相反.

上例并不是静止或匀速直线平移的静力平衡问题，但是当匀速转动的定轴转动物体有质量对称面，而且转轴与此对称面垂直并通过质心时，其惯性力的主矢与主矩皆为零. 此时只有主动力与约束力作用，所以仍可按静力平衡的问题处理.

例 7.2　图 7.2 所示六根杆支撑一个正方形水平板，在板的一角作用铅直力 $\boldsymbol{F}$. 设板与杆的自重不计，求各杆所受的力.

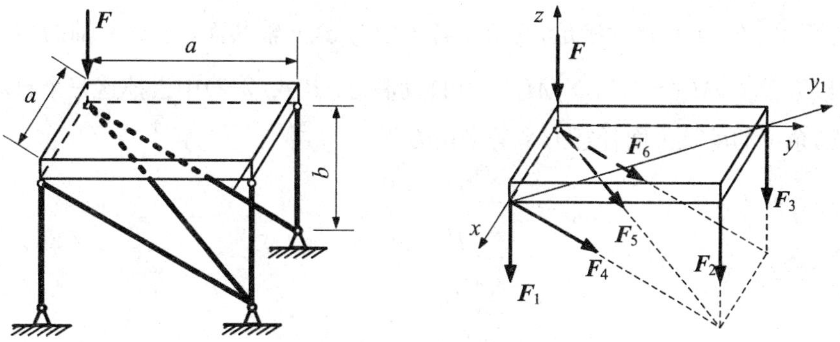

图 7.2　例 7.2 图

解：(1) 研究对象：以水平板为研究对象.

(2) 受力分析：六个杆皆为二力杆，设皆为拉杆，作水平板的受力图如图 7.2 所示.

(3) 建立方程：这是空间任意力系，有六个独立的平衡方程，可求六个未知力. 适当地选择平衡方程，使每个方程中的未知量尽可能少，以提高计算效率.

注意到除 $\boldsymbol{F}_4$外，各力皆与 z 轴平行或相交，所以选择

$$\sum M_z = 0,\quad F_{4y}a = 0,\quad \therefore F_4 = 0$$

又注意到除 $\boldsymbol{F}_5$外，各力皆与 x 轴垂直，所以选择

$$\sum F_x = 0, \quad F_{5x} = 0, \quad \therefore F_5 = 0$$

在 y 轴方向有分力的只有 $\boldsymbol{F}_4$、$\boldsymbol{F}_5$、$\boldsymbol{F}_6$ 三个力，而其中两个力已经求出，所以选择

$$\sum F_y = 0, \quad F_{4y} + F_{5y} + F_{6y} = 0, \quad \therefore F_6 = 0$$

再取过 $\boldsymbol{F}_1$ 与 $\boldsymbol{F}_3$ 作用点的 y_1 轴为矩轴，有

$$\sum M_{y1} = 0, \quad F_2 \frac{\sqrt{2}}{2}a - F\frac{\sqrt{2}}{2}a = 0, \quad \therefore F_2 = F$$

再取 x 轴为矩轴，有

$$\sum M_x = 0, \quad -F_2 a - F_3 a = 0, \quad \therefore F_3 = -F$$

最后，有

$$\sum F_z = 0, \quad -F - F_1 - F_2 - F_3 = 0, \quad \therefore F_1 = -F$$

7.1.2 特殊力系的平衡方程

式(7.2)是最一般的空间任意力系的平衡方程，对于某种特殊力系，从中去掉那些由于力线的特殊位置而自动满足的方程，余下的就是该特殊力系的平衡方程.

1. 平面任意力系的平衡方程

图 7.3 所示为在 Oxy 面内的平面任意力系，显然各力在 z 轴上的投影均为零，所以方程 $\sum F_z = 0$ 自动满足，又由于各力皆与 x、y 轴共面，对 x、y 轴的力矩均为零，所以方程 $\sum M_x = 0$ 与 $\sum M_y = 0$ 自动满足. 从式(7.2)中去掉这三个自动满足的方程，余下的就是平面任意力系的平衡方程：

$$\left.\begin{aligned} \sum F_x &= 0 \\ \sum F_y &= 0 \\ \sum M_O &= 0 \end{aligned}\right\} \tag{7.3}$$

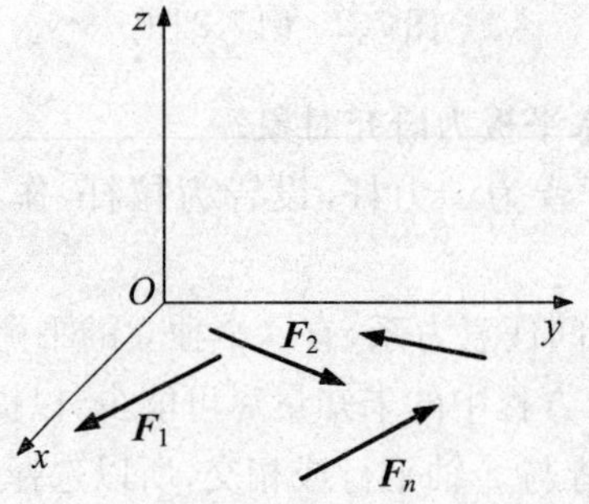

图 7.3 平面任意力系

可以证明，与式(7.3)等价的二矩式平衡方程为

$$\left.\begin{aligned}\sum F_x &= 0\\ \sum M_A &= 0\\ \sum M_B &= 0\end{aligned}\right\}\tag{7.4}$$

二矩式对矩心位置的限制条件是：A、B 两个矩心的连线不能与 x 轴垂直.

还有等价的三矩式平衡方程为

$$\left.\begin{aligned}\sum M_A &= 0\\ \sum M_B &= 0\\ \sum M_C &= 0\end{aligned}\right\}\tag{7.5}$$

三矩式对矩心位置的限制条件是：三个矩心 A、B、C 不能共线.

类似地，可以得到以下特殊力系的平衡方程.

2. 空间汇交力系的平衡方程

以诸力的汇交点为坐标系原点，则各力对三个坐标轴的力矩均为零，式(7.2)中的三个力矩方程自动满足. 因此空间汇交力系的平衡方程为

$$\left.\begin{aligned}\sum F_x &= 0\\ \sum F_y &= 0\\ \sum F_z &= 0\end{aligned}\right\}\tag{7.6}$$

3. 空间平行力系的平衡方程

参见图 7.4，取 z 轴与诸力线平行，诸力皆与 x、y 轴垂直；因此 $\sum M_z = 0$ 与 $\sum F_x = 0$ 和 $\sum F_y = 0$ 自动满足. 空间平行力系的平衡方程为

$$\left.\begin{aligned}\sum F_z &= 0\\ \sum M_x &= 0\\ \sum M_y &= 0\end{aligned}\right\}\tag{7.7}$$

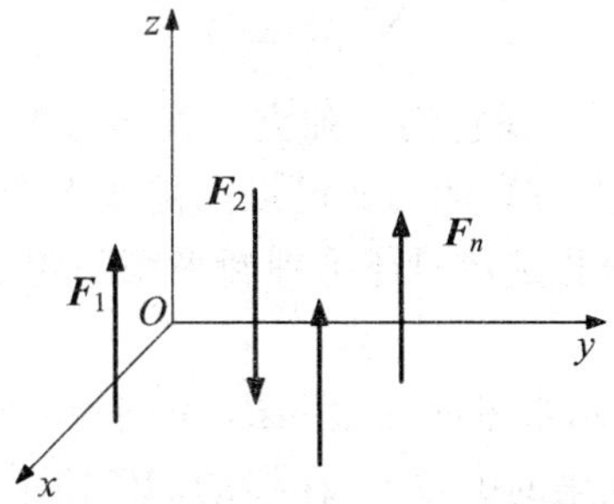

图 7.4　空间平行力系

4．空间力偶系的平衡方程

力偶系的主矢为零，所以三个力的投影方程自动满足．空间力偶系的平衡方程为

$$\left.\begin{aligned}\sum M_x &= 0\\ \sum M_y &= 0\\ \sum M_z &= 0\end{aligned}\right\} \tag{7.8}$$

5．平面汇交力系的平衡方程

设各力的力线均在 Oxy 面，取力线的汇交点为坐标系的原点，在平面任意力系的平衡方程中去掉自动满足的方程 $\sum M_O = 0$，就得到平面汇交力系的平衡方程为

$$\left.\begin{aligned}\sum F_x &= 0\\ \sum F_y &= 0\end{aligned}\right\} \tag{7.9}$$

6．平面平行力系的平衡方程

设各力的力线均在 Oxy 面，且各力均与 x 轴平行，则各力皆与 y 轴垂直，所以方程 $\sum F_y = 0$ 自动满足．从平面任意力系的平衡方程中去掉自动满足的方程，因此平面平行力系的平衡方程为

$$\left.\begin{aligned}\sum F_x &= 0\\ \sum M_O &= 0\end{aligned}\right\} \tag{7.10}$$

等价的二矩式为

$$\left.\begin{aligned}\sum M_A &= 0\\ \sum M_B &= 0\end{aligned}\right\} \tag{7.11}$$

其中矩心位置的限制条件是：A、B 的连线不能与各力平行．

7．平面力偶系的平衡方程

设各力偶的作用面均在 Oxy 面，即各力偶矩矢皆与 Oxy 面垂直，因此主矩矢只有一个 z 轴的分量，所以平衡方程只有一个，为

$$\sum M = 0 \tag{7.12}$$

对于各种力系，不但要掌握它们的独立平衡方程的形式，而且要掌握**独立平衡方程的数目**．对于具体问题，方程的形式可以因需要而变化，但独立平衡方程的数目不可改变，而且独立平衡方程的数目还是判断平衡问题是否可以用平衡方程求解的重要依据．

例 7.3 图 7.5(a)所示水平简支梁 AB，A 端为固定铰支座，B 端为滚动支座．梁长为 $4a$，梁重 P，作用在梁的中点 C．在梁的 AC 段上受均布载荷 q 作用，在梁的 BC 段上受力偶作用，力偶矩 $M = Pa$．求 A 处和 B 处的支座约束力．

解:(1) 研究对象:选梁 AB 为研究对象.

(2) 受力分析:进行受力分析,作出受力图如图 7.5(b)所示.

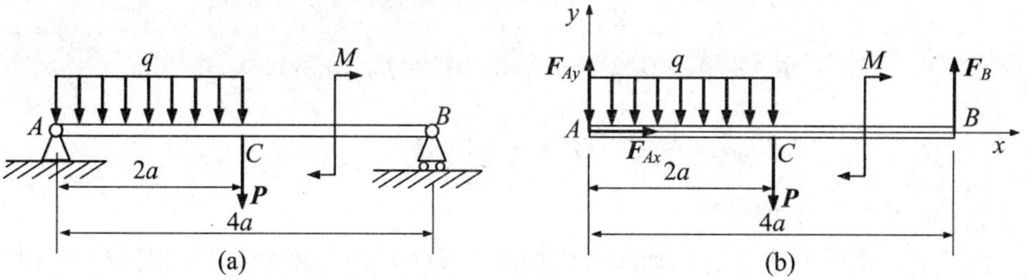

图 7.5　例 7.3 图

(3) 建立方程:这是平面任意力系,有三个独立的平衡方程,可解支座 A、B 的三个未知力.选用平衡方程为

$$\sum F_x = 0,\quad F_{Ax} = 0$$

$$\sum M_A = 0,\quad F_B \cdot 4a - M - P \cdot 2a - q \cdot 2a \cdot a = 0,\quad \therefore F_B = \frac{3}{4}P + \frac{1}{2}qa$$

$$\sum F_y = 0,\quad F_{Ay} - q \cdot 2a - P + F_B = 0,\quad \therefore F_{Ay} = \frac{P}{4} + \frac{3}{2}qa$$

例 7.4　图 7.6(a)所示起重装置中,已知物体重 $G = 20\ \text{kN}$,不计杆、绳和滑轮 B 的重量及滑轮 B 的尺寸,求平衡时 AB 和 BC 杆的受力.

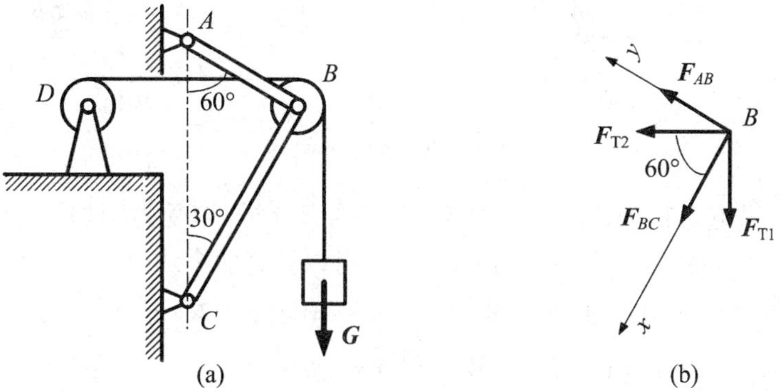

图 7.6　例 7.4 图

解:(1) 研究对象:选滑轮 B 为研究对象.

(2) 受力分析:设 AB 和 BC 杆均受拉力.因不计滑轮的尺寸,作用于其上的力可视为作用在 B 点的平面汇交力系.作出受力图如图 7.6(b)所示.

(3) 建立方程:由滑轮的平衡知,滑轮两边绳的张力大小相等,即 $F_{T1} = F_{T2} = G$.因此,该平面汇交力系只有两个未知力,可用两个平衡方程求解.为计算方便,取坐标轴的方向如图 7.6 所示.

$$\sum F_x = 0, \quad F_{BC} + F_{T1}\cos 30^\circ + F_{T2}\cos 60^\circ = 0,$$

$$\therefore F_{BC} = -\frac{1+\sqrt{3}}{2}G = -27.3(\text{kN})$$

$$\sum F_y = 0, \quad F_{AB} - F_{T1}\sin 30^\circ + F_{T2}\sin 60^\circ = 0,$$

$$\therefore F_{AB} = \frac{1-\sqrt{3}}{2}G = -7.3(\text{kN})$$

负号表示两杆实际上均受压力.

例 7.5 建筑工地上的移动起重机如图 7.7(a)所示,两轨道的间距 $b=3$ m,不包含平衡重物的机身自重($W=500$ kN),重心离左轨道 A 的距离 $c=1.5$ m. 起重机的最大起重量 $W_1=250$ kN,吊臂前端距左轨道 A 的距离为 $a=10$ m. 欲使起重机在满载与空载时均不致倾倒,求平衡重块的最小重量 W_0 以及平衡重块到右轨道 B 的最大距离 x.

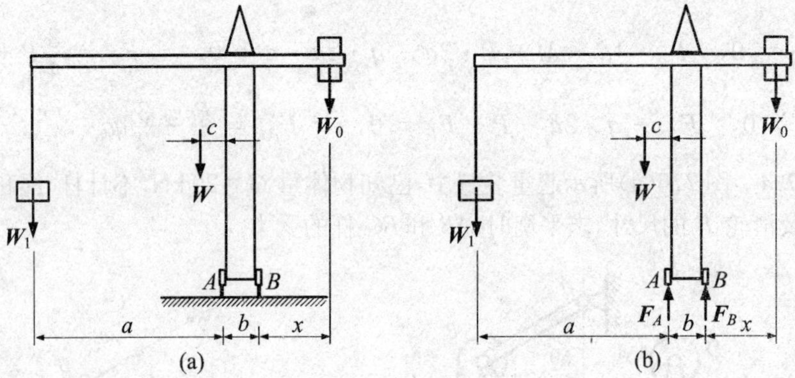

图 7.7 例 7.5 图

解:(1) 选起重机整体为研究对象,进行受力分析,作受力图如图 7.7(b)所示. 这是平面平行力系,有两个独立的平衡方程,可以计算两个约束力

$$\sum M_A = 0, \quad F_B b + W_1 a + Wc - W_0(x+b) = 0$$

$$\therefore F_B = \frac{W_0(x+b) - W_1 a - Wc}{b} \tag{a}$$

$$\sum M_B = 0, \quad -F_A b + W_1(a+b) + W(c+b) - W_0 x = 0$$

$$\therefore F_A = \frac{W_1(a+b) + W(c+b) - W_0 x}{b} \tag{b}$$

(2) 满载时,起重机不倾倒的条件是 $F_B>0$,由式(a)有

$$F_B = \frac{W_0(x+b) - W_1 a - Wc}{b} > 0$$

$$\therefore x > \frac{W_1 a + Wc}{W_0} - b = \frac{3250}{W_0} - 3 \tag{c}$$

空载时 $W_1 = 0$，起重机不倾倒的条件是 $F_A > 0$，由式(b)且令 $W_1 = 0$，有

$$F_A = \frac{W(c + b) - W_0 x}{b} > 0$$

$$\therefore x < \frac{W(c + b)}{W_0} = \frac{2250}{W_0} \tag{d}$$

(3) 由式(c)和式(d)，可得

$$\frac{3250}{W_0} - 3 < \frac{2250}{W_0}, \quad \therefore W_0 > 333.3(\mathrm{kN})$$

代入式(d)，可得

$$x < \frac{2250}{W_0} = 6.75(\mathrm{m})$$

所以，欲使起重机在满载与空载时均不倾倒，平衡重块的最小重量 W_0 为 333.3 kN，此时平衡重块到右轨道 B 的最大距离为 6.75 m. 应注意，如果增加重块的重量，重块到右轨道 B 的最大距离也会相应减小，此时仍按式(d)计算.

7.1.3　物体系统的平衡问题

工程中常见由多个物体组成的系统，如果要应用平衡条件求出物体系统平衡时各组成物体的全部未知外力，首先必须判断这些未知力能否仅用平衡方程全部解出. 只有在可解的前提下，才能运用平衡方程进行求解.

1. 静定与超静定问题的概念

在理论力学中只能用平衡方程计算平衡的物体系统中每个组成物体的未知外力. 而由前述可知，不同力系的独立平衡方程数目是确定的. 如果未知力的数目比独立平衡方程的数目多，就不可能仅用平衡方程求出全部未知力. 因此，把未知力的数目等于独立平衡方程的数目的平衡问题称为**静定问题**，而把未知力的数目比独立平衡方程的数目多的平衡问题称为**超静定问题**. 在以刚体为研究对象的理论力学中我们只能求解静定问题；在以变形体为研究对象的材料力学与结构力学中，考虑物体因受力而产生的变形效应，得到适当的补充方程后，可以使方程的数目与未知力的数目相等，从而使超静定问题得以求解.

当物体系统平衡时，其中每个组成物体都处于平衡状态. 每个组成物体都有相应的平衡方程，而独立平衡方程的数目由作用在各个物体上的力系的特点而定. 因此，物体系统的独立平衡方程的总数等于所有组成物体的独立平衡方程数目之和. 未知力总数等于独立平衡方程的总数的平衡的物体系统称为**静定系统**. 未知力总数大于独立平衡方程的总数的平衡的物体系统称为**超静定系统**，而把未知力总数与独立平衡方程的总数的差称为超静定次数. 下面举一些静定与超静定系统的例子.

图 7.8(a)是一个轴用两个轴承支承，轴受平面平行力系作用，有两个独立的平

衡方程，两个未知力 $\boldsymbol{F}_A$、$\boldsymbol{F}_B$ 可由平衡方程求出，这是静定问题. 图 7.8(b)在轴上增加一个轴承，未知力有三个，平衡方程仍旧是两个，这是一次超静定问题，仅用平衡方程无法求解.

图 7.8(c)是一个放置电机的悬臂梁，为平面任意力系，有三个独立的平衡方程，三个未知力 $\boldsymbol{F}_{Ax}$、$\boldsymbol{F}_{Ay}$、$\boldsymbol{M}_A$ 可由平衡方程求出，这是静定问题. 图 7.8(d)在梁的自由端增加了一个滚动支座，未知力增加到四个，但平衡方程仍旧为三个，这也是一次超静定问题，仅用平衡方程无法求解.

图 7.8(e)是六杆支撑的一平板，为空间任意力系，有六个独立的平衡方程，六个未知力可由平衡方程求出，这是静定问题，参见例 7.2. 图 7.8(f)增加了两根支杆，未知力增加到八个，平衡方程仍为六个，这是二次超静定问题，仅用平衡方程无法求解.

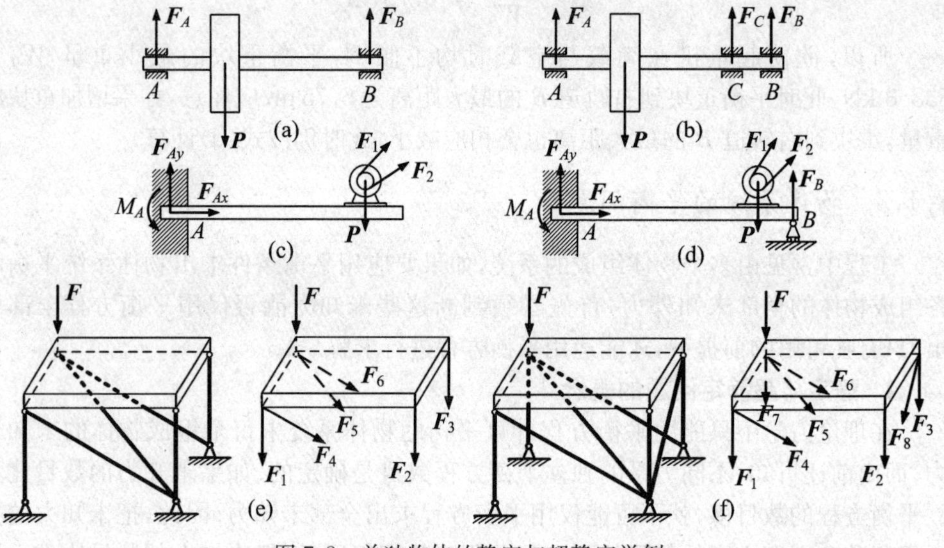

图 7.8 单独物体的静定与超静定举例

图 7.9(a)是由 AC 与 BC 两个物体组成的物系，系统在 A、B 处有两个固定铰支座的外约束，还有一个内约束中间铰 C. 如果仅从整体考虑，只有三个平衡方程，而 A、B 支座的未知力共有四个，似乎是一次超静定. 但是这是个静定系统. 因为在计算该系统能够提供的独立平衡方程数目时，必须拆开中间铰，如图 7.9(b)所示. 此时作用在 AC 与 BC 上的都是平面任意力系，一共有六个独立的平衡方程；而拆开中间铰后，共有未知力六个，未知力数与平衡方程数相等，所以这是静定系统.

图 7.9(c)是把图 7.9(a)的系统在 A、B 处的约束换成固定端，其他不变. 拆开中间铰后，如图 7.9(d)所示，作用在 AC 与 BC 上的仍是平面任意力系，一共有六个独立的平衡方程，但此时共有未知力八个，这是二次超静定问题，仅用平衡方程无法求解.

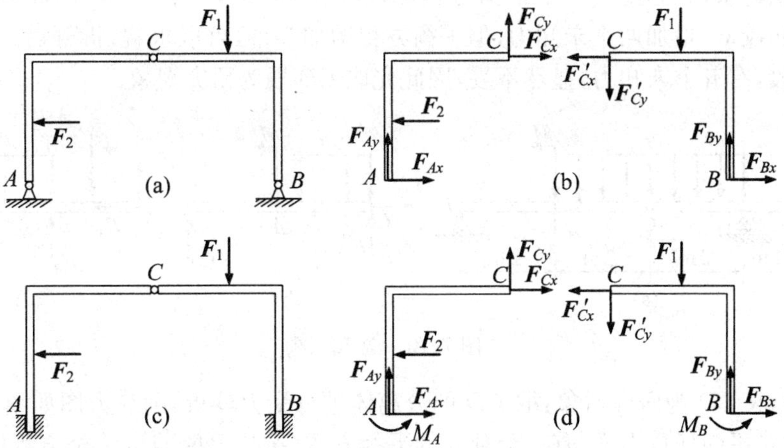

图 7.9　物体系统的静定与超静定举例

2. 物体系统平衡问题举例

物体系统(简称物系)平衡问题的特点是组成物体较多,平衡方程较多,未知力也较多.因此在求解物系平衡问题时,应该注意以下两点:

(1) 合理地选择研究对象

物系由多个物体组成,每个物体之间的约束为系统的内约束.由于内约束力等值、反向地成对存在,在以物系整体为研究对象时,这些内力不会出现在平衡方程中.但是在拆开系统以部分物体为研究对象后,原来系统的内约束就变成研究对象的外约束,其约束力必然出现在平衡方程中,增加了未知力的数目.所以研究物系平衡时,应该首先以系统整体为研究对象,不要随便把物系拆成单个的物体.只有在必须要拆时,才考虑在适当的地方拆开.这样可以减少计算中出现不必要的未知量,提高解决问题的效率.

(2) 合理地选择平衡方程.

对力的投影方程,应该注意投影轴的选择,尽可能选与多个力(特别是未知力)垂直的轴为投影轴,这样可以减少投影的计算.对力矩方程,应该注意矩心(矩轴)的选择,尽可能选多个力(特别是未知力)的交点为矩心,或尽可能选与多个力(特别是未知力)共面的轴为矩轴,这样可以减少力矩的计算.合理地选择平衡方程,使每个方程中的未知量数目尽可能少,最好能使一个方程里只有一个未知量,避免解联立方程.

例 7.6　图 7.10(a)所示组合梁由 AC 与 CD 铰接而成.不计自重,已知梁上的载荷为:集中力 $F=5$ kN,均布载荷 $q=2.5$ kN/m,力偶 $M=5$ kN·m.求各支座与中间铰的约束力.

解:(1) 分析:首先考察系统整体,外约束三个,共有四个未知约束力.但整体是平面任意力系，只能提供三个平衡方程，所以仅研究整体无法求解，因此必须拆开．拆开中间铰 C，增加两个未知力，但平衡方程增加三个，可以求解．拆开后，如果先研究 AC 段，有五个未知力，显然不妥，因此先取 CD 段为研究对象．

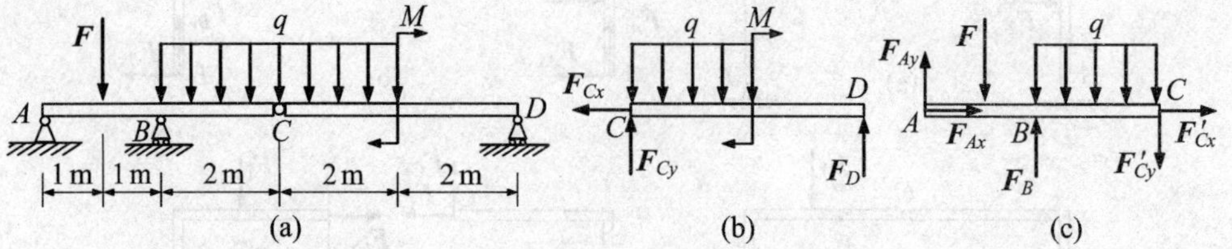

图 7.10 例 7.6 图

(2) 取 CD 为研究对象：取 CD 的分离体进行受力分析，画受力图如图 7.10(b) 所示．这是平面任意力系，有三个独立的平衡方程．按尽可能减少每个方程中的未知量的原则选择方程：

$$\sum F_x = 0,\quad -F_{Cx} = 0,\quad \therefore F_{Cx} = 0$$

$$\sum M_C = 0,\quad 4F_D - M - 2q \times 1 = 0,\quad \therefore F_D = 2.5(\text{kN})$$

$$\sum F_y = 0,\quad F_{Cy} + F_D - 2q = 0,\quad \therefore F_{Cy} = 2.5(\text{kN})$$

(3) 取 AC 为研究对象：取 AC 的分离体，进行受力分析，画受力图如图 7.10(c) 所示．这也是平面任意力系，适当地选取平衡方程为

$$\sum F_x = 0,\quad F_{Ax} + F_{Cx} = 0,\quad \therefore F_{Ax} = F_{Cx} = 0$$

$$\sum M_A = 0,\quad 2F_B - F - 4F_{Cy} - 2q \times 3 = 0,\quad \therefore F_B = 15(\text{kN})$$

$$\sum F_y = 0,\quad F_{Ay} - F_{Cy} + F_B - F - 2q = 0,\quad \therefore F_{Ay} = -2.5(\text{kN})$$

F_{Ay} 为负值表示它的实际方向与图 7.10(c) 中所设方向相反．

本题中出现有分布载荷部分的拆分，必须注意只有在列平衡方程时，才允许用分布载荷的合力代替计算；在拆分系统时，必须将分布载荷原封不动地放到每个部分上．

例 7.7 齿轮传动机构如图 7.11(a) 所示．齿轮Ⅰ的半径为 r，自重为 P_1．齿轮Ⅱ的半径为 $R=2r$，其上固连一个半径为 r 的塔轮Ⅲ，轮Ⅱ与轮Ⅲ共重 $P_2=2P_1$．齿轮压力角为 $\theta=20^\circ$，物体 C 重为 $P=20P_1$．求：① 保持物体 C 匀速上升时，作用在轮Ⅰ上的力偶的矩 M；② 光滑轴承 A、B 的约束力．

解：(1) 分析：物体 C 匀速直线运动，齿轮匀速转动，虽非静止但仍属于刚体的平衡问题，可以用静力平衡方程求解．首先考察系统整体，两个外约束共有四个未知约束力，加上未知力偶 M，共有五个未知量．但整体是平面任意力系，只能提供三个平衡方程，所以仅研究整体无法求解，因此必须拆开．拆开后，先研究未知量少的轮Ⅱ、Ⅲ组合．

(2) 取轮Ⅱ、Ⅲ组合为研究对象:取轮Ⅱ、Ⅲ组合的分离体,进行受力分析,画受力图如图7.11(b)所示.其中齿轮的啮合力 $\boldsymbol{F}$ 可以沿节圆的切向与径向分解为圆周力 $\boldsymbol{F}_t$ 与径向力 $\boldsymbol{F}_r$.这是平面任意力系,适当地选取平衡方程为

$$\sum M_B = 0,\quad Pr - F_t R = 0,\quad \therefore F_t = 0.5P = 10P_1$$

$$\sum F_x = 0,\quad F_{Bx} - F_r = 0,\quad \therefore F_{Bx} = F_r = F_t \tan\theta = 3.64P_1$$

$$\sum F_y = 0,\quad F_{By} - P - P_2 - F_t = 0,\quad \therefore F_{By} = 32P_1$$

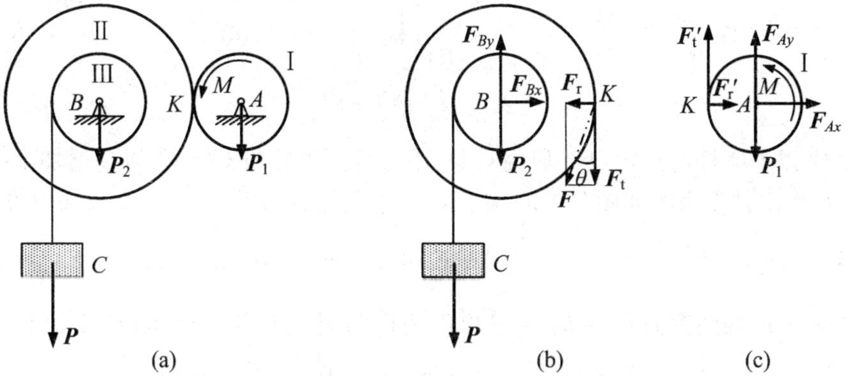

图7.11 例7.7图

(3) 取轮Ⅰ为研究对象:取轮Ⅰ的分离体,进行受力分析,画受力图如图7.11(c)所示.这也是平面任意力系,适当地选取平衡方程为

$$\sum F_x = 0,\quad F_{Ax} + F_r = 0,\quad \therefore F_{Ax} = -F_r = -3.64P_1$$

$$\sum F_y = 0,\quad F_{Ay} - P_1 + F_t = 0,\quad \therefore F_{Ay} = -9P_1$$

$$\sum M_A = 0,\quad M - F_t r = 0,\quad \therefore M = F_t r = 10P_1 r$$

例7.8 由直角曲杆 ABC、DE,直杆 CD 及滑轮 O 组成的结构如图7.12(a)所示,不计各构件的重量.杆 AB 上作用有水平均布载荷 q,D 处作用一铅垂力 $\boldsymbol{F}$,滑轮上悬吊一重为 $\boldsymbol{G}$ 的重物,滑轮半径 $r=a$,且 $G=2F$,$CO=OD$.求支座 E 及固定端 A 的约束力.

解:(1) 分析:此系统由四个物体组成,整体是平面任意力系,有五个未知外约束力,显然无法求解,必须拆开.因物体较多,应观察各组成物体的特点,确定选择的研究对象及先后研究的次序.

首先找出二力体 DE,作出其受力图如图7.12(b)所示,由二力平衡的性质,知 $\boldsymbol{F}_E$ 的方向在 DE 连线上,且有 $F_E = F_D$.

再由滑轮 O 及重物的平衡,知滑轮两侧绳索的拉力与重物的重力相等,即 $F_T = G$,参见图7.12(c).

经过这样分析，减少了未知力的数目，便于以后的计算.

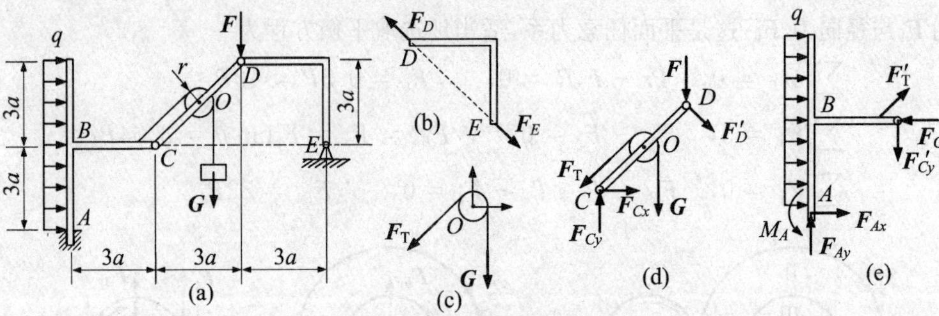

图 7.12　例 7.8 图

(2) 以 CD 杆与滑轮 O 为研究对象：不必分开滑轮与 CD 杆，以免增加不必要的未知力. 作出其受力图如图 7.12(d)所示，为平面任意力系，其中三个未知力可解.

$$\sum M_C = 0,\quad F_T r - G\left(\frac{3}{2}a + r\right) - F\cdot 3a - F_D\cdot 3\sqrt{2}a = 0,\quad \therefore F_D = -\sqrt{2}F$$

所以，支座 E 的约束力 $F_E = F_D = -\sqrt{2}F$，方向与图 7.12(b)所示的方向相反.

$$\sum F_x = 0,\quad F_{Cx} - F_T\cos 45^\circ + F_D\cos 45^\circ = 0\quad \therefore F_{Cx} = (1+\sqrt{2})F$$

$$\sum F_y = 0,\quad F_{Cy} - F_T\sin 45^\circ - G - F - F_D\sin 45^\circ = 0\quad \therefore F_{Cy} = (2+\sqrt{2})F$$

(3) 以直角曲杆 ABC 为研究对象：作出曲杆 ABC 的受力图如图 7.12(e)所示，为平面任意力系，其中三个未知力可解.

$$\sum F_x = 0,\quad F_{Ax} + q\cdot 6a + F_T\cos 45^\circ - F_{Cx} = 0,\quad \therefore F_{Ax} = F - 6qa$$

$$\sum F_y = 0,\quad F_{Ay} + F_T\sin 45^\circ - F_{Cy} = 0,\quad \therefore F_{Ay} = 2F$$

$$\sum M_A = 0,\quad M_A - 6qa\cdot 3a + F_{Cx}\cdot 3a - F_{Cy}\cdot 3a - F_T r = 0,$$

$$\therefore M_A = 5Fa + 18qa^2$$

7.1.4　平面简单桁架的内力分析

在第 2 章的建立约束模型中，曾介绍过桁架节点的光滑铰链模型. 桁架就是若干杆件彼此在两端用铰链连接而成的工程结构. 若组成桁架的所有杆件均处在同一平面内，且载荷也作用在此平面内，则称为**平面桁架**. 如果组成桁架的杆件不在同一平面内，或载荷的作用面与桁架所在的平面不一致，则称为**空间桁架**.

桁架是一种常用结构，它的主要优点是：杆件主要受拉力或压力，可以充分发挥材料的作用，节约材料，减轻结构的重量. 为了简化桁架的计算，工程实际中采用以下**理想桁架**的假设(参见图 7.13)：

(1) 组成桁架的杆件都是直杆；

(2) 连接杆件的节点是光滑铰链；

(3) 杆件只受到在桁架平面内的节点载荷(即所有的力皆作用在节点上)；

(4) 桁架杆件的自重不计，或平均分配到杆的两端作为等效节点载荷.

实际桁架与理想桁架有差别，比如节点不是铰链，杆件的轴线也不一定是直线. 但是上述假设可以简化计算，而且所得的结果可以满足工程实际的需要，所以一般使用理想桁架的模型. 在理想桁架中，所有的杆件都可以视为二力杆.

本书只研究基本的**平面静定桁架**. 以一个由三根杆组成的三角形框架为基础，逐次增加两根杆与连接这两杆的一个节点，如图 7.14 所示(图中节点的序号表示增加时的先后次序)，如此构成的桁架称为**平面简单桁架**. 容易证明，平面简单桁架是静定系统，是最基础的平面静定桁架.

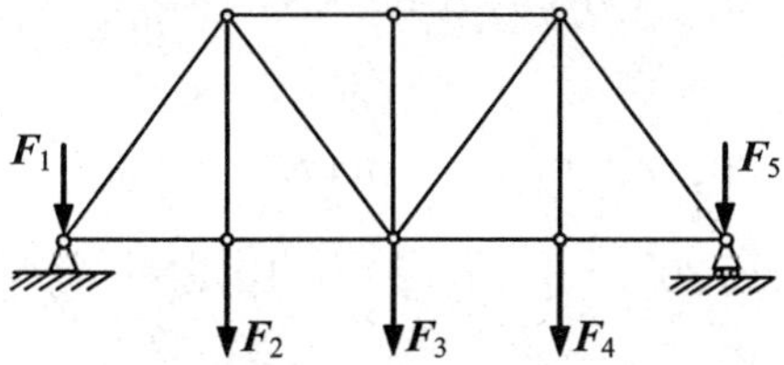

图 7.13　理想桁架模型

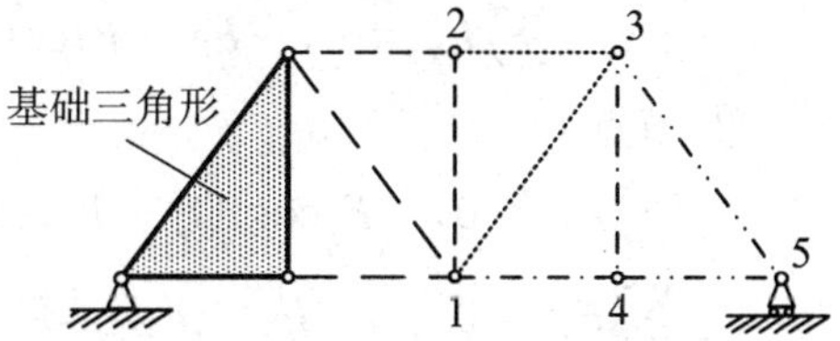

图 7.14　平面简单桁架的构成

桁架杆件的受力计算是桁架的基本力学计算，相对于载荷，杆件的受力是**桁架的内力**. 计算桁架内力通常用**节点法**与**截面法**.

1. 节点法

桁架的每个节点都受一个平面汇交力系的作用. 为了求每个杆件的内力，可以逐个地取各节点为研究对象，由已知力求出全部未知的杆件内力，这就是节点法.

例 7.9　平面桁架的尺寸和支座如图 7.15(a)所示，在节点 D 处作用一集中力 $F = 10\ \text{kN}$. 求此桁架各杆件的内力.

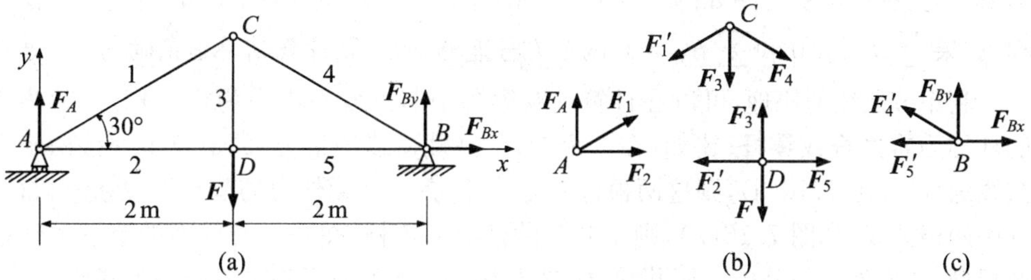

图 7.15　例 7.9 图

解：(1) 求支座的约束力

以桁架整体为研究对象，作受力图如图 7.15(a)所示，为平面任意力系，可解三个支座约束力.

$$\sum F_x = 0, \quad F_{Bx} = 0$$

$$\sum M_A = 0, \quad F_{By} \cdot 4 - F \cdot 2 = 0, \quad \therefore F_{By} = 5(\text{kN})$$

$$\sum M_B = 0, \quad F \cdot 2 - F_A \cdot 4 = 0, \quad \therefore F_A = 5(\text{kN})$$

(2) 依次取一个节点为研究对象,计算各杆的内力

统一假设各杆皆受拉力,分别作出每个节点的受力图如图 7.15(b)所示,每个节点皆为平面汇交力系,可解两个未知力.为计算方便,顺序求解只有两个未知力的节点.

① 节点 A

$$\sum F_y = 0, \quad F_A + F_1 \sin 30^\circ = 0, \quad \therefore F_1 = -10(\text{kN})$$

$$\sum F_x = 0, \quad F_2 + F_1 \cos 30^\circ = 0, \quad \therefore F_2 = 8.66(\text{kN})$$

② 节点 C

$$\sum F_x = 0, \quad F_4 \cos 30^\circ - F_1 \cos 30^\circ = 0, \quad \therefore F_4 = -10(\text{kN})$$

$$\sum F_y = 0, \quad -F_3 - F_1 \sin 30^\circ - F_4 \sin 30^\circ = 0, \quad \therefore F_3 = 10(\text{kN})$$

③ 节点 D,此时只有一个杆的内力 $\boldsymbol{F}_5$未知

$$\sum F_x = 0, \quad F_5 - F_2 = 0, \quad \therefore F_5 = 8.66(\text{kN})$$

(3) 判断拉、压杆

原假定各杆均受拉力,计算结果 $\boldsymbol{F}_2$、$\boldsymbol{F}_3$、$\boldsymbol{F}_5$为正值,表明杆 2、3、5 确受拉力,称为**拉杆**;$\boldsymbol{F}_1$、$\boldsymbol{F}_4$为负值,表明杆 1、4 的受力与假设相反,应为压力,称为**压杆**.因此工程中对桁架的拉杆的内力记为正值,压杆的内力记为负值,用内力的正负号清楚地区分开拉压杆.

(4) 校核计算结果

解出各杆的内力后,可用尚余节点的平衡方程校核已得的结果.例如,以节点 B 为研究对象,作出受力图如图 7.15(c)所示.用已经求出的 $\boldsymbol{F}_4$和 $\boldsymbol{F}_5$的值代入平衡方程,如果 $\sum F_x = 0$ 和 $\sum F_y = 0$ 两个方程能够满足,则计算结果是正确的.

利用节点法的原理,可以在计算前观察各个节点发现内力为零的杆.内力为零的杆称为**零力杆**或**零杆**.比如,在一个无外力(载荷或约束力)的节点上连接两根不共线的杆,如图 7.16(a),则这两根杆皆为零杆;在一个无外力的节点上连接三根杆,其中两根共线,如图 7.16(b),则不共线的杆必为零杆;在一个有外力的节点上连接两根杆,如果外力与其中一杆共线,如图 7.16(c),则另一不共线的杆必为零杆.

事先找出零杆可以减少此后的计算量,因此计算桁架内力时应该注意这个步骤.零杆虽然内力为零,但是它对保持结构的几何不变性以承受载荷是必不可少的.

2. 截面法

如果只要计算桁架中某几个杆件的内力,可以适当地选取一个截面,假想地把

桁架截开,再考虑被截开的任一部分的平衡,求出这些被截杆件的内力,这就是截面法.

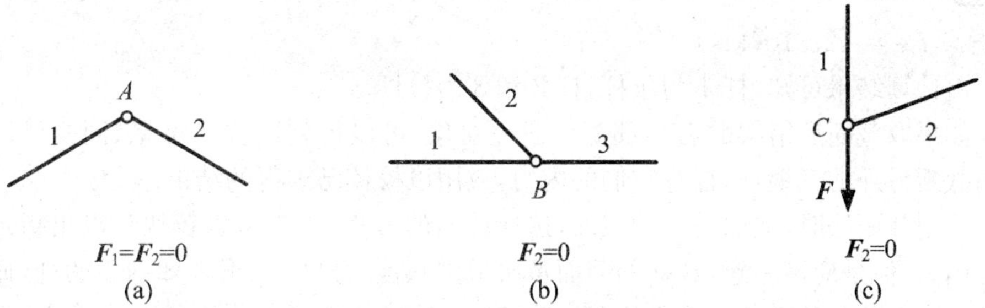

图 7.16　零杆的判断

例 7.10　如图 7.17(a)所示的平面桁架,各杆的长度都等于 1 m.在节点 E、G、F 上分别作用载荷 $F_E = 10$ kN、$F_G = 7$ kN、$F_F = 5$ kN.试计算杆 1、2、3 的内力.

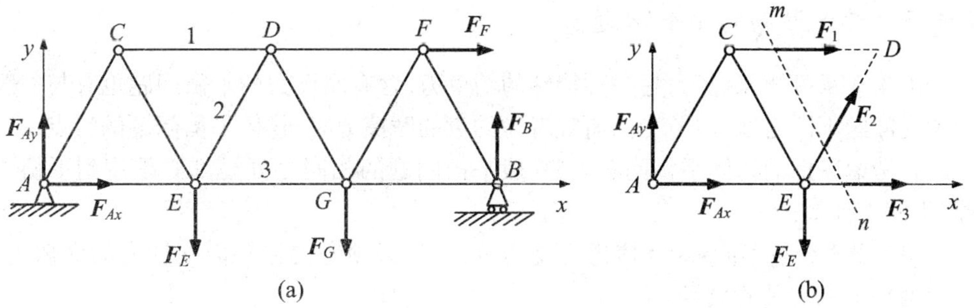

图 7.17　例 7.10 图

解:(1) 求支座的约束力

以桁架整体为研究对象,作受力图如图 7.17(a)所示,为平面任意力系,可解三个支座约束力.

$$\sum F_x = 0,\quad F_{Ax} + F_F = 0,\quad \therefore F_{Ax} = -5(\text{kN})$$

$$\sum M_B = 0,\quad -F_{Ay}\cdot 3 + F_E\cdot 2 + F_G\cdot 1 - F_F\cdot 1\cdot \sin 60^\circ = 0,$$

$$\therefore F_{Ay} = 7.557(\text{kN})$$

$$\sum F_y = 0,\quad F_{Ay} + F_B - F_E - F_G = 0,\quad \therefore F_B = 9.443(\text{kN})$$

(2) 作截面求指定杆的内力

为求杆 1、2、3 的内力,可作截面 $m-n$ 将此三杆截断,选取截断后的桁架左半部分为研究对象.假定三杆均受拉力,作受力图如图 7.17(b)所示,为平面任意力系,可解三杆的未知内力.

$$\sum M_E = 0,\quad -F_1\sin 60^\circ\cdot 1 - F_{Ay}\cdot 1 = 0,\quad \therefore F_1 = -8.726(\text{kN})$$

$\sum F_y = 0,\quad F_{Ay} - F_E + F_2 \sin 60^\circ = 0,\quad \therefore F_2 = 2.821(\text{kN})$

$\sum M_D = 0,\quad F_3 \cos 30^\circ \cdot 1 + F_E \cdot 0.5 + F_{Ax} \cdot 1 \cdot \sin 60^\circ - F_{Ay} \cdot 1.5 = 0,$

$\therefore F_3 = 12.316(\text{kN})$

由计算结果可知,杆1为压杆,杆2和3为拉杆.

如果取截断后桁架的右半部分为研究对象,可以得到同样的结果.同样可以用截面截断另外的三根杆,计算它们的内力,或用以校核已求得的结果.

采用截面法时,选取适当的截面,选择适当的方程,常常可以较快地求出指定杆件的内力.但是应该注意,选择的截面每次最多只能"截断"三根未知内力的杆,而且截开的两个部分都必须含有两个以上的节点,这样才能得到平面任意力系,从而求出三个杆的内力.

在设计桁架时,需要计算每个杆的内力,常常使用节点法.而在对已知桁架的个别指定杆进行检查、校核计算时,常常用截面法.

7.1.5 考虑摩擦的平衡问题

由第5章可知,摩擦力是一种特殊的约束力.含有摩擦力的平衡问题也有与一般的平衡问题不同之处,本节专门研究考虑约束的摩擦力时,物体平衡问题的特点.

解考虑摩擦的物体平衡问题,与一般平衡问题的相同之处是都必须用到平衡方程.不同之处是:

(1) 受力分析不同:对物体进行受力分析时,必须考虑接触面间切向的摩擦力,因此增加了未知量的数目.

(2) 建立方程不同:为确定增加的未知量,必须在平衡方程之外增加补充方程,即摩擦定律的关系式 $F_S \leqslant f_S F_N$,补充方程的数目必须与摩擦力的数目相同.

(3) 解答结果不同:由于物体平衡时摩擦力有一定的范围(即 $0 \leqslant F_S \leqslant f_S F_N$),所以有摩擦的平衡问题的解也有一定的范围,而不是一个确定的值.

工程中有些问题只需要分析平衡的临界状态,此时静摩擦力为最大值,补充方程只取等号.有时在分析平衡范围的问题时,为了避免计算不等式的麻烦,可先计算临界平衡状态的解,再从中确定解的范围.

有些比较简单的问题可以用摩擦角的方法求解,此时要用全约束力进行受力分析,考虑全约束力力线与其他作用力力线的几何关系.

常见的考虑摩擦的物体平衡问题可分为四类:平衡判断、临界平衡、平衡范围与滚动摩阻问题,以下分别举例说明.

1. 平衡判断问题

对于有摩擦物体的平衡判断问题,可以先假设物体平衡,求出 $\boldsymbol{F}_S$ 后再与 $\boldsymbol{F}_{max}$ 比较大小,小则平衡,大则不平衡,相等为临界平衡.

例7.11 均质杆重267 N,长2.44 m,放在图7.18(a)所示的台阶上.杆与台阶

的摩擦因数 $f_S=0.5$，杆的下端与台阶下支承点 A 的距离为 0.61 m. 问杆在此位置能否平衡？

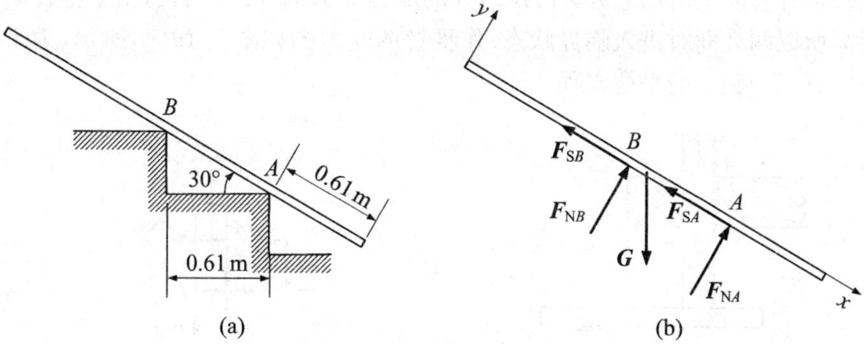

图 7.18 例 7.11 图

解：以杆为研究对象，进行受力分析. 杆有向下滑动的趋势，所以摩擦力向上. 作出受力图如图 7.18(b)所示，为平面任意力系，有三个独立的平衡方程，外加 A、B 两处摩擦力的两个补充方程.

建立坐标系，列平衡方程

$$\sum M_B = 0,\quad F_{NA}\cdot\frac{0.61}{\cos 30^\circ} - G[0.61-(1.22-0.61)\cos 30^\circ] = 0,$$

$$\therefore F_{NA} = 30.98(\mathrm{N})$$

$$\sum M_A = 0,\quad G(1.22-0.61)\cos 30^\circ - F_{NB}\cdot\frac{0.61}{\cos 30^\circ} = 0,$$

$$\therefore F_{NB} = 200.25(\mathrm{N})$$

$$\sum F_x = 0,\quad G\sin 30^\circ - F_{SA} - F_{SB} = 0,\quad \therefore F_{SA}+F_{SB} = 133.5(\mathrm{N})$$

由补充方程 $F_{\max A}=f_S F_{NA}$ 和 $F_{\max B}=f_S F_{NB}$ 与已计算出的 F_{NA} 和 F_{NB} 的值，有

$$F_{\max A}+F_{\max B} = f_S(F_{NA}+F_{NB}) = 115.62(\mathrm{N})$$

可见，假设平衡时所需的摩擦力之和 $F_{SA}+F_{SB}$ 已经大于临界状态的摩擦力之和，所以，杆在此位置不能平衡.

2. 临界平衡问题

临界平衡问题的补充方程是等式 $F_S=f_S F_N$，比不等式容易计算. 但是在多处存在摩擦时，要注意各个摩擦处往往不会同时进入临界状态；对于无法确认同时进入临界状态的问题，需要分别假设某处进入临界状态而其他处未进入临界状态，逐个进行分析.

例 7.12 如图 7.19(a)所示为凸轮机构. 已知不计自重的推杆与滑道间的摩擦因数为 f_S，滑道宽度为 b. 设凸轮与推杆接触处的摩擦忽略不计. 问 a 为多大时，推杆才不致被卡住？

解：以推杆为研究对象，进行受力分析. 推杆在凸轮推力 $\boldsymbol{F}$ 的作用下，在滑道中发生偏斜，与滑道的 A、B 两点接触，在这两处产生约束力. 假设推杆被卡住，处在平衡状态. 推杆有向上滑动趋势，A、B 两处的摩擦力方向向下. 而且，由于推杆的运动是平移，所以两处同时进入临界状态. 作推杆的受力图如图 7.19(b)所示，为平面任意力系，有三个独立的平衡方程.

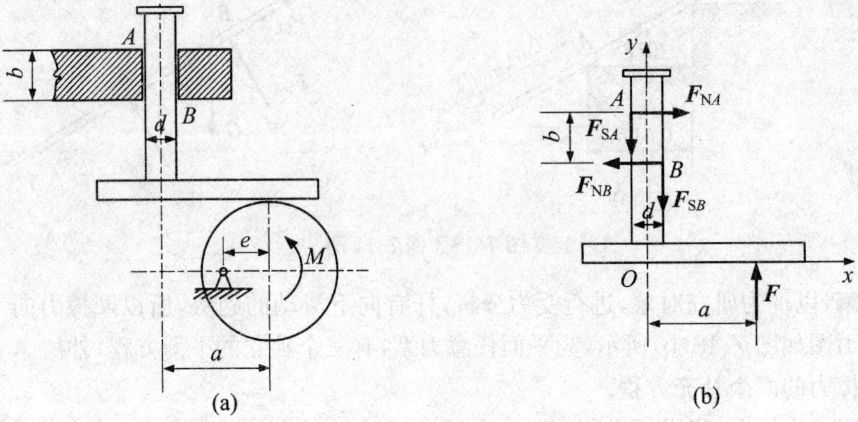

图 7.19　例 7.12 图

建立坐标系，列平衡方程

$$\sum F_x = 0,\quad F_{NA} - F_{NB} = 0,\quad \therefore F_{NA} = F_{NB} = F_N \tag{a}$$

$$\sum F_y = 0,\quad F - F_{SA} - F_{SB} = 0,\quad \therefore F_{SA} + F_{SB} = F \tag{b}$$

$$\sum M_B = 0,\quad F_{SA}\cdot d - F_{NA}\cdot b + F\left(a - \frac{d}{2}\right) = 0 \tag{c}$$

考虑推杆的临界平衡状态，此时 A、B 两处均为最大静摩擦力，补充方程为

$$F_{SA} = f_S F_{NA}$$

$$F_{SB} = f_S F_{NB}$$

由式(b)和式(a)得

$$F = 2 f_S F_N$$

将上式与补充方程代入式(c)得临界平衡状态时 a 的值

$$a = \frac{b}{2f_S}$$

再把式(c)改写为

$$F_N = F\frac{a - \dfrac{d}{2}}{b - d f_S} \tag{e}$$

如果只使 a 减小，其他条件不变，由式(e)可见，$\boldsymbol{F}_N$ 将变小. 由式(a)及补充方程知 $\boldsymbol{F}_{SA}$ 和 $\boldsymbol{F}_{SB}$ 均变小，此时平衡方程式(b)不再满足，推杆不能保持平衡而滑动. 因此，推

杆不会被卡住的条件是

$$a<\frac{b}{2f_S}$$

当 $a>\dfrac{b}{2f_S}$ 时，推杆未达到临界平衡状态，此时约束力会随 $\boldsymbol{F}$ 的增大而增大，始终保持平衡(即卡住的状态)，这就是自锁.

例 7.13　如图 7.20(a)所示，水平面上放置着物块 A 与轮轴 B，A 重 500 N，B 重 1000 N. 轮轴 B 的轮半径 $R=100$ mm，轴半径 $r=50$ mm. A 与 B 的轴以水平绳连接. 在轮外周绕着细绳，此绳通过光滑的定滑轮 D 悬挂重物 C. 若 A 与接触面间的摩擦因数为 $f_{S1}=0.5$，B 与接触面间的摩擦因数为 $f_{S2}=0.2$，不计滚动摩阻. 求此物体系统平衡时物体 C 的最大重量 $\boldsymbol{G}$.

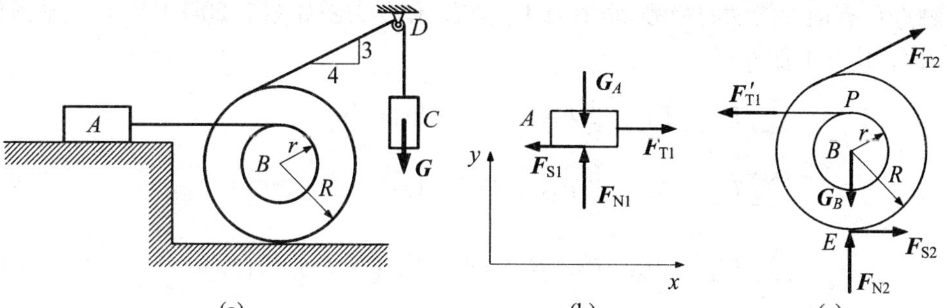

图 7.20　例 7.13 图

解：此问题有两处摩擦，假设分别处于临界平衡状态，计算 $\boldsymbol{G}$ 的最大值；比较两个值，其小者即为所求.

(1) 设物块 A 已达到临界平衡状态，而轮轴 B 尚未达到.

取 A 为研究对象进行受力分析，在重物 C 作用下 A 有向右滑动的趋势，所以作用在 A 上的摩擦力向左. 作受力图如图 7.20(b)所示，作为汇交力系处理.

建立平衡方程

$$\sum F_x=0,\quad F_{T1}-F_{S1}=0 \tag{a}$$

$$\sum F_y=0,\quad F_{N1}-G_A=0 \tag{b}$$

当 A 达到临界平衡状态时，有补充方程

$$F_{S1}=f_{S1}F_{N1} \tag{c}$$

由以上三式求得

$$F_{T1}=250(\text{N})$$

再取 B 为研究对象，由运动分析可知，若 B 与平面的接触点 E 不动而 A 滑动时，轮轴 B 有向右纯滚动的趋势，此时 E 点相对接触面的运动趋势难以判断，姑且设

此处的摩擦力 F_{S2} 向右.作受力图如图 7.20(c)所示,为平面一般力系.此时不必计算 E 点的约束力,所以只用一个力矩平衡方程

$$\sum M_E = 0,\quad F_{T1}(R + r) - F_{T2}\left(R + \frac{4}{5}R\right) = 0 \tag{d}$$

由滑轮 D 的平衡知 $F_{T2} = G$,所以由式(d)求得使物块 A 达到临界平衡状态,而轮轴 B 尚未达到临界平衡状态的物体 C 的最大重量 G_1 为

$$G_1 = F_{T2} = \frac{5(R + r)}{9R}F_{T1} = 208.3(\mathrm{N})$$

(2) 设轮轴 B 已达到临界平衡状态,而物块 A 尚未达到.

取 B 为研究对象,设连接 A 的绳与轴的切点为 P.由运动分析可知,此时 B 的运动趋势是以 P 点为瞬心的平面运动,且转动方向为顺时针方向.此时 B 与平面的接触点 E 有向左滑动的趋势,摩擦力 F_{S2} 向右.作受力图如图 7.20(c)所示,为平面任意力系.建立平衡方程

$$\sum F_x = 0,\quad \frac{4}{5}F_{T2} + F_{S2} - F_{T1} = 0 \tag{e}$$

$$\sum F_y = 0,\quad \frac{3}{5}F_{T2} + F_{N2} - G_B = 0 \tag{f}$$

$$\sum M_E = 0,\quad F_{T1}(R + r) - F_{T2}\left(R + \frac{4}{5}R\right) = 0 \tag{g}$$

当 B 达到临界平衡状态时,有补充方程

$$F_{S2} = f_{S2}F_{N2}$$

由以上四式求得

$$F_{T2} = 384.6(\mathrm{N})$$

由滑轮 D 的平衡知 $F_{T2} = G$,所以求得使轮轴 B 达到临界平衡状态,而物块 A 尚未达到临界平衡状态的物体 C 的最大重量 G_2 为

$$G_2 = 384.6(\mathrm{N})$$

由于 $G_2 > G_1$,所以第 2 种状态是不可能出现的,同样两者同时到达临界平衡状态也是不可能的.

因此,能使此物体系统保持平衡的物体 C 的最大重量为 208.3 N.

例 7.14 机床上为了迅速装卸工件,常采用如图 7.21(a)所示的偏心轮夹具.已知偏心轮直径为 D,偏心轮与台面的摩擦因数为 f_S.今欲使偏心轮手柄上的外力去掉后,偏心轮不会自动脱落,求偏心距 e 应为多少? 各铰链中的摩擦忽略不计.

解:这是偏心轮自锁问题,以偏心轮为研究对象.偏心轮只有铰链和台面两处受力,因此它是二力体,作受力图如图 7.21(b)所示.偏心轮自锁平衡时两个力必须等值、反向、共线.台面的约束力 F_R 是全约束力,取临界平衡状态研究时,F_R 与台面法线的夹角 φ 是摩擦角 φ_f.由图中的几何关系可得

$$e = R\tan\varphi_f = \frac{1}{2}Df_S$$

由于 e 与 $\tan\varphi$ 成正比,所以上式计算所得是 e 的最大值.

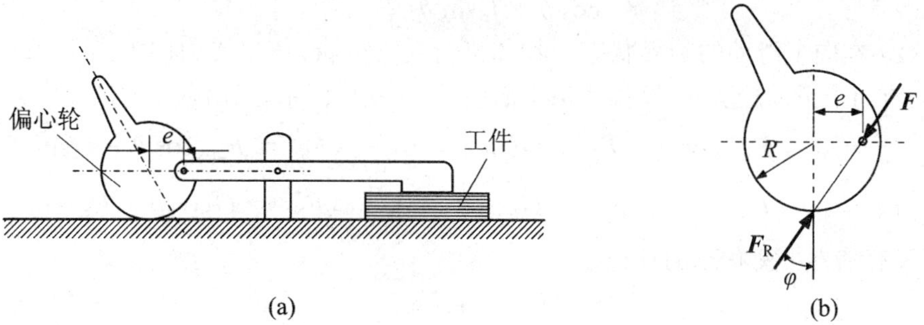

图7.21　例7.14图

3. 平衡范围问题

平衡范围问题的补充方程是不等式 $0 \leqslant F_S \leqslant f_S F_N$,所得的解答常常是有上下限的一个范围.此类问题也可转化为求上下两个临界平衡状态的问题.

例7.15　如图7.22(a)所示重为 G 的物体放在倾角为 θ 的斜面上,倾角 θ 大于接触面的摩擦角 φ_f.为了使物体在斜面上保持平衡,施加一水平力 $\boldsymbol{F}$.求 $\boldsymbol{F}$ 应该多大?

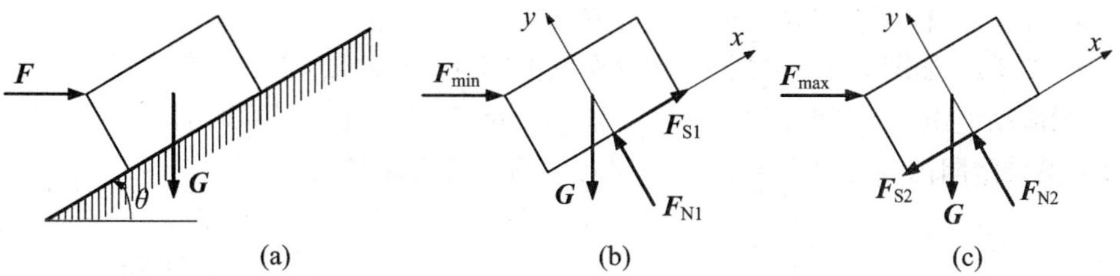

图7.22　例7.15图

解:以物体为研究对象.$\boldsymbol{F}$ 的大小应该有一个范围,若 $\boldsymbol{F}$ 过大,物体会向上滑动;若 $\boldsymbol{F}$ 过小,物体会向下滑动.现取两个临界平衡状态进行分析:当 $F = F_{min}$ 时,物体处于向下滑动的临界状态;当 $F = F_{max}$ 时,物体处于向上滑动的临界状态.

(1) 在向下滑动的临界状态对物体进行受力分析,作出受力图如图7.22(b)所示.当有向下滑动趋势时,摩擦力沿斜面向上.因为没有物体的尺寸,作为汇交力系考虑,只有两个独立平衡方程.建立坐标系,列出两个力的投影方程

$$\sum F_x = 0,\quad F_{S1} + F_{min}\cos\theta - G\sin\theta = 0,\quad \therefore F_{S1} = G\sin\theta - F_{min}\cos\theta \quad \text{(a)}$$

$$\sum F_y = 0,\quad F_{N1} - F_{min}\sin\theta - G\cos\theta = 0,\quad \therefore F_{N1} = G\cos\theta + F_{min}\sin\theta \quad \text{(b)}$$

又有临界平衡状态的补充方程

$$F_{S1} = f_S F_{N1} \tag{c}$$

代式(a)和(b)入式(c),并由 $f_S = \tan\varphi_f$ 得到

$$F_{\min} = G\frac{\sin\theta - f_S\cos\theta}{\cos\theta + f_S\sin\theta} = G\tan(\theta - \varphi_f)$$

(2) 在向上滑动的临界状态对物体进行受力分析,作出受力图如图 7.22(c)所示.当有向上滑动趋势时,摩擦力沿斜面向下.建立坐标系,列出两个力的投影方程

$$\sum F_x = 0,\quad F_{\max}\cos\theta - F_{S2} - G\sin\theta = 0,\quad \therefore F_{S2} = F_{\max}\cos\theta - G\sin\theta \tag{d}$$

$$\sum F_y = 0,\quad F_{N2} - F_{\max}\sin\theta - G\cos\theta = 0,\quad \therefore F_{N2} = G\cos\theta + F_{\max}\sin\theta \tag{e}$$

又有临界平衡状态的补充方程

$$F_{S2} = f_S F_{N2} \tag{f}$$

代式(d)和(e)入式(f),并由 $f_S = \tan\varphi_f$ 得到

$$F_{\max} = G\frac{\sin\theta + f_S\cos\theta}{\cos\theta - f_S\sin\theta} = G\tan(\theta + \varphi_f)$$

(3) 综合以上两种临界平衡状态的分析结果,可知为了使物体在斜面上保持平衡,水平力 $\boldsymbol{F}$ 的大小必须满足以下条件

$$G\tan(\theta - \varphi_f) \leqslant F \leqslant G\tan(\theta + \varphi_f)$$

4. 滚动摩阻问题

对于存在滚动摩阻的问题,在受力分析时,必须分析滚阻力偶.与滑动摩擦力一样,此类问题同样存在平衡范围与临界平衡问题.

例 7.16 如图 7.23(a)所示,钢管车间的钢管运转台架,钢管依靠自重在台架上缓慢无滑动地滚下.如果钢管的直径为 50 mm,钢管与台架的静滑动摩擦因数为 0.15,滚动摩阻因数为 0.5 mm.试决定台架的倾角应该多大?

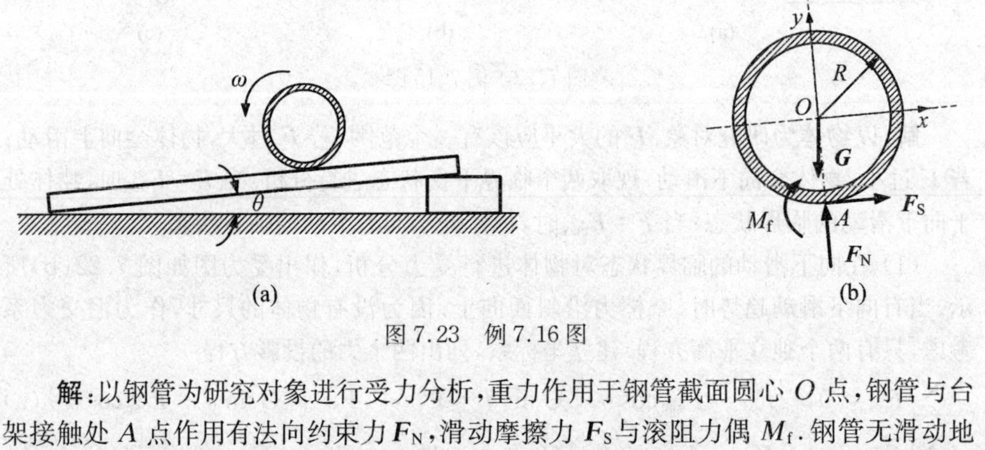

图 7.23 例 7.16 图

解:以钢管为研究对象进行受力分析,重力作用于钢管截面圆心 O 点,钢管与台架接触处 A 点作用有法向约束力 $\boldsymbol{F}_N$,滑动摩擦力 $\boldsymbol{F}_S$ 与滚阻力偶 M_f.钢管无滑动地下滑时,A 点相对台架的速度为零,但有向下滑动趋势,此时 $\boldsymbol{F}_S$ 为静滑动摩擦力.钢管逆时针方向滚动,滚阻力偶 M_f 为顺时针方向.作出受力图如图 7.23(b)所示,为平

面任意力系.

建立坐标系 Oxy,列出平衡方程

$$\sum F_x = 0,\quad F_S - G\sin\theta = 0 \tag{a}$$

$$\sum F_y = 0,\quad F_N - G\cos\theta = 0 \tag{b}$$

$$\sum M_A = 0,\quad G\sin\theta \cdot R - M_f = 0 \tag{c}$$

再由无滑动滚动的条件,有两个补充方程,即无滑动发生时要求静摩擦力小于最大值:

$$F_S \leqslant f_S F_N \tag{d}$$

而滚动发生时要求滚阻力偶矩达到最大值:

$$M_f = \delta F_N \tag{e}$$

由式(a)、(b)与(d)得到

$$\tan\theta \leqslant f_S,\quad \therefore \theta \leqslant \arctan 0.15 = 8^\circ 32'$$

由式(c)、(b)与(e)得到,产生滚动的最小台架倾角 θ_1:

$$\tan\theta_1 = \frac{\delta}{R},\quad \therefore \theta_1 = \arctan\frac{0.5}{25} = 1^\circ 9'$$

所以,台架倾角必须满足以下条件

$$1^\circ 9' \leqslant \theta \leqslant 8^\circ 32'$$

钢管才能无滑动滚动.如果倾角小于 $1^\circ 9'$ 钢管将会停在台架上不能运动,但如果倾角大于 $8^\circ 32'$,钢管将出现有滑动的滚动,在台架上滑动会损坏钢管的表面.

7.2　动力平衡方程——动静法

物体相对惯性系的静力平衡状态发生改变时,就出现了加速度.此时除了作用在物体上的主动力与约束力以外,还有与加速度对应的达朗贝尔惯性力.引入达朗贝尔惯性力以后,就可以把解决静力平衡问题的方法拓展到非静力平衡的范围,运用简单规则的平衡方程解决非静力平衡问题.这种用研究静力平衡的方法来研究动力学问题的普遍方法,称为**动静法**.与静力平衡方程相对应,可以把动静法中运用的平衡方程,称为**动力平衡方程**.由于平衡方程简单直观、易于计算,因而动力平衡方程(动静法)在工程中得到广泛应用.

7.2.1　质点的达朗贝尔原理

1. 质点运动微分方程

先简单回顾物理学中学习过的**牛顿第二定律:质点的质量与加速度的乘积等于作用在该质点上的力系的合力**.即

$$ma = \sum F_i \tag{7.13}$$

该定律给出了质点的加速度、质量与作用力之间的关系，是经典力学的重要基础.

将式(7.13)写成微分形式，可得如下两种形式的质点运动微分方程.

(1) 矢量形式

$$m\ddot{\boldsymbol{r}} = \sum \boldsymbol{F}_i(t, \boldsymbol{r}, \dot{\boldsymbol{r}}) \tag{7.14}$$

式中，$\boldsymbol{r}$ 是质点在惯性系中的位置矢量(矢径)，$\dot{\boldsymbol{r}}$ 是速度，$\ddot{\boldsymbol{r}}$ 是加速度.

(2) 投影形式

将式(7.14)向各类坐标轴投影，可得各类坐标形式的运动微分方程. 常见的有

① 直角坐标形式

$$\left.\begin{aligned} m\ddot{x} &= \sum F_x \\ m\ddot{y} &= \sum F_y \\ m\ddot{z} &= \sum F_z \end{aligned}\right\} \tag{7.15}$$

② 弧坐标形式

$$\left.\begin{aligned} m\ddot{s} &= \sum F_\tau \\ m\frac{\dot{s}^2}{\rho} &= \sum F_{\mathrm{n}} \\ 0 &= \sum F_{\mathrm{b}} \end{aligned}\right\} \tag{7.16}$$

式中 $\ddot{s} = a_\tau$，$\frac{\dot{s}^2}{\rho} = a_{\mathrm{n}}$，$\rho$ 是运动轨迹在质点所处位置的曲率半径，b 为副法线方向.

应用质点运动微分方程可以求解**两类质点动力学的基本问题**：

第一类是已知运动求力的问题，此类问题只需进行微分运算，计算比较简单.

第二类是已知力求运动的问题，此类问题需进行积分运算，或解微分方程，往往比第一类问题复杂.

2. 质点的达朗贝尔原理

设一质点的质量为 m，加速度为 $\boldsymbol{a}$，作用于质点的主动力为 $\boldsymbol{F}$，约束力为 $\boldsymbol{F}_{\mathrm{N}}$，由牛顿第二定律式(7.13)知

$$m\boldsymbol{a} = \boldsymbol{F} + \boldsymbol{F}_{\mathrm{N}} \tag{7.17}$$

又由式(6.3)可知，该质点还有一个对应的达朗贝尔惯性力(简称惯性力)

$$\boldsymbol{F}_{\mathrm{I}} = -m\boldsymbol{a}$$

如 6.2 节所述，惯性力 $\boldsymbol{F}_{\mathrm{I}}$不作用在该质点上，而是作用在质点以外的所有影响质点运动状态变化的物体总和上. 如果我们不去计较惯性力的作用点，而把主动力 $\boldsymbol{F}$、约束力 $\boldsymbol{F}_{\mathrm{N}}$和惯性力 $\boldsymbol{F}_{\mathrm{I}}$加在一起，则由式(7.17)和式(6.3)可得到

$$\boldsymbol{F} + \boldsymbol{F}_{\mathrm{N}} + \boldsymbol{F}_{\mathrm{I}} = 0 \tag{7.18}$$

这个式子是一个平衡方程的形式.它说明,**作用在质点上的主动力、约束力和质点对应的惯性力在形式上组成平衡力系**.这就是**质点的达朗贝尔原理**.

应该注意,达朗贝尔原理中的平衡并不是质点真正的平衡状态,此刻质点有非零的加速度存在,因此把这种平衡叫做动力平衡.动力平衡在数学形式上具有与静力平衡相同的方程,可以用解静力平衡问题的方法去解动力学问题,这就是动静法.

例 7.17　如图 7.24(a)所示无重弹性梁,当其中部放置质量为 m 的物块时,其静挠度为 2 mm.若将此物块在梁未变形位置处无初速释放,不计系统受到的阻尼,求系统的运动规律.

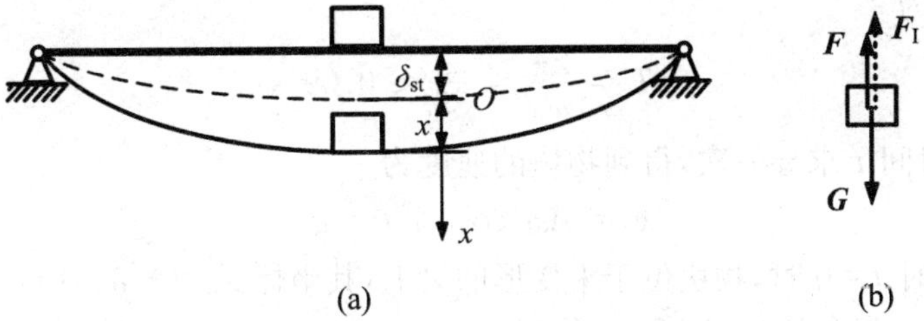

图 7.24　例 7.17 图

解:(1) 研究对象

因梁的重量不计,系统的运动规律用物块的运动描述,故取物块为研究对象,物块放在梁的中部时只在铅直方向往复直线运动,可视为质点.无重弹性梁相当于一弹簧,其静挠度相当于弹簧的静伸长,则梁的刚度系数为

$$k = \frac{mg}{\delta_{\mathrm{st}}}$$

(2) 运动分析

物块在铅直方向往复直线运动,建立铅直方向的坐标轴 x 轴,其坐标原点选在物块的静平衡位置,方向向下.

(3) 受力分析

物块受重力 $\boldsymbol{G}$ 和弹性力 $\boldsymbol{F}$ 作用,同时有惯性力 $\boldsymbol{F}_{\mathrm{I}}$,作受力图如图 7.24(b)所示.其中 $G = mg$, $F_{\mathrm{I}} = m\ddot{x}$.

(4) 建立方程

由达朗贝尔原理,建立物块的平衡方程:

$$\sum F_x = 0,\quad mg - k(\delta_{\mathrm{st}} + x) - m\ddot{x} = 0$$

即

$$m\ddot{x} + kx = 0$$

此式就是系统的运动微分方程.

设 $\omega_0^2=\dfrac{k}{m}$，ω_0 为系统的**固有频率**，它是表示系统动力特性的一个重要参数，则上式可改写为

$$\ddot{x}+\omega_0^2x=0$$

此微分方程的解为

$$x=A\sin(\omega_0 t+\theta) \tag{a}$$

这说明系统的运动是无阻尼自由振动，它是简谐振动. 其固有频率为

$$\omega_0=\sqrt{\frac{k}{m}}=\sqrt{\frac{g}{\delta_{st}}}=70(\text{rad/s})$$

振动的周期为

$$T=\frac{2\pi}{\omega_0}=\frac{\pi}{35}\approx 0.09(\text{s})$$

将式(a)对时间 t 求导一次，得到物块的速度为

$$\dot{x}=A\omega_0\cos(\omega_0 t+\theta) \tag{b}$$

在初瞬时 $t=0$ 时，物块位于未变形的梁上，其坐标 $x_0=-\delta_{st}=-2$ mm，重物初速 $v_0=0$. 把初始条件分别代入式(a)和式(b)，有

$$\left.\begin{aligned}-2&=A\sin\theta\\0&=A\omega_0\cos\theta\end{aligned}\right\}$$

由上式解得，振幅为

$$A=\sqrt{x_0^2+\frac{v_0^2}{\omega_0^2}}=2(\text{mm})$$

初相角

$$\theta=\arctan\frac{\omega_0 x_0}{v_0}=\arctan(-\infty)=-\frac{\pi}{2}$$

频率、振幅、初相角是简谐振动的三个要素.

最后得系统的自由振动规律为

$$x=2\sin\left(70t-\frac{\pi}{2}\right)=-2\cos(70t)(\text{mm})$$

例 7.18 如图 7.25(a)所示一种调速器的控制元件. 已知调速器上球 A、B 的质量均为 m_1，平衡重 C 的质量为 m_2，各杆长均为 l，杆重忽略不计. 若轴 O_1y_1 以角速度 ω 匀速转动，试求 ω 与两杆张角 α 之间的关系.

解：(1) 研究对象

分别选取有质量的 A 球与平衡重 C 为研究对象，两者皆取为质点模型. 由于结构的对称性，球 B 的受力和运动与球 A 对称，不必再另行研究.

(2) 运动分析

机构在惯性系中运动. 当调速器以角速度 ω 匀速转动时，张角 α 保持在某个数

值不变.此时球 A、B 在水平面内的半径为 $l\sin\alpha$ 的圆周上作匀速圆周运动,只有法向加速度 $\boldsymbol{a}$,且 $a=\omega^2 l\sin\alpha$.平衡重 C 静止在一定的高度定轴转动,转轴过其质心,质心加速度为零.

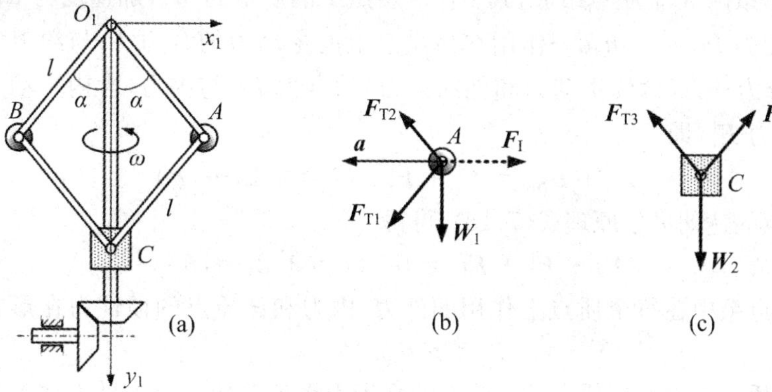

图 7.25　例 7.18 图

(3) 受力分析

球 A 受力:重力 $\boldsymbol{W}_1$,两根杆(视为二力杆)的约束力 $\boldsymbol{F}_{T1}$、$\boldsymbol{F}_{T2}$,惯性力 $\boldsymbol{F}_I$.作受力图如图 7.25(b)所示.惯性力 $F_I=m_1a=m_1\omega^2 l\sin\alpha$.

平衡重 C 受力:重力 $\boldsymbol{W}_2$,两根杆的约束力 $\boldsymbol{F}'_{T1}$ 和 $\boldsymbol{F}_{T3}$.作受力图如图 7.25(c)所示.

(4) 建立方程

两者皆为平面汇交力系,分别建立平衡方程.

平衡重 C:

$$\sum F_{x1}=0,\quad F_{T1}\sin\alpha-F_{T3}\sin\alpha=0,\quad \therefore F_{T1}=F_{T3}$$

$$\sum F_{y1}=0,\quad F_{T1}\cos\alpha+F_{T3}\cos\alpha-m_2g=0,\quad \therefore F_{T1}=F_{T3}=\frac{m_2g}{2\cos\alpha}$$

球 A:

$$\sum F_{y1}=0,\quad m_1g+F_{T1}\cos\alpha-F_{T2}\cos\alpha=0,\quad \therefore F_{T2}=F_{T1}+\frac{m_1g}{\cos\alpha}$$

$$\sum F_{x1}=0,\quad F_I-F_{T1}\sin\alpha-F_{T2}\sin\alpha=0,\quad \therefore m_1\omega^2 l=2F_{T1}+\frac{m_1g}{\cos\alpha}$$

所以,ω 与两杆张角 α 之间的关系为

$$\omega^2=\frac{m_1+m_2}{m_1 l\cos\alpha}g$$

结果表明,杆的张角随轴转动角速度的加大而加大.在一定的转速下有相应的张角数值,从而可确定平衡重 C 的位置,由位置的高低变化给出转速控制的信息.

7.2.2 质点系的达朗贝尔原理

1. 质点系的达朗贝尔原理

设质点系由 n 个质点组成，其中任一质点 i 的质量为 m_i，加速度为 $\boldsymbol{a}_i$，则该质点的惯性力为 $\boldsymbol{F}_{\mathrm{I}i} = -m_i\boldsymbol{a}_i$. 作用在该质点上的主动力的合力 $\boldsymbol{F}_i$ 与约束力的合力 $\boldsymbol{F}_{\mathrm{N}i}$，又可分为外力(含外主动力和外约束力)的合力 $\boldsymbol{F}_i^{\mathrm{e}}$ 与内力(含内主动力和内约束力)的合力 $\boldsymbol{F}_i^{\mathrm{i}}$，即

$$\boldsymbol{F}_i + \boldsymbol{F}_{\mathrm{N}i} = \boldsymbol{F}_i^{\mathrm{e}} + \boldsymbol{F}_i^{\mathrm{i}} \quad (i = 1,2,\cdots,n)$$

由质点的达朗贝尔原理式(7.18)，可得

$$\boldsymbol{F}_i^{\mathrm{e}} + \boldsymbol{F}_i^{\mathrm{i}} + \boldsymbol{F}_{\mathrm{I}i} = 0 \quad (i = 1,2,\cdots,n)$$

这表明，质点系中在每个质点上作用的外力、内力和该质点的惯性力在形式上组成平衡力系.

因此，质点系内所有质点的形式上的平衡力系汇总成一个大的形式上的平衡力系. 由静力平衡可知，空间任意力系平衡的充分必要条件是力系的主矢和力系对任一点的主矩都等于零. 借用静力平衡的方法，可得

$$\sum \boldsymbol{F}_i^{\mathrm{e}} + \sum \boldsymbol{F}_i^{\mathrm{i}} + \sum \boldsymbol{F}_{\mathrm{I}i} = 0$$

$$\sum \boldsymbol{M}_{Oi}^{\mathrm{e}} + \sum \boldsymbol{M}_{Oi}^{\mathrm{i}} + \sum \boldsymbol{M}_{\mathrm{I}Oi} = 0$$

式中 $\sum \boldsymbol{F}_i^{\mathrm{e}}$、$\sum \boldsymbol{F}_i^{\mathrm{i}}$、$\sum \boldsymbol{F}_{\mathrm{I}i}$ 分别是外力系、内力系、惯性力系的主矢，$\sum \boldsymbol{M}_{Oi}^{\mathrm{e}}$、$\sum \boldsymbol{M}_{Oi}^{\mathrm{i}}$、$\sum \boldsymbol{M}_{\mathrm{I}Oi}$ 分别是外力系、内力系、惯性力系对任一点 O 的主矩.

由于质点系的内力总是等值、反向、共线地成对存在，所以必有

$$\sum \boldsymbol{F}_i^{\mathrm{i}} = 0 \quad 和 \quad \sum \boldsymbol{M}_{Oi}^{\mathrm{i}} = 0$$

于是，从前式中可得

$$\left.\begin{aligned} \sum \boldsymbol{F}_i^{\mathrm{e}} + \sum \boldsymbol{F}_{\mathrm{I}i} = 0 \\ \sum \boldsymbol{M}_{Oi}^{\mathrm{e}} + \sum \boldsymbol{M}_{\mathrm{I}Oi} = 0 \end{aligned}\right\} \tag{7.19}$$

此式表明，**作用在质点系上的外力系(含外主动力系与外约束力系)与它的惯性力系在形式上组成平衡力系. 这就是质点系的达朗贝尔原理.**

如果把所有外力与惯性力作为一个力系，则式(7.19)也可写成

$$\sum \boldsymbol{F}_i = 0$$

$$\sum \boldsymbol{M}_{Oi} = 0$$

此式形式上与式(7.1)相同. 当所有外力与惯性力构成一个空间任意力系时，可得到与式(7.2)相同的六个代数方程. 如果是某种特殊力系，可得到与 7.1.2 节相同的各种形式的平衡方程组. 由于方程中含有惯性力，所以又特称之为**动力平衡方程**.

利用第6章中得到的刚体在几种常见运动中惯性力系的主矢与主矩，根据达朗贝尔原理就可以研究这些刚体的动力学问题.在以下几节里，推导出刚体在几种常见运动中的动力方程，可用于求解相关的动力学问题.但是应该注意，这些动力方程是基于达朗贝尔原理的动力平衡方程在具体运动中的表现形式，根本的方法仍然是动静法.在解决问题时，可以直接应用动静法列出需要的动力平衡方程，而不必机械地套用相关的动力方程.

2. 质心运动定理

由式(6.4)可知，质点系惯性力系的主矢$\boldsymbol{F}_{\mathrm{IR}} = -m\boldsymbol{a}_C$，因此根据质点系的达朗贝尔原理可得

$$m\boldsymbol{a}_C = \sum \boldsymbol{F}_i^{\mathrm{e}} \tag{7.20}$$

此式表明，**质点系的质量与质心加速度的乘积等于作用在该质点系上的外力的主矢**.这就是**质心运动定理**.

式(7.20)与式(7.13)十分相似，但是前者是描述质点系整体运动的动力学方程，后者是仅描述单个质点运动的动力学方程.然而，由此两式的相似性，可以理解质心运动定理为:**质点系质心的运动可以看成一个质点的运动，此质点的质量等于整个质点系的质量，并且受到质点系的所有外力的作用**.

由质心运动定理可知，**质点系的内力不影响质心的运动，只有外力才能改变质心的运动**.例如，在汽车的发动机中气体的压力是内力，虽然这个力是汽车行驶的原动力，但是它不能使汽车的质心运动.这个气体压力推动气缸内的活塞，经过一套机构转动主动轮，靠车轮与地面的摩擦力推动汽车前进.如果地面光滑，或者摩擦力小于汽车的阻力，那么车轮将在地面打滑空转，汽车不能前进.

质心运动定理在实际应用时常采用式(7.20)的投影式.

在直角坐标系中的投影式为(以下略去下标 i)

$$\left.\begin{aligned} ma_{Cx} &= \sum F_x^{\mathrm{e}} \\ ma_{Cy} &= \sum F_y^{\mathrm{e}} \\ ma_{Cz} &= \sum F_z^{\mathrm{e}} \end{aligned}\right\} \tag{7.21}$$

在自然轴系中的投影式为

$$\left.\begin{aligned} m\frac{\mathrm{d}v_C}{\mathrm{d}t} &= \sum F_\tau^{\mathrm{e}} \\ m\frac{v^2}{\rho} &= \sum F_{\mathrm{n}}^{\mathrm{e}} \\ \sum F_{\mathrm{b}}^{\mathrm{e}} &= 0 \end{aligned}\right\} \tag{7.22}$$

由式(7.20)可知，**如果作用于质点系的外力的主矢恒等于零，则质心作匀速直线运动;若开始时静止，则质心的位置始终不变**.

由式(7.21)或式(7.22)可知,**如果作用于质点系的所有外力在某轴上投影的代数和恒等于零,则质心速度在该轴上的投影保持不变,若开始时速度投影等于零,则质心在该轴的坐标保持不变.**

以上结论称为**质心运动守恒定律**.

例 7.19 如图 7.26(a)所示两根均质杆 AO 和 BO,长度均为 l,质量分别是 m_1 和 m_2,两杆在点 O 用铰链连接,放置在水平地面上,初始时维持在铅垂面内不动.设地面绝对光滑,两杆被释放后在铅垂面内分开倒向地面.求杆倒下过程中 O 点的轨迹.

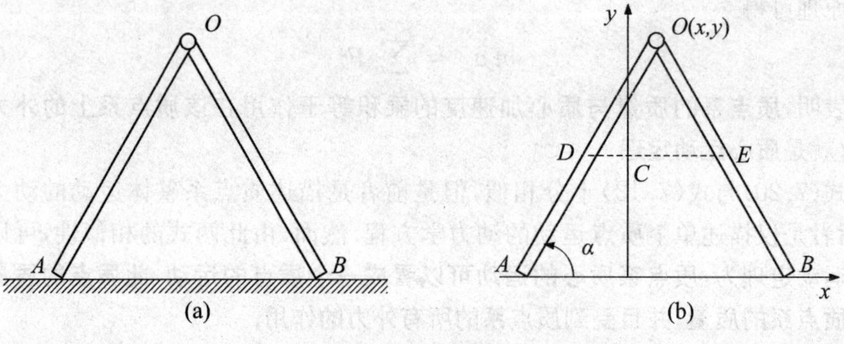

图 7.26 例 7.19 图

解:取两杆系统为研究对象,作用在系统上的力是重力与地面的法向约束力,由于地面光滑,水平方向无外力作用,且系统初始是静止状态.由质心运动守恒定律,系统质心不会在水平方向运动,只能在铅垂方向运动.

建立直角坐标系,x 轴沿水平地面,y 轴过系统质心 C.设 AO 杆与 x 轴的夹角为 α.设 O 点的坐标为 (x, y),则 A 点的坐标为 $(x - l\cos\alpha, 0)$,B 点的坐标为 $(x + l\cos\alpha, 0)$.

设 AO 杆的质心为 D,则有

$$x_D = \frac{x_A + x_O}{2} = x - \frac{l}{2}\cos\alpha$$

设 BO 杆的质心为 E,则有

$$x_E = \frac{x_B + x_O}{2} = x + \frac{l}{2}\cos\alpha$$

由质心计算公式,系统质心 C 的坐标有

$$x_C = \frac{m_1 x_D + m_2 x_E}{m_1 + m_2} = \frac{m_1\left(x - \frac{l}{2}\cos\alpha\right) + m_2\left(x + \frac{l}{2}\cos\alpha\right)}{m_1 + m_2}$$

因为 $x_C \equiv 0$,由上式可得

$$(m_1 + m_2)x + \frac{l}{2}(m_2 - m_1)\cos\alpha = 0 \tag{a}$$

由图7.26(b)可知

$$\cos\alpha = \frac{\sqrt{l^2 - y^2}}{l}$$

代入式(a)可得 O 点的轨迹方程为

$$\frac{x^2}{\frac{l^2}{4}\cdot\left(\frac{m_2 - m_1}{m_2 + m_1}\right)^2} + \frac{y^2}{l^2} = 1$$

这是一个中心在坐标系原点，长轴在 y 轴的椭圆．若两杆的质量相同，则 O 点的轨迹就是 y 轴．

应用质心运动定理时，质心的坐标、速度或加速度的计算是关键步骤．

7.2.3　平移刚体的动力方程

设刚体的质量为 m，以加速度 $\boldsymbol{a}$ 作平行移动．由6.2.2节可知，它的惯性力系向质心简化的主矢为 $\boldsymbol{F}_{\mathrm{I}} = -m\boldsymbol{a}$，主矩为 $\boldsymbol{M}_{\mathrm{IC}} = 0$，因而合成为一个通过质心的惯性力 $\boldsymbol{F}_{\mathrm{IR}} = -m\boldsymbol{a}_C = -m\boldsymbol{a}$．

由质点系的达朗贝尔原理式(7.19)，对于平移刚体有(以下略去下标 i)

$$\sum \boldsymbol{F}^{\mathrm{e}} + \sum \boldsymbol{F}_{\mathrm{I}} = 0$$
$$\sum \boldsymbol{M}_C^{\mathrm{e}} = 0$$

或写为

$$\left.\begin{aligned}\sum \boldsymbol{F}^{\mathrm{e}} &= m\boldsymbol{a}_C\\ \sum \boldsymbol{M}_C^{\mathrm{e}} &= 0\end{aligned}\right\}\tag{7.23}$$

这就是**平移刚体的动力方程**，它综合反映了平移刚体的运动与受力的关系．

式(7.23)中的第一式就是质心运动定理，第二式表示外力对质心的力矩自成平衡，这是刚体平移的必要条件．

如果作用在刚体上的力系是一个平面力系，则有

$$\sum \boldsymbol{F}^{\mathrm{e}} = m\boldsymbol{a}_C$$
$$\sum \boldsymbol{M}_C^{\mathrm{e}} = 0$$

或记为投影式

$$\left.\begin{aligned}\sum F_x^{\mathrm{e}} &= ma_{Cx}\\ \sum F_y^{\mathrm{e}} &= ma_{Cy}\\ \sum M_C^{\mathrm{e}} &= 0\end{aligned}\right\}\tag{7.24}$$

解决平移刚体的动力学问题时，可以用式(7.23)与式(7.24)的平移刚体动力方程，但是由于平移刚体惯性力系的简化结果非常简单，也可以直接使用动静法，用动

力平衡方程进行计算，而不必机械地套用式(7.23)或式(7.24).

例 7.20 如图 7.27(a)所示，质量 $m=3$ kg，长度 $ED=EA=200$ mm 的直角弯杆，在 D 点铰接于加速运动的板上. 为了防止杆的转动，在板上 A、B 两点固定两个光滑螺栓. 整个系统位于铅垂面内，板沿直线轨道运动.

(1) 若板的加速度 $a=2g$(g 为重力加速度)，求螺栓 A 或 B 及铰 D 对弯杆的约束力；

(2) 若弯杆在 A、B 处均不受力，求板的加速度 a 及铰 D 对弯杆的约束力.

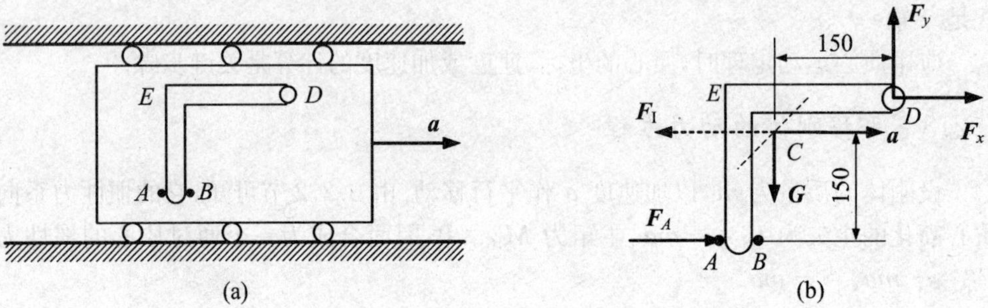

图 7.27 例 7.20 图

解：(1) 研究对象：取弯杆为研究对象，质心为 C，位置如图 7.27(b)所示.

(2) 运动分析：平移，加速度为 $\boldsymbol{a}$.

(3) 受力分析：重力 $G=mg$，约束力 $\boldsymbol{F}_x$、$\boldsymbol{F}_y$、$\boldsymbol{F}_A$，惯性力 $F_\mathrm{I}=ma$，受力图如图 7.27(b)所示.

(4) 建立方程：作用在弯杆上的力系为平面力系，由动静法有平衡方程

$$\sum F_y=0,\quad F_y-G=0,\quad \therefore F_y=mg \tag{a}$$

$$\sum M_A=0,\quad F_\mathrm{I}\cdot 0.15+F_y\cdot 0.2-F_x\cdot 0.2-G\cdot 0.05=0,$$

$$\therefore F_x=\frac{9}{4}(g+a) \tag{b}$$

$$\sum F_x=0,\quad F_x-F_\mathrm{I}+F_A=0,\quad \therefore F_A=F_\mathrm{I}-F_x=\frac{3}{4}(a-3g) \tag{c}$$

(5) 计算结果：

① 令 $a=2g$，代入式(b)和式(c)，并由式(a)可得

$$F_x=66.21(\mathrm{N}),\quad F_y=29.43(\mathrm{N}),\quad F_A=-7.36(\mathrm{N})$$

$\boldsymbol{F}_A$的方向与所设相反，即为螺栓 B 对弯杆的约束力.

② 令 $F_A=0$，由式(c)可得

$$a=3g$$

以 $a=3g$ 代入式(b)，并由式(a)可得

$$F_x=88.29(\mathrm{N}),\quad F_y=29.43(\mathrm{N})$$

7.2.4　定轴转动刚体的动力方程

1. 一般定轴转动刚体的动力方程

如图7.28所示，设刚体的转轴为 z 轴，角速度与角加速度分别是 ω 与 α.

由6.2.2节可知，它的惯性力系向 z 轴上一点 O 简化，得到主矢为 $\boldsymbol{F}_{\mathrm{IR}}=-m\boldsymbol{a}_C$，主矩为 $\boldsymbol{M}_{\mathrm{IO}}=M_{\mathrm{Ix}}\boldsymbol{i}+M_{\mathrm{Iy}}\boldsymbol{j}+M_{\mathrm{Iz}}\boldsymbol{k}$，其中，$M_{\mathrm{Ix}}=J_{xz}\alpha-J_{yz}\omega^2$，$M_{\mathrm{Iy}}=J_{yz}\alpha+J_{xz}\omega^2$，$M_{\mathrm{Iz}}=-J_z\alpha$.

刚体定轴转动时，其质心 C 在与 Oxy 面平行的平面内运动，所以必有

$$\boldsymbol{a}_C=a_{Cx}\boldsymbol{i}+a_{Cy}\boldsymbol{j}$$

设质心 C 在 Oxy 面内的投影的坐标是 (x_C, y_C)，参见图7.29. 质心 C 的法向加速度 $\boldsymbol{a}_C^{\mathrm{n}}$ 与切向加速度 $\boldsymbol{a}_C^{\tau}$ 分别为

$$a_C^{\mathrm{n}}=\omega^2\sqrt{x_C^2+y_C^2},\quad a_C^{\tau}=\alpha\sqrt{x_C^2+y_C^2}$$

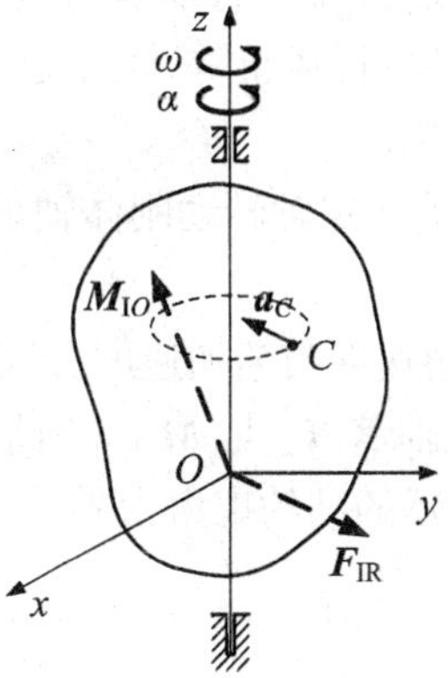

图7.28　定轴转动刚体惯性力系的简化

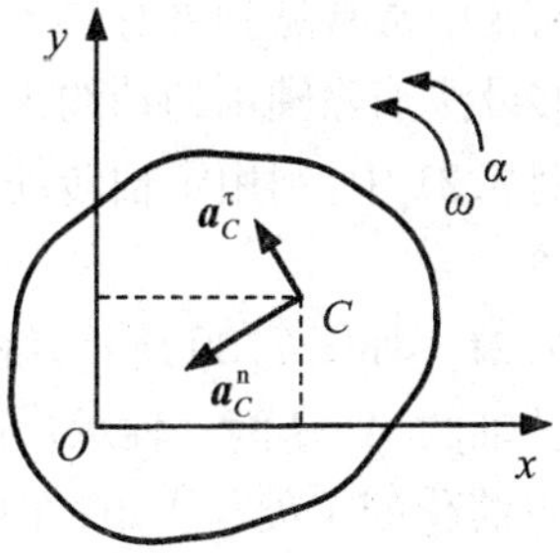

图7.29　定轴转动刚体质心的加速度

将 $\boldsymbol{a}_C^{\mathrm{n}}$ 与 $\boldsymbol{a}_C^{\tau}$ 分别向 x 轴和 y 轴投影，得到 $a_{Cx}=-\alpha y_C-\omega^2x_C$，$a_{Cy}=\alpha x_C-\omega^2y_C$. 所以惯性力系的主矢为

$$\boldsymbol{F}_{\mathrm{IR}}=-m[(-\alpha y_C-\omega^2x_C)\boldsymbol{i}+(\alpha x_C-\omega^2y_C)\boldsymbol{j}]$$

由质点系的达朗贝尔原理式(7.19)，对于定轴转动刚体有

$$\left.\begin{aligned}
\sum F_x^{\mathrm{e}}&=m(-\alpha y_C-\omega^2x_C)\\
\sum F_y^{\mathrm{e}}&=m(\alpha x_C-\omega^2y_C)\\
\sum F_z^{\mathrm{e}}&=0\\
\sum M_x^{\mathrm{e}}&=-J_{xz}\alpha+J_{yz}\omega^2\\
\sum M_y^{\mathrm{e}}&=-J_{yz}\alpha-J_{xz}\omega^2\\
\sum M_z^{\mathrm{e}}&=J_z\alpha
\end{aligned}\right\}\qquad(7.25)$$

这就是**定轴转动刚体的动力方程**.在一般的定轴转动刚体的动力问题中,外力中的约束力与转子的角加速度 α 是未知量,角速度 ω 与 α 有关;因此由这六个方程可以求解角加速度 α 与五个约束力(通常一根轴用一个向心轴承和一个推力轴承支承,两个轴承共有五个约束力).

式(7.25)中最后一个式子,不含轴承的约束力,只反映主动力与转动刚体的角加速度的关系;加速度用转角的二阶导数表示时,也称之为**刚体定轴转动微分方程**

$$J_z\ddot{\varphi} = \sum M_z^{\mathrm{e}} \tag{7.26}$$

研究定轴转动刚体的运动状态时,可以单独使用式(7.26),但是如果要计算轴承的约束力,必须使用式(7.25)中的其他方程.

作用在转动刚体上的外力包括主动力与轴承的约束力,一般主动力是不随转动变化的已知条件.轴承的约束力分为两部分,一部分与主动力平衡,它是不变的,称为**静约束力**;另一部分与惯性力平衡,随着转动而变化.这部分随转动而变化的约束力称为**动约束力**.轴承的动约束力会造成转动刚体的振动、噪声与轴承的损坏.在工程实际问题中常常见到带有转子的机械(如电动机、汽轮机、风机等)发生这种现象.如果能够设法消除轴承的动约束力,就可以避免这种破坏.

在例 7.21 中,利用定轴转动刚体的动力方程研究消除定轴转动刚体轴承动约束力的条件.

例 7.21 如图 7.30 所示,绕 z 轴定轴转动刚体,角速度与角加速度分别是 ω 与 α.支承转轴的 A、B 两个轴承,分别是向心轴承与止推轴承.$\boldsymbol{F}_{\mathrm{R}}$与 $\boldsymbol{M}_O$分别是主动力系向 O 点简化的主矢与主矩.在什么条件下,可以使轴承的动约束力为零?

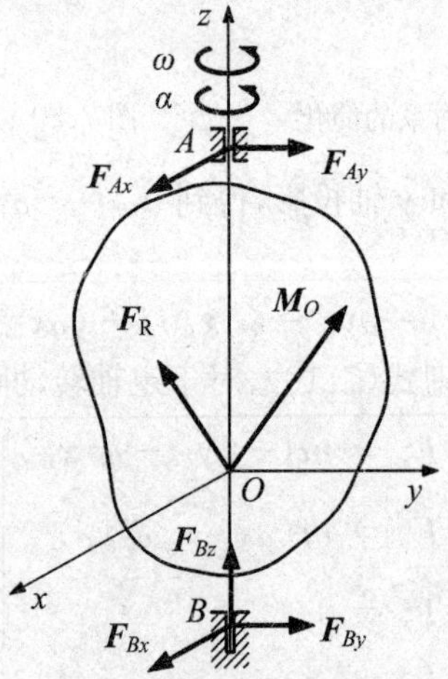

图 7.30 例 7.21 图

解:以转子为研究对象,进行受力分析,作受力图如图 7.30 所示,其中轴承 A、B 的约束力是总约束力,即静约束力与动约束力之和.

由式(7.25)可得

$$F_{Rx}+F_{Ax}+F_{Bx}=m(-\alpha y_C-\omega^2 x_C) \tag{a}$$

$$F_{Ry}+F_{Ay}+F_{By}=m(\alpha x_C-\omega^2 y_C) \tag{b}$$

$$F_{Rz}+F_{Bz}=0 \tag{c}$$

$$M_{Ox}-F_{Ay}\cdot OA+F_{By}\cdot OB=-J_{xz}\alpha+J_{yz}\omega^2 \tag{d}$$

$$M_{Oy}+F_{Ax}\cdot OA-F_{Bx}\cdot OB=-J_{yz}\alpha-J_{xz}\omega^2 \tag{e}$$

$$M_{Oz}=J_z\alpha \tag{f}$$

当转子不转动时，$\alpha=\omega=0$，由以上诸式求得的约束力为轴承的静约束力，分别记为 F'_{Ax}、F'_{Ay}、F'_{Bx}、F'_{By}与F'_{Bz}，显然

$$F_{Rx}+F'_{Ax}+F'_{Bx}=0 \tag{a$_1$}$$

$$F_{Ry}+F'_{Ay}+F'_{By}=0 \tag{b$_1$}$$

$$F_{Rz}+F'_{Bz}=0 \tag{c$_1$}$$

$$M_{Ox}-F'_{Ay}\cdot OA+F'_{By}\cdot OB=0 \tag{d$_1$}$$

$$M_{Oy}+F'_{Ax}\cdot OA-F'_{Bx}\cdot OB=0 \tag{e$_1$}$$

作对应两式相减：(a) − (a$_1$)、(b) − (b$_1$)、(c) − (c$_1$)、(d) − (d$_1$)、(e) − (e$_1$)，并设动约束力为 $F''_{Ax}=F_{Ax}-F'_{Ax}$、$F''_{Ay}=F_{Ay}-F'_{Ay}$、$F''_{Bx}=F_{Bx}-F'_{Bx}$、$F''_{By}=F_{By}-F'_{By}$以及$F''_{Bz}=F_{Bz}-F'_{Bz}$. 得到以下方程式

$$F''_{Ax}+F''_{Bx}=m(-\alpha y_C-\omega^2 x_C) \tag{a$_2$}$$

$$F''_{Ay}+F''_{By}=m(\alpha x_C-\omega^2 y_C) \tag{b$_2$}$$

$$F''_{Bz}=0 \tag{c$_2$}$$

$$F''_{Ay}\cdot OA-F''_{By}\cdot OB=J_{xz}\alpha-J_{yz}\omega^2 \tag{d$_2$}$$

$$F''_{Ax}\cdot OA-F''_{Bx}\cdot OB=-J_{yz}\alpha-J_{xz}\omega^2 \tag{e$_2$}$$

由式(c$_2$)知轴承 B 没有轴向动约束力. 为了求出其他动约束力为零的条件，令$F''_{Ax}=F''_{Ay}=F''_{Bx}=F''_{By}=0$，从以上方程式中得到下面的四个方程：

$$\alpha y_C+\omega^2 x_C=0 \tag{a$_3$}$$

$$\alpha x_C-\omega^2 y_C=0 \tag{b$_3$}$$

$$J_{xz}\alpha-J_{yz}\omega^2=0 \tag{d$_3$}$$

$$J_{yz}\alpha+J_{xz}\omega^2=0 \tag{e$_3$}$$

当刚体转动时，α 与 ω 不会恒为零，所以以上方程组的解为

$$x_C=y_C=0$$

$$J_{xz}=J_{yz}=0$$

$x_C=y_C=0$ 表明转轴通过质心，$J_{xz}=J_{yz}=0$ 表明刚体对于转轴 z 的惯性积必须等于零，这样的 z 轴称为**惯性主轴**. 通过质心的惯性主轴称为**中心惯性主轴**.

因此得到，**定轴转动刚体轴承的动约束力为零的条件是：刚体的转动轴应该是刚体的中心惯性主轴**.

如果刚体的转轴通过质心，且除重力外刚体没有受到其他主动力作用，则刚体可以在任意位置静止不动，这种现象称为**静平衡**. 当刚体的转轴通过质心且为惯性主轴时，刚体转动时不出现轴承动约束力，这种现象称为**动平衡**. 能够静平衡的定轴转动刚体不一定能够实现动平衡，但能够动平衡的定轴转动刚体肯定能够实现静平衡.

2. 常见定轴转动刚体的动力方程

工程中常见的定轴转动刚体具有质量对称平面，并且转轴 z 垂直于此平面，参见图 7.31(a). 对于这样的刚体，有 $J_{xz} = J_{yz} = 0$；而且它的惯性力系可以简化为质量对称平面内的平面力系.

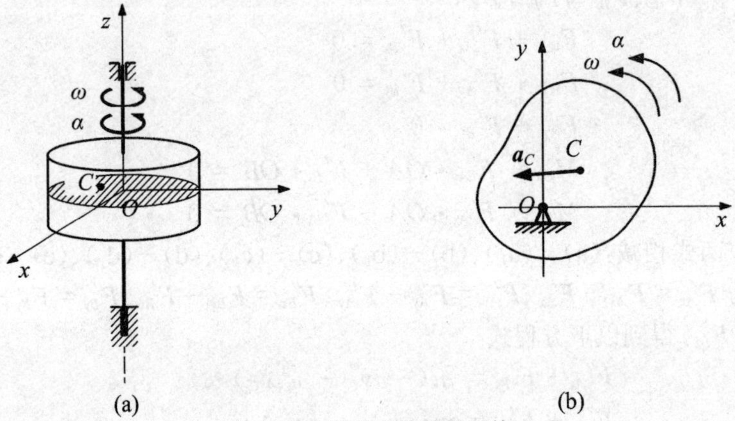

图 7.31 常见定轴转动刚体

由式(7.25)可得具有质量对称平面且转轴垂直于此平面的定轴转动刚体的动力方程为

$$\left.\begin{aligned}\sum F_x^e &= m(-\alpha y_C - \omega^2 x_C)\\ \sum F_y^e &= m(\alpha x_C - \omega^2 y_C)\\ \sum F_z^e &= 0\\ \sum M_x^e &= 0\\ \sum M_y^e &= 0\\ \sum M_z^e &= J_z\alpha\end{aligned}\right\} \tag{7.27}$$

如果可以把主动力和约束力都简化成质量对称平面内的平面力系，参见图 7.31(b)，则可化为平面问题的刚体定轴转动的动力方程为

$$\left.\begin{aligned}\sum F_x^e &= ma_{Cx}\\ \sum F_y^e &= ma_{Cy}\\ \sum M_O^e &= J_z\alpha\end{aligned}\right\} \quad \text{或记为} \quad \left.\begin{aligned}m\ddot{x}_C &= \sum F_x^e\\ m\ddot{y}_C &= \sum F_y^e\\ J_z\ddot{\varphi} &= \sum M_O^e\end{aligned}\right\} \tag{7.28}$$

例 7.22 如图 7.32(a)所示的传动轴系. 轴Ⅰ和轴Ⅱ的转动惯量分别为 J_1 和 J_2,半径分别为 R_1 和 R_2,传动比 $i_{12}=R_2/R_1$. 今在轴Ⅰ上作用主动力矩 M_1,轴Ⅱ上有阻力矩 M_2 转向如图所示. 设各处摩擦忽略不计,求轴Ⅰ的角加速度.

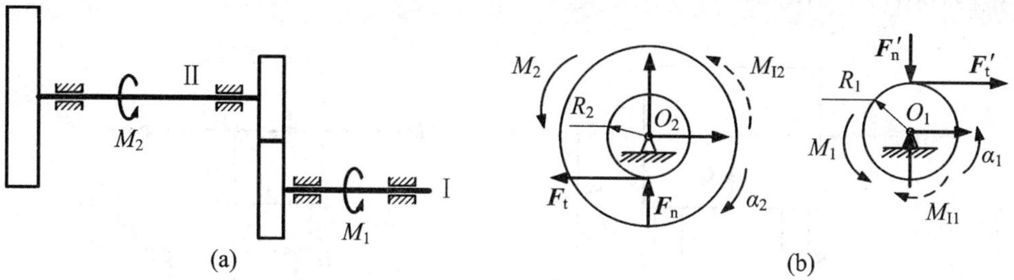

图 7.32 例 7.22 图

解:(1) 研究对象:轴Ⅰ和轴Ⅱ分别绕各自的轴转动,应分别取为两个研究对象.

(2) 运动分析:两轴皆为定轴转动,轴Ⅰ为主动轴,其角加速度 α_1 与 M_1 同向. 轴Ⅱ转向与轴Ⅰ相反,设其角加速度为 α_2,有关系式

$$\frac{\alpha_1}{\alpha_2}=i_{12}=\frac{R_2}{R_1} \tag{a}$$

(3) 受力分析:由已知条件与约束作出受力图如图 7.32(b)所示,其中两轮的啮合力分解为法向分力 $\boldsymbol{F}_n$ 与切向分力 $\boldsymbol{F}_t$. 设轴过转子的质心,则只有惯性力矩 $M_{I1}=J_1\alpha_1$ 与 $M_{I2}=J_2\alpha_2$. 两者均为平面力系.

(4) 建立方程:因只需求角加速度,所以在两个平面力系中只选用对轴心的力矩方程,对轴Ⅰ和轴Ⅱ分别有

$$\sum M_{O1}=0,\quad M_1-F_tR_1-M_{I1}=0,\quad \therefore F_t=\frac{M_1-J_1\alpha_1}{R_1}$$

$$\sum M_{O2}=0,\quad M_2-F_tR_2+M_{I2}=0,\quad \therefore F_t=\frac{M_2+J_2\alpha_2}{R_2}$$

由以上两个方程及式(a),得到

$$\alpha_1=\frac{M_1-\dfrac{M_2}{i_{12}}}{J_1+\dfrac{J_2}{i_{12}^2}}$$

例 7.23 如图 7.33(a)所示的大型装载车在半径为 R 的弯道转弯,满载的车重 $\boldsymbol{G}$,重心高度为 h,内外轮间距为 b,设轮与地面的摩擦因数为 f,求:① 转弯时的极限速度,即不至于打滑和倾倒的最大速度;② 在速度过大时,打滑在倾倒前发生的条件.

解:(1) 研究对象:满载的装载车.

(2) 运动分析:设车在弯道以速度 $\boldsymbol{v}$ 匀速行驶,此时车作匀速的定轴转动. 质心的加速度只有法向加速度 $a=\dfrac{v^2}{R}$.

(3) 受力分析：转弯时车有远离弯道中心的运动趋势，所以地面的滑动摩擦力指向中心.惯性力系主矩为零，简化为一个在质心的惯性力 $F_{\mathrm{I}} = ma = m\dfrac{v^2}{R}$，作受力图如图 7.33(b)所示.

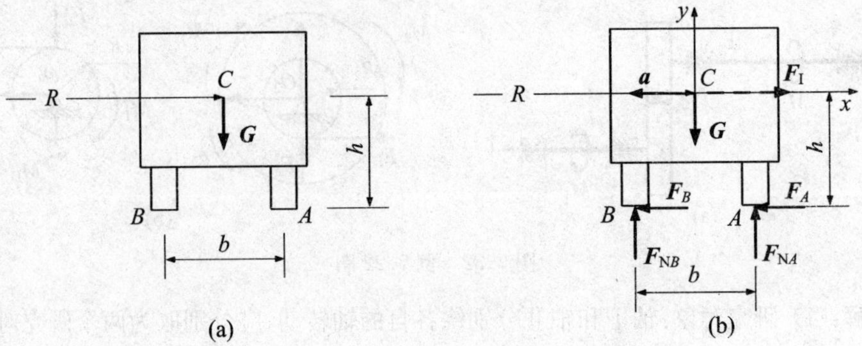

图 7.33　例 7.23 图

(4) 建立方程：

① 计算不打滑的条件，考虑打滑的临界状态.选用平衡方程有

$$\sum F_x = 0,\quad F_{\mathrm{I}} - F_A - F_B = 0,\quad \therefore F_A + F_B = F_{\mathrm{I}}$$

$$\sum F_y = 0,\quad F_{NA} + F_{NB} - G = 0,\quad \therefore F_{NA} + F_{NB} = G$$

临界状态的补充方程有

$$F_A = fF_{NA}$$

$$F_B = fF_{NB}$$

由以上方程可得

$$F_A + F_B = f(F_{NA} + F_{NB}),\quad \therefore F_{\mathrm{I}} = fG$$

即

$$m\frac{v^2}{R} = fmg,\quad \therefore v_1 = \sqrt{fRg}$$

v_1就是不至于打滑的最大速度.

② 计算不倾倒的条件，考虑倾倒的临界状态为，内轮 B 离开地面，即此时有

$$F_{NB} = 0$$

选用平衡方程有

$$\sum M_A = 0,\quad G\cdot\frac{b}{2} - F_{\mathrm{I}}\cdot h = 0,\quad \therefore mg\cdot\frac{b}{2} = m\frac{v^2}{R}\cdot h$$

解得

$$v_2 = \sqrt{\frac{Rbg}{2h}}$$

v_2就是不至于倾倒的最大速度.

③ 计算先滑后倒的条件.先出现打滑,后出现倾倒,就是要求 $v_1 < v_2$,即

$$\sqrt{fRg} < \sqrt{\frac{Rbg}{2h}}$$

得到条件为

$$f < \frac{b}{2h} \quad 或 \quad h < \frac{b}{2f}$$

这两个条件的表达式前者可用于路面的设计,后者可用于装载量的确定.

7.2.5　平面运动刚体的动力方程

1. 一般平面运动刚体的动力方程

如图7.34所示,刚体平面运动时,取质心 C 为基点,建立原点在质心 C 的直角坐标系,使 Cxy 面平行于运动平面,则平面运动可分解为随质心 C 的平移和绕过质心 C 的 z 轴的转动.设刚体的角速度与角加速度分别是 ω 与 α,质心的加速度为 $\boldsymbol{a}_C$.

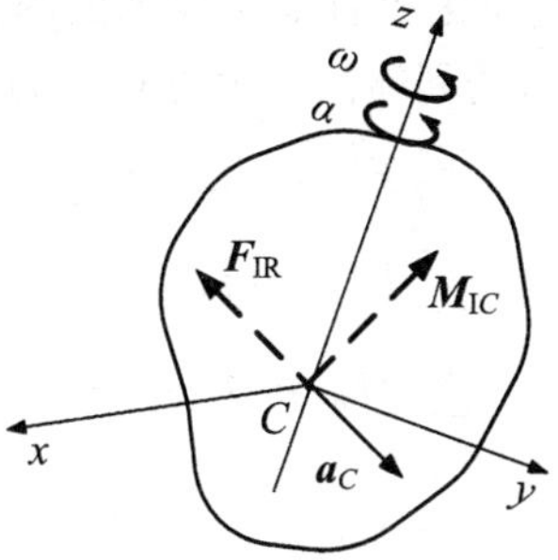

图7.34　平面运动刚体惯性力系的简化

由6.2.2节知,惯性力系向质心 C 简化,得到主矢为$\boldsymbol{F}_{IR} = -m\boldsymbol{a}_C = -ma_{Cx}\boldsymbol{i} - ma_{Cy}\boldsymbol{j}$,主矩为$\boldsymbol{M}_{IC} = M_{Ix}\boldsymbol{i} + M_{Iy}\boldsymbol{j} + M_{Iz}\boldsymbol{k}$,其中 $M_{Ix} = J_{xz}\alpha - J_{yz}\omega^2$,$M_{Iy} = J_{yz}\alpha + J_{xz}\omega^2$,$M_{Iz} = -J_z\alpha$.

由质点系的达朗贝尔原理式(7.19),对于平面运动刚体有

$$\left.\begin{aligned} \sum F_x^e &= ma_{Cx} \\ \sum F_y^e &= ma_{Cy} \\ \sum F_z^e &= 0 \\ \sum M_x^e &= -J_{xz}\alpha + J_{yz}\omega^2 \\ \sum M_y^e &= -J_{yz}\alpha - J_{xz}\omega^2 \\ \sum M_z^e &= J_z\alpha \end{aligned}\right\} \tag{7.29}$$

这就是**平面运动刚体的动力方程**,它综合反映了平面运动刚体的运动、主动力及约束力的关系.

2. 常见平面运动刚体的动力方程

工程中常见的平面运动刚体具有质量对称平面,且运动平面与该质量对称平面平行.这种刚体对与质量对称平面垂直的 z 轴的惯性积为零,即 $J_{xz}=J_{yz}=0$,而且惯性力系可以简化为质量对称平面内的平面力系.因而,动力方程变为

$$\left.\begin{aligned}\sum F_x^{\mathrm{e}} &= ma_{Cx}\\ \sum F_y^{\mathrm{e}} &= ma_{Cy}\\ \sum F_z^{\mathrm{e}} &= 0\\ \sum M_x^{\mathrm{e}} &= 0\\ \sum M_y^{\mathrm{e}} &= 0\\ \sum M_z^{\mathrm{e}} &= J_z\alpha\end{aligned}\right\}\tag{7.30}$$

如果把主动力和约束力也简化成质量对称平面内的平面力系,则问题简化为平面问题,参见图 7.35.而平面运动刚体的动力方程变为

$$\left.\begin{aligned}\sum F_x^{\mathrm{e}} &= ma_{Cx}\\ \sum F_y^{\mathrm{e}} &= ma_{Cy}\\ \sum M_C^{\mathrm{e}} &= J_z\alpha\end{aligned}\right\}\tag{7.31}$$

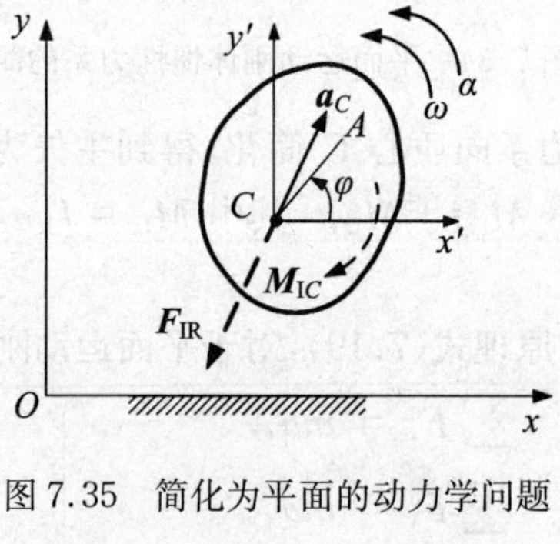

图 7.35 简化为平面的动力学问题

或记为

$$\left.\begin{aligned}m\ddot{x}_{Cx} &= \sum F_x^{\mathrm{e}}\\ m\ddot{y}_{Cy} &= \sum F_y^{\mathrm{e}}\\ J_Z\ddot{\varphi} &= \sum M_C^{\mathrm{e}}\end{aligned}\right\}\tag{7.32}$$

式(7.31)与(7.32)简化了主动力与约束力,突出了平面运动刚体的运动量计算,是常用的形式,其中式(7.32)通常称为**刚体平面运动的微分方程**.

例 7.24　如图 7.36 所示,质量 $m=20\ \text{kg}$,半径 $r=25\ \text{cm}$ 的均质半球静止地放在水平面上,球心为 O,质心为 C 且 $OC=\dfrac{3}{8}r$,$J_C=\dfrac{83}{320}mr^2$.现在其边缘上作用一个铅垂力 $F=130\ \text{N}$,如果在力 F 作用的瞬时,半球不发生滑动,接触处的摩擦因数至少应该多大?并求此时的角加速度.

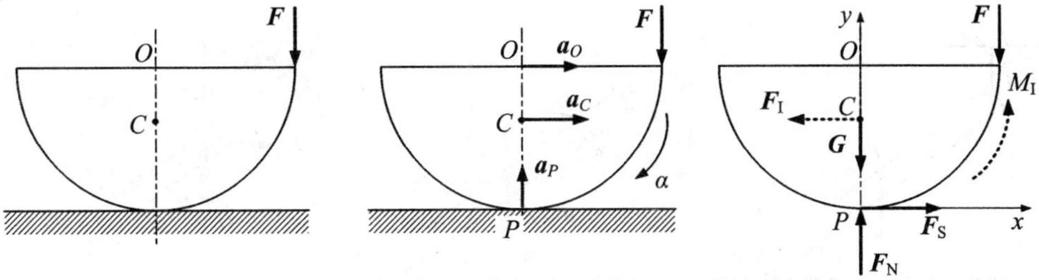

图 7.36　例 7.24 图

解:(1) 研究对象:半球.

(2) 运动分析:由静止开始的纯滚动趋势,速度瞬心为 P.设此瞬时角加速度为 α,质心的加速度为 $\boldsymbol{a}_C$.

由于球心 O 点的运动轨迹是水平直线,它的加速度 $\boldsymbol{a}_O$ 为水平方向,而瞬心 P 的加速度 $\boldsymbol{a}_P$ 指向球心 O 点.在由静止开始运动的瞬时,可以确定加速度瞬心在 $\boldsymbol{a}_O$ 和 $\boldsymbol{a}_P$ 的垂线的交点,即此瞬时 P 亦为加速度瞬心.因此可确定质心 C 的加速度 $\boldsymbol{a}_C$ 为水平方向,且有 $a_C=a_{CP}^{\tau}=\alpha\cdot CP=\dfrac{5}{8}\alpha r$.

(3) 受力分析:作受力图如图 7.36 所示,为平面力系.P 点有向左滑动的趋势,摩擦力 $\boldsymbol{F}_S$ 向右.半球平面运动,惯性力系向质心 C 简化,主矢 $F_I=ma_C$,主矩 $M_I=J_C\alpha$.重力 $G=mg$.

(4) 建立方程:

$$\sum M_P=0,\quad F_I\cdot CP+M_I-F\cdot r=0$$

解得

$$\alpha=\frac{F}{mr\left(\dfrac{25}{64}+\dfrac{83}{320}\right)}=40.0(\text{rad/s}^2)$$

$$\sum F_x=0,\quad F_S-F_I=0,\quad \therefore F_S=F_I=\frac{5}{8}m\alpha r$$

$$\sum F_y=0,\quad F_N-F-G=0,\quad \therefore F_N=F+G$$

半球不滑动的条件是 $F_S \leqslant fF_N$，所以得到

$$f \geqslant \frac{F_S}{F_N} = \frac{\frac{5}{8}m\alpha r}{F + mg} = 0.38$$

因此，如果半球不发生滑动，接触处的摩擦因数至少应该为 0.38.

例 7.25　如图 7.37 所示，均质杆 AB 质量为 m，长为 l，其 A 端用绳索悬挂起来，另一端 B 搁置在光滑水平面上. 已知杆与水平面的夹角为 θ. 试求剪断绳索后的瞬时杆对水平面的压力.

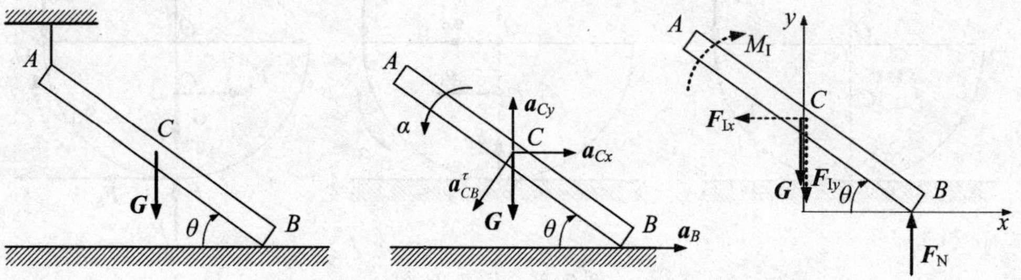

图 7.37　例 7.25 图

解：(1) 研究对象：杆 AB.

(2) 运动分析：剪断绳索后，杆在铅垂面作平面运动. 设质心 C 的加速度为 $\boldsymbol{a}_C$，用两个正交分量表示；杆的角加速度为 α. B 端的加速度沿水平面. 若以 B 为基点，则有 $\boldsymbol{a}_{Cx} + \boldsymbol{a}_{Cy} = \boldsymbol{a}_B + \boldsymbol{a}_{CB}^{\tau} + \boldsymbol{a}_{CB}^{n}$，此瞬时，$a_{CB}^{n} = 0$，$a_{CB}^{\tau} = \frac{\alpha l}{2}$.

可以求得

$$a_{Cy} = -a_{CB}^{\tau}\cos\theta = -\frac{1}{2}\alpha l\cos\theta \quad 或 \quad \alpha = -\frac{2a_{Cy}}{l\cos\theta}$$

(3) 受力分析：作受力图如图 7.37 所示，为平面力系. 重力 $G = mg$. 惯性力系向质心 C 简化，主矢 $F_{Ix} = ma_{Cx}$，$F_{Iy} = ma_{Cy}$；主矩 $M_I = J_C\alpha$.

(4) 建立方程：

$$\sum F_x = 0, \quad -F_{Ix} = 0$$

$$\sum M_B = 0, \quad F_{Ix}\cdot\frac{l}{2}\sin\theta + F_{Iy}\cdot\frac{l}{2}\cos\theta + mg\cdot\frac{l}{2}\cos\theta - M_I = 0$$

即

$$ma_{Cy}\cdot\frac{l}{2}\cos\theta + mg\cdot\frac{l}{2}\cos\theta - \frac{1}{12}ml^2\left(-\frac{2a_{Cy}}{l\cos\theta}\right) = 0$$

解得

$$a_{Cy} = -\frac{g}{1 + \frac{1}{3\cos^2\theta}}$$

$$\sum F_y = 0,\quad F_N - F_{Iy} - mg = 0,\quad \therefore F_N = m(g + a_{Cy}) = \frac{mg}{1+3\cos^2\theta}$$

因此,剪断绳索后的瞬时杆对水平面的压力为$\dfrac{mg}{1+3\cos^2\theta}$.

7.2.6　简单物体系统的动力方程

以上几节用动静法分别建立了刚体在几种常见运动中的动力方程,表明了动静法在研究这些刚体的动力学问题中的普遍应用.对于工程中由若干物体组成的系统,常常不必把系统拆成单个物体去写每个物体的动力方程,而是尽可能从整个系统去研究问题.这一点与物体系统的静力平衡问题十分相似.这是因为拆开系统后,原来可以不必考虑的内力变成必须考虑的外力,增加了问题中的未知量数目.对于物体系统,根据每个物体的运动特点逐个计算它们的惯性力系的主矢与主矩(如果物体的加速度是未知量,可以先根据物体的运动特点假设相应的加速度,分析这些加速度之间的关系,再按照这些假设的加速度计算惯性力系的主矢与主矩),然后在受力图上画出各自惯性力系的等效力与等效力偶,再结合物体系统上作用的外力(主动力和约束力),按质点系达朗贝尔原理直接列出相应的平衡方程求解.与静力平衡问题相同,要注意研究对象和平衡方程的选择,尽量减少每个方程中的未知量的数目,简化解题过程.

以下分求解运动与求解力两类问题举例.

1. 求解运动

求解运动类的问题包括求加速度,建立运动微分方程等,此类问题的未知量是与加速度相关的惯性力.在不需求约束力的场合,应该恰当地选择研究对象,对每个研究对象尽量选取不含约束力的方程,以减少未知量的数目,提高解决问题的效率.

例 7.26　如图 7.38 所示,绕 A 点转动的 AB 杆上有一导槽,套在于水平面上作纯滚动的轮子的轴上.已知 AB 杆的质量为 $m_1 = 24$ kg,质心离 A 点 $l = 8$ cm,对于 A 轴的回转半径为 $\rho_1 = 10$ cm;轮子的质量为 $m_2 = 16$ kg,半径为 $r = 6$ cm,对于轮心的回转半径为 $\rho_2 = 3$ cm.除轮子与地面间有足够大的摩擦力外,其他摩擦阻力皆不计.求从图示位置 $\theta = 30^\circ$,无初速地开始运动时轮子的角加速度.

解:(1) 研究对象:系统由两个物体组成,不需计算约束力,外约束力有四个未知量,如果仅以整体为研究对象,无法选择不含约束力的方程.故拆成杆 AB 与轮 O 两个研究对象.

(2) 运动分析:设杆 AB 的角加速度为 α_A,轮心 O 的加速度为 $\boldsymbol{a}_O$,轮的角加速度为 α_O.

轮 O 为纯滚动,速度瞬心为 P,有

$$a_O = \alpha_O r \tag{a}$$

以轮轴 O 为动点，动系固连在杆 AB 上，牵连运动是定轴转动．分析 O 点的加速度．因为此瞬时尚在静止状态，所以 $a_e^n = a_C = 0$，作出加速度图如图 7.38 所示．

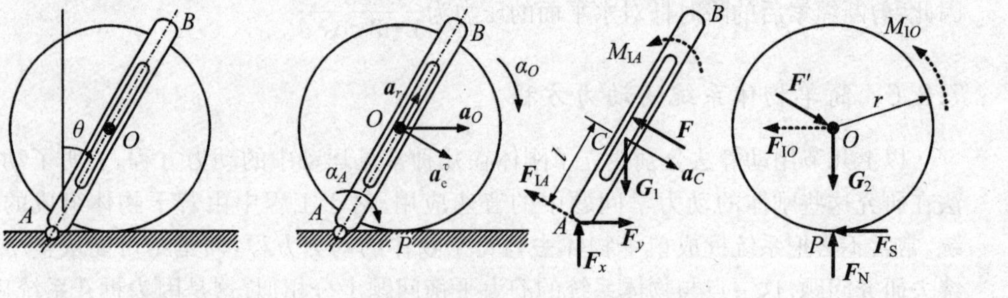

图 7.38　例 7.26 图

由 $\overset{\vee ?}{\boldsymbol{a}}_O = \overset{\vee\vee}{\boldsymbol{a}}{}_e^\tau + \overset{\vee ?}{\boldsymbol{a}}_r$，投影到 $\boldsymbol{a}_e^\tau$ 方向上解得 $a_O = \dfrac{\alpha_A r}{\cos^2\theta}$．所以，又可得到

$$\alpha_A = \alpha_O \cos^2\theta \tag{b}$$

(3) 受力分析：对杆 AB 与轮 O 分别作受力图如图 7.38 所示，皆为平面力系．杆 AB 的惯性力系向转轴 A 简化，主矢 $F_{IA} = m_1 a_C$，主矩 $M_{IA} = J_A\alpha_A$．轮 O 的惯性力系向质心简化，主矢 $F_{IO} = m_2 a_O$，主矩 $M_{IO} = J_O\alpha_O$；轮与地面的摩擦力 $\boldsymbol{F}_S$ 的方向向左．

(4) 建立方程：

杆 AB：因不必计算约束力，故只选取一个对转轴的力矩方程

$$\sum M_A = 0,\quad M_{IA} + F \cdot \frac{r}{\cos\theta} - G_1 \cdot l\sin\theta = 0$$

即

$$m_1\rho_1^2\alpha_A + F \cdot \frac{r}{\cos\theta} - m_1 g \cdot l\sin\theta = 0 \tag{c}$$

轮 O：因不必计算约束力，故只选取一个对瞬心的力矩方程

$$\sum M_P = 0,\quad M_{IO} + F_{IO} \cdot r - F\cos\theta \cdot r = 0$$

即

$$m_2\rho_2^2\alpha_O + m_2 a_O \cdot r - F\cos\theta \cdot r = 0 \tag{d}$$

由式(c)与式(d)消去 F，再代入式(a)和式(b)，得到

$$\alpha_O = \frac{m_1 g l\sin\theta\cos^2\theta}{m_1\rho_1^2\cos^4\theta + m_2(\rho_2^2 + r^2)} = 34.1(\mathrm{rad/s^2})$$

例 7.27　如图 7.39(a)所示，均质圆柱体 A 和 B 的质量均为 m，半径均为 r，一绳缠在绕固定轴 O 转动的圆柱 A 上，绳的另一端绕在圆柱 B 上，直线绳段铅垂，摩擦与绳的质量不计．求：① 圆柱体 B 下落时质心的加速度；② 若在圆柱体 A 上作用一逆时针转向，矩为 M 力偶，试问在什么条件下圆柱体 B 的质心加速度向上．

解:(1) 研究对象:这是由两个物体组成的系统,先以系统为研究对象,若方程不够再补充选择其中的一个物体为研究对象.

(2) 运动分析:参见图7.39(b),圆柱 A 定轴转动,圆柱 B 平面运动.设 A 的角加速度为 α_A,B 的角加速度为 α_B,B 的质心的加速度为 $\boldsymbol{a}_B$.

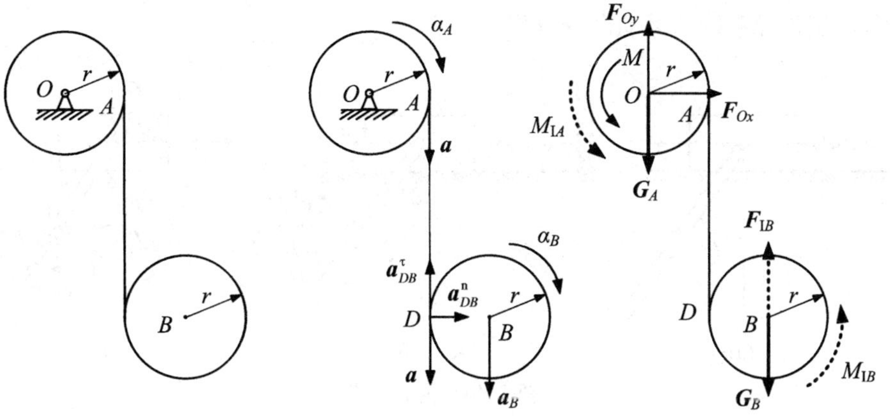

图7.39　例7.27图

圆柱 A 的圆周上点的切向加速度 $a=\alpha_A r$,这也是绳上的点的加速度.设绳与圆柱 B 的切点是 D,则绳上 D 点的加速度为 $\boldsymbol{a}$.

分析圆柱 B 上 D 点的加速度,以质心 B 为基点,有

$$\boldsymbol{a}_D=\boldsymbol{a}_B+\boldsymbol{a}_{DB}^{\tau}+\boldsymbol{a}_{DB}^{n}$$

把此式投影到 $\boldsymbol{a}$ 的方向上,注意到 $\boldsymbol{a}_D$ 在 $\boldsymbol{a}$ 上的投影等于 a,且 $a_{DB}^{\tau}=\alpha_B r$,则有 $a=a_B-a_{DB}^{\tau}$,即

$$\alpha_A+\alpha_B=\frac{a_B}{r} \tag{a}$$

(3) 受力分析:作系统的受力图如图7.39(c)所示.其中,$G_A=G_B=mg$,$F_{IB}=ma_B$,$M_{IA}=\dfrac{1}{2}mr^2\alpha_A$,$M_{IB}=\dfrac{1}{2}mr^2\alpha_B$.

(4) 建立方程:为了避免出现不需计算的约束力,选择方程

$$\sum M_O=0,\quad M+M_{IA}+M_{IB}+F_{IB}\cdot 2r-mg\cdot 2r=0 \tag{b}$$

即

$$M+\frac{1}{2}mr^2(\alpha_A+\alpha_B)+ma_B\cdot 2r-mg\cdot 2r=0$$

代式(a)入上式,得

$$a_B=\frac{2(2mgr-M)}{5mr}$$

① 令 $M=0$,得圆柱体 B 下落时的加速度为 $a_B=\dfrac{4}{5}g$;

② 令 $a_B<0$,得圆柱体 B 的质心加速度向上的条件为 $M>2mgr$.

例 7.28 如图 7.40(a)所示,在光滑水平面上滑动的质量为 m_1 的滑块用刚度为 k 的弹簧连接在基础上.滑块上安装一个长度为 $2l$,质量为 m_2 的均质摆杆,摩擦忽略不计.试推导系统的运动微分方程.

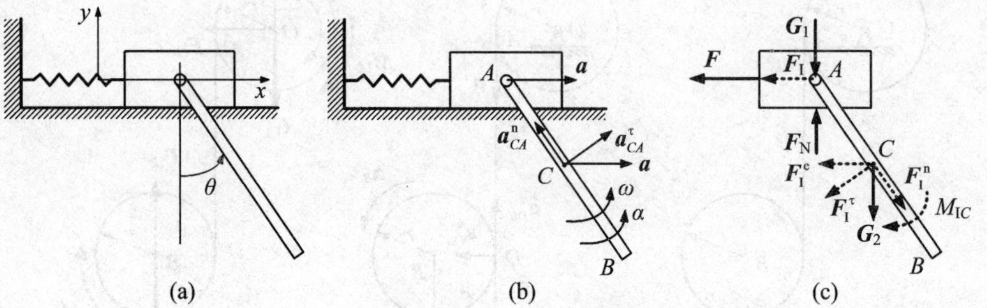

图 7.40 例 7.28 图

解:(1) 研究对象:先取系统为研究对象,系统由两个物体组成.滑块 A 在水平面平移,建立直角坐标系描述其运动,x 轴为水平方向,坐标系原点取在弹簧自由长度时滑块的位置;摆杆 AB 平面运动,以 A 为基点,与铅垂方向的夹角为 θ.

(2) 运动分析:参见图 7.40(b),设 A 的加速度为 $\boldsymbol{a}$,AB 的角速度为 ω,角加速度为 α.则 AB 杆的质心 C 的加速度为:$\boldsymbol{a}_C=\boldsymbol{a}_A+\boldsymbol{a}^n_{CA}+\boldsymbol{a}^\tau_{CA}$,其中 $a_A=a=\ddot{x}$,$a^n_{CA}=\omega^2 l=\dot{\theta}^2 l$,$a^\tau_{CA}=\alpha l=\ddot{\theta}l$.

(3) 受力分析:作系统的受力图如图 7.40(c)所示,为平面力系.其中,$G_1=m_1 g$,$G_2=m_2 g$,$F_I=m_1 a=m_1\ddot{x}$,$F_I^e=m_2 a=m_2\ddot{x}$,$F_I^n=m_2 a^n_{CA}=m_2\dot{\theta}^2 l$,$F_I^\tau=m_2 a^\tau_{CA}=m_2\ddot{\theta}l$,$M_{IC}=J_C\alpha=\dfrac{1}{3}m_2 l^2\ddot{\theta}$,弹簧的作用力 $F=kx$.作用在滑块 A 上的力 $\boldsymbol{F}_N$ 与 $\boldsymbol{F}$ 的力线皆过质心 A 点.

(4) 建立方程:避免出现不必计算的未知力 $\boldsymbol{F}_N$,选择方程为

$$\sum F_x=0,\quad F_I^n\sin\theta-F-F_I-F_I^e-F_I^\tau\cos\theta=0$$

即

$$m_2\dot{\theta}^2 l\sin\theta-kx-m_1\ddot{x}-m_2\ddot{x}-m_2\ddot{\theta}l\cos\theta=0 \tag{a}$$

$$\sum M_A=0,\quad -F_I^e l\cos\theta-F_I^\tau l-G_2 l\sin\theta-M_{IC}=0$$

即

$$m_2\ddot{x}l\cos\theta+m_2\ddot{\theta}l^2+m_2 gl\sin\theta+\frac{1}{3}m_2 l^2\ddot{\theta}=0 \tag{b}$$

整理式(a)与式(b),得系统的运动微分方程为

$$\left.\begin{aligned}&(m_1+m_2)\ddot{x}+m_2 l\ddot{\theta}\cos\theta-m_2 l\dot{\theta}^2\sin\theta+kx=0\\&\ddot{x}\cos\theta+\frac{4}{3}l\ddot{\theta}+g\sin\theta=0\end{aligned}\right\}\tag{c}$$

式(c)是个非线性的微分方程组,在微幅振动时,$\cos\theta\approx 1$,$\sin\theta\approx\theta$,代入式(c),并略去高阶微量,得到线性化的运动微分方程为

$$\left.\begin{aligned}&(m_1+m_2)\ddot{x}+m_2 l\ddot{\theta}+kx=0\\&\ddot{x}+\frac{4}{3}l\ddot{\theta}+g\theta=0\end{aligned}\right\}$$

2．求解力

此类问题主要是求解约束力,包含求总约束力与只求附加动约束力.系统的运动状态变化时,即产生加速度时,由于惯性力而在约束中产生的约束力的增量,称为**附加动约束力**(或**附加压力**).相应地把全部约束力称为**总约束力**.由于附加动约束力只与惯性力有关,所以对于只求附加动约束力的问题,可以不考虑惯性力以外的其他力.

例7.29　如图7.41(a)所示,物体 A、B 的质量均为 m,两均质圆轮 C、D 的质量均为 $2m$,半径均为 R.轮 C 铰接于无重悬臂梁 CK 上,D 为动滑轮,梁的长度为 $3R$,绳与轮间无滑动,系统由静止开始运动.求:① 物体 A 上升的加速度;② HE 段绳的拉力;③ 固定端 K 处的约束力.

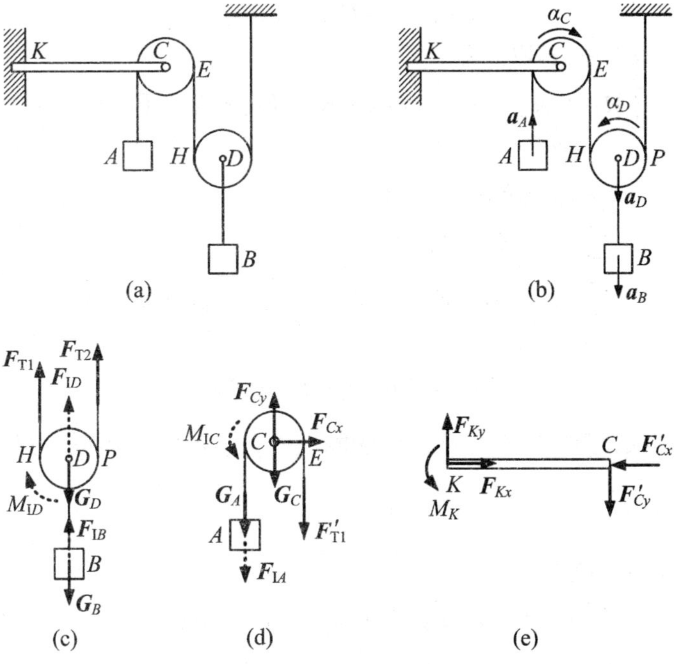

图7.41　例7.28图

解:(1) 研究对象:系统由五个物体组成,其中梁 KC 不动,物体 A、B 平移,轮 C 定轴转动,轮 D 平面运动.系统的未知外约束力有四个,需要把系统拆开.

(2) 运动分析:如图 7.41(b)所示,设 A、B 的加速度分别为 $\boldsymbol{a}_A$、$\boldsymbol{a}_B$,轮 C、D 的角加速度分别是 α_C、α_D,轮 D 的质心加速度为 $\boldsymbol{a}_D$.有以下运动关系式:$a_A = \alpha_C R$,$a_B = a_D$,$a_D = \alpha_D R$,$a_A = 2a_D$.五个所设的加速度有四个关系式,取 $\boldsymbol{a}_A$ 为独立变量,得到 $\alpha_C = \dfrac{a_A}{R}$, $a_B = a_D = \dfrac{a_A}{2}$, $\alpha_D = \dfrac{a_A}{2R}$.

(3) 受力分析:先取约束力少的轮 D 与物体 B 为研究对象,作受力图如图 7.41(c)所示,为平面力系.其中 $F_{\mathrm{IB}} = ma_B = \dfrac{1}{2}ma_A$,$F_{\mathrm{ID}} = 2ma_D = ma_A$,$M_{\mathrm{ID}} = J_D\alpha_D = \dfrac{1}{2}mRa_A$.出现不必计算的未知力 F_{T2},为了避免计算 F_{T2},需另取研究对象.

再取轮 C 与物体 A 为研究对象,作受力图如图 7.41(d)所示,为平面力系.其中 $F_{\mathrm{IA}} = ma_A$,$M_{\mathrm{IC}} = J_C\alpha_C = mRa_A$,轮 C 的转轴在质心,其惯性力系的主矢为零.

为计算固定端 K 处的约束力,再选梁 CK 为研究对象,作受力图如图 7.41(e)所示,为平面力系.显然 F_{Cx}、F_{Cy} 是必须计算的过渡未知量.

(4) 建立方程:对于轮 D 与物体 B,取方程

$$\sum M_P = 0,\quad G_D \cdot R + G_B \cdot R - F_{\mathrm{IB}} \cdot R - F_{\mathrm{ID}} \cdot R - M_{\mathrm{ID}} - F_{\mathrm{T1}} \cdot 2R = 0$$

即

$$2ma_A + 2F_{\mathrm{T1}} = 3mg \tag{a}$$

对于轮 C 与物体 A,取方程

$$\sum M_C = 0,\quad M_{\mathrm{IC}} + G_A \cdot R + F_{\mathrm{IA}} \cdot R - F_{\mathrm{T1}} \cdot R = 0$$

即

$$2ma_A - F_{\mathrm{T1}} = -mg \tag{b}$$

$$\sum F_x = 0,\quad F_{Cx} = 0$$

$$\sum F_y = 0,\quad F_{Cy} - G_C - G_A - F_{\mathrm{IA}} - F_{\mathrm{T1}} = 0$$

即

$$F_{Cy} = 3mg + ma_A + F_{\mathrm{T1}} \tag{c}$$

由式(a)与(b)得物体 A 上升的加速度 $a_A = \dfrac{1}{6}g$,HE 段绳的拉力 $F_{\mathrm{T1}} = \dfrac{4}{3}mg$,又由式(c)得 $F_{Cy} = \dfrac{9}{2}mg$.

再对梁 CK 列方程

$$\sum F_x = 0,\quad F_{Kx} - F_{Cx} = 0,\quad \therefore F_{Kx} = 0$$

$$\sum F_y = 0,\quad F_{Ky} - F_{Cy} = 0,\quad \therefore F_{Ky} = \frac{9}{2}mg$$

$$\sum M_K = 0,\quad M_K - F_{Cy}\cdot 3R = 0,\quad \therefore M_K = \frac{27}{2}mgR$$

例 7.30　如图 7.42(a)所示，曲柄摇杆机构的曲柄 OA 长为 r，质量为 m，在变力偶 M 的驱动下以匀角速度 ω_0 转动，并通过滑块 A 带动摇杆 BD 运动. OB 铅垂，BD 可视为质量为 $8m$ 的均质等直杆，长为 $3r$. 不计滑块 A 的质量和各处的摩擦；在图示瞬时，OA 水平，$\theta=30^\circ$. 求此时驱动力偶矩 M 和 O 处的约束力.

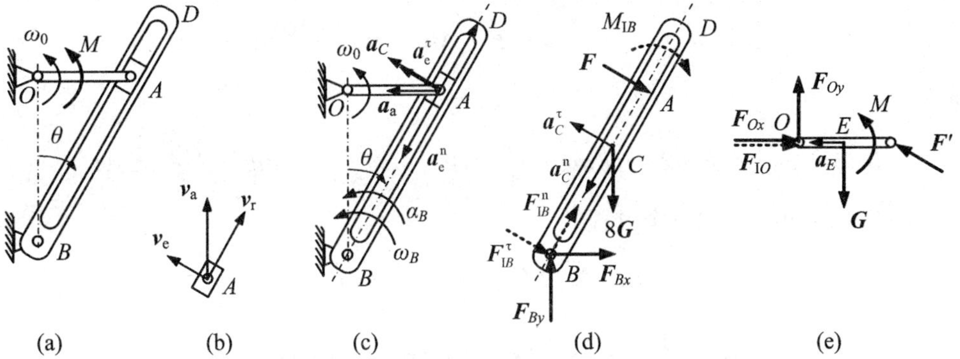

图 7.42　例 7.30 图

解:(1) 研究对象:整个系统有四个约束力，多于平衡方程的数目，故必须将系统拆开，分为曲柄与摇杆两个研究对象，二者皆为定轴转动.

(2) 运动分析:曲柄 OA 匀速转动，由合成运动方法求摇杆的运动. 以连接在 OA 上的滑块 A 为动点，动系固连在摇杆 BD 上，牵连运动为转动.

先分析速度，作速度关系图如图 7.42(b)所示. 由 $\boldsymbol{v}_{\mathrm{a}}=\boldsymbol{v}_{\mathrm{e}}+\boldsymbol{v}_{\mathrm{r}}$ 及 $v_{\mathrm{a}}=\omega_0 r$，可得

$$v_{\mathrm{r}} = v_{\mathrm{a}}\cos\theta = \frac{\sqrt{3}}{2}\omega_0 r,\ v_{\mathrm{e}} = v_{\mathrm{a}}\sin\theta = \frac{1}{2}\omega_0 r \text{ 及 } \omega_B = \frac{v_{\mathrm{e}}}{AB} = v_{\mathrm{a}}\sin\theta = \frac{\omega_0}{4}.$$

分析加速度，作加速度关系图如图 7.42(c)所示. 由加速度合成定理，有

$$\overset{\vee\vee}{\boldsymbol{a}_{\mathrm{a}}} = \overset{\vee\vee}{\boldsymbol{a}_{\mathrm{e}}^{\mathrm{n}}} + \overset{\vee ?}{\boldsymbol{a}_{\mathrm{e}}^{\tau}} + \overset{\vee ?}{\boldsymbol{a}_{\mathrm{r}}} + \overset{\vee\vee}{\boldsymbol{a}_{C}}$$

其中 $a_{\mathrm{a}}=\omega_0^2 r$，$a_{\mathrm{e}}^{\mathrm{n}}=2\omega_B^2 r=\frac{1}{8}\omega_0^2 r$，$a_C=2\omega_B v_r=\frac{\sqrt{3}}{4}\omega_0^2 r$，$\boldsymbol{a}_{\mathrm{e}}^{\tau}$ 与 $\boldsymbol{a}_{\mathrm{r}}$ 大小不知，但只需求与摇杆 BD 的角加速度有关的 $\boldsymbol{a}_{\mathrm{e}}^{\tau}$. 把加速度矢量方程投影到 $\boldsymbol{a}_{\mathrm{e}}^{\tau}$ 方向上，得

$$a_{\mathrm{a}}\cos\theta = a_{\mathrm{e}}^{\tau} + a_C,\quad \therefore a_{\mathrm{e}}^{\tau} = a_{\mathrm{a}}\cos\theta - a_C = \frac{\sqrt{3}}{4}\omega_0^2 r$$

所以摇杆 BD 的角加速度 $\alpha_B=\dfrac{a_{\mathrm{e}}^{\tau}}{AB}=\dfrac{\sqrt{3}}{8}\omega_0^2$.

摇杆 BD 质心 C 的加速度 $a_C^{\tau}=\alpha_B\cdot\dfrac{3r}{2}=\dfrac{3\sqrt{3}}{16}\omega_0^2 r$，$a_C^{\mathrm{n}}=\omega_B^2\cdot\dfrac{3r}{2}=\dfrac{3}{32}\omega_0^2 r$.

曲柄 OA 质心 E 的加速度 $a_E=\dfrac{1}{2}\omega_0^2 r$.

(3) 受力分析：分别以摇杆 BD 和曲柄 OA 为研究对象，作受力图如图 7.42(d)、图 7.42(e)所示．其中，$F_{IB}^{n}=8ma_C^{n}=\frac{3}{4}m\omega_0^2 r$，$F_{IB}^{\tau}=8ma_C^{\tau}=\frac{3\sqrt{3}}{2}m\omega_0^2 r$，$M_{IB}=J_B\alpha_B=3\sqrt{3}m\omega_0^2 r^2$，$F_{IO}=ma_E=\frac{1}{2}m\omega_0^2 r$．

(4) 建立方程：对于摇杆 BD，因不需计算支座 B 处的约束力，所以只选用一个方程

$$\sum M_B=0,\quad -M_{IB}-F\cdot AB-8G\cdot\frac{AB}{2}\sin\theta=0$$

即

$$3\sqrt{3}m\omega_0^2 r^2+F\cdot 2r+8mg\cdot\frac{3r}{4}=0,\quad \therefore F=-3mg-\frac{3\sqrt{3}}{2}m\omega_0^2 r$$

对于曲柄 OA，全取三个方程

$$\sum M_O=0,\quad M+F\sin\theta\cdot r-G\cdot\frac{r}{2}=0$$

$$\therefore M=\frac{1}{2}mgr-\frac{1}{2}Fr=2mgr+\frac{3\sqrt{3}}{4}m\omega_0^2 r^2$$

$$\sum F_x=0,\quad F_{Ox}+F_{IO}-F\cos\theta=0$$

$$\therefore F_{Ox}=\frac{\sqrt{3}}{2}F-\frac{1}{2}m\omega_0^2 r=-\frac{3\sqrt{3}}{2}mg-\frac{11}{4}m\omega_0^2 r$$

$$\sum F_y=0,\quad F_{Oy}-G+F\sin\theta=0$$

$$\therefore F_{Oy}=mg-\frac{1}{2}F=\frac{5}{2}mg+\frac{3\sqrt{3}}{4}m\omega_0^2 r$$

例 7.31　如图 7.43(a)所示，电动绞车安装在梁上，梁的两端搁在不计摩擦的支座上，绞车与梁共重为 G．绞盘半径为 R，与电机转子固结在一起，转动惯量为 J，质心位于 O 处．绞车以加速度 $\boldsymbol{a}$ 提升质量为 m 的重物，其他尺寸如图．求支座 A、B 受到的附加动约束力．

解：(1) 研究对象：以整个系统为研究对象．系统由两个物体组成，一个定轴转动，一个平移．

(2) 运动分析：已知重物的加速度为 $\boldsymbol{a}$，设绞盘的角加速度为 α，则 $a=\alpha R$．

(3) 受力分析：两个支座 A、B 只有法向约束力，作出受力图如图 7.43(b)所示，为平面力系．其中 $F_I=ma$，$M_{IO}=J\alpha=J\frac{a}{R}$，转子的质心在转轴上，其惯性力的主矢为零．

(4) 建立方程：因为只要求计算附加动约束力，所以方程中只须计入惯性力

$$\sum M_B=0,\quad M_{IO}+F_I\cdot l_2-F_A\cdot(l_1+l_2)=0$$

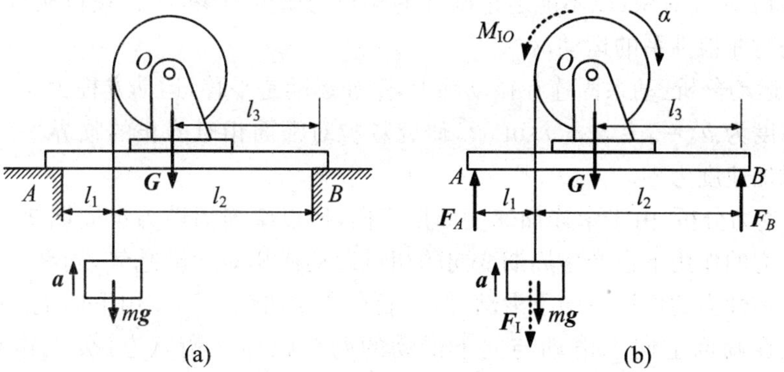

图 7.43　例 7.31 图

$$\therefore F_A = \frac{M_{IO} + F_I l_2}{l_1 + l_2} = \frac{a}{l_1 + l_2}\left(ml_2 + \frac{J}{R}\right)$$

$$\sum F_y = 0,\quad F_A + F_B - F_I = 0$$

$$\therefore F_B = F_I - F_A = \frac{a}{l_1 + l_2}\left(ml_1 - \frac{J}{R}\right)$$

*7.2.7　非惯性系中的动静法

在以上各节中只分析了惯性系中的动力学问题，所以只需考虑作用在物体上的主动力、约束力与达朗贝尔惯性力．对于非惯性系中的动力学问题，达朗贝尔惯性力用相对加速度表示，只要再分析出非惯性系惯性力，同样用动力平衡方程进行计算即可．因此，动静法可以方便地推广到解决非惯性系动力学问题．

例 7.32　如图 7.44(a)所示为一倾斜式振动筛，筛面可近似地认为沿 x 轴作往复运动．曲柄的转速为 n(r/min)．若曲柄长度远小于连杆时，筛面的运动方程可近似地表示为 $x = r\sin \omega t$，其中 r 为曲柄长度，$\omega = \frac{\pi n}{30}$．已知物料颗粒与筛面间的摩擦角为 φ_f，筛面的倾斜角为 θ，且 $\theta < \varphi_f$．试求不能通过筛孔的颗粒能自动沿筛面下滑时曲柄的转速 n．

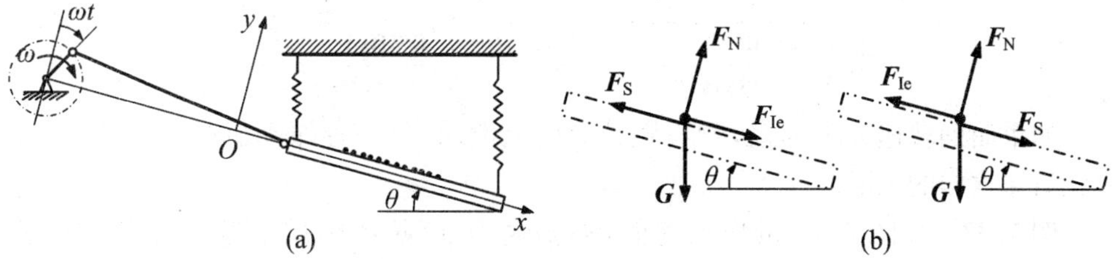

图 7.44　例 7.32 图

解:(1) 研究对象:以不能通过筛孔的颗粒为研究对象,物料颗粒相对振动筛面的运动是对非惯性系的运动.

(2) 运动分析:动系固连在振动筛上,牵连运动是平移,运动方程为 $x = r\sin\omega t$,牵连加速度为 $a_e = \ddot{x} = -\omega^2 r\sin\omega t$. 研究颗粒对筛面相对静止的临界平衡状态,颗粒的相对加速度为零.

(3) 受力分析:由于牵连加速度周期变向,所以牵连惯性力也周期变向,颗粒在牵连惯性力的作用下也产生周期变向的相对运动或相对运动趋势. 问题要求颗粒能够在牵连惯性力的作用下向下滑动,但不能在牵连惯性力的作用下向上滑动. 因此,研究颗粒在筛面上向上滑动与向下滑动的两个临界平衡状态,分别作受力图如图 7.44(b)所示,皆为平面汇交力系. 临界状态的牵连惯性力为最大值 $F_{Ie} = m\omega^2 r$,静滑动摩擦力为最大值 $F_S = F_N\tan\varphi_f$.

(4) 建立方程:对向下滑动的临界状态,有

$$\sum F_x = 0,\quad F_{Ie} - F_S + mg\sin\theta = 0,\quad \therefore F_S = m(\omega^2 r + g\sin\theta)$$

$$\sum F_y = 0,\quad F_N - mg\cos\theta = 0,\quad \therefore F_N = mg\cos\theta$$

在临界状态时,有 $F_S = F_N\tan\varphi_f$,解得向下滑动的临界状态时曲柄转速,这应该是曲柄的最小转速 $\omega_{\min}$,如果小于这个转速颗粒将相对筛面静止不下滑.

$$\omega_{\min}^2 = \frac{g}{r}(\cos\theta\tan\varphi_f - \sin\theta) = \frac{g\sin(\varphi_f - \theta)}{r\cos\varphi_f}$$

对向上滑动的临界状态,有

$$\sum F_x = 0,\quad F_S - F_{Ie} + mg\sin\theta = 0,\quad \therefore F_S = m(\omega^2 r - g\sin\theta)$$

$$\sum F_y = 0,\quad F_N - mg\cos\theta = 0,\quad \therefore F_N = mg\cos\theta$$

在临界状态时,有 $F_S = F_N\tan\varphi_f$,解得向上滑动的临界状态时曲柄转速,这应该是曲柄的最大转速 $\omega_{\max}$,如果大于这个转速颗粒将相对筛面向上滑动.

$$\omega_{\max}^2 = \frac{g}{r}(\cos\theta\tan\varphi_f + \sin\theta) = \frac{g\sin(\varphi_f + \theta)}{r\cos\varphi_f}$$

因此,曲柄转速的合理范围为 $\frac{30}{\pi}\omega_{\min} < n < \frac{30}{\pi}\omega_{\max}$,即

$$\frac{30}{\pi}\sqrt{\frac{g\sin(\varphi_f - \theta)}{r\cos\varphi_f}} < n < \frac{30}{\pi}\sqrt{\frac{g\sin(\varphi_f + \theta)}{r\cos\varphi_f}}$$

如果曲柄转速大于 $\omega_{\max}$,物料颗粒会向上滑动,另一种振动机械——振动输送机就需要这样的工况.

例 7.33 如图 7.45(a)所示货车上放着高为 h,宽为 b,质量为 m 的均质箱子. 箱子与车子之间有足够的摩擦力防止滑动,设货车急刹车时的加速度为 $\boldsymbol{a}$,求急刹车时箱子所受的约束力.

解:(1) 研究对象:以箱子为研究对象.货车行驶时箱子相对车静止,急刹车时,箱子相对货车绕 A 点定轴转动或有相对转动趋势.这是个非惯性系中的动力学问题.

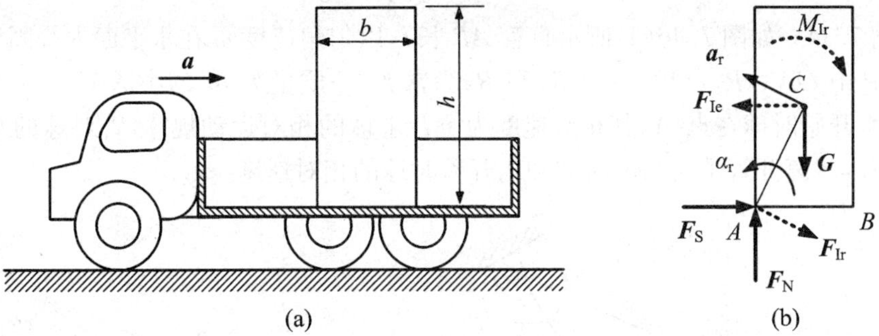

图 7.45　例 7.33 图

(2) 运动分析:设箱子相对定轴运动的角加速度为 α_r,因为急刹车前箱子相对车静止,所以急刹车开始的瞬时,箱子相对转动的角速度为零.箱子的质心 C 的加速度只有相对切向加速度 $\boldsymbol{a}_r$,且有 $a_r=\dfrac{\alpha_r}{2}\sqrt{h^2+b^2}$.

(3) 受力分析:急刹车时考虑箱子相对转动的临界状态,此时约束力作用在 A 点,含法向约束力 $\boldsymbol{F}_N$ 和摩擦力 $\boldsymbol{F}_S$.作受力图如图 7.45(b)所示,为平面力系.其中 $G=mg$,相对运动的达朗贝尔惯性力 $M_{Ir}=J_A\alpha_r$、$F_{Ir}=ma_r=\dfrac{m\alpha_r}{2}\sqrt{h^2+b^2}$,牵连惯性力 $F_{Ie}=ma$.

(4) 建立方程:

$$\sum M_A=0,\quad F_{Ie}\cdot\frac{h}{2}-M_{Ir}-G\cdot\frac{b}{2}=0$$

即

$$ma\cdot\frac{h}{2}-\frac{1}{3}m(h^2+b^2)\alpha_r-mg\cdot\frac{b}{2}=0,\quad \therefore \alpha_r=\frac{3(ah-gb)}{2(h^2+b^2)} \tag{a}$$

$$\sum F_x=0,\quad F_S+F_{Ir}\frac{h}{\sqrt{h^2+b^2}}-F_{Ie}=0,\quad \therefore F_S=ma-\frac{mh}{2}\alpha_r \tag{b}$$

$$\sum F_y=0,\quad F_N-G-F_{Ir}\frac{b}{\sqrt{h^2+b^2}}=0,\quad \therefore F_N=mg+\frac{mb}{2}\alpha_r \tag{c}$$

(5) 结果分析:当仅有转动趋势而没有转动时 $\alpha_r=0$,由式(a)知,此时车的临界加速度为 $a=\dfrac{b}{h}g$;由式(b)和式(c)可得,约束力为 $F_S=ma=\dfrac{mb}{h}g$ 和 $F_N=mg$.

当 $a>\dfrac{b}{h}g$ 时,发生转动,用式(a)代入式(b)和式(c),可得约束力为

$$F_S = ma - \frac{3mh(ah - gb)}{4(h^2 + b^2)}$$

$$F_N = mg + \frac{3mb(ah - gb)}{4(h^2 + b^2)}$$

例 7.34 如图 7.46(a)所示直管 AB 长 l,以匀角速度 ω 在水平面内绕固定点 O 转动,其中 $OA = R_1$,$OB = R_2$,R_1 和 R_2 为常数.一质量为 m 的小球 M 在光滑的管内运动,开始时球在点 A,其相对速度为 v_{r1}.求球的相对运动规律,管对球的水平约束力 $\boldsymbol{F}_N$,球离开管子所需的时间和离开瞬时球的相对速度 v_{r2}.

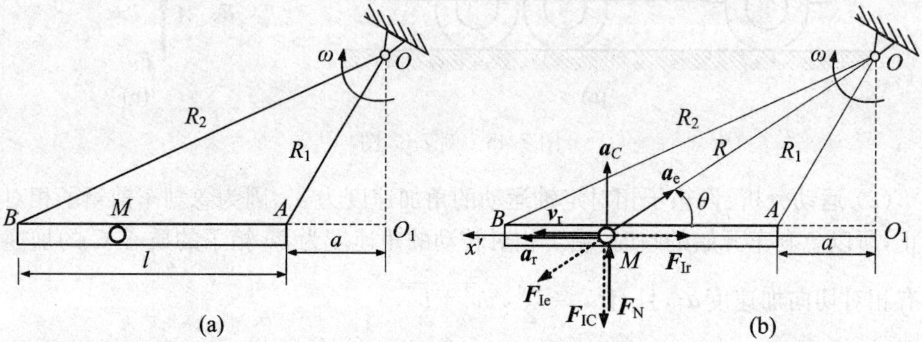

图 7.46 例 7.34 图

解:(1) 研究对象:以小球 M 为研究对象.小球在定轴转动的管中相对直线运动,是在非惯性系中的运动.

(2) 运动分析:以小球为动点,动系固连于管 AB,建立动坐标轴 O_1x'.如图 7.46(b)所示,作出相对加速度 $\boldsymbol{a}_r$ 沿 x' 轴,牵连加速度 $\boldsymbol{a}_e$ 只有法向加速度,且 $a_e = \omega^2 R$,相对速度 $\boldsymbol{v}_r$ 沿 x' 轴正向,故科氏加速度 $\boldsymbol{a}_C$ 与 x' 轴垂直方向如图所示,且 $a_C = 2\omega v_r$.

(3) 受力分析:管子在水平面内运动,不计摩擦时重力对小球的运动无影响.作受力图如图 7.46(b)所示,为平面汇交力系.

其中非惯性系惯性力有牵连惯性力 $\boldsymbol{F}_{Ie}$ 和科氏惯性力 $\boldsymbol{F}_{IC}$,且 $F_{Ie} = ma_e = m\omega^2 R$,$F_{IC} = ma_C = 2m\omega v_r$;另有相对运动的达朗贝尔惯性力 $\boldsymbol{F}_{Ir}$,且 $F_{Ir} = ma_r$;$\boldsymbol{F}_N$ 为管子对球的水平约束力.

(4) 建立方程:按平面汇交力系的平衡方程,有

$$\sum F_x = 0,\quad F_{Ir} - F_{Ie}\cos\theta = 0$$

$$\sum F_y = 0,\quad F_N - F_{IC} - F_{Ie}\sin\theta = 0$$

即

$$\frac{\mathrm{d}v_r}{\mathrm{d}t} = \omega^2 x' \tag{a}$$

$$F_N - 2m\omega v_r - m\omega^2 \sqrt{R_1^2 - a^2} = 0 \tag{b}$$

由式(a),有 $v_r \dfrac{dv_r}{dx'} = \omega^2 x'$,分离变量积分,并由初始条件 $x' = a$ 时 $v_r = v_{r1}$ 可得

$$v_r = \sqrt{\omega^2 x'^2 + v_{r1}^2 - \omega^2 a^2} \tag{c}$$

在式(c)中令 $x' = l + a$,即得到小球离开管子瞬时的速度

$$v_{r2} = \sqrt{\omega^2[(l+a)^2 - a^2] + v_{r1}^2} = \sqrt{\omega^2(R_2^2 - R_1^2) + v_{r1}^2}$$

由式(c)又有

$$\frac{dx'}{dt} = \sqrt{\omega^2 x'^2 + v_{r1}^2 - \omega^2 a^2}$$

分离变量积分此式,并由初始条件 $t = 0$ 时,$x' = a$ 可得小球相对运动方程

$$x' = \frac{1}{2\omega}[(a\omega + v_{r1})e^{\omega t} + (a\omega - v_{r1})e^{-\omega t}] \tag{d}$$

用式(d)代入式(c),可得

$$v_r = \frac{1}{2}[(a\omega + v_{r1})e^{\omega t} - (a\omega - v_{r1})e^{-\omega t}]$$

用上式代入式(b),即得到

$$F_N = m\omega[(a\omega + v_{r1})e^{\omega t} - (a\omega - v_{r1})e^{-\omega t} + \omega\sqrt{R_1^2 - a^2}]$$

在式(d)中,令 $x' = l + a$,即得到小球离开所需的时间

$$t = \frac{1}{\omega}\ln\frac{\omega(a+l) + v_{r2}}{a\omega + v_{r1}}$$

习　　题

7.1　图示 AB 杆的 A 端用铰链固定在铅垂墙上,B 端用绳 BC 吊住,并使杆水平.在 B 点上挂有 1000 N 重的物体 D.设杆重不计,且 $AB = 2$ m,$AC = 1$ m.求绳的张力和铰链 A 的约束力.

7.2　均质圆柱管半径为 r,重为 $2P$,其两端用两根绕过管子的绳索拉住,且使圆柱管保持水平,管端的悬挂形状如图示.设绳绕在管上部分圆弧所对应的弦长为 b,求绳的张力.又如设管的半径等于 2 m,重 20 kN,每根绳索能承受的最大张力为 15 kN,求吊住此管所需每根绳子的最短长度.

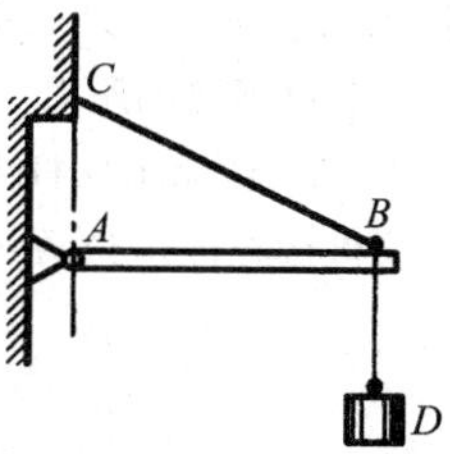

题 7.1 图

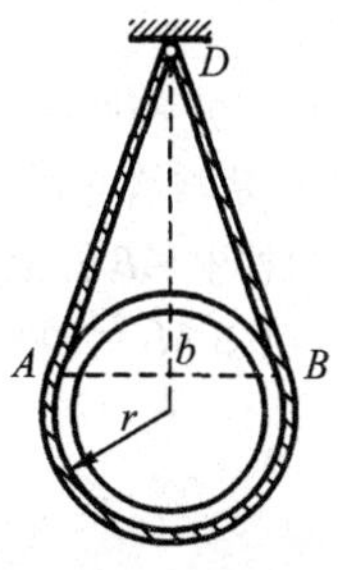

题 7.2 图

7.3 图示均质球重 200 N,放在光滑的斜面上,用一绳子维持其平衡,绳子系在固定于 B 点的弹簧秤上,弹簧秤的读数为 100 N.如斜面的倾角为 30°,弹簧秤的质量略去不计,求绳子与铅垂面的夹角 θ 和斜面的约束力.

7.4 以吊斗运物过河,吊斗用小车 C 挂在钢丝绳 AB 上,如图所示.如欲将小车拉向左岸,则利用绕过滑车 A 且绕在绞盘 D 上的绳索 CAD;如欲将小车拉向右岸,则可利用绕过滑车 B 且绕在绞盘 E 上的绳索 CBE. A,B 两点在同一水平线上,距离 $AB=100$ m,钢索 ACB 长 102 m,吊斗重 50 kN.如略去钢索和绳子的重量以及小车 C 沿钢索的摩擦,求当 $AC=20$ m 时绳子 CAD 和钢索 ACB 的张力.

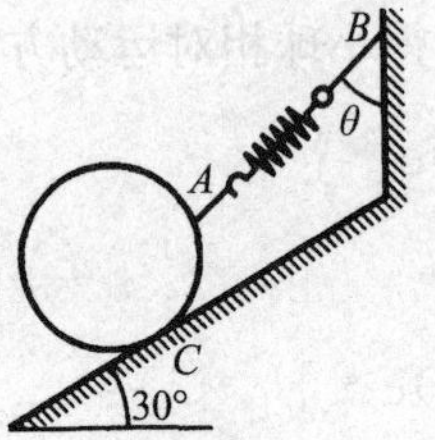

题 7.3 图

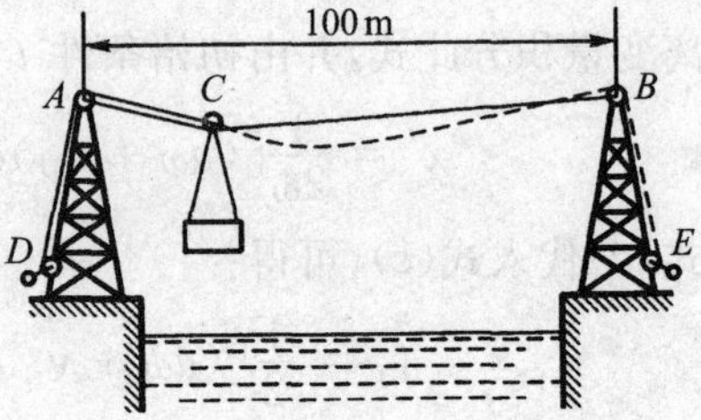

题 7.4 图

7.5 起重机借绕过滑车 D 的链条吊起重物 $P=20$ kN.滑车 D 固定在墙上,$\angle CAD=30°$.起重机各杆间的交角为:$\angle ABC=60°$,$\angle ACB=30°$.求杆 AC 和 AB 的内力.

7.6 一复梁由 AB 和 BC 构件用铰链 B 连接而成,并以固定铰支座 A 以及链杆 EG、CH 支持,如图所示.各构件的重量不计,$F=6$ kN.求在力 $\boldsymbol{F}$ 作用下 A 点的约束力以及各链杆的内力.

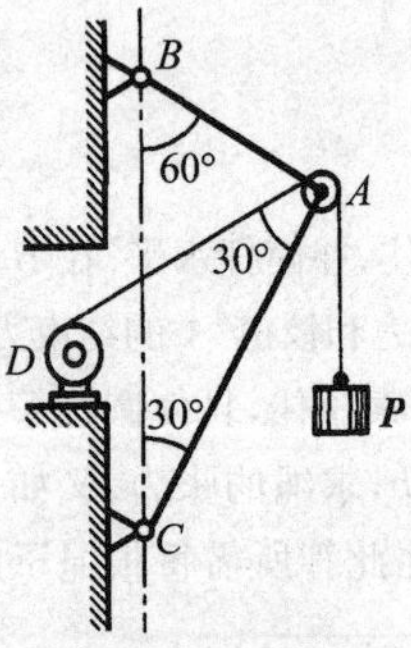

题 7.5 图

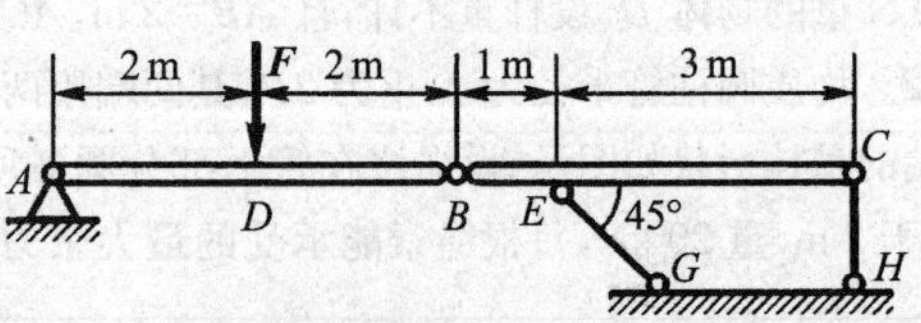

题 7.6 图

7.7 图示压榨机 ABC,在 A 铰处作用水平力 $\boldsymbol{F}$,B 为固定铰链.由于水平力 $\boldsymbol{F}$ 的作用使 C 块压紧物体 D.如 C 块与墙壁光滑接触,压榨机的尺寸如图示,求物体 D 所受的压力.

7.8 图示机构中 AB 杆上有一导槽,套在 CD 杆的销子 E 上,在 AB 和 CD 杆上各有一力偶作用,如图所示.已知 $M_1=1000$ N·m,不计杆的自重及摩擦.求机构在图示位置平衡时力偶矩 M_2 的大小.

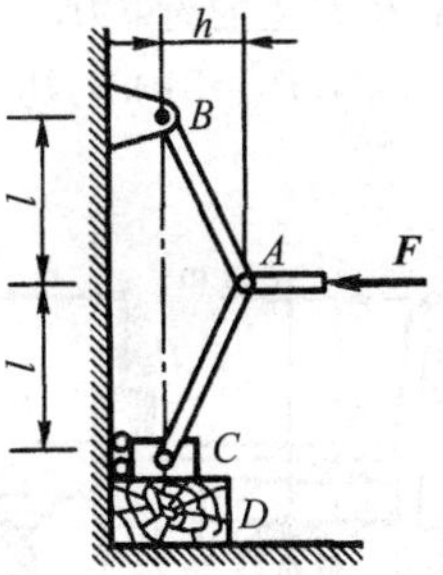

题 7.7 图

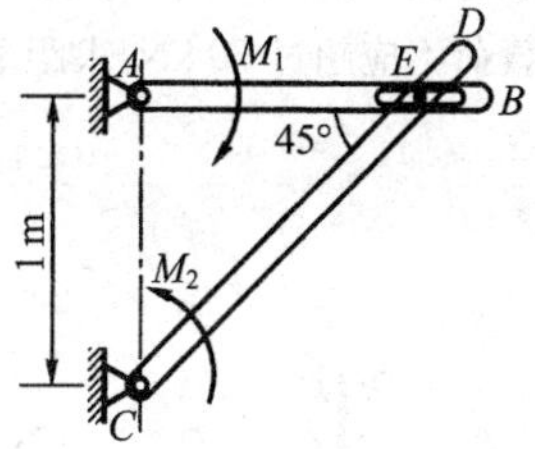

题 7.8 图

7.9 水平杆 AB 由铰链 A 与连杆 CD 支持于铅垂转轴 EF 上，在 AB 杆的一端作用有一力偶 $(\boldsymbol{F},\boldsymbol{F}')$，其矩的大小为 M. 设所有杆件的重量不计，求 CD 杆的内力以及轴承 E 与 F 处的约束力.

7.10 水平梁的支承和载荷如图(a)，(b)所示. 已知力 $\boldsymbol{F}$，力偶的力偶矩 M 和均布载荷集度 q. 求支座 A，B 处的约束力.

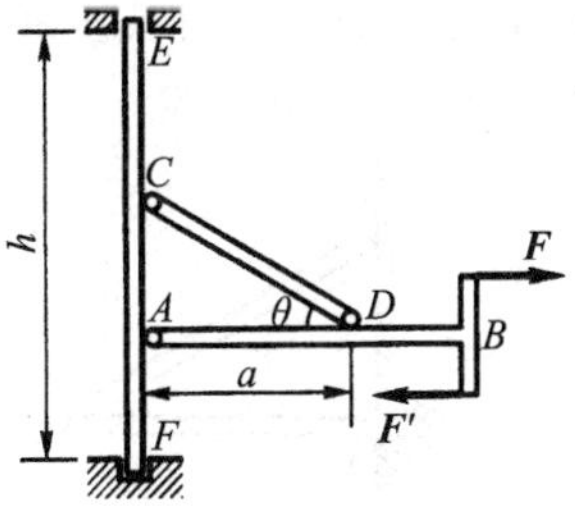

题 7.9 图

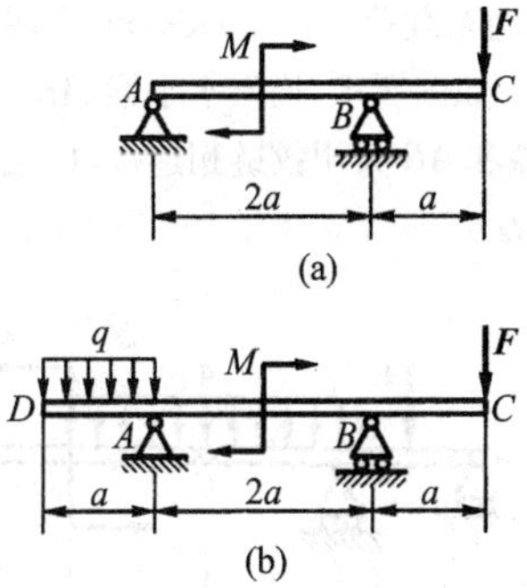

题 7.10 图

7.11 马丁炉的送料机构由跑车及走动的桥 B 所组成，如图所示. 跑车装有轮子，可沿装在桥 B 上的轨道移动；跑车上有操纵杆 D，其上装有铁铲 C；装在铁铲中的物料重 $P_1 = 15\ \text{kN}$，其至跑车铅垂轴线 OA 的距离为 5 m. 欲使跑车不倾倒，问跑车连同操纵杆的重 P_2 应有多大. 设跑车连同操纵杆在一起的重力作用线沿 OA 轴，每一轮子到 OA 轴的距离为 1 m.

7.12 圆截面弯杆 AB 插入 CD 管内，受图示水平力作用. 若不计摩擦与自重. 求 A、D 处的约束力.

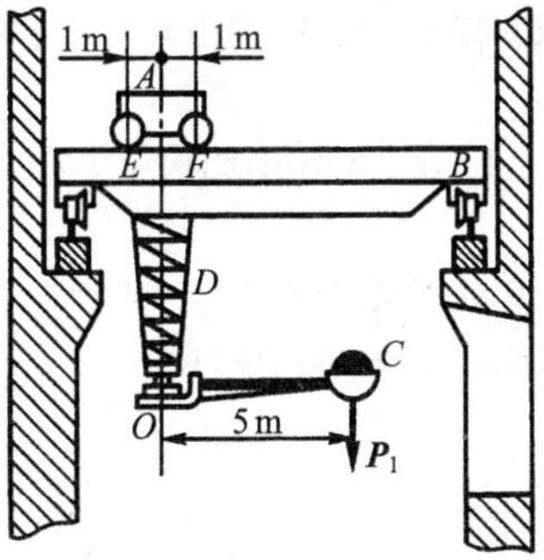

题 7.11 图

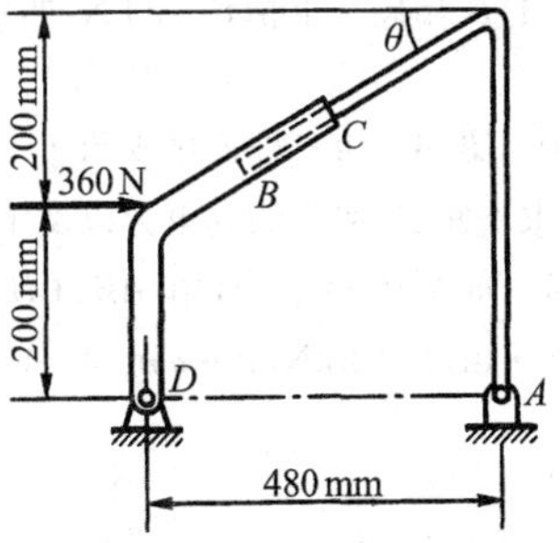

题 7.12 图

7.13　一复梁的支承和载荷如图所示，设 $M=Fa$. 求支座 A、B、D 上的约束力.

7.14　装有拖车的载重汽车承受载荷如图所示. 已知 $P_1=35$ kN，$P_2=31$ kN，$P_3=60$ kN. 设各轮轴上的载荷不应超过 50 kN. 求距离 x 的范围.

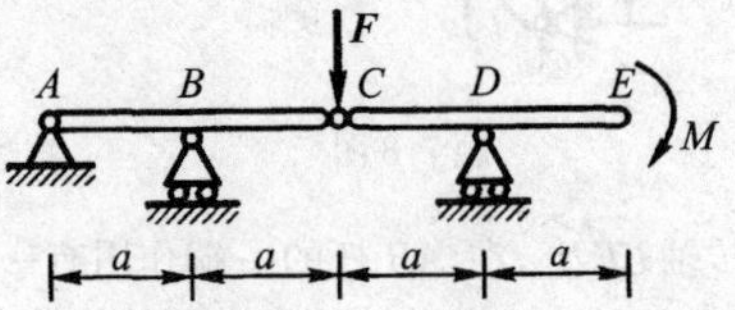

题 7.13 图

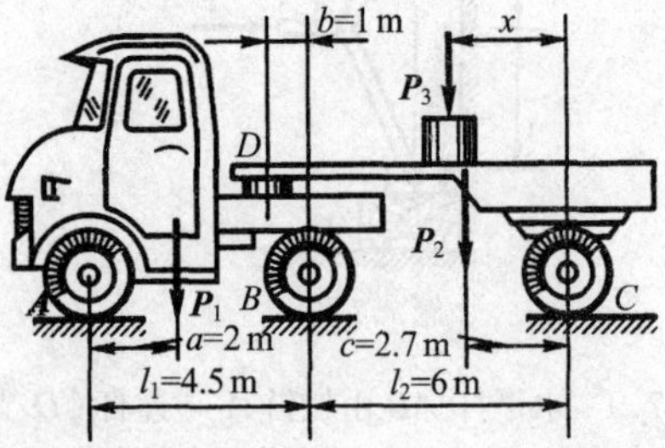

题 7.14 图

7.15　组合梁 AC 和 CE 用铰链 C 相连，支承和载荷情况如图所示. 已知跨度 $l=8$ m，$F=5$ kN，均布载荷 $q=2.5$ kN/m，力偶的力偶矩 $M=5$ kN·m. 求支座 A、B 和 E 的约束力.

7.16　如图所示，均质水平梁 AB 重为 P_1，长为 $2a$，其 A 端插入墙内；另一均质梁 BC 重为 P_2，其 B 端和 AB 梁用铰链相连接，C 端搁在光滑的铅垂墙上，并且 $\angle ABC=\theta$. 求支座 A 和墙上 C 点的约束力.

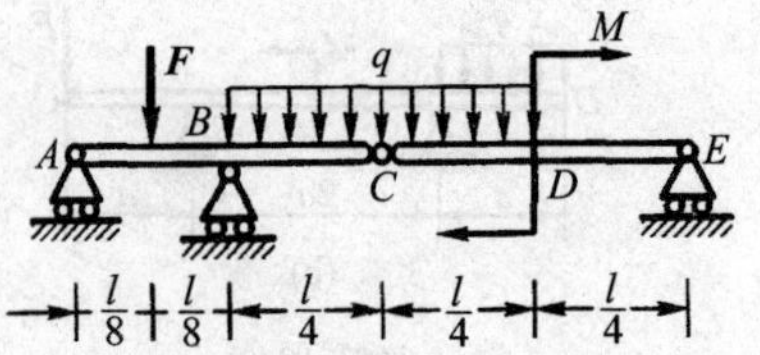

题 7.15 图

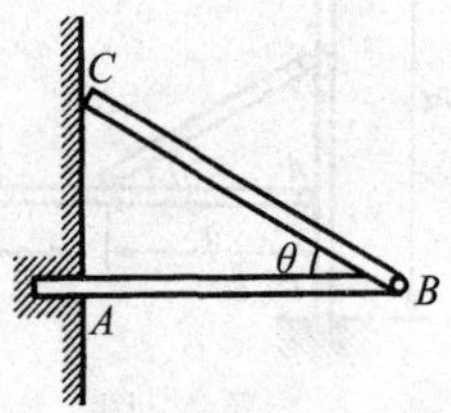

题 7.16 图

7.17　判断图示各平衡问题是静定的还是超静定的？并确定超静定次数. 设接触面均为光滑，作用的主动力如图所示.

7.18　图示一手摇水泵，摇柄 AD 长 480 mm. 已知作用力 $F_1=200$ N. 求在图示位置平衡时连杆 BC 的内力、支点 A 的约束力和水压力 $\boldsymbol{F}_2$.

7.19　支架结构如图所示. 已知 $AE=EB=AD=CF=CG=1$ m，各杆皆以铰链相连接. 在水平杆 AB 的 B 端挂一重物 $P=5$ kN，如果不计各杆自重，求斜杆 DE 和 FG 的内力以及支座 C 的约束力.

7.20　梁 AE 由直杆连接支承于墙上，受均布载荷 $q=10$ kN/m 作用，结构尺寸如图所示. 不计杆重，求支座 A 和 B 的约束力以及 1，2，3 杆的内力.

7.21　如图所示结构，由 AB、CB、BD 三根杆组成，B 处用销钉连接，$q=4$ kN/m，力偶矩 $M=8$ kN·m，$F=4$ kN，$b=2$ m. 求 A 端的约束力及销钉 B 对 AB 杆的约束力.

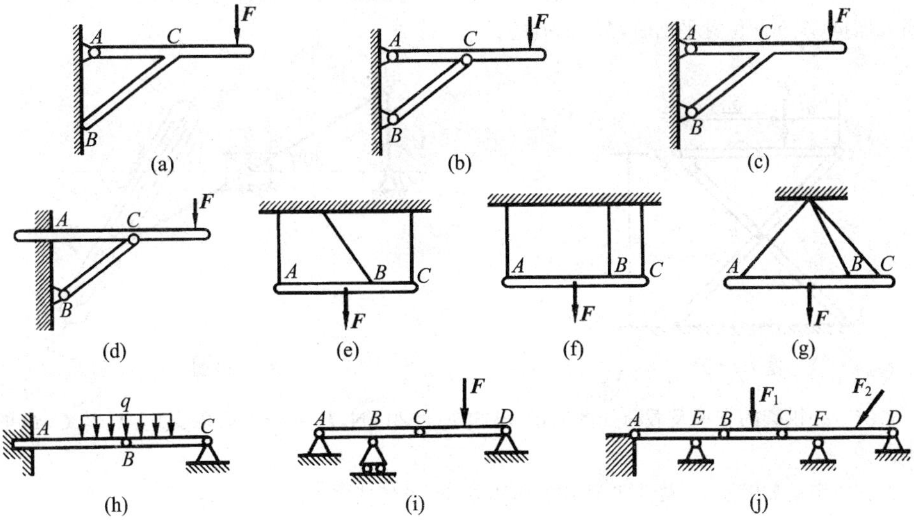

题 7.17 图

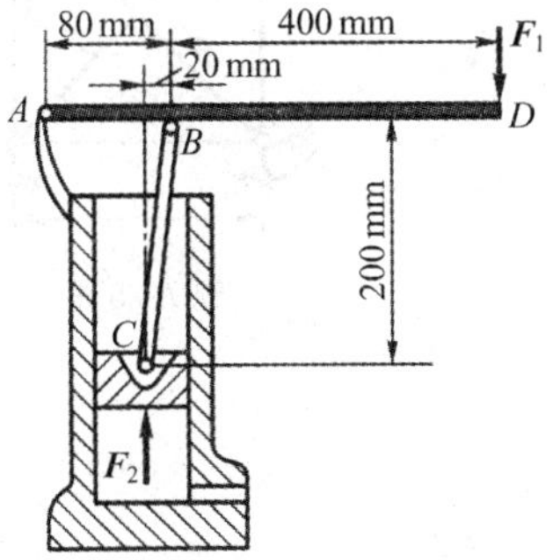

题 7.18 图

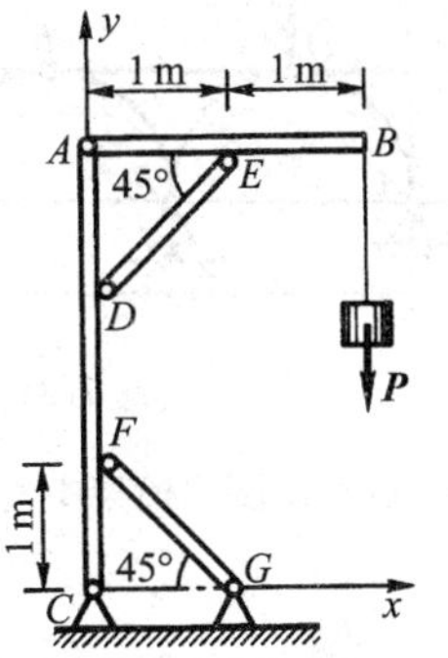

题 7.19 图

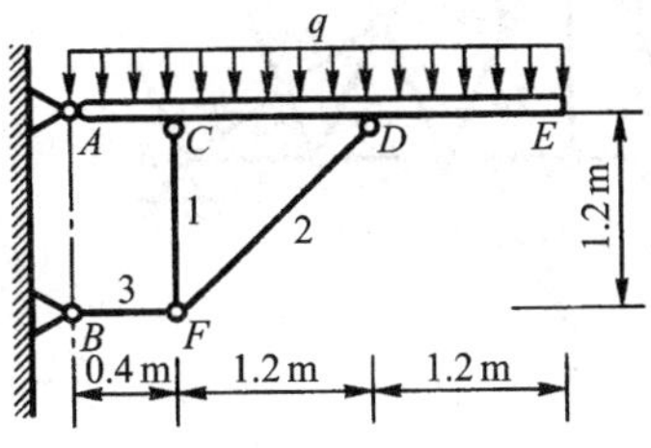

题 7.20 图

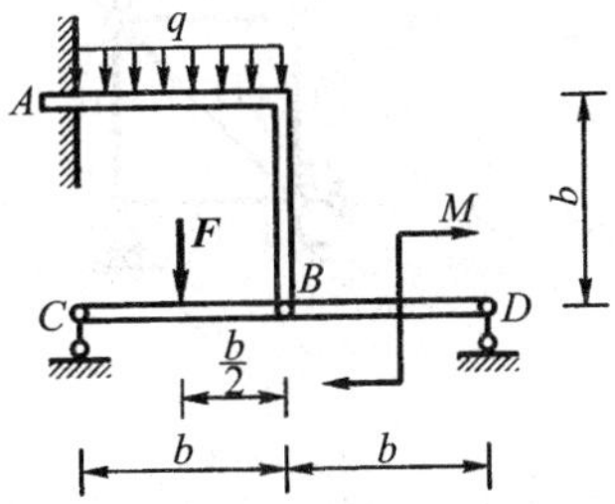

题 7.21 图

7.22　一凳子由 AB、BC、AD 三杆铰接而成，放于光滑地面上．求当 AB 杆上有一力 $\boldsymbol{F}$ 作用时，铰链 E 处销子与销孔间相互的作用力．

7.23　在图示机构中，ABD 杆与滑块 B、D 分别用铰链连接；且 O、B、O_1 在同一水平线上．已

知 $OA = 50$ mm，$AB = BD = 100$ mm；在图示位置时，$\angle AOB = 90^\circ$，摇杆与水平线夹角为 60°. 不计杆重及摩擦，求在此位置平衡时，M 和 M_1 的关系.

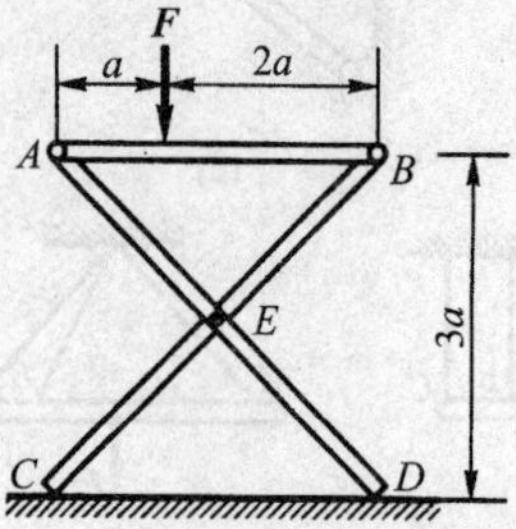

题 7.22 图

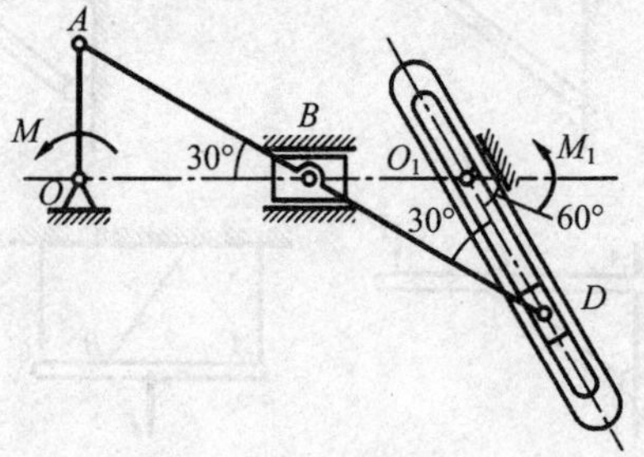

题 7.23 图

7.24 一拱架的支承及载荷如图所示. 已知 $F_1 = 20$ kN，$F_2 = 10$ kN. 求支座 A、B、C、D 的约束力.

7.25 桁架如图所示，载荷 F 作用在节点 C 上. 求各杆内力.

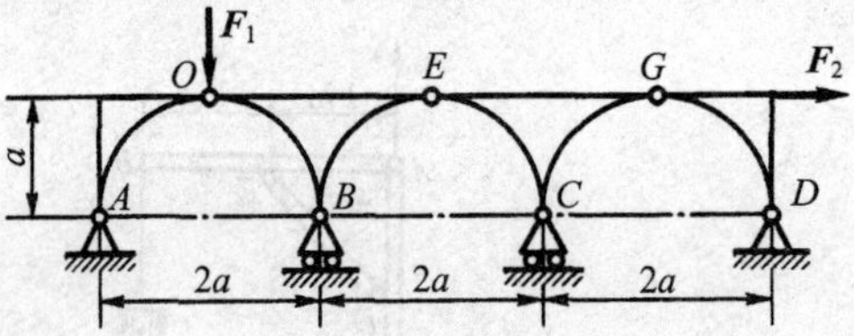

题 7.24 图

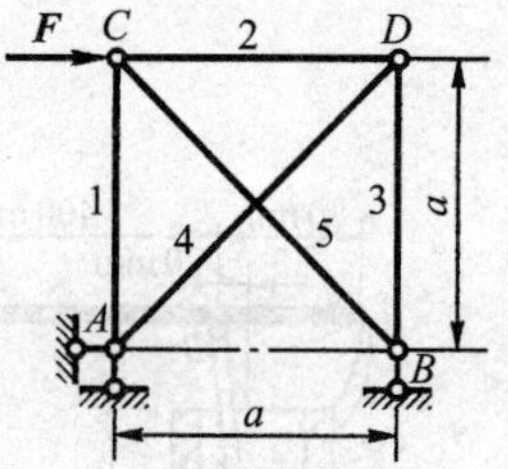

题 7.25 图

7.26 试指出图示桁架中的零杆.

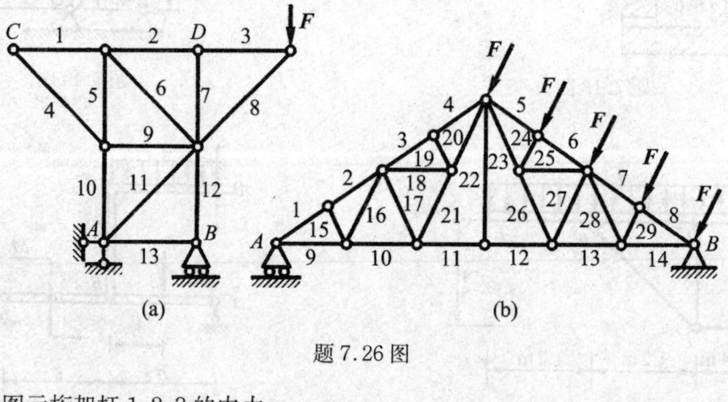

题 7.26 图

7.27 求图示桁架杆 1、2、3 的内力.

7.28 重物 $P = 420$ N，用撑杆 AB 和链条 AC 与 AD 支撑. 已知 $AB = 1450$ mm. $AC = 800$ mm，$AD = 600$ mm，矩形 $CADE$ 的平面是水平的，B 点是球铰链支座. 求杆 AB 与链条 AC 和 AD 的内力.

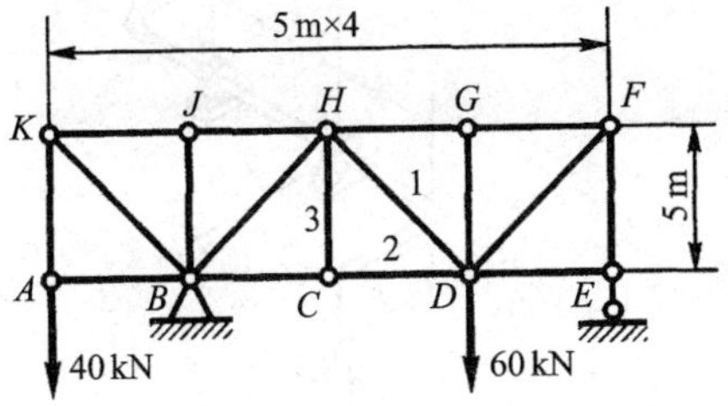

题 7.27 图

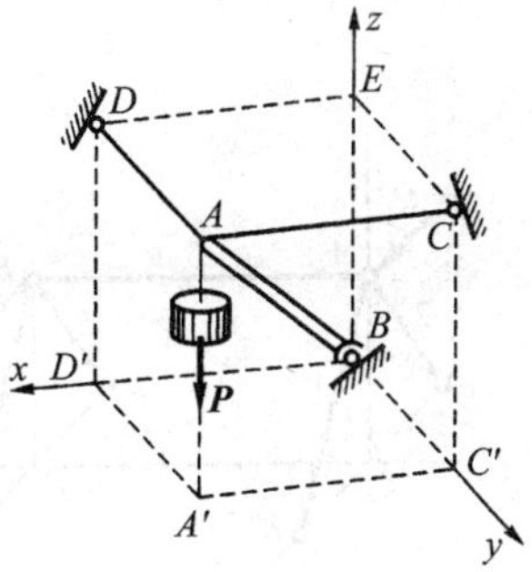

题 7.28 图

7.29　在图示起重机中，$AB=BC=AD=AE$，$AF\perp ED$，又 $BC\perp AB$，$\angle EAD=90^\circ$，点 A、B、D、E 等均以球铰连接. 物重 P，各杆自重及摩擦不计. 起重臂 AC 的另一端与绳 BC 相连，并可绕 z 轴转动. 当起重臂所在平面 $BCC'A$ 转到离对称平面 $BFAyy_1$ 成 θ 角时，求杆 AB、BD、BE、AC 的内力与 θ 角的关系.

7.30　如图所示，杆系由铰链连接，位于立方体的边与对角线上. 在节点 D 作用一力 $\boldsymbol{F}_1$，沿对角线 LD 方向；在节点 C 作用一力 $\boldsymbol{F}_2$，沿 CH 边铅垂向下. 杆重不计，求支座 B、L、H 的约束力和杆的内力.

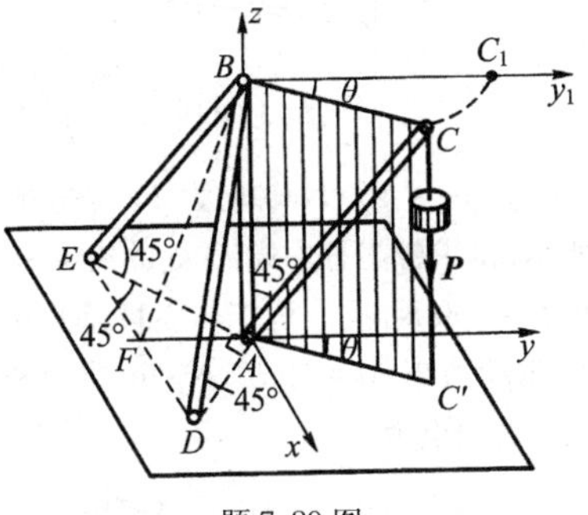

题 7.29 图

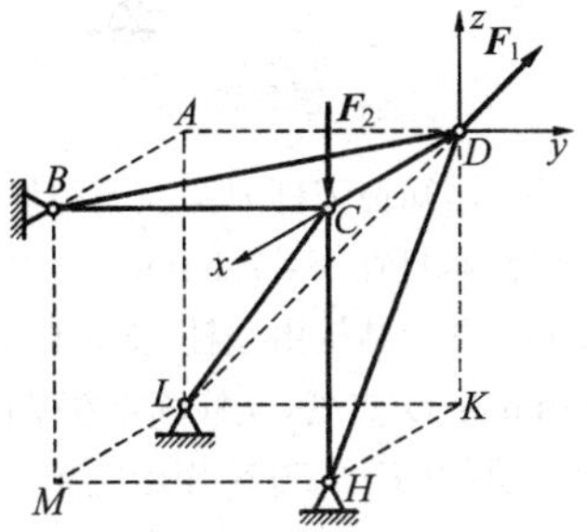

题 7.30 图

7.31　图示一空间桁架，由杆 1、2、3、4、5、6 构成. 节点 A 上作用一力 $\boldsymbol{F}$，此力在矩形 $ABDC$ 平面内，且与铅垂线成 45°角. $\triangle EAK=\triangle FBM$；等腰三角形 EAK、FBM 和 NDB 在顶点 A、B 和 D 处皆为直角. $F=10$ kN，求各杆所受的力.

7.32　具有两直角的曲轴水平地放在轴承 A 和 B 上，在曲轴的 C 端用铅垂绳 CE 拉住，而在轴的自由端 D 上作用铅垂载荷 $\boldsymbol{F}$，尺寸如图所示. 求绳的张力和轴承的约束力.

7.33　图示曲杆 $ABCD$ 有两个直角，$\angle ABC=\angle BCD=90^\circ$，且平面 ABC 与平面 BCD 垂直. 杆的 D 端由铰链支持，另一端 A 由轴承支持. 在曲杆的 AB、BC 和 CD 上作用三个力偶，力偶所在平面分别垂直于 AB、BC 和 CD 三线段. 若 $AB=a$，$BC=b$，$CD=c$，且三力偶的矩分别为 M_1，M_2 和 M_3，其中 M_2 和 M_3 为已知. 求使曲杆处于平衡的力偶矩 M_1 和支座约束力.

7.34　蜗轮箱用螺栓 A、B 安装在基础上，如图所示. 蜗杆轴上作用一输入力偶，其力偶矩 $M_1=10$ N·m，蜗轮轴上受到工作阻力偶，其力偶矩 $M_2=400$ N·m. 蜗杆和蜗轮按图示虚线箭头方向等速转动. 不考虑箱底和基础间的摩擦，求螺栓和基础对蜗轮箱的作用力.

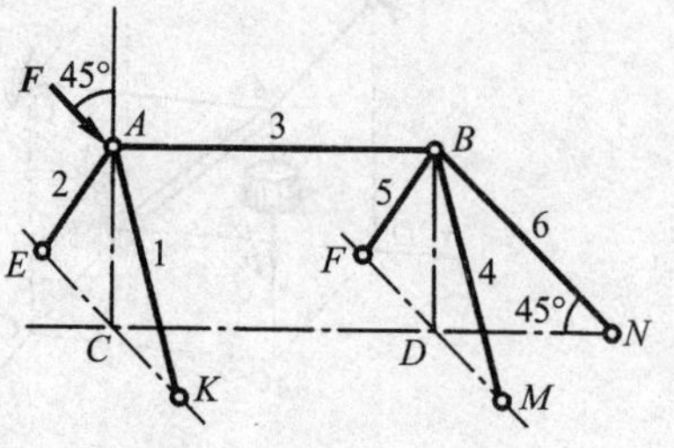

题 7.31 图

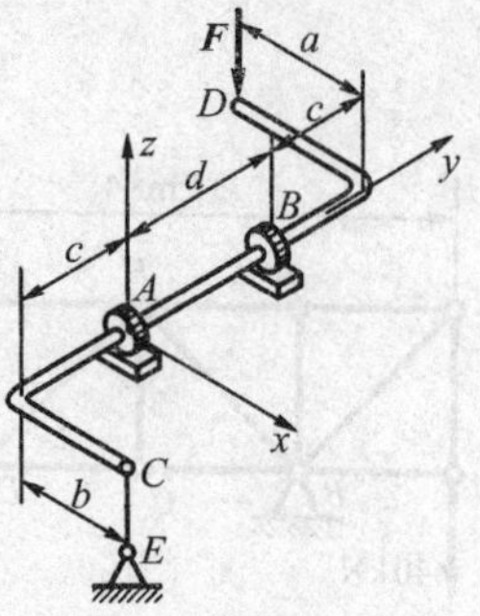

题 7.32 图

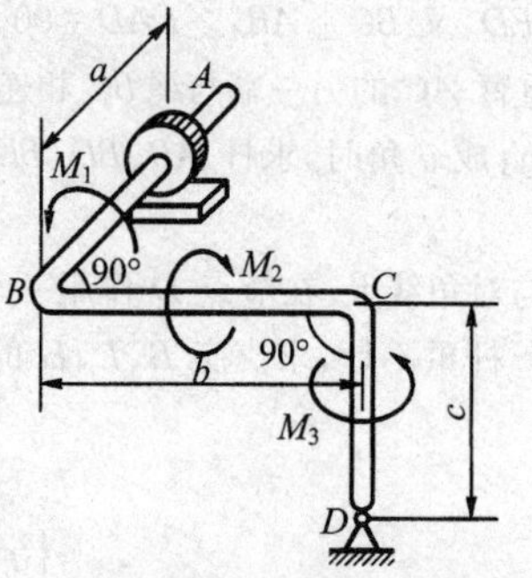

题 7.33 图

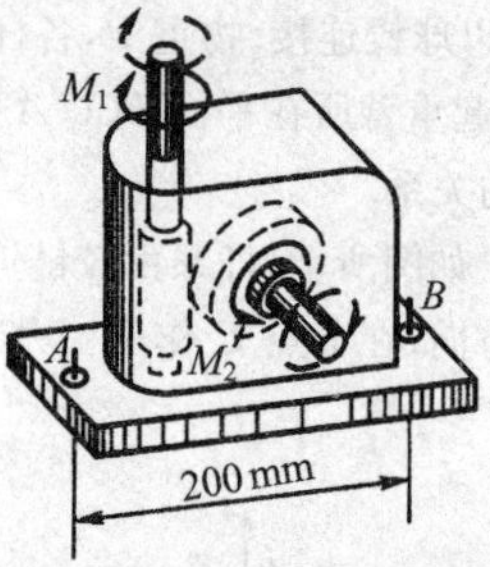

题 7.34 图

7.35 已知镗刀杆刀头上受切削力 $F_z = 500$ N，径向力 $F_x = 150$ N，轴向力 $F_y = 75$ N. 刀尖位于 xy 平面内，且在 $x = 7.5$ mm，$y = 200$ mm 处，如图所示. 试求镗刀杆左端 O 处的约束力.

7.36 图示结构由立柱、支架和电动机组成，总重 $P = 300$ N，重心位于与立柱垂直中心线相距 305 mm 的 G 点处，立柱固定在基础 A 上；电动机以驱动力矩 $M = 190.5$ N · m 带动机器按图示方向转动，力 $F = 250$ N 作用在支架的 B 处. 求支座 A 的约束力.

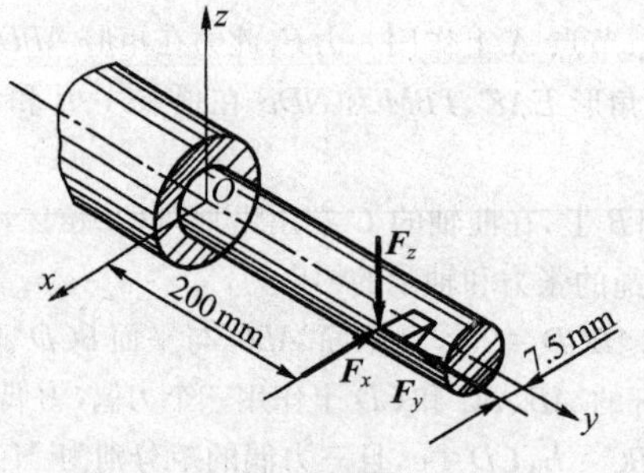

题 7.35 图

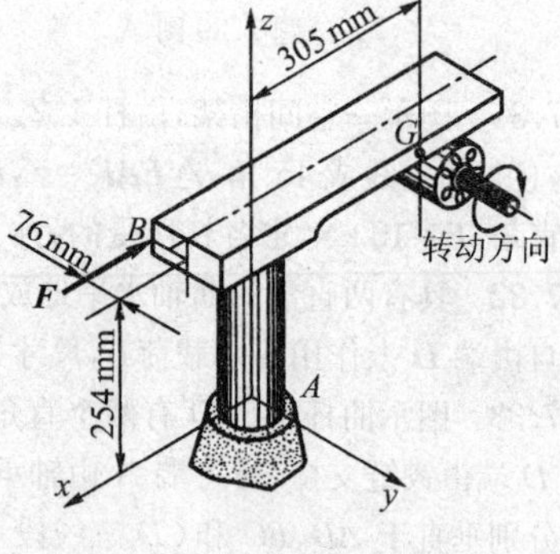

题 7.36 图

7.37 图示水平轴 AB 作等速转动，其上装有齿轮 C 及带轮 D. 已知胶带紧边的拉力为 200 N，松边的拉力为 100 N. 尺寸如图所示. 求啮合力 F 及轴承 A，B 的约束力.

7.38 某汽车后桥半轴可视为支承在后桥壳上的简支梁，A 端为轴向止推轴承，B 端为滚珠轴承. 已知汽车等速直线行驶时地面的压力 $F_N = 20$ kN, 锥齿轮上受到的切向力 $F_t = 116.5$ kN, 径向力 $F_r = 36$ kN, 轴向力 $F_n = 22.5$ kN, 锥齿轮节圆平均直径 $D = 98$ mm, 车轮半径 $r = 440$ mm, 其他尺寸如图. 试求地面的摩擦力及 A、B 支承的约束力.

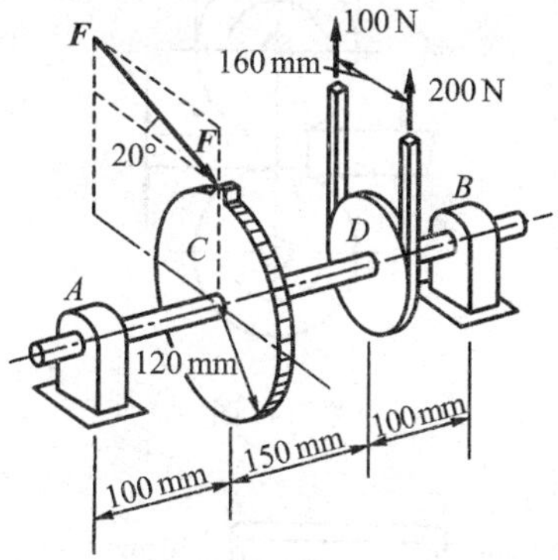

题 7.37 图

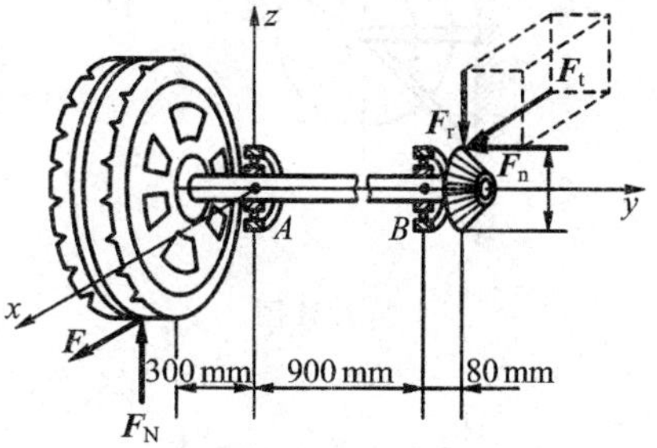

题 7.38 图

7.39　均质杆的 A 端放在水平地板上, 杆的 B 端则用绳子拉住, 如图所示. 设杆与地板的摩擦因数为 f_S, 杆与地面的夹角 $\theta = 45°$. 问当绳子和水平线的夹角 φ 等于多大时, 杆开始向右滑动.

7.40　两个相同的光滑半球, 半径为 r, 重为 $P/2$, 放在摩擦因数 $f_S = 0.5$ 的水平面上. 在两半球上放了半径为 r、重为 P 的球, 如图所示. 求在平衡状态下两半球球心之间的最大距离 b.

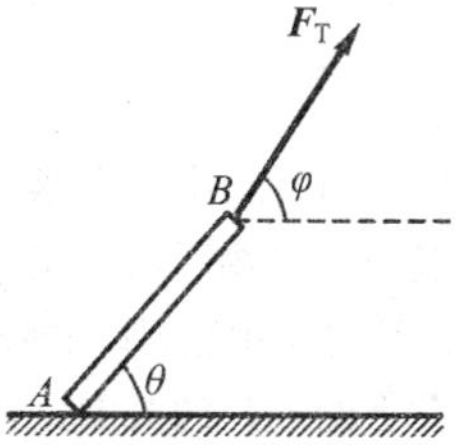

题 7.39 图

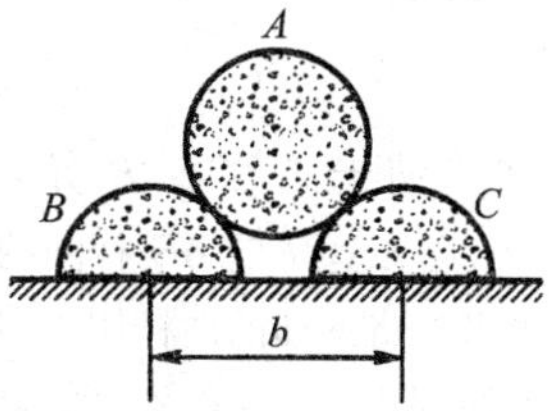

题 7.40 图

7.41　半径为 r 的旋转鼓轮, 其上作用一力矩为 M 的主动力偶. 如鼓轮与制动块 D 间的摩擦因数为 f_S, 尺寸如图所示, 设制动块的高度及 AB 杠杆与鼓轮的自重略去不计. 欲保持鼓轮静止, 求作用在杠杆 B 处的垂直力 $\boldsymbol{F}$ 的大小.

7.42　图示轧机的两个轧辊的直径均为 $d = 500$ mm, 辊面间的间隙为 $a = 5$ mm, 两轮按图上箭头所示的方向转动, 通过作用在钢板 A, B 处的法向约束力和摩擦力的合力带动被轧制的钢板向右方运动. 已知烧红的钢板与轧辊之间的摩擦因数为 $f_S = 0.1$, 问能轧制的钢板厚度 b 是多少?

7.43　图示悬臂架的端部 A 处和 C 处有套环, 活套在铅垂的圆柱上, 可以上下移动. 如果在 AB 上作用铅垂力 $\boldsymbol{F}$, 当力 $\boldsymbol{F}$ 离开圆柱较远时, 架将被圆柱上的摩擦力卡住而不能移动. 设套环与圆柱间的摩擦角皆为 φ, 不计架重. 求架不致被卡住时, 力 $\boldsymbol{F}$ 离开圆柱的最大距离 x.

7.44　砖夹的宽度为 250 mm, 曲杆 AGB 和 $GCED$ 在 G 点铰接. 提起的砖重 $P = 120$ N, 提砖的力 $\boldsymbol{F}$ 作用在砖夹的中心线上, 尺寸如图所示. 如砖夹和砖间的摩擦因数 $f_S = 0.5$. 求砖夹和砖接

触面中点 A 到 G 点的距离 b 为多大才能把砖夹起.

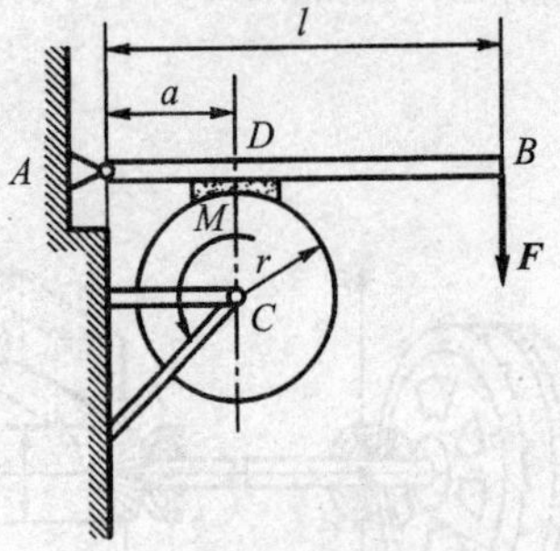

题 7.41 图

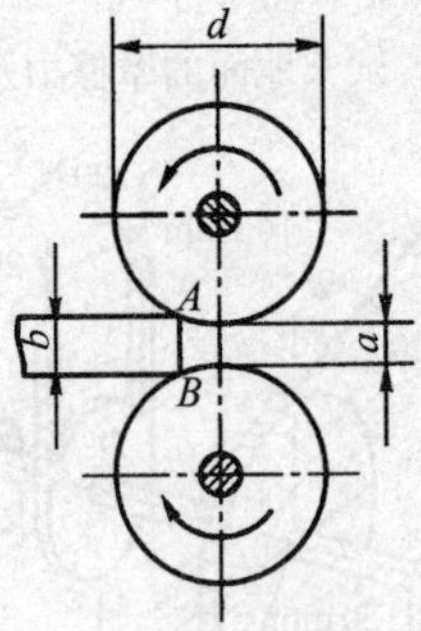

题 7.42 图

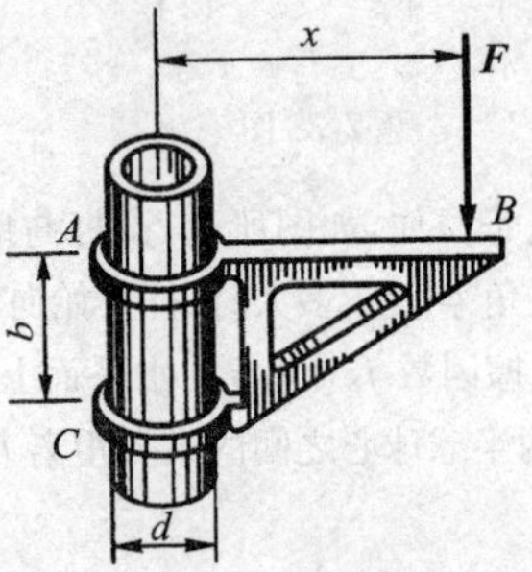

题 7.43 图

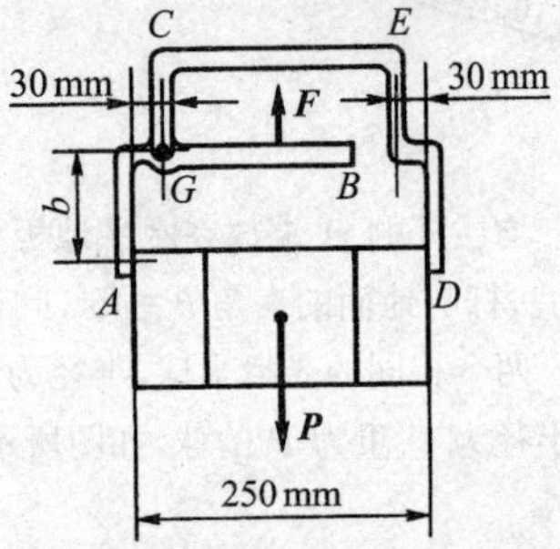

题 7.44 图

7.45 图示两无重杆在 B 处用无重套筒相连，在 AD 杆上作用一力偶，其力偶矩 $M_A=40\ \mathrm{N\cdot m}$，已知套筒与 AD 杆间的摩擦因数 $f_S=0.30$. 求保持系统平衡时力偶矩 M_C 的范围.

7.46 重可忽略不计的两杆用光滑销子连接，两杆端点 A、C 与滑块相连，如图所示. 滑块 A、C 与台面间摩擦因数为 $f_S=0.25$. 如两滑块都未滑动，求作用在 B 点的力 $\boldsymbol{F}$ 的范围.

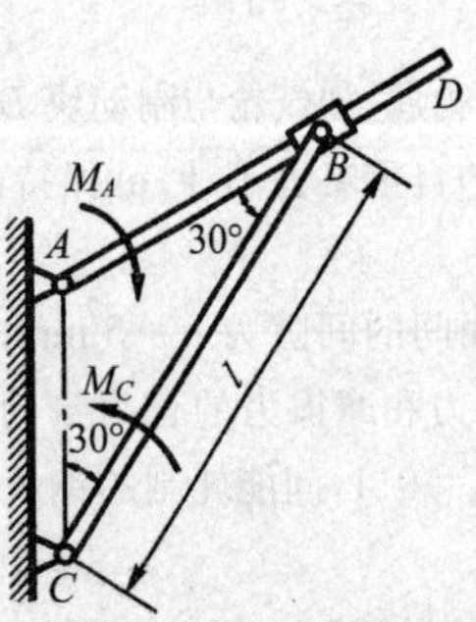

题 7.45 图

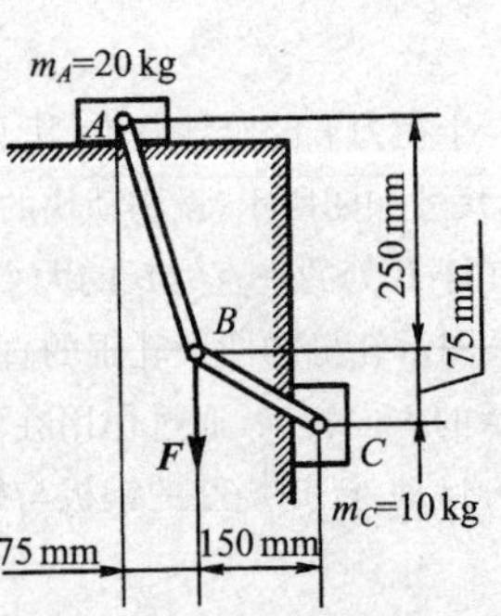

题 7.46 图

7.47 一小汽车重 14 kN，重心位置如图所示. 车轮直径为 600 mm，轮重及滚动摩阻略去不计. 问发动机应传给后轮多大的力偶矩，才能使前轮越过高 60 mm 的砖块？并问此时后轮与地面间的摩擦因数应有多大才不至于打滑？

7.48 图中均质杆 AB 长 l，重 P，A 端由一球形铰链固定在地面上，B 端自由地靠在一铅直墙面上，墙面与铰链 A 的水平距离等于 a，图中 OB 与 z 轴的交角为 θ. 杆 AB 与墙面间的摩擦因数为 f_s，铰链的摩擦阻力可以不计. 求杆 AB 将开始沿墙滑动时，θ 角应等于多大？

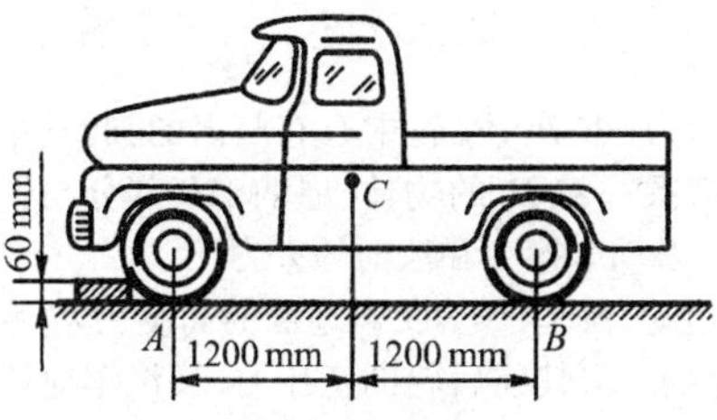

题 7.47 图

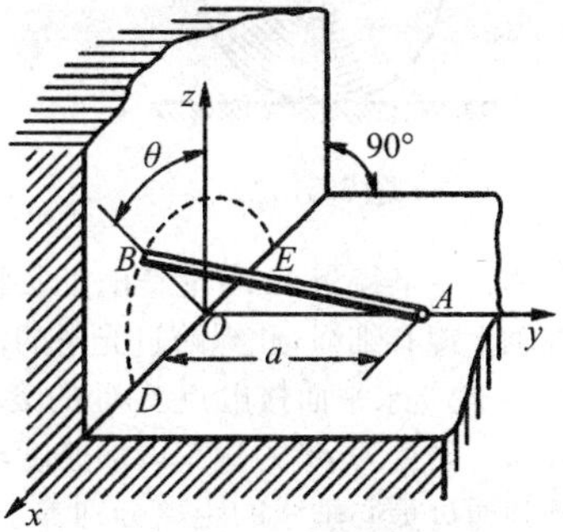

题 7.48 图

7.49 胶带制动器如图所示，胶带绕过制动轮而连接于固定点 C 及水平杠杆的 E 端. 胶带绕于轮上的包角 $\theta = 225° = 1.25\pi$（弧度），胶带与轮间的摩擦因数为 $f_S = 0.5$，轮半径 $r = a = 100$ mm. 如在水平杆 D 端施加一铅垂力 $F = 100$ N，求胶带对于制动轮的制动力矩 M 的最大值.

提示：轮与胶带间将发生滑动时，胶带两端拉力的关系为 $F_2 = F_1 e^{f_S \theta}$. 其中 θ 为包角，以弧度计，f_S 为摩擦因数.

7.50 物块重 500 N，由滚子限制只能上下铅垂运动（光滑接触），压在一重 300 N 的圆柱体上，如图所示. 设圆柱体与物块及地面的接触处 A 和 B 的静摩擦因数分别为 $f_{SA} = 0.4$，$f_{SB} = 0.1$. 试计算使圆柱体产生运动的最小力 F. 不计滚动摩阻.

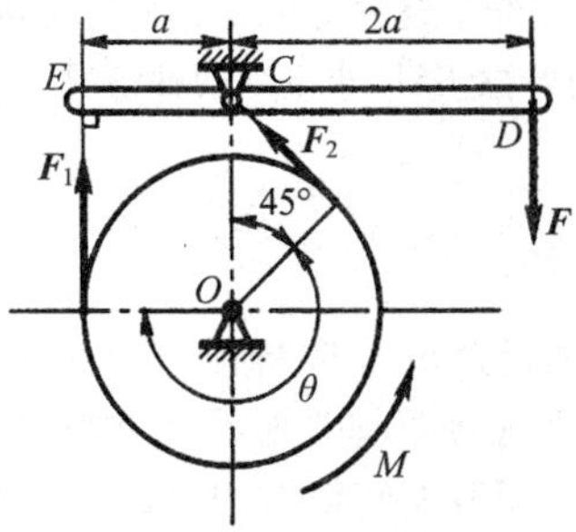

题 7.49 图

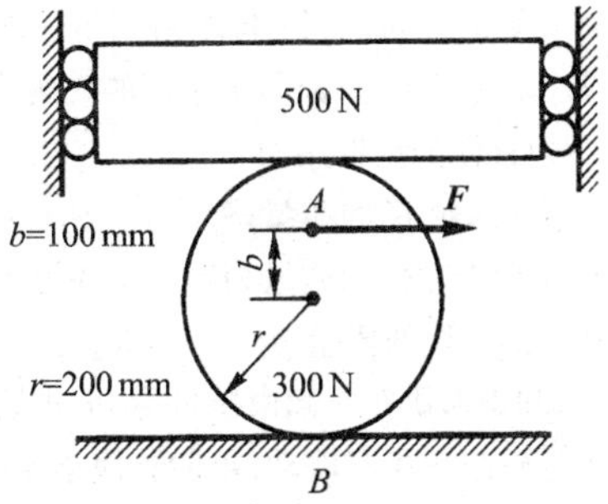

题 7.50 图

7.51 图示轮的半径为 R，在其铅垂直径的上端 B 点作用水平力 F. 轮与水平面间的滚动摩阻因数为 δ. 问水平力 F 使轮只滚动而不滑动时，轮与水平面的滑动摩擦因数 f 需要满足什么条件？

7.52 一车的车身重 P，轮重可以不计，轮子的半径为 r，今用一水平力 F 拉动如图所示. 设轮子与地面的滚动摩阻因数为 δ，不计轮轴中的摩擦力.（1）求拉动时的力 F 大小；（2）当力 F 与水平线成多大角度时，用力最小？并求此最小力.

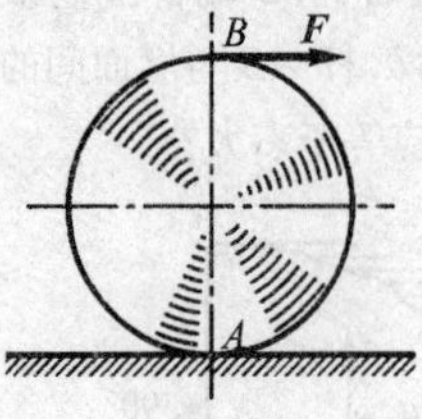

题 7.51 图

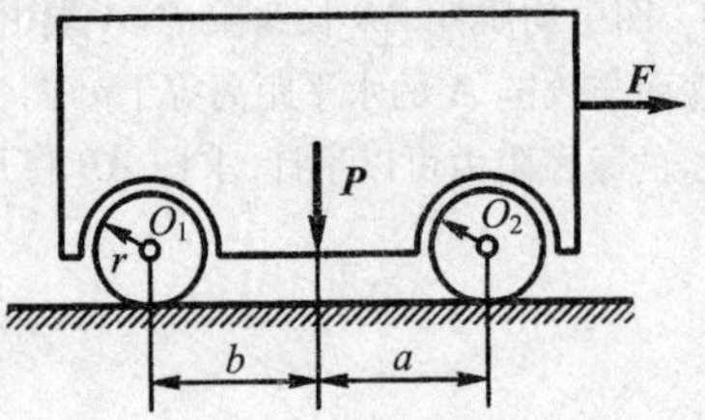

题 7.52 图

7.53 一半径为 R 的轮静止在水平面上如图所示，其重 P_1. 在轮中心有凸出的轴，其半径为 r，并在轴上缠有细绳，此绳跨过光滑的滑轮 A，在端部系一重 P_2 的物体. 绳的 AB 部分与铅垂线成 θ 角. 求轮与水平面接触点 C 处的滚动摩阻力偶矩、滑动摩擦力和法向约束力.

7.54 质量为 m 的汽车以加速度 $\boldsymbol{a}$ 作水平直线运动. 汽车重心 G 离地面的高度为 h，汽车的前后轴到通过重心垂线的距离分别等于 c 和 b，如图所示. 求其前后轮的正压力. 又汽车应该以多大的加速度行驶，方能使前后轮的压力相等.

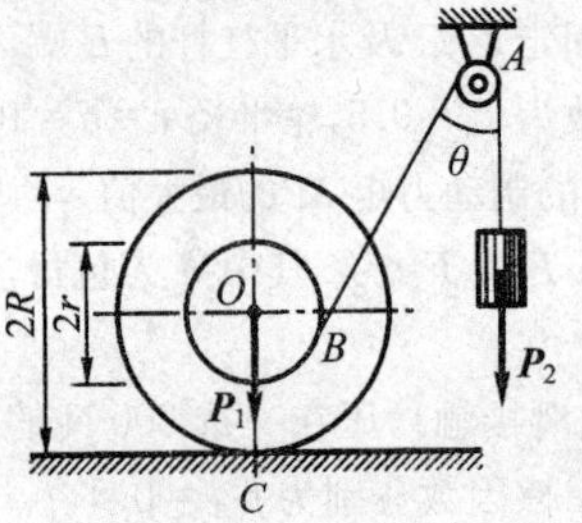

题 7.53 图

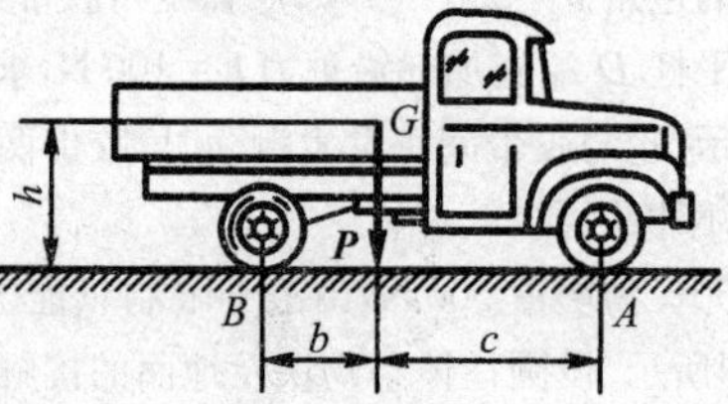

题 7.54 图

7.55 质量为 m_1 的物体 A 沿三角柱体 D 的斜面下降，用绳子绕过滑轮 C 使质量为 m_2 的物体 B 上升，如图所示. 斜面与水平面的夹角为 θ，绳子质量与摩擦不计. 求下列两种情况下水平约束 E 对三角柱体的反作用力：

(1) 不计滑轮 C 的质量；

(2) 均质滑轮 C 的质量为 m_3，半径为 r.

7.56 矩形块的质量 $m_1 = 100$ kg，置于平台车上；车的质量为 $m_2 = 50$ kg，此车沿光滑的水平面运动；车和矩形块在一起由质量为 m_3 的物体牵引，使之作加速运动，如图所示. 设物块与车之间的摩擦力足够阻止相互滑动. 求能够使车加速前进而又不致使矩形块倾覆的最大 m_3 值，以及此时车的加速度大小.（滑轮质量不计）

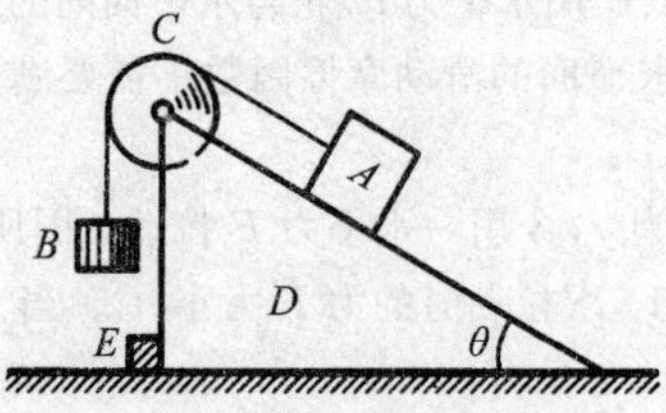

题 7.55 图

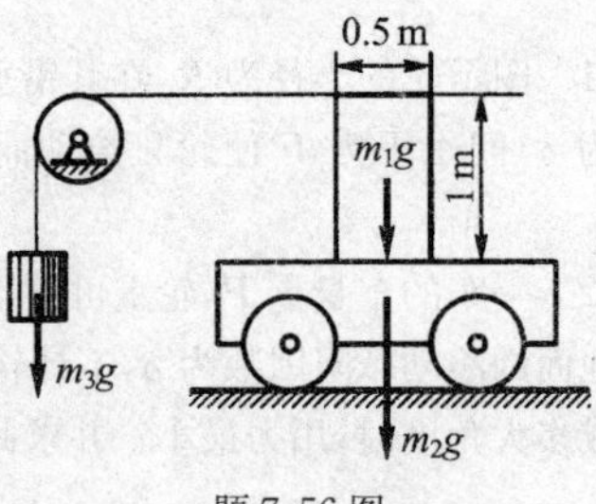

题 7.56 图

7.57　图示振动器用于压实地面，已知机座重 G，对称的偏心锤重 $G_1=G_2=G_0$，偏心距为 e；两锤以相同的匀角速度 ω 相向转动，求振动器对地面压力的最大值.

7.58　图示为一转速计(测量角速度的仪表)的简化图.小球 A 的质量为 m_1，固连在杆 AB 的一端；而杆 AB 长为 l，可绕轴 BC 转动，在此杆上与 B 点相距为 l_1 的一点 E 连有弹簧 DE，其自然长度为 l_0，弹簧刚度系数为 k；杆对 BC 轴的偏角为 θ，弹簧在水平面内.求在以下两种情况下，稳态运动的角速度：

(1) 杆 AB 的质量不计；

(2) 均质杆 AB 的质量为 m_2.

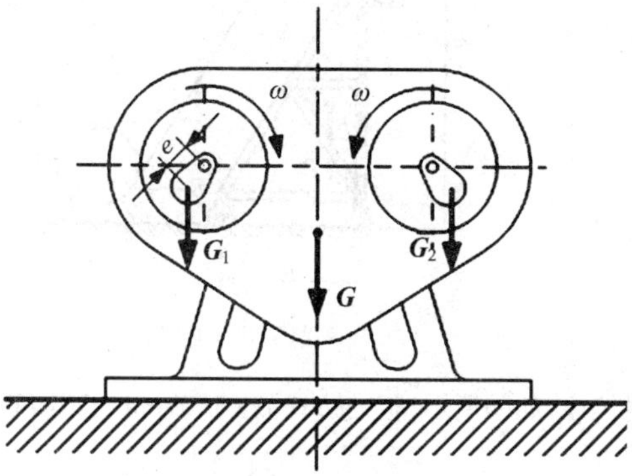

题 7.57 图

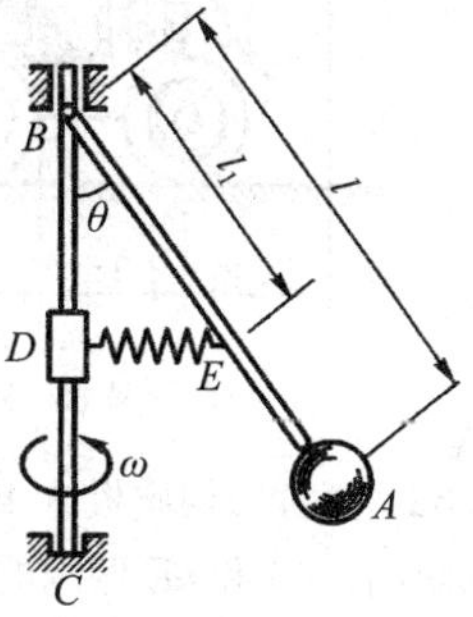

题 7.58 图

7.59　图示曲柄 OA 的质量为 m_1，长为 r，以等角速度 ω 绕水平的 O 轴反时针方向转动.曲柄的 A 端推动水平板 B，使质量为 m_2 的滑杆 C 沿铅垂方向运动.忽略摩擦，求当曲柄与水平方向夹角为 30°时的力偶矩 M 及轴承 O 的约束力.

7.60　龙门刨床简化如图所示.已知齿轮 O 的半径为 R，转动惯量为 J；其上作用一力偶，其矩为 M；工作台 AB 及工件的质量为 m，齿轮与工作台底的齿条相啮合，刨刀的切削力为 F，摩擦略去不计.求工作台的加速度和齿轮轴承的水平约束力.

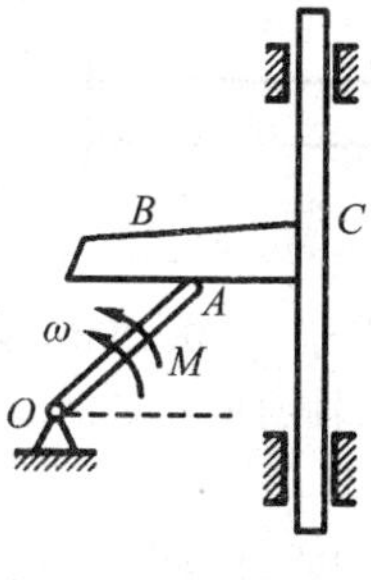

题 7.59 图

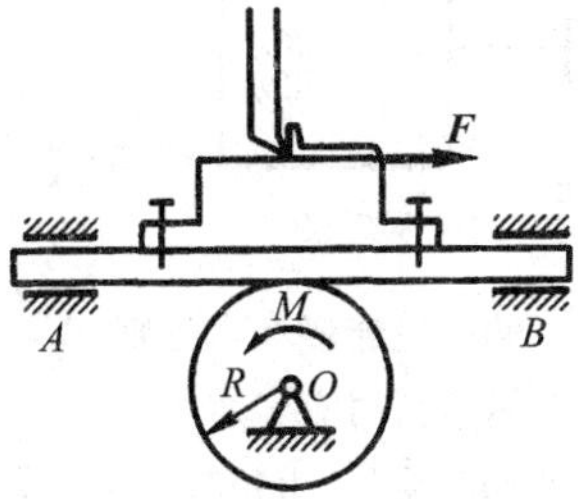

题 7.60 图

7.61　图示为升降重物用的叉车，B 为可动圆滚(滚动支座)，叉头 DBC 用铰链 C 与铅直导杆连接.由于液压机构的作用，可使导杆在铅直方向上升或下降，因而可升降重物.已知叉车连同铅直导杆的质量为 1500 kg，质心在 G_1；叉头与重物的共同质量为 800 kg，质心在 G_2.如果叉头向上的加速度使得后轮 A 的约束力等于零，求这时圆滚 B 的约束力.

7.62 图示打桩机支架重 $P=20\ \mathrm{kN}$，重心在 C 点，已知 $a=4\ \mathrm{m}$，$b=1\ \mathrm{m}$，$h=10\ \mathrm{m}$，锤 E 的质量为 $m=0.7\ \mathrm{t}$，绞车鼓轮的质量为 $m_1=0.5\ \mathrm{t}$，半径 $r=0.28\ \mathrm{m}$，回转半径 $\rho=0.2\ \mathrm{m}$，钢索与水平面夹角 $\theta=60^\circ$，鼓轮上作用着力偶矩为 $M=2000\ \mathrm{N\cdot m}$ 的力偶.若不计滑轮的大小和质量，求支座 A 和 B 的约束力.

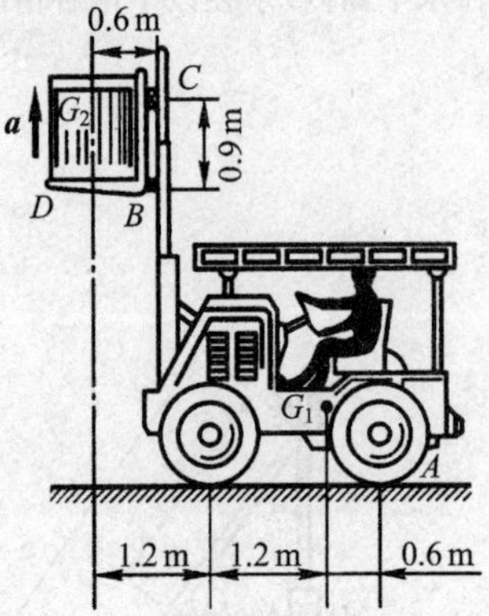

题 7.61 图

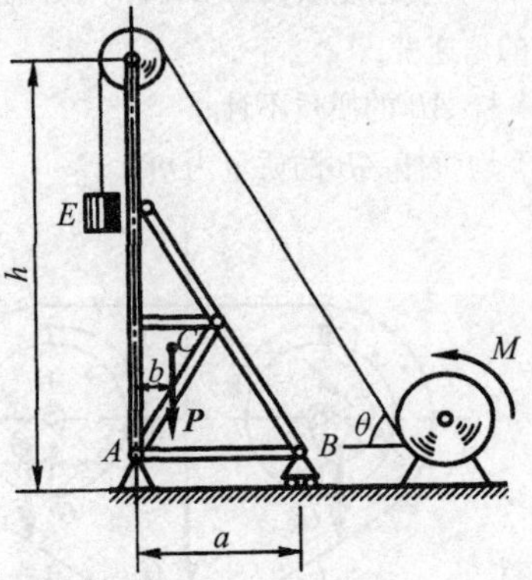

题 7.62 图

7.63 正方形均质板重 400 N，由三根绳拉住，如图所示.板的边长 $b=100\ \mathrm{mm}$.求当 FG 绳被剪断的瞬间，AD 和 BE 两绳的张力.

7.64 长方形均质平板长 $a=200\ \mathrm{mm}$，宽 $b=150\ \mathrm{mm}$，质量为 27 kg，由两个销 A 和 B 悬挂.如果突然撤去销 B，求在撤去销子 B 的瞬时：

(1) 平板的角加速度；

(2) 销 A 的约束力.

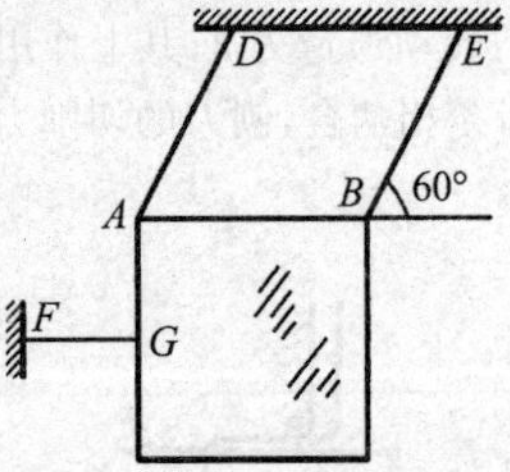

题 7.63 图

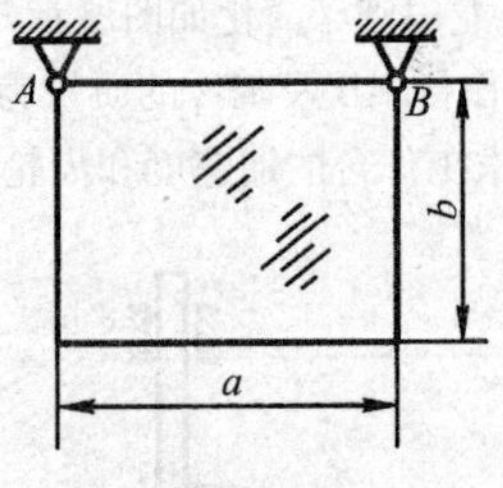

题 7.64 图

7.65 一偏心轮连接在水平轴 AB 上，轮的质量 $m=20\ \mathrm{kg}$，半径 $r=0.25\ \mathrm{m}$，偏心距 $OC=0.125\ \mathrm{m}$，在图示位置时有一水平力 $F=10\ \mathrm{N}$ 作用在轮的上缘，此时轴的角速度为 $\omega=4\ \mathrm{rad/s}$，不计轴承摩擦及轴的质量，求角加速度及轴承 A、B 处的约束力.

7.66 圆盘 A、B、C 的质量皆为 12 kg，安装在轴上，轴与诸圆盘垂直，如图所示，图中长度单位是 mm.盘 A 的质心 G 距轴 $y_A=5\ \mathrm{mm}$，盘 B、C 的质心在轴上.现欲将两个各为 1 kg 的平衡质量块分别放在盘 B、C 上，问应如何放置可使轴系达到动平衡.

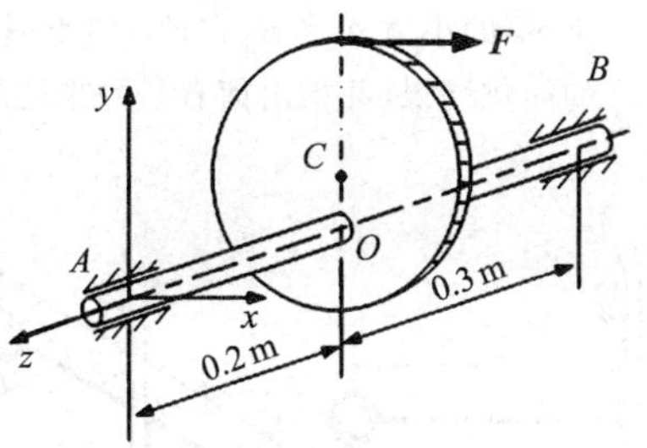

题7.65图

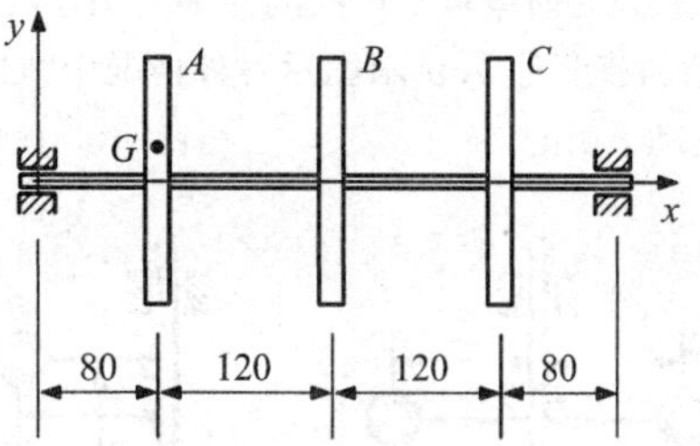

题7.66图

7.67　在轮的鼓轮上缠有绳子，用水平力 $F = 200$ N 拉绳子，如图所示. 已知轮的质量 $m = 50$ kg，半径 $R = 0.1$ m，回转半径 $\rho = 70$ mm，鼓轮部分的半径 $r = 0.05$ m，轮与水平面的静摩擦因数 $f_S = 0.2$，动摩擦因数 $f = 0.15$. 求轮心 O 的加速度和轮的角加速度.

7.68　均质细杆 AB 的质量为 $m = 45.4$ kg，A 端搁在光滑的水平面上，水平力 $\boldsymbol{F}$ 作用在 A 端；B 端用不计质量的软绳 DB 固定，如图所示. 杆长 $l = 3.05$ m，绳长 $h = 1.22$ m. 当绳子铅直时，杆与水平面的倾角 $\theta = 30°$，点 A 以匀速 $v_A = 2.44$ m/s 向左运动. 求在该瞬时：

(1) 杆的角加速度；

(2) 在 A 端的水平力 $\boldsymbol{F}$；

(3) 绳中的拉力 $\boldsymbol{F}_T$.

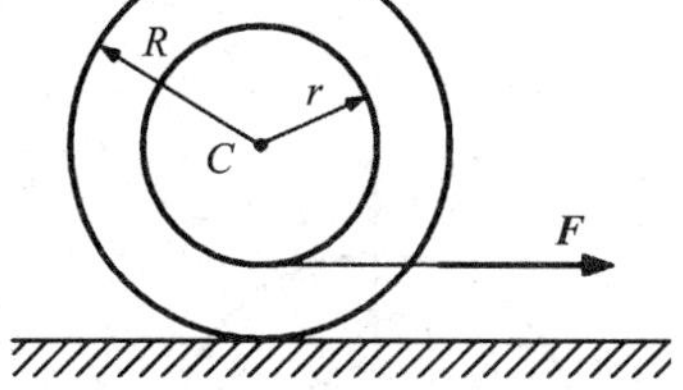

题7.67图

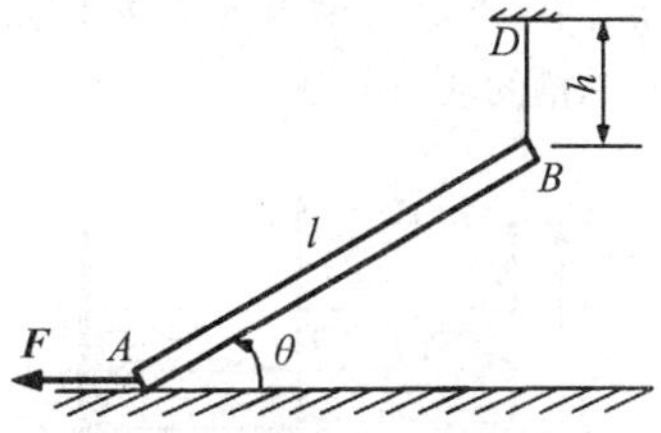

题7.68图

7.69　图示系统中，沿斜面滚动的圆柱体与鼓轮皆为均质物体，重量各为 $\boldsymbol{P}_1$ 与 $\boldsymbol{P}_2$，半径均为 R；绳子不可伸缩，质量忽略不计. 粗糙斜面的倾角为 θ，只计滑动摩擦，不计滚动摩擦. 如在鼓轮上作用一力偶矩为 M 的力偶，求：

(1) 鼓轮的角加速度；

(2) 轴承 O 的水平约束力.

7.70　均质平板质量为 m，放在两个半径为 r，质量皆为 $0.5m$ 的均质圆柱形滚子上. 平板上作用一水平力 $\boldsymbol{F}$，滚子在水平面作无滑动的滚动. 设平板与滚子之间无相对滑动，求平板的加速度.

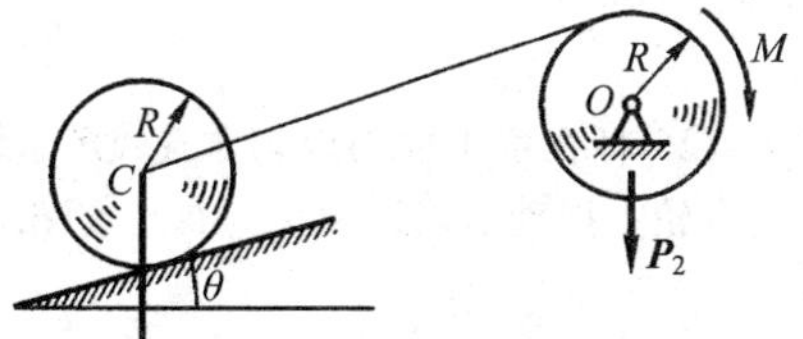

题7.69图

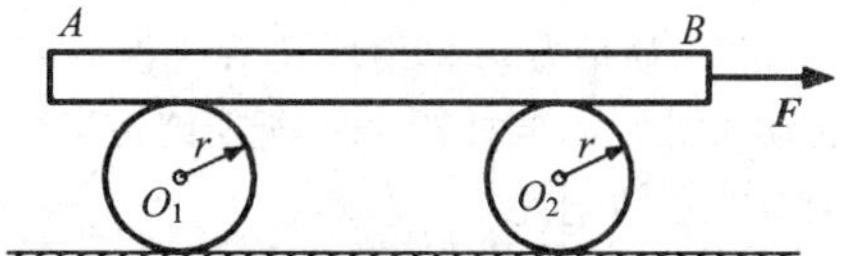

题7.70图

7.71 质量可不计的刚性轴上固连着两个质量各等于 m 的小球 A 和 B,在该瞬时角速度是 ω,角加速度是 α.试求图示各种情况中惯性力系向点 O 的简化结果,并指出何者是静平衡的,何者是动平衡的.

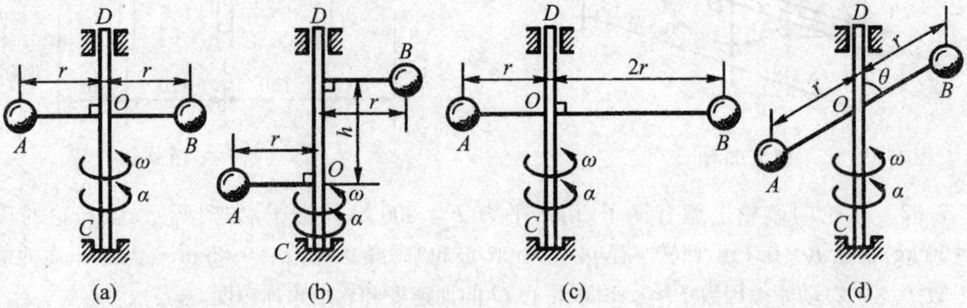

题 7.71 图

7.72 图示一离心分离机,鼓室半径为 R,高 h,以匀角速度 ω 绕 Oy 轴转动.当鼓室无盖时,为使被分离的液体不溢出.求:

(1) 鼓室旋转时,在 Oxy 平面内液面所形成的曲线形状;

(2) 注入液体的最大高度.

7.73 图示水平圆盘绕 O 轴转动,转动角速度 ω 为常量.在圆盘上沿某直径有光滑滑槽,一质量为 m 的质点 M 在槽内运动.如质点在开始时离轴心的距离为 a,且无初速度,求质点的相对运动方程和槽的动约束力.

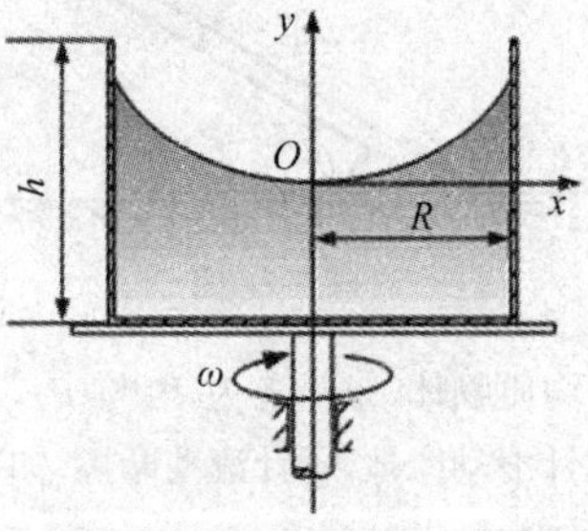

题 7.72 图

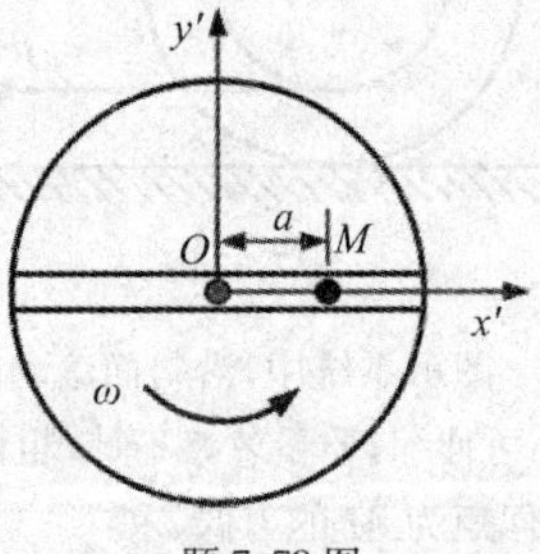

题 7.73 图

7.74 筛选机系利用材质的摩擦因数不同进行筛选,质点由静止落入以匀速 $\boldsymbol{v}$ 向上运动的帆布带上,粗糙的质点由上端分出,较光滑的质点由下端分出,如图所示.设帆布带与质点间的摩擦因数 $f=\tan\varphi$,φ 为摩擦角.求:

(1) $\varphi>\theta$ 时的相对加速度、相对速度和相对滑动时间;

(2) $\varphi<\theta$ 时的相对速度.

7.75 质量为 m 的滑块 B,在光滑的 OA 杆上滑动,OA 杆在水平面内以匀角速度 ω_{AO} 绕 O 点转动如图所示.当杆转动时,绳子绕在半径为 b 的固定鼓轮上拖动滑块以大小为 $b\omega_{AO}$ 的相对速度向 O 点运动.求:

(1) 滑块 B 在任一位置 r 时,绳子的拉力 $\boldsymbol{F}_{\mathrm{T}}$ 以及 OA 杆作用于 B 滑块的水平力 $\boldsymbol{F}_{\mathrm{N}}$,以 m、r、b 和 ω_{AO} 表示;

(2) 若已知 $m=1.5$ kg，$r=750$ mm，$b=50$ mm，$\omega_{AO}=6$ rad/s，$\boldsymbol{F}_{\mathrm{T}}$及 $\boldsymbol{F}_{\mathrm{N}}$的大小是多少？

(3) 若绳子拉力 $\boldsymbol{F}_{\mathrm{T}}$与 OA 杆给滑块B 的水平力$\boldsymbol{F}_{\mathrm{N}}$大小相等，$r/b$ 为多少？

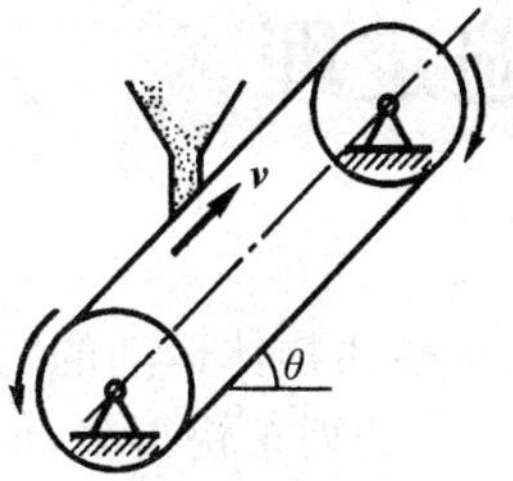

题 7.74 图

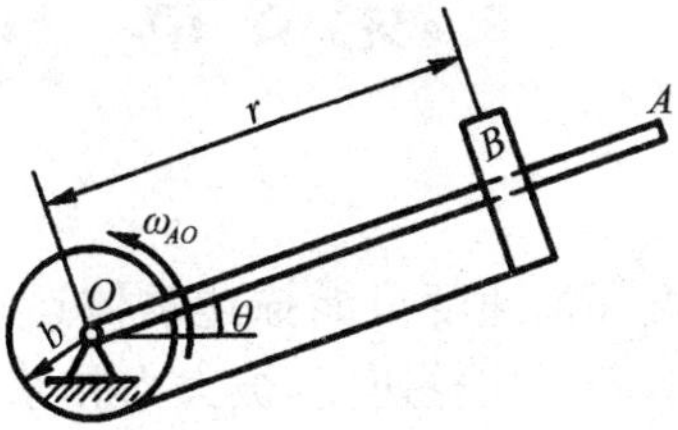

题 7.75 图

第 8 章　动力学普遍定理

速度和加速度只能描述物体运动的几何特征,无法描述物体运动的"强度"特征,比如,若仅比较速度,被大力扣杀的乒乓球比到站将停的列车快得多,但是列车的运动强度是乒乓球无法比拟的.工程中常常需要明确地描述物体的运动强度,能够给出这种描述的物理量是动量、动量矩和动能.

动力学普遍定理揭示了物体的动量、动量矩和动能与其受力之间的关系,为解决动力学问题提供了更多的方法.

8.1　动 量 定 理

8.1.1　动量　动量定理

1. 动量

质点的质量与其速度的乘积称为质点的动量,记为 $m\boldsymbol{v}$.质点的动量是矢量,它的方向与质点速度的方向一致.在国际单位制中,动量的单位是 kg·m/s.

若质点系中任一质点的质量为 m_i、矢径为 $\boldsymbol{r}_i$、速度为 $\boldsymbol{v}_i$,**则质点系内各质点的动量的矢量和称为质点系的动量**,即

$$\boldsymbol{p} = \sum m_i \boldsymbol{v}_i \tag{8.1}$$

质点系的动量是表征质点系整体运动强度的基本特征量之一.

设质点系的总质量为 m、质心的矢径为 $\boldsymbol{r}_C$、质心的速度为 $\boldsymbol{v}_C$,由质点系的质心计算公式,有 $\sum m_i \boldsymbol{r}_i = m\boldsymbol{r}_C$,对时间求导即得 $\sum m_i \boldsymbol{v}_i = m\boldsymbol{v}_C$,因此由式(8.1)可得

$$\boldsymbol{p} = m\boldsymbol{v}_C \tag{8.2}$$

上式表明,**质点系的动量的大小等于质心的速度与质点系总质量的乘积,方向与质心速度的方向相同**.可见,质点系的动量可描述质点系全体随质心运动的强度,但是它不能描述所有质点相对质心运动的强度.比如,高速转动的飞轮有很强的运动强度,但是如果它的质心在转轴,那么无论飞轮转得多快,它的动量都是零.

2. 质点的动量定理

由牛顿第二定律知 $\boldsymbol{F} = m\boldsymbol{a}$,对于质量不变的质点,此式可以写成 $\dfrac{\mathrm{d}(m\boldsymbol{v})}{\mathrm{d}t} = \boldsymbol{F}$ 或

$$\mathrm{d}(m\boldsymbol{v}) = \boldsymbol{F}\mathrm{d}t \tag{8.3}$$

式中 $\boldsymbol{F}\mathrm{d}t$ 称为力 $\boldsymbol{F}$ 的元冲量，记为 $\mathrm{d}\boldsymbol{I}=\boldsymbol{F}\mathrm{d}t$. 将元冲量在一段时间内积分，即

$$\boldsymbol{I}=\int_0^t \boldsymbol{F}\mathrm{d}t \tag{8.4}$$

称为**力 $\boldsymbol{F}$ 在时间 t 内的冲量**. 冲量是与力同向的矢量，它是力对物体的**时间累积效应**的度量. 在国际单位制中，冲量的单位是 N・s.

式(8.3)表明，**质点的动量的增量等于作用在质点上的力的元冲量**. 这是**质点动量定理的微分形式**.

对式(8.3)在时间 0 到 t 内积分，设质点在 0 时刻与 t 时刻的速度分别是 $\boldsymbol{v}_0$ 与 $\boldsymbol{v}_t$，则有

$$m\boldsymbol{v}_t - m\boldsymbol{v}_0 = \boldsymbol{I} \tag{8.5}$$

式(8.5)表明，**在一段时间内质点动量的改变量等于作用于质点上的力在此段时间内的冲量**. 这是**质点动量定理的积分形式**，又称为**质点的冲量定理**.

应该注意，由于动量定理是从牛顿第二定律导出的，所以计算动量的速度必须是对惯性系的速度，或者用对定系的绝对速度.

3. 质点系的动量定理

质点系中各个质点所受的力可分为质点系外的物体的作用力，称为**外力 $\boldsymbol{F}_i^{\mathrm{e}}$**；质点系内其他质点的作用力，称为**内力 $\boldsymbol{F}_i^{\mathrm{i}}$**.

由式(8.3)，对于质点系内每个质点，有

$$\mathrm{d}(m_i\boldsymbol{v}_i) = \boldsymbol{F}_i\mathrm{d}t = \boldsymbol{F}_i^{\mathrm{e}}\mathrm{d}t + \boldsymbol{F}_i^{\mathrm{i}}\mathrm{d}t$$

把质点系中所有质点的这样的方程相加，得到

$$\sum \mathrm{d}(m_i\boldsymbol{v}_i) = \sum \boldsymbol{F}_i^{\mathrm{e}}\mathrm{d}t + \sum \boldsymbol{F}_i^{\mathrm{i}}\mathrm{d}t$$

因为质点系内质点相互作用的内力总是大小相等、方向相反地成对出现，在求和时相互抵消，因此内力冲量的矢量和必为零，即

$$\sum \boldsymbol{F}_i^{\mathrm{i}}\mathrm{d}t = 0$$

而 $\sum \mathrm{d}(m_i\boldsymbol{v}_i) = \mathrm{d}\sum m_i\boldsymbol{v}_i = \mathrm{d}\boldsymbol{p}$，于是得到 **质点系动量定理的微分形式**

$$\mathrm{d}\boldsymbol{p} = \sum \boldsymbol{F}_i^{\mathrm{e}}\mathrm{d}t = \sum \mathrm{d}\boldsymbol{I}_i^{\mathrm{e}} \tag{8.6}$$

此式表明，**质点系动量的增量等于作用在质点系上的所有外力的元冲量的矢量和**.

式(8.6)也可以写成

$$\frac{\mathrm{d}}{\mathrm{d}t}\boldsymbol{p} = \sum \boldsymbol{F}_i^{\mathrm{e}} \tag{8.7}$$

即**质点系的动量对时间的导数等于作用于质点系的外力的矢量和**(或**外力系的主矢**).

对式(8.6)在时间 0 到 t 内积分，设质点系的动量在 0 时刻与 t 时刻分别是 $\boldsymbol{p}_0$ 与 $\boldsymbol{p}_t$，则有

$$\boldsymbol{p}_t - \boldsymbol{p}_0 = \sum \boldsymbol{I}_i^{\mathrm{e}} \tag{8.8}$$

式(8.8)表明，**在一段时间内质点系动量的改变量等于这段时间内作用于质点系的外力冲量的矢量和**. 这是**质点系动量定理的积分形式**，又称为**质点系的冲量定理**.

由质点系动量定理可知，质点系的内力不能改变质点系的动量.

在实际问题的计算中，动量定理常采用投影式，如式(8.7)和式(8.8)在直角坐标系的投影式为

$$\left.\begin{aligned} \frac{\mathrm{d}p_x}{\mathrm{d}t} &= \sum F_{ix}^{\mathrm{e}} \\ \frac{\mathrm{d}p_y}{\mathrm{d}t} &= \sum F_{iy}^{\mathrm{e}} \\ \frac{\mathrm{d}p_z}{\mathrm{d}t} &= \sum F_{iz}^{\mathrm{e}} \end{aligned}\right\} \tag{8.9}$$

和

$$\left.\begin{aligned} p_{tx} - p_{0x} &= \sum I_{ix}^{\mathrm{e}} \\ p_{ty} - p_{0y} &= \sum I_{iy}^{\mathrm{e}} \\ p_{tz} - p_{0z} &= \sum I_{iz}^{\mathrm{e}} \end{aligned}\right\} \tag{8.10}$$

4. 质点系的动量守恒定律

如果作用在质点系的外力系的主矢恒等于零，由式(8.7)或式(8.8)可知，质点系的动量保持不变，即

$$\boldsymbol{p}_t = \boldsymbol{p}_0 = \text{恒矢量}$$

如果作用在质点系的外力主矢在某一坐标轴上的投影恒等于零，由式(8.9)或式(8.10)，质点系的动量在该坐标轴上的投影保持不变. 例如 $\sum F_{ix}^{\mathrm{e}} = 0$，则有

$$p_{tx} = p_{0x} = \text{恒量}$$

以上结论称为**质点系动量守恒定律**.

质点系动量守恒时，其中的质点未必动量守恒. 质点系的内力及其冲量虽然不影响质点系整体的动量，但是它们会引起各质点的动量的变化.

8.1.2 动量定理的应用

动量定理与动力平衡方程(动静法)是等价的，对于涉及加速度的问题，可以不用动量定理的微分形式，而直接用动力平衡方程求解.

动量定理的积分形式与动量守恒定律用在分析速度变化相关问题时，更加方便有效. 比如，对于流体在管道中或叶片上的流动、射流对障碍面的压力以及碰撞等类问题时，用积分形式的动量定理较好. 在研究反冲现象时，动量守恒定理得到广泛的

应用.积分形式动量定理的应用见 10.2 节,在碰撞问题中的应用见 10.3 节.

例 8.1　如图 8.1 所示为水流流经变截面弯管的示意图.当流体流经弯管时,其动量被管道的约束力改变,因而流体对管道反作用附加的动压力.设流体是不可压缩的,流动是稳定的.求在此弯管处管壁的附加动约束力.

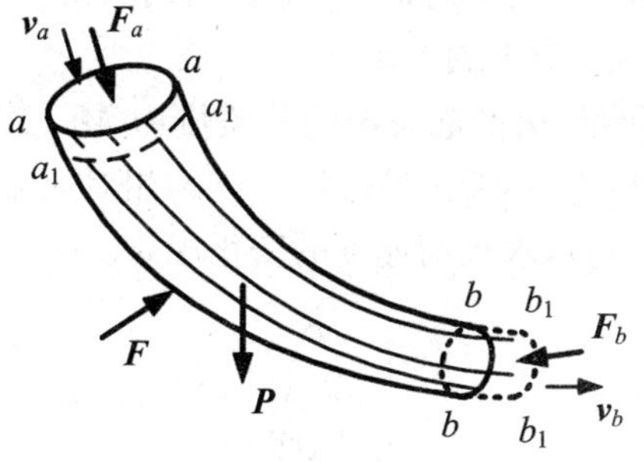

图 8.1　例 8.1 图

解:取弯管两端的截面 aa 与截面 bb 之间的流体作为质点系.经过时间 $\mathrm{d}t$,这一部分流体流到截面 a_1a_1 与截面 b_1b_1 之间.由于流动是稳定的,所以质点系在两个位置的公共体积,即截面 a_1a_1 与截面 bb 之间的流体运动没有变化.因此,经过时间 $\mathrm{d}t$ 后质点系的动量的改变量 $\boldsymbol{p}-\boldsymbol{p}_0$ 等于截面 bb 到截面 b_1b_1 之间的流体的动量 $\boldsymbol{p}_{bb1}$ 与截面 aa 到截面 a_1a_1 之间的流体的动量 $\boldsymbol{p}_{aa1}$ 之差.即

$$\boldsymbol{p}-\boldsymbol{p}_0=\boldsymbol{p}_{bb1}-\boldsymbol{p}_{aa1}$$

令 q_V 为流体在单位时间内流过截面的体积流量,ρ 为密度,则质点系在时间 $\mathrm{d}t$ 内流过截面的质量为

$$\mathrm{d}m = q_V\rho\mathrm{d}t$$

因为 $\mathrm{d}t$ 极小,可认为在截面 aa 与 a_1a_1 之间的各个质点的速度相同,设为 $\boldsymbol{v}_a$;截面 b_1b_1 与 bb 之间各质点的速度相同,设为 $\boldsymbol{v}_b$,于是得

$$\boldsymbol{p}-\boldsymbol{p}_0 = q_V\rho\mathrm{d}t\cdot(\boldsymbol{v}_b-\boldsymbol{v}_a)$$

作用在质点系上的外力有:均匀分布于体积 $aabb$ 内的重力 $\boldsymbol{P}$,管壁对于此质点系的作用力 $\boldsymbol{F}$,以及两截面 aa 和 bb 上受到的相邻流体的压力 $\boldsymbol{F}_a$ 和 $\boldsymbol{F}_b$.

由质点系的动量定理,有

$$q_V\rho\mathrm{d}t\cdot(\boldsymbol{v}_b-\boldsymbol{v}_a)=(\boldsymbol{P}+\boldsymbol{F}_a+\boldsymbol{F}_b+\boldsymbol{F})\mathrm{d}t$$

约去时间 $\mathrm{d}t$,得

$$q_V\rho(\boldsymbol{v}_b-\boldsymbol{v}_a)=\boldsymbol{P}+\boldsymbol{F}_a+\boldsymbol{F}_b+\boldsymbol{F}$$

若将管壁对于流体约束力 $\boldsymbol{F}$ 分为 $\boldsymbol{F}'$ 和 $\boldsymbol{F}''$ 两部分:$\boldsymbol{F}'$ 为与外力 $\boldsymbol{P}$、$\boldsymbol{F}_a$ 和 $\boldsymbol{F}_b$ 相平衡的管壁静约束力,$\boldsymbol{F}''$ 为由于流体的动量发生变化而产生的附加动约束力.则 $\boldsymbol{F}'$ 满足平衡方程

$$\boldsymbol{P}+\boldsymbol{F}_a+\boldsymbol{F}_b+\boldsymbol{F}'=0$$

而附加动约束力由下式确定：

$$F'' = q_V\rho(\boldsymbol{v}_b - \boldsymbol{v}_a)$$

设截面 aa 和 bb 的面积分别为 A_a 和 A_b，由不可压缩流体的连续性定律知

$$q_V = A_a v_a = A_b v_b$$

因此，只要知道流速和曲管的尺寸，即可求得附加动约束力.流体对管壁的附加动压力大小等于此附加动约束力，但方向相反.

例 8.2 如图 8.2 所示，火箭起飞前的总质量为 M_0，其中燃料的质量为 M_1，设单位时间消耗的燃料质量为 q，喷出的燃烧气体的相对速度为 $\boldsymbol{v}_r$，不计空气阻力，火箭在重力场中垂直向上飞行，求火箭速度的变化规律.

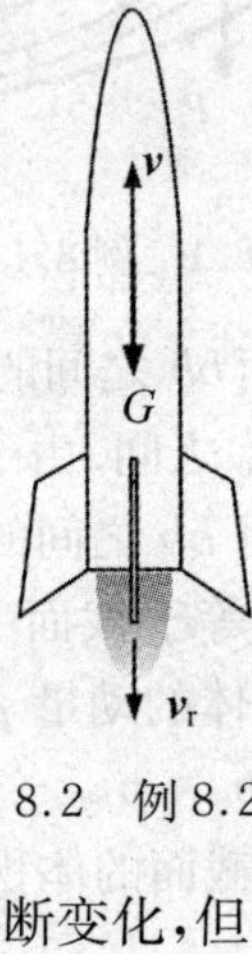

图 8.2 例 8.2 图

解：正在喷气的火箭的质量在不断变化，但在任意瞬时 t 到 $t+\mathrm{d}t$ 时间内，火箭本身和喷出的燃烧气体一起仍可看作一个不变质量的质点系.

在 t 瞬时，火箭的总质量为 $M_0 - qt$，速度为 $\boldsymbol{v}$，则该瞬时火箭的动量为

$$\boldsymbol{p}_1 = (M_0 - qt)\boldsymbol{v}$$

在 $t+\mathrm{d}t$ 瞬时，火箭喷出了质量为 $q\mathrm{d}t$ 的燃烧气体，剩余质量为 $M_0 - qt - q\mathrm{d}t$，而火箭此瞬时的速度为 $\boldsymbol{v}+\mathrm{d}\boldsymbol{v}$，喷出的燃烧气体的绝对速度是 $\boldsymbol{v}+\mathrm{d}\boldsymbol{v}+\boldsymbol{v}_r$，因此系统的总动量为

$$\boldsymbol{p}_2 = (M_0 - qt - q\mathrm{d}t)\cdot(\boldsymbol{v}+\mathrm{d}\boldsymbol{v}) + q\mathrm{d}t(\boldsymbol{v}+\mathrm{d}\boldsymbol{v}+\boldsymbol{v}_r)$$

因此，在 $\mathrm{d}t$ 时间间隔内，系统动量的变化为

$$\mathrm{d}\boldsymbol{p} = \boldsymbol{p}_2 - \boldsymbol{p}_1 = (M_0 - qt)\mathrm{d}\boldsymbol{v} + q\,\boldsymbol{v}_r\mathrm{d}t$$

而在 $\mathrm{d}t$ 内，外力的冲量是

$$\mathrm{d}\boldsymbol{I} = \boldsymbol{G}\mathrm{d}t$$

由质点系的动量定理，可得

$$(M_0 - qt)\mathrm{d}\boldsymbol{v} + q\,\boldsymbol{v}_r\mathrm{d}t = \boldsymbol{G}\mathrm{d}t$$

或写成

$$(M_0 - qt)\frac{\mathrm{d}\boldsymbol{v}}{\mathrm{d}t} = \boldsymbol{G} - q\,\boldsymbol{v}_{\mathrm{r}} \tag{8.11}$$

因火箭铅垂向上飞行，把式(8.11)投影到铅垂方向上，得到

$$(M_0 - qt)\frac{\mathrm{d}v}{\mathrm{d}t} = -(M_0 - qt)g + qv_{\mathrm{r}}$$

即

$$\frac{\mathrm{d}v}{\mathrm{d}t} = -g + \frac{qv_{\mathrm{r}}}{M_0 - qt}$$

因火箭从静止开始飞行，故积分可得

$$v = -gt + v_{\mathrm{r}}\ln\frac{M_0}{M_0 - qt}$$

在 $t = \dfrac{M_1}{q}$ 时燃料烧完，此时火箭达到最大速度

$$v_{\mathrm{m}} = -\frac{M_1}{q}g + v_{\mathrm{r}}\ln\frac{M_0}{M_0 - M_1}$$

以上计算中未计入空气阻力，并且假定重力加速度 $\boldsymbol{g}$ 为常量，所以这个结果只是火箭的理想速度.

一般情况下，如果系统的质量变化率为$\dfrac{\mathrm{d}m}{\mathrm{d}t}$（在上例中$\dfrac{\mathrm{d}m}{\mathrm{d}t} = -q$），作用在系统上的外力是$\boldsymbol{F}^{(e)}$（在上例中$\boldsymbol{F}^{(e)} = \boldsymbol{G}$），并令$\dfrac{\mathrm{d}m}{\mathrm{d}t}\boldsymbol{v}_{\mathrm{r}} = \boldsymbol{F}_{\Phi}$ 称之为**反推力**，则式(8.11)成为

$$m\frac{\mathrm{d}\boldsymbol{v}}{\mathrm{d}t} = \boldsymbol{F}^{(e)} + \boldsymbol{F}_{\Phi} \tag{8.12}$$

此式就是**变质量质点的运动微分方程**.

式(8.12)可以用在小质量从系统连续分出的情况（如火箭飞行），也可用于小质量连续加入系统的情况. 前者$\dfrac{\mathrm{d}m}{\mathrm{d}t}<0$，$\boldsymbol{F}_{\Phi}$ 与 $\boldsymbol{v}_{\mathrm{r}}$ 方向相反；后者$\dfrac{\mathrm{d}m}{\mathrm{d}t}>0$，$\boldsymbol{F}_{\Phi}$ 与 $\boldsymbol{v}_{\mathrm{r}}$ 方向相同. $\boldsymbol{v}_{\mathrm{r}}$是小质量分出或并入系统时，相对于原系统的速度.

例 8.3　如图 8.3 所示运煤车的空车质量为 1500 kg，可装煤的总质量为 3000 kg. 漏斗输入车内煤的质量为每秒 300 kg，煤进入煤车时的速度为 $v_1 = 5$ m/s，方向与水平线成 30°角. 设开始时煤车是静止的，不计摩擦. 求：满载时煤车的速度及轨道对煤车的总铅垂约束力.

解：在瞬时 t 以煤车和已经装入其中的煤为研究对象. 此瞬时，煤车的速度为 $\boldsymbol{v}$，质量为 $m = 1500 + 300t$ (kg). 煤车上作用有重力 $G = mg$ 与铅垂约束力 $\boldsymbol{F}_{\mathrm{N}}$. 车中煤的质量变化率$\dfrac{\mathrm{d}m}{\mathrm{d}t} = 300$ kg/s，输入车中的煤相对煤车的速度为$\boldsymbol{v}_{\mathrm{r}} = \boldsymbol{v}_1 - \boldsymbol{v}$.

由式(8.12)，有

$$(1500 + 300t)\frac{\mathrm{d}\boldsymbol{v}}{\mathrm{d}t} = \boldsymbol{G} + \boldsymbol{F}_{\mathrm{N}} + 300(\boldsymbol{v}_1 - \boldsymbol{v})$$

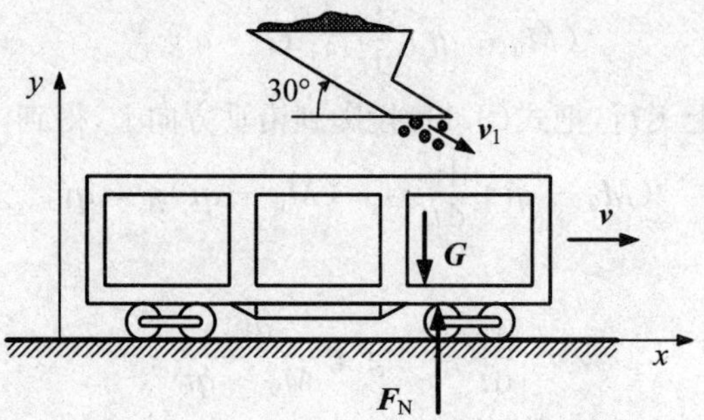

图 8.3 例 8.3 图

投影到 x 轴与 y 轴得到

$$(1500+300t)\frac{\mathrm{d}v}{\mathrm{d}t}=300(5\cos 30^\circ - v) \tag{a}$$

$$0=-mg+F_N+300\cdot(-5\sin 30^\circ - 0) \tag{b}$$

由式(a)得到

$$\frac{\mathrm{d}v}{2.5\sqrt{3}-v}=\frac{\mathrm{d}t}{5+t}$$

积分此式,有

$$\int_0^v \frac{\mathrm{d}v}{2.5\sqrt{3}-v}=\int_0^t \frac{\mathrm{d}t}{5+t}$$

得到

$$\frac{2.5\sqrt{3}}{2.5\sqrt{3}-v}=\frac{5+t}{5} \tag{c}$$

装满煤车所需的时间为

$$t_1=\frac{3000}{300}=10(\mathrm{s})$$

代入式(c)得到满载时煤车的速度为 $v=\frac{5}{3}\sqrt{3}=2.89\ \mathrm{m/s}$;又由式(b)及 $m=4500\ \mathrm{kg}$,可得满载时轨道对煤车的总铅垂约束力 $F_N=44.89\ \mathrm{kN}$.

8.2 动量矩定理

8.2.1 动量矩

1. 质点与质点系的动量矩

与力矩的计算类似,可以计算质点的动量对点和对轴的矩,分别称为**对点的动**

量矩和对轴的动量矩.

某瞬时,质点的动量 mv 对于点 O 的矩称为质点对于点 O 的动量矩,记为

$$\boldsymbol{M}_O(m\boldsymbol{v}) = \boldsymbol{r} \times m\boldsymbol{v} \tag{8.13}$$

其中 $\boldsymbol{r}$ 是质点对点 O 的矢径,质点对点的动量矩是矢量.参见图 8.4.

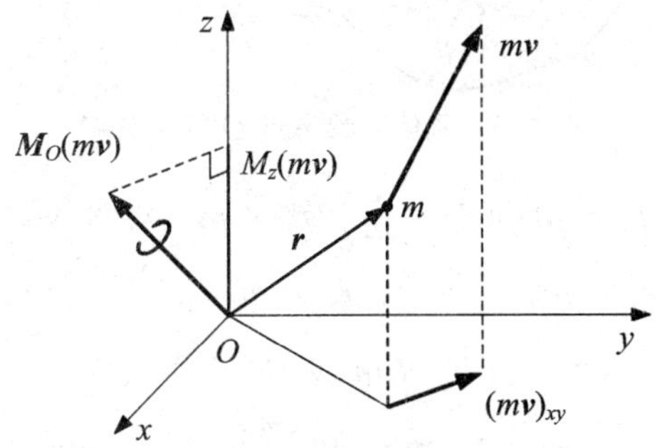

图 8.4　质点的动量矩

某瞬时,质点的动量 mv 在 Oxy 平面内的投影 $(m\boldsymbol{v})_{xy}$ 对于点 O 的矩,定义为质点对于轴 z 的动量矩,记为 $M_z(m\boldsymbol{v})$,质点对轴的动量矩是代数量.参见图 8.4.

与力矩关系定理类似,质点对点的动量矩在通过该点的某个轴上的投影等于质点对于该轴的动量矩,即

$$[\boldsymbol{M}_O(m\boldsymbol{v})]_z = M_z(m\boldsymbol{v}) \tag{8.14}$$

在国际单位制中动量矩的单位为 $\mathrm{kg \cdot m^2/s}$.

质点系中各质点对同一点 O 的动量矩的矢量和,称为质点系对点 O 的动量矩,即

$$\boldsymbol{L}_O = \sum \boldsymbol{M}_O(m_i \boldsymbol{v}_i) \tag{8.15}$$

质点系中各质点对同一轴 z 的动量矩的代数和,称为质点系对轴 z 的动量矩,即

$$L_z = \sum M_z(m_i \boldsymbol{v}_i) \tag{8.16}$$

由式(8.14)知,质点系对点的动量矩在通过该点的某个轴上的投影等于质点系对于该轴的动量矩,即

$$[\boldsymbol{L}_O]_z = L_z \tag{8.17}$$

2. 刚体动量矩的计算

刚体的一般运动可以视为随基点的平移与绕基点的转动的合成,因此可以用合成运动的方法给出刚体动量矩的明确计算方法.再从中得出工程中常见的平移、定轴转动与平面运动刚体的动量矩计算方法.

如图 8.5 所示,刚体的质量为 m,取其质心 C 为基点.刚体上任一质点 m_i 的速度 $\boldsymbol{v}_i = \boldsymbol{v}_C + \boldsymbol{v}_{ri}$,对任意参考点 O 的矢径为 $\boldsymbol{r}_i$,对质心 C 的矢径为 $\boldsymbol{r}_i'$,质心 C 对点 O 的矢径为 $\boldsymbol{r}_C$.可计算刚体对点 O 的动量矩为

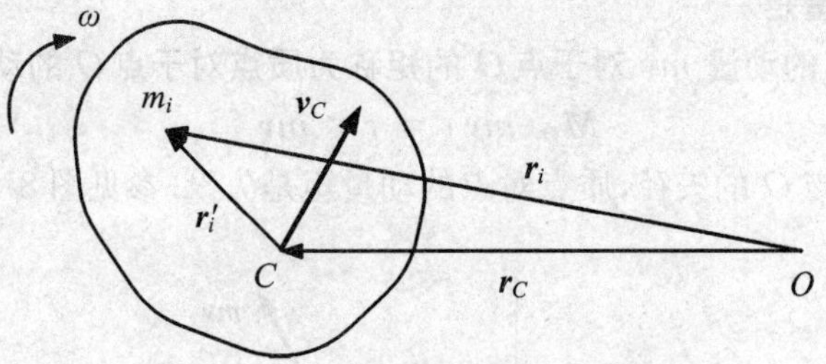

图 8.5　刚体对参考点 O 的动量矩

$$\begin{aligned}\boldsymbol{L}_O &= \sum(\boldsymbol{r}_i \times m_i \boldsymbol{v}_i) = \sum[\boldsymbol{r}_i \times m_i(\boldsymbol{v}_C + \boldsymbol{v}_{ri})] \\ &= \sum \boldsymbol{r}_i \times m_i \boldsymbol{v}_C + \sum \boldsymbol{r}_i \times m_i \boldsymbol{v}_{ri} = \sum(m_i \boldsymbol{r}_i \times \boldsymbol{v}_C) \\ &\quad + \sum[(\boldsymbol{r}_C + \boldsymbol{r}'_i) \times m_i \boldsymbol{v}_{ri}]\end{aligned}$$

由质心计算公式有 $\sum m_i\boldsymbol{r}_i = m\boldsymbol{r}_C$ 和 $\sum m_i \boldsymbol{v}_{ri} = m\boldsymbol{v}_{rC} = 0$，并且由于 $\boldsymbol{v}_{ri}$ 是刚体相对质心平移动系（即固连于质心的平移动系）运动的速度，故**刚体相对质心的动量矩为**

$$\boldsymbol{L}_C = \sum \boldsymbol{r}'_i \times m_i \boldsymbol{v}_{ri}$$

所以刚体对参考点 O 的动量矩为

$$\boldsymbol{L}_O = \boldsymbol{r}_C \times m\boldsymbol{v}_C + \boldsymbol{L}_C \tag{8.18}$$

此式表明，**刚体对于任意参考点 O 的动量矩等于集中于刚体质心的动量 $m\boldsymbol{v}_C$ 对点 O 的动量矩与刚体相对质心的动量矩 $\boldsymbol{L}_C$ 的矢量和**. 以上结论同样适用于一般质点系.

对于通过点 O 的任一轴 z，由式(8.17)可以得到刚体对轴 z 的动量矩为

$$L_z = M_z(m\boldsymbol{v}_C) + L_{z_C} \tag{8.19}$$

其中轴 z_C 为过质心 C 且与轴 z 平行的轴.

(1) 平移刚体

刚体平移时，对于刚体上任一质点 m_i 皆有 $\boldsymbol{v}_{ri} = 0$，所以 $\boldsymbol{L}_C = \sum \boldsymbol{r}'_i \times m_i \boldsymbol{v}_{ri} = 0$，因此平移刚体对参考点 O 的动量矩为

$$\boldsymbol{L}_O = \boldsymbol{r}_C \times m\boldsymbol{v}_C \tag{8.20}$$

因此，**对于平移刚体可以视其为一个全部质量集中在质心的质点计算其动量矩.**

(2) 平面运动刚体

此处只计算常用的平面运动刚体对与运动平面垂直的轴的动量矩，设此轴为轴 z，则由式(8.19)

$$L_z = M_z(m\boldsymbol{v}_C) + L_{z_C} \tag{8.21}$$

此式表明，**平面运动刚体对于垂直于运动平面的轴 z 的动量矩等于集中于刚体质心的动量 $m\boldsymbol{v}_C$ 对轴 z 的动量矩与刚体相对平行于轴 z 的质心轴 z_C 的动量矩 L_{zC} 的代数和.**

刚体平面运动时，各质点相对质心轴 z_C 的运动是绕质心轴的圆周运动，设质点 m_i 与轴 z 的距离为 $\boldsymbol{r}_i'$，则相对速度 $v_{ri}=\omega r_i'$，参见图8.6.由质点对轴的动量矩定义，有 $M_z(m_i\boldsymbol{v}_{ri})=m_i\omega r_i'^2$，所以

$$L_{z_C}=\sum M_z(m_i\boldsymbol{v}_{ri})=\sum m_i\omega r_i'^2=(\sum m_i r_i'^2)\omega=J_{z_C}\omega$$

其中 $J_{z_C}=\sum m_i r_i'^2$ 是刚体对于垂直于运动平面且过质心的轴 z_C 的转动惯量.

因此，式(8.21)可具体地记为

$$L_z=M_z(m\boldsymbol{v}_C)+J_{z_C}\omega \tag{8.22}$$

(3) 定轴转动刚体

此处只计算定轴转动刚体对于转轴的动量矩.定轴转动可以视为平面运动的特例，参见图8.7，设刚体绕定轴 z 以角速度 ω 转动，质心 C 在定系的 Oxy 面内运动，其运动轨迹是半径为 r_C 的圆周，速度 $v_C=\omega r_C$.过质心建立与轴 z 平行的质心轴 z_C，则刚体绕轴 z 的定轴转动也可以视为随质心 C 的平移与以角速度 ω 绕轴 z_C 转动的合成运动.因此该定轴转动刚体对转轴 z 的转动惯量也可以用式(8.22)计算.而且，此时 $M_z(m\boldsymbol{v}_C)=mv_C\cdot r_C=mr_C^2\omega$，所以

$$L_z=M_z(m\boldsymbol{v}_C)+J_{z_C}\omega=(mr_C^2+J_{z_C})\omega$$

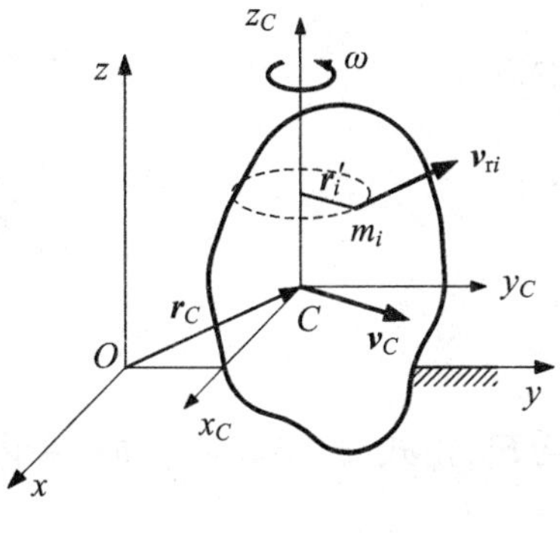

图8.6　平面运动刚体的动量矩

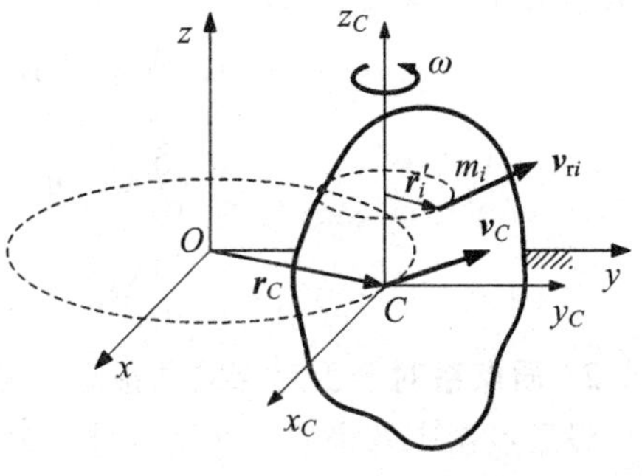

图8.7　定轴转动刚体的动量矩

由计算转动惯量的平行轴定理可知，$mr_C^2+J_{z_C}=J_z$，所以定轴转动刚体对转轴的动量矩为

$$L_z=J_z\omega \tag{8.23}$$

此式表明，**定轴转动刚体对其转轴的动量矩等于刚体对转轴的转动惯量与转动角速度的乘积**.

8.2.2　动量矩定理

1. 质点的动量矩定理

设作用在质点上的力为 $\boldsymbol{F}$，该质点对**定点** O 的矢径为 $\boldsymbol{r}$，动量矩为 $\boldsymbol{M}_O(m\boldsymbol{v})$.取

动量矩对时间的一阶导数，得

$$\frac{\mathrm{d}}{\mathrm{d}t}\boldsymbol{M}_O(m\boldsymbol{v}) = \frac{\mathrm{d}}{\mathrm{d}t}(\boldsymbol{r}\times m\boldsymbol{v}) = \frac{\mathrm{d}\boldsymbol{r}}{\mathrm{d}t}\times m\boldsymbol{v} + \boldsymbol{r}\times\frac{\mathrm{d}}{\mathrm{d}t}(m\boldsymbol{v})$$

在参考点 O 是定点时，$\boldsymbol{v}$ 是绝对速度，由动量定理得

$$\frac{\mathrm{d}}{\mathrm{d}t}(m\boldsymbol{v}) = \boldsymbol{F}$$

又有$\dfrac{\mathrm{d}\boldsymbol{r}}{\mathrm{d}t}=\boldsymbol{v}$，所以上式为

$$\frac{\mathrm{d}}{\mathrm{d}t}\boldsymbol{M}_O(m\boldsymbol{v}) = \boldsymbol{r}\times\boldsymbol{F}$$

或

$$\frac{\mathrm{d}}{\mathrm{d}t}\boldsymbol{M}_O(m\boldsymbol{v}) = \boldsymbol{M}_O(\boldsymbol{F}) \tag{8.24}$$

此式表明，质点对某定点的动量矩对时间的一阶导数，等于作用力对同一点的力矩．这是质点对固定点的动量矩定理的微分形式．

从以上推导过程中可知，如果点 O 是运动的点，不会得到式(8.24)的结果．

将式(8.24)向直角坐标轴投影，并利用式(8.14)的关系，可得质点对固定轴的动量矩定理的微分形式：

$$\left.\begin{aligned}\frac{\mathrm{d}}{\mathrm{d}t}M_x(m\boldsymbol{v}) &= M_x(\boldsymbol{F})\\ \frac{\mathrm{d}}{\mathrm{d}t}M_y(m\boldsymbol{v}) &= M_y(\boldsymbol{F})\\ \frac{\mathrm{d}}{\mathrm{d}t}M_z(m\boldsymbol{v}) &= M_z(\boldsymbol{F})\end{aligned}\right\} \tag{8.25}$$

2．质点系对于固定点的动量矩定理

设质点系中各个质点所受的外力为$\boldsymbol{F}_i^{\mathrm{e}}$，内力为$\boldsymbol{F}_i^{\mathrm{i}}$．由式(8.24)，对于质点系内每个质点，有

$$\frac{\mathrm{d}}{\mathrm{d}t}\boldsymbol{M}_O(m_i\boldsymbol{v}_i) = \boldsymbol{M}_O(\boldsymbol{F}_i^{\mathrm{e}}) + \boldsymbol{M}_O(\boldsymbol{F}_i^{\mathrm{i}})$$

把质点系中所有质点的这样的方程相加，得到

$$\sum\frac{\mathrm{d}}{\mathrm{d}t}\boldsymbol{M}_O(m_i\boldsymbol{v}_i) = \sum\boldsymbol{M}_O(\boldsymbol{F}_i^{\mathrm{e}}) + \sum\boldsymbol{M}_O(\boldsymbol{F}_i^{\mathrm{i}})$$

由于内力总是大小相等、方向相反且共线地成对出现，所以它们的力矩在求和时相互抵消，即

$$\sum\boldsymbol{M}_O(\boldsymbol{F}_i^{\mathrm{i}}) = 0$$

因此得到

$$\sum\frac{\mathrm{d}}{\mathrm{d}t}\boldsymbol{M}_O(m_i\boldsymbol{v}_i) = \sum\boldsymbol{M}_O(\boldsymbol{F}_i^{\mathrm{e}})$$

即

$$\frac{\mathrm{d}}{\mathrm{d}t}\boldsymbol{L}_O = \sum \boldsymbol{M}_O(\boldsymbol{F}_i^{\mathrm{e}}) \tag{8.26}$$

此式表明，**质点系对某定点 O 的动量矩对时间的一阶导数，等于作用在质点系的所有外力对同一点的力矩的矢量和**．这是**质点系对固定点的动量矩定理的微分形式**．

将式(8.26)向直角坐标轴投影，并利用式(8.17)的关系，可得质点系对固定轴的动量矩定理的微分形式：

$$\left.\begin{aligned}\frac{\mathrm{d}}{\mathrm{d}t}L_x &= \sum M_x(\boldsymbol{F}_i^{\mathrm{e}})\\ \frac{\mathrm{d}}{\mathrm{d}t}L_y &= \sum M_y(\boldsymbol{F}_i^{\mathrm{e}})\\ \frac{\mathrm{d}}{\mathrm{d}t}L_z &= \sum M_z(\boldsymbol{F}_i^{\mathrm{e}})\end{aligned}\right\} \tag{8.27}$$

由质点系动量矩定理可知，质点系的内力不能改变质点系的动量矩．

对式(8.26)在时间0到 t 内积分，设质点系的动量矩在0时刻与 t 时刻分别是 $\boldsymbol{L}_0$ 与 $\boldsymbol{L}_t$，则有

$$\boldsymbol{L}_t - \boldsymbol{L}_0 = \sum \int_0^t \boldsymbol{M}_O(\boldsymbol{F}_i^{\mathrm{e}})\mathrm{d}t \tag{8.28}$$

式中 $\int_0^t \boldsymbol{M}_O(\boldsymbol{F}_i^{\mathrm{e}})\mathrm{d}t$ 称为力 $\boldsymbol{F}_i^{\mathrm{e}}$ 在时间 t 内的冲量矩．

式(8.28)表明，**在一段时间内质点系动量矩的改变量等于这段时间内作用于质点系的外力对同一点的冲量矩的矢量和**．这是**质点系对固定点的动量矩定理的积分形式**，也称为质点系对点的**冲量矩定理**，常用于分析碰撞问题．

将式(8.28)向直角坐标轴投影，并利用式(8.17)的关系，可得质点系对固定轴的动量矩定理的积分形式，或质点系对轴的冲量矩定理：

$$\left.\begin{aligned}L_{tx} - L_{0x} &= \sum \int_0^t M_x(\boldsymbol{F}_i^{\mathrm{e}})\mathrm{d}t\\ L_{ty} - L_{0y} &= \sum \int_0^t M_y(\boldsymbol{F}_i^{\mathrm{e}})\mathrm{d}t\\ L_{tz} - L_{0z} &= \sum \int_0^t M_z(\boldsymbol{F}_i^{\mathrm{e}})\mathrm{d}t\end{aligned}\right\} \tag{8.29}$$

3．动量矩守恒定律

如果作用在质点的力对某定点 O 的力矩恒等于零，则由式(8.24)可知，质点对该点的动量矩保持不变，即

$$\boldsymbol{M}_O(m\boldsymbol{v}) = \text{恒矢量}$$

如果作用在质点的力对某定轴 z 的力矩恒等于零，则由式(8.25)可知，质点对该轴的动量矩保持不变，即

$$M_z(m\boldsymbol{v}) = \text{恒量}$$

以上结论称为**质点的动量矩守恒定律**.

当外力对某定点(或某定轴)的力矩的矢量和(或代数和)恒等于零时，由式(8.26)(或式(8.27))可知，质点系对该点(或该轴)的动量矩保持不变，即

$$\boldsymbol{L}_O = \text{恒矢量} \quad \text{或} \quad L_z = \text{恒量}$$

这是**质点系的动量矩守恒定律**.

质点系动量矩守恒时，其中的质点未必动量矩守恒. 质点系的内力虽然不影响质点系整体的动量矩，但是它们会引起各质点动量矩的变化.

***4. 质点系对于运动点的动量矩定理**

上述的动量矩定理强调只能对惯性系中的固定点或固定轴使用，对于任意运动的点或运动的轴，动量矩定理的形式比较复杂.

参见图 8.8，其中点 A 为任意的运动点，设其速度为 $\boldsymbol{v}_A$、加速度为 $\boldsymbol{a}_A$；质点系的质量为 m，质点系中任一质量为 m_i 的质点对点 A 的矢径为 $\boldsymbol{r}_i$，其绝对速度为 $\boldsymbol{v}_i$、绝对加速度为 $\boldsymbol{a}_i$，相对固连于点 A 的平移动系的相对速度为 $\boldsymbol{v}_{ri}$、相对加速度为 $\boldsymbol{a}_{ri}$；质点系的质心 C 对点 A 的矢径为 $\boldsymbol{r}_C$，其绝对速度为 $\boldsymbol{v}_C$.

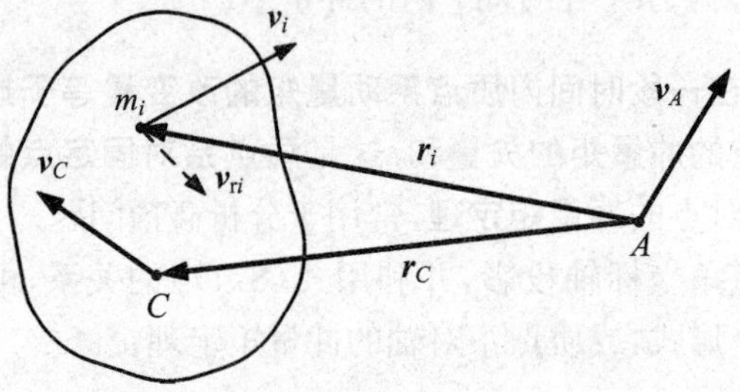

图 8.8　对于运动点的动量矩定理

质点系对点 A 的动量矩有两种计算方法：一种是在定系(惯性系)中，用绝对速度计算，称为质点系对点 A 的绝对动量矩

$$\boldsymbol{L}_{Aa} = \sum \boldsymbol{r}_i \times m_i \boldsymbol{v}_i \tag{8.30}$$

另一种是在固连于点 A 的平移动系(非惯性系)中，用相对速度计算，称为质点系对点 A 的相对动量矩

$$\boldsymbol{L}_{Ar} = \sum \boldsymbol{r}_i \times m_i \boldsymbol{v}_{ri} \tag{8.31}$$

分别对式(8.30)与式(8.31)求对时间 t 的一阶导数，注意到在平移动系中相对导数等于绝对导数，有

$$
\begin{aligned}
\frac{\mathrm{d}\boldsymbol{L}_{A\mathrm{a}}}{\mathrm{d}t} &= \sum \frac{\mathrm{d}\boldsymbol{r}_i}{\mathrm{d}t} \times m_i \boldsymbol{v}_i + \sum \boldsymbol{r}_i \times \frac{\mathrm{d}(m_i \boldsymbol{v}_i)}{\mathrm{d}t} = \sum \boldsymbol{v}_{\mathrm{r}i} \times m_i \boldsymbol{v}_i + \sum \boldsymbol{r}_i \times \boldsymbol{F}_i^{\mathrm{e}} \\
&= \sum (\boldsymbol{v}_i - \boldsymbol{v}_A) \times m_i \boldsymbol{v}_i + \sum \boldsymbol{M}_A(\boldsymbol{F}_i^{\mathrm{e}}) = \sum \boldsymbol{M}_A(\boldsymbol{F}_i^{\mathrm{e}}) + \sum m_i \boldsymbol{v}_i \times \boldsymbol{v}_A \\
&= \sum \boldsymbol{M}_A(\boldsymbol{F}_i^{\mathrm{e}}) + m \boldsymbol{v}_C \times \boldsymbol{v}_A
\end{aligned}
$$

$$
\begin{aligned}
\frac{\mathrm{d}\boldsymbol{L}_{A\mathrm{r}}}{\mathrm{d}t} &= \sum \frac{\mathrm{d}\boldsymbol{r}_i}{\mathrm{d}t} \times m_i \boldsymbol{v}_{\mathrm{r}i} + \sum \boldsymbol{r}_i \times \frac{\mathrm{d}(m_i \boldsymbol{v}_{\mathrm{r}i})}{\mathrm{d}t} \\
&= \sum \boldsymbol{v}_{\mathrm{r}i} \times m_i \boldsymbol{v}_{\mathrm{r}i} + \sum \boldsymbol{r}_i \times m_i \boldsymbol{a}_{\mathrm{r}i} \\
&= \sum \boldsymbol{r}_i \times m_i (\boldsymbol{a}_i - \boldsymbol{a}_A) = \sum \boldsymbol{r}_i \times m_i \boldsymbol{a}_i - \sum \boldsymbol{r}_i \times m_i \boldsymbol{a}_A \\
&= \sum \boldsymbol{r}_i \times \boldsymbol{F}_i^{\mathrm{e}} - \sum m_i \boldsymbol{r}_i \times \boldsymbol{a}_A \\
&= \sum \boldsymbol{M}_A(\boldsymbol{F}_i^{\mathrm{e}}) - m \boldsymbol{r}_C \times \boldsymbol{a}_A
\end{aligned}
$$

得到质点系对于运动点 A 的动量矩定理：

用绝对动量矩计算，有

$$
\frac{\mathrm{d}\boldsymbol{L}_{A\mathrm{a}}}{\mathrm{d}t} = \sum \boldsymbol{M}_A(\boldsymbol{F}_i^{\mathrm{e}}) + m \boldsymbol{v}_C \times \boldsymbol{v}_A \tag{8.32}
$$

用相对动量矩计算，有

$$
\frac{\mathrm{d}\boldsymbol{L}_{A\mathrm{r}}}{\mathrm{d}t} = \sum \boldsymbol{M}_A(\boldsymbol{F}_i^{\mathrm{e}}) - m \boldsymbol{r}_C \times \boldsymbol{a}_A \tag{8.33}
$$

式(8.32)与式(8.33)就是质点系对于运动点 A 的动量矩定理的一般形式. 与式(8.26)相比右边多了不同的修正项，该一般形式在工程中并不常用. 但是在一些特殊情况下，修正项等于零，此时对于运动点 A 的动量矩定理就变成与对于固定点的动量矩定理相同的简单形式了. 由式(8.32)可见 $\boldsymbol{v}_A$ 或 $\boldsymbol{v}_C$ 等于零的瞬时，或者 $\boldsymbol{v}_A$ 与 $\boldsymbol{v}_C$ 平行的瞬时，修正项为零. 由式(8.33)可见点 A 的加速度等于零的瞬时，或者点 A 的加速度矢通过质心的瞬时，修正项为零. 在解决问题时注意到这些特殊情况可以简化计算.

5. 质点系对于质心的动量矩定理

如果上节中的运动点是质心 C，在式(8.32)中修正项变为 $m \boldsymbol{v}_C \times \boldsymbol{v}_C = 0$；在式(8.33)中修正项变为 $-m \boldsymbol{r}_C \times \boldsymbol{a}_C = 0$. 因而得到

$$
\frac{\mathrm{d}\boldsymbol{L}_{C\mathrm{a}}}{\mathrm{d}t} = \frac{\mathrm{d}\boldsymbol{L}_{C\mathrm{r}}}{\mathrm{d}t} = \sum \boldsymbol{M}_C(\boldsymbol{F}_i^{\mathrm{e}})
$$

容易证明 $\boldsymbol{L}_{C\mathrm{a}} = \sum \boldsymbol{r}_i \times m_i \boldsymbol{v}_i$ 与 $\boldsymbol{L}_{C\mathrm{r}} = \sum \boldsymbol{r}_i \times m_i \boldsymbol{v}_{\mathrm{r}i}$ 相等，即计算质点系对于质心 C 的动量矩 $\boldsymbol{L}_C$ 时，用绝对速度计算与用相对速度计算的结果相同. 对于一般的运动点，两者计算结果是不同的. 所以，与一般的运动点不同，对于质点系质心的动量矩定理仍然保持和对固定点的动量矩定理相同的简单形式

$$
\frac{\mathrm{d}\boldsymbol{L}_C}{\mathrm{d}t} = \sum \boldsymbol{M}_C(\boldsymbol{F}_i^{\mathrm{e}}) \tag{8.34}
$$

此式表明,**质点系相对质心的动量矩对时间的一阶导数,等于作用于质点系的所有外力对质心的力矩的矢量和**.这个结论称为**质点系对于质心的动量矩定理**.

8.2.3 动量矩定理的应用

动量矩定理与动力平衡方程(动静法)是等价的,对于涉及加速度的问题,可以不用动量矩定理的微分形式,而直接用动力平衡方程求解.而且在用动静法时,没有固定点与固定轴的限制.

动量矩定理的积分形式与动量矩守恒定律用在直接分析速度变化相关问题时更加方便有效.比如,流体机械的运动分析;带有转动因素的碰撞问题等.

例 8.4 如图 8.9(a)所示的水轮机转轮,每两叶片间的水流皆相同.水的进口速度为 $\boldsymbol{v}_1$,出口速度为 $\boldsymbol{v}_2$,θ_1 和 θ_2 分别为 $\boldsymbol{v}_1$ 和 $\boldsymbol{v}_2$ 与切线方向的夹角.如总的体积流量为 q_V,求水流对转轮的转动力矩.

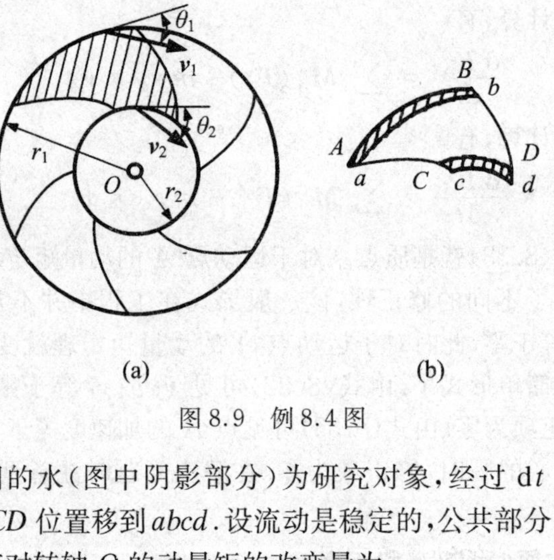

图 8.9 例 8.4 图

解:取两叶片间的水(图中阴影部分)为研究对象,经过 dt 时间,此部分水由图 8.9(b)中的 $ABCD$ 位置移到 $abcd$.设流动是稳定的,公共部分 $abCD$ 的流动没有变化,则这部分水流对转轴 O 的动量矩的改变量为

$$\mathrm{d}L_O = L_{abcd} - L_{ABCD} = L_{CDcd} - L_{ABab}$$

因为 dt 极小,可认为截面 AB 与 ab 之间各质点的速度相同,皆为 $\boldsymbol{v}_1$;截面 CD 与 cd 之间各质点的速度相同,皆为 $\boldsymbol{v}_2$.因此这两部分的水流的运动视为平移.

若转轮有 n 个叶片,水的密度为 ρ,则有

$$L_{CDcd} = \frac{1}{n} q_V \rho \mathrm{d}t v_2 r_2 \cos\theta_2 \quad 与 \quad L_{ABab} = \frac{1}{n} q_V \rho \mathrm{d}t v_1 r_1 \cos\theta_1$$

因此

$$\mathrm{d}L_O = \frac{1}{n} q_V \rho \mathrm{d}t (v_2 r_2 \cos\theta_2 - v_1 r_1 \cos\theta_1)$$

由于转轮有 n 个叶片,由动量矩定理,水流所受的力对点 O 的总力矩为

$$M_O(\boldsymbol{F}) = n\frac{\mathrm{d}L_O}{\mathrm{d}t} = q_V\rho(v_2r_2\cos\theta_2 - v_1r_1\cos\theta_1)$$

转轮所受的转动力矩 M 与 $M_O(\boldsymbol{F})$等值反向.

例 8.5　图 8.10(a)中，小球 A，B 以细绳相连，质量皆为 m，其余构件质量不计. 忽略摩擦，系统绕铅垂轴 z 自由转动，初始时系统的角速度为 ω_0. 当细绳拉断后，求各杆与铅垂线成 θ 角时系统的角速度 ω(图 8.10(b)).

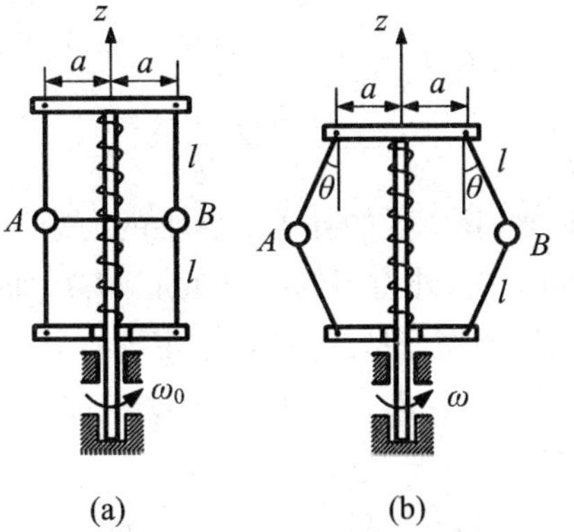

图 8.10　例 8.5 图

解:以系统为研究对象，此系统所受的外力为重力和轴承的约束力，它们对于转轴的矩都等于零，因此系统对于转轴的动量矩守恒.

初始时，$\theta=0$，角速度为 ω_0，系统对转轴的动量矩为

$$L_{z1} = 2ma\omega_0 a = 2ma^2\omega_0$$

细绳拉断后，$\theta\neq0$，角速度为 ω，系统对转轴的动量矩为

$$L_{z1} = 2m(a + l\sin\theta)^2\omega$$

由 $L_{z1}=L_{z2}$，得

$$\omega = \frac{a^2}{(a + l\sin\theta)^2}\omega_0$$

例 8.6　图 8.11 中，A 为离合器，开始时轮Ⅱ静止，轮Ⅰ的角速度为 ω_0. 当离合器接合后，依靠摩擦带动轮Ⅱ. 已知轮Ⅰ和轮Ⅱ的转动惯量分别为 J_1 和 J_2. 求：(1) 离合器接合后，两轮共同转动的角速度；(2) 若经过 t 秒两轮的转速相同，求离合器应有多大的摩擦力矩.

解:(1) 以系统为研究对象，两轮的转轴共线，为绕同一轴的转动. 外力有重力与轴承的约束力，它们皆与轴线相交，对转轴的力矩皆为零，因此系统对转轴的动量矩守恒.

两轮接合前系统对转轴的动量矩是 $L_1=J_1\omega_0$；设两轮接合后的共同角速度是 ω_1，则接合后系统的动量矩是 $L_2=J_1\omega_1+J_2\omega_1$.

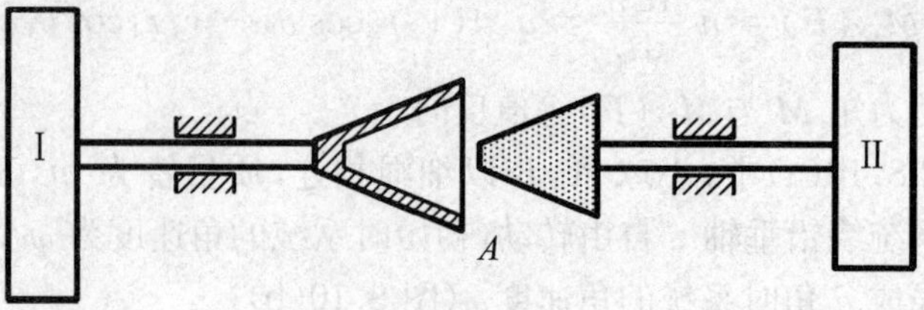

图 8.11 例 8.6 图

由对转轴的动量矩守恒,有 $L_1 = L_2$,所以

$$\omega_1 = \frac{J_1}{J_1 + J_2}\omega_0$$

(2) 以轮Ⅱ为研究对象,其所受的外力对转轴的力矩只有摩擦力矩.设离合器的摩擦力矩为 M_f,则在时间 t 内,外力矩的冲量矩是 $M_f t$.而轮Ⅱ对转轴的动量矩从 0 增加到 $J_2\omega_1$,由动量矩定理的积分形式(冲量矩定理),有

$$J_2\omega_1 - 0 = M_f t$$

所以

$$M_f = \frac{J_2}{t}\omega_1 = \frac{J_1 J_2 \omega_0}{(J_1 + J_2)t}$$

8.3 动 能 定 理

8.3.1 动能 功 势能

1. 动能

(1) 质点系动能的一般概念

动能是物体机械能的一种形式,也是物体作功能力的一种度量.设质点的质量为 m,速度为 $\boldsymbol{v}$,则**质点的动能**为$\frac{1}{2}mv^2$.

动能是标量,恒为正值,它取决于质点的质量与速度的大小,而与速度的方向无关.在国际单位制中动能的单位为 J.

质点系内各质点的动能之和,称为**质点系的动能**,即

$$T = \sum\left(\frac{1}{2}m_i v_i^2\right) \tag{8.35}$$

运用**柯尼希**(Koenig)**定理**常常可以简化质点系动能的计算.由运动的合成可知,质点系的一般运动可以视为随基点的平移与相对基点运动的合成.在计算动能时,选择质点系的质心 C 为基点,并设质点系的总质量为 m,质心 C 的绝对速度为 $\boldsymbol{v}_C$.质点系中任一质点 m_i 的绝对速度为

$$\boldsymbol{v}_i = \boldsymbol{v}_C + \boldsymbol{v}_{ri}$$

式中 $\boldsymbol{v}_C$ 就是平移动系中的牵连速度，$\boldsymbol{v}_{ri}$ 为相对质心运动的相对速度.

由于

$$v_i^2 = \boldsymbol{v}_i \cdot \boldsymbol{v}_i = v_C^2 + v_{ri}^2 + 2\boldsymbol{v}_C \cdot \boldsymbol{v}_{ri}$$

所以质点系动能为

$$T = \sum \frac{1}{2}m_i v_i^2 = \sum \frac{1}{2}m_i(v_C^2 + v_{ri}^2 + 2\boldsymbol{v}_C \cdot \boldsymbol{v}_{ri})$$

$$= \frac{1}{2}mv_C^2 + \sum \frac{1}{2}m_i v_{ri}^2 + \boldsymbol{v}_C \cdot \sum m_i \boldsymbol{v}_{ri}$$

式中，$\frac{1}{2}mv_C^2 = T_e$ 是质点系随质心平移的动能，亦可称为**牵连运动动能**. $\sum \frac{1}{2}m_i v_{ri}^2 = T_r$ 是质点系相对质心转动的动能，亦可称为**相对运动动能**. 又由质点系的质心计算公式可得 $\sum m_i \boldsymbol{v}_{ri} = m\boldsymbol{v}_{rC}$，显然质心相对自身的速度 $\boldsymbol{v}_{rC} = 0$，所以上式可写成

$$T = \frac{1}{2}mv_C^2 + \sum \frac{1}{2}m_i v_{ri}^2 \quad 或 \quad T_a = T_e + T_r \tag{8.36}$$

此式表明，**质点系的绝对运动动能 T（或 T_a）等于系统随质心平移的牵连运动动能 T_e 与相对质心运动的相对运动动能 T_r 之和**. 这就是**柯尼希定理**.

(2) 刚体的动能

应用柯尼希定理，可以得到刚体作各种运动时的动能计算方法.

① 平移

平移刚体上各点相对质心 C 的速度为零，由式(8.36)可得

$$T = \frac{1}{2}mv_C^2 \tag{8.37}$$

此式表明，**平移刚体的动能等于将刚体的全部质量集中在质心的质点的动能**.

② 定轴转动

参见图 8.12，以角速度 ω 绕轴 z 转动的刚体上任一质点 m_i 的速度 $v_i = \omega r_i$，由式(8.35)可得刚体的动能为

$$T = \sum \frac{1}{2}m_i(\omega r_i)^2 = \frac{1}{2}\left(\sum m_i r_i^2\right)\omega^2$$

其中 $\sum m_i r_i^2 = J_z$ 是刚体对转轴 z 的转动惯量，所以得到

$$T = \frac{1}{2}J_z\omega^2 \tag{8.38}$$

此式表明，**定轴转动刚体的动能等于刚体对转轴的转动惯量与角速度平方乘积的一半**.

③ 平面运动

参见图 8.13，在平面运动刚体的质心 C 上建立平移动系，其 z_C 轴与运动平面垂

直.刚体的平面运动可以视为随质心 C 的平移和绕质心轴 z_C 的转动的合成,由柯尼希定理式(8.36)以及定轴转动刚体动能的计算式(8.38)有

$$T = \frac{1}{2}mv_C^2 + \frac{1}{2}J_{z_C}\omega^2 \tag{8.39}$$

式中 m 是刚体质量,v_C是质心速度,ω 是刚体角速度,J_{z_C} 是刚体对通过质心 C 且垂直于运动平面的轴 z_C的转动惯量.此式表明,**平面运动刚体的动能等于随质心平移的动能与绕质心轴转动动能之和**.

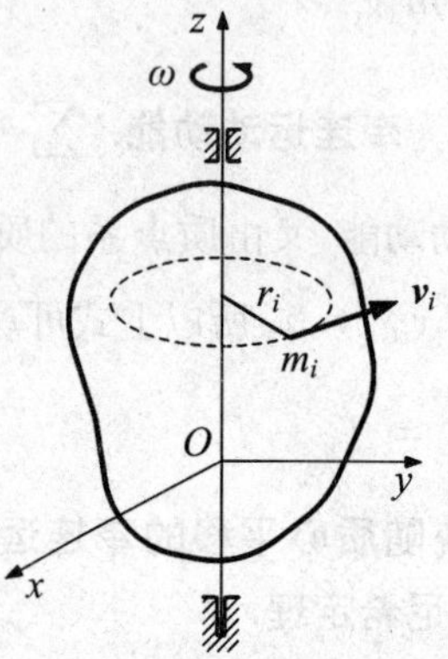

图 8.12 定轴转动刚体的动能计算

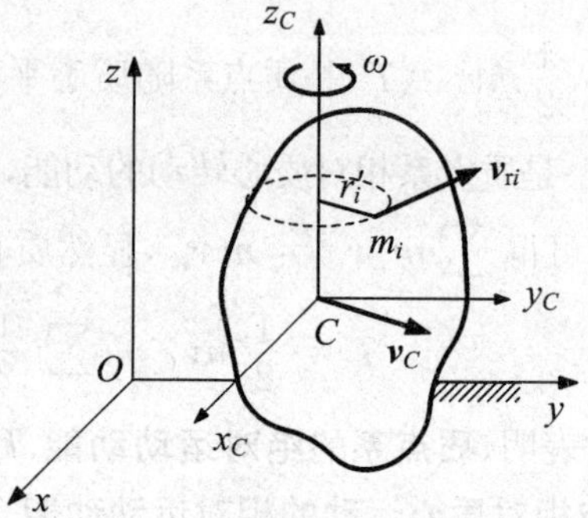

图 8.13 平面运动刚体的动能计算

如果平面运动刚体在某瞬时的速度瞬心为点 P,由于此瞬时刚体上各点的速度分布与绕瞬心轴定轴转动的刚体相同,所以此瞬时刚体的动能可按定轴转动计算,为

$$T = \frac{1}{2}J_P\omega^2 \tag{8.40}$$

式中 J_P是刚体对通过速度瞬心 P 且与运动平面垂直的轴的转动惯量.由转动惯量的平行轴定理,容易证明式(8.39)与式(8.40)是相等的.

2. 功

(1) 功的一般概念

力的功是力对物体的空间累积效应的度量.

设力 $\boldsymbol{F}$ 作用在一个质点上,质点在时间 $\mathrm{d}t$ 内产生位移 $\mathrm{d}\boldsymbol{r}$,则作用在质点上的力 $\boldsymbol{F}$ 的元功是

$$\mathrm{d}W = \boldsymbol{F} \cdot \mathrm{d}\boldsymbol{r} \tag{8.41}$$

式中 $\mathrm{d}W$ 只是表示元功的一个记号,一般并不是功函数的微分,在许多情况下功的全微分并不存在.功是标量,在国际单位制中,功的单位为 J,1 J 等于 1 N 的力沿力的方向移动 1 m 作的功.

力系对质点系的元功等于各力元功的代数和,即

$$\mathrm{d}W = \sum \mathrm{d}W_i = \sum \boldsymbol{F}_i \cdot \mathrm{d}\boldsymbol{r}_i \tag{8.42}$$

力的作用点沿某曲线 L 从 A 点移动到 B 点的过程中，力作的功为

$$W_{AB} = \int_A^B \boldsymbol{F} \cdot \mathrm{d}\boldsymbol{r} \tag{8.43}$$

在直角坐标系中，式(8.43)可写成便于计算的形式

$$W_{AB} = \int_A^B (F_x \mathrm{d}x + F_y \mathrm{d}y + F_z \mathrm{d}z) \tag{8.44}$$

(2) 质点系的内力的功

如图8.14所示，设质点系中任意两质点 A、B 之间相互作用的内力为 $\boldsymbol{F}_A$ 与 $\boldsymbol{F}_B$，由牛顿第三定律知 $\boldsymbol{F}_A = -\boldsymbol{F}_B$. 质点 A、B 相对固定点 O 的矢径分别为 $\boldsymbol{r}_A$ 与 $\boldsymbol{r}_B$，显然有 $\boldsymbol{r}_B = \boldsymbol{r}_A + \boldsymbol{r}_{AB}$. 若在 $\mathrm{d}t$ 时间内，A、B 两点的无限小的位移分别是 $\mathrm{d}\boldsymbol{r}_A$ 与 $\mathrm{d}\boldsymbol{r}_B$，则内力在该位移上的元功之和为

$$\begin{aligned} \mathrm{d}W^i &= \boldsymbol{F}_A \cdot \mathrm{d}\boldsymbol{r}_A + \boldsymbol{F}_B \cdot \mathrm{d}\boldsymbol{r}_B = \boldsymbol{F}_B \cdot (-\mathrm{d}\boldsymbol{r}_A + \mathrm{d}\boldsymbol{r}_B) \\ &= \boldsymbol{F}_B \cdot \mathrm{d}(\boldsymbol{r}_B - \boldsymbol{r}_A) = \boldsymbol{F}_B \cdot \mathrm{d}\boldsymbol{r}_{AB} \end{aligned}$$

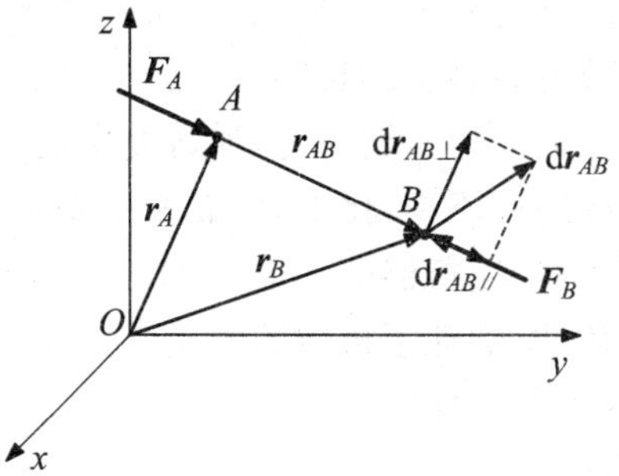

图8.14　质点系内力的功

$\mathrm{d}\boldsymbol{r}_{AB}$ 可以分解为平行于 $\boldsymbol{F}_B$ 与垂直于 $\boldsymbol{F}_B$ 的两部分，即

$$\mathrm{d}\boldsymbol{r}_{AB} = \mathrm{d}\boldsymbol{r}_{AB/\!/} + \mathrm{d}\boldsymbol{r}_{AB\perp}$$

因此，内力元功之和为

$$\mathrm{d}W^i = \boldsymbol{F}_B \cdot \mathrm{d}\boldsymbol{r}_{AB} = \boldsymbol{F}_B \cdot (\mathrm{d}\boldsymbol{r}_{AB/\!/} + \mathrm{d}\boldsymbol{r}_{AB\perp}) = -F_B \mathrm{d}r_{AB/\!/} \tag{8.45}$$

此式表明，当 A、B 两质点的距离变化时，内力的元功之和不等于零. 所以，在刚体中内力的功等于零，而在变形体中内力的功一般不为零.

应该说明，在图8.14中，把两质点 A、B 之间相互作用的内力 $\boldsymbol{F}_A$ 与 $\boldsymbol{F}_B$ 的方向画成与这两点距离的改变量方向相反，也就是说，两点相向移动时(距离变小)，内力指向相背；而两点相背移动时(距离变大)，内力指向相向，因此式(8.45)中才出现负号. 这是按一般变形体弹性内力的特点来画的. 其他内力并不一定如此，如万有引力、磁性力等内力的方向是恒定的，力的方向与质点距离的变化无关.

工程中常用的弹簧力的功就是内力的功. 设弹簧的刚度系数为 k，l_0 为自由长

度,l 是任一位置时弹簧的长度,则弹簧在此位置的变形量 $\delta = l - l_0$.对于线性弹簧,在此位置的弹簧力 $F = k\delta$,因此,参见图 8.15,由式(8.45)可以得到弹簧力的功为

$$W_{12} = \int_1^2 -F\mathrm{d}l = \int_1^2 -F\mathrm{d}\delta = -\int_1^2 k\delta\mathrm{d}\delta = \frac{1}{2}k(\delta_1^2 - \delta_2^2) \tag{8.46}$$

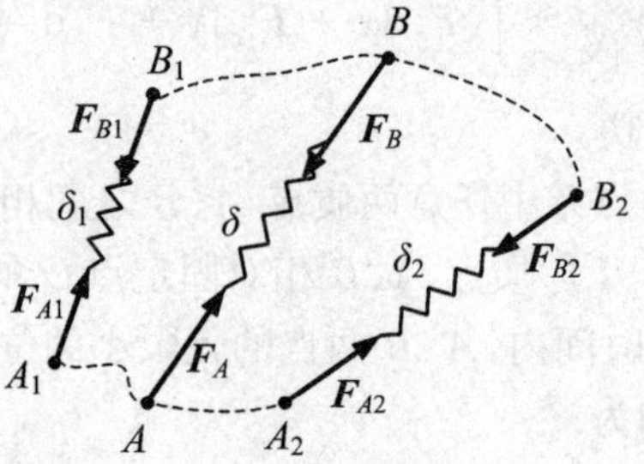

图 8.15 弹簧力的功

式中 δ_1 与 δ_2 是弹簧在初位置与末位置的变形量,$\delta_1 = l_1 - l_0$ 与 $\delta_2 = l_2 - l_0$. l_1 与 l_2 分别是弹簧在初位置与末位置时弹簧的长度.可见,当 $\delta_1 > \delta_2$,即弹簧的变形量减小时,弹簧力作正功;反之弹簧的变形量增大时,弹簧力作负功.

工程中内力作功的情况还有不少,比如,所有发动机作为系统整体考察时,其作功的力都是内力,这些力作的功使机器的动能增加.又比如,机器中有相对滑动的两个零件之间的内摩擦力作负功,消耗了机器的能量.

(3) 质点系的外力(主动力)的功

① 质点系的重力的功

设质点系内任一质点的质量为 m_i,它对坐标系原点的矢径为 $\boldsymbol{r}_i = x_i\boldsymbol{i} + y_i\boldsymbol{j} + z_i\boldsymbol{k}$.当它由初位置点 $A_i(x_{i1}, y_{i1}, z_{i1})$ 运动到末位置点 $B_i(x_{i2}, y_{i2}, z_{i2})$ 时,由式(8.44)重力作功为

$$W_{i12} = \int_{A_i}^{B_i} -m_i g\mathrm{d}z = m_i g(z_{i1} - z_{i2})$$

质点系的重力的功等于所有质点的重力功之和,即

$$W_{12} = \sum W_{i12} = \sum m_i g(z_{i1} - z_{i2})$$

设质点系的总质量为 m,质心为点 $C(x_C, y_C, z_C)$,则由质心计算公式,可得

$$W_{12} = mg(z_{C1} - z_{C2}) \tag{8.47}$$

由此式可见,**质点系的重力作的功,仅与质点系的质心的高度变化有关,而与质点系的运动轨迹无关**.

② 作用在平移刚体上的力的功

设力 $\boldsymbol{F}$ 在质点系上的作用点的速度为 $\boldsymbol{v}$,则在时间 $\mathrm{d}t$ 内,力 $\boldsymbol{F}$ 的元功为

$$dW = \boldsymbol{F} \cdot d\boldsymbol{r} = \boldsymbol{F} \cdot \boldsymbol{v} dt \tag{8.48}$$

刚体平移时,在任一瞬时刚体上的各点的速度相同,则作用在刚体上的力系的元功为

$$dW = \sum \boldsymbol{F}_i \cdot d\boldsymbol{r}_i = \sum \boldsymbol{F}_i \cdot \boldsymbol{v} dt = \sum \boldsymbol{F}_i \cdot d\boldsymbol{r}_c = \boldsymbol{F}_R \cdot d\boldsymbol{r}_C \tag{8.49}$$

式中 $\boldsymbol{F}_R$是力系的主矢,$d\boldsymbol{r}_C$是质心的位移.此式表明,**作用在平移刚体上的力系的功等于力系向质心简化的等效力(其力矢为力系的主矢)在质心的位移上所作的功**.

③ 作用在定轴转动刚体上的力的功

刚体以角速度 ω 作定轴转动时,以转轴上的一点 O 为坐标原点,力 $\boldsymbol{F}_i$的作用点的矢径为 $\boldsymbol{r}_i$,则该作用点的速度为$\boldsymbol{v}_i = \boldsymbol{\omega} \times \boldsymbol{r}_i$.由式(8.48)可得,力 $\boldsymbol{F}$ 的元功为

$$dW_i = \boldsymbol{F}_i \cdot \boldsymbol{v}_i dt = \boldsymbol{F}_i \cdot (\boldsymbol{\omega} \times \boldsymbol{r}_i) dt = \boldsymbol{\omega} \cdot (\boldsymbol{r}_i \times \boldsymbol{F}_i) dt = \boldsymbol{\omega} \cdot \boldsymbol{M}_O(\boldsymbol{F}_i) dt$$

设转轴为 z 轴,则 $\boldsymbol{\omega} = \omega \boldsymbol{k}$,因为$\boldsymbol{M}_O(\boldsymbol{F}_i)$在 z 轴上的投影即为$\boldsymbol{F}_i$对 z 轴的力矩,即 $\boldsymbol{k} \cdot \boldsymbol{M}_O(\boldsymbol{F}_i) = M_z(\boldsymbol{F}_i)$,所以作用在定轴转动刚体上的力的元功为

$$dW_i = \omega \cdot M_z(\boldsymbol{F}_i) dt = M_z(\boldsymbol{F}_i) d\varphi$$

作用在定轴转动刚体上的力系的元功为

$$dW = \sum dW_i = \sum \omega \cdot M_z(\boldsymbol{F}_i) dt = \sum M_z(\boldsymbol{F}_i) d\varphi = M_z d\varphi \tag{8.50}$$

式中 M_z是力系对转轴 z 的主矩,$d\varphi$ 是质心的角位移.此式表明,**作用在定轴转动刚体上的力系的功等于力系向转轴简化的等效力偶(其力偶矩为力系对转轴的主矩)在刚体的角位移上所作的功**.

刚体从转角 φ_1转动到 φ_2的过程中,力系作的功为

$$W_{12} = \int_{\varphi_1}^{\varphi_2} M_z d\varphi \tag{8.51}$$

④ 作用在平面运动刚体上的力的功

刚体作平面运动时,可将刚体的运动分解为随质心的平移与绕质心轴的转动,由以上平移刚体上力的功与定轴转动刚体上力的功,可得作用于平面运动刚体上的力系的元功为

$$dW = \boldsymbol{F}_R \cdot d\boldsymbol{r}_C + M_{Cz} d\varphi \tag{8.52}$$

此式表明,**作用在平面运动刚体上的力系的功等于力系向质心简化的等效力与等效力偶作功之和**.这个结论也适用于作一般运动的刚体,而且计算功时基点不限于质心,可以是刚体上的任意一点.

(4) 约束力的功

约束力可以是质点系的外力,也可以是内力.例如,光滑接触面的外约束,约束力始终在接触面的法线方向,力的作用点的位移始终沿接触面的切线方向,光滑接触面的约束力的功为零.对于光滑接触面的内约束,由式(8.45)可知只要接触点保持接触,约束力元功之和为零.如果接触点脱离接触,约束力消失,所以光滑接触面

的内约束力元功之和为零.类似地可以分析,柔索、光滑铰链、固定端等各种在第2章中介绍的约束,在不计摩擦的情况下的元功之和皆为零.**约束力元功之和为零的约束称为理想约束**.

含有摩擦的约束一般不是理想约束.通常,摩擦力与物体的相对位移反向,所以摩擦力作负功.但是,如果摩擦力与相对位移同向,比如在皮带输送机上,摩擦力作正功.物体在粗糙表面纯滚动时,由于接触点为瞬心,此时滑动摩擦力不作功.在不计滚动摩阻时,纯滚动的接触点也是理想约束.

3. 势力场与势能

如果物体在某空间内的任一位置都受到一个大小和方向完全由所在位置确定的力的作用,则这部分空间称为**力场**.物体在力场中运动时,如果作用于物体的力所作的功只与力作用点的初位置和末位置有关,而与该点的轨迹形状无关,这种力场称为**势力场**,或**保守力场**.在势力场中,物体受到的力称为**有势力**或**保守力**.重力场、弹性力场、万有引力场都是势力场.

在势力场中,质点从点 M 运动到任选的点 M_0,有势力所作的功称为质点在点 M 相对于点 M_0 的势能.以 V 表示为

$$V = \int_{M}^{M_0} \boldsymbol{F} \cdot \mathrm{d}\boldsymbol{r} = \int_{M}^{M_0} (F_x \mathrm{d}x + F_y \mathrm{d}y + F_z \mathrm{d}z) \tag{8.53}$$

点 M_0 的势能等于零,称为**零势能点**.在势力场中,势能的大小是相对于零势能点而言的.零势能点可以任意选取,对于不同的零势能点,在势力场中同一位置的势能可有不同的数值.

(1) 重力场中的势能

重力场中,以铅垂轴为 z 轴,z_0 处为零势能点.质点于 z 坐标处的势能 V 等于重力 mg 由 z 到 z_0 处所作的功,即

$$V = \int_{z}^{z_0} -mg\mathrm{d}z = mg(z - z_0) \tag{8.54}$$

(2) 弹性力场中的势能

设弹簧的一端固定,另一端与物体连接,弹簧的刚度系数为 k.以变形量为 δ_0 处为零势能点,则变形量为 δ 处的弹簧势能 V 为

$$V = \frac{k}{2}(\delta^2 - \delta_0^2) \tag{8.55}$$

如果取弹簧的自然位置为零势能点.则有 $\delta_0 = 0$,于是有

$$V = \frac{k}{2}\delta^2 \tag{8.56}$$

(3) 质点系的势能

若质点系受到多个有势力的作用,各有势力可有各自的零势能点.质点系的“零

势能位置”是各质点都处于其零势能点的一组位置. **质点系从某位置到其“零势能位置”的运动过程中，各有势力作功的代数和称为此质点系在该位置的势能.**

例如，质点系在重力场中，取各质点的 z 坐标为 $z_{10}, z_{20}, \cdots, z_{n0}$ 时为零势能点位置，则质点系各质点 z 坐标为 $z_1, z_2, \cdots, z_n$ 时的势能为

$$V = \sum m_i g(z_i - z_{i0})$$

与计算质点系重力的功式(8.47)相似，质点系的重力势能可写为

$$V = mg(z_C - z_{C0}) \tag{8.57}$$

式中 m 为质点系的总质量，z_C 为质心的 z 坐标，z_{C0} 为零势能位置质心的 z 坐标.

又如，一质量为 m，长为 l 的均质杆 AB，A 端为固定铰支座，B 端用不计重量的弹簧悬挂，处于水平位置，如图 8.16 所示. 杆在此位置静平衡时，弹簧的伸长量为 δ_0. 若弹簧刚度系数为 k，由平衡方程有

$$\sum M_A(\boldsymbol{F}) = 0,\quad k\delta_0 \cdot l - mg \cdot \frac{l}{2} = 0,\quad \therefore \delta_0 = \frac{mg}{2k}$$

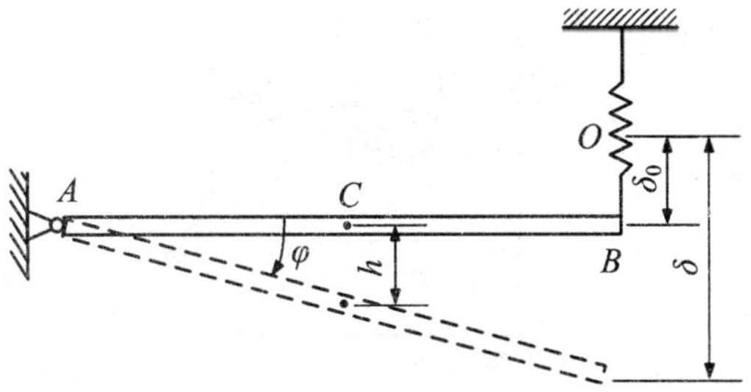

图 8.16　重力——弹簧系统的势能

此系统所受的重力与弹性力都是有势力. 若重力势能以杆水平位置处为零势能位置，弹簧势能以自然位置 O 为零势能位置，则杆于微小摆角 φ 处，重力势能为 $-\frac{1}{2}mg\varphi l$，弹簧势能为 $\frac{k}{2}(\delta_0 + \varphi l)^2$. 由于 $\delta_0 = \frac{mg}{2k}$，所以总势能为

$$V' = \frac{k}{2}(\delta_0 + \varphi l)^2 - \frac{1}{2}mg\varphi l = \frac{1}{2}k\varphi^2 l^2 + \frac{m^2 g^2}{8k}$$

若取杆的静平衡位置为系统的零势能位置，杆于微小摆角 φ 处，系统相对于零势能位置的势能变为

$$V = \frac{1}{2}k(\delta^2 - \delta_0^2) - mgh = \frac{1}{2}k[\varphi l(\varphi l + 2\delta_0)] - \frac{1}{2}mg\varphi l$$

$$= \frac{1}{2}k\varphi^2 l^2 + k\delta_0 \varphi l - \frac{1}{2}mg\varphi l$$

由于

$$\delta_0 = \frac{mg}{2k}$$

可得

$$V = \frac{1}{2}k\varphi^2 l^2$$

可见,对于不同的零势能位置,系统的势能是不相同的.对于常见的重力——弹簧系统,以其静平衡位置为零势能位置,往往更简便.

(4) 有势力的功

质点系在势力场中运动时,有势力的功可通过势能计算.设某个有势力的作用点在质点系的运动过程中,从点 M_1 到点 M_2,如图 8.17 所示,该力所作的功为 W_{12}.若取 M_0 为零势能点,则从 M_1 到 M_0 和从 M_2 到 M_0 有势力所作的功分别为 M_1 和 M_2 位置的势能 V_1 和 V_2.因有势力的功与轨迹形状无关,而由 M_1 经过 M_2 到达 M_0 时,有势力的功为

$$W_{10} = W_{12} + W_{20}$$

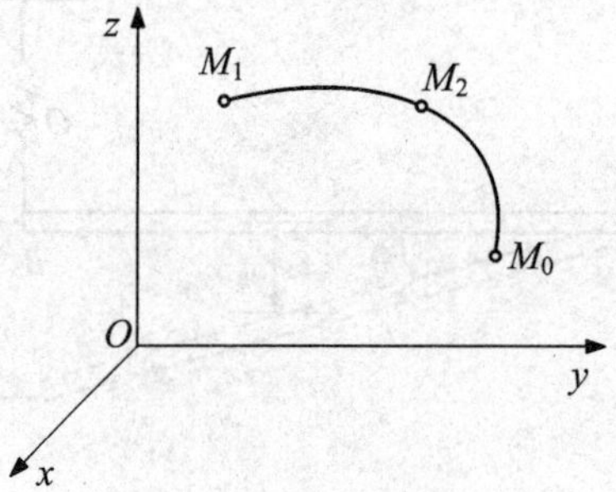

图 8.17 有势力的功

由于 $W_{10} = V_1, W_{20} = V_2$

所以,有

$$W_{12} = V_1 - V_2 \tag{8.58}$$

此式说明,**有势力所作的功等于质点系在运动过程的初位置与末位置的势能之差**.

4. 功率

工程实践中,不但要计算功,而且常常要确定机器在单位时间内作功的多少,即作功的快慢,功率就是用来衡量作功快慢程度的物理量.显然,在相同时间内作功多的机械的性能比作功少的优越.力在单位时间所作的功,称为**功率**,以 P 表示.在国际单位制中,功率的单位为 W(瓦特),或 kW(千瓦),1 W = 1 J/s = 1 N·m/s.

由式(8.48)有 $\mathrm{d}W = \boldsymbol{F}\cdot\boldsymbol{v}\mathrm{d}t$,两边同除以 $\mathrm{d}t$,有功率 $\frac{\mathrm{d}W}{\mathrm{d}t} = \boldsymbol{F}\cdot\boldsymbol{v}$,即

$$P = \boldsymbol{F}\cdot\boldsymbol{v} \tag{8.59}$$

式中 $\boldsymbol{v}$ 是力 $\boldsymbol{F}$ 的作用点速度.功率与功一样是个代数量.

由式(8.50)可得作用在定轴转动刚体上的力或力偶的功率为

$$P = \frac{\mathrm{d}W}{\mathrm{d}t} = M_z \frac{\mathrm{d}\varphi}{\mathrm{d}t} = M_z\omega \tag{8.60}$$

式中 M_z 为力对转轴 z 的力矩或力偶矩矢在转轴 z 上的投影，ω 是转动角速度.

8.3.2　动能定理

1. 质点的动能定理

由质点的运动微分方程式(7.13)，可写为

$$m\frac{\mathrm{d}\boldsymbol{v}}{\mathrm{d}t} = \boldsymbol{F}$$

式中 m 是质点的质量，$\boldsymbol{v}$ 是质点的速度，$\boldsymbol{F}$ 是作用在质点上的所有的力的合力.在此式两边点乘 $\mathrm{d}\boldsymbol{r}$，得

$$m\frac{\mathrm{d}\boldsymbol{v}}{\mathrm{d}t}\cdot\mathrm{d}\boldsymbol{r} = \boldsymbol{F}\cdot\mathrm{d}\boldsymbol{r}$$

因为 $\mathrm{d}\boldsymbol{r} = \boldsymbol{v}\mathrm{d}t$，于是上式可写成

$$m\boldsymbol{v}\cdot\mathrm{d}\boldsymbol{v} = \boldsymbol{F}\cdot\mathrm{d}\boldsymbol{r}$$

对于质量不变的质点，可写成

$$\mathrm{d}\left(\frac{1}{2}mv^2\right) = \mathrm{d}W \tag{8.61}$$

此式表明，**质点动能的增量等于作用在质点上的力的元功**，式(8.61)为**质点动能定理的微分形式**.

设质点在初位置的速度为 $\boldsymbol{v}_1$，在末位置的速度为 $\boldsymbol{v}_2$，作用在质点上的力从初位置到末位置作的功为 W_{12}，由式(8.61)的积分，有

$$\frac{1}{2}mv_2^2 - \frac{1}{2}mv_1^2 = W_{12} \tag{8.62}$$

此式表明，**质点在两个位置的动能的改变量等于作用在质点上的力在这两个位置之间所作的功**，式(8.62)为**质点动能定理的积分形式**.

2. 质点系的动能定理

设质点系内任一质点的质量为 m_i，速度为 $\boldsymbol{v}_i$，作用在该质点上的力的元功为 $\mathrm{d}W_i$，由质点动能定理的微分形式，有

$$\mathrm{d}\left(\frac{1}{2}m_iv_i^2\right) = \mathrm{d}W_i$$

把质点系内每个质点的这样的方程相加，得到

$$\mathrm{d}\left[\sum\left(\frac{1}{2}m_iv_i^2\right)\right] = \sum\mathrm{d}W_i$$

由式(8.35)，得

$$\mathrm{d}T = \sum\mathrm{d}W_i \tag{8.63}$$

此式表明，**质点系动能的增量等于作用在质点系上的全部力的元功之和**，式(8.63)为**质点系动能定理的微分形式**.

式(8.63)两边除以 $\mathrm{d}t$ 有

$$\frac{\mathrm{d}T}{\mathrm{d}t} = \sum \frac{\mathrm{d}W_i}{\mathrm{d}t} = \sum P_i \tag{8.64}$$

此式称为**功率方程**，是动能定理的另一种微分形式.此式表明，**质点系动能对时间的一阶导数等于作用在质点系上的全部力的功率的代数和**.

对于机器而言，全部功率包含原动机的**输入功率**，工作部分需要的**有用功率**（或**输出功率**）与能量损耗的**无用功率**.所以对于机器的功率方程可写为

$$\frac{\mathrm{d}T}{\mathrm{d}t} = P_{\text{输入}} - P_{\text{有用}} - P_{\text{无用}}$$

或

$$P_{\text{输入}} = \frac{\mathrm{d}T}{\mathrm{d}t} + P_{\text{有用}} + P_{\text{无用}} \tag{8.65}$$

上式也称为**机器的功率方程**.

有用功率与动能变化率之和也叫**有效功率**，即 $P_{\text{有效}} = P_{\text{有用}} + \frac{\mathrm{d}T}{\mathrm{d}t}$.有效功率与输入功率的比值称为机器的**机械效率**，用 η 表示，即

$$\eta = \frac{P_{\text{有效}}}{P_{\text{输入}}} \tag{8.66}$$

机械效率表明机器对输入功率的有效利用程度，它是评定机器质量好坏的指标之一.显然，一般情况下必有 $\eta<1$.

对式(8.63)积分，得

$$T_2 - T_1 = \sum W_{12i} = W_{12} \tag{8.67}$$

此式表明，**质点系在两个位置的动能的改变量等于作用在质点系上的全部力在这两个位置之间所作的功的代数和**，式(8.67)为**质点系动能定理的积分形式**.

3. 机械能守恒定律

质点系在某瞬时的动能与势能的代数和称为**机械能**.设质点系只受有势力（或称为保守力）作用，由式(8.58)可知，有势力从运动过程的初位置到末位置所作的功为

$$W_{12} = V_1 - V_2$$

由式(8.67)知，质点系在初位置与末位置的动能的改变量为

$$T_2 - T_1 = W_{12} = V_1 - V_2$$

即有

$$T_1 + V_1 = T_2 + V_2 \tag{8.68}$$

此式表明，**质点系仅受有势力作用时，其机械能保持不变**.这就是**机械能守恒定律**.

仅受有势力作用的质点系称为**保守系统**.如果质点系还受到非有势力作用,则称为**非保守系统**.非保守系统的机械能是不守恒的.但是从能量的观点看,机械能不守恒只说明机械能与其他形式的能量发生了相互转换,系统的总能量仍是守恒的.

8.3.3　动能定理的应用

在三个动力学普遍定理中,只有动能定理是标量方程,而且动能定理可以不必考虑理想约束力,在计算中使用比较方便,因此在解决动力学问题时,常常可以优先考虑使用动能定理.其积分形式常用于分析两个不同位置的速度变化问题,其微分形式的功率方程常用于分析与加速度有关的问题.但是由于动能定理只提供一个标量方程,所以在有些比较复杂的问题中必须与其他方程结合使用.

例8.7　质量为 m 的质点,自高 h 处由静止开始自由下落到下面有弹簧支持的板上,如图8.18所示.设板和弹簧的质量都可忽略不计,弹簧的刚度系数为 k.求弹簧的最大压缩量.

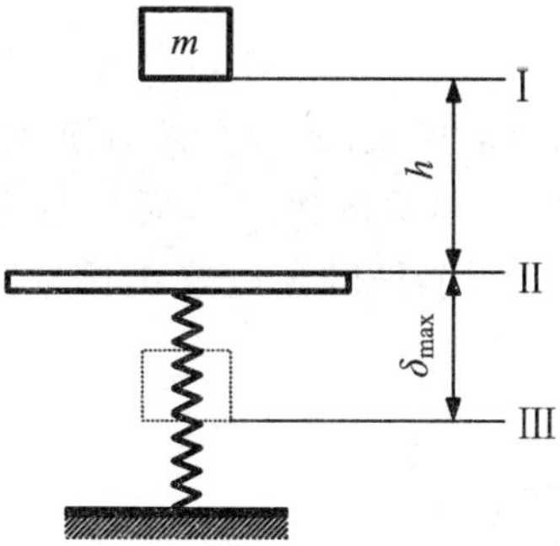

图8.18　例8.7图

解:以质点为研究对象.质点的运动分为两个阶段:第一阶段是质点从位置Ⅰ落到刚接触板的位置Ⅱ,其间是自由落体运动,速度由0增加到 v_1;第二阶段是从位置Ⅱ开始压缩弹簧,直至弹簧被压缩到最大变形的位置Ⅲ,其间速度由 v_1 减小到0.这是典型的不同位置的速度变化问题,适合运用积分形式的动能定理.

第一阶段:速度由位置Ⅰ的0增加到位置Ⅱ的 v_1,重力在位置Ⅰ到位置Ⅱ的距离 h 上作功,由动能定理有

$$\frac{1}{2}mv_1^2 - 0 = mgh$$

由此求得

$$v_1 = \sqrt{2gh}$$

第二阶段:质点继续向下运动,弹簧被压缩,速度从位置Ⅱ的 v_1 逐渐减小到位置Ⅲ的0;当速度等于零时,弹簧被压缩到最大值 δ_{max}.这段过程中重力作的功为

$mg\delta_{\max}$，弹簧力作功为$\frac{1}{2}k(0-\delta_{\max}^2)$，应用动能定理

$$0-\frac{1}{2}mv_1^2 = mg\delta_{\max}-\frac{1}{2}k\delta_{\max}^2$$

解得

$$\delta_{\max} = \frac{mg}{k} \pm \frac{1}{k}\sqrt{m^2g^2+2kmgh}$$

由于弹簧的压缩量必定是正值，应取

$$\delta_{\max} = \frac{mg}{k} + \frac{1}{k}\sqrt{m^2g^2+2kmgh}$$

本题也可以把上述两段过程合在一起考虑，即对质点从Ⅰ处开始下落至弹簧压缩到最大值的Ⅲ处应用动能定理，在这一过程的始末位置质点的动能都等于零.由动能定理有

$$0-0 = mg(h+\delta_{\max})-\frac{k}{2}\delta_{\max}^2$$

由此可解得同样结果.

例 8.8 卷扬机如图 8.19(a)所示.鼓轮在常力偶 M 的作用下将圆柱由静止沿斜坡上拉.已知鼓轮的半径为 R_1，质量为 m_1，质量分布在轮缘上；圆柱的半径为 R_2，质量为 m_2，质量均匀分布.设斜坡的倾角为 θ，圆柱只滚不滑.求圆柱中心 C 经过路程 s 时的速度与加速度.

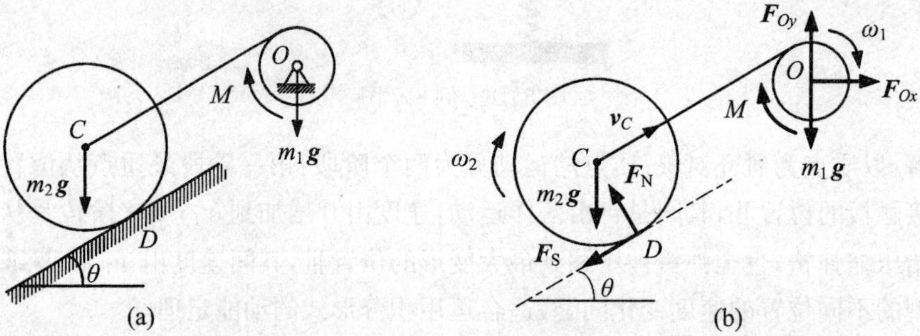

图 8.19 例 8.8 图

解：研究由圆柱和鼓轮组成的质点系.

作用于该质点系的外力有：重力 $m_1\boldsymbol{g}$ 和 $m_2\boldsymbol{g}$，外力偶 M，水平轴约束力 $\boldsymbol{F}_{Ox}$ 和 $\boldsymbol{F}_{Oy}$，斜面对圆柱的法向约束力 $\boldsymbol{F}_N$ 和静摩擦力 $\boldsymbol{F}_S$.

因为点 O 没有位移，约束力 $\boldsymbol{F}_{Ox}$、$\boldsymbol{F}_{Oy}$ 和 $m_1\boldsymbol{g}$ 所作的功等于零；圆柱沿斜面只滚不滑，瞬心 D 点速度为零，因此作用于点 D 的法向约束力 $\boldsymbol{F}_N$ 和静摩擦力 $\boldsymbol{F}_S$ 不做功，此系统只受理想约束，且内力做功为零.

圆柱中心 C 经过路程 s 时，鼓轮转动角度 φ，且 $\varphi=\dfrac{s}{R_1}$. 主动力 M 与 $m_2\boldsymbol{g}$ 在路程 s 上所作的功为

$$W_{12}=M\varphi-m_2g\sin\theta\cdot s=\left(\frac{M}{R_1}-m_2g\sin\theta\right)s$$

质点系在路程 s 的起点处于静止状态，在终点时设鼓轮和圆柱的角速度分别为 ω_1 和 ω_2，圆柱中心的速度为 $\boldsymbol{v}_C$；则系统在起点的动能 T_1 与终点的动能 T_2 分别为

$$T_1=0$$

$$T_2=\frac{1}{2}J_1\omega_1^2+\frac{1}{2}m_2v_C^2+\frac{1}{2}J_C\omega_2^2$$

式中 $J_1=m_1R_1^2$ 为鼓轮对于中心轴 O 的转动惯量，$J_C=\dfrac{1}{2}m_2R_2^2$ 为圆柱对于过质心 C 的轴的转动惯量.

由鼓轮的定轴转动有 $\omega_1=\dfrac{v_C}{R_1}$；由圆柱的纯滚动有 $\omega_2=\dfrac{v_C}{R_2}$. 于是

$$T_2=\frac{v_C^2}{4}(2m_1+3m_2)$$

由质点系的动能定理 $T_2-T_1=W_{12}$，得

$$\frac{v_C^2}{4}(2m_1+3m_2)-0=\left(\frac{M}{R_1}-m_2g\sin\theta\right)s \tag{a}$$

解得

$$v_C=2\sqrt{\frac{(M-m_2gR_1\sin\theta)s}{R_1(2m_1+3m_2)}}$$

系统运动过程中，速度 v_C 与路程 s 都是时间的函数，将(a)式两端对时间求一阶导数，有

$$\frac{1}{2}(2m_1+3m_2)v_Ca_C=M\frac{v_C}{R_1}-m_2g\sin\theta\cdot v_C \tag{b}$$

求得圆柱中心 C 的加速度为

$$a_C=\frac{2(M-m_2gR_1\sin\theta)}{(2m_1+3m_2)R_1}$$

例 8.9　在图 8.20 中，物块质量为 m，用不计质量的细绳跨过滑轮与弹簧相连. 弹簧原长为 l_0，刚度系数为 k，质量不计. 滑轮半径为 R，对转轴的转动惯量为 J. 不计轴承摩擦，试建立此系统的运动微分方程.

解：以系统为研究对象. 取弹簧的自然位置为坐标原点，弹簧拉长任一长度 s，物块下降 s，为系统的运动坐标. 设此时物块的速度为 $\boldsymbol{v}$，有关系 $v=\dfrac{\mathrm{d}s}{\mathrm{d}t}$；细绳上各点的速度大小皆为 v，滑轮的角速度为 ω，显然有 $\omega=\dfrac{v}{R}$. 此时系统的动能为

$$T=\frac{1}{2}mv^2+\frac{1}{2}J\omega^2=\frac{1}{2}\left(m+\frac{J}{R^2}\right)v^2$$

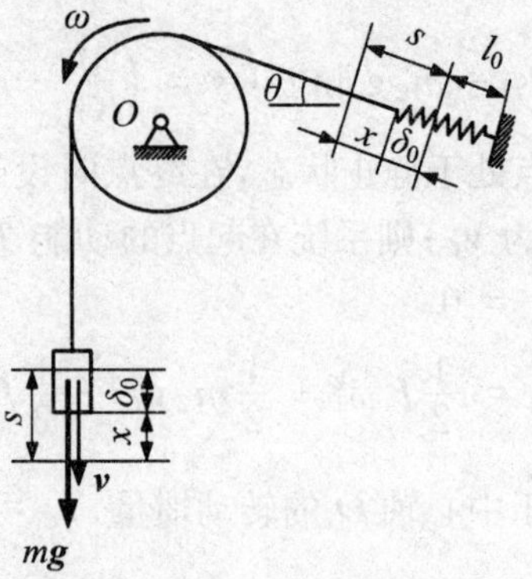

图 8.20　例 8.9 图

系统中只有物块的重力与弹簧力作功，重力功率为 mgv；弹性力大小为 ks，方向与细绳速度方向相反，其功率为 $-ksv$. 由功率方程 $\frac{\mathrm{d}T}{\mathrm{d}t}=\sum P_i$，得

$$\frac{\mathrm{d}T}{\mathrm{d}t}=\left(m+\frac{J}{R^2}\right)v\frac{\mathrm{d}v}{\mathrm{d}t}=mgv-ksv$$

两端皆约去 v，且由关系式 $v=\frac{\mathrm{d}s}{\mathrm{d}t}$，得到对于坐标 s 的运动微分方程

$$\left(m+\frac{J}{R^2}\right)\frac{\mathrm{d}^2s}{\mathrm{d}t^2}=mg-ks$$

如果系统处于静平衡状态时弹簧拉长量为 δ_0，有 $mg=k\delta_0$. 若以静平衡位置为坐标原点，物体下降 x 时弹簧拉长量为 $s=\delta_0+x$，代入上式，得

$$\left(m+\frac{J}{R^2}\right)\frac{\mathrm{d}^2x}{\mathrm{d}t^2}=mg-k\delta_0-kx=-kx$$

移项后，得到对于坐标 x 的运动微分方程

$$\left(m+\frac{J}{R^2}\right)\frac{\mathrm{d}^2x}{\mathrm{d}t^2}+kx=0$$

这是系统自由振动微分方程的标准形式. 由上述计算可见，以静平衡位置为坐标原点列出的运动微分方程比较简洁，而且弹簧倾斜角度 θ 与系统运动微分方程无关.

例 8.10　图 8.21 中，鼓轮 D 匀速转动，绕在轮上的钢索下端有一质量为 $m=250\ \mathrm{kg}$ 的重物，该重物以 $v=0.5\ \mathrm{m/s}$ 的速度匀速下降. 钢索的刚度系数 $k=3.35\times10^6\ \mathrm{N/m}$. 某瞬时鼓轮突然被卡住，求此后钢索的最大张力.

解：鼓轮被卡住前匀速转动，重物匀速直线运动，为静力平衡状态. 此时钢索的伸长量 $\delta_{\mathrm{st}}=\frac{mg}{k}$，钢索的张力 $F=mg=2.45\ \mathrm{kN}$.

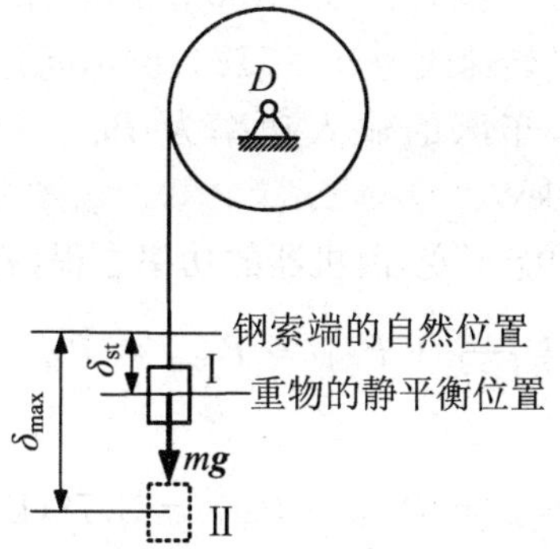

图 8.21　例 8.10 图

鼓轮被卡住后,重物由于惯性将继续下降,弹性的钢索继续伸长,钢索的弹性力逐渐增大,重物的速度逐渐减小.当重物的速度等于零时,钢索的弹性力达到最大值.

鼓轮被卡住后,以重物为研究对象.因重物只受重力和钢索的弹性力的作用,它们都是保守力,因此系统的机械能守恒.取重物平衡位置Ⅰ为重力和弹性力的零势能点,在Ⅱ位置处张力最大.则在Ⅰ,Ⅱ两位置系统的势能分别为

$$V_1 = 0 \quad 和 \quad V_2 = \frac{k}{2}(\delta_{max}^2 - \delta_{st}^2) - mg(\delta_{max} - \delta_{st})$$

因 $T_1 = \frac{1}{2}mv^2$, $T_2 = 0$,由机械能守恒有

$$\frac{1}{2}mv^2 + 0 = 0 + \frac{k}{2}(\delta_{max}^2 - \delta_{st}^2) - mg(\delta_{max} - \delta_{st})$$

注意到 $k\delta_{st} = mg$,上式可改写为

$$\delta_{max}^2 - 2\delta_{st}\delta_{max} + \left(\delta_{st}^2 - \frac{v^2}{g}\delta_{st}\right) = 0$$

解得

$$\delta_{max} = \delta_{st}\left(1 \pm \sqrt{\frac{v^2}{g\delta_{st}}}\right)$$

因 δ_{max}应大于 δ_{st},因此上式应取正号.

钢索的最大张力为

$$F_{max} = k\delta_{max} = k\delta_{st}\left(1 + \sqrt{\frac{v^2}{g\delta_{st}}}\right) = mg\left(1 + \frac{v}{g}\sqrt{\frac{k}{m}}\right)$$

代入数据,求得

$$F_{max} = 2.45 \times \left(1 + \frac{0.5}{9.8}\sqrt{\frac{3.35 \times 10^6}{250}}\right) = 2.45 \times 6.9 = 16.9(\mathrm{kN})$$

由此可见,当鼓轮突然被卡住后,钢索的张力增大了 5.9 倍.

例 8.11　车床的电动机功率 $P_{输入} = 5.4\ \mathrm{kW}$.由于传动零件之间的摩擦,损耗功

率占输入功率的30%.如工件的直径 $d=100$ mm,转速 $n=42$ r/min,问允许切削力的最大值为多少?若工件的转速改为 $n'=112$ r/min,问允许切削力的最大值为多少?

解:由已知条件可知,车床的输入功率为 $P_{输入}=5.4$ kW,损耗的无用功率 $P_{无用}=P_{输入}\times 30\%=1.62$ kW.

当工件匀速转动时,动能不变,由机器的功率方程,有

$$P_{输入}=\frac{\mathrm{d}T}{\mathrm{d}t}+P_{有用}+P_{无用}=P_{有用}+P_{无用}$$

所以,有用功率为

$$P_{有用}=P_{输入}-P_{无用}=3.78(\mathrm{kW})$$

设切削力为 $\boldsymbol{F}$,切削速度为 $\boldsymbol{v}$,则

$$P_{有用}=Fv=F\cdot\left(\frac{d}{2}\cdot\frac{\pi n}{30}\right)$$

即

$$F=\frac{60}{\pi dn}P_{有用}$$

当 $n=42$ r/min,允许的最大切削力为

$$F=\frac{60\times 3.78}{\pi\times 0.1\times 42}=17.19(\mathrm{kN})$$

当 $n=112$ r/min,允许的最大切削力为

$$F=\frac{60\times 3.78}{\pi\times 0.1\times 112}=6.45(\mathrm{kN})$$

习 题

8.1 图示各均质体的质量均为 m,其几何尺寸、质心速度或绕轴转动的角速度如图所示.计算各物体的动量.

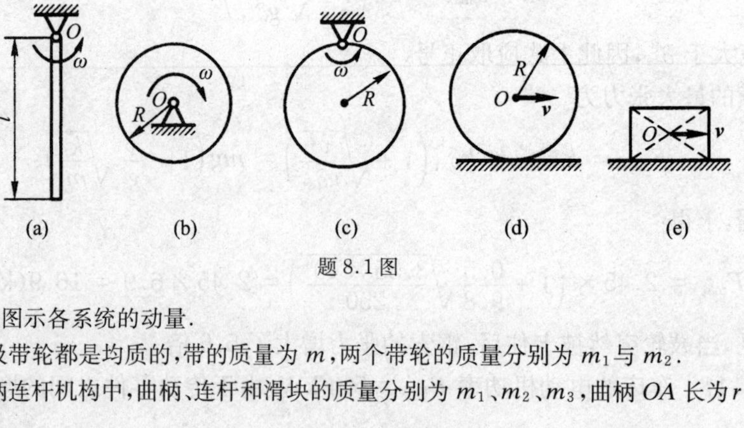

题8.1图

8.2 求图示各系统的动量.

(1) 带及带轮都是均质的,带的质量为 m,两个带轮的质量分别为 m_1 与 m_2.

(2) 曲柄连杆机构中,曲柄、连杆和滑块的质量分别为 m_1、m_2、m_3,曲柄 OA 长为 r,以角速度

ω 绕 O 轴匀速转动.求 $\varphi=0^\circ$ 及 90° 两瞬时系统的动量.

(3) 均质椭圆规尺 AB 的质量为 $2m_1$，曲柄 OC 的质量为 m_1，滑块 A，B 的质量均为 m_2. $OC=AC=CB=l$，规尺及曲柄为均质杆，曲柄以角速度 ω 绕 O 轴匀速转动.求系统的动量.

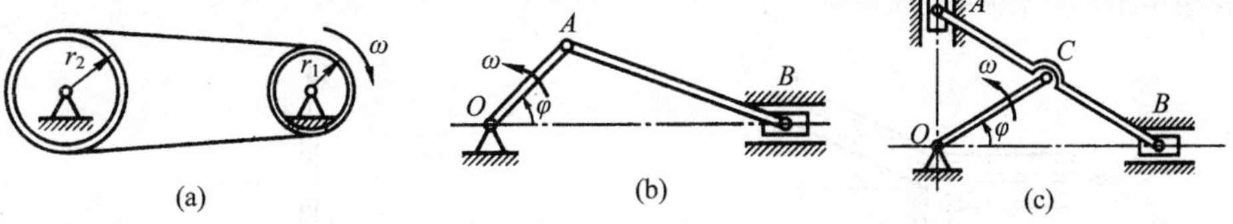

题 8.2 图

8.3　矿车 A 质量 $m_1=4000$ kg，在倾角 $\theta=10^\circ$ 的斜面上由一质量 $m_2=1000$ kg 的重物 B 拉住.设系统初瞬时处于静止状态，且滑轮的质量与摩擦均忽略不计.试问在重物 B 上应再加多少重物，才能使矿车在 1.2 s 内速度达到 1.5 m/s.

8.4　光滑水平面上放一均质三棱柱 A，在其斜面上又放一均质三棱柱 B，如图所示.两三棱柱的横截面均为直角三角形，A 的质量为 B 的 3 倍.求当柱 B 沿柱 A 滑下刚接触水平面时，三棱柱 A 所移动的距离.

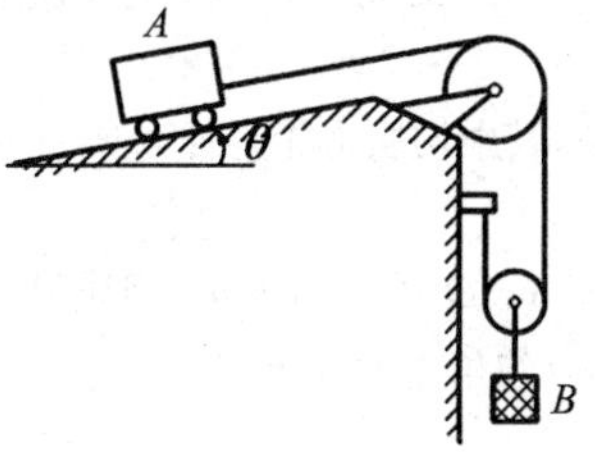

题 8.3 图

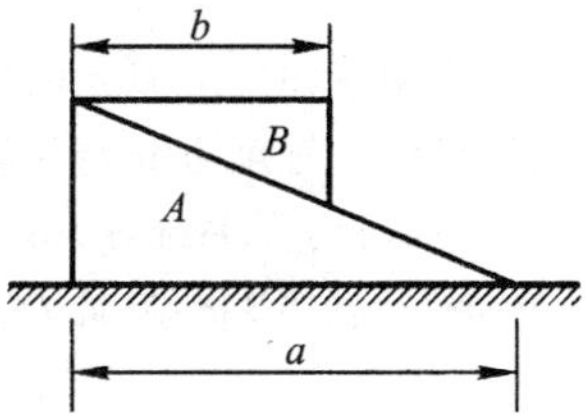

题 8.4 图

8.5　如图所示，浮动式起重机吊起重 $P_1=19.6$ kN 的重物 M.设起重机重 $P_2=196$ kN，杆长 $OA=8$ m，开始时系统静止，水的阻力及杆的重量不计，起重机与铅垂线成 θ 角，求当 θ 由 60° 角转到 30° 角的位置时起重机的水平位移.

8.6　图示自动传送带的运煤量恒为 20 kg/s，带的运转速度为 1.5 m/s.确定在匀速传送时，带作用于煤块的水平总推力.

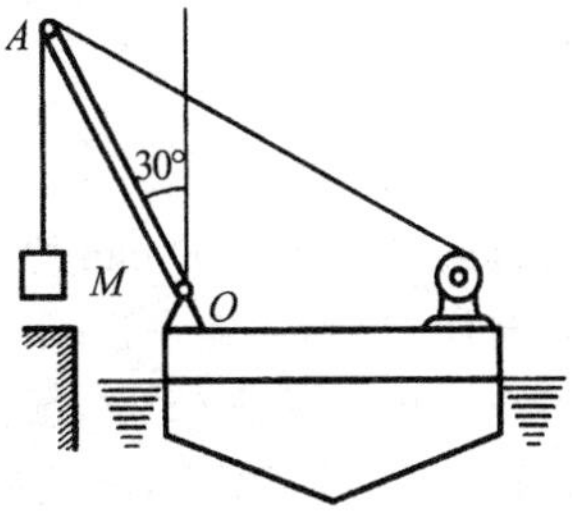

题 8.5 图

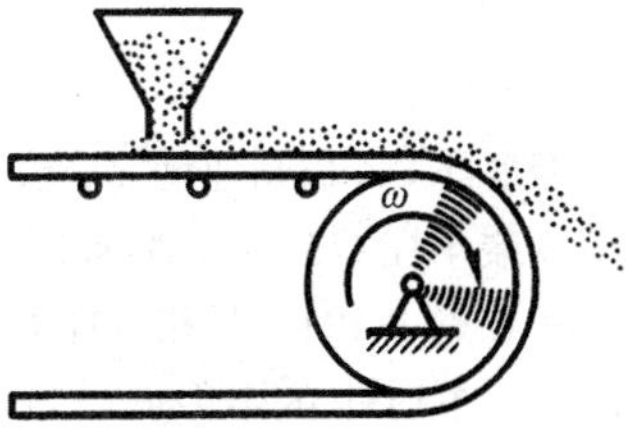

题 8.6 图

8.7　垂直于薄板的水柱流经薄板时，被薄板截分成两部分，如图所示．一部分的流量为 $Q_1=7$ L/s(升/秒)，而另一部分偏离一 φ 角．忽略水重和摩擦，试确定 φ 角和水对薄板的压力．设水柱速度 $v_1=v_2=v=28$ m/s，总流量 $Q=21$ L/s.

8.8　如图所示，均质杆 AB，长 l，直立在光滑的水平面上．求它从铅直位置无初速地倒下时，端点 A 相对图示坐标系的轨迹．

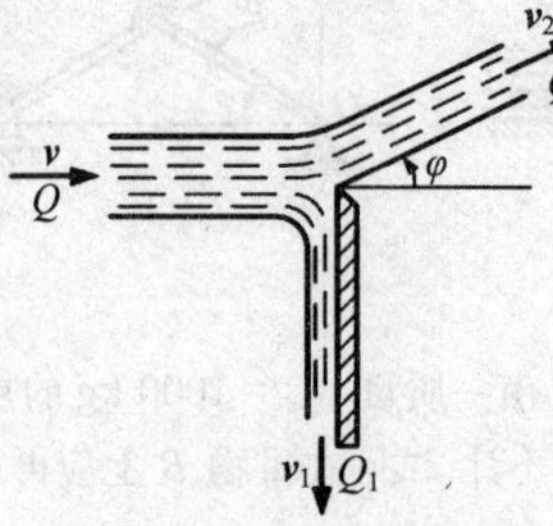

题 8.7 图

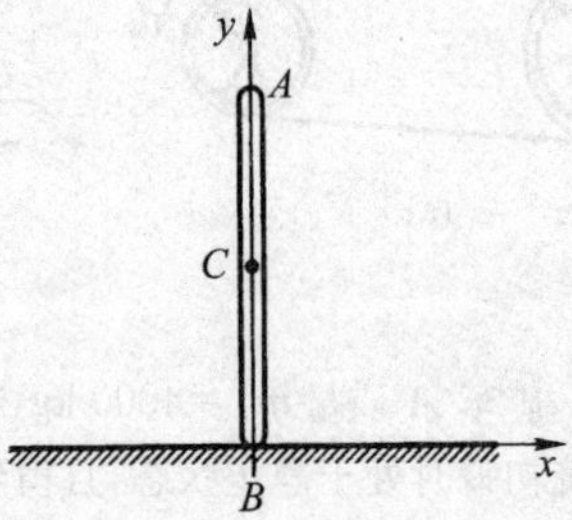

题 8.8 图

8.9　质量为 m 的质点在平面 Oxy 内运动，其运动方程为 $x=a\cos pt$，$y=b\sin 2pt$，其中 a、b 和 p 为常量．求质点对原点 O 的动量矩．

8.10　计算 8.1 题中所示各物体(a)，(b)，(c)，(d)对 O 点的动量矩的大小，其中(d)为纯滚动．

8.11　(1)计算图(a)、(b)所示的系统对 O 点的动量矩，其中均质滑轮半径为 r，质量为 m；物块 A、B 质量均为 m_1；速度为 v，绳质量不计．

(2) 计算图(c)所示的系统对 AB 轴的动量矩．其中小球 C、D 质量均为 m，用质量为 m_1 的均质杆连接，杆与铅直轴 AB 固结，且 $DO=OC$，交角为 θ，轴以匀角速度 ω 转动．

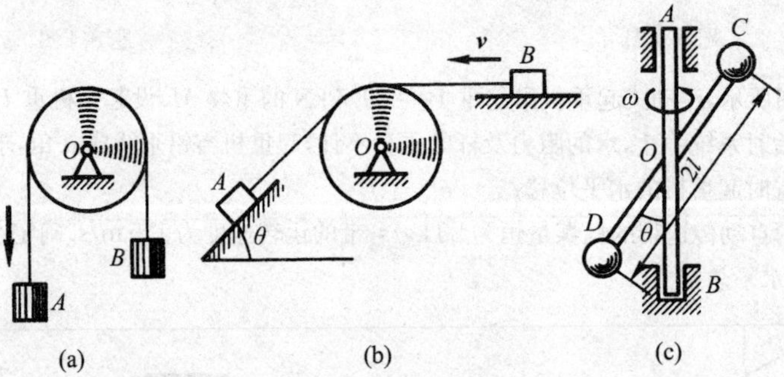

题 8.11 图

8.12　无重杆 OA 以角速度 ω_O 绕轴 O 转动，质量 $m=25$ kg、半径 $R=200$ mm 的均质圆盘以三种方式安装于杆 OA 的点 A，如图所示．在图(a)中，圆盘与杆 OA 焊接在一起；在图(b)中，圆盘与杆 OA 在点 A 铰接，且相对杆 OA 以角速度 ω_r 逆时针方向转动；在图(c)中，圆盘相对杆 OA 以角速度 ω_r 顺时针方向转动．已知 $\omega_O=\omega_r=4$ rad/s，计算在此三种情况下，圆盘对轴 O 的动量矩．

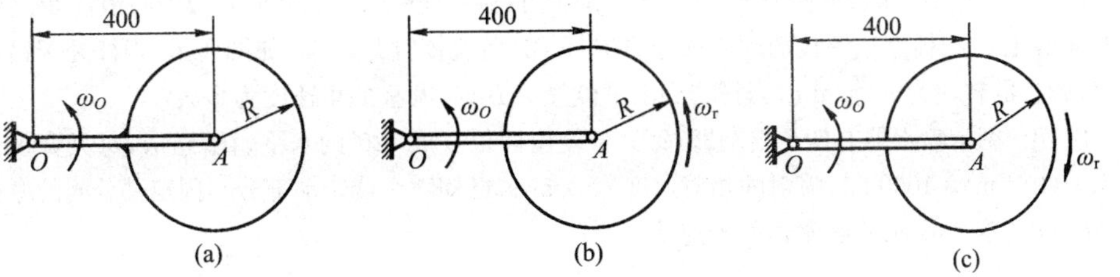

题 8.12 图

8.13　如图所示，质量为 m 的偏心轮在水平面上作平面运动. 轮子轴心为 A，质心为 C，$AC=e$；轮子半径为 R，对轴心 A 的转动惯量为 J_A；C、A、B 三点在同一铅直线上.

(1) 当轮子只滚不滑时，若 $\boldsymbol{v}_A$ 已知，求轮子的动量和对地面上 B 点的动量矩.

(2) 当轮子又滚又滑时，若 $\boldsymbol{v}_A$，ω 已知，求轮子的动量和对地面上 B 点的动量矩.

8.14　图示均质细杆 OA 的质量为 m，长为 l，绕定轴 Oz 以匀角速度转动. 设杆与 Oz 轴夹角为 θ，求当杆运动到 Oyz 平面内的瞬时，杆对 x、y、z 轴及 O 点的动量矩.

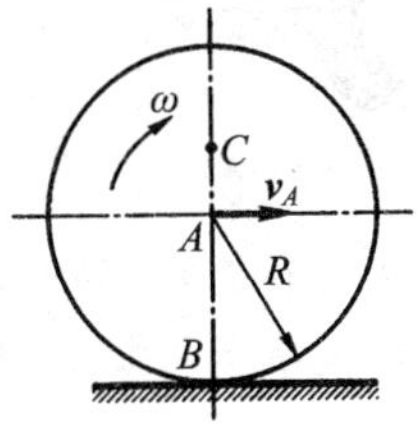

题 8.13 图

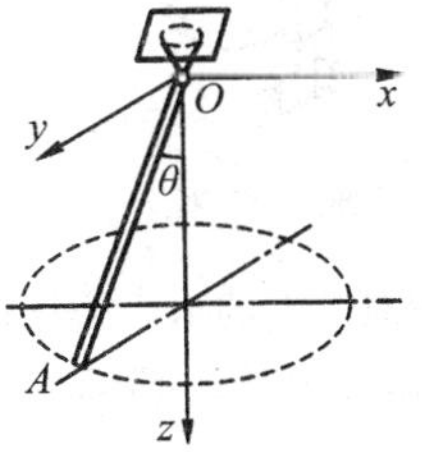

题 8.14 图

8.15　图示直角曲尺 ADB 可绕其铅垂边 AD 旋转，在水平边上有一质量为 m 的物体 E. 开始时，系统以角速度 ω_0 绕 AD 轴转动，物体 E 距 D 点为 a. 设曲尺对 AD 轴的转动惯量为 J，求曲尺转动的角速度 ω 与距离 $x=ED$ 之间的关系.

8.16　一半径为 R，质量为 m_1 的均质圆盘，可绕通过其中心的铅垂轴无摩擦地转动，另一质量为 m 的人由 B 点按规律 $s=\dfrac{1}{2}at^2$ 沿距 O 轴半径为 r 的圆周行走，如图所示. 开始时，圆盘与人均静止，求圆盘的角速度和角加速度.

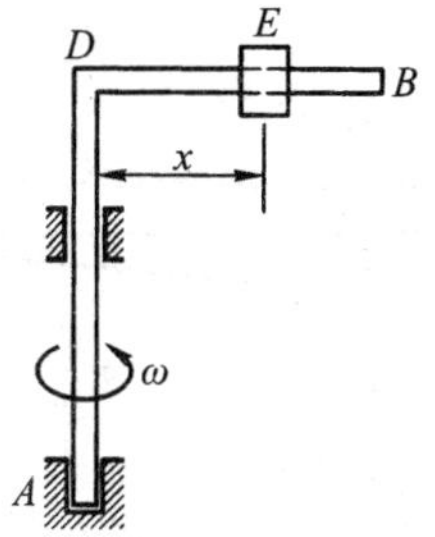

题 8.15 图

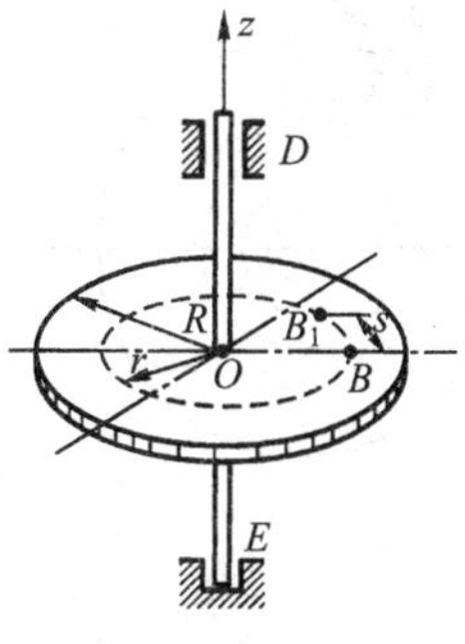

题 8.16 图

8.17 质量为 5 kg、半径为 $r=0.3$ m 的圆板可绕铅垂轴 z 自由转动，圆板中心销钉 O 连接质量为 4 kg 且与圆板直径等长的均质细杆 AB，杆 AB 可绕销钉 D 转动，如图所示. 当杆处于铅垂位置时，圆板的转速为 90 r/min，当杆转到水平位置 $A'B'$时，圆板的角速度为多大？

8.18 图示喷水器有四个转动臂，每只臂均由两根互成 120° 的水平直管组成，每只臂每分钟喷水 10 L($1\ \mathrm{m}^3=1000$ L)，喷射的相对速度为 12 m/s. 已知喷水器转动部分与固定部分间的摩擦力矩 $M_\mathrm{f}=0.3\ \mathrm{N\cdot m}$，求此喷水器的转速.

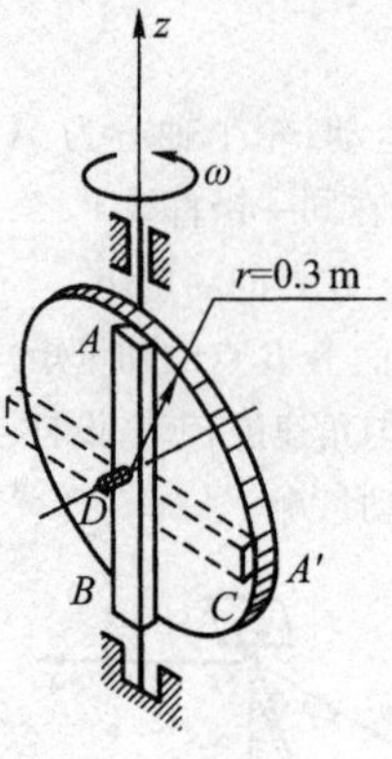

题 8.17 图

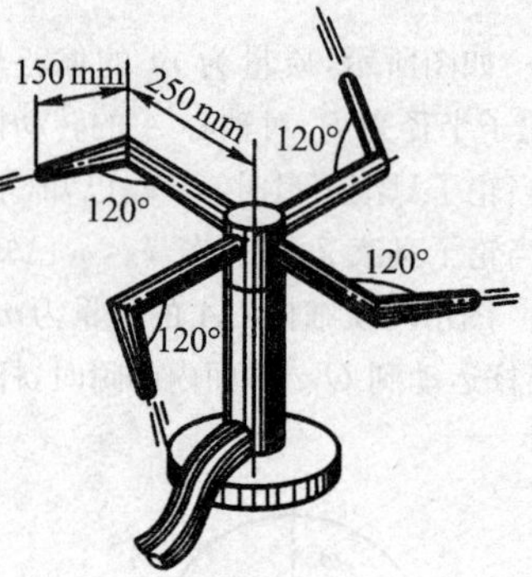

题 8.18 图

8.19 水泵叶轮的水流的进口、出口速度矢量如图所示. 设叶轮转速 $n=1450$ r/min，叶轮外径 $D_2=0.4$ m，夹角 $\beta_2=45^\circ$，$\theta_2=30^\circ$，$\theta_1=90^\circ$，流量 $Q=0.02\ \mathrm{m^3/s}$，求水流流过叶轮时所产生的力矩.

8.20 图示直升飞机的机身对 z 轴的转动惯量为 $J=15\,680\ \mathrm{kg\cdot m^2}$，主叶桨对 z 轴的转动惯量 $J'=980\ \mathrm{kg\cdot m^2}$. 已知 z 轴铅垂，主叶桨水平，尾桨的旋转平面铅垂且通过 z 轴，$l=5.5$ m，C 为机身的质心.

(1) 试求主叶桨相对机身的转速由 $n_0=200$ r/min(此时机身没有转动)增至 $n_1=250$ r/min 时，机身的转速如何(大小与转向)？

(2) 如上述匀加速过程共经 5 s，为使机身保持不动，可以开动尾桨，问此时加在尾部的力应当多大？

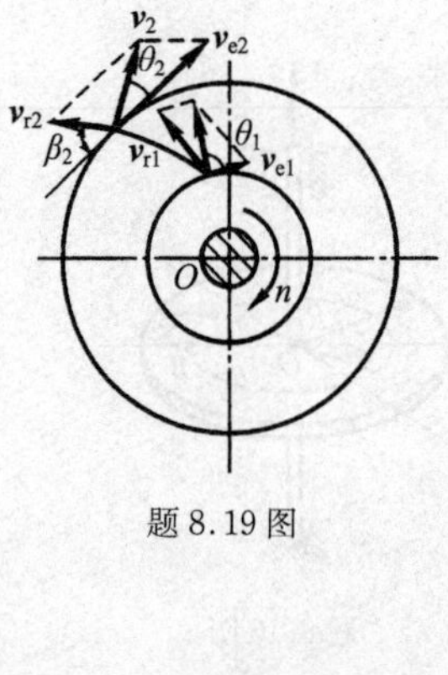

题 8.19 图

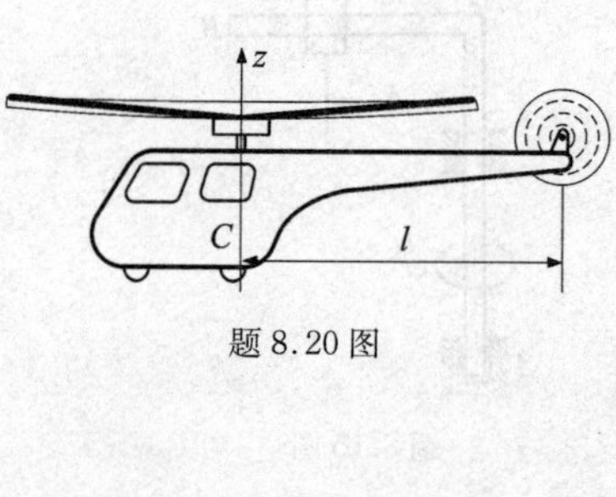

题 8.20 图

8.21　圆盘的半径 $r=0.5\ \text{m}$，可绕水平轴 O 转动. 在绕过圆盘的绳上吊有两物块 A、B，质量分别为 $m_A=3\ \text{kg}$，$m_B=2\ \text{kg}$. 绳与盘之间无相对滑动. 在圆盘上作用一力偶，其力偶矩按 $M=4\varphi$ 的规律变化（M 以 N·m 计，φ 以 rad 计）. 求由 $\varphi=0$ 到 $\varphi=2\pi$ 时，力偶 M 与物块 A、B 的重力所作的功之总和.

8.22　用跨过滑轮的绳子牵引质量为 2 kg 的滑块 A 沿倾角为 30° 的光滑斜槽运动. 设绳子拉力 $F=20\ \text{N}$. 计算滑块由位置 A 至位置 B 时，重力与拉力 $\boldsymbol{F}$ 所作的总功.

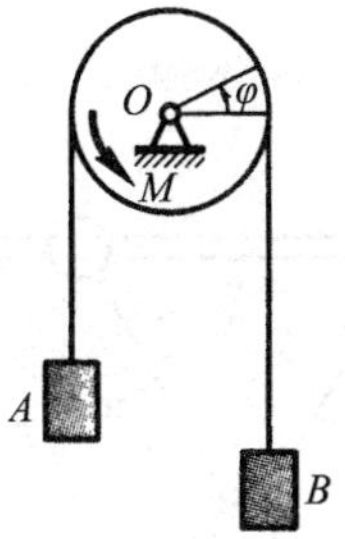

题 8.21 图

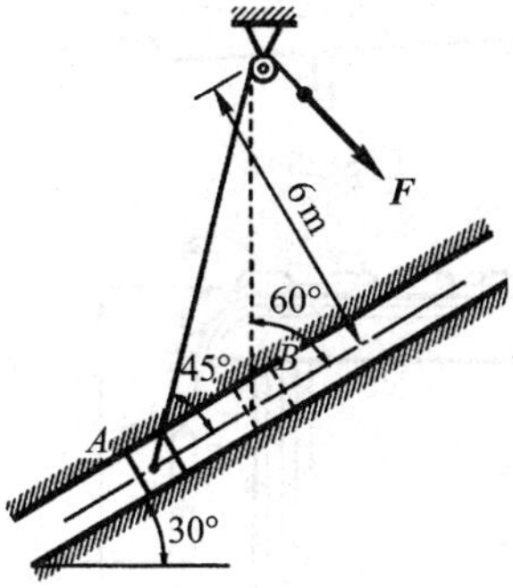

题 8.22 图

8.23　图示坦克的履带质量为 m，两个车轮的质量均为 m_1. 车轮可视为均质圆盘，半径为 R，两车轮轴间的距离为 πR. 设坦克前进速度为 v，计算此质点系的动能.

8.24　长为 l、质量为 m 的均质杆 OA 以球铰链 O 固定，并以等角速度 ω 绕铅直线转动，如图所示. 如杆与铅直线的交角为 θ，求杆的动能.

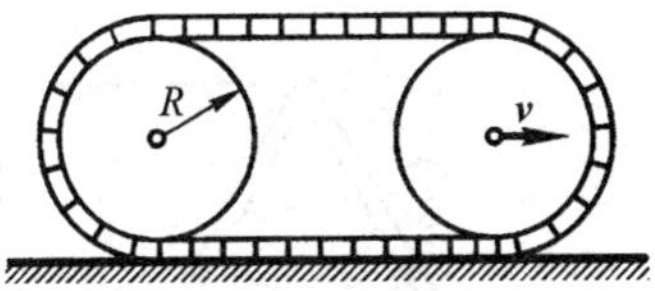

题 8.23 图

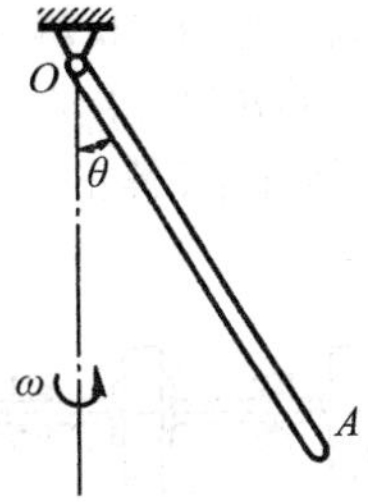

题 8.24 图

8.25　均质圆盘 A 的半径为 r，质量为 m，以角速度 ω 绕固定的铅直轴 z 在水平面上作纯滚动，如图所示. 设圆盘中心至 z 轴的距离为 R，求圆盘的动能.

8.26　图示行星轮系位于水平面内，由连杆 OA 带动. 此连杆和三个相同的齿轮的轴相连. 齿轮 Ⅰ 是不动的，连杆以角速度 ω 转动. 每个齿轮的质量为 m_1，半径为 r，连杆的质量为 m_2. 设齿轮及连杆皆为均质，计算此行星齿轮机构的动能.

8.27　链条长 l，重 P，放在光滑的桌面上，其一段下垂，下垂的长度为 h，如图所示. 开始时，链条初速为 0. 如不计摩擦，求链条离开桌面时的速度.

8.28　图示 A、B、C 三球的质量均为 1 kg. 球 A、B 可在光滑水平杆上自由滑动，球 C 则用两根长 1 m 的细线与 A、B 连接. 若三球在成等边三角形的位置时静止释放，问球 A、B 将以多大的速度碰撞？球的大小可以忽略，细线不可伸长.

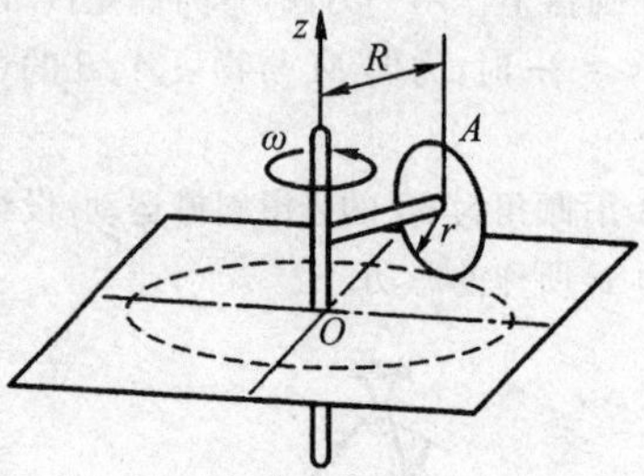

题 8.25 图

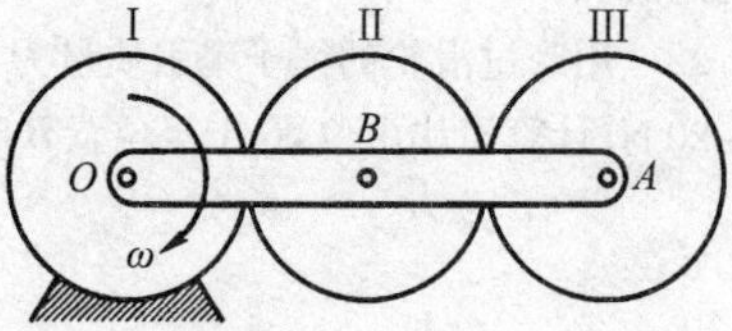

题 8.26 图

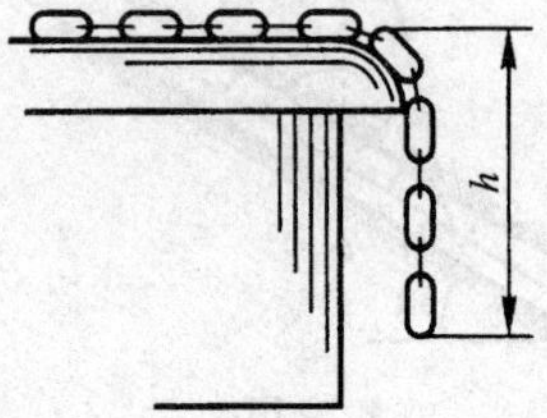

题 8.27 图

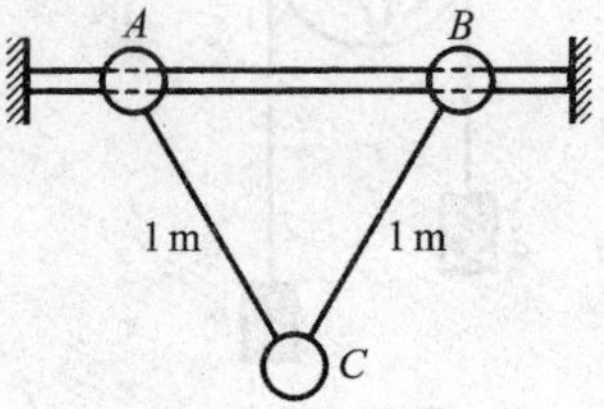

题 8.28 图

8.29 图示轴Ⅰ和轴Ⅱ连同安装在其上的带轮和齿轮的转动惯量分别为 $J_1 = 5\ \mathrm{kg \cdot m^2}$ 和 $J_2 = 4\ \mathrm{kg \cdot m^2}$，传动比 $\frac{\omega_2}{\omega_1} = \frac{3}{2}$，在轴Ⅰ上的转矩 $M = 50\ \mathrm{N \cdot m}$ 的作用下，系统由静止开始运动. 问轴Ⅱ经过多少转后，它的转速可达 $n_2 = 120\ \mathrm{r/min}$.

8.30 均质杆 AC 和 BC 各重 $\boldsymbol{P}$，长均为 l，在 C 点由铰链相连接，放在光滑水平面上，如图所示. 由于 A 端和 B 端的滑动，杆系在其铅直面内落下，求铰链 C 与地面相碰时的速度. C 点的初始高度为 h，开始时杆系静止.

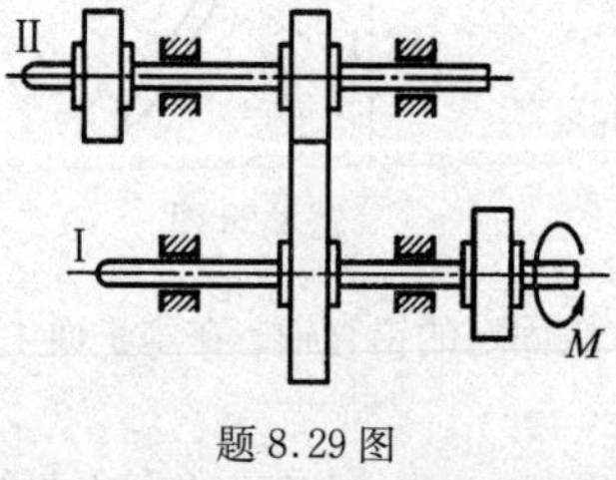

题 8.29 图

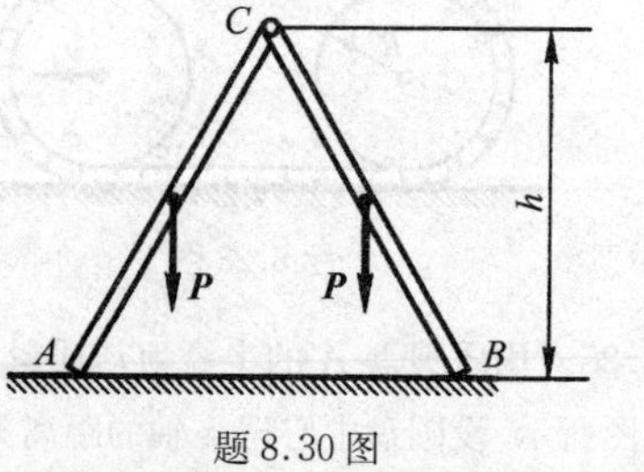

题 8.30 图

8.31 外啮合的行星齿轮机构放在水平面内，今在曲柄 OA 上作用常值力偶 M_O 来带动齿轮Ⅰ沿定齿轮Ⅱ纯滚动. 已知轮Ⅰ和Ⅱ的质量分别是 m_1 和 m_2，可看成半径分别是 r_1 和 r_2 的均质圆盘；曲柄质量是 m. 可看成是均质细杆. 假设机构由静止开始运动，试求曲柄的角速度与其转角 φ 之间的关系. 摩擦不计.

8.32 当物块 M 离地面高 h 时，图示系统处于平衡. 假若给 M 一向下的初速度 $\boldsymbol{v}_0$，使其恰能触及地面，且已知物块 M 和滑轮 A、B 的质量均为 m，滑轮为均质圆盘，弹簧刚度系数为 k，绳重不计，绳与轮间无滑动. 问 $\boldsymbol{v}_0$ 应为多少？

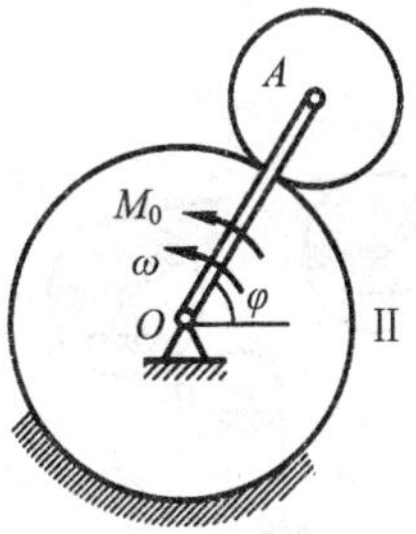

题 8.31 图

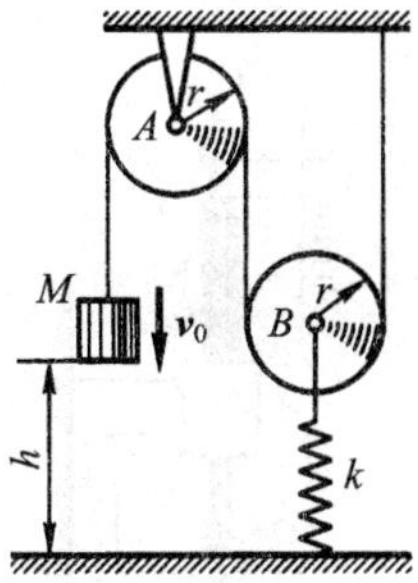

题 8.32 图

8.33　在图示机构中，直杆 AB 的质量为 m，楔块 C 的质量为 m_C，倾角为 θ，杆 AB 可铅垂下降推动楔块水平运动. 不计各处摩擦，求楔块 C 和杆 AB 的加速度.

8.34　图示系统从静止开始释放，此时弹簧的初始伸长量为 100 mm. 设弹簧的刚度系数 $k=0.4$ N/mm，滑轮重 120 N，对中心轴的回转半径为 450 mm，轮半径 500 mm，物块重 200 N. 求滑轮下降 25 mm 以后，滑轮中心的速度和加速度.

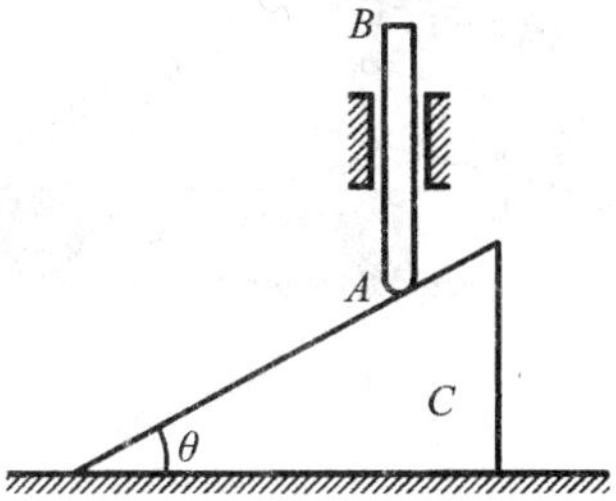

题 8.33 图

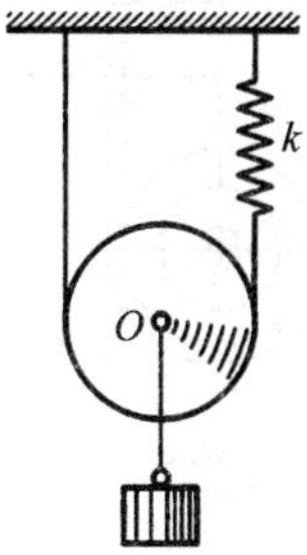

题 8.34 图

8.35　重 24 N 的柱塞 AB 与重 40 N 的扇形齿轮（可视为均质半圆盘）在 B 点用铰链相连. 系统由图示位置静止释放. 试求：

(1) 为了保证齿轮转角不超过 1/8 转，弹簧的刚度系数 k 应为多少？

(2) 此弹簧被压缩 30 mm 时，柱塞 AB 的速度 v.

8.36　图示矿井升降带上挂有重 $\boldsymbol{P}_1$ 和 $\boldsymbol{P}_2$ 的两重物，其绞车 Ⅰ 由发动机带动. 开始时，重物 P_1 被提升并有匀加速度 a. 当速度到达 v_{max} 时，即保持匀速运动. 已知绞车 Ⅰ 的半径为 r_1，其对轴的转动惯量为 J_1；轮 Ⅱ、Ⅲ 的半径各为 r_2、r_3，对轴的转动惯量各为 J_2、J_3；升降带的单位长重力为 q，全长为 l. 求在变速和匀速两个阶段时，电动机输出的功率.

8.37　图示测量机器功率的动力计，由胶带 $ACDB$ 和杠杆 BAF 组成. 胶带具有铅直的两段 AC 和 BD 并套住受试验机器的飞轮 E 的下半部，而杠杆则以刀口搁在支点 O 上. 借升高或降低支点 O，可以变更胶带的张力，同时变更轮和带间的摩擦力. 此时在 F 点挂质量 $m=3$ kg 的重锤，使杠杆 BF 处于水平的平衡位置. 如力臂 $l=500$ mm，发动机转速 $n=240$ r/min，求受试验的发动机的功率.

8.38　图示翻斗卡车装有密度为 1.8 t/m³ 的灰渣 4 m³. 翻斗机构以 0.7 r/min 的不变转速绕 A 轴翻转车斗. 已知车斗的质量为 300 kg，车斗和灰渣的质心位于 C 点. 求在翻转过程中，所需输

出的最大功率 P_{max}.

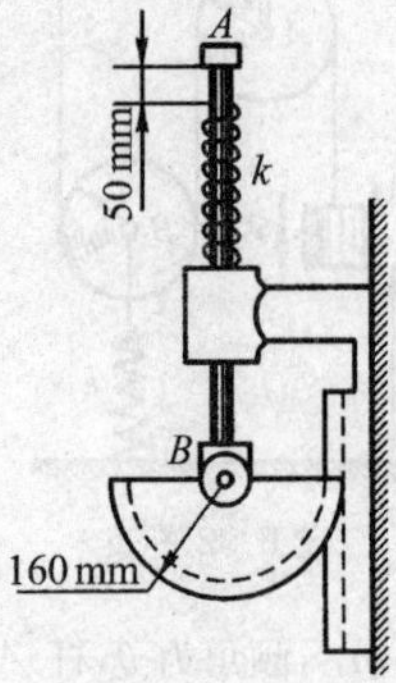

题 8.35 图

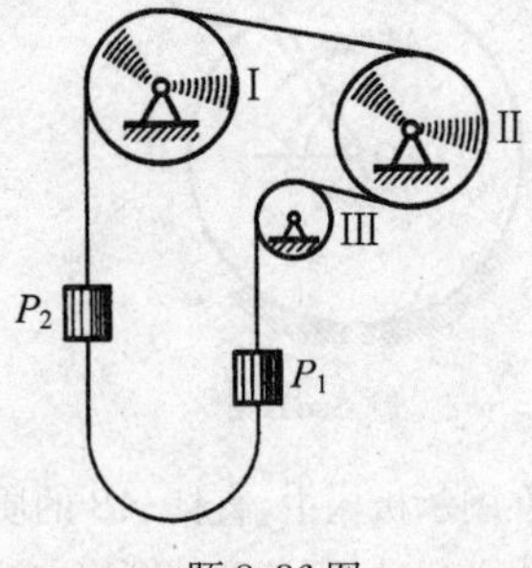

题 8.36 图

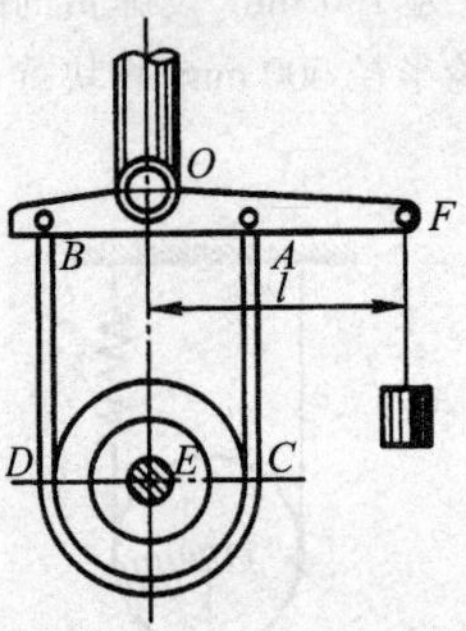

题 8.37 图

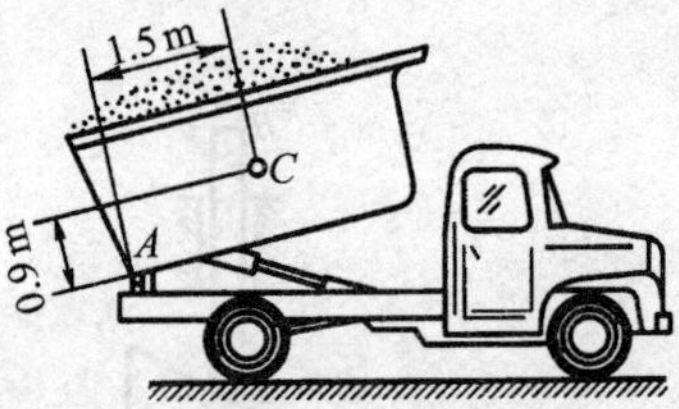

题 8.38 图

第9章　虚位移原理

建立平衡方程时，必须按照受力图，计算各个力的投影或力矩，这属于矢量力学的方法.矢量力学的方法直观、物理意义明确、计算规范，在许多问题中得到广泛应用，但是它具有一定的局限性.比如，矢量力学中的静力平衡条件对于刚体是充分必要条件，但是对于变形体只是必要而非充分的.又如，对于物体系统的平衡问题，如果拆开进行研究时未知约束力多、求解过程繁琐.虚位移原理引入虚位移的概念，从约束允许的运动中考察系统的平衡，通过作用在质点系上的所有力在虚位移上的虚功关系给出一个普遍适用的平衡的充分必要条件.它是研究任意受约束质点系平衡的十分有效的普遍方法.

虚位移原理与达朗贝尔原理是分析力学的两个基本原理.分析力学是继牛顿矢量力学后，针对受约束质点系创立的一种采用标量分析的力学体系.虚位移原理与达朗贝尔原理相结合奠定了分析动力学的基础.

为了掌握虚位移原理，必须了解有关的一些概念，这些概念也是分析力学的基本概念.

9.1　约束　自由度与广义坐标

9.1.1　约束及其分类

在2.2节中我们已经了解到，所谓约束是指对物体的位置或运动的限制条件.在矢量力学中，约束是用约束力描述的.约束还可以用表示限制条件的数学表达式，即**约束方程**来描述.对于由 n 个质点组成的非自由质点系，约束方程就是这些质点的矢径(或坐标)的关系式.按照约束方程的形式及其所含变量的不同，可以对约束进行各种分类.

1. 几何约束与运动约束

只对质点的位置有限制的约束称为**几何约束**，几何约束方程中只含有质点的矢径(或坐标)，而不含它们对时间的导数.对质点的运动状态也有限制的约束称为**运动约束**，运动约束方程中含有质点的矢径(或坐标)对时间的导数.

如图9.1所示，小圆环 M 在固定的大圆环上滑动，约束方程为 $x^2 + y^2 = r^2$，是几何约束.如图9.2所示，圆轮在直线轨道上纯滚动时，由只滚不滑的条件限制，有速

度关系 $v-r\omega=0$,这就是对运动限制的约束方程.如果 x 是圆轮圆心 C 的坐标,φ 是圆轮的转角,则约束方程可写为 $\dot{x}-r\dot{\varphi}=0$,这就是运动约束.

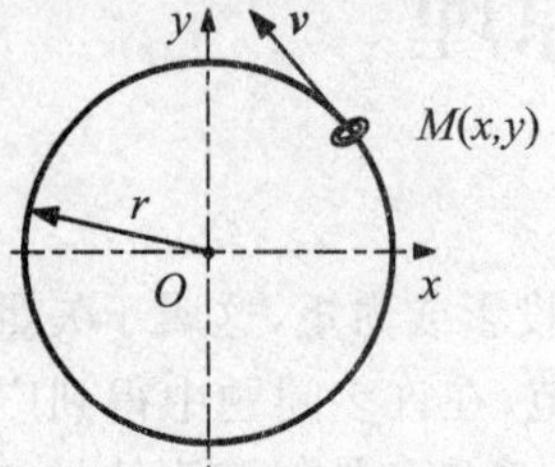

图 9.1 几何约束

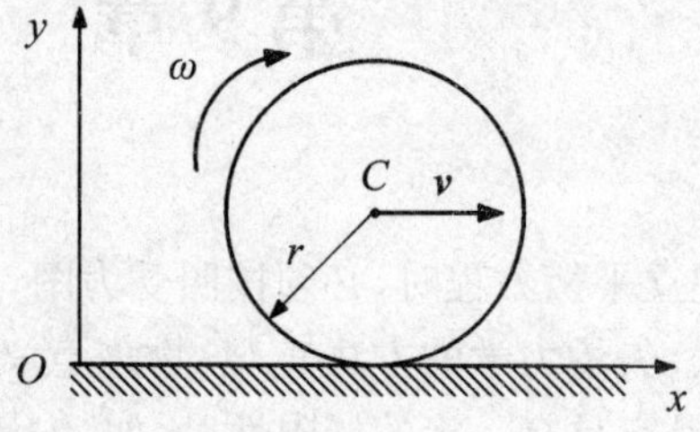

图 9.2 运动约束

2. 定常约束与非定常约束

约束方程中不显含时间 t 的约束称为**定常(稳定)约束**,否则称为**非定常(非稳定)约束**.

如图 9.3 所示,摆杆为刚性杆的单摆,约束方程为 $x^2+y^2=l^2$,其中不显含时间 t,是定常约束.图 9.4 所示为用一根穿过定滑轮的细绳悬挂的摆球,初始摆长为 l_0,然后以不变的速度 v 拉动绳的另一端,此时的约束方程为 $x^2+y^2\leqslant(l_0-vt)^2$,其中显含时间 t,是非定常约束.

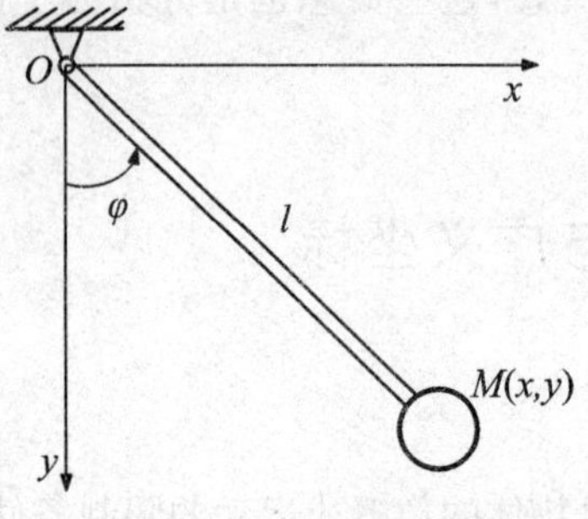

图 9.3 定常、完整、双面约束

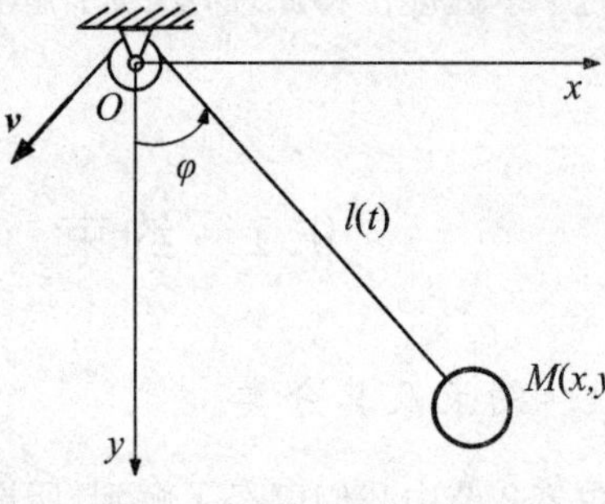

图 9.4 非定常、非完整、单面约束

3. 双面约束与单面约束

约束方程为等式的约束称为**双面约束**,约束方程为不等式的约束称为**单面约束**.例如,图 9.3 所示的摆杆为刚性杆的单摆,约束方程为 $x^2+y^2=l^2$,这是双面约束.图 9.4 所示的用细绳悬挂的摆球,约束方程为 $x^2+y^2\leqslant(l_0-vt)^2$,这是单面约束.

4. 完整约束与非完整约束

几何约束与可以通过积分除去坐标对时间的导数的运动约束,称为**完整约束**;如果约束方程中包含坐标对时间的导数且不可积分成为完整约束,则称之为**非完整约束**.图 9.1 所示的在固定的大圆环滑动的小圆环的约束,与图 9.3 所示的摆杆为刚性杆的单摆的约束皆为完整约束(几何约束).图 9.2 所示的圆轮在直线轨道上纯滚动的约束方程 $\dot{x}-r\dot{\varphi}=0$,可以积分得到 $x-r\varphi=D$,所以也是完整约束(其中 D 是由初始条件确定的积分常数).图 9.4 所示的用拉动的绳悬挂的摆球的约束为非完整约束.

本章只研究定常、双面的几何约束,其约束方程的一般形式为

$$f_{\alpha}(\boldsymbol{r}_1,\boldsymbol{r}_2,\cdots,\boldsymbol{r}_n)=0\quad(\alpha=1,2,\cdots,s)$$

式中,n 为质点系的质点数,s 为约束方程数.

9.1.2　自由度与广义坐标

在 2.1 节物体的模型中,已经介绍了自由度的概念.由 n 个质点组成的非自由质点系,如果受 l 个完整约束和 h 个非完整约束,则系统的自由度为 $3n-l-h$.显然,平面运动刚体的自由度为 3,平面机构的自由度为 $k=3n-s$,其中 n 为构成平面机构的刚体个数,s 为约束力分量个数.

系统内各质点在每个瞬时的位置总体构成一个系统的**位形**.比如,由 n 个质点组成的质点系,在空间可以用 $3n$ 个直角坐标 x_i、y_i、z_i($i=1,2,\cdots,n$)来确定其在空间的位置,这 $3n$ 个坐标的集合就称为该质点系的位形.

系统的位形随时间而变,并可由最少数目的一组独立坐标来唯一地确定.这组独立坐标称为系统的**广义坐标**.对于由 n 个质点组成的非自由质点系,其自由度 $k<3n$,描述该质点系位形的 $3n$ 个直角坐标彼此不完全独立,系统的广义坐标数目 $N<3n$.因为非完整约束无法确定坐标之间的关系,所以选取广义坐标时不必考虑系统的非完整约束.但非完整约束限制了自由度,所以它对自由度是有影响的.

对于受 l 个完整约束和 h 个非完整约束的质点系,系统的自由度为

$$k=3n-l-h \tag{9.1}$$

系统的广义坐标数为

$$N=3n-l \tag{9.2}$$

图 9.5 的系统由滑块与摆组成,视为两个质点 M_1 和 M_2,该质点系的位形有六个坐标,但有四个几何约束方程:

$$y_1=0,\quad z_1=0,\quad z_2=0,\quad (x_2-x_1)^2+(y_2-y_1)^2+(z_2-z_1)^2=l^2$$

所以系统的自由度为 $k=3\times2-4=2$,广义坐标也有两个,可选取 x_1 与 θ 为广义坐标.

图 9.6 所示为抓举工作的机械臂,由刚体 A、B、C、D 组成.对于这类刚体系统或质点—刚体系统的自由度判断,一般不采用式(9.1)或式(9.2)计算,而是按照系统中物体的连接顺序,依次逐个分析确定各个物体在空间位置所需的独立变量数,其总和即为系统的自由度.图 9.6 中,刚体 A 绕铅垂轴 O_1 作定轴转动,描述其位置需独立变量 q_1;刚体 B、C、D 分别绕动轴 O_2、O_3、O_4 转动,需独立变量 q_2、q_3、q_4.

因此该机械臂共有四个自由度.

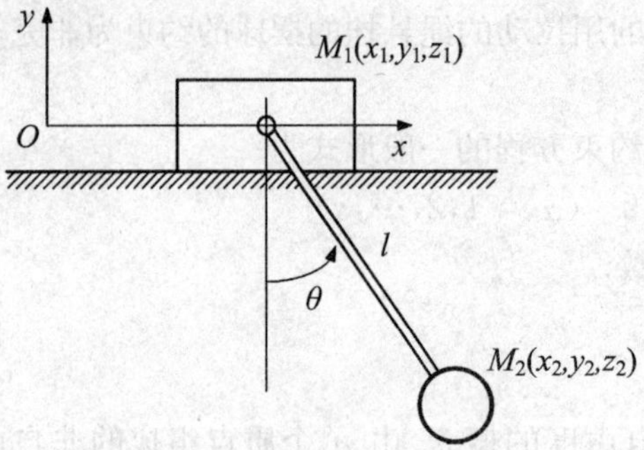

图 9.5 二自由度的系统

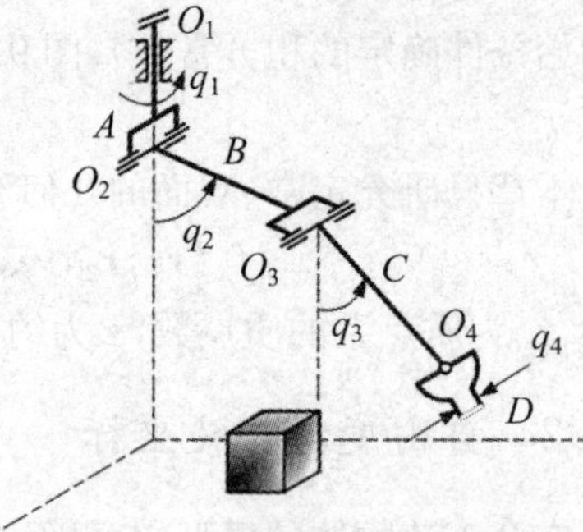

图 9.6 四自由度的机械臂

9.2 虚位移 虚功 理想约束

9.2.1 虚位移

1. 虚位移的概念

在某瞬时,质点系在约束允许的条件下,可能实现的任何无限小的位移称为虚位移.虚位移可以是线位移,也可以是角位移.虚位移用符号 δ 表示,它是变分的符号,“变分”包含有无限小“变更”的意思.

虚位移与实际位移(简称为**实位移**)是不同的概念.实位移是质点系在一定的时间内真正实现的位移,它除了与约束条件有关外,还与时间、主动力以及运动的初始条件有关;而虚位移仅与约束条件有关.因为虚位移是任意无限小的位移,所以在定常约束的条件下,实位移只是所有虚位移中的一个,而虚位移视约束的情况可以有多个,甚至无穷多个.对于非定常约束,某个瞬时的虚位移是将时间固定后,约束所允许的位移;而实位移是不能固定时间的,所以此时实位移不一定是虚位移中的一个.对于无限小的实位移,一般用微分符号 d 表示,如 d$\boldsymbol{r}$、dx、dφ,等等.

如图 9.7 所示的三种质点系,其中(a)为放置于二维固定斜面上的质点 P,其虚位移 $\delta\boldsymbol{r}=(\delta\boldsymbol{r}_1,\delta\boldsymbol{r}_2)$;(b)为平面机构曲柄—滑块机构,其虚位移 $\delta\boldsymbol{r}=(\delta\boldsymbol{r}_{A1},\delta\boldsymbol{r}_{B1};\delta\boldsymbol{r}_{A2},\delta\boldsymbol{r}_{B2})$;(c)为放置在三维固定平面上的质点 P,其虚位移 $\delta\boldsymbol{r}=(\delta\boldsymbol{r}_1,\delta\boldsymbol{r}_2,\cdots,\delta\boldsymbol{r}_n)$.在以上每种情况中,在一定的主动力作用下,从一定的初始条件,在 dt 时间间隔内,只可能产生一个实位移 d$\boldsymbol{r}_i$,这是各虚位移中的一个.但是如果约束为非定常的,比如(a)中的斜面沿水平面滑动时,点 P 的实位移 dr 不再是两个虚位移 δr 中的任一个.

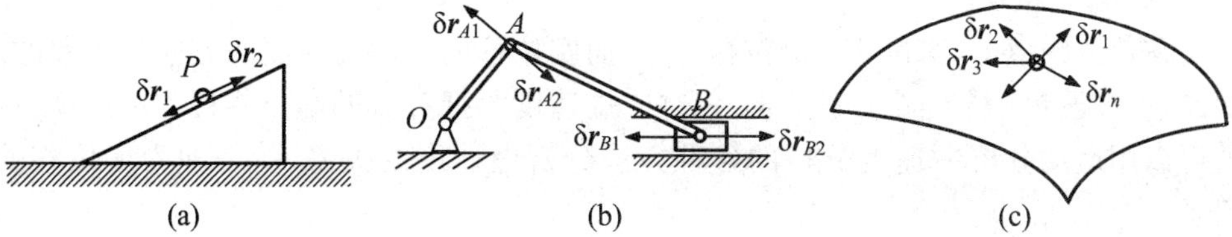

图 9.7　三种质点系的虚位移举例

2. 虚位移关系分析

在非自由质点系中，不同点的虚位移不是完全独立的.独立虚位移的数目与系统的自由度相等.分析不同点的虚位移之间的关系，用独立的虚位移表示各点的虚位移，是运用虚位移原理的关键环节.分析虚位移关系涉及质点系的位形变化，内容十分广泛.本书只讨论工程中常见的具有定常完整约束刚体系统的虚位移关系分析，常用的方法有几何法、虚速度法与解析法.

(1) 几何法

设系统某处产生虚位移，作出系统此时的位置图形，直接按几何关系确定各有关虚位移之间的关系.

例 9.1　图 9.8 所示梁中，如果解除 A 支座的约束，试求梁处于平衡状态时 A 支座的约束力 $\boldsymbol{F}_A$ 与各主动力对应的虚位移之间的关系.图中长度单位为 m.

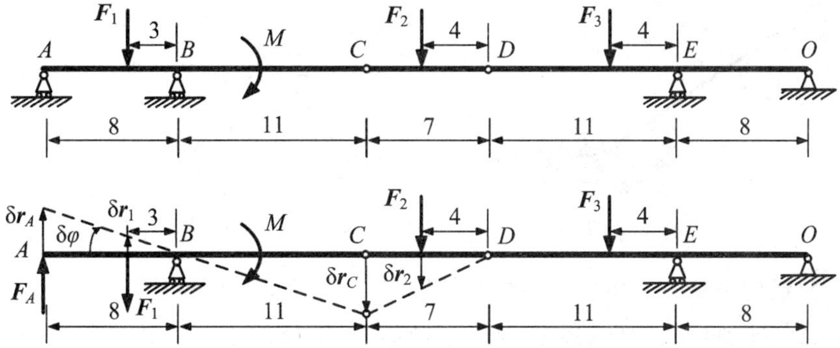

图 9.8　例 9.1 图

解：未解除 A 支座的约束前，梁的自由度为零，没有虚位移.解除 A 支座的约束后，梁变成了一个自由度的系统，有一个独立的虚位移.

设 A 点产生一个向上的虚位移 δr_A，在约束允许的条件下，梁变到虚线所示的位置，此即梁的虚位移.各主动力对应的虚位移为 M 的 $\delta\varphi$，$\boldsymbol{F}_1$ 的 δr_1，$\boldsymbol{F}_2$ 的 δr_2，$\boldsymbol{F}_3$ 的虚位移为零.

若以 $\delta\varphi$ 为独立的虚位移，则由图中的几何关系有

$$\delta r_A = 8\delta\varphi,\quad \delta r_1 = 3\delta\varphi,\quad \delta r_C = 11\delta\varphi,\quad \delta r_2 = \frac{4}{7}\delta r_C = \frac{44}{7}\delta\varphi,\quad \delta r_3 = 0$$

(2) 虚速度法

在定常约束下，实位移是虚位移之一，而实位移的方向与速度的方向是一致的．因此，可以设想一个与虚位移方向一致的“虚速度”．把各点的虚位移视为虚速度后，就可以用运动分析中速度分析的各种方法分析虚速度的关系，所得即为虚位移的关系．

例 9.2　图 9.9 所示椭圆规机构中，连杆长为 l，在滑块 A 和 B 上分别作用力 $\boldsymbol{F}_A$、$\boldsymbol{F}_B$，机构在图示位置平衡．求 $\boldsymbol{F}_A$ 和 $\boldsymbol{F}_B$ 作用点的虚位移的关系．

解：此椭圆规机构是一个自由度的系统，所以只有一个独立的虚位移．

设 $\boldsymbol{F}_A$ 的作用点 A 的虚位移为 $\delta \boldsymbol{r}_A$，$\boldsymbol{F}_B$ 的作用点 B 的虚位移为 $\delta \boldsymbol{r}_B$，并视它们为点 A 和点 B 的速度(虚速度)，参见图 9.9．由杆 AB 的平面运动可知，点 A 和点 B 的速度在 AB 连线上的投影相等，因此有

$$\delta r_A \sin\varphi = \delta r_B \cos\varphi, \quad \therefore \quad \delta r_B = \delta r_A \tan\varphi$$

这就是 $\boldsymbol{F}_A$ 和 $\boldsymbol{F}_B$ 作用点的虚位移的关系．

例 9.3　图 9.10 所示机构，在力 $\boldsymbol{F}$ 和力偶 M 作用下在图示位置平衡，求力 $\boldsymbol{F}$ 和力偶 M 对应的虚位移的关系．

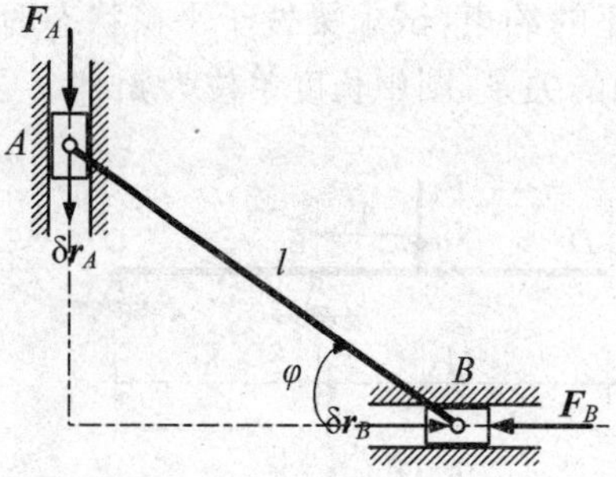

图 9.9　例 9.2 图

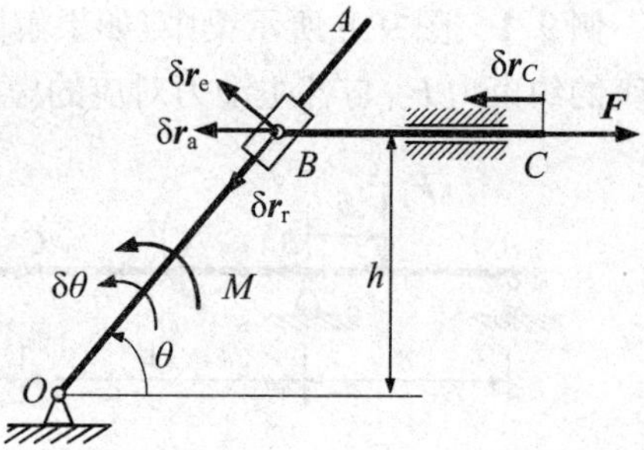

图 9.10　例 9.3 图

解：此机构是一个自由度的系统，所以只有一个独立的虚位移．

设力偶 M 所作用的杆 OA 的虚位移是 $\delta\theta$，$\boldsymbol{F}$ 的作用点 C 的虚位移为 $\delta \boldsymbol{r}_C$，并分别视为杆 OA 的角速度和点 C 的速度，参见图 9.10．为求它们的关系，研究滑块 B 的运动．取滑块 B 为动点，动系固连在杆 OA 上．分析滑块 B 的虚速度(即虚位移)，如图所示．其中 $\delta \boldsymbol{r}_a$、$\delta \boldsymbol{r}_e$、$\delta \boldsymbol{r}_r$ 分别视为点 B 的 $\boldsymbol{v}_a$、$\boldsymbol{v}_e$、$\boldsymbol{v}_r$．由速度合成定理，有

$$\boldsymbol{v}_a = \boldsymbol{v}_e + \boldsymbol{v}_r, \quad \therefore \quad v_a \sin\theta = v_e$$

即为

$$\delta r_a \sin\theta = \delta r_e$$

而有

$$\delta r_a = \delta r_C, \quad \delta r_e = OB \cdot \delta\theta = \frac{h}{\sin\theta}\delta\theta$$

所以所求的虚位移关系为

$$\delta r_C = \frac{h}{\sin^2\theta}\delta\theta$$

(3) 解析法

建立适当的坐标系,选择广义坐标,写出各有关点的坐标与广义坐标的关系式.然后对各坐标关系式进行变分运算,就得到各坐标的变分(即虚位移)的关系式.

例9.4　图9.11所示杆件铰接机构中,铰链 G 处作用一铅垂向下的力 $\boldsymbol{F}_G$,滑块 B 上作用一水平力 $\boldsymbol{F}_B$,机构在图示位置平衡.已知各铰链之间的杆长均为 l.求 $\boldsymbol{F}_G$ 和 $\boldsymbol{F}_B$ 对应的虚位移之间的关系.

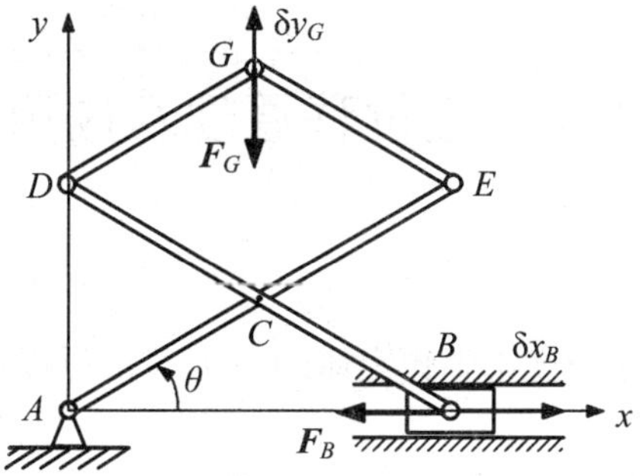

图9.11　例9.4图

解:建立直角坐标系 Axy,此机构为一个自由度,选取杆 AE 与 x 轴的夹角 θ 为广义坐标.写出铰 G 的 y 坐标与铰 B 的 x 坐标为

$$y_G = 3l\sin\theta \quad 与 \quad x_B = 2l\cos\theta$$

分别取变分,得到虚位移关系

$$\delta y_G = 3l\cos\theta\delta\theta \quad 与 \quad \delta x_B = -2l\sin\theta\delta\theta$$

也可以直接写成虚位移 δx_B 与 δy_G 的关系

$$\delta x_B = -\frac{2}{3}\tan\theta\delta y_G$$

9.2.2　虚功

力在对应的虚位移上所作的功称为虚功.力 $\boldsymbol{F}$ 在虚位移 $\delta\boldsymbol{r}$ 上所作的虚功用符号 δW 表示,且计算方法与力在微小的实位移上所作的元功的计算方法相同,为

$$\delta W = \boldsymbol{F}\cdot\delta\boldsymbol{r}$$

作用在刚体上的力的虚功,与假想虚位移时刚体的虚运动形式有关,此时虚功的计算与8.3节动能定理中作用在运动刚体上的主动力的功的计算方法相同.

因为虚位移是假想的,所以虚功也是假想的,是并不存在的.如上面的几个例子中,系统都处于平衡状态,任何力都不作功;但在假想的虚位移上可以计算出虚功.

9.2.3 理想约束

如果在质点系的任何虚位移中，所有约束力所作虚功的和等于零，则称这种约束为理想约束.若以 $\boldsymbol{F}_{Ni}$ 表示作用在某质点 i 上的约束力，$\delta \boldsymbol{r}_i$ 表示该质点的虚位移，δW_{Ni} 为该约束力在虚位移中所作的功，则理想约束可以用数学公式表示为

$$\delta W_{N} = \sum \delta W_{Ni} = \sum \boldsymbol{F}_{Ni} \cdot \delta \boldsymbol{r}_i = 0$$

在8.3节动能定理中，已介绍过光滑接触面、柔索、光滑铰链、固定端等约束为理想约束.现在用虚功的概念可以更清楚地表明，在静止的系统中这些约束也是理想约束.

9.3 虚位移原理及应用

9.3.1 虚位移原理

虚位移原理是力学中独立于牛顿定律的一个基本原理，由它可推导出牛顿定律与刚体的平衡条件.

虚位移原理：具有理想约束的质点系，在某一位形能继续保持静止平衡的充要条件是，所有作用于该质点系的主动力在该位形的任何一组虚位移上所作的虚功之和等于零.即

$$\sum \delta W_{Fi} = \sum \boldsymbol{F}_i \cdot \delta \boldsymbol{r}_i = 0 \tag{9.3}$$

或

$$\sum (F_{xi} \delta x_i + F_{yi} \delta y_i + F_{zi} \delta z_i) = 0 \tag{9.4}$$

式中 $\boldsymbol{F}_i$ 是作用在质点 i 上的主动力，$\delta \boldsymbol{r}_i$ 是该质点的虚位移.

虚位移原理又称为**虚功原理**，式(9.3)与式(9.4)称为**虚功方程**，也称为**静力学普遍方程**.

虚功方程中不包含任何理想约束力，因此在理想约束的条件下，应用虚位移原理处理静力学问题时只须考虑主动力，不必考虑约束力，这样特别有利于处理约束较多的复杂系统的静力学问题.对于非理想约束，可以把非理想约束力当作主动力，计算它的虚功，同样可以应用虚位移原理.

虚位移原理的应用范围十分广泛，由于在虚位移原理中系统的受力状态与虚位移状态是相互独立的，为这个原理的灵活运用提供了广阔的空间.

9.3.2 虚位移原理的应用

在理论力学中，虚位移原理主要用于求解刚体系统的静平衡问题.这种问题可

以分为三类，在处理方法上各有不同的特点，下面分别举例说明.

1. 计算主动力之间的关系

计算机构平衡时主动力之间的关系，这是虚位移原理的基本应用. 机构有一定的自由度，各主动力的作用点都有相应的虚位移. 此类问题的关键在于确定各虚位移之间的关系. 例 9.2、例 9.3、例 9.4 都是此类问题.

例 9.5　图 9.12 所示为远距离操纵用的夹钳，结构具有对称性. 当操纵杆 EO 向右移动时，两块夹板 AD 与 $A'D'$ 就会合拢将物体夹住. 已知操纵杆的拉力为 $\boldsymbol{F}$，在图示位置两夹板正好平行，求被夹持物体所受的压力.

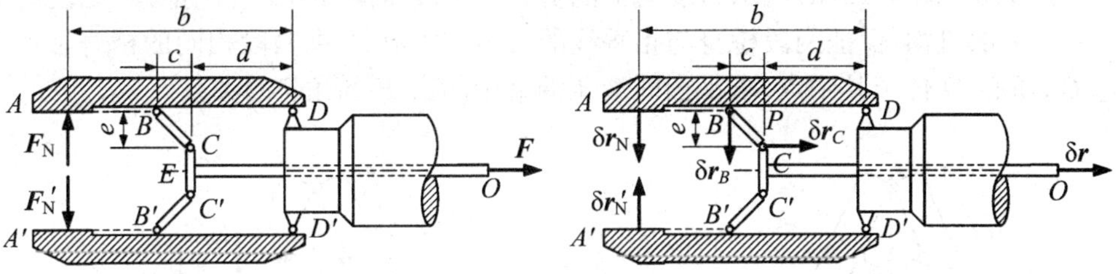

图 9.12　例 9.5 图

解：(1) 主动力与相应虚位移的确定：主动力为操纵杆的拉力 $\boldsymbol{F}$ 与被夹持物体的对夹钳的压力 $\boldsymbol{F}_N$ 与 $\boldsymbol{F}'_N$，二者大小相等，方向相反，如图所示. 其余皆为理想约束力.

由于操纵杆 EO 只能水平平移，所以 $\boldsymbol{F}$ 的作用点 O 的虚位移为与 $\boldsymbol{F}$ 的力线一致的 $\delta\boldsymbol{r}$. 由于夹板 AD 只能绕点 D 定轴转动，所以 $\boldsymbol{F}_N$ 的作用点的虚位移为与 AD 垂直的 $\delta\boldsymbol{r}_N$. 同理可定 $\delta\boldsymbol{r}'_N$，由对称性可知 $\delta r'_N = \delta r_N$.

(2) 使用虚位移原理：由虚位移原理，有

$$F\delta r - F_N\delta r_N - F'_N\delta r'_N = 0, \quad \therefore \quad F\delta r - 2F_N\delta r_N = 0 \tag{a}$$

系统有一个自由度，只有一个独立的虚位移，需再分析虚位移的关系.

(3) 虚位移关系的分析：由于操纵杆 EO 只能水平平移，所以铰 C 的虚位移 $\delta\boldsymbol{r}_C = \delta\boldsymbol{r}$.

由于夹板 AD 只能绕点 D 定轴转动，所以夹板上铰 B 的虚位移 $\delta r_B = \dfrac{c+d}{b}\delta r_N$. 杆 BC 可能平面运动，用虚速度方法分析，此瞬时的“速度瞬心”P，有

$$\frac{\delta r_C}{e} = \frac{\delta r_B}{c}, \quad \therefore \quad \delta r_C = \frac{e}{c}\delta r_B$$

所以有

$$\delta r = \delta r_C = \frac{e}{c}\delta r_B = \frac{e(c+d)}{cb}\delta r_N$$

(4) 代入虚功方程求解：把以上虚位移关系代入式(a)，有

$$\left[F\frac{e(c+d)}{cb}-2F_N\right]\delta r_N=0$$

由于 δr_N 的任意性，得到

$$F\frac{e(c+d)}{cb}-2F_N=0$$

所以，被夹持物体所受的压力的大小为 $F_N=\dfrac{e(c+d)}{2cb}F$.

“具有理想约束”是虚位移原理成立的重要条件，不认真分析必然会出现错误结论。下面的例 9.6 就是一个典型的例子.

例 9.6 图 9.13(a)所示跨度为 l 的折叠桥由液压油缸 AB 控制铺设. 在铰链 C 处有一内部机构，保证两段桥身与铅垂线的夹角均为 θ. 如果两段相同的桥身重量都是 $\boldsymbol{G}$，质心 D 位于其中点. 求平衡时液压油缸中的力 $\boldsymbol{F}$ 和角 θ 的关系.

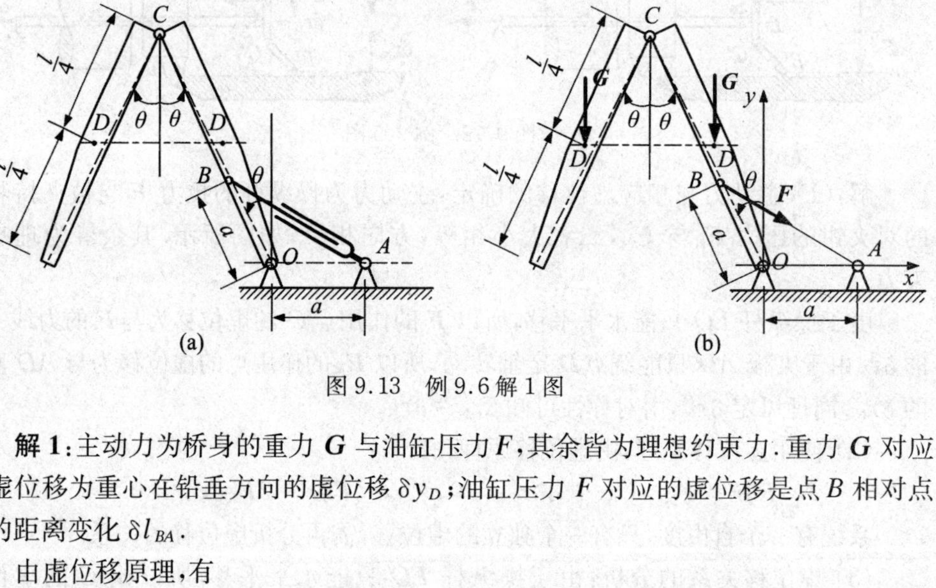

图 9.13 例 9.6 解 1 图

解 1：主动力为桥身的重力 $\boldsymbol{G}$ 与油缸压力 $\boldsymbol{F}$，其余皆为理想约束力. 重力 $\boldsymbol{G}$ 对应的虚位移为重心在铅垂方向的虚位移 δy_D；油缸压力 $\boldsymbol{F}$ 对应的虚位移是点 B 相对点 A 的距离变化 δl_{BA}.

由虚位移原理，有

$$-F\delta l_{BA}-2G\delta y_D=0 \tag{a}$$

系统一个自由度，只有一个独立的虚位移，用解析法确定虚位移关系. 建立直角坐标系如图 9.13(b)，由于两段桥身的对称性，知两段的重心始终保持同样高度，设为 y_D，有

$$y_D=\frac{l}{4}\cos\theta,\quad \therefore\quad \delta y_D=-\frac{l}{4}\sin\theta\delta\theta$$

由△OAB 可得，

$$l_{BA}=2a\sin\left(\frac{\pi}{4}+\frac{\theta}{2}\right),\quad \therefore\quad \delta l_{BA}=a\cos\left(\frac{\pi}{4}+\frac{\theta}{2}\right)\delta\theta$$

其中，$\delta\theta$ 增大时 δl_{BA} 也增大，式中为正号.

将虚位移 δy_D 与 δl_{BA} 的关系式代入式(a)，并由于 δq 的任意性，得到

$$-Fa\cos\left(\frac{\pi}{4}+\frac{\theta}{2}\right)+\frac{Gl}{2}\sin\theta=0$$

所求平衡时液压油缸中的力 F 和角 θ 的关系为

$$F=\frac{Gl\sin\theta}{a\cos\left(\frac{\pi}{4}+\frac{\theta}{2}\right)}=\frac{Gl}{\sqrt{2}a}\tan\theta\left(\cos\frac{\theta}{2}+\sin\frac{\theta}{2}\right)$$

或写为

$$F=\frac{Gl}{\sqrt{2}a}\tan\theta\sqrt{1+\sin\theta} \tag{b}$$

这是一些主流教材与解题辅导书上对此题的解答，但是这个结果是错误的.

我们再用基本的静力学方法计算这个问题.

解 2：以两段桥身为研究对象，作出受力图，如图 9.14. 其中铰 C 为内约束，不必分析.

$$\sum M_0=0,\quad G\frac{l}{4}\sin\theta+G\frac{3l}{4}\sin\theta-Fa\cos\frac{1}{2}\left(\frac{\pi}{2}+\theta\right)=0$$

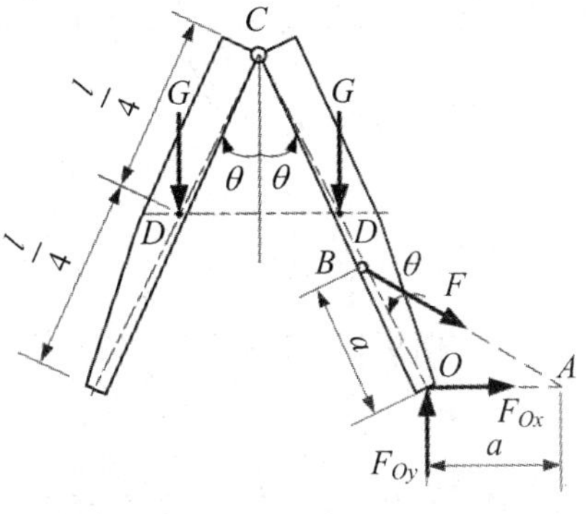

图 9.14　例 9.6 解 2 图

即

$$Gl\sin\theta-Fa\cos\left(\frac{\pi}{4}+\frac{\theta}{2}\right)=0$$

$$F=\frac{Gl}{a}\cdot\frac{\sin\theta}{\cos\left(\frac{\pi}{4}+\frac{\theta}{2}\right)}=\frac{\sqrt{2}Gl}{a}\tan\theta\left(\cos\frac{\theta}{2}+\sin\frac{\theta}{2}\right)$$

或写为

$$F=\frac{\sqrt{2}Gl}{a}\tan\theta\sqrt{1+\sin\theta} \tag{c}$$

比较此解与解 1 中的(b)式，可见错误地使用虚位移原理得到的力 F 小了一半.

错误原因何在？题中主动力为 $\boldsymbol{F}$ 与 $\boldsymbol{P}$，且 A、O、B 处均为铰链，是理想约束. 但

是 C 处有一"内部机构",以上解 1 中直接把它按理想约束处理,所以导致计算错误.

由机构的工作情况可知,若 C 是普通柱铰,则左侧桥身的转动无法控制.故此"内部机构"处必有一内力偶控制左桥身的转动.同时,C 处右侧桥身上也有一个大小相等、方向相反的反力偶作用.这一对力偶对应的虚位移是两段桥身夹角的变化,显然此虚位移不为零,因而这对内力偶的虚功不为零.所以 C 处的"内部机构"并不是理想约束.

如果仍然想用虚位移原理求解,就必须在虚功方程中考虑 C 处的内力偶.而计算 C 处的内力偶就必须拆开 C 处的约束,研究左侧的桥身部分,如以下的解 3.

解 3:以左侧桥身为研究对象,作出受力图,见图 9.15(a),其中 M_C 为 C 处的力偶.

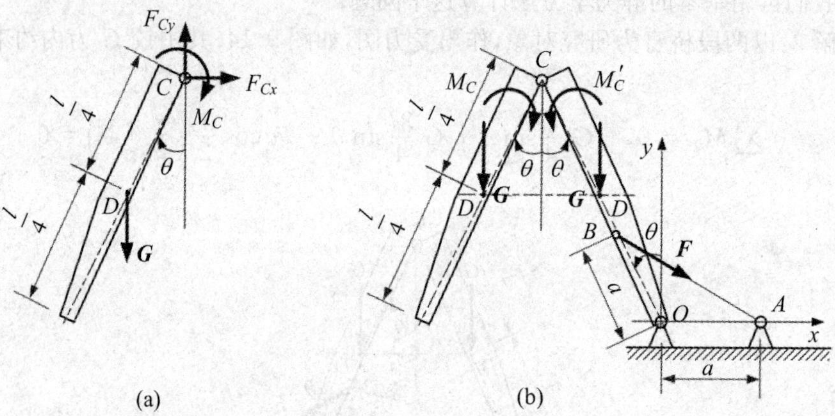

图 9.15 例 9.6 解 3 图

由平衡方程可得

$$\sum M_C = 0, \quad G\frac{l}{4}\sin\theta - M_C = 0$$

$$\therefore M_C = \frac{1}{4}Gl\sin\theta$$

计算得非理想约束的内力偶后,参见图 9.15(b),再用虚位移原理.有

$$-F\delta l_{BA} - 2G\delta y_D + 2M_C\delta\theta = 0$$

其中 $\delta l_{BA} = a\cos\left(\frac{\pi}{4}+\frac{\theta}{2}\right)\delta\theta$, $\delta y_D = -\frac{l}{4}\sin\theta\delta\theta$; M_C 与 M'_C 对应的虚位移为 $\delta\theta$,内力偶与对应 $\delta\theta$ 的方向相同,虚功为正.

将虚位移关系及内力偶代入虚功方程求解,有

$$\left[-Fa\cos\left(\frac{\pi}{4}+\frac{\theta}{2}\right)+\frac{1}{2}Gl\sin\theta+\frac{1}{2}Gl\sin\theta\right]\delta\theta = 0$$

由于 $\delta\theta$ 的任意性,得到

$$-Fa\cos\left(\frac{\pi}{4}+\frac{\theta}{2}\right)+\frac{1}{2}Gl\sin\theta+\frac{1}{2}Gl\sin\theta = 0$$

所求平衡时液压油缸中的力 F 和角 q 的关系为

$$\boldsymbol{F} = \frac{Gl\sin\theta}{a\cos\left(\frac{\pi}{4}+\frac{\theta}{2}\right)} = \frac{\sqrt{2}Gl}{a}\tan\theta\left(\cos\frac{\theta}{2}+\sin\frac{\theta}{2}\right)$$

或写为

$$\boldsymbol{F} = \frac{\sqrt{2}Gl}{a}\tan\theta\sqrt{1+\sin\theta}$$

此结果与解 2 是一致的.

此题解 1 的错误解法表明：当内约束不是理想约束时，不能随便使用虚位移原理！此时用平衡方程更方便些，因为不管内约束是否理想约束，平衡方程不需考虑任何内力.

2. 计算理想约束力

理想约束力对应的虚位移的虚功之和为零，故不可直接用虚功方程求解. 此时用“**解除约束**”的方法，即若需求理想约束力 $\boldsymbol{F}_A$，则先解除 $\boldsymbol{F}_A$ 相应的约束，同时把 $\boldsymbol{F}_A$ 看成一个“主动力”，再用虚位移定理求之.

用解除约束的方法时，要注意：

(1) 解除 $\boldsymbol{F}_A$ 相应的约束后，系统的自由度增加，虚位移关系改变了.

(2) 未解除约束的理想约束力仍然不必计算.

(3) 各主动力(含 $\boldsymbol{F}_A$)作用点处对应的虚位移关系仍是此时的解题关键.

例 9.7　组合梁的结构与载荷如图 9.16(a)所示，已知跨度 $l = 8$ m，$F = 4900$ N，均布载荷集度 $q = 2450$ N/m，力偶矩 $M = 4900$ N・m. 求支座约束力.

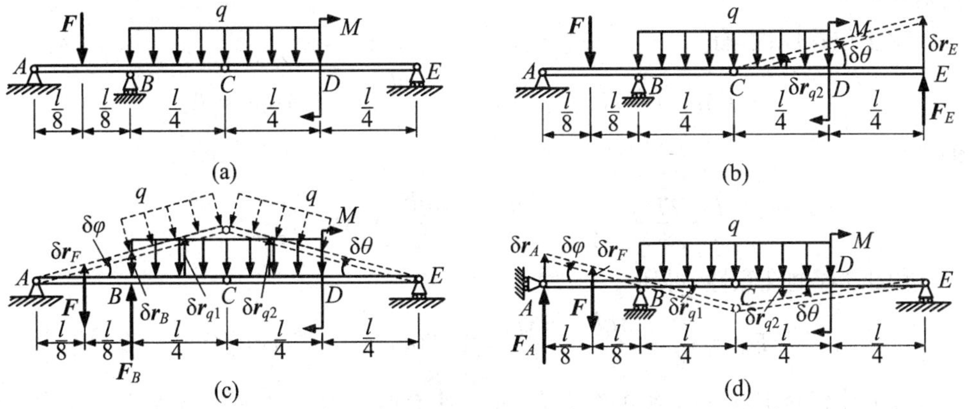

图 9.16　例 9.7 图

解：解除一个约束，只能计算对应的一个约束力. 因此依次解除各个约束，计算相应的约束力.

(1) 计算活动铰支座 E 的约束力. E 支座只有一个约束力,解除 E 的约束,画出约束力 $\boldsymbol{F}_E$. 解除约束前,组合梁的自由度为零,没有虚位移;解除一个约束后,成为一个自由度的机构,可以有虚位移.

设点 E 产生虚位移 $\delta\boldsymbol{r}_E$,则梁产生虚位移如图 9.16(b)中虚线所示. AC 段的虚位移仍是零, CE 段上各主动力对应的虚位移为:力偶 M 的虚位移 $\delta\theta=\dfrac{\delta r_E}{\dfrac{l}{2}}=\dfrac{2\delta r_E}{l}$,均布载荷的虚位移 $\delta r_{q2}=\dfrac{1}{4}\delta r_E$.

由虚位移原理,有(计算虚功时注意力与对应虚位移的方向)

$$F_E\delta r_E-M\delta\theta-\frac{ql}{4}\delta r_{q2}=0,\quad\therefore\quad\left(F_E-\frac{2M}{l}-\frac{ql}{16}\right)\delta r_E=0$$

由于 δr_E 的任意性,得到

$$F_E=\frac{2M}{l}+\frac{ql}{16}=2450(\mathrm{N})\quad(方向向上)$$

(2) 计算活动铰支座 B 的约束力. B 支座只有一个约束力,解除 B 的约束,画出约束力 $\boldsymbol{F}_B$. 解除一个约束后,成为一个自由度的机构.

设 AC 段的虚转角为 $\delta\varphi$,则梁产生虚位移如图 9.16(c)中虚线所示. 各主动力(含待求约束力 $\boldsymbol{F}_B$)对应的虚位移为:力 $\boldsymbol{F}$ 的虚位移 $\delta r_F=\dfrac{l}{8}\delta\varphi$,约束力 $\boldsymbol{F}_B$ 的虚位移 $\delta r_B=\dfrac{l}{4}\delta\varphi$, BC 段均布载荷的虚位移 $\delta r_{q1}=\dfrac{3l}{8}\delta\varphi$, CD 段均布载荷的虚位移 $\delta r_{q2}=\delta r_{q1}=\dfrac{3l}{8}\delta\varphi$(由结构的几何对称性),力偶 M 的虚位移 $\delta\theta=\delta\varphi$(由结构的几何对称性).

由虚位移原理,有

$$-F\delta r_F+F_B\delta r_B-\frac{ql}{4}\delta r_{q1}-\frac{ql}{4}\delta r_{q2}+M\delta\theta=0$$

即

$$\left(-\frac{Fl}{8}+\frac{F_Bl}{4}-\frac{3ql^2}{32}-\frac{3ql^2}{32}+M\right)\delta\varphi=0$$

由于 $\delta\varphi$ 的任意性,得到

$$F_B=\frac{F}{2}+\frac{3ql}{4}-\frac{4M}{l}=14\,700(\mathrm{N})\quad(方向向上)$$

(3) 计算固定铰支座 A 的约束力. A 支座有两个约束力,由于无水平主动力,所以水平约束力为零,只计算 A 支座的铅垂约束力 $\boldsymbol{F}_A$. 解除 A 支座的铅垂方向移动的约束,则 A 支座变为可沿铅垂方向移动的活动铰支座. 梁变为一个自由度的机构.

设 AC 段的虚转角为 $\delta\varphi$,则梁产生虚位移如图 9.16(d)中虚线所示. 各主动力

(含待求约束力 $\boldsymbol{F}_A$)对应的虚位移为:约束力 $\boldsymbol{F}_A$ 的虚位移 $\delta r_A=\dfrac{l}{4}\delta\varphi$,力 $\boldsymbol{F}$ 的虚位移 $\delta r_F=\dfrac{l}{8}\delta\varphi$,$BC$ 段均布载荷的虚位移 $\delta r_{q1}=\dfrac{l}{8}\delta\varphi$(向下).设 CE 段的虚转角为 $\delta\theta$,因为$\dfrac{l}{2}\delta\theta=\dfrac{l}{4}\delta\varphi$,所以有 $\delta\theta=\dfrac{\delta\varphi}{2}$;$CD$ 段均布载荷的虚位移 $\delta r_{q2}=\dfrac{3l}{8}\delta\theta=\dfrac{3l}{16}\delta\varphi$(向下),力偶 M 的虚位移 $\delta\theta=\dfrac{\delta\varphi}{2}$.

由虚位移原理,有

$$F_A\delta r_A-F\delta r_F+\frac{ql}{4}\delta r_{q1}+\frac{ql}{4}\delta r_{q2}-M\delta\theta=0$$

即

$$\left(\frac{F_Al}{4}-\frac{Fl}{8}+\frac{ql^2}{32}+\frac{3ql^2}{64}-\frac{M}{2}\right)\delta\varphi=0$$

由于 $\delta\varphi$ 的任意性,得到

$$F_A=\frac{F}{2}-\frac{5ql}{16}+\frac{2M}{l}=-2450(\mathrm{N})\quad(方向向下)$$

例 9.8　刚架结构与载荷如图 9.17(a)所示.已知 $q=2\ \mathrm{kN/m}$,$F_1=4\ \mathrm{kN}$,$F_2=12\ \mathrm{kN}$,力偶矩 $M=18\ \mathrm{kN\cdot m}$.试求 A 支座的约束力.图中长度单位是 m.

解:依次解除各个约束,计算相应的约束力.

(1) 计算固定端 A 的约束力偶 M_A.解除与约束力偶 M_A 对应的约束,A 变为固定铰支座,原结构变为一个自由度的机构.

设杆 AC 的虚转角为 $\delta\varphi$,由于杆 AC 的可能运动是绕 A 点的定轴转动,所以 $\boldsymbol{F}_1$ 的作用点和铰 C 的虚位移 δr_1 和 δr_C 皆为水平方向,如图 9.17(b)所示,且有 $\delta r_1=3\delta\varphi$,$\delta r_C=6\delta\varphi$.又有活动铰支座 B 的虚位移 $\delta\boldsymbol{r}_B$ 也是水平方向,由虚速度方法,可知此瞬时 BCD 部分相当于瞬时平移,因此均布载荷 q 与 $\boldsymbol{F}_2$ 作用点的虚位移 $\delta\boldsymbol{r}_q$、$\delta\boldsymbol{r}_2$ 与 δr_C 相同,$\delta r_q=\delta r_2=\delta r_C=6\delta\varphi$,而且力偶 M 对应的虚位移为零.

由虚位移原理,有

$$M_A\delta\varphi+F_1\delta r_1-F_2\cos 60^\circ\delta r_2=0$$

即

$$(M_A+3F_1-6F_2\cos 60^\circ)\delta\varphi=0$$

由于 $\delta\varphi$ 的任意性,得到

$$M_A=-3F_1+6F_2\cos 60^\circ=24(\mathrm{kN\cdot m})\quad(顺时针方向)$$

(2) 计算固定端 A 的水平约束力 $\boldsymbol{F}_{Ax}$.解除与水平约束力 $\boldsymbol{F}_{Ax}$ 对应的约束,A 变为可在水平方向移动的固定端支座,原结构变为一个自由度的机构,如图 9.17(c)所示.整个系统的约束允许的运动是水平平移,因此有 $\delta r_q=\delta r_{Ax}=\delta r_1=\delta r_2$,而且力偶 M 对应的虚位移为零.

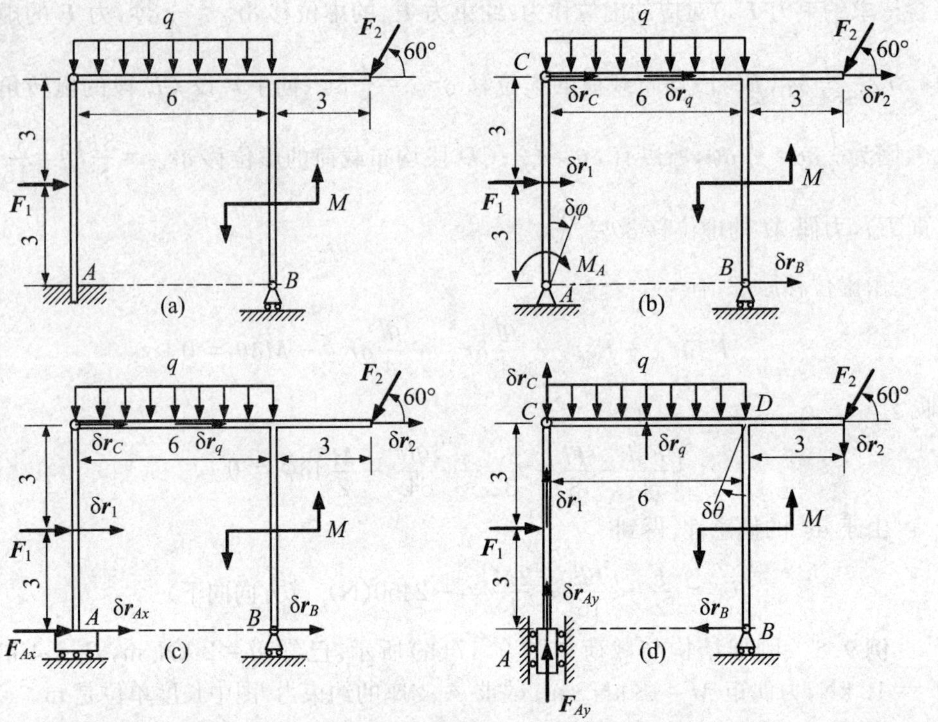

图 9.17 例 9.8 图

由虚位移原理，有

$$F_{Ax}\delta r_{Ax} + F_1\delta r_1 - F_2\cos 60^\circ\delta r_2 = 0$$

即

$$(F_{Ax} + F_1 - F_2\cos 60^\circ)\delta r_{Ax} = 0$$

由于 δr_{Ax} 的任意性，得到

$$F_{Ax} = -F_1 + F_2\cos 60^\circ = 2(\text{kN}) \quad (\text{方向向右})$$

(3) 计算固定端 A 的铅垂约束力 $\boldsymbol{F}_{Ay}$. 解除与铅垂约束力 $\boldsymbol{F}_{Ay}$ 对应的约束，A 变为可在铅垂方向移动的固定端支座，原结构变为一个自由度的机构，如图 9.17(d) 所示.

设支座 A 的虚位移是铅垂向上的 δr_{Ay}，杆 AC 的可能运动是铅垂方向的平移，$\boldsymbol{F}_1$ 的作用点和铰 C 的虚位移都是铅垂向上，且 $\delta r_1 = \delta r_C = \delta r_{Ay}$. 活动铰支座 B 的虚位移 δr_B 是水平方向，由虚速度法，此瞬时 BCD 的可能运动是绕点 D 的转动，设其虚转角为 $\delta\theta$，并有 $\delta r_{Ay} = \delta r_C = 6\delta\theta$. 因此，均布载荷 q 对应的虚位移 $\delta r_q = 3\delta\theta$，$\boldsymbol{F}_2$ 对应的虚位移 $\delta r_2 = 3\delta\theta$，力偶 M 对应的虚位移即为 $\delta\theta$(注意各虚位移的方向).

由虚位移原理，有

$$F_{Ay}\delta r_{Ay} - 6q\delta r_q + F_2\sin 60^\circ\delta r_2 - M\delta\theta = 0$$

即

$$(6F_{Ay}-18q+3F_2\sin 60^\circ-M)\delta\theta=0$$

由于 $\delta\theta$ 的任意性，得到

$$F_{Ay}=3q-\frac{\sqrt{3}}{4}F_2+\frac{M}{6}=3.8(\text{kN})\quad(\text{方向向上})$$

3. 计算非理想约束力

虽然虚位移原理是对具有理想约束的质点系而言的，但是也可以用于非理想约束力的计算. 非理想约束力的虚功不为零，故作为一种特殊的“主动力”处理，其虚功与其他主动力的虚功之和为零. 如对摩擦力，弹簧力的计算.

例 9.9　图 9.18(a)所示两等长杆 AB 与 BC 在点 B 用铰链连接，在杆的 D、E 两点连接一弹簧. 弹簧的刚度系数为 k，当距离 AC 等于 a 时，弹簧的拉力为零，不计各构件的自重与各处摩擦. 若在点 C 作用一水平力 $\boldsymbol{F}$，系统处于平衡，求距离 AC 的大小.

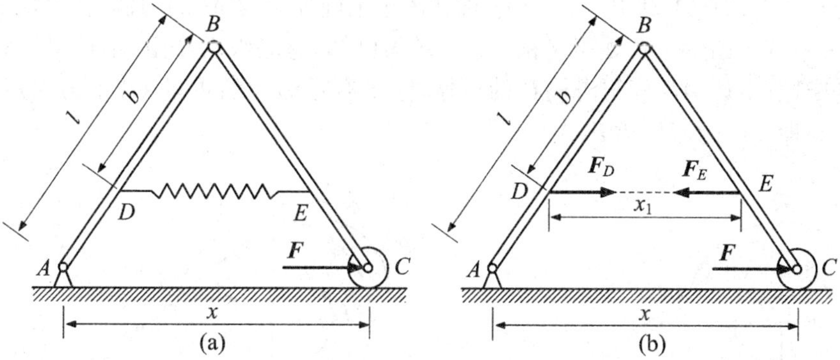

图 9.18　例 9.9 图

解：(1) 主动力与相应虚位移的确定：主动力为 $\boldsymbol{F}$；弹簧为系统的非理想内约束，解除约束后，相应的弹簧力 $\boldsymbol{F}_D$、$\boldsymbol{F}_E$ 作为主动力研究，且有 $F_D=F_E$.

参见图 9.18(b)，设平衡时 $AC=x$，弹簧长度 $DE=x_1$；且有 $x_1=\dfrac{b}{l}x$. 当 $AC=a$ 时，弹簧的自由长度为 $\dfrac{ab}{l}$，所以平衡时弹簧力 $F_D=F_E=\dfrac{kb}{l}(x-a)$.

$\boldsymbol{F}$ 的虚位移为 δx，其正向为 x 增大的方向，即向右.

一对相向作用的弹簧力 $\boldsymbol{F}_D$ 和 $\boldsymbol{F}_E$ 对应的虚位移是 δx_1，其正向为 x_1 增大的方向，即与相向的弹簧力指向相反.

(2) 使用虚位移原理：由虚位移原理，有

$$F\delta x-F_D\delta x_1=0$$

(3) 虚位移关系的分析：对关系式 $x_1=\dfrac{b}{l}x$ 变分，即得到虚位移关系为

$$\delta x_1 = \frac{b}{l}\delta x$$

(4) 代入虚功方程求解：把弹簧力的计算式和虚位移关系式代入虚功方程中，得到

$$F\delta x - \frac{kb^2}{l^2}(x-a)\delta x = 0, \quad \therefore \left[F - \frac{kb^2}{l^2}(x-a)\right]\delta x = 0$$

由于 δx 的任意性，得到

$$F - \frac{kb^2}{l^2}(x-a) = 0$$

所以平衡时距离 AC 为

$$x = a + \frac{Fl^2}{kb^2}$$

例 9.10 图 9.19(a)所示，半径为 R 的滚子放在粗糙水平面上，连杆 AB 两端分别与轮缘上的点 A 和滑块 B 铰接. 现在滚子上施加矩为 M 的力偶，在滑块上施加力 $\boldsymbol{F}$，使系统于图示位置处于平衡. 设力 $\boldsymbol{F}$ 为已知，忽略滚动摩阻，不计滑块和各铰链处的摩擦，不计 AB 杆与滑块 B 的重量，滚子有足够大的重量 $\boldsymbol{G}$. 求力偶矩 M 以及滚子与地面间的摩擦力 $\boldsymbol{F}_S$.

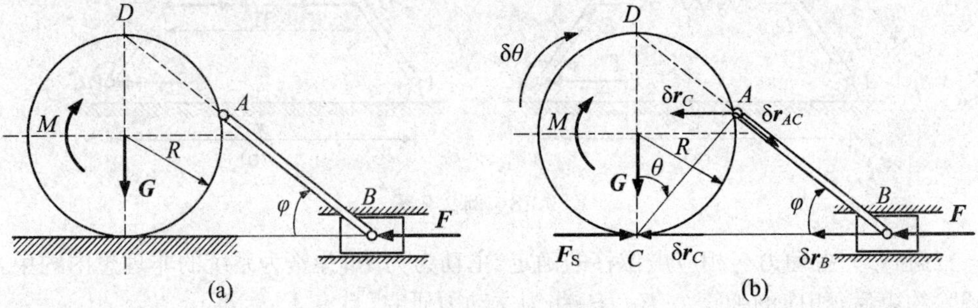

图 9.19 例 9.10 图

解：(1) 主动力与相应虚位移的确定：主动力有力 $\boldsymbol{F}$ 与力偶 M；滚子与地面间的摩擦力 $\boldsymbol{F}_S$ 为非理想约束力，作为一种特殊的主动力处理. 在滚子有足够大的重量的前提下，不考虑滚子会离开地面的可能运动，系统有两个自由度. 系统需要两个独立参数才能确定其在空间的位置，比如滑块 B 在水平轴上的位置与滚子上 CA 与铅垂方向的夹角 θ. 因此取系统两个独立的虚位移 $\delta \boldsymbol{r}_B$ 与 $\delta\theta$.

再设 $\boldsymbol{F}_S$ 对应的虚位移为 $\delta \boldsymbol{r}_C$，力偶 M 对应的虚位移为 $\delta\theta$，φ 为杆 AB 与水平轴的夹角.

(2) 使用虚位移原理：由虚位移原理，有

$$F\delta r_B + M\delta\theta - F_S\delta r_C = 0$$

(3) 虚位移关系的分析：

在图示位置，有 $\theta=\varphi$.

由于滚子的可能运动是平面运动，用虚速度方法，以点 C 为基点，有

$$\delta \boldsymbol{r}_A = \delta \boldsymbol{r}_C + \delta \boldsymbol{r}_{AC}$$

杆 AB 的可能运动也是平面运动，用速度投影定理与虚速度法，有

$$[\delta \boldsymbol{r}_A]_{BA} = [\delta \boldsymbol{r}_B]_{BA}, \quad \therefore [\delta \boldsymbol{r}_C + \delta \boldsymbol{r}_{AC}]_{BA} = [\delta \boldsymbol{r}_B]_{BA}$$

即

$$\delta r_C \cos\varphi - \delta r_{AC} = \delta r_B \cos\varphi$$

而在滚子上，有

$$\delta r_{AC} = 2R\cos\theta\delta\theta$$

所以，得到虚位移关系式为

$$\delta r_C \cos\theta - 2R\cos\theta\delta\theta = \delta r_B\cos\theta, \quad \therefore \delta r_C = 2R\delta\theta + \delta r_B$$

此式给出了虚位移 $\delta \boldsymbol{r}_C$ 与两个独立的虚位移 $\delta \boldsymbol{r}_B$ 与 $\delta\theta$ 的关系.

(4) 代入虚功方程求解：将虚位移关系式代入虚功方程，有

$$F\delta r_B + M\delta\theta - F_S(2R\delta\theta + \delta r_B) = 0$$

即

$$(F - F_S)\delta r_B + (M - 2RF_S)\delta\theta = 0$$

由于 δr_B 与 $\delta\theta$ 的任意性与独立性，得到

$$F - F_S = 0 \quad 与 \quad M - 2RF_S = 0$$

所以得到

$$F_S = F, \quad M = 2RF \quad (方向皆与图示一致)$$

此题也可以每次固定一个虚位移，作为一个自由度系统，分两次进行计算.

9.4　动力学普遍方程

虚位移原理给出了研究质点系静止平衡状态的一个方法，以上用虚位移原理解决了多种静力学问题. 而在 7.2 节中，根据达朗贝尔原理把静力平衡方程推广到解决动力学问题(动静法). 因此，把虚位移原理与达朗贝尔原理结合起来，就可以把虚位移原理推广应用于解决动力学问题.

设具有理想约束的质点系由 n 个质点组成，其中任一质点的质量为 m_i，矢径为 $\boldsymbol{r}_i$，其所受的主动力为 $\boldsymbol{F}_i$，约束力为 $\boldsymbol{F}_{Ni}$，对应的惯性力为 $\boldsymbol{F}_{Ii}$. 根据达朗贝尔原理，作用在整个质点系上的主动力、约束力与惯性力系应组成“平衡力系”. 再对这个“平衡力系”运用虚位移原理，即在该瞬时给质点系以任意的虚位移，即满足系统静止一瞬间的约束的无限小的位移，设任一质点 m_i 的虚位移为 $\delta \boldsymbol{r}_i$，则由虚位移原理可得

$$\sum(\boldsymbol{F}_i + \boldsymbol{F}_{\mathrm{N}i} + \boldsymbol{F}_{\mathrm{I}i}) \cdot \delta \boldsymbol{r}_i = 0$$

如果系统的约束皆为理想约束，即$\sum \boldsymbol{F}_{\mathrm{N}i} \cdot \delta \boldsymbol{r}_i = 0$，由上式可得

$$\sum(\boldsymbol{F}_i + \boldsymbol{F}_{\mathrm{I}i}) \cdot \delta \boldsymbol{r}_i = 0$$

或

$$\sum(\boldsymbol{F}_i - m_i \ddot{\boldsymbol{r}}_i) \cdot \delta \boldsymbol{r}_i = 0 \tag{9.5}$$

此式表明，**在理想约束的条件下，质点系在任一瞬时所受的主动力系和虚加的惯性力系在该瞬时质点系的任何虚位移上所作的虚功之和等于零**.

将上式写成解析形式，为

$$\sum[(F_{xi} - m_i\ddot{x}_i)\delta x_i + (F_{yi} - m_i\ddot{y}_i)\delta y_i + (F_{zi} - m_i\ddot{z}_i)\delta z_i] = 0 \tag{9.6}$$

式(9.5)或式(9.6)称为**动力学普遍方程**.

动力学普遍方程与静力学普遍方程一样，一切理想约束力在方程中均不会出现，有利于求解复杂的动力学问题.

例 9.11 图 9.20(a)所示的离心调速器以角速度 ω 绕铅垂轴转动.每个球的质量为 m_1，套管 O 的质量为 m_2，杆重忽略不计.且 $OC = EC = AC = OD = ED = BD = a$.求稳定转动时，两臂 OA 和 OB 与铅垂轴的夹角 θ.

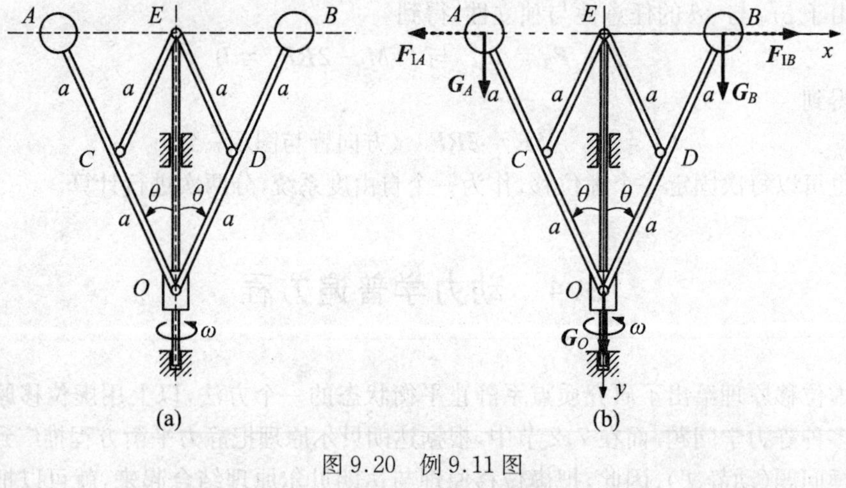

图 9.20 例 9.11 图

解：(1) 主动力、惯性力与相应虚位移的确定：设离心调速器中的所有约束皆为理想约束.主动力为两个球的重力 $\boldsymbol{G}_A$、$\boldsymbol{G}_B$ 与套管的重力 $\boldsymbol{G}_O$.

在转速稳定时，角 θ 不变，套管相对转轴静止，加速度为零，没有惯性力.两个球在水平面以点 E 为圆心作匀速圆周运动，只有指向点 E 的法向加速度，因此只有沿水平线背离点 E 的惯性力，如图 9.20(b)所示.且惯性力为

$$F_{\mathrm{I}A} = F_{\mathrm{I}B} = m_1\omega^2 \cdot EB = 2Rm_1\omega^2 \sin\theta$$

诸力对应的虚位移皆在铅垂方向或水平方向，所以建立坐标系 Exy；重力 $\boldsymbol{G}_A$、$\boldsymbol{G}_B$与$\boldsymbol{G}_O$对应的虚位移分别为 δy_A、δy_B与 δy_O；两惯性力 $\boldsymbol{F}_{IA}$、$\boldsymbol{F}_{IB}$对应的虚位移分别为 δx_A与 δx_B；诸虚位移的正方向为坐标轴的正向.

(2) 使用动力学普遍方程：由动力学普遍方程，有

$$G_A\delta y_A + G_B\delta y_B + G_O\delta y_O - F_{IA}\delta x_A + F_{IB}\delta x_B = 0$$

(3) 虚位移关系分析：在图示坐标系中，套管与两个小球的坐标分别为

$$x_O = 0, \quad y_O = 2R\cos\theta$$
$$x_A = -2a\sin\theta, \quad y_A = 0$$
$$x_B = 2a\sin\theta, \quad y_B = 0$$

机构在转动平面内有一个自由度，取一个独立的虚位移 $\delta\theta$. 诸虚位移关系为 $\delta y_O = -2R\sin\theta\delta\theta$，$\delta x_A = -2a\cos\theta\delta\theta$，$\delta y_A = 0$，$\delta x_B = 2a\cos\theta\delta\theta$，$\delta y_B = 0$.

(4) 代入动力学普遍方程求解：将虚位移关系式代入动力学普遍方程，有

$$G_O(-2a\sin\theta\delta\theta) - F_{IA}(-2a\cos\theta\delta\theta) + F_{IB}(2a\cos\theta\delta\theta) = 0$$

即

$$(-2am_2g\sin\theta + 4a^2m_1\omega^2\sin\theta\cos\theta + 4a^2m_1\omega^2\sin\theta\cos\theta)\delta\theta = 0$$

由于 $\delta\theta$ 的任意性，有

$$(-2am_2g + 4a^2m_1\omega^2\cos\theta + 4a^2m_1\omega^2\cos\theta)\sin\theta = 0$$

转动时 $\theta\neq0$，所以 $\sin\theta\neq0$，因此

$$-m_2g + 4am_1\omega^2\cos\theta = 0$$

得到离心调速器稳定转动时，夹角 θ 为

$$\cos\theta = \frac{m_2g}{4am_1\omega^2}$$

本例中调速器机构随转轴转动，所以机构的约束实际上是非定常约束. 由于动力学普遍方程中涉及的只是系统在某一确定瞬时的动力学关系，因此在非定常约束下对质点系的虚位移只须考虑它的瞬时性质，即认为时间固定($\delta t = 0$)，而将调速器的转动“凝固”在图示的形态上，这样 $\delta\theta$ 就是在这一形态下约束所允许的虚位移.

例 9.12　图 9.21(a)所示系统由定滑轮 O_1，动滑轮 O_2以及用不可伸长的绳挂着的三个重物 A、B 和 C 组成. 滑轮的质量不计，重物 A、B 和 C 的质量分别为 m_1、m_2和 m_3，且 $m_1 < m_2 + m_3$，各重物的初速均为零. 问各重物质量应具有什么关系，重物 A 方能下降？此时作用于重物 A 的绳子的拉力是多大？

解：(1) 主动力、惯性力与相应虚位移的确定：设系统的约束为理想约束，则主动力为重力 $G_A = m_1g$，$G_B = m_2g$ 和 $G_C = m_3g$；惯性力为三个在铅垂方向平移的重物的惯性力 $\boldsymbol{F}_{IA}$、$\boldsymbol{F}_{IB}$和 $\boldsymbol{F}_{IC}$. 建立图示坐标系 O_1xy，设重物 A、B 和 C 在 y 轴的坐标分别为 y_A、y_B和 y_C，则它们的加速度分别为 $\ddot{y}_A$、$\ddot{y}_B$ 和 $\ddot{y}_C$. 所以，各惯性力为

$F_{IA}=m_1\ddot{y}_A$，$F_{IB}=m_2\ddot{y}_B$ 和 $F_{IC}=m_3\ddot{y}_C$. 各惯性力方向皆为 y 轴负方向，受力图如图 9.21(b)所示.

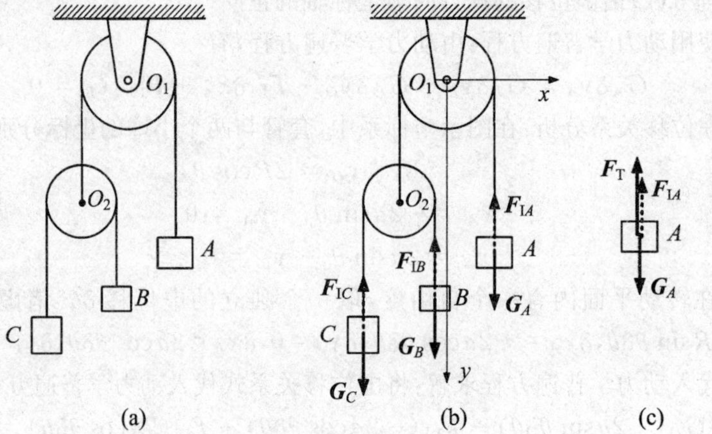

图 9.21　例 9.12 图

各相应的虚位移为重物 A、B 和 C 在 y 轴的坐标的变分 δy_A，δy_B 和 δy_C，方向皆为 y 轴正向.

(2) 使用动力学普遍方程：由动力学普遍方程，有

$$G_A\delta y_A-F_{IA}\delta y_A+G_B\delta y_B-F_{IB}\delta y_B+G_C\delta y_C-F_{IC}\delta y_C=0$$

即

$$m_1(g-\ddot{y}_A)\delta y_A+m_2(g-\ddot{y}_B)\delta y_B+m_3(g-\ddot{y}_C)\delta y_C=0 \qquad \text{(a)}$$

(3) 虚位移关系分析：此滑轮系统有两个自由度，设 δy_A 与 δy_B 为独立虚位移，建立虚位移关系. 在图示坐标系中，设 O_2 的坐标为 y_{O2}，且轮 O_1 与 O_2 的半径分别为 r_1 与 r_2，绕轮 O_1 的绳长为 l_1，绕轮 O_2 的绳长为 l_2. 则由绳不可伸长的条件，有关系式

$$y_A+y_{O2}+\pi r_1=l_1$$

$$(y_B-y_{O2})+(y_C-y_{O2})+\pi r_2=l_2$$

从上两式中消去 y_{O2}，得到

$$2y_A+y_B+y_C+2\pi r_1+\pi r_2=2l_1+l_2 \qquad \text{(b)}$$

对式(b)求变分，得到虚位移关系

$$2\delta y_A+\delta y_B+\delta y_C=0,\quad \therefore \delta y_C=-2\delta y_A-\delta y_B \qquad \text{(c)}$$

对式(b)计算对时间 t 的二阶导数，得到加速度关系

$$2\ddot{y}_A+\ddot{y}_B+\ddot{y}_C=0,\quad \therefore \ddot{y}_C=-2\ddot{y}_A-\ddot{y}_B \qquad \text{(d)}$$

(4) 代入动力学普遍方程求解：将虚位移关系式(c)与加速度关系式(d)代入动力学普遍方程式(a)，有

$$m_1(g-\ddot{y}_A)\delta y_A+m_2(g-\ddot{y}_B)\delta y_B+m_3(g+2\ddot{y}_A+\ddot{y}_B)\cdot(-2\delta y_A-\delta y_B)=0$$

即

$$(m_1 g - 2m_3 g - m_1 \ddot{y}_A - 4m_3 \ddot{y}_A - 2m_3 \ddot{y}_B)\delta y_A + (m_2 g - m_3 g - m_2 \ddot{y}_B - 2m_3 \ddot{y}_A - m_3 \ddot{y}_B)\delta y_B = 0$$

由于 δy_A 与 δy_B 的任意性与独立性，有

$$\left.\begin{aligned} m_1 g - 2m_3 g - m_1 \ddot{y}_A - 4m_3 \ddot{y}_A - 2m_3 \ddot{y}_B &= 0 \\ m_2 g - m_3 g - m_2 \ddot{y}_B - 2m_3 \ddot{y}_A - m_3 \ddot{y}_B &= 0 \end{aligned}\right\}$$

即

$$\left.\begin{aligned} (m_1 + 4m_3)\ddot{y}_A + 2m_3 \ddot{y}_B &= (m_1 - 2m_3)g \\ 2m_3 \ddot{y}_A + (m_2 + m_3)\ddot{y}_B &= (m_2 - m_3)g \end{aligned}\right\}$$

解得

$$\ddot{y}_A = \frac{m_1(m_2 + m_3) - 4m_2 m_3}{m_1(m_2 + m_3) + 4m_2 m_3} g$$

重物 A 从初始的静止状态下降，必须 $\ddot{y}_A > 0$，由上式得到条件为

$$m_1 > \frac{4m_2 m_3}{m_2 + m_3}$$

(5) 计算作用于重物 A 的绳子的拉力，取重物 A 的分离体，作受力图如图 9.19(c)所示，其中 $\boldsymbol{F}_{\mathrm{T}}$ 为绳子的拉力.由动静法直接可得

$$\sum F_y = 0, \quad G_A - F_{\mathrm{I}A} - F_{\mathrm{T}} = 0$$

即

$$F_{\mathrm{T}} = m_1(g - \ddot{y}_A) = \frac{8m_1 m_2 m_3 g}{m_1(m_2 + m_3) + 4m_2 m_3}$$

习　　题

9.1　试分析图示平面机构的自由度数.

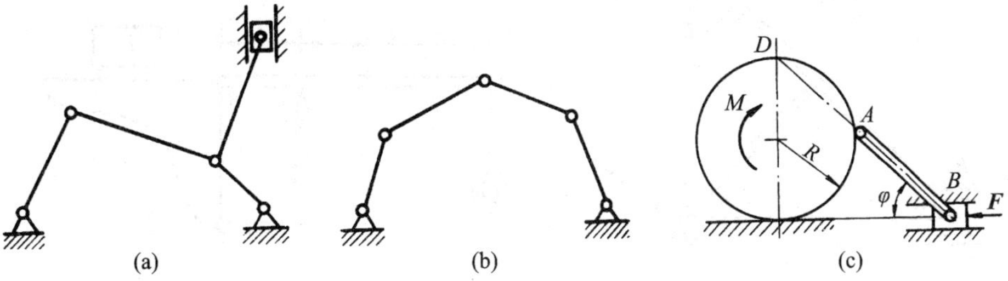

题 9.1 图

9.2　四连杆机构的虚位移有四种画法，其中哪些是正确的？

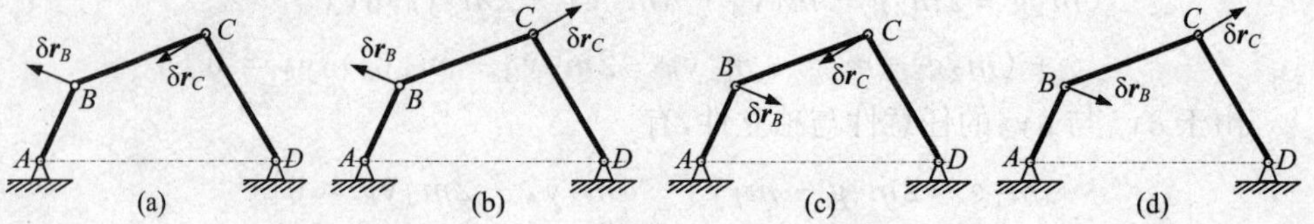

题 9.2 图

9.3　在图示机构中，当曲柄 OC 绕轴 O 摆动时，滑块 A 沿曲柄滑动，从而带动杆 AB 在铅直导槽内移动，不计各构件自重与各处摩擦．求在图示位置时，力 $\boldsymbol{F}_1$ 与 $\boldsymbol{F}_2$ 的作用点的虚位移之间的关系．

9.4　在图示机构中，曲柄 OA 上作用一力偶，其矩为 M，另在滑块 D 上作用水平力 $\boldsymbol{F}$．机构尺寸如图所示，不计各构件自重与各处摩擦．求在图示位置时，力 $\boldsymbol{F}$ 与力偶矩 M 对应的虚位移之间的关系．

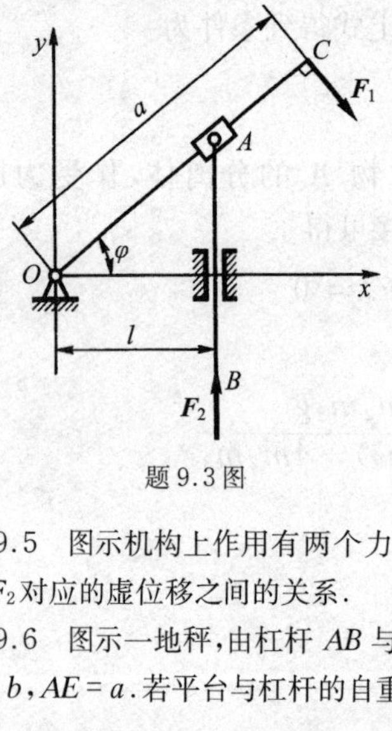

题 9.3 图

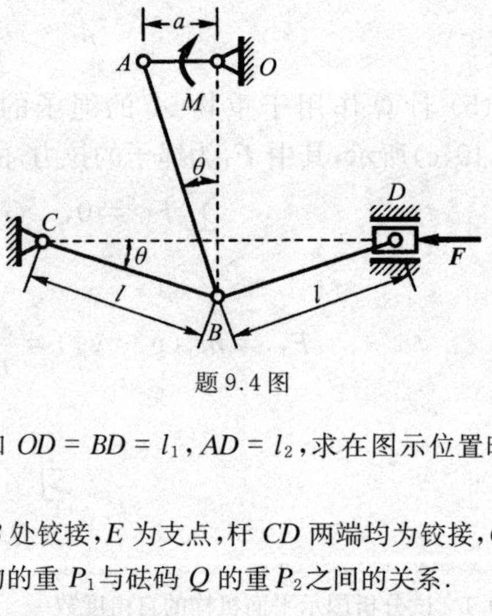

题 9.4 图

9.5　图示机构上作用有两个力 $\boldsymbol{F}_1$、$\boldsymbol{F}_2$，已知 $OD = BD = l_1$，$AD = l_2$，求在图示位置时，力 $\boldsymbol{F}_1$、$\boldsymbol{F}_2$ 对应的虚位移之间的关系．

9.6　图示一地秤，由杠杆 AB 与平台 BD 在 B 处铰接，E 为支点，杆 CD 两端均为铰接，$CD = BE = b$，$AE = a$．若平台与杠杆的自重不计，求重物的重 P_1 与砝码 Q 的重 P_2 之间的关系．

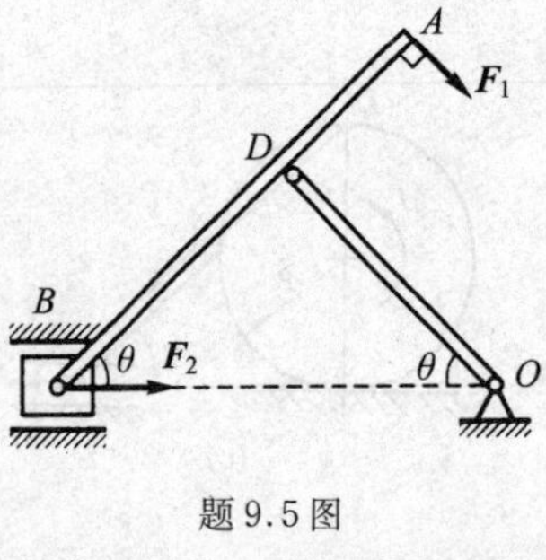

题 9.5 图

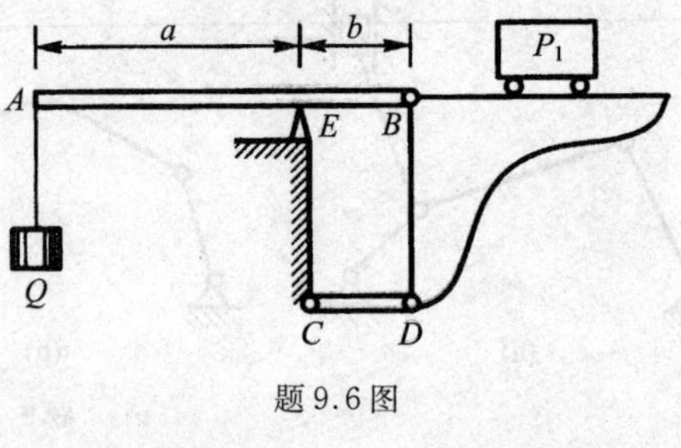

题 9.6 图

9.7　图为一夹紧装置的简图.设缸体内的压强为 p,活塞直径为 D,杆重忽略不计,尺寸如图所示.求作用在工件上的压力 $\boldsymbol{F}$.

9.8　两等长杆 AB 与 BC 在 B 点用铰链连接,又在杆的 D 和 E 两点连一弹簧,如图所示.弹簧的刚度系数为 k,当距离 AC 等于 a 时,弹簧的拉力为零.如在 C 点作用一水平力 $\boldsymbol{F}$,杆系处于平衡.$AB=l$,$BD=b$,杆重及摩擦略去不计.求距离 AC 之值.

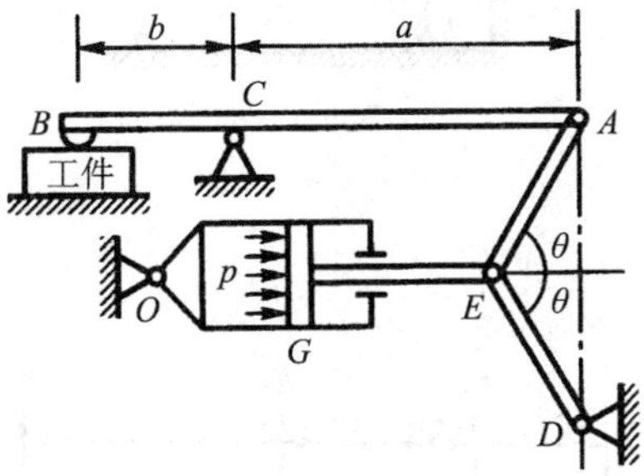

题 9.7 图

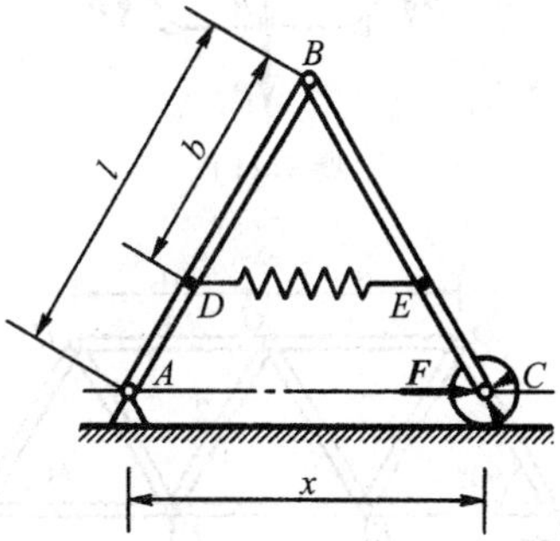

题 9.8 图

9.9　在曲柄 OA 上作用力偶矩为 $M=6\ \mathrm{N\cdot m}$ 的力偶.$OA=150\ \mathrm{mm}$,$OO_1=200\ \mathrm{mm}$,O_1B − $500\ \mathrm{mm}$,$BC=780\ \mathrm{mm}$,略去摩擦及自重.当 $OA\perp OO_1$ 时(如图所示),为了使机构处于平衡,求作用在滑块 C 上的水平力 $\boldsymbol{F}$.

9.10　长度为 $2l$ 的均质杆 AB,置于光滑半圆槽内,槽的半径为 R,如图所示.试求平衡位置 θ 角和 l,R 的关系.

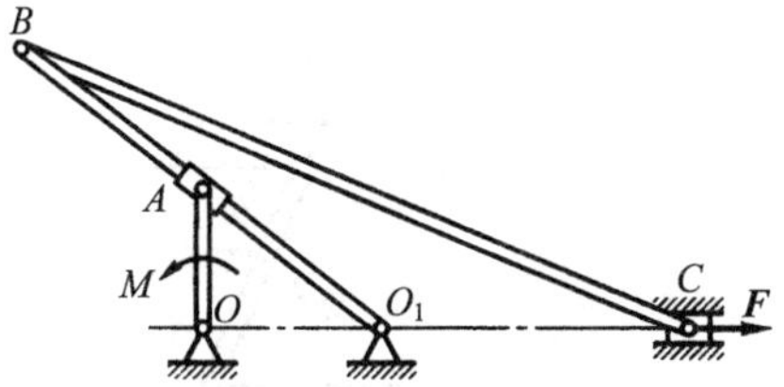

题 9.9 图

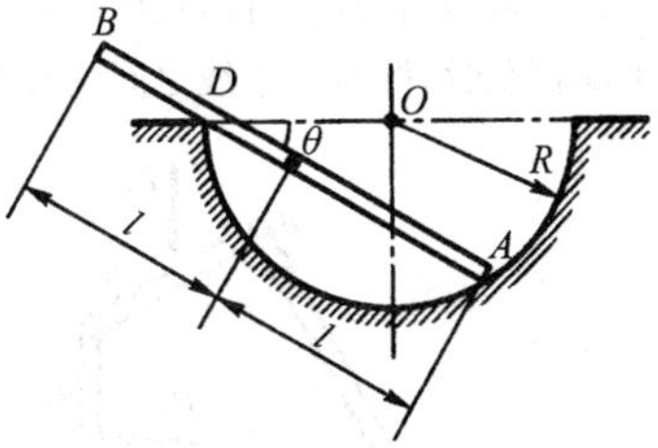

题 9.10 图

9.11　六根等长等重的均质杆,将其端点铰接成为一六边形机构,如图所示.固连其中一杆于天花板,使六边形悬于铅垂平面内,并用无重且不可伸长的绳连接上下两杆的中点 A 和 B.如杆长为 a,绳长为 b.杆重为 $\boldsymbol{P}$.求绳子的张力.

9.12　图示平面桁架 $ABCD$,在节点 D 处承受铅垂载荷 P.桁架的 A 点为固定铰支座,C 点为一可动铰支座.已知 $AB=BC=AC=a$,$AD=DC=\dfrac{\sqrt{2}}{2}a$.求杆件 BD 的内力.

9.13　用虚位移原理求图示桁架 1,2 两杆件的内力.

9.14　如图所示的组合梁,其上作用有载荷 $F_1=5\ \mathrm{kN}$,$F_2=4\ \mathrm{kN}$,$F_3=3\ \mathrm{kN}$,以及力偶矩为 $M=2\ \mathrm{kN\cdot m}$的力偶.摩擦及梁的质量略去不计.用虚位移原理求固定端 A 的约束力偶矩 M_A.

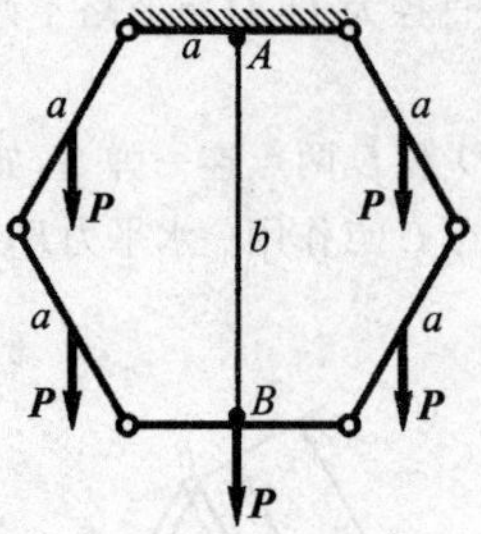

题 9.11 图

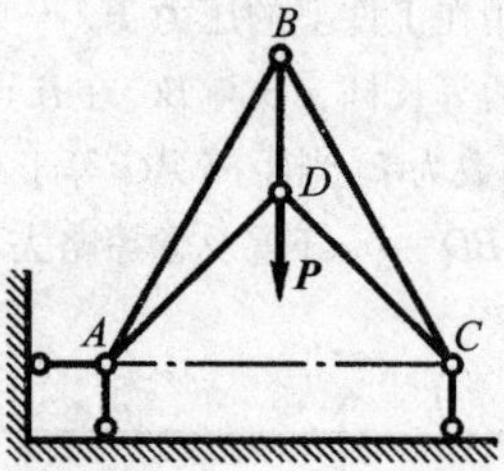

题 9.12 图

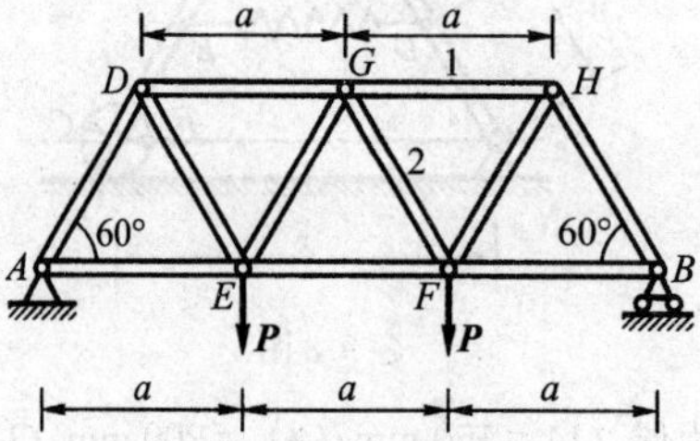

题 9.13 图

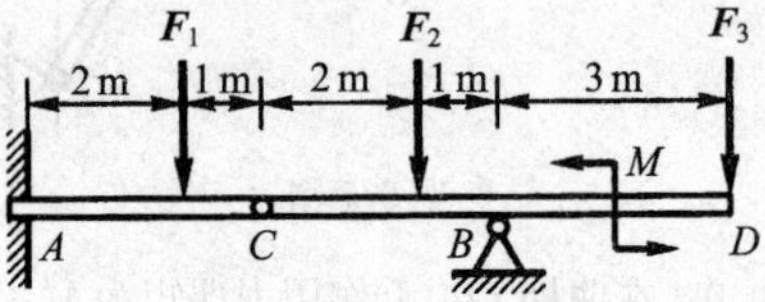

题 9.14 图

9.15 图示结构由 AB、BC、CD 三杆组成. $AB=\sqrt{3}a$, $BC=CD=a$, $\angle BAD=60^\circ$, $\angle ABC=90^\circ$, CD 杆铅垂. 在 BC 中点 K 作用一铅垂力 $\boldsymbol{F}_1$, 在 CD 中点 H 作用一水平力 $\boldsymbol{F}_2$. 求 D 处的约束力.

9.16 两相同的均质杆, 长度均为 l, 质量均为 m, 其上各作用如图所示的矩为 M 的力偶. 试求在平衡状态时, 杆与水平线之间的夹角 θ_1, θ_2.

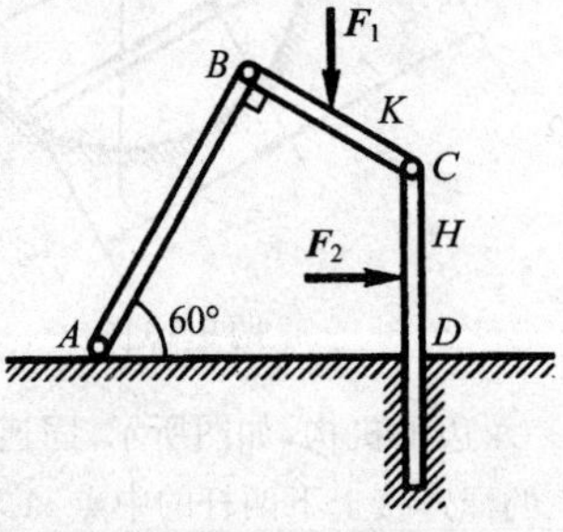

题 9.15 图

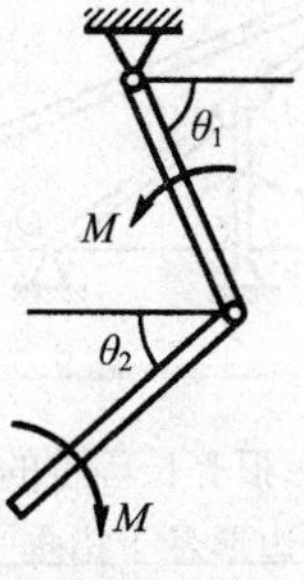

题 9.16 图

9.17 借滑轮机构将两物体 A 和 B 悬挂如图, 并设物体 B 保持水平. 如绳和滑轮的质量不计, 求两物体平衡时, 重力 $\boldsymbol{P}_A$ 和 $\boldsymbol{P}_B$ 的关系.

9.18 图示一升降机的简图, 被提升的物体 A 的质量为 m_1, 平衡锤 B 的质量为 m_2, 带轮 C 与 D 的质量均为 m, 半径均为 r, 可视为均质圆柱. 设电机作用于轮 C 的力矩为 M, 胶带的质量不计, 求重物的加速度.

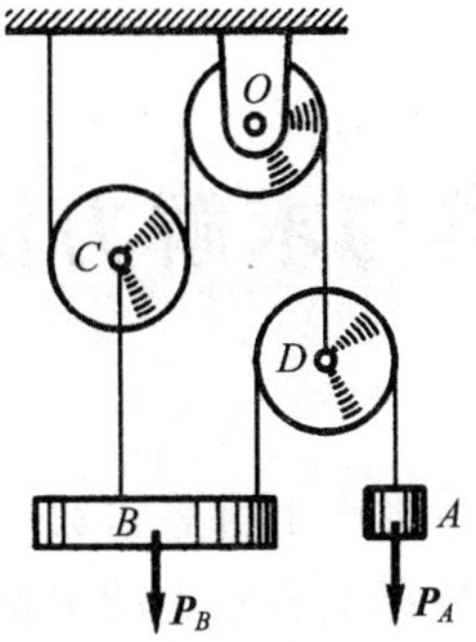

题 9.17 图

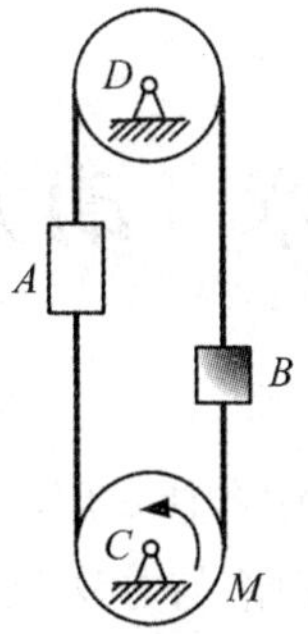

题 9.18 图

9.19　如图所示,在光滑的水平面上放置一个质量为 m 的三棱柱 ABC,一质量为 m_1 的均质圆柱沿三棱柱的斜面 AB 无滑动地滚下,求三棱柱后退的加速度.

9.20　如图所示双轮小车,受力 $\boldsymbol{F}$ 与力偶 M.轮 1 沿水平面纯滚动,轮 2 又滚又滑.两轮均质,半径为 R,质量分别为 m_1、m_2.已知摩擦因数为 f,不计杆 3 的质量.求杆 3 的加速度与轮 2 的角加速度.

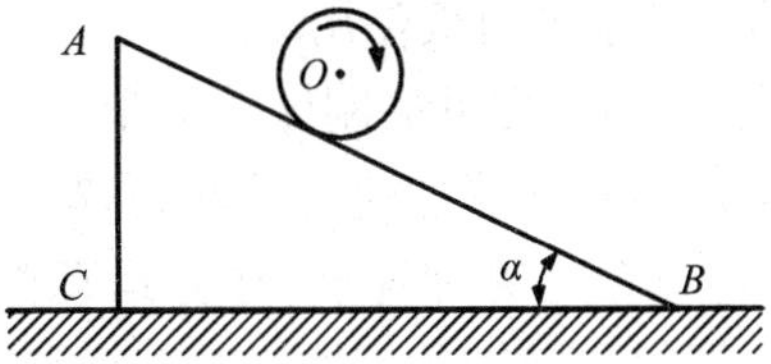

题 9.19 图

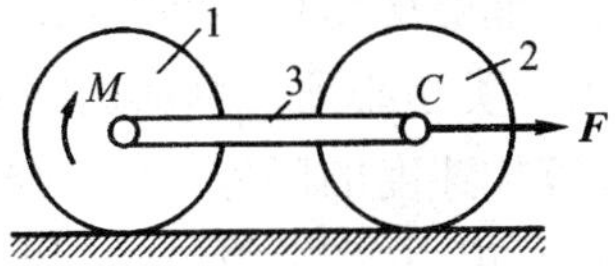

题 9.20 图

9.21　平台 N 由等长而且平行的匀质杆 AB、CD 支持,如图所示,平台上有一方块 M.设 AB、CD、M 以及 N 的重量相等.求从图示位置开始运动时 M 的加速度.不计所有摩擦力.

9.22　图示质量为 m_1 的均质圆柱体 A,其上绕有细绳,细绳的一端跨过定滑轮与质量为 m_2 的物体 B 相连.已知物体 B 与水平面间的摩擦因数为 f,忽略定滑轮的质量,且开始时系统处于静止.求 A、B 两物体质心的加速度 $\boldsymbol{a}_1$、$\boldsymbol{a}_2$.

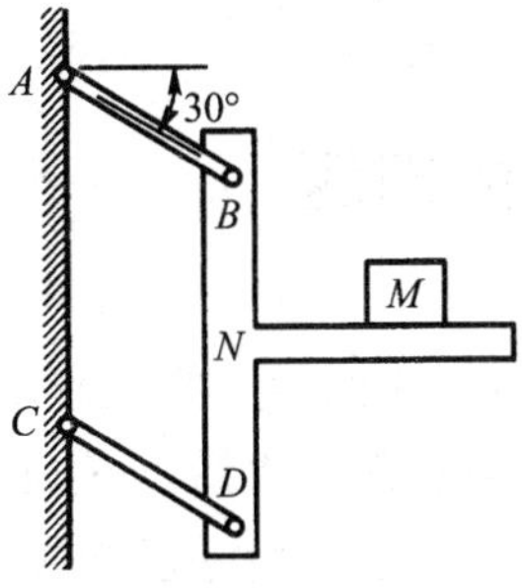

题 9.21 图

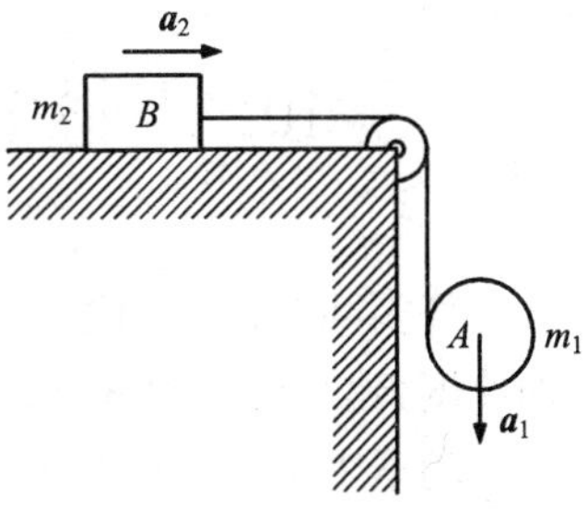

题 9.22 图

第10章　动力学问题的分类与求解方法选择

在理论力学中，动力学问题无论在数量上还是在难度上都是占第一位的.而有关动力学的理论与方法比较多，在解决问题的方法选择上有较大的灵活性，这对于理论力学的学习者是个具有相当难度的障碍.如果能够把动力学问题的求解方法尽可能地规律化，使学习者能够较快地找到解决动力学问题的途径，无疑可以提高学习理论力学的效率，增强解决理论力学问题的能力.

基于达朗贝尔原理的动静法可以用程式化的方法解决各种动力学问题，在工程问题的分析计算中得到广泛的应用，所以我们把它作为解决动力学问题的首选方法.但是它有一个先决条件，就是必须计算达朗贝尔惯性力，而惯性力取决于加速度，所以只有在可以明确分析计算加速度的场合，才能够有效使用动静法.

为了能够把动力学问题的求解方法规律化，我们把常见的刚体动力学问题分为三类：第一类是必须计算加速度的问题，第二类是不必计算加速度的问题，第三类是不能计算加速度的问题.第一类问题比较多，它包含计算加速度、建立运动微分方程、计算约束力等等.第二类问题是加速度虽可算但不必算的问题，比如计算速度在一段时间或一段距离上的变化，或计算特定点轨迹形态等问题.第三类问题是根本无法计算加速度的问题，在刚体力学中这方面的问题主要是碰撞类的问题.

必须指出，本书只涉及用理论力学知识解决动力学问题的方法，无论是动静法还是动力学普遍定理皆属于矢量力学的范畴.用矢量力学的方法分析受约束物体的系统，具有未知约束力多，方程数目多，求解过程比较繁琐的缺陷.对于复杂系统的动力学问题，分析力学提供了更为简洁的方法.

10.1　必须计算加速度的问题

动力学中许多问题都与加速度的计算有关，比如求动约束力、求一般位置或特殊位置的加速度、建立运动微分方程等.**此类问题都可用动静法求解**，而不必考虑使用动量定理与动量矩定理的微分形式.在这些问题中，如果加速度是已知量，则直接运用动静法，列出动力平衡方程即可求解，如第7章的例7.21求定轴转动刚体轴承动约束力的问题.如果加速度是未知量，则应该先根据物体运动的特点假设计算惯性力系的主矢与主矩所需要的加速度（一般为质心的加速度、刚体的角速度与角加速度)，然后再用动力平衡方程之外的其他方法补充分析加速度之间的关系，写出惯性力表达式，为利用动力平衡方程作好准备．通常补充分析加速度有三个途径：几何关系、运动学关系与动力学关系，下面分别举例说明．

10.1.1　利用几何关系分析加速度

建立一定的坐标系，根据系统内各物体的位置，确定各物体的坐标，由几何关系可以建立坐标的关系式，对各坐标计算对时间的导数可以得到各物体的速度与加速度的关系．其中质心的坐标计算公式在计算系统主矢时常用，因为惯性力系的主矢用质心的加速度计算，如果可以写出质心坐标的表达式，通过对时间求导就可以计算出质心的加速度．利用几何关系分析加速度常用在分析一般位置动力学问题的场合．

例 10.1　图 10.1(a)所示的曲柄滑杆机构中，曲柄 OA 以匀角速度 ω 绕 O 轴转动，其长度 $OA=l$，质量为 m_1，质心在 OA 中点；滑块 A 的质量为 m_2；滑杆 BD 的质量为 m_3，质心在 E 点．试求作用在轴 O 的最大水平约束力．

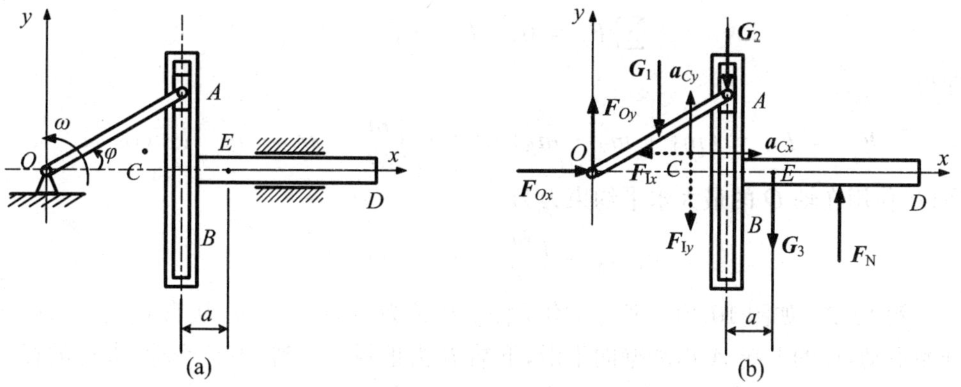

图 10.1　例 10.1 图

解：(1) 研究对象：因为求系统的外约束力，所以以机构整体为研究对象．

(2) 运动分析：曲柄定轴转动，滑块随曲柄转动同时在滑杆的滑槽中相对滑动，滑杆平移．由于所求是系统的外约束力，它与系统的惯性力系有关，但滑杆与滑块平移、曲柄匀速转动，它们的惯性力系主矩皆为零．而惯性力系的主矢由系统质心的加速度计算，所以考虑系统质心的加速度．设此位置系统质心 C 的加速度为 $\boldsymbol{a}_{Cx}$、$\boldsymbol{a}_{Cy}$．

计算质心的加速度可以利用质心坐标的计算，参见例 2.2．机构质心的坐标为

$$x_C=\frac{m_1x_1+m_2x_2+m_3x_3}{m_1+m_2+m_3}=\frac{\dfrac{m_1l}{2}\cos\varphi+m_2l\cos\varphi+m_3(l\cos\varphi+a)}{m_1+m_2+m_3}$$

$$=\frac{\left(\dfrac{m_1}{2}+m_2+m_3\right)l\cos\varphi+m_3a}{m_1+m_2+m_3}$$

$$y_C = \frac{m_1 y_1 + m_2 y_2 + m_3 y_3}{m_1 + m_2 + m_3} = \frac{\dfrac{m_1 l}{2}\sin\varphi + m_2 l\sin\varphi + m_3 \cdot 0}{m_1 + m_2 + m_3}$$

$$= \frac{\left(\dfrac{m_1}{2} + m_2\right) l\sin\varphi}{m_1 + m_2 + m_3}$$

设运动开始时，曲柄 OA 水平向右，故有 $\varphi = \omega t$. 由 x_C 坐标可以计算出

$$a_{Cx} = \ddot{x}_C = -\frac{\dfrac{m_1}{2} + m_2 + m_3}{m_1 + m_2 + m_3} l\omega^2 \cos\omega t$$

(3) 受力分析：分析外力，主动力为重力 $\boldsymbol{G}_1$、$\boldsymbol{G}_2$、$\boldsymbol{G}_3$；约束力为轴承 O 的约束力 $\boldsymbol{F}_{ox}$、$\boldsymbol{F}_{oy}$ 和滑杆导轨的约束力 $\boldsymbol{F}_{\mathrm{N}}$；惯性力系向质心 C 简化的等效惯性力为 $\boldsymbol{F}_{\mathrm{I}x}$ 与 $\boldsymbol{F}_{\mathrm{I}y}$. 作出受力图如图 10.1(b)所示.

(4) 建立方程：所求的轴 O 水平约束力是系统唯一的水平外力. 由动静法可知，它只与系统惯性力系主矢的水平分量平衡.

$$\sum F_x = 0, \quad F_{Ox} - F_{\mathrm{I}x} = 0$$

即得

$$F_{Ox} = F_{\mathrm{I}x} = (m_1 + m_2 + m_3) a_{Cx} = -\left(\frac{m_1}{2} + m_2 + m_3\right) l\omega^2 \cos\omega t$$

所以，作用在轴 O 的最大水平约束力为

$$F_{Ox\max} = \left(\frac{m_1}{2} + m_2 + m_3\right) l\omega^2$$

例 10.2 如图 10.2(a)所示，均质杆 AB 长为 l，质量为 m，从直立位置由静止开始滑动，杆的上端 A 沿墙壁向下滑，下端 B 沿地板向右滑，不计摩擦. 求杆的任一位置 φ 时的角速度与角加速度，以及 A，B 处的约束力.

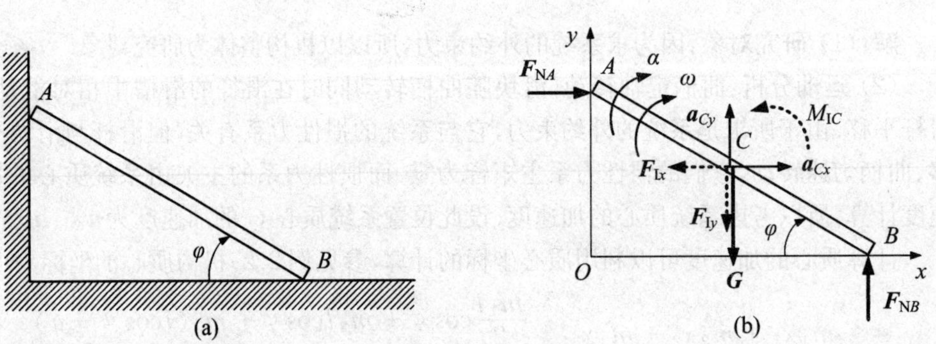

图 10.2 例 10.2 图

解：(1) 研究对象：杆 AB.

(2) 运动分析：杆 AB 在铅垂面平面运动. 为描述其运动建立坐标系 Oxy，杆的

角度 φ 从 x 轴开始度量，顺时针方向为正，如图所示. 设质心 C 的加速度为 $\boldsymbol{a}_{Cx}$、$\boldsymbol{a}_{Cy}$，杆的角速度与角加速度分别为 ω 与 α，ω 与 α 的方向假设与角 φ 的正向一致，如图 10.2(b)所示. 应注意，实际上杆在倒下的过程中角速度方向为逆时针方向.

由几何关系确定质心 C 的坐标，如图所示，有

$$x_C = \frac{l}{2}\cos\varphi, \quad y_C = \frac{l}{2}\sin\varphi$$

计算对时间的二阶导数，有

$$a_{Cx} = \ddot{x}_C = -\frac{l}{2}(\ddot{\varphi}\sin\varphi + \dot{\varphi}^2\cos\varphi), \quad a_{Cy} = \ddot{y}_C = \frac{l}{2}(\ddot{\varphi}\cos\varphi - \dot{\varphi}^2\sin\varphi)$$

(3) 受力分析：主动力 $G = mg$，约束力 $\boldsymbol{F}_{NA}$、$\boldsymbol{F}_{NB}$ 未知，惯性力系的等效惯性力 $F_{Ix} = ma_{Cx}$、$F_{Iy} = ma_{Cy}$，等效惯性力偶矩 $M_{IC} = J_C\ddot{\varphi}$. 作出受力图如图 10.2(b)所示.

(4) 建立方程：作用在杆上的力系为平面力系，列出动力平衡方程

$$\sum M_C = 0, \quad F_{NB}\frac{l}{2}\cos\varphi - F_{NA}\frac{l}{2}\sin\varphi + M_{IC} = 0$$

$$\sum F_x = 0, \quad F_{NA} - F_{Ix} = 0$$

$$\sum F_y = 0, \quad F_{NB} - F_{Iy} - mg = 0$$

代入惯性力及质心加速度表达式，即得

$$F_{NB}\frac{l}{2}\cos\varphi - F_{NA}\frac{l}{2}\sin\varphi + \frac{1}{12}ml^2\ddot{\varphi} = 0 \tag{a}$$

$$F_{NA} + m\frac{l}{2}(\ddot{\varphi}\sin\varphi + \dot{\varphi}^2\cos\varphi) = 0 \tag{b}$$

$$F_{NB} - m\frac{l}{2}(\ddot{\varphi}\cos\varphi - \dot{\varphi}^2\sin\varphi) - mg = 0 \tag{c}$$

把式(b)与式(c)代入式(a)，得到

$$\ddot{\varphi} = -\frac{3g}{2l}\cos\varphi \tag{d}$$

式(d)可变为

$$\dot{\varphi}\frac{\mathrm{d}\dot{\varphi}}{\mathrm{d}\varphi} = -\frac{3g}{2l}\cos\varphi$$

积分上式，并利用初始条件：$\varphi = \frac{\pi}{2}$时，$\dot{\varphi} = 0$，可得

$$\dot{\varphi}^2 = \frac{3g}{l}(1 - \sin\varphi) \tag{e}$$

由式(e)知，在任一位置角 φ 时，杆的角速度 $\omega = \sqrt{\frac{3g}{l}(1-\sin\varphi)}$，方向为逆时针方向. 由式(d)知，杆的角加速度 $\alpha = \frac{3g}{2l}\cos\varphi$，因 $\ddot{\varphi} < 0$ 故其方向为逆时针方向.

把式(d)与式(e)代入式(b)与式(c)可得

$$F_{NA} = \frac{9}{4}mg\cos\varphi\left(\sin\varphi - \frac{2}{3}\right),\quad F_{NB} = \frac{mg}{4}\left[1 + 9\sin\varphi\left(\sin\varphi - \frac{2}{3}\right)\right]$$

10.1.2 利用运动学关系分析加速度

计算惯性力系的主矢与主矩所需的质心加速度与刚体的角加速度，也可以通过运动分析的方法确定.经常使用的方法有加速度合成定理，以及平面运动刚体上点的加速度计算的基点法.这种方法应用较多，即可分析特殊位置的问题，也可分析一般位置的问题.第 7 章中的例 7.24、例 7.25、例 7.26、例 7.27、例 7.28、例 7.29、例 7.30都是利用运动学关系分析加速度的例子.

例 10.3 曲柄滑槽机构如图 10.3(a)所示.已知圆轮的半径为 r，对转轴的转动惯量为 J，轮上作用不变的力偶 M，滑槽 ABD 的质量为 m，不计摩擦.求圆轮的转动微分方程.

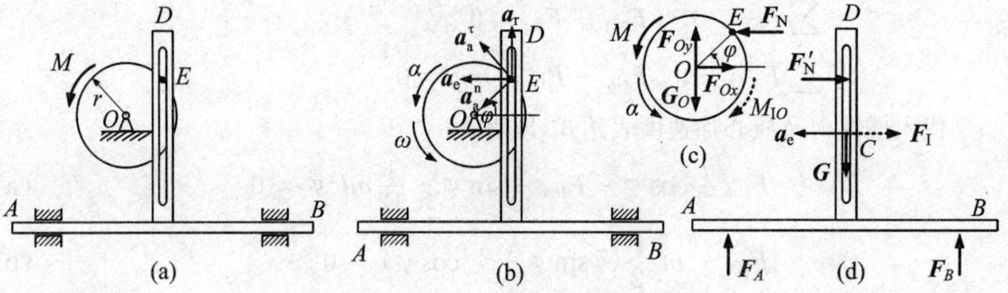

图 10.3 例 10.3图

解:(1) 研究对象:此题只需求圆轮的转动微分方程，且滑槽的几何尺寸不明，所以不宜以系统整体为研究对象.分别以圆轮 O 与滑槽 ABD 为研究对象.

(2) 运动分析:参见图 10.3(b)，设轮 O 的转角为 φ，角速度与角加速度分别为 ω 与 α，进而计算滑槽的加速度.以轮上的销钉 E 为动点，动系固连在滑槽上，牵连运动为平移.作出 E 点的加速度分析图.由加速度合成定理，有

$$\boldsymbol{a}_a^n + \boldsymbol{a}_a^\tau = \boldsymbol{a}_e + \boldsymbol{a}_r$$

其中 $\boldsymbol{a}_e$为滑槽的加速度，$\boldsymbol{a}_a^n = \omega^2 r$，$\boldsymbol{a}_a^\tau = \alpha r$.投影到 $\boldsymbol{a}_e$方向上，有

$$\omega^2 r\cos\varphi + \alpha r\sin\varphi = a_e \tag{a}$$

(3) 受力分析:分别作轮 O 与滑槽 ABD 的受力图如图 10.3(c)、(d)所示.其中，$\boldsymbol{F}_N$是滑槽对轮 O 上的销钉 E 的作用力，$M_{IO} = J\alpha$，滑槽的质心在点 C，其重力 $G = mg$，平移滑槽的惯性力 $F_I = ma_e$.

(4) 建立方程:

对轮 O，只用一个力矩方程

$$\sum M_O = 0,\quad M + F_N r\sin\varphi - M_{IO} = 0 \tag{b}$$

对滑槽 ABD 用一个投影方程

$$\sum F_x = 0,\quad F_N + F_I = 0 \tag{c}$$

由式(b)与式(c)消去 F_N，得

$$M - ma_e r\sin\varphi - J\alpha = 0$$

代入式(a)，得

$$(J + mr^2\sin^2\varphi)\alpha + mr^2\omega^2\sin\varphi\cos\varphi - M = 0$$

所以，圆轮的转动微分方程为

$$(J + mr^2\sin^2\varphi)\ddot{\varphi} + mr^2\dot{\varphi}^2\sin\varphi\cos\varphi = M$$

例 10.4　如图 10.4(a)所示，均质杆 OA 和 AB 长皆为 l，质量皆为 m，杆 OA 水平，杆 AB 与水平成 30°角．轮 B 半径为 $r = 0.5l$，质量 $m_B = 2m$，在粗糙水平面上只能产生纯滚动，不计摩擦滚阻．A 处悬挂在铅垂绳子 AC 上，系统处于静止状态．求当绳子 AC 被剪断的瞬时，作用在 O、A、B、D 处的力及杆 OA、杆 AB 和轮 B 的角加速度．

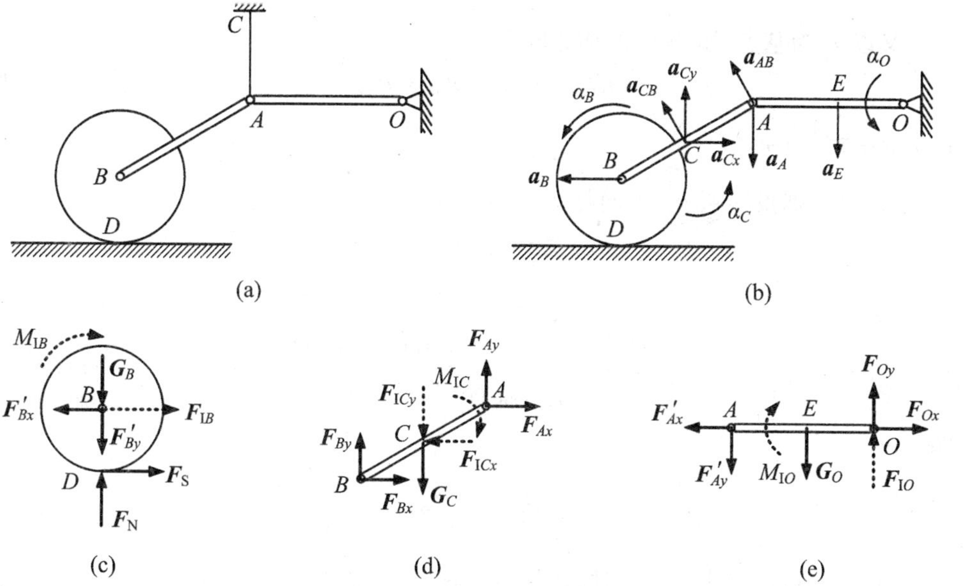

图 10.4　例 10.4 图

解：(1) 研究对象：此题需求内约束 A、B 的约束力，所以必须拆开，分别研究每个物体．但应先从整体进行运动分析，建立运动学关系．

(2) 运动分析：参见图 10.4(b)，系统由三个物体组成，杆 OA 为定轴转动，设此瞬时角加速度为 α_O，质心 E 的加速度为 $\boldsymbol{a}_E$，点 A 的加速度为 $\boldsymbol{a}_A$；杆 AB 平面运动，设其角加速度为 α_C，质心 C 的加速度为 $\boldsymbol{a}_{Cx}$、$\boldsymbol{a}_{Cy}$；轮 B 的圆心的加速度为 $\boldsymbol{a}_B$，角加速度为 α_B．

对于杆 OA，由于此瞬时角速度为零，所以有

$$a_E = \frac{1}{2}\alpha_O l, \quad a_A = \alpha_O l$$

对于杆 AB，以 B 为基点，有

$$\boldsymbol{a}_A = \boldsymbol{a}_B + \boldsymbol{a}_{AB} \tag{a}$$

此瞬时 $a_{AB}^{n}=0$，$a_{AB}=a_{AB}^{\tau}=\alpha_C l$，式(a)投影到 $\boldsymbol{a}_A$ 方向上，有

$$a_A = -\alpha_C l\cos 30^\circ$$

即

$$\alpha_O l = -\alpha_C l\cos 30^\circ, \quad \therefore \alpha_O = -\frac{\sqrt{3}}{2}\alpha_C$$

式(a)投影到 $\boldsymbol{a}_B$ 方向上，有

$$0 = a_B + a_{AB}\sin 30^\circ$$

即

$$a_B = -\frac{1}{2}\alpha_C l$$

又以 B 为基点，质心 C 的加速度为

$$\boldsymbol{a}_{Cx} + \boldsymbol{a}_{Cy} = \boldsymbol{a}_B + \boldsymbol{a}_{CB} \tag{b}$$

式中 $a_{CB}=\frac{1}{2}\alpha_C l$

式(b)分别投影到 $\boldsymbol{a}_{Cx}$ 方向与 $\boldsymbol{a}_{Cy}$ 方向，有

$$a_{Cx} = -a_B - a_{CB}\sin 30^\circ$$

即

$$a_{Cx} = \frac{1}{2}\alpha_C l - \frac{1}{4}\alpha_C l = \frac{1}{4}\alpha_C l$$

$$a_{Cy} = a_{CB}\cos 30^\circ$$

即

$$a_{Cy} = \frac{\sqrt{3}}{4}\alpha_C l$$

对于轮 B，沿直线纯滚动时，有 $a_B=\alpha_B r=\frac{1}{2}\alpha_B l$，所以有 $\alpha_B=-\alpha_C$.

(3) 受力分析：分别作轮 B、杆 AB 与杆 OA 的受力图如图 10.4(c)、(d)、(e)所示. 其中，$G_B=2mg$，$G_C=G_O=mg$；$F_{\mathrm{I}B}=m_B a_B=-m\alpha_C l$，$M_{\mathrm{I}B}=\frac{1}{2}m_B r^2\alpha_B=-\frac{1}{4}m\alpha_C l^2$；$F_{\mathrm{I}Cx}=ma_{Cx}=\frac{1}{4}m\alpha_C l$，$F_{\mathrm{I}Cy}=ma_{Cy}=\frac{\sqrt{3}}{4}m\alpha_C l$，$M_{\mathrm{I}C}=\frac{1}{12}ml^2\alpha_C$；$F_{\mathrm{I}O}=ma_E=\frac{1}{2}m\alpha_O l=-\frac{\sqrt{3}}{4}m\alpha_C l$，$M_{\mathrm{I}O}=\frac{1}{3}ml^2\alpha_O=-\frac{\sqrt{3}}{6}m\alpha_C l^2$.

(4) 建立方程:

对于轮 B,

$$\sum M_B = 0,\quad F_S r - M_{IB} = 0,\quad \therefore F_S = -\frac{1}{2}m\alpha_C l \tag{c}$$

$$\sum F_x = 0,\quad F_S + F_{IB} - F_{Bx} = 0,\quad \therefore F_{Bx} = F_S + F_{IB} = -\frac{3}{2}m\alpha_C l \tag{d}$$

$$\sum F_y = 0,\quad F_N - G_B - F_{By} = 0,\quad \therefore F_N - F_{By} = 2mg \tag{e}$$

对于杆 AB,

$$\sum F_x = 0,\quad F_{Ax} + F_{Bx} - F_{ICx} = 0,\quad \therefore F_{Ax} = F_{ICx} - F_{Bx} = \frac{7}{4}m\alpha_C l \tag{f}$$

$$\sum F_y = 0,\quad F_{Ay} + F_{By} - F_{ICy} - G_C = 0,\quad \therefore F_{Ay} + F_{By} = mg + \frac{\sqrt{3}}{4}m\alpha_C l \tag{g}$$

$$\sum M_C = 0,\quad (F_{Bx} - F_{Ax})\frac{l}{4} + (F_{Ay} - F_{By})\frac{\sqrt{3}}{4}l - M_{IC} = 0,$$

$$\therefore F_{Ay} - F_{By} = \frac{43\sqrt{3}}{36}m\alpha_C l \tag{h}$$

对于杆 OA,

$$\sum F_x = 0,\quad F_{Ox} - F_{Ax} = 0,\quad \therefore F_{Ox} = F_{Ax} = \frac{7}{4}m\alpha_C l \tag{i}$$

$$\sum F_y = 0,\quad F_{Oy} + F_{IO} - F_{Ay} - G_O = 0,\quad \therefore F_{Oy} = F_{Ay} + mg + \frac{\sqrt{3}}{4}m\alpha_C l \tag{j}$$

$$\sum M_O = 0,\quad F_{Ay}l + G_O\frac{l}{2} - M_{IO} = 0,\quad \therefore F_{Ay} = -\frac{1}{2}mg - \frac{\sqrt{3}}{6}m\alpha_C l \tag{k}$$

由式(g)与式(h)可得

$$F_{Ay} = \frac{1}{2}mg + \frac{13\sqrt{3}}{18}m\alpha_C l,\quad F_{By} = \frac{1}{2}mg - \frac{17\sqrt{3}}{36}m\alpha_C l$$

与式(k)比较,得到

$$\alpha_C = -\frac{3\sqrt{3}g}{8l}$$

在以上各式中代入 α_C 的数值,得到

$$F_{Ax} = -\frac{21\sqrt{3}}{32}mg,\quad F_{Ay} = -\frac{5}{16}mg,\quad F_{Bx} = \frac{9\sqrt{3}}{16}mg,\quad F_{By} = \frac{33}{32}mg,$$

$$F_{Ox} = -\frac{21\sqrt{3}}{32}mg,\quad F_{Oy} = \frac{13}{32}mg,\quad F_N = \frac{97}{32}mg,\quad F_S = \frac{3\sqrt{3}}{16}mg$$

且杆 OA、杆 AB 和轮 B 的角加速度分别为

$$\alpha_O = \frac{9g}{16l},\quad \alpha_C = -\frac{3\sqrt{3}g}{8l},\quad \alpha_B = \frac{3\sqrt{3}g}{8l}$$

在例 10.4 中,采用一般方法分析平面运动物体上点的加速度关系.但是对于平面运动物体从静止开始运动的瞬时,可以确定其加速度瞬心,参阅第 4 章 4.3.2 节;据此可以更加方便地分析加速度关系.比如下例.

例 10.5 如图 10.5(a)所示,均质细杆 AB 长为 l,质量为 m_1,上端 B 靠在光滑墙壁上,下端 A 以铰链与均质圆柱的中心相连.圆柱质量为 m_2,半径为 R,放在粗糙水平面上,自图示位置由静止开始滚动而不滑动,杆与水平线的夹角为 $\theta=45^\circ$.求点 A 在初瞬时的加速度.

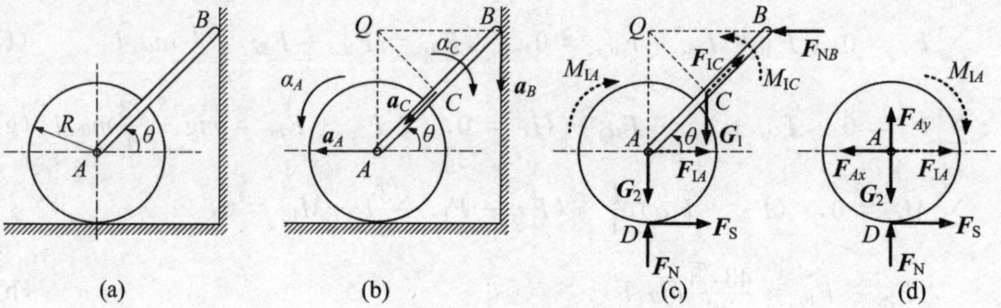

图 10.5 例 10.5 图

解:(1) 研究对象:先以系统整体为研究对象,若有需要再拆开系统取其中一物研究.此问题研究由静止开始运动的瞬时状态,而系统中物体为平面运动,所以在分析加速度关系时可以用加速度瞬心的方法.

(2) 运动分析:杆 AB 和圆柱 A 皆为平面运动.杆 AB 上两点的加速度 $\boldsymbol{a}_A$ 与 $\boldsymbol{a}_B$ 的方向可以确定,如图 10.5(b)所示.作 $\boldsymbol{a}_A$ 与 $\boldsymbol{a}_B$ 的垂线相交于杆 AB 的加速度瞬心点 Q,设杆 AB 的角加速度为 α_C,则有

$$a_A=\alpha_C l\sin 45^\circ,\quad \therefore \alpha_C=\frac{\sqrt{2}a_A}{l}$$

杆 AB 的质心 C 的加速度为

$$a_C=\alpha_C\frac{l}{2},\quad \therefore a_C=\frac{\sqrt{2}}{2}a_A$$

圆柱 A 在直线轨道上纯滚动,所以有

$$\alpha_A=\frac{a_A}{R}$$

(3) 受力分析:作系统整体的受力图,如图 10.5(c)所示,为平面任意力系.其中

$G_1=m_1g,\ G_2=m_2g;\ F_{IC}=m_1a_C=\dfrac{\sqrt{2}}{2}m_1a_A,\ M_{IC}=\dfrac{1}{12}m_1l^2\alpha_C=\dfrac{\sqrt{2}}{12}m_1la_A;$

$F_{IA}=m_2a_A,\ M_{IA}=\dfrac{1}{2}m_2R^2\alpha_A=\dfrac{1}{2}m_2Ra_A.$

(4) 建立方程:对系统整体,尽量避免不必要的未知量出现,故只用一个方程

$$\sum M_Q = 0,\quad M_{IC} + F_{IC}\frac{l}{2} + F_S(R + \frac{\sqrt{2}}{2}l) + F_{IA}\frac{\sqrt{2}}{2}l - M_{IA} - G_1\frac{\sqrt{2}}{4}l = 0$$

化简为

$$\left(\frac{\sqrt{2}}{3}m_1 l + \frac{\sqrt{2}}{2}m_2 l - \frac{1}{2}m_2 R\right)a_A + F_S\left(R + \frac{\sqrt{2}}{2}l\right) - \frac{\sqrt{2}}{4}m_1 g l = 0 \qquad \text{(a)}$$

此方程有两个未知量,但如果仍用整体的平衡方程则会引入新的未知量,所以再取圆柱 A 为研究对象,取其一个方程.作圆柱 A 的受力图如图10.5(d)所示,其中增加了铰链 A 处的两个未知约束力,但可以不引入方程,有

$$\sum M_A = 0,\quad F_S R - M_{IA} = 0,\quad \therefore F_S R - \frac{1}{2}m_2 R a_A = 0$$

得到 $F_S = \frac{1}{2}m_2 a_A$,代入式(a),解得

$$a_A = \frac{3m_1}{4m_1 + 9m_2}g$$

10.1.3　利用动力学关系分析加速度

使用动力学关系分析加速度时,较多使用动能定理.因为动能定理中不含理想约束力,因此往往可以直接用来计算速度(角速度)与加速度(角加速度).动能定理的积分形式,一般用于特殊位置问题,补充分析速度关系.动能定理的微分形式(功率方程),用于分析一般位置的加速度关系.

对于系统中运动特点不明确的物体,有时可先单独进行一些动力学分析确定物体的运动种类,在此基础上再分析加速度等运动量的关系.

例10.6　如图10.6所示均质细长杆 AB 长为 l,质量为 m,起初紧靠在铅垂墙壁上,由于微小干扰,杆绕 B 点倾倒.不计摩擦,求:B 端未脱离墙壁时 AB 杆的角速度、角加速度及 B 处的约束力.

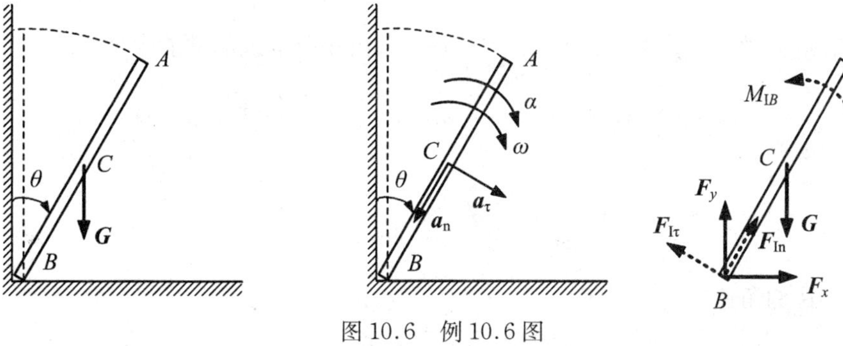

图10.6　例10.6图

解:(1) 研究对象:以杆 AB 为研究对象.

(2) 运动分析:在倒下而 B 端未脱离墙时,杆 AB 的运动是以 B 端为轴的定轴

转动.

设在转角为 θ 时,杆 AB 的角速度为 ω,角加速度为 α,质心 C 的法向加速度与切向加速度分别为 $a_n=\frac{1}{2}\omega^2 l$ 与 $a_\tau=\frac{1}{2}\alpha l$.

(3) 受力分析:作受力图如图 10.6 所示,为平面任意力系.其中,主动力 $G=mg$,B 端约束力 $\boldsymbol{F}_x$、$\boldsymbol{F}_y$;杆 AB 的惯性力系向转轴 B 简化,其等效惯性力用法向分力与切向分力表示,法向分力为 $F_{\text{In}}=ma_n=\frac{1}{2}m\omega^2 l$、切向分力为 $F_{\text{I}\tau}=ma_\tau=\frac{1}{2}m\alpha l$,等效惯性力偶的力偶矩为 $M_{\text{I}B}=J_B\alpha=\frac{1}{3}ml^2\alpha$.

(4) 建立方程:平面任意力系有三个独立的平衡方程,为

$$\sum M_B=0,\quad M_{\text{I}B}-G\frac{l}{2}\sin\theta=0,\quad \therefore \frac{1}{3}ml^2\alpha=\frac{1}{2}mgl\sin\theta$$

由此解得

$$\alpha=\frac{3g}{2l}\sin\theta \tag{a}$$

$$\sum F_x=0,\quad F_x+F_{\text{In}}\sin\theta-F_{\text{I}\tau}\cos\theta=0,$$

$$\therefore F_x=\frac{ml}{2}(\alpha\cos\theta-\omega^2\sin\theta)$$

$$\sum F_y=0,\quad F_y+F_{\text{In}}\cos\theta+F_{\text{I}\tau}\sin\theta-mg=0,$$

$$\therefore F_y=mg-\frac{ml}{2}(\alpha\sin\theta+\omega^2\cos\theta)$$

尚有杆 AB 的角速度 ω 未知,因已经求出角加速度 α,可以通过积分求角速度 ω,也可以通过动力学的方法补充方程计算角速度 ω.

初始位置时杆 AB 静止,$T_1=0$,在转过 θ 角时,$T_2=\frac{1}{2}J_B\omega^2=\frac{1}{6}ml^2\omega^2$;在此过程中只有重力做功,为 $W_{12}=mg\frac{l}{2}(1-\cos\theta)$.由积分形式的动能定理

$$T_2-T_1=W_{12},\quad \therefore \frac{1}{6}ml^2\omega^2=mg\frac{l}{2}(1-\cos\theta)$$

解得

$$\omega^2=\frac{3g}{l}(1-\cos\theta) \tag{b}$$

所以杆 AB 的角速度为

$$\omega=\sqrt{\frac{3g}{l}(1-\cos\theta)}$$

把式(a)与式(b)代入 F_x、F_y 的表达式得到

$$F_x = \frac{ml}{2}(\alpha\cos\theta - \omega^2\sin\theta) = \frac{3}{4}mg\sin\theta(3\cos\theta - 2)$$

$$F_y = mg - \frac{ml}{2}(\alpha\sin\theta + \omega^2\cos\theta) = \frac{1}{4}mg(10 - 9\sin^2\theta - 6\cos\theta)$$

例 10.7　如图 10.7 所示，均质半圆盘的质量为 m，半径为 r，可以在水平面上作无滑动的摆动. 现在把半圆盘由直径 AB 铅垂的位置无初速地释放，求当直径 AB 水平时地面对半圆盘的约束力.

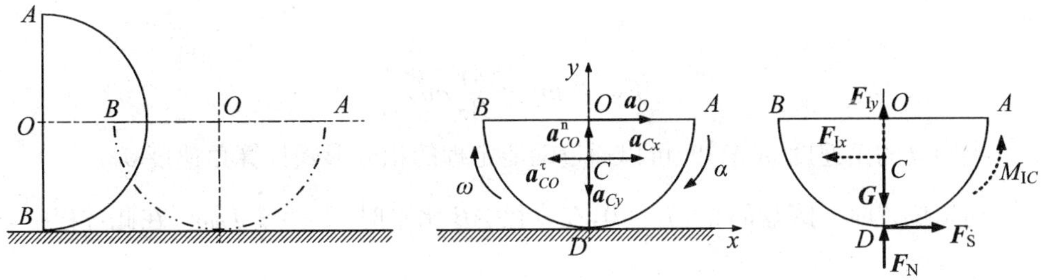

图 10.7　例 10.7 图

解：(1) 研究对象：以半圆盘为研究对象. 设半圆盘的质心为 C，则 $CO = \frac{4r}{3\pi}$，对垂直于运动平面的质心轴的转动惯量为 $J_C = \frac{1}{2}mr^2\left(1 - \frac{32}{9\pi^2}\right)$.

(2) 运动分析：半圆盘的运动是平面运动，纯滚动时速度瞬心为点 D. 设当直径 AB 水平时，半圆盘的角速度为 ω，角加速度为 α；质心的加速度为 $\boldsymbol{a}_{Cx}$、$\boldsymbol{a}_{Cy}$. 又设半圆盘圆心 O 的加速度为 $\boldsymbol{a}_O$，$\boldsymbol{a}_O$ 始终沿水平方向，而且在纯滚动时有 $a_O = \alpha r$.

在半圆盘中，以 O 为基点，则质心 C 的加速度为

$$\boldsymbol{a}_{Cx} + \boldsymbol{a}_{Cy} = \boldsymbol{a}_O + \boldsymbol{a}_{CO}^n + \boldsymbol{a}_{CO}^\tau$$

式中 $a_{CO}^n = \frac{4r}{3\pi}\omega^2$，$a_{CO}^\tau = \frac{4r}{3\pi}\alpha$. 分别投影到 x、y 轴上，得到

$$a_{Cx} = a_O - a_{CO}^\tau = \alpha r\left(1 - \frac{4r}{3\pi}\right)$$

$$-a_{Cy} = a_{CO}^n = \frac{4r}{3\pi}\omega^2, \quad \therefore a_{Cy} = -\frac{4r}{3\pi}\omega^2$$

(3) 受力分析：主动力 $G = mg$，约束力 $\boldsymbol{F}_N$、$\boldsymbol{F}_S$；惯性力系向质心 C 简化，其等效惯性力的两个分力为 $F_{Ix} = ma_{Cx} = m\alpha r\left(1 - \frac{4r}{3\pi}\right)$ 和 $F_{Iy} = ma_{Cy} = -\frac{4r}{3\pi}\omega^2$，等效惯性力偶的力偶矩 $M_{IC} = J_C\alpha = \frac{1}{2}mr^2\alpha\left(1 - \frac{32}{9\pi^2}\right)$. 受力图如图 10.7 所示，为平面任意力系.

(4) 建立方程：平面任意力系有三个独立的平衡方程，为

$$\sum M_D = 0, \quad M_{IC} + F_{Ix}\left(r - \frac{4r}{3\pi}\right) = 0$$

即

$$\frac{1}{2}mr^2\alpha\left(1-\frac{32}{9\pi^2}\right)+m\alpha r^2\left(1-\frac{4r}{3\pi}\right)^2=0$$

由此可得，$\alpha=0$. 因此直径 AB 水平时，$F_{\mathrm{I}x}=ma_{Cx}=m\alpha r\left(1-\dfrac{4r}{3\pi}\right)=0$.

$$\sum F_x=0,\quad -F_{\mathrm{I}x}+F_{\mathrm{S}}=0,\quad \therefore F_{\mathrm{S}}=0$$

$$\sum F_y=0,\quad F_{\mathrm{I}y}+F_{\mathrm{N}}-G=0,\quad \therefore F_{\mathrm{N}}=mg-F_{\mathrm{I}y}$$

即

$$F_{\mathrm{N}}=mg+\frac{4r}{3\pi}m\omega^2$$

半圆盘的角速度 ω 未知，可以通过动能定理的积分形式计算角速度 ω.

初始位置时半圆盘静止，$T_1=0$，在直径 AB 水平时，$T_2=\dfrac{1}{2}J_D\omega^2$；在此过程中只有重力做功，为 $W_{12}=mg\cdot OC=\dfrac{4r}{3\pi}mg$. 由积分形式的动能定理

$$T_2-T_1=W_{12},\quad \therefore \frac{1}{2}J_D\omega^2=\frac{4r}{3\pi}mg$$

由于

$$J_D=J_C+m\left(r-\frac{4r}{3\pi}\right)^2=\frac{1}{2}mr^2\left(3-\frac{16}{3\pi}\right)$$

所以得到

$$\omega^2=\frac{8r}{3\pi J_D}mg=\frac{16g}{(9\pi-16)r}$$

代入 F_{N} 的表达式，得到在此位置地面的法向约束力为

$$F_{\mathrm{N}}=\left[1+\frac{64}{3\pi(9\pi-16)}\right]mg$$

而此时地面的切向约束力为 $F_{\mathrm{S}}=0$.

例 10.8 如图 10.8 所示，均质细杆可绕水平轴 O 转动，另一端铰接一均质圆盘，圆盘可绕铰 A 在铅直面内自由旋转. 已知杆 OA 长为 l，质量为 m_1；圆盘半径为 R，质量为 m_2. 摩擦不计，初始时杆 OA 水平，杆和圆盘静止. 求杆与水平线成角 θ 的瞬时，铰链 A 的约束力.

解：(1) 研究对象：系统由两个物体组成，因为要求计算内约束 A 的约束力，所以必须拆开，先以圆盘 A 为研究对象. 约束皆为理想约束，主动力只有重力.

(2) 运动分析：杆 OA 定轴转动，设其角速度与角加速度分别为 ω 与 α. 圆盘 A 为平面运动，设其角速度与角加速度分别为 ω_A 与 α_A，质心 A 的加速度 $a_A^{n}=\omega^2 l$ 与 $a_A^{\tau}=\alpha l$.

(3) 受力分析：

圆盘 A 的受力图如图 10.8(c)所示，其中，$G_2=m_2g$，$F_{IA}^{n}=m_2a_A^{n}=m_2\omega^2 l$，$F_{IA}^{\tau}=m_2a_A^{\tau}=m_2\alpha l$，$M_{IA}=J_A\alpha_A=\dfrac{1}{2}m_2R^2\alpha_A$.

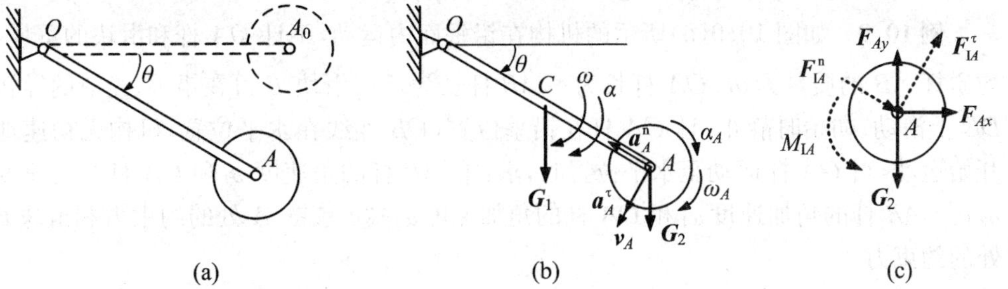

图 10.8　例 10.8 图

(4) 建立方程：因为作用在圆盘 A 上的诸力皆通过轴心 A，所以先取力矩方程

$$\sum M_A=0,\quad M_{IA}=0,\quad \therefore \alpha_A=0$$

所以，ω_A 是常量，又因为圆盘由静止开始运动，所以 ω_A 恒为零，亦即圆盘是平移.

$$\sum F_x=0,\quad F_{Ax}+F_{IA}^{n}\cos\theta+F_{IA}^{\tau}\sin\theta=0$$

所以

$$F_{Ax}=-m_2l(\omega^2\cos\theta+\alpha\sin\theta) \tag{a}$$

$$\sum F_y=0,\quad F_{Ay}-F_{IA}^{n}\sin\theta+F_{IA}^{\tau}\cos\theta-G_2=0$$

所以

$$F_{Ay}=m_2l(\omega^2\sin\theta-\alpha\cos\theta)+m_2g \tag{b}$$

由式(a)与式(b)可知，必须先计算出 ω 与 α 后，才能计算约束力. 而确定了圆盘的平移后，可以比较方便地计算系统的动能. 初始时系统静止，有 $T_1=0$；运动后，有

$$T_2=\frac{1}{2}J_O\omega^2+\frac{1}{2}m_2v_A^2=\left(\frac{m_1}{6}+\frac{m_2}{2}\right)\omega^2l^2$$

在此过程中，重力作功为

$$W_{12}=G_1\frac{l}{2}\sin\theta+G_2l\sin\theta=\left(\frac{m_1}{2}+m_2\right)gl\sin\theta$$

由动能定理　$T_2-T_1=W_{12}$，有

$$\left(\frac{m_1}{6}+\frac{m_2}{2}\right)\omega^2l^2=\left(\frac{m_1}{2}+m_2\right)gl\sin\theta,\quad \therefore \omega^2=\frac{3(m_1+2m_2)g\sin\theta}{(m_1+3m_2)l} \tag{c}$$

式(c)对时间求一阶导数，即得

$$\alpha=\frac{3(m_1+2m_2)g\cos\theta}{2(m_1+3m_2)l} \tag{d}$$

把式(c)与式(d)代入式(a)与式(b)，解得

$$F_{Ax} = -\frac{9(m_1+2m_2)}{4(m_1+3m_2)}m_2 g\sin 2\theta$$

$$F_{Ay} = m_2 g\left[1+\frac{3(m_1+2m_2)}{2(m_1+3m_2)}(1+3\sin^2\theta)\right]$$

例 10.9 如图 10.9(a)所示的机构在铅垂面内运动,不计 OA 杆和滑块的重量,均质杆 AB 的质量为 m. OA 杆长为 r,AB 杆长为 $\sqrt{5}r$. 滑块 B 可在铅垂、光滑的导轨 DE 上滑动. 初始时静止,且 OA 杆在铅垂位置,OB 连线在水平位置,机构无初速地开始运动. 当 OA 杆运动至水平位置时,求:① AB 杆的角速度 ω_1 和 OA 杆的角速度 ω_2;② AB 杆的角加速度 α_1 和 OA 杆的角加速度 α_2;③ 铰链 A 处的约束力和滑块 B 处的约束力.

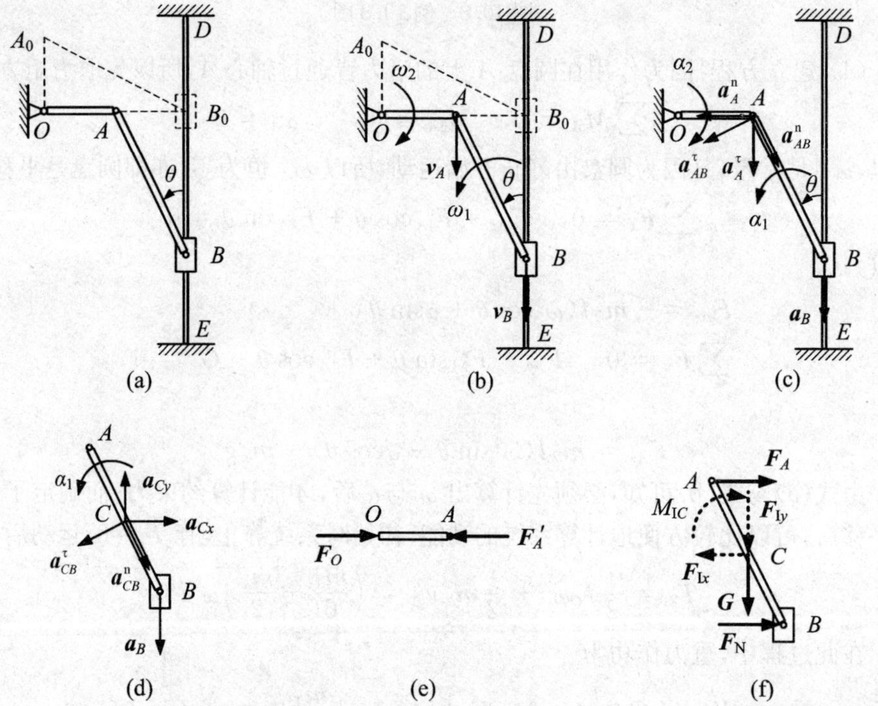

图 10.9 例 10.9 图

解:(1) 研究对象:系统含三个运动物体,但只有杆 AB 有质量,因此杆 OA 与滑块 B 只提供运动约束关系. 研究对象主要是杆 AB. 约束皆为理想约束,主动力只有杆 AB 的重力.

(2) 运动分析:三个运动物体,杆 OA 定轴转动,滑块 B 平移,杆 AB 平面运动.

因为法向加速度由角速度确定,所以先分析速度关系. 设杆 OA 的角速度为 ω_2,A 点的速度为 $\boldsymbol{v}_A$,杆 AB 的角速度为 ω_1,滑块 B 的速度为 $\boldsymbol{v}_B$. 如图 10.9(b)所示. 注

意到 $\boldsymbol{v}_A$ 与 $\boldsymbol{v}_B$ 平行且不垂直于 AB，所以杆 AB 瞬时平移. 有以下速度关系

$$v_A = \omega_2 r = v_B, \quad \omega_1 = 0$$

进一步由动能定理可以求出 v_A：

初始系统静止，所以 $T_1 = 0$；

运动到图示位置时，$T_2 = \frac{1}{2}mv_A^2 = \frac{1}{2}m\omega_2^2 r^2$；

在此过程中只有重力作功，$W_{12} = mg\left(\frac{r}{2} + r\right) = \frac{3}{2}mgr$；

由积分形式动能定理，有

$$T_2 - T_1 = W_{12}, \quad \therefore \frac{1}{2}m\omega_2^2 r^2 = \frac{3}{2}mgr$$

由此可得，此瞬时杆 OA 的角速度为

$$\omega_2 = \sqrt{\frac{3g}{r}}$$

再分析加速度，设杆 OA 的角加速度为 α_2，A 点的加速度为 $\boldsymbol{a}_A^{\mathrm{n}}$ 与 $\boldsymbol{a}_A^{\tau}$，杆 AB 的角加速度为 α_1，滑块 B 的加速度为 $\boldsymbol{a}_B$. 如图 10.9(c)所示. 在杆 AB 中以点 B 为基点，有

$$\boldsymbol{a}_A^{\mathrm{n}} + \boldsymbol{a}_A^{\tau} = \boldsymbol{a}_B + \boldsymbol{a}_{AB}^{\mathrm{n}} + \boldsymbol{a}_{AB}^{\tau} \tag{a}$$

式中 $a_A^{\mathrm{n}} = \omega_2^2 r = 3g$，$a_A^{\tau} = \alpha_2 r$，$a_{AB}^{\mathrm{n}} = 0$，$a_{AB}^{\tau} = \alpha_1\sqrt{5}r$.

式(a)投影到 $\boldsymbol{a}_A^{\mathrm{n}}$ 方向上，有

$$a_A^{\mathrm{n}} = a_{AB}^{\tau}\cos\theta, \quad \therefore 3g = 2r\alpha_1$$

所以，杆 AB 的角加速度为

$$\alpha_1 = \frac{3g}{2r}$$

式(a)投影到 $\boldsymbol{a}_A^{\tau}$ 方向上，有

$$a_A^{\tau} = a_B + a_{AB}^{\tau}\sin\theta, \quad \therefore \alpha_2 r = a_B + \alpha_1 r = a_B + \frac{3}{2}g$$

或写为 $a_B = \alpha_2 r - \frac{3}{2}g$.

再分析杆 AB 的质心 C 的加速度，以点 B 为基点，参见图 10.9(d)，有

$$\boldsymbol{a}_{Cx} + \boldsymbol{a}_{Cy} = \boldsymbol{a}_B + \boldsymbol{a}_{CB}^{\mathrm{n}} + \boldsymbol{a}_{CB}^{\tau} \tag{b}$$

式中 $a_{CB}^{\mathrm{n}} = 0$，$a_{CB}^{\tau} = \alpha_1\frac{\sqrt{5}}{2}r = \frac{3\sqrt{5}}{4}g$，$a_B = \alpha_2 r - \frac{3}{2}g$.

式(b)投影到 $\boldsymbol{a}_{Cx}$ 方向上，有

$$a_{Cx} = -a_{CB}^{\tau}\cos\theta = -\frac{3}{2}g$$

式(b)投影到 $\boldsymbol{a}_{Cy}$ 方向上，有

$$a_{Cy}=-a_B-a^{\tau}_{CB}\sin\theta,\quad \therefore a_{Cy}=-\alpha_2 r+\frac{3}{4}g$$

(3) 受力分析:由于杆 OA 不计质量,为二力杆,先作出其受力图,如图 10.9(e).可见,铰链 A 的约束力 $\boldsymbol{F}_A$ 在 OA 连线上.

再以杆 AB 与滑块 B 为研究对象,作受力图,如图 10.8(f),平面任意力系.其中 $M_{IC}=J_C\alpha_1=\frac{5}{8}mgr,F_{Ix}=ma_{Cx}=-\frac{3}{2}mg,F_{Iy}=ma_{Cy}=-m\alpha_2 r+\frac{3}{4}mg,G=mg.$

(4) 建立方程:此平面任意力系有三个独立的平衡方程

$$\sum F_y=0,\quad -F_{Iy}-G=0,\quad \therefore m\alpha_2 r-\frac{3}{4}mg-mg=0$$

由此解得杆 OA 的角加速度 $\alpha_2=\frac{7g}{4r}$.

$$\sum M_C=0,\quad F_N\cdot\frac{\sqrt{5}}{2}r\cos\theta-F_A\cdot\frac{\sqrt{5}}{2}r\cos\theta-M_{IC}=0,\quad \therefore F_N-F_A=\frac{5}{8}mg$$

$$\sum F_x=0,\quad F_N+F_A-F_{Ix}=0,\quad \therefore F_N+F_A=-\frac{3}{2}mg$$

由以上两式,可得

$$F_N=-\frac{7}{16}mg,\quad F_A=-\frac{17}{16}mg$$

方向皆与图 10.9(f)的图示方向相反.

动力学中的大多数问题都必须计算加速度,在解决此类问题的各个步骤中应该注意:

(1) **选取研究对象**.对于物体系统的问题,尽量取系统整体为研究对象,以避免出现不必计算的内约束力而增加计算量.但是对于运动情况比较复杂的系统或对运动情况不明确的物体,则应该拆开单独进行研究.研究对象的选择是由解题的需要决定的,往往随着解题过程的发展,需要相应改变研究对象.在选取研究对象时,对每个物体的基本运动特点和受力特点应该有初步认识.

(2) **进行运动分析**.对系统内有关物体假设计算惯性力所需要的加速度、角加速度(有时还需设定角速度),然后尽量利用几何法或运动法找出它们之间的关系.所设的加速度并不都是独立的,系统的独立加速度数等于系统的自由度.在进行运动分析时可以先明确独立的加速度,再建立其他加速度与它(它们)的关系.应该注意,在研究一般位置的运动时,同一物体的角速度与角加速度不是独立的未知量,它们有关系 $\alpha=\frac{d\omega}{dt}$.但是在特定的瞬时,未知的角速度与角加速度是两个独立的未知量.在此过程中,往往还不能全部计算出速度、加速度,只是确定了它们的关系.

(3) **进行受力分析**.进行三类力的分析,即主动力、约束力与惯性力.作出完整的受力图,判断力系的类型.按以上假设的加速度写出惯性力的表达式.

(4) **建立平衡方程**. 动静法的动力平衡方程是必须使用的基本方程，但在列写方程时应该有所选择. 选择方程的基本原则是尽量减少每个方程的未知量数目. 解出可以求解的未知量，及时完善对研究对象运动特点的描述，为进一步计算提供帮助. 在未知量多于平衡方程时，补充其他的动力学关系. 常用动力学普遍定理的积分形式，或守恒定律补充速度关系. 也可使用功率方程补充一般位置的加速度关系.

10.2　不必计算加速度的问题

在有些问题中，只要求计算物体在运动过程的两个不同位置，或两个不同时刻的速度(角速度)变化，或运动的轨迹. 此类问题往往不必再去计算加速度，因此可以不必使用动力平衡方程求解. 求解此类问题时，通常使用积分形式的动量定理、动量矩定理和动能定理，或相应的守恒定律.

10.2.1　运用积分形式的动力学普遍定理

例 10.10　如图 10.10 所示，长为 l，质量为 m_1 的两均质杆 AB 和 BC 用铰链 B 相连，A 端为固定铰支座，C 端用铰链与质量为 m、半径为 r 的均质圆柱相连. 铅垂力 $\boldsymbol{F}$ 作用在铰链 B 处. A、C 两点在同一水平线上. 系统从静止开始运动时，杆 AB 与水平线夹角为 θ. 求杆 AB 处于水平位置时的角速度 ω. 设圆柱在水平面只滚不滑.

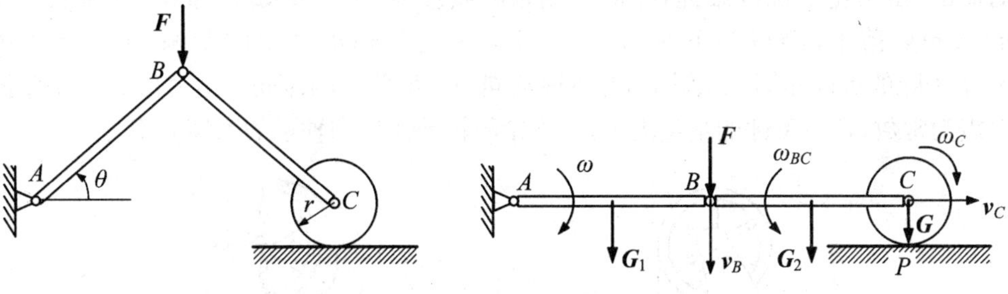

图 10.10　例 10.10 图

解：(1) 研究对象：这是求物体系统在两个不同位置的速度变化，适宜用动能定理的积分形式求解. 约束为理想约束，主动力为 $\boldsymbol{F}$ 与三个重力. 以系统为研究对象.

(2) 运动分析：初始位置为静止状态.

杆 AB 为定轴转动，设其水平时角速度为 ω，点 B 的速度为 $v_B = l\omega$.

杆 BC 为平面运动，点 C 的速度 $\boldsymbol{v}_C$ 只能在水平方向上，由速度投影定理知，此瞬时必有 $v_C = 0$，即点 C 为速度瞬心；所以杆 BC 的角速度 $\omega_{BC} = \dfrac{v_B}{l} = \omega$.

圆柱 C 平面运动,且瞬心在点 P,由于此瞬时 $v_C=0$,所以有 $\omega_C=\dfrac{v_C}{r}=0$. 即此瞬时圆柱静止.

(3) 受力分析:作功的力只有重力 $G_1=G_2=m_1g$、$G=mg$ 和 $\boldsymbol{F}$.

(4) 建立方程:在初始位置,系统的动能 $T_1=0$;

当杆 AB 处于水平位置时,系统的动能 $T_2=\dfrac{1}{2}J_A\omega^2+\dfrac{1}{2}J_C\omega_{BC}^2+0=\dfrac{1}{3}m_1l^2\omega^2$;

在此运动过程中,作用在系统上的力所作的功为

$$W_{12}=G_1\frac{l}{2}\sin\theta+G_2\frac{l}{2}\sin\theta+Fl\sin\theta=(m_1g+F)l\sin\theta$$

由动能定理的积分形式 $T_2-T_1=W_{12}$,所以

$$\frac{1}{3}m_1l^2\omega^2=(m_1g+F)l\sin\theta$$

得到

$$\omega^2=\frac{3(m_1g+F)}{m_1l}\sin\theta$$

即

$$\omega=\sqrt{\frac{3(m_1g+F)}{m_1l}\sin\theta}$$

例 10.11 如图 10.11 所示,为求半径 $R=0.5$ m 的飞轮对于其质心轴 A 的转动惯量,在飞轮上绕以细绳,绳的末端系一质量为 $m_1=8$ kg 的重锤,重锤从高度 $h=2$ m处落下,测得落下时间 $t_1=16$ s. 为消除轴承摩擦的影响,再用质量为 $m_2=4$ kg的重锤作第二次试验,此重锤从同一高度落下的时间为 $t_2=25$ s. 假定摩擦力矩为常数,且与重锤的重量无关,求飞轮的转动惯量和轴承的摩擦力矩.

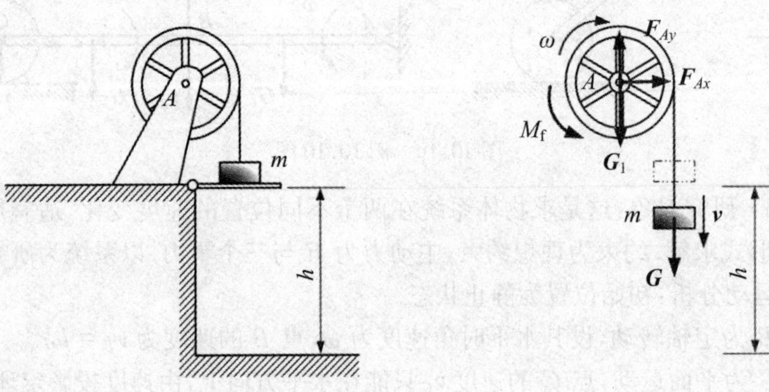

图 10.11 例 10.11 图

解:(1) 研究对象:以飞轮与重锤为研究对象,设飞轮对质心轴的转动惯量为 J.

(2) 运动分析:飞轮定轴转动,重锤直线平移.

(3) 受力分析:两者的重力 $\boldsymbol{G}$、$\boldsymbol{G}_1$,A 轴承的约束力 $\boldsymbol{F}_{Ax}$、$\boldsymbol{F}_{Ay}$及摩擦力矩 M_f.

(4) 建立方程:该试验中,记录了系统通过距离 h 的运动变化,以及通过时间间隔 t_1、t_2的运动变化,动力学普遍定理的积分形式适合解决此类问题.

在初始位置,系统静止.设重锤落地时飞轮角速度为 ω;重锤速度为 v,两者有关系 $v=R\omega$.

由动量矩定理的积分形式,有

$$(J\omega+mvR)-0=mgRt-M_f t,\quad \therefore \frac{(J+mR^2)\omega}{t}=mgR-M_f \tag{a}$$

由动能定理的积分形式,有

$$\left(\frac{1}{2}J\omega^2+\frac{1}{2}mv^2\right)-0=mgh-M_f\frac{h}{R},\quad \therefore \frac{(J+mR^2)R\omega^2}{2h}=mgR-M_f \tag{b}$$

由式(a)和式(b),可得 $\omega=\dfrac{2h}{Rt}$,代入式(a),得到

$$\frac{2h(J+mR^2)}{Rt^2}=mgR-M_f,\quad \therefore J=\left(\frac{gt^2}{2h}-1\right)mR^2-\frac{Rt^2}{2h}M_f \tag{c}$$

由两次试验的重锤质量与时间值代入式(c),得到两个方程

$$J=\left(\frac{gt_1^2}{2h}-1\right)m_1R^2-\frac{Rt_1^2}{2h}M_f \tag{d}$$

$$J=\left(\frac{gt_2^2}{2h}-1\right)m_2R^2-\frac{Rt_2^2}{2h}M_f \tag{e}$$

由式(d)与式(e),解得

$$M_f=\frac{g(m_1t_1^2-m_2t_2^2)-2h(m_1-m_2)}{t_1^2-t_2^2}R=6.03(\mathrm{N\cdot m})$$

用 M_f的值代入式(d)或式(e),得到飞轮对质心轴的转动惯量为

$$J=\left(\frac{gt_1^2}{2h}-1\right)m_1R^2-\frac{Rt_1^2}{2h}M_f=1060.7(\mathrm{kg\cdot m^2})$$

10.2.2　利用动力学普遍定理中的守恒定律

例 10.12　如图 10.12 所示,物块 A 沿倾角为 α 的斜面下滑,离开斜面时的速度为 $\boldsymbol{v}_0$,其后为自由运动.求物块的速度方向与水平面夹角为 β 时速度 $\boldsymbol{v}$ 的大小,以及达到此时所需的时间.

解:(1) 研究对象:以物块 A 为研究对象,问题未涉及物块的大小,可以视为一个质点.

(2) 运动分析:在空中自由运动.

(3) 受力分析:离开斜面后,只受重力作用,水平方向不受力.(在受力分析中,必须充分注意某个方向不受力,或对某个轴的力矩为零的条件,运用相关的守恒定律.)

(4) 建立方程:首先利用水平方向不受力的条件,此时物块在水平方向的动量守恒.

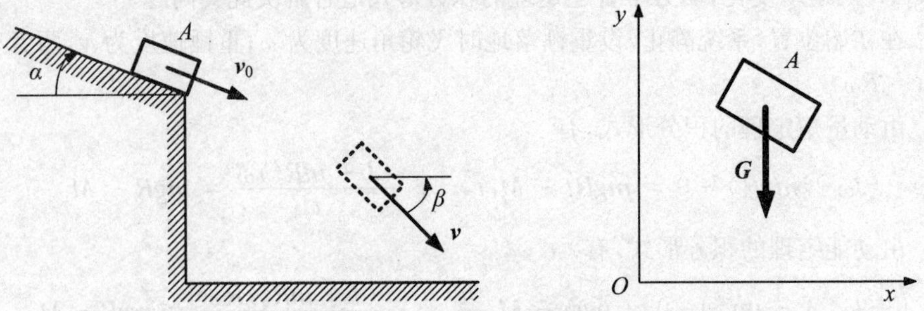

图 10.12　例 10.12 图

设物块的质量为 m,则有

$$mv_0\cos\alpha = mv\cos\beta, \quad \therefore v = \frac{v_0\cos\alpha}{\cos\beta}$$

在 y 轴方向,物块受方向向下的重力 mg 作用,在初位置时物块的动量为 $-mv_0\sin\alpha$,末位置时物块的动量为 $-mv\sin\beta$,设运动时间为 t,由动量定理的积分形式,有

$$-mv\sin\beta-(-mv_0\sin\alpha)=-mgt, \quad \therefore t = \frac{v\sin\beta - v_0\sin\alpha}{g}$$

代入 v 的表达式,有

$$t = \frac{v_0\sin(\beta-\alpha)}{g\cos\beta}$$

例 10.13　如图 10.13 所示,小球 O_1 半径不计,质量为 m_1,沿光滑的大半圆柱体表面滑下,初速为零.大半圆柱质量为 m,半径为 R,放在光滑的水平面上.初始时刻小球位于大半圆柱的顶部,即小球圆心 O_1 与大半圆柱圆心 O 在同一铅垂线上.求小球在脱离圆柱前相对地面的运动轨迹.

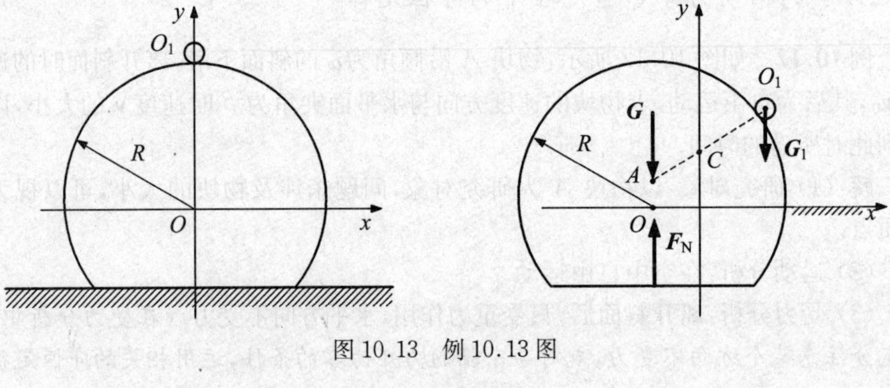

图 10.13　例 10.13 图

解:(1) 研究对象:以系统为研究对象,系统由小球与大半圆柱两个物体组成.

(2) 运动分析:大半圆柱体水平平移,小球相对大半圆柱体滑动.相对运动轨迹是圆,但相对地面的绝对运动轨迹未知.

(3) 受力分析:主动力为两个物体的重力,外约束力是光滑水平面的法向约束力.所有外力都在铅垂方向,水平方向没有外力.

(4) 建立方程:首先利用水平方向不受力的条件,此时系统在水平方向的动量守恒.而系统在初始时刻是静止的,即初始时刻系统动量的水平分量为零,因此系统动量的水平分量始终为零.

设系统的动量为 $\boldsymbol{p}$,质心 C 的速度为 $\boldsymbol{v}_C$,则有 $p_x=(m+m_1)v_{Cx}\equiv 0$,即 $v_{Cx}\equiv 0$.所以,系统的质心 C 在铅垂线上运动.根据这个特点,建立描述小球运动的定系为:原点与初始位置的大半圆柱的圆心 O 重合,y 轴通过系统质心 C,亦即 y 轴与初始位置的 OO_1 连线重合.

在这个坐标系中,设点 O_1 的坐标为(x,y),设点 O 的坐标为$(x_O,0)$,大半圆柱的质心 A 的坐标为(x_A,y_A),但有 $x_A=x_O$.因此,可以计算得到质心 C 在 x 轴的坐标

$$x_C=\frac{mx_A+m_1x}{m+m_1}=\frac{mx_O+m_1x}{m+m_1}$$

由于质心 C 始终在 y 轴上运动,所以有 $x_C\equiv 0$,即得

$$mx_O+m_1x=0 \tag{a}$$

小球在脱离圆柱前,必有点 O 与点 O_1 的距离为 R,因此有

$$\sqrt{(x-x_O)^2+(y-0)^2}=R,\quad \therefore (x-x_O)^2+y^2=R^2$$

由式(a)可得 $x_O=-\dfrac{m_1}{m}x$,代入上式,得到小球 O_1 的轨迹方程为

$$\left(1+\frac{m_1}{m}\right)^2x^2+y^2=R^2$$

或写为

$$\frac{x^2}{\left[\left(\dfrac{m}{m+m_1}\right)R\right]^2}+\frac{y^2}{R^2}=1$$

这是中心在坐标系原点,半短轴为$\left(\dfrac{m}{m+m_1}\right)R$,半长轴为 R 的椭圆.

例 10.14 如图 10.14 所示,水平圆板可绕铅垂轴 z 转动,圆板上有一质点 A 作圆周运动.已知点 A 相对圆板的速度大小为常量 v_0,质量为 m,圆的半径为 r,在圆板上的位置由角 φ 确定.圆板对轴 z 的转动惯量为 J,并且当点 A 在离轴 z 最远的点 A_0 时,圆板的角速度为零.轴的摩擦与空气阻力略去不计,求圆板的角速度与角 φ 的关系.

解:(1) 研究对象:以系统为研究对象,系统由圆板与质点两个物体组成.

(2) 运动分析:圆板定轴转动,质点相对圆板作匀速圆周运动.

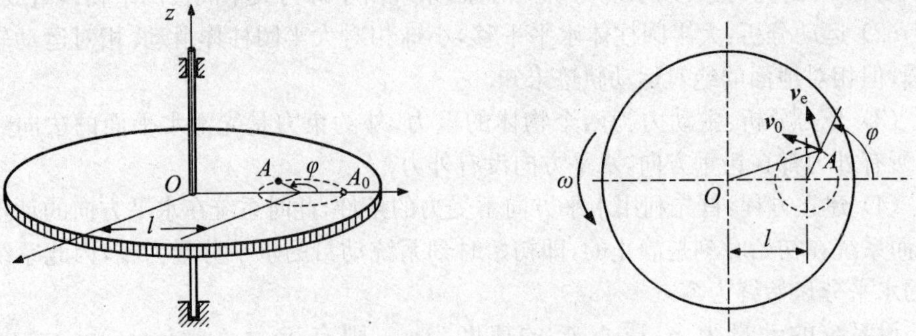

图 10.14 例 10.14 图

(3) 受力分析:系统的外力为重力与轴承的约束力,这些力对转轴 z 的力矩皆为零.

(4) 建立方程:利用外力对轴 z 的力矩为零的条件,知系统对轴 z 的动量矩守恒.

初时刻系统对轴 z 的动量矩为

$$L_1 = mv_0(r + l)$$

A 点运动到角 φ 的位置时,设圆板的角速度为 ω,正向与 φ 一致,如图所示.此时 A 点对轴 z 的动量矩为 $M_z(m\boldsymbol{v}_a) = M_z(m\boldsymbol{v}_r) + M_z(m\boldsymbol{v}_e)$,而

$$M_z(m\boldsymbol{v}_r) = M_z(m\boldsymbol{v}_0) = mv_0\sin\varphi \cdot r\sin\varphi + mv_0\cos\varphi \cdot (r\cos\varphi + l) = mv_0(r + l\cos\varphi)$$

$$M_z(m\boldsymbol{v}_e) = m\omega OA^2 = m\omega(r^2 + l^2 + 2rl\cos\varphi)$$

所以当 A 点运动到角 φ 的位置时,系统对轴 z 的动量矩为

$$L_2 = J\omega + M_z(m\boldsymbol{v}_a) = J\omega + mv_0(r + l\cos\varphi) + m\omega(r^2 + l^2 + 2rl\cos\varphi)$$

由于系统对轴 z 的动量矩守恒,即 $L_1 = L_2$,得到

$$mv_0(r + l) = J\omega + mv_0(r + l\cos\varphi) + m\omega(r^2 + l^2 + 2rl\cos\varphi)$$

$$\omega = \frac{mv_0 l(1 - \cos\varphi)}{J + m(r^2 + l^2 + rl\cos\varphi)}$$

第 8 章中的例 8.6 也是此类问题,可以参考.

*10.3 不能计算加速度的问题

能够用动力平衡方程解决的动力学问题,必须可以分析惯性力,而惯性力由加速度确定,所以无法确定加速度的问题自然无法用动力平衡方程的方法求解.碰撞问题就是这种问题的典型.物体受到其他物体的冲击,或者运动物体突然受到约束,

这些都属于碰撞现象.它的主要特点是物体速度(大小、方向)在极短的时间内发生突然变化,这种场合是无法确定加速度的.在刚体动力学中,不能计算加速度的问题主要是碰撞问题.

10.3.1　碰撞问题的基本假设

在碰撞现象中,物体在极短的时间内受到极大的碰撞力.碰撞力是一种瞬时力,在极短的时间内很难确定其规律,因此用碰撞力在碰撞时间内的累积效应,即用**碰撞冲量**来描述碰撞力.同时物体在极短的碰撞时间内的运动变化规律也难以确定,对于一般的工程问题,可以只分析碰撞前后物体运动的变化.因此,根据碰撞的特点,对碰撞过程作出下述基本假设.

1. 忽略普通力的假设

在碰撞过程中,碰撞力的大小是作用在物体上的重力、弹性力等普通力无法比拟的;再者,研究碰撞问题时,是用冲量描述力的作用,所以普通力在极短碰撞时间内的冲量接近于零.因此研究碰撞问题时,只考虑碰撞力,其他所有普通力均忽略不计.

2. 忽略位移的假设

由于碰撞只在极短的时间内发生,物体的位置在这极短的时间内的变化非常小,完全可以忽略不计.所以对于碰撞过程,忽略物体的位移,只研究其速度的变化.

10.3.2　恢复因数

碰撞必须发生在两个物体之间,碰撞前两物体相互接近而接触碰撞,碰撞后两物体相互脱离分开(有时也有不分开的情况),碰撞改变了它们的相对速度.碰撞前后相对速度的改变与物体的材料性质有关,**恢复因数**是表征物体的这种性质的材料常数.

恢复因数 e 定义为**碰撞后两物体相互脱离的相对速度与碰撞前两物体相互接近的相对速度之比**,即

$$e = \left|\frac{v'^{\mathrm{n}}_{\mathrm{r}}}{v^{\mathrm{n}}_{\mathrm{r}}}\right| = \left|\frac{v'_{2\mathrm{n}} - v'_{1\mathrm{n}}}{v_{1\mathrm{n}} - v_{2\mathrm{n}}}\right| \tag{10.1}$$

其中 $v'^{\mathrm{n}}_{\mathrm{r}}$ 与 $v^{\mathrm{n}}_{\mathrm{r}}$ 分别是碰撞后与碰撞前两个物体的接触点沿接触面法线方向的相对速度的大小.

当两个相互碰撞的物体中有一个固定不动时,恢复因数的计算可以简化.

参见图 10.15,当一个物体与一个固定面发生**正碰撞**,即接触点的速度与接触面的法线重合时,恢复因数为

$$e = \left|\frac{v'}{v}\right| \tag{10.2}$$

参见图 10.16,当一个物体与一个固定面发生**斜碰撞**,即接触点的速度不与接触

面的法线重合时，恢复因数为

$$e = \left| \frac{v'_n}{v_n} \right| \tag{10.3}$$

式中 v'_n和 v_n 分别是碰撞后的速度 $\boldsymbol{v}'$和碰撞前的速度 $\boldsymbol{v}$ 在接触面法线方向的投影.

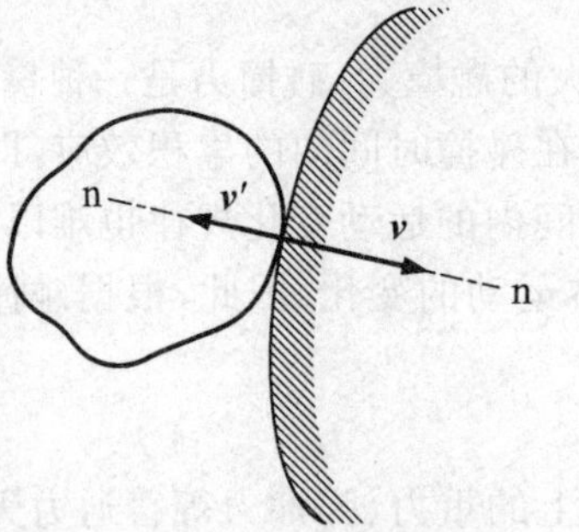

图 10.15　正碰撞

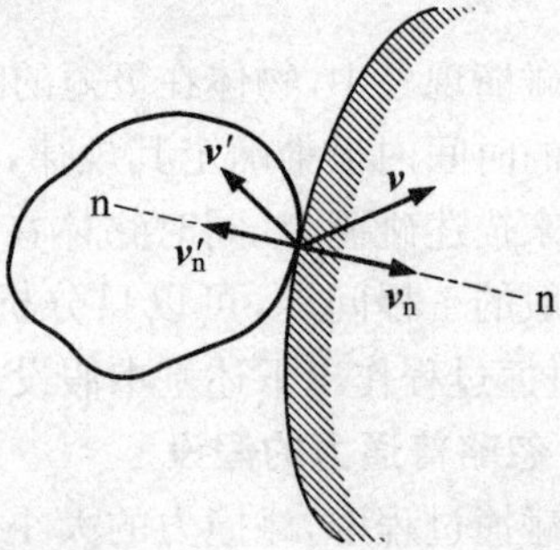

图 10.16　斜碰撞

如果发生正碰撞时，物体的质心也在接触面的法线上，则称为**对心正碰撞**，这是最基本的一种碰撞形式.反之，接触面的法线不过质心的称为**偏心碰撞**，发生偏心碰撞的物体有更复杂的运动.

碰撞冲量主要发生在接触面的法线方向，所以恢复因数用法向相对速度计算.接触面切线方向的相对速度的变化比较复杂，一般按两种极端情况考虑：接触面绝对光滑与绝对粗糙.接触面绝对光滑时，碰撞前后切线方向的相对速度不变.接触面绝对粗糙时，碰撞后切线方向的相对速度为零.

恢复因数是因材料而定的物理量，它可以按其定义式(10.1)通过实验测定.表 10.1给出了一些材料的恢复因数.

表 10.1　常见材料的恢复因数

碰撞物体的材料	铁对铅	木对胶木	木对木	钢对钢	铁对铁	玻璃对玻璃
恢复因数	0.14	0.26	0.50	0.56	0.66	0.94

物体发生碰撞时，相互接触处会发生局部变形.恢复因数表示物体碰撞后速度变化的程度，也表示物体变形恢复的程度，反映出碰撞过程中物体机械能损失的程度.对于各种材料，均有 $0<e<1$.由这些材料构成的物体发生的碰撞称为**弹性碰撞**.

$e=1$ 为理想情况，表明碰撞后变形完全恢复，动能没有损失，称为**完全弹性碰撞**.

$e=0$ 为极限情况，表明碰撞后变形完全没有恢复，称为**非弹性碰撞**或**塑性碰撞**.

由于碰撞是局部相互作用，变形与恢复只在碰撞点发生，所以两个物体碰撞时，利用恢复系数可以计算接触点局部的速度改变，由此再计算对物体整体运动的影响.

在碰撞问题的研究中，除了相应的动力方程外，恢复因数是不可缺少的条件.应该根据不同的碰撞类型,明确恢复因数的表达式,建立相应的方程.

10.3.3　刚体的碰撞

1. 平移刚体的碰撞

如果两个物体在碰撞前后都是平移,可以把物体视为质点,或者视为不计半径的小球.两个小球的碰撞是对心碰撞,包括正碰撞与斜碰撞.

对于平移刚体的碰撞问题,一般使用动量定理的积分形式(冲量定理)或动量守恒定律建立动力学方程,恢复因数可以从式(10.1)导出.

在正碰撞时,恢复因数为

$$e = \frac{v'_2 - v'_1}{v_1 - v_2}$$

式中 $v_1 - v_2$ 也称为接近速度,$v_2' - v_1'$也称为脱离速度,参见图 10.17.

在斜碰撞时,恢复因数可直接应用式(10.1),为

$$e = \frac{v'_{2n} - v'_{1n}}{v_{1n} - v_{2n}}$$

其中 v_{1n}'、v_{2n}'和 v_{1n}、v_{2n}是相应的速度在接触面法线上的投影,参见图 10.18.

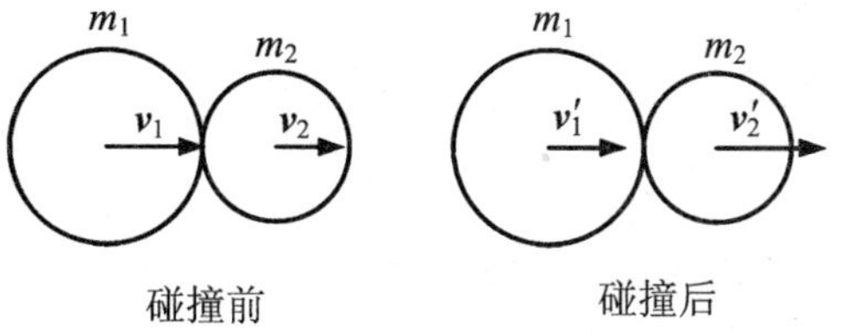

图 10.17　正碰撞

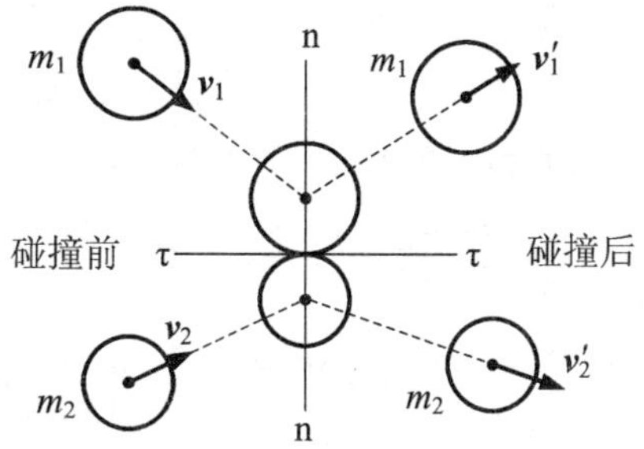

图 10.18　斜碰撞

例 10.15　如图 10.19 所示,三个质量相同的球 M_1、M_2与 M_3,半径均为 R,中心距离 $C_1C_2 = a$,球 M_3的中心 C_3在与 C_1C_2线垂直的直线 AB 上,球 M_3有一沿着 AB 方向的速度.如果欲使 M_3碰到 M_2后再与 M_1作对心正碰撞,问 AB 线的位置应在何处?设碰撞是完全弹性的,且不计小球的转动,不计接触处的摩擦.

解:(1) 研究对象:系统由三个小球组成,但相互碰撞的只是 M_2和 M_3两个小球,小球 M_1只是一个目标物,因此以小球 M_2和 M_3为研究对象.

(2) 运动分析:不计接触处的摩擦,小球只产生平移.设碰撞前小球 M_3的速度为 $\boldsymbol{v}_3$,与 M_2碰撞后,速度变为 $\boldsymbol{u}_3$,而小球 M_2的速度为 $\boldsymbol{u}_2$.欲使 M_3与小球 M_1正碰撞,必须使 $\boldsymbol{u}_3$的方向在 C_3C_1连线上,如图 10.19 所示.

(3) 受力分析:在碰撞过程中不计普通力;以相互碰撞的小球 M_3与小球 M_2为系统,此时没有外力冲量,所以系统的动量守恒.

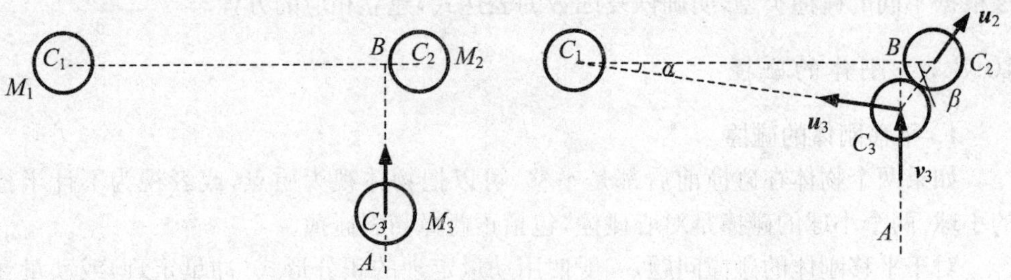

图 10.19　例 10.15 图

(4) 建立方程:由动量守恒定律有

$$m\boldsymbol{v}_3 = m\boldsymbol{u}_3 + m\boldsymbol{u}_2, \quad \therefore \boldsymbol{v}_3 = \boldsymbol{u}_3 + \boldsymbol{u}_2$$

此矢量方程分别投影到 x、y 轴上,得到两个代数方程

$$0 = -u_3\cos\alpha + u_2\cos\beta \tag{a}$$

$$v_3 = u_3\sin\alpha + u_2\sin\beta \tag{b}$$

由于碰撞是完全弹性的,即 $e=1$;小球 M_3 与小球 M_2 的碰撞为斜碰撞,所以有

$$e = \frac{u_2 - u_3\cos(\pi - \alpha - \beta)}{v_3\sin\beta} = 1$$

即

$$u_2 - u_3\cos(\pi - \alpha - \beta) = v_3\sin\beta \tag{c}$$

由式(a)、(b)、(c)中消去 v_3、u_2、u_3 得到

$$\cos 2\beta - \sin 2\beta\tan\alpha + 1 = 0$$

即

$$\frac{1-\tan^2\beta}{1+\tan^2\beta} - \frac{2\tan\beta}{1+\tan^2\beta}\tan\alpha + 1 = 0, \quad \therefore \tan\alpha\tan\beta = 1$$

所以,$\triangle C_1C_3C_2$ 应该是直角三角形,C_3 为直角的顶点. 由直角三角形的性质,可知 $C_2C_3^2 = C_2B \cdot C_1C_2$,所以直线 AB 与 C_1C_2 的交点 B 与 C_2 的距离应为

$$C_2B = \frac{4R^2}{a}$$

例 10.16　为了检验滚珠的制造质量,设计了图 10.20 所示的系统. 滚珠从漏斗 A 中自由下落后,与平板 B 斜碰撞. 要求滚珠的恢复因数 $e \geqslant 0.8$. 滚珠若为正品,在碰撞后可越过栅栏 C 落入其左侧的容器中;若为次品则不能越过. 试确定检验系统中的尺寸 d 与 h. 图中长度单位为 mm.

解:(1) 研究对象:小球为研究对象,视为质点.

(2) 运动分析:小球从漏斗 A 的出口到平板 B 为自由落体运动,与平板在点 H 碰撞,碰撞反弹后在空中为自由抛体运动,设在轨迹的最高点越过栅栏 C. 从点 H 作水平线与栅栏 C 相交于点 K,延长平板 B 的上表面与栅栏 C 相交于点 J,则有 $d = HJ$, $h = KC + KJ$.

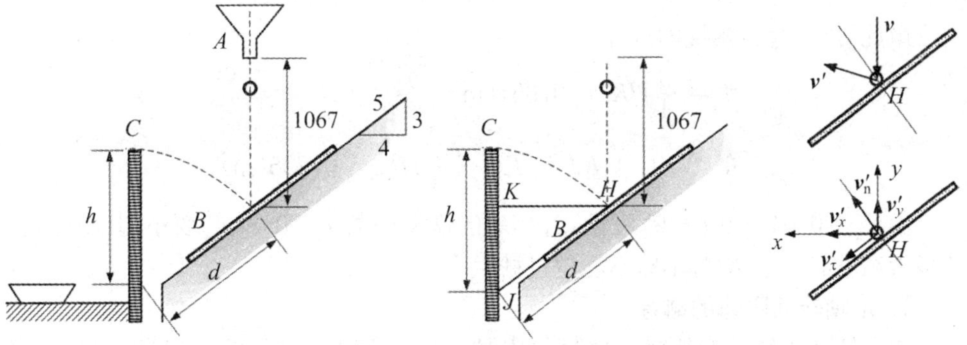

图10.20　例10.16图

(3) 受力分析：在自由运动部分只受重力作用，在碰撞阶段只考虑平板对小球的碰撞冲量作用.

(4) 建立方程：整个运动过程分为三个阶段，分别使用不同的方程.

小球从漏斗 A 的出口到平板 B 的自由落体运动阶段，机械能守恒，设小球从漏斗出口落下时初速为零，与平板碰撞前速度为 $\boldsymbol{v}$，则有

$$mg \cdot AH = \frac{1}{2}mv^2, \quad \therefore v = \sqrt{2gAH} = 4.575(\mathrm{m/s})$$

与平板 B 碰撞阶段为斜碰撞，设碰撞后小球的速度为 $\boldsymbol{v}'$，有

$$e = \frac{v'_{\mathrm{n}}}{v_{\mathrm{n}}}, \quad \therefore v'_{\mathrm{n}} = ev_{\mathrm{n}} = \frac{4}{5}ev$$

若平板为光滑的，则小球的切向速度在碰撞后没有变化，即 $v'_\tau = v_\tau = \frac{3}{5}v$.

小球碰撞反弹后在空中的自由抛体运动阶段，初速度为 $\boldsymbol{v}'$，投影到轴 x 与轴 y 上，有

$$v'_x = \frac{3}{5}v'_{\mathrm{n}} + \frac{4}{5}v'_\tau = 0.48ev + 0.48v = 0.48v(e+1)$$

$$v'_y = \frac{4}{5}v'_{\mathrm{n}} - \frac{3}{5}v'_\tau = 0.64ev - 0.36v = 0.04v(16e-9)$$

因此，由已知 $e=0.8$ 与已计算出的 $v=4.575\ \mathrm{m/s}$，可以得到：

抛体运动的轨迹最高处为

$$KC = \frac{v'^2_y}{2g} = \frac{[0.04v(16e-9)]^2}{2g} = 0.0246(\mathrm{m})$$

到达最高处的时间为

$$t = \frac{v'_y}{g} = \frac{0.04v(16e-9)}{g} = 0.071(\mathrm{s})$$

所以，到达最高点的水平位移为

$$HK = v'_x t = 0.48v(e+1)t = 0.281(\mathrm{m})$$

由此可得,检验系统的尺寸

$$d = \frac{5}{4}HK = 0.351(\mathrm{m})$$

$$h = KC + KJ = KC + \frac{3}{4}HK = 0.235(\mathrm{m})$$

由 $v'_y = 0.04v(16e-9)$可见,若小球的恢复因数 $e<0.8$, v'_y变小,其抛体运动的最大高度必小于 KC,小球不能越过栅栏.

2. 定轴转动刚体的碰撞

定轴转动刚体受到外碰撞冲量作用时,角速度会发生突变,可以用动量矩定理的积分形式(冲量矩定理)或动量矩守恒定律建立动力学方程,同时按碰撞的类型计算恢复因数.

在外碰撞冲量作用下,定轴转动刚体的轴承会出现约束碰撞冲量,这对轴承是有害的.因此定轴转动刚体的碰撞问题中,还有分析轴承约束碰撞冲量,并设法避免的问题.

设刚体有质量对称平面,且转轴垂直于该对称平面.用对称面内的平面图形表示刚体,如图 10.21 所示,显然刚体的质心 C 在此平面图形上.设刚体的质量为 m,刚体对转轴 O 的转动惯量为J_O,质心 C 与转轴O 的距离为d.

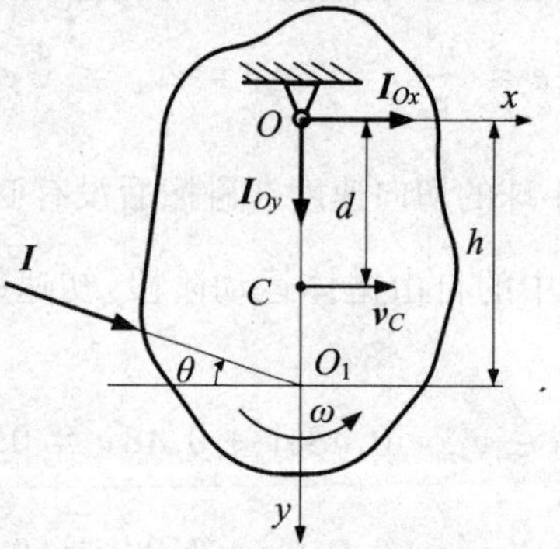

图 10.21 对称定轴转动刚体受冲击

设有外碰撞冲量 I 作用在对称面内,碰撞前刚体静止,碰撞后产生角速度 ω.以质心 C 与转轴 O 的连线为 y 轴,碰撞过程中轴承 O 内产生的约束碰撞冲量为 I_{Ox}、I_{Oy}.

对转轴 O 用冲量矩定理可以计算角速度ω

$$J_O\omega - 0 = I\cos\theta \cdot h, \quad \therefore \omega = \frac{Ih}{J_O}\cos\theta$$

为计算约束碰撞冲量,使用冲量定理,有

$$mv_C - 0 = I\cos\theta + I_{Ox}$$

$$0-0=I\sin\theta+I_{Oy}$$

解得

$$I_{Ox}=m\omega d-I\cos\theta=\left(\frac{mhd}{J_O}-1\right)I\cos\theta$$

$$I_{Oy}=-I\sin\theta$$

令轴承的约束碰撞冲量为零,得到

$$\theta=0\quad 且\quad h=\frac{J_O}{md}$$

因此,如果外碰撞冲量作用在物体的质量对称平面内,且与转轴与质心的连线垂直,且与转轴的距离为 $h=\dfrac{J_O}{md}$时,轴承不会受到冲击.此时外碰撞冲量与转轴质心连线的交点 O_1,称为**撞击中心**.

工程中有些机械是利用碰撞工作的,材料冲击试验机就是一例.为了使该机器的轴承避免受到冲击,冲击试件的位置必须放在冲击锤的撞击中心处.

例 10.17　如图 10.22 所示,马尔特间隙机械的均质拨杆 OA 长为 l,质量为 m.马氏轮盘对转轴 O_1的转动惯量为 J_{O1},半径为 r.在图示瞬时,OA 水平,杆端销子 A 撞入轮盘光滑槽的外端,槽与水平线成 θ 角.撞前 OA 杆的角速度为 ω_0,轮盘静止.求撞击后轮盘的角速度 ω 和点 A 的撞击冲量 $\boldsymbol{I}$.又,当 θ 为多大时,不出现冲击力.

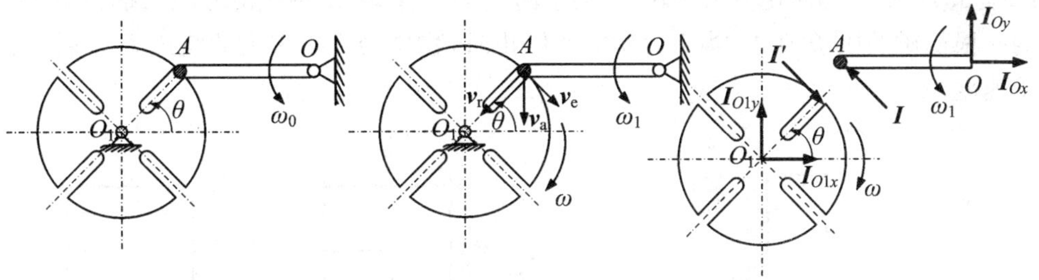

图 10.22　例 10.17 图

解:(1) 研究对象:因需求拨杆与轮盘的冲击力,所以把系统拆开,分别研究两个物体.

(2) 运动分析:两个物体皆为定轴转动.碰撞前拨杆角速度为 ω_0,轮盘静止;碰撞后设拨杆的角速度为 ω_1,轮盘的角速度为 ω.由于销子 A 的联系,两者的运动不是独立的,应分析它们的关系.

以销子 A 为动点,动系固连在轮盘上,分析 A 的绝对速度、相对速度与牵连速度如图所示.其中 $v_a=\omega_1 l$、$v_e=\omega r$,$\boldsymbol{v}_r$沿着滑槽、即半径的方向,显然 $\boldsymbol{v}_r$与 $\boldsymbol{v}_e$垂直.

由速度合成定理$\boldsymbol{v}_a=\boldsymbol{v}_r+\boldsymbol{v}_e$ 可得,$v_e=v_a\cos\theta$,即

$$\omega r=\omega_1 l\cos\theta,\quad \therefore\omega_1=\frac{\omega r}{l\cos\theta}\tag{a}$$

(3) 受力分析：常力不考虑，只考虑碰撞冲量，拨杆与轮盘相撞时，在销子 A 处和两个物体的轴承 O 与 O_1 处都会产生碰撞冲量.

(4) 建立方程：定轴转动刚体的碰撞问题，适宜用冲量矩定理. 两个物体分别对各自的转轴用冲量矩定理，有

拨杆 OA：

$$J_O\omega_1 - J_O\omega_0 = -I\cos\theta \cdot l, \quad \therefore \frac{1}{3}ml(\omega_1 - \omega_0) = -I\cos\theta \tag{b}$$

轮盘 O_1：

$$J_{O1}\omega - 0 = Ir, \quad \therefore I = \frac{J_{O1}\omega}{r} \tag{c}$$

由式(b)与式(c)消去 I，并用式(a)代入，得到

$$\omega = \frac{mlr\omega_0\cos\theta}{mr^2 + 3J_{O1}\cos^2\theta}$$

代入式(c)，在点 A 的碰撞冲量为

$$I = \frac{mJ_{O1}l\omega_0\cos\theta}{mr^2 + 3J_{O1}\cos^2\theta}$$

当 $\theta = 90^\circ$ 时，$I = 0$，不出现冲击力.

例 10.18 如图 10.23 所示，平台车以速度 v 沿水平路轨运动，其上放置边长为 a，质量为 m 的均质正方形物块 A. 为了防止物块移动，使物块前方底边抵在平台上的一根低矮的压条 B 上. 当平台车突然停止时，物块会产生多大的绕压条 B 转动的角速度.

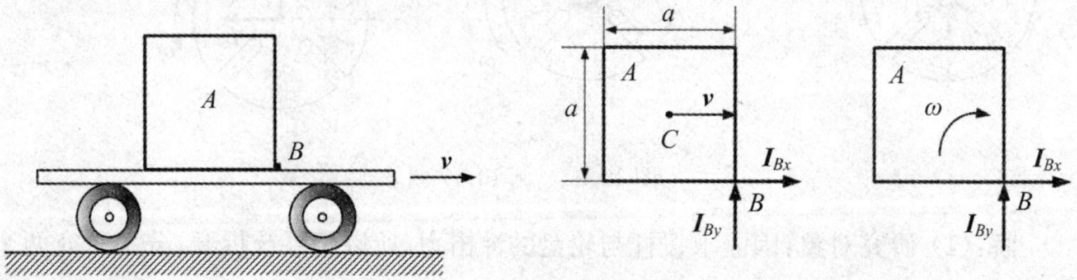

图 10.23 例 10.18 图

解：(1) 研究对象：物块 A，设其质心为 C，对 B 点的转动惯量为 J_B.

(2) 运动分析：在车突然停止前物块 A 平移，速度为 $\boldsymbol{v}$. 车的突然停止相当于给行驶的物块突然加上一个约束，属于碰撞现象. 在突加约束 B 的限制下，物块 A 绕点 B 定轴转动，设碰撞结束时它的角速度为 ω.

(3) 受力分析：在碰撞现象中不分析普通力，只有约束点 B 处存在碰撞冲量.

(4) 建立方程：物块 A 在碰撞过程中绕点 B 定轴转动，碰撞冲量在转轴 B 处，对点 B 的冲量矩为零，所以物块 A 对点 B 的动量矩守恒.

碰撞前物块 A 平移，它对点 B 的动量矩为 $L_{B1}=mv\cdot\dfrac{a}{2}$.

碰撞后物块 A 定轴转动，它对轴 B 的动量矩为 $L_{B2}=J_B\omega$.

令 $L_{B1}=L_{B2}$，得 $J_B\omega=\dfrac{mva}{2}$，而 $J_B=\dfrac{1}{6}ma^2+m\left(\dfrac{\sqrt{2}}{2}a\right)^2=\dfrac{2}{3}ma^2$，因此 $\omega=\dfrac{3v}{4a}$.

3. 平面运动刚体的碰撞

平面运动可以视为随质心的平移与绕质心轴的转动的合成运动，因而平面运动刚体碰撞后速度的突变，也包含随质心平移速度的突变与绕质心轴转动的角速度的突变. 对于前者，需要使用冲量定理；对于后者，需要对质心轴使用冲量矩定理. 同时必须按碰撞的类型计算接触点的恢复因数.

例 10.19　如图 10.24 所示，乒乓球半径为 r，以速度 $\boldsymbol{v}$ 落到台面，$\boldsymbol{v}$ 与铅垂线成 θ 角，此时球有绕过质心 O 的水平轴（与 $\boldsymbol{v}$ 垂直）的角速度 ω. 若球与台面相撞后，因瞬时摩擦作功，接触点水平速度突然变为零. 设恢复因数为 k，求回弹角 β.

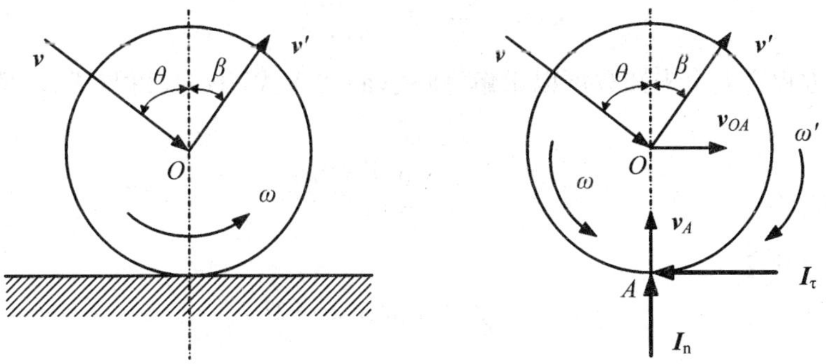

图 10.24　例 10.19 图

解：(1) 研究对象：乒乓球，现在此球有转动，不能作为质点考虑.

(2) 运动分析：乒乓球的角速度矢量与质心速度垂直，所以乒乓球为平面运动. 设与台面相撞后，质心 O 的速度为 $\boldsymbol{v}'$，绕质心轴转动的角速度为 ω'. 碰撞前，球与台面的接触点 A 有向右的水平速度分量；碰撞后水平速度为零，点 A 的速度指向点 O，而 ω' 的方向应该如图 10.24 所示与 ω 相反. 碰撞后以 A 为基点，质心 O 的速度为

$$\boldsymbol{v}' = \boldsymbol{v}_A + \boldsymbol{v}_{OA}$$

上式投影到 $\boldsymbol{v}_{OA}$ 方向上，有

$$v'\sin\beta = \omega' r,\quad \therefore \omega' = \frac{v'\sin\beta}{r} \tag{a}$$

(3) 受力分析：不计普通力，只有接触点 A 的法向与切向的约束碰撞冲量 $\boldsymbol{I}_n$ 与 $\boldsymbol{I}_\tau$. 因碰撞使球与台面的接触点 A 的向右的水平速度变为零，所以 $\boldsymbol{I}_\tau$ 的方向向左.

(4) 建立方程：用冲量定理计算球随质心平移的动量改变，即

$$mv' - mv = I_n + I_\tau$$

分别投影到冲量 I_n 与 I_τ 方向上，有

$$mv'\cos\beta - (-mv\cos\theta) = I_n, \quad -mv'\sin\beta - (-mv\sin\theta) = I_\tau$$

即

$$mv'\cos\beta + mv\cos\theta = I_n \tag{b}$$

$$-mv'\sin\beta + mv\sin\theta = I_\tau \tag{c}$$

用对质心的冲量矩定理计算球绕质心转动的动量矩改变，即

$$-J_O\omega' - J_O\omega = -I_\tau r, \quad \therefore J_O(\omega' + \omega) = I_\tau r$$

因为 $J_O = \dfrac{2}{3}mr^2$，所以上式写为

$$\frac{2}{3}mr(\omega' + \omega) = I_\tau \tag{d}$$

再由点 A 的速度计算恢复因数，

$$k = \left|\frac{v'_n}{v_n}\right| = \frac{v'\cos\beta}{v\cos\theta} \tag{e}$$

以上五个方程含五个未知数可以求解. 将式(a)代入式(d)中，再与式(c)联立，消去 I_τ，得到

$$v' = \frac{3v\sin\theta - 2\omega r}{5\sin\beta}$$

代入式(e)，解得

$$\tan\beta = \frac{1}{5k}\left(3\tan\theta - \frac{2\omega r}{v\cos\theta}\right)$$

例 10.20 如图 10.25(a)所示，两个质量为 m、长度为 l 的相同均质杆 AB、CD 可在光滑水平面上自由运动. 杆 AB 绕质心 O_1 以角速度 ω_1 转动，B 端与静止杆 CD 的 C 端碰撞. 设碰撞时两杆平行，分别计算恢复因数为 0 与 1 时，两杆碰撞后的角速度与质心的速度.

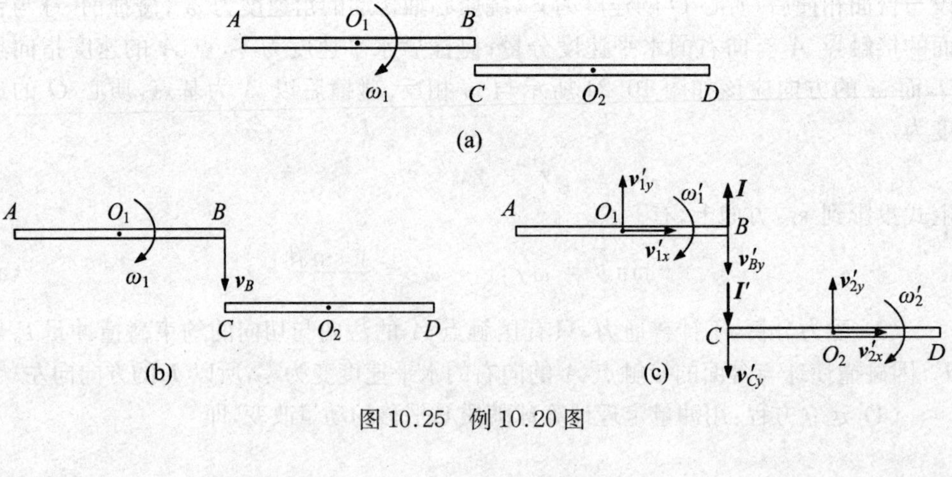

图 10.25 例 10.20 图

解:(1) 研究对象:两个杆分别进行研究.

(2) 运动分析:碰撞前杆 AB 定轴转动,点 B 的速度为 $v_B=\dfrac{l}{2}\omega_1$;杆 CD 静止,点 C 的速度为零,如图 10.25(b)所示.

碰撞后两杆均为平面运动,如图 10.25(c)所示.设杆 AB 碰撞后的角速度为 ω_1',质心的速度为 $\boldsymbol{v}_{1x}'$ 与 $\boldsymbol{v}_{1y}'$;杆 CD 碰撞后的角速度为 ω_2',质心的速度为 $\boldsymbol{v}_{2x}'$ 与 $\boldsymbol{v}_{2y}'$.碰撞点的法向速度分别为 $\boldsymbol{v}_{By}'$ 与 $\boldsymbol{v}_{Cy}'$,由平面运动刚体上点的速度计算,有

$$v_{By}'=-v_{1y}'+\frac{l}{2}\omega_1'\quad 与\quad v_{Cy}'=-v_{2y}'-\frac{l}{2}\omega_2' \tag{a}$$

(3) 受力分析:两杆的相碰撞点有碰撞冲量.冲量方向与杆的轴线垂直,即 y 轴方向,如图 10.25(c)所示.

(4) 建立方程:两杆为平面运动刚体的碰撞,由冲量定理与对质心的冲量矩定理写出各自的方程.

杆 AB:

$$\left.\begin{aligned}&mv_{1x}'-0\\&mv_{1y}'=I\\&J_{O1}\omega_1'-J_{O1}\omega_1=-0.5lI\end{aligned}\right\} \tag{b}$$

杆 CD:

$$\left.\begin{aligned}&mv_{2x}'=0\\&mv_{2y}'=-I\\&J_{O2}\omega_2'-0=-0.5lI\end{aligned}\right\} \tag{c}$$

又由恢复因数 $e=\dfrac{v_{Cy}'-v_{By}'}{v_B-0}$,代入式(a)的速度关系及 v_B 的计算式,有

$$e=\frac{-v_{2y}'-\dfrac{l}{2}\omega_2'-\left(-v_{1y}'+\dfrac{l}{2}\omega_1'\right)}{\dfrac{l}{2}\omega_1}=\frac{2(v_{1y}'-v_{2y}')-l(\omega_1'+\omega_2')}{l\omega_1} \tag{d}$$

由式(b)与式(c),解得

$$v_{1x}'=v_{2x}'=0,\quad v_{1y}'=-v_{2y}'=\frac{I}{m},\quad \omega_1'=\omega_1-\frac{lI}{2J_{O1}},\quad \omega_2'=-\frac{lI}{2J_{O2}}$$

代入式(d),并有 $J_{O1}=J_{O2}=\dfrac{1}{12}ml^2$,解得

$$e=\frac{16I-ml\omega_1}{ml\omega_1},\quad \therefore I=\frac{1}{16}ml\omega_1(1+e)$$

所以,得到碰撞后:

杆 AB 的质心速度与角速度为 $v_{1x}'=0$,$v_{1y}'=\dfrac{1}{16}l\omega_1(1+e)$,$\omega_1'=\dfrac{1}{8}\omega_1(5-3e)$.

杆 CD 的质心速度与角速度为 $v'_{2x}=0, v'_{2y}=-\dfrac{1}{16}l\omega_1(1+e), \omega'_2=-\dfrac{3}{8}\omega_1(1+e)$.

当 $e=0$ 时,有 $v'_{1x}=v'_{2x}=0, v'_{1y}=-v'_{2y}=\dfrac{1}{16}l\omega_1, \omega'_1=\dfrac{5}{8}\omega_1, \omega'_2=-\dfrac{3}{8}\omega_1$.

当 $e=1$ 时,有 $v'_{1x}=v'_{2x}=0, v'_{1y}=-v'_{2y}=\dfrac{1}{8}l\omega_1, \omega'_1=\dfrac{1}{4}\omega_1, \omega'_2=-\dfrac{3}{4}\omega_1$.

例 10.21 如图 10.26 所示,质量为 m,半径为 r 的均质实心球从倾角为 β 的斜面无滑动滚下,当角速度为 ω 时碰到水平面.此后球沿水平面连滚带滑,最后重新变成只滚不滑.假定碰撞时球没有从水平面回跳,求重新滚而不滑时球的角速度 ω_1.

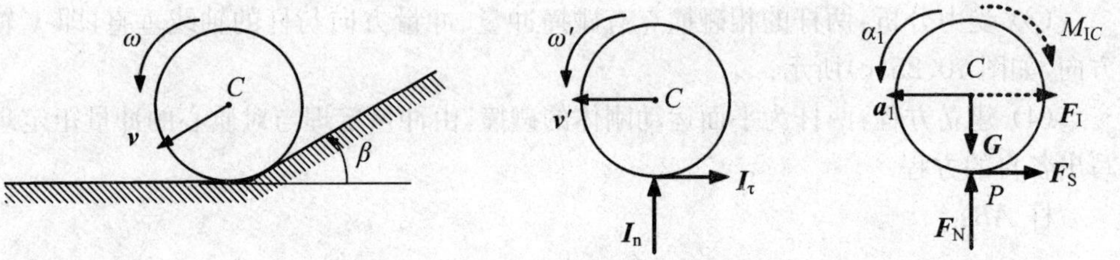

图 10.26 例 10.21 图

解:(1) 研究对象:均质实心球 C.

(2) 运动分析:运动分为三个阶段:

球 C 碰撞前为纯滚动,质心 C 的速度 $v=r\omega$;

碰撞为非弹性碰撞,碰撞结束瞬时,质心 C 的速度的法向分量(铅垂方向)为零,速度 $\boldsymbol{v}'$沿水平方向,球的角速度为 ω';

碰撞后球沿有摩擦的水平面作平面运动,设其质心 C 的加速度为 $\boldsymbol{a}_1$,球的角加速度为 α_1.

(3) 受力分析:碰撞过程中只考虑作用在球上的水平面的法向与切向约束碰撞冲量 $\boldsymbol{I}_n$与 $\boldsymbol{I}_\tau$.

碰撞后作用在球上的力有主动力:重力 $\boldsymbol{G}$;约束力:作用在球与水平面接触点 P 的法向约束力 $\boldsymbol{F}_N$与摩擦力 $\boldsymbol{F}_S$,以及球 C 的惯性力系向质心 C 简化的等效惯性力 $F_I=ma_1$与等效惯性力偶 $M_{IC}=J_C\alpha_1=\dfrac{2}{5}mr^2\alpha_1$.

两个阶段的受力图如图 10.26 所示.

(4) 建立方程:碰撞阶段与碰撞后分别利用不同的规律建立方程.

① 碰撞阶段:由冲量定理与对质心的冲量矩定理建立方程,有

$$mv'-mv\cos\beta=-I_\tau \tag{a}$$

$$J_C\omega'-J_C\omega=I_\tau r \tag{b}$$

由式(a)与式(b)及 $v=r\omega$,可得

$$v'=-\frac{2}{5}r\omega'+r\omega\left(\frac{2}{5}+\cos\beta\right) \tag{c}$$

这是碰撞结束后质心 C 的速度与球的角速度的关系，也是此后球滚动阶段的初始条件.

② 碰撞后滚动阶段：由动静法列出动力平衡方程，因为只要计算 a 与 α 的关系，只用一个力矩方程

$$\sum M_P = 0,\quad -M_{IC} - F_I r = 0,\quad \therefore mra_1 = -\frac{2}{5}mr^2\alpha_1$$

由此得到质心 C 的速度 v_1 与球的角速度 ω_1 的微分方程

$$\dot{v}_1 = -\frac{2}{5}r\dot{\omega}_1$$

积分得

$$v_1 = -\frac{2}{5}r\omega_1 + D$$

由初始条件式(c)，可得积分常数

$$D = v' + \frac{2}{5}r\omega' = -\frac{2}{5}r\omega' + r\omega\left(\frac{2}{5} + \cos\beta\right) + \frac{2}{5}r\omega' = r\omega\left(\frac{2}{5} + \cos\beta\right)$$

所以有

$$v_1 = -\frac{2}{5}r\omega_1 + r\omega\left(\frac{2}{5} + \cos\beta\right) \tag{d}$$

在只滚不滑时，有 $v_1 = r\omega_1$，代入式(d)，得到重新滚而不滑时球的角速度

$$\omega_1 = \frac{2 + 5\cos\beta}{7}\omega$$

本题分为两个阶段，碰撞阶段中不能计算加速度，用冲量与冲量矩定理计算. 而在碰撞后的运动阶段，可以计算加速度，用常规的动静法求解.

例 10.22　如图 10.27 所示，铅垂平面内的均质杆 AB 长为 l，质量为 m. 现以铅垂向下的速度 $\boldsymbol{v}$ 平移并与光滑地面发生非弹性碰撞，此时杆与铅垂方向的夹角为锐角. 求：① 碰撞结束瞬时杆的角速度的大小. ② 碰撞中杆所受的冲量. ③ 碰撞结束后杆端 B 点的轨迹. ④ 杆在其全部即将与地面接触的瞬时的角速度. ⑤ 杆的全部即将与地面接触的瞬时地面的约束力.

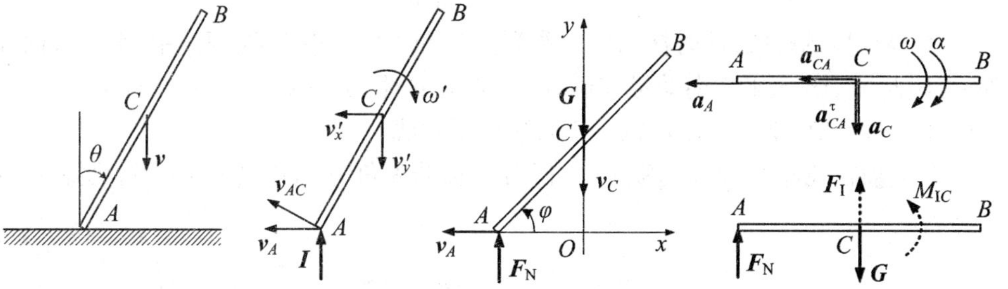

图 10.27　例 10.22 图

解:(1) 研究对象:以杆 AB 为研究对象.

(2) 运动分析:在碰撞前,杆 AB 以铅垂向下的速度 $\boldsymbol{v}$ 平移;与地面碰撞后为平面运动,杆的 A 端沿地面滑动.设碰撞结束时质心 C 的速度为 $\boldsymbol{v}'_x$ 与 $\boldsymbol{v}'_y$,杆的角速度为 ω'.

(3) 受力分析:碰撞中,不计普通力,只有地面的法向约束碰撞冲量 $\boldsymbol{I}$ 作用.碰撞结束后,杆 AB 在重力 $\boldsymbol{G}$ 与地面法向约束力 $\boldsymbol{F}_N$ 的作用下运动,水平方向无外力作用.

(4) 建立方程:杆 AB 的运动分为两个阶段,碰撞过程与碰撞后的运动,分别建立相关方程.

① 碰撞阶段:由冲量定理与对质心的冲量矩定理建立方程,有

$$-mv'_x-0=0,\quad \therefore v'_x=0$$

$$-mv'_y-(-mv)=I,\quad \therefore I=m(v-v'_y) \tag{a}$$

$$J_C\omega'-0=I\frac{l}{2}\sin\theta,\quad \therefore I=\frac{ml\omega'}{6\sin\theta} \tag{b}$$

由式(a)与式(b),可得

$$v'_y=v-\frac{l\omega'}{6\sin\theta} \tag{c}$$

又由杆与光滑地面发生非弹性碰撞,知 A 端与地面碰撞后不会弹起,只会沿地面滑动,设其速度为 $\boldsymbol{v}_A$.以质心 C 为基点,点 A 的速度为

$$\boldsymbol{v}_A=\boldsymbol{v}'_x+\boldsymbol{v}'_y+\boldsymbol{v}_{AC}$$

式中,已得到 $v'_x=0$,且 $v_{AC}=\dfrac{l\omega'}{2}$.此式投影到 y 轴上,有

$$0=-v'_y+\frac{l\omega'}{2}\sin\theta,\quad \therefore v'_y=\frac{l\omega'}{2}\sin\theta$$

代入式(c),解得碰撞结束瞬时杆 AB 的角速度为

$$\omega'=\frac{6v\sin\theta}{l(1+3\sin^2\theta)}$$

代入式(b),得到碰撞中杆所受的冲量为

$$I=\frac{mv}{1+3\sin^2\theta}$$

② 碰撞后的阶段:此时杆 AB 只受重力 $\boldsymbol{G}$ 和法向约束力 $\boldsymbol{F}_N$ 的作用,水平方向无外力,因此杆 AB 水平方向动量守恒.而碰撞结束时,质心 C 无水平方向速度,所以在碰撞后的运动阶段,质心 C 的运动轨迹为铅垂线.

取 x 轴在地面上,y 轴过质心 C,杆与 x 轴的夹角为 φ,参见图 10.27.则点 B 的坐标为

$$x_B=\frac{l}{2}\cos\varphi,\quad y_B=l\sin\varphi$$

从上两式中消去 φ,即得到碰撞结束后杆端 B 点的轨迹方程为

$$4x_B^2 + y_B^2 = l^2$$

这是一个半长轴在 y 轴上、长为 l，半短轴在 x 轴上、长为 $0.5l$ 的椭圆.

从碰撞结束后直到全部着地，只有重力作功，适合用动能定理的积分形式计算速度的变化.

设杆 AB 全部即将与地面接触的瞬时的角速度为 ω，此时质心 C 的速度方向与杆垂直，而杆端 A 点的速度方向与杆平行. 由平面运动刚体的点的速度投影定理，可知此瞬时点 A 是杆 AB 的速度瞬心. 此时杆 AB 的动能为

$$T_2 = \frac{1}{2}J_A\omega^2 = \frac{1}{6}ml^2\omega^2$$

杆 AB 在碰撞结束时的动能为

$$T_1 = \frac{1}{2}mv'^2_y + \frac{1}{2}J_C\omega'^2 = \frac{ml^2\omega'^2}{24}(1+3\sin^2\theta) = \frac{3mv^2\sin^2\theta}{2(1+3\sin^2\theta)}$$

此间重力作功为

$$W_{12} = mg\frac{l}{2}\cos\theta$$

由动能定理 $T_2 - T_1 = W_{12}$，得到

$$\frac{1}{6}ml^2\omega^2 - \frac{3mv^2\sin^2\theta}{2(1+3\sin^2\theta)} = mg\frac{l}{2}\cos\theta$$

解得杆 AB 全部即将与地面接触的瞬时的角速度为

$$\omega^2 = \frac{9v^2\sin^2\theta}{l^2(1+3\sin^2\theta)} + \frac{3g}{l}\cos\theta$$

在非碰撞阶段计算地面的约束力，应该使用动力平衡方程. 设杆的全部即将与地面接触的瞬时，其角加速度为 α，质心 C 的加速度为 $\boldsymbol{a}_C$，A 端的加速度为沿着地面的 $\boldsymbol{a}_A$. 参见图 10.27，以点 A 为基点，点 C 的加速度为

$$\boldsymbol{a}_C = \boldsymbol{a}_A + \boldsymbol{a}_{CA}^{\mathrm{n}} + \boldsymbol{a}_{CA}^{\tau}$$

此式投影到 y 轴上，有

$$a_C = a_{CA}^{\tau}, \quad \therefore a_C = \frac{l\alpha}{2}$$

作出杆 AB 的受力图如图 10.27 所示，其中 $F_{\mathrm{I}} = ma_C = \frac{ml\alpha}{2}$，$M_{\mathrm{IC}} = \frac{1}{12}ml^2\alpha$，$G = mg$，地面的约束力为 $\boldsymbol{F}_{\mathrm{N}}$.

由动静法，有

$$\sum M_A = 0, \quad M_{\mathrm{IC}} + F_{\mathrm{I}}\frac{l}{2} - G\frac{l}{2} = 0, \quad \therefore \alpha = \frac{3g}{2l}$$

$$\sum F_y = 0, \quad F_{\mathrm{I}} + F_{\mathrm{N}} - G = 0, \quad \therefore F_{\mathrm{N}} = m\left(g - \frac{l\alpha}{2}\right) = \frac{1}{4}mg$$

本题分为两个阶段，碰撞阶段中不能计算加速度，用冲量与冲量矩定理计算. 而在碰撞后的运动阶段，可以计算加速度，用常规的动静法求解. 但是对于计算杆在两

个不同位置的角速度的变化，不必计算加速度，用积分形式的动能定理较好．这一个题就包含了不能计算，不必计算和必须计算加速度的三个情况．

习　题

10.1　图示凸轮机构中，凸轮以等角速度 ω 绕定轴 O 转动．质量为 m 的滑杆借右端弹簧的推压而顶在凸轮上．当凸轮转动时，滑杆作往复运动．设凸轮为一均质圆盘，质量为 m_1，半径为 r，偏心距为 e．求在任一瞬时基础与螺栓的总动约束力．

10.2　如图所示，质量为 m_1的滑块 A，可在水平光滑槽中运动；刚度系数为 k 的弹簧，一端与滑块连接，另一端固定；另有一轻杆 AB，长为 l，端部带有质量 m_2的小球，可绕滑块上垂直于运动平面的 A 轴旋转，转动角速度 ω 为常数．如初瞬时，$\varphi=0°$，弹簧恰为自然长度．求滑块的运动微分方程．

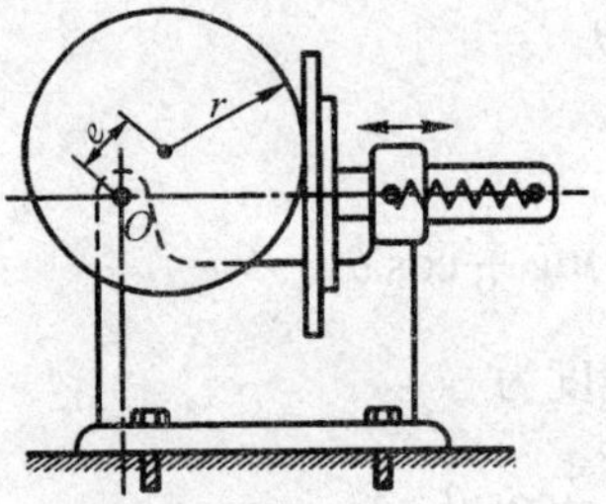

题 10.1 图

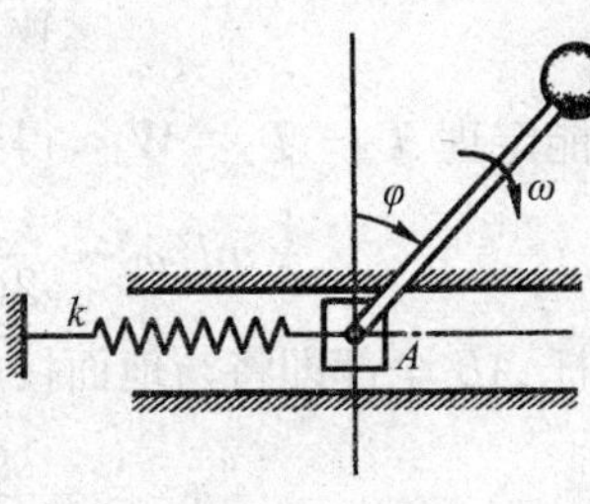

题 10.2 图

10.3　如图所示，均质圆柱体的质量为 4 kg，半径为 0.5 m，置于两光滑的斜面上．设有与圆柱轴线成垂直，且沿圆柱面的切线方向的力 $F=20$ N 作用，求圆柱的角加速度及斜面的约束力．

10.4　图示不均衡飞轮的质量为 20 kg，对于通过其质心 C 轴的回转半径 $r=65$ mm．假如 100 N的力作用于手动闸上，若此瞬时飞轮有一逆时针方向的 5 rad/s 的角速度，而闸块和飞轮之间的动摩擦因数 $f=0.4$．求此瞬时铰链 B 作用在飞轮上的水平约束力和铅直约束力．

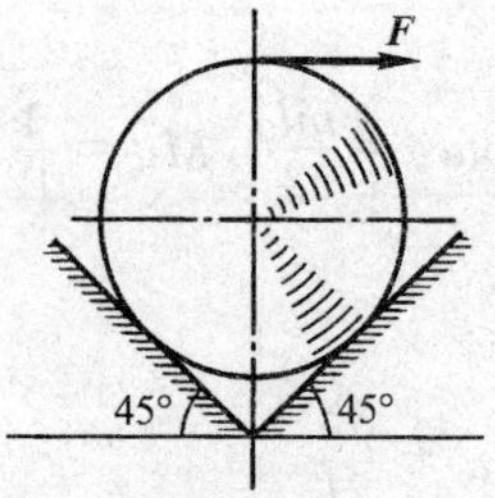

题 10.3 图

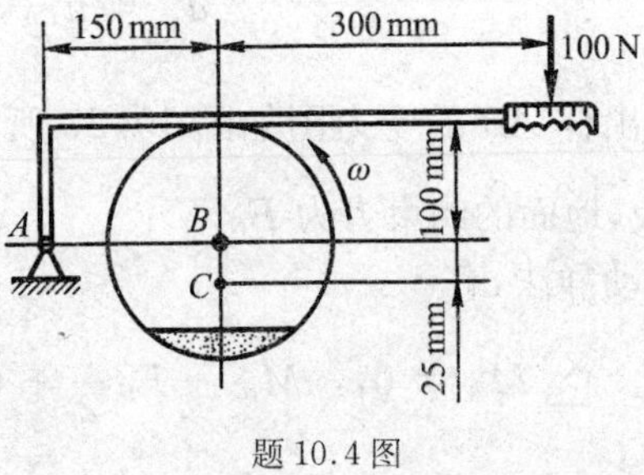

题 10.4 图

10.5　一均质轮的半径为 R，质量为 m，在轮的中心有一半径为 r 的轴，轴上绕两条细绳，绳端各作用一不变的水平力 $\boldsymbol{F}_1$ 和 $\boldsymbol{F}_2$，其方向相反，如图所示．如轮对其中心 O 的转动惯量为J，且轮只滚不滑，求轮中心 O 的加速度．

10.6　均质圆柱 A 和飞轮 B 的质量均为 m，外半径均为 r，中间用直杆以铰链连接，如图所示．令它们沿斜面无滑动地滚下．假若斜面与水平面的夹角为 θ，飞轮 B 可视为质量集中于外缘的薄圆环，AB 杆的质量可以忽略．求 AB 杆的加速度 $\boldsymbol{a}$ 及其内力．

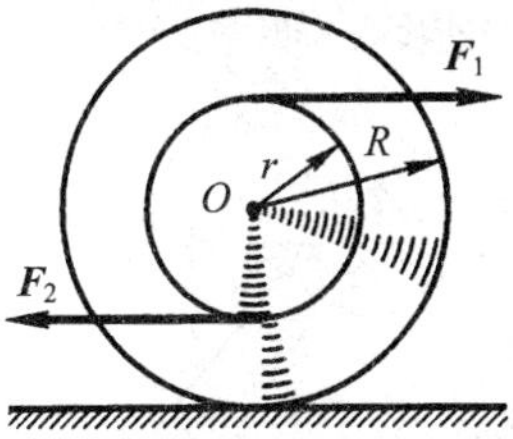

题 10.5 图

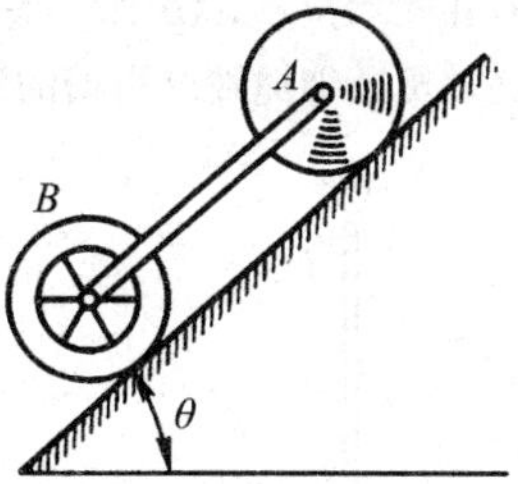

题 10.6 图

10.7　板重 $\boldsymbol{P}_1$，受水平力 $\boldsymbol{F}$ 的作用，沿水平面运动，板与平面间的动摩擦因数为 f；在板上放一重 $\boldsymbol{P}_2$ 的实心圆柱，如图所示，此圆柱对板只滚不滑．求板的加速度．

10.8　质量为 m_1 的三棱柱 A 沿倾角为 θ 的斜面下滑，其加速度为 $\boldsymbol{a}$，如图所示．在三棱柱 A 上又放一质量为 m_2 的物体 B，忽略 A、B 之间的摩擦，试求斜面对三棱柱 A 的法向约束力及三棱柱 A 对物块 B 的约束力．

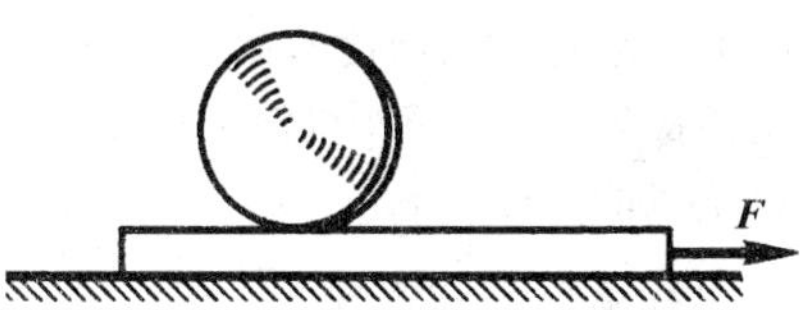

题 10.7 图

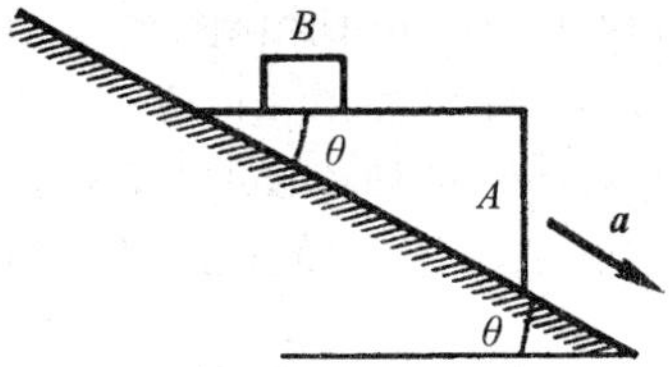

题 10.8 图

10.9　图示齿轮 A 和鼓轮是一整体，放在齿条 B 上，齿条则放在光滑水平面上；鼓轮上绕有不可伸长的软绳，绳的另一端水平地系在 D 点．已知齿轮、鼓轮的半径分别为 $R=1.0\ \mathrm{m}$，$r=0.6\ \mathrm{m}$，总质量 $m_A=200\ \mathrm{kg}$，对质心 C 的回转半径 $\rho=0.8\ \mathrm{m}$，齿条质量 $m_B=100\ \mathrm{kg}$．如果当系统处于静止时，在齿条上作用一水平力 $F=1500\ \mathrm{N}$，试求：

(1) 绳子的拉力；

(2) 鼓轮运动时的质心加速度与角加速度及在开始 5 s 内转过的转角．

10.10　均质杆 AB 的质量为 m，长为 l，靠在光滑支承 D 上，杆与铅垂线间的夹角为 φ，D 点到杆的质心 C 间的距离 $DC=d$，如图所示．现将杆在此位置无初速释放，试求运动初瞬时杆的质心加速度，以及支承 D 对杆的作用力．

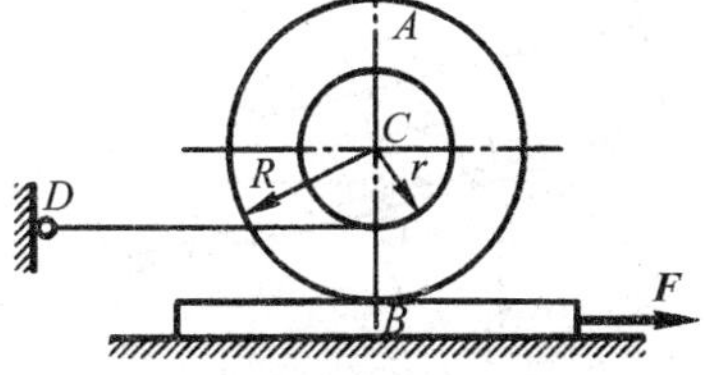

题 10.9 图

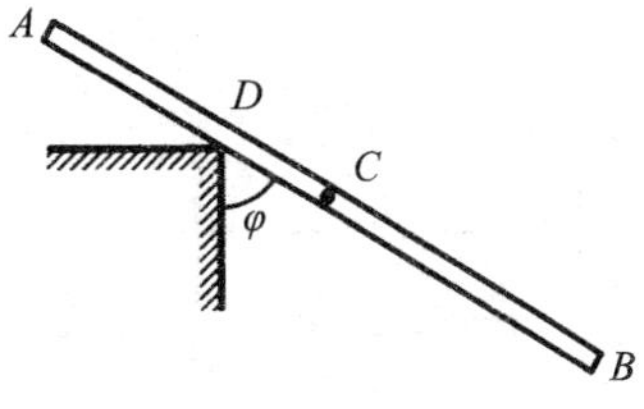

题 10.10 图

10.11 长 l,质量为 m 的均质杆 AB,BD 用铰链 B 连接,并用铰链 A 固定,位于图示平衡位置.今在 D 端作用一水平力 $\boldsymbol{F}$,求此瞬时两杆的角加速度.

10.12 均质杆 AB 长为 l,重 $\boldsymbol{P}$,一端与可在倾角 $\theta=30^\circ$ 的斜槽中滑动的滑块铰接,而另一端用细绳相系.在图示位置,AB 杆水平且处于静止状态,夹角 $\beta=60^\circ$,假设不计滑块质量及各处摩擦,试求当突然剪断细绳瞬时滑槽的约束力,以及杆 AB 的角加速度.

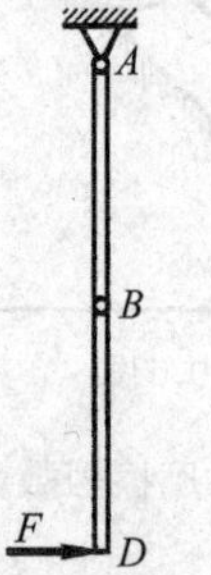

题 10.11 图

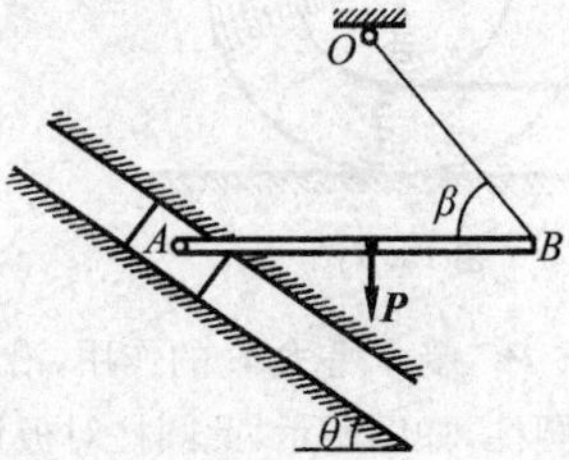

题 10.12 图

10.13 质量 $m=100$ g 的等腰直角三角形均质构件 ABD 是汽车汽化器控制机构的一部分.在图示瞬时,控制杆 BB 的速度 $v=20$ mm/s、加速度 $a=10$ mm/s^2,方向均向左.已知该系统位于水平面内,$l=24$ mm,两控制杆的质量可以忽略.试求该瞬时推动 BB 杆的力 $\boldsymbol{F}$ 的大小.

10.14 椭圆规机构由曲柄 OA,规尺以及滑块 B、D 组成.已知曲柄长 l,质量是 m_1;规尺长 $2l$,质量是 $2m_1$,且两者都可以看成均质细杆,两滑块的质量都是 m_2.整个机构被放在水平面内,并在曲柄上作用着不变的力偶 M_O.求曲柄的角加速度.各处的摩擦不计.

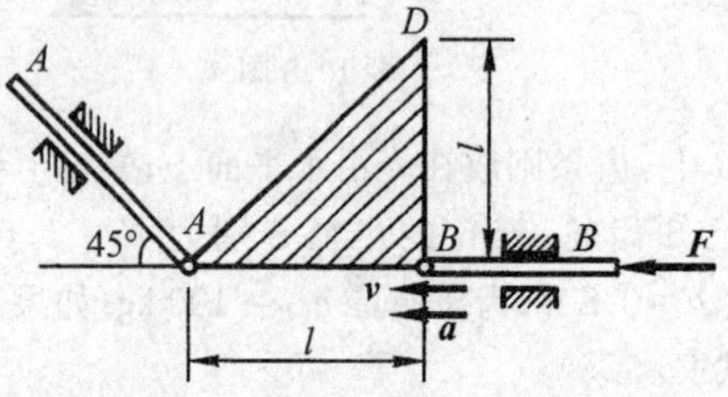

题 10.13 图

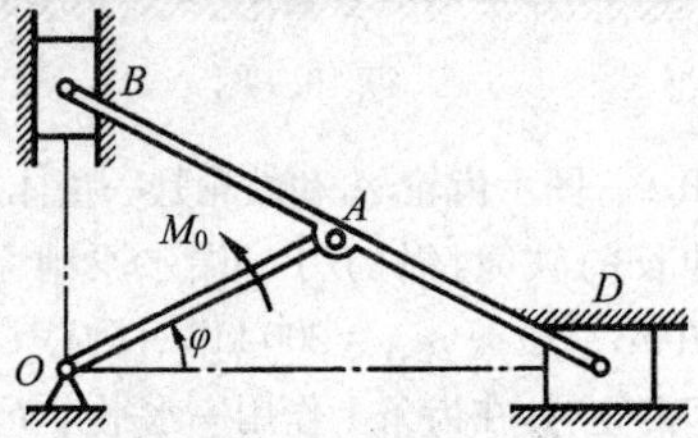

题 10.14 图

10.15 均质杆 AB 长 l,A 端铰接,D 点用铅直绳 DE 将杆保持在水平静止状态,如图所示.欲使 DE 绳剪断后,铰链 A 的约束力保持不变,悬挂点 D 至 A 端的距离 d 应为多大?

10.16 将长为 l 的均质细杆的一段平放在水平桌面上,使其质心 C 与桌缘的距离为 a,如图所示.若当杆与水平面之夹角超过 θ_0 时,即开始相对桌缘滑动,试求摩擦因数 f.

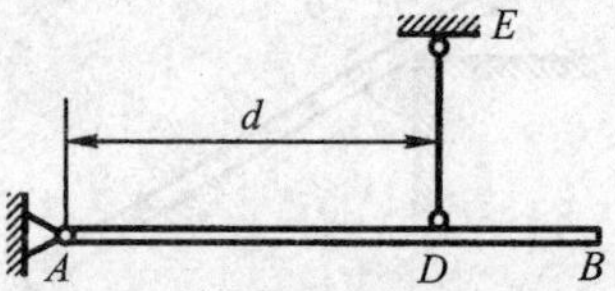

题 10.15 图

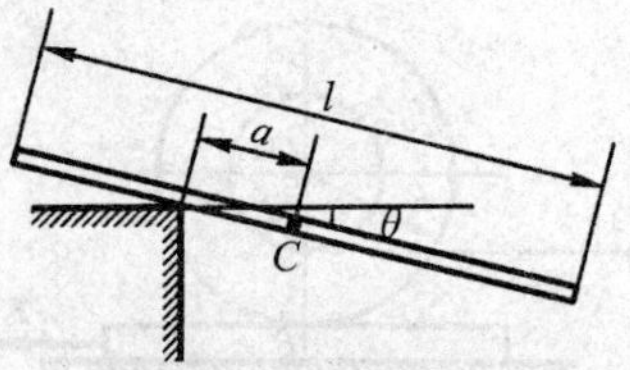

题 10.16 图

10.17　均质圆盘质量是 m，半径是 r，可绕通过边缘 O 点且垂直于盘面的水平轴转动.设圆盘从最高位置无初速地开始绕轴 O 转动.求当圆盘中心 C 和轴 O 的连线经过水平位置的瞬时，轴承 O 的总约束力的大小.

10.18　图示质量均为 2.5 kg 的滑块 S_1，S_2 以 1.5 m/s 不变的速度沿 AB 杆相向滑动，AB 杆则绕 CD 轴自由转动.如果只考虑两滑块的质量，不计摩擦，当物块距 CD 为 1.5 m 时，此瞬时的角速度为 10 rad/s.求 AB 杆的角加速度.

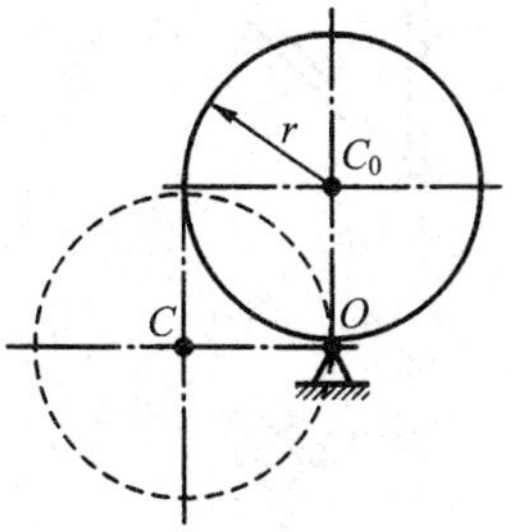

题 10.17 图

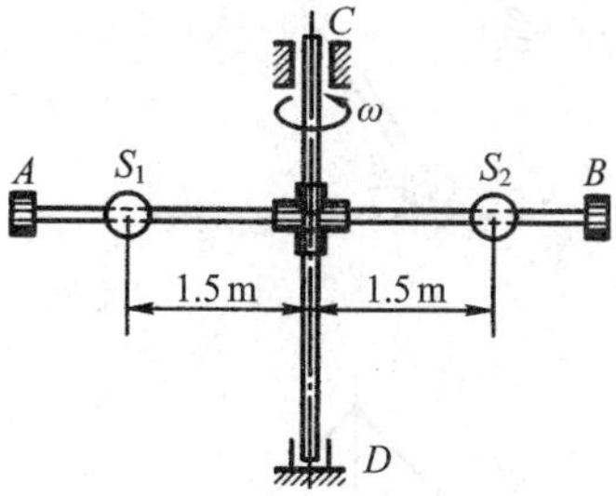

题 10.18 图

10.19　质量为 m 的重物 A，挂在一细绳的一端，绳的另一端通过定滑轮 D 绕在鼓轮 B 上，如图所示.由于重物 A 下降，带动 C 轮沿水平轨道作纯滚动.鼓轮 B 与圆轮 C 的半径分别为 r 与 R，两者固连在一起，其总质量为 m_1，对于水平轴 B 之回转半径为 ρ.不计滑轮 D 及绳子的质量和轴承的摩擦.求重物 A 的加速度、轴承 D 的约束力及静滑动摩擦力的大小与方向.

10.20　汽车的尺寸如图所示.车轮与地面之间的摩擦因数为 f，后面的驱动轮由静止开始沿地面作纯滚动，忽略轮子的质量.试求汽车在运行距离 s 时，所能达到的最大速度.

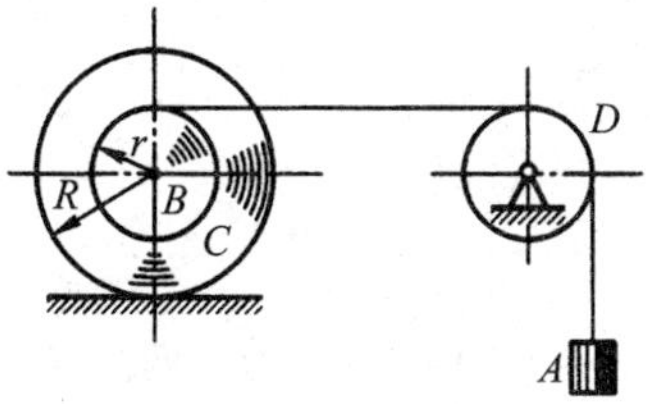

题 10.19 图

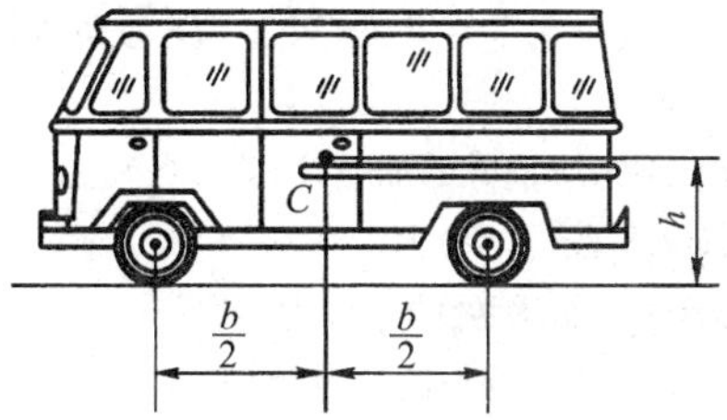

题 10.20 图

10.21　图示曲柄 OA 以角速度 $\omega_O = 4.5$ rad/s 沿顺时针方向在铅直面内匀速转动.已知 AB 杆的质量为 10 kg，轮 B 的质量及各处摩擦均可忽略不计.当 OA 处于水平位置时，求细直杆 AB 的 B 端所受的约束力.

10.22　质量均为 m，长度均为 l 的两均质杆相互铰接，初始瞬时 OA 杆处于铅垂位置，两杆夹角为 45°，如图所示.试求由静止释放的瞬时，两杆的角加速度.

10.23　边长 $l = 0.25$ m，质量 $m = 2.0$ kg 的正方形均质物块，借助于 O 角上的小滚轴可在光滑水平面上自由运动，滚轴的大小及摩擦均可忽略.如果该物块在图示的铅直位置静止释放，试计算该物块的 A 角即将触及水平面时，物块的角速度、角加速度及滚轴 O 的约束力.

10.24　图示在铅垂平面内长度为 $2r$，质量为 m 的均质光滑细长直杆 AB 可绕水平轴 A 转动，以推动半径为 r，质量为 m 的均质圆盘 C 在水平地面上作纯滚动.初始时圆盘中心 C 正好位

于点 A 的正下方，且$\angle BAC=45^\circ$. 若系统在该位置无初速释放，试分别求释放瞬时及杆 AB 处于铅垂位置时，杆 AB 的角加速度及地面对圆盘的约束力.

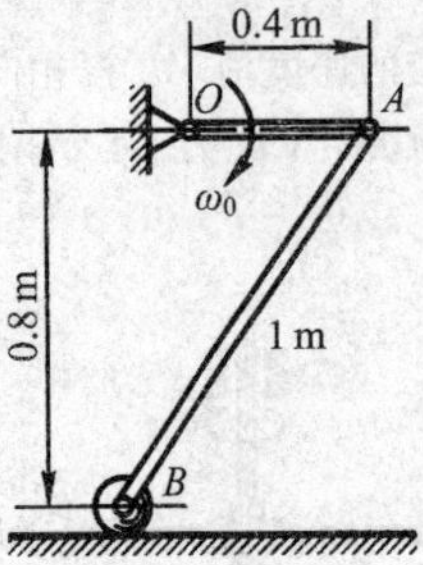

题 10.21 图

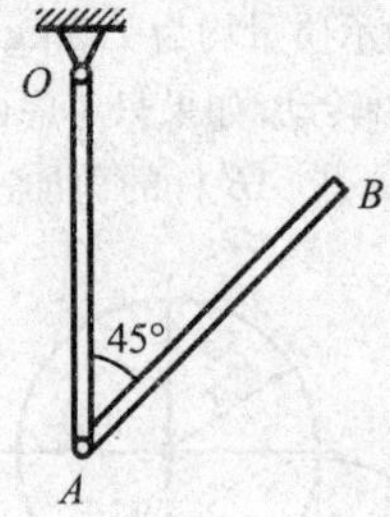

题 10.22 图

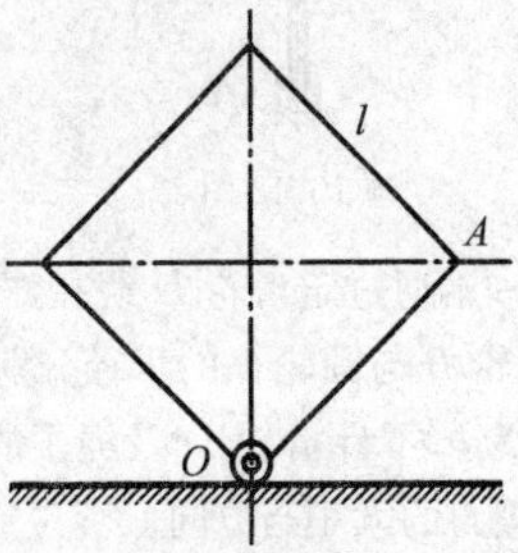

题 10.23 图

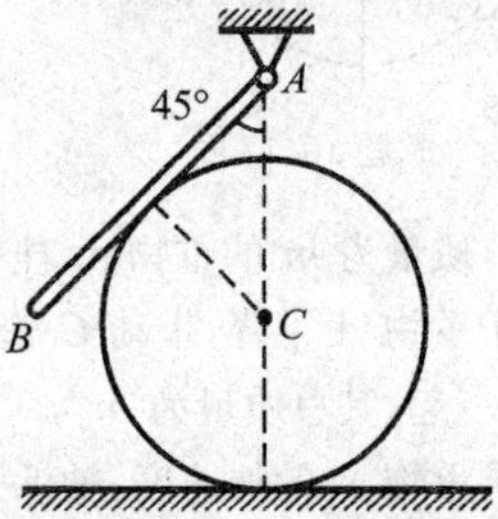

题 10.24 图

10.25　图示机构中，物块 A、B 的质量均为 m，两均质圆轮 C、D 的质量均为 $2m$，半径均为 R. C 轮铰接于无重悬臂梁 CK 上，D 为动滑轮，梁的长度为 $3R$，绳与轮间无滑动，系统由静止开始运动. 求：

(1) A 物块上升的加速度；

(2) HE 段绳的拉力；

(3) 固定端 K 处的约束力.

10.26　三个物块的质量分别为 $m_1=20$ kg，$m_2=15$ kg，$m_3=10$ kg，由一绕过两个定滑轮 M 与 N 的绳子相连接，放在质量 $m_4=100$ kg 的截头锥 $ABED$ 上，如图所示. 当物块 m_1 下降时，物块 m_2 在截头锥 $ABED$ 的上面向右移动，而物块 m_3 则沿斜面上升. 如略去一切摩擦和绳子的质量，求当重物 m_1 下降 1 m 时，截头锥相对地面的位移.

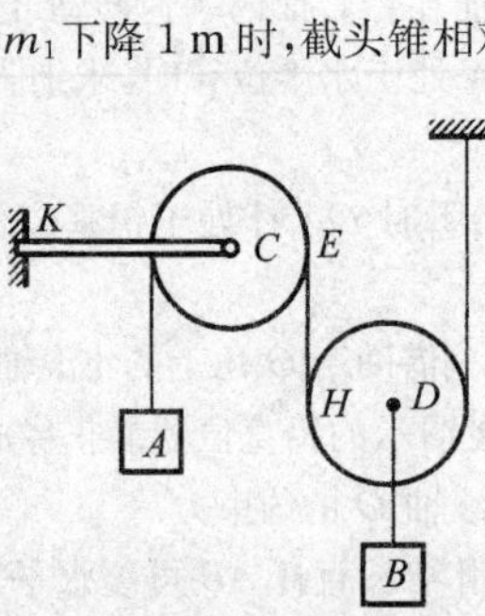

题 10.25 图

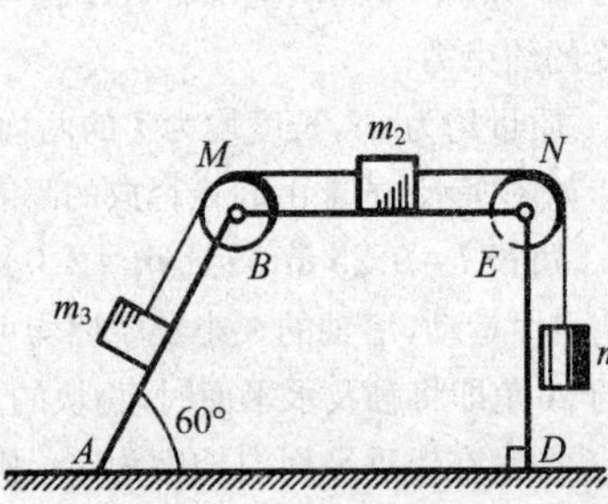

题 10.26 图

10.27　图示滑轮系统中，均质圆柱 A 的质量为 $m=10\ \mathrm{kg}$，半径 $r=0.5\ \mathrm{m}$. 斜面的倾角 $\theta=30^\circ$，它与圆柱体之间的静滑动摩擦因数为 $f=0.20$. 设软绳不可伸长，绳与滑轮 C 的质量及轴承的摩擦略去不计. 为使圆柱体 A 能沿斜面向上作纯滚动，问物块 B 的质量 m_B 应满足什么条件.

10.28　重 P_1，长为 l 的均质杆 AB 与重 P 的楔块用光滑铰链 B 相连，楔块置于光滑的水平面上. 初始 AB 杆处于铅直位置，整个系统静止. 在微小扰动下，杆 AB 绕铰链 B 摆动，楔块则沿水平面移动. 当 AB 杆摆至水平位置时，求：

(1) AB 杆的角加速度 α_{AB}；

(2) 铰链 B 对 AB 杆的约束力在铅直方向的投影大小.

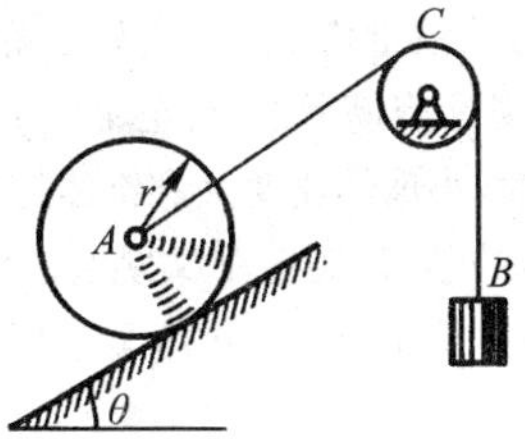

题 10.27 图

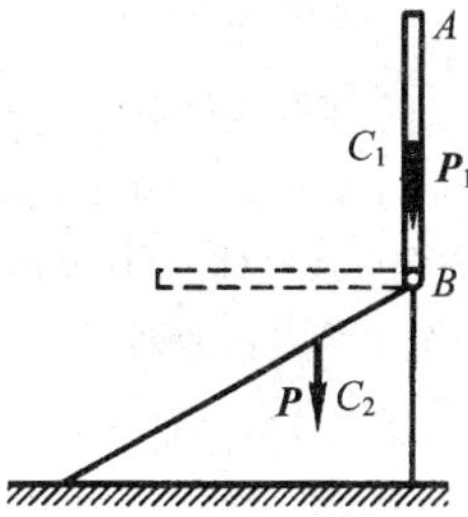

题 10.28 图

10.29　均质圆柱的半径为 r，质量为 m，今将该圆柱放在图示位置. 设在 A 和 B 处的摩擦因数为 f. 若给圆柱以初角速度 ω_0，试导出到圆柱停止所需时间的表达式.

10.30　图示系统自 $x=0$ 位置静止释放，设定滑轮、动滑轮及绳的质量均不计，重物 A、B 重均为 $\boldsymbol{P}$. 求 $x=0.9\ \mathrm{m}$ 时，重物 B 的速度 v 及最大位移 x_{max}.

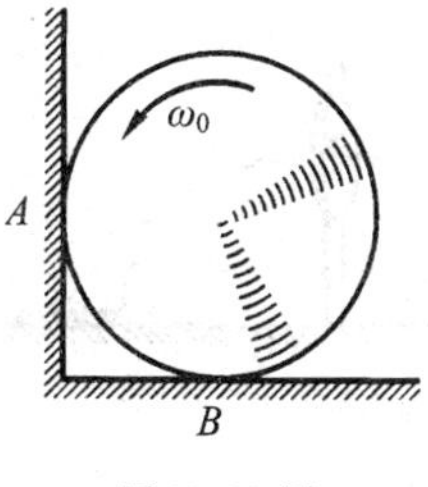

题 10.29 图

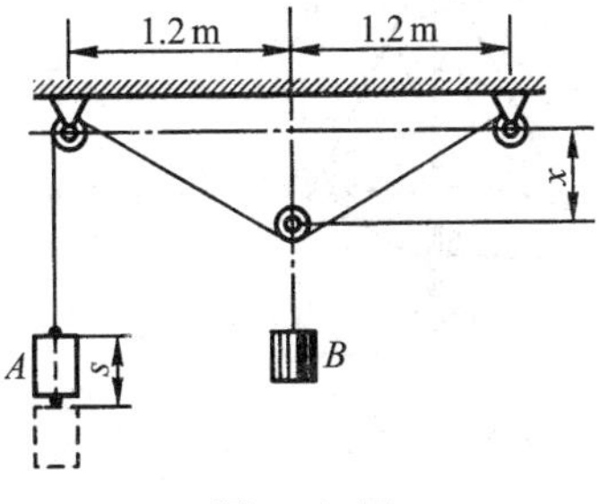

题 10.30 图

10.31　一半径为 r 的轴以匀角速度 ω 转动，它与轴承间的动滑动摩擦因数为 f. 当加于轴的主动力矩除去后，求轴到静止前所转过的角度.

10.32　冲床冲压工件时如图所示，冲头所受的平均工作阻力 $F=520\ \mathrm{kN}$，工作行程 $s=10\ \mathrm{mm}$，飞轮的转动惯量 $J=39.2\ \mathrm{kg\cdot m^2}$，转速 $n_0=415\ \mathrm{r/min}$. 假定冲压工件所需的全部能量都由飞轮供给，计算冲压结束后飞轮的转速.

10.33　两根完全相同的均质直杆 AB 和 BC 用铰链 B 连接在一起，而杆 BC 则用铰链连接在 C 点上. 每杆重 $P=10\ \mathrm{N}$，长 $l=1\ \mathrm{m}$. 一刚度系数 $k=120\ \mathrm{N/m}$ 的弹簧连接在两杆的中心，如图所示. 假如两杆与光滑地面的夹角 $\theta=60^\circ$ 时，弹簧不伸长. 一个 $F=10\ \mathrm{N}$ 的力作用在 AB 杆的 A 点. 该系统由该位置静止释放，求 $\theta=0^\circ$ 时，AB 杆的角速度.

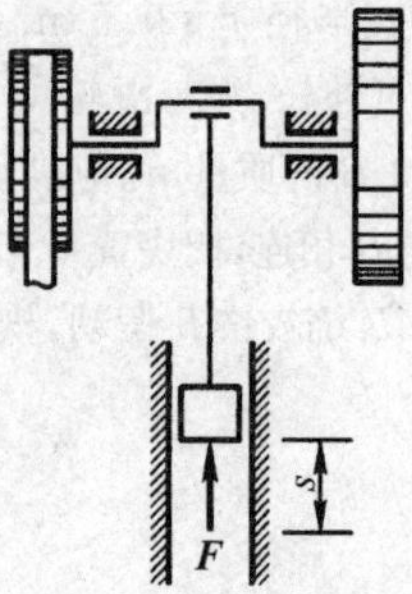

题 10.32 图

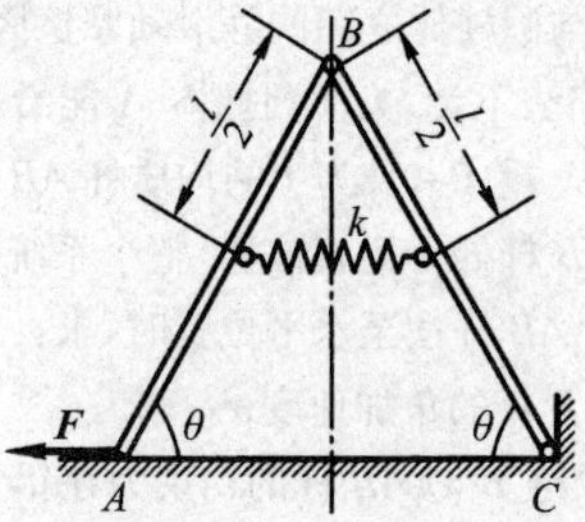

题 10.33 图

10.34　图示正圆锥体可绕其中心铅直轴 z 自由转动，转动惯量为 J_z. 当它处于静止状态时，一质量为 m 的小球自圆锥顶 A 无初速地沿此圆锥表面的光滑螺旋槽滑下. 滑至锥底 B 点时，小球沿水平切线方向脱离锥体. 一切摩擦均可忽略. 求刚脱离的瞬时，小球的速度 v 和锥体的角速度 ω.

10.35　图示为一检验轴承钢球热处理后质量是否合格的装置. 若落下又跳起的钢球能通过 H 板中的小孔则为合格. 钢球的质量 $m=0.045$ kg，以速度 $v=3$ m/s、$\theta=30^\circ$ 落至钢板 A 上，恢复因数 $k=0.56$. 试求：

(1) 钢球离开钢板 A 的速度和方向；

(2) 能量损失是多少？

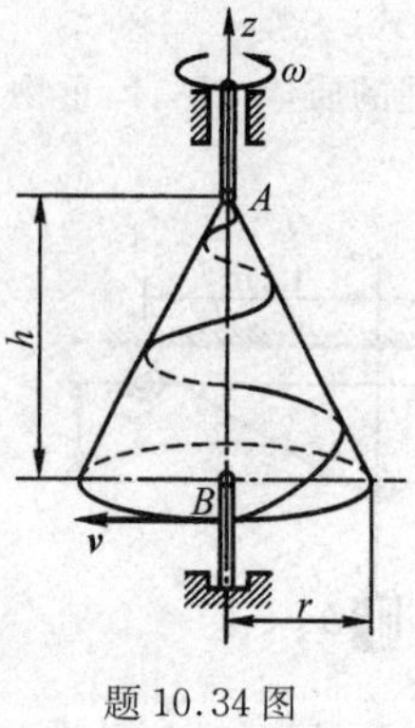

题 10.34 图

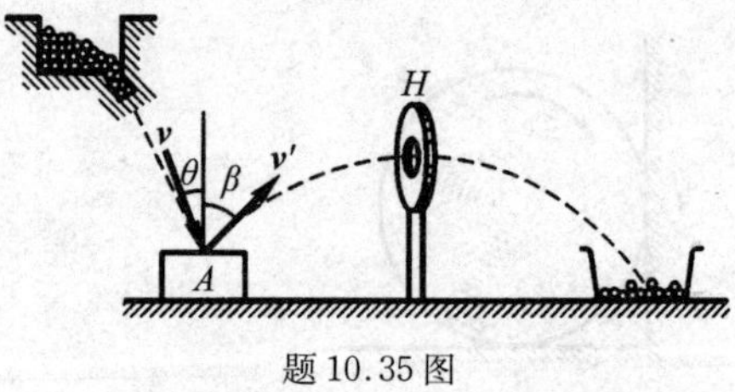

题 10.35 图

10.36　图示质量为 0.2 kg 的小球，以速度 $v=8$ m/s 撞击在质量为 2 kg 的静止滑块上. 碰撞的恢复因数为 $k=0.75$，设摩擦不计. 求碰撞后两者的速度.

10.37　在图示光滑的轨道上，质量为 $m_1=65\times10^3$ kg 的机车，以速度 $v=2$ m/s 与一质量为 $m_2=25\times10^3$ kg 的平板车碰撞后连接在一起. 在平板车上有一质量为 $m_3=10\times10^3$ kg 的物体. 设物体与平板间的动摩擦因数为 $f=0.5$. 问撞击后，物体在车上经过多少时间才能相对静止？并计算物体在车上滑过的距离.

10.38　为了测定某一材料的恢复因数 k，可将此材料做成大小相同的两球 A 和 B，用两等长的绳子悬挂起来，如图所示. 然后将球 B 拉起，球 A 仍在原处不动，球 B 的位置以偏角 β 表示. 将球 B 无初速度地释放，碰撞后设球 A 的最大摆角为 θ，求碰撞时的恢复因数 k.

10.39　物体 B 重 0.2 kN，由两个相同的弹簧支持，每一弹簧的刚度系数为 25 kN/m. 今有一重 0.5 kN 的物体 A 自 B 的上面 70 mm 处无初速地落到 B 上.设 A 与 B 间的恢复因数为零,求弹簧的最大压缩量.

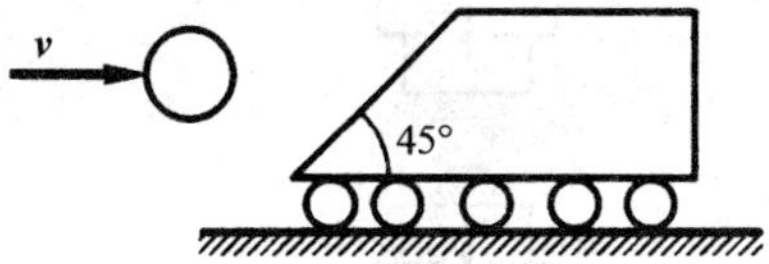

题 10.36 图

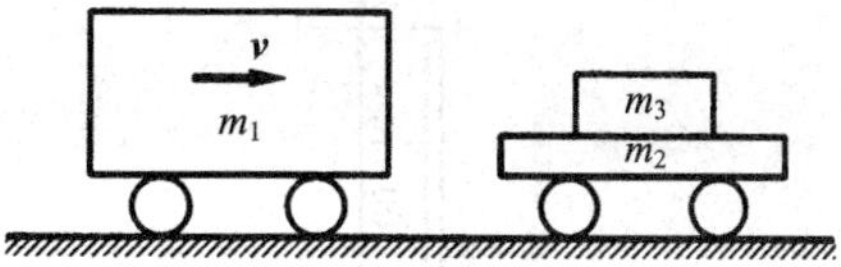

题 10.37 图

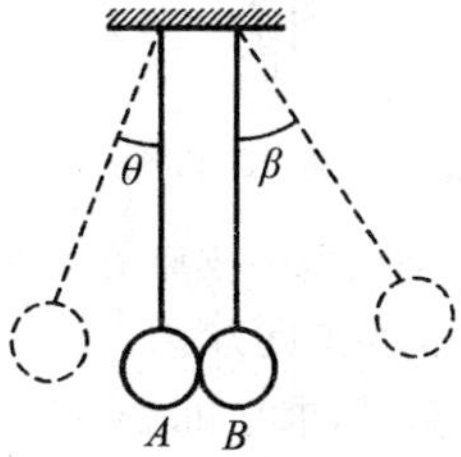

题 10.38 图

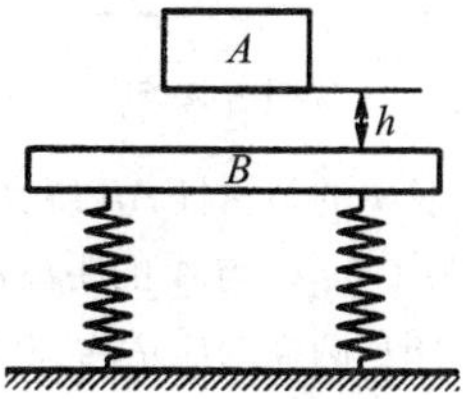

题 10.39 图

10.40　两个直径相同的钢球用一根刚性杆连接起来如图所示,$l = 600$ mm,杆的质量忽略不计.开始时,该杆处于水平静止位置,然后从高度 $h = 150$ mm 处自由下落,撞在两块较大的平板上,一块为钢板,另一块为铜板.若球与钢板及铜板之间的碰撞恢复因数分别为 0.6 和 0.4,并设这两个碰撞是同时进行的,求碰撞后杆的角速度.

10.41　正方形匀质薄板以匀角速度 ω_0 绕其铅垂的对角线 AC 在光滑的水平面上转动,如图所示.求当板的一角 B 突然被固定,而板将绕通过 B 点的铅垂轴 EF 转动时的角速度.

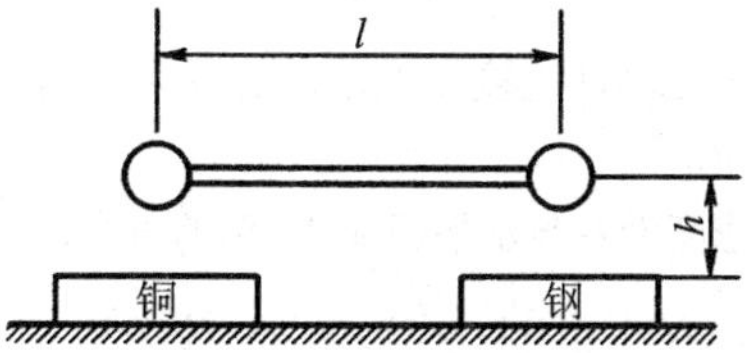

题 10.40 图

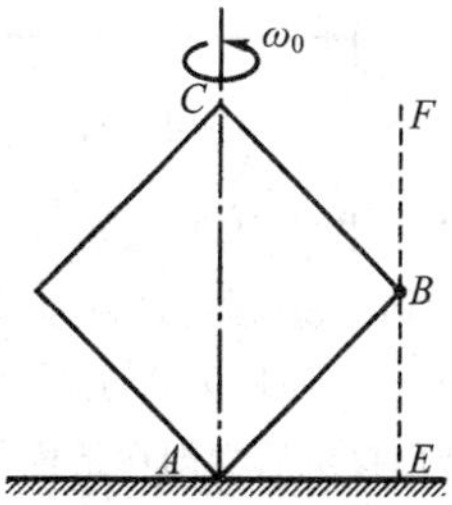

题 10.41 图

10.42　质量为 0.2 kg 的垒球以水平方向的速度 $v = 48$ km/h 打在一质量为 2.4 kg 的木棒上,木棒的一端用细绳悬挂于天花板上,如图所示.如恢复因数为 0.5,求碰撞后棒两端 A、B 的速度.

10.43　图示无砧座模锻锤,其上锤头的速度 $v_1 = 6$ m/s,方向向下;下锤头的速度 $v_2 = 1.5$ m/s,方向向上;打击总能量(即上、下锤头的动能之和)$T = 25$ kJ;打击结束时上、下锤头速度皆为零.试求:

(1) 上锤头和下锤头的质量;

(2) 上锤头和下锤头的打击能量.

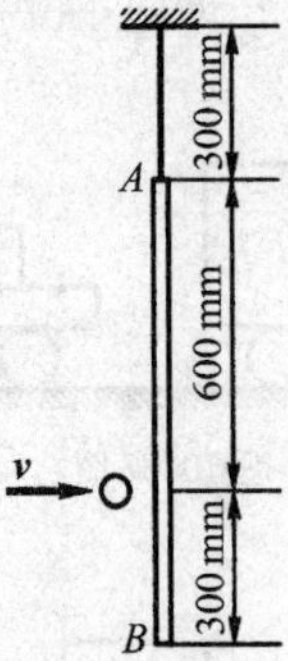

题 10.42 图

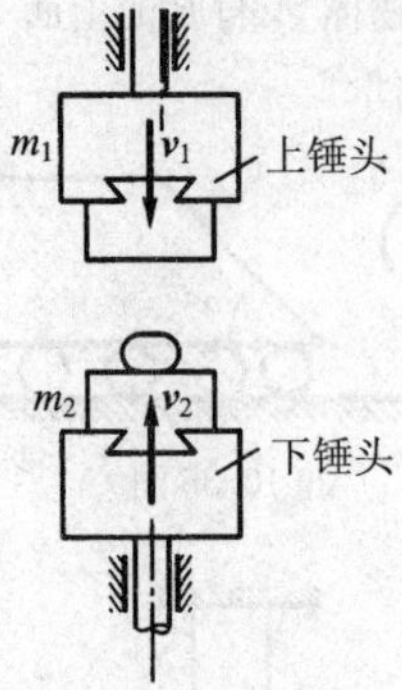

题 10.43 图

10.44 长 l 的匀质杆 AB 绕其一端 A 倒下，当达到水平位置时与一支座 C 相碰，如图所示. 设恢复因数为 1. 问 C 与 A 的距离 d 为多大时，AB 杆在碰撞后的角速度为零.

10.45 图示圆盘的质量为 20 kg，如果由 $\theta=30^\circ$ 时的位置放开，求它和墙壁碰撞后弹回的最大角度 θ. 圆盘和墙壁之间的恢复因数 $k=0.75$. 当 $\theta=0^\circ$ 时，圆盘恰与墙壁接触. 忽略销钉 C 处的摩擦.

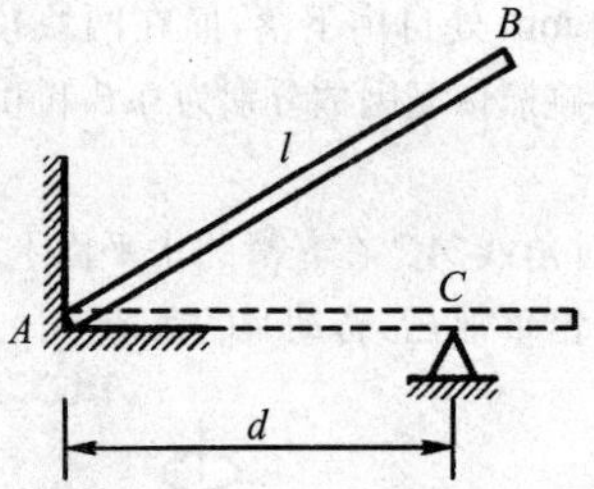

题 10.44 图

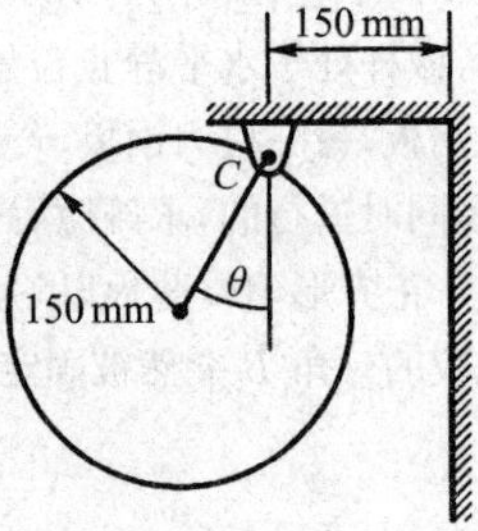

题 10.45 图

10.46 长 l，质量为 m 的均质杆 AB 与 BC 在 B 点刚性连接成直角尺后放在桌面上. 求在 A 端受到一个与 AB 垂直的水平冲量 $\boldsymbol{I}$ 后所得到的动能.

10.47 一质量为 2 kg 的匀质圆球以 5 m/s 的速度沿着与水平面成 45°角的方向落到地面上. 设球与地面接触后立即在地面上向前滚动，求：

(1) 滚动的速度；

(2) 地面对球作用的碰撞冲量；

(3) 碰撞时动能的损失.

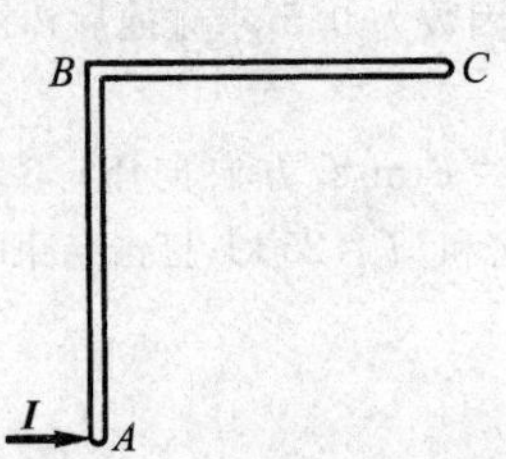

题 10.46 图

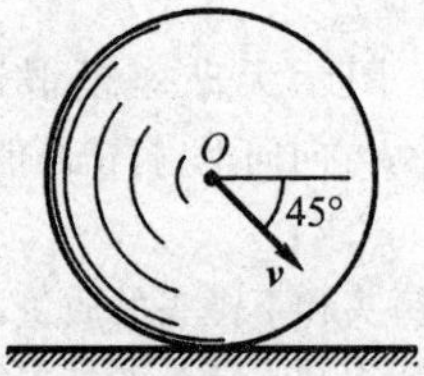

题 10.47 图

10.48　一摆由一均质直杆及一均质圆盘组成，如图所示．设杆长 l，圆盘的半径为 r，$l=4r$．求当摆的撞击中心正好与圆盘的重心重合时直杆与圆盘质量之比．

10.49　带有几个齿的凸轮绕水平轴 O 转动，从而带动桩锤运动，如图所示．设在凸轮与桩锤碰撞前桩锤是静止的，凸轮的角速度为 ω_0．若凸轮对 O 轴的转动惯量为 J_O，锤的质量为 m，并且碰撞是非弹性的，碰撞点到 O 轴的距离为 r．试求碰撞后凸轮的角速度，锤的速度及碰撞时凸轮与锤间的碰撞冲量．

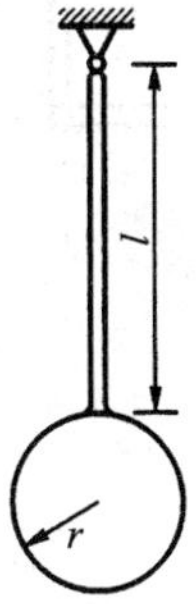

题10.48 图

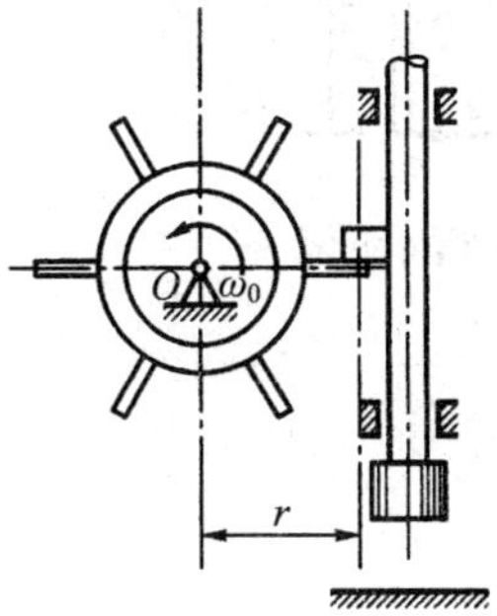

题10.49 图

10.50　在图示测定碰撞恢复因数的仪器中，有一均质杆可绕水平轴 O 转动，杆上带有用试验材料所制的样块．杆因受重力作用由水平位置下落，其初始角速度为零．在铅垂位置时与障碍物相碰，该物也由试验材料制成．如碰撞后杆回到与铅垂成 φ 角处．求恢复因数 k．又问：在碰撞时欲使轴承不受附加压力，样块到转动轴的距离 x 应为多大？

10.51　绕其一端 A 转动的均质杆 AB 从水平位置无初速地转动到铅垂位置时，B 端撞击一圆球，如图所示．设杆与圆球的质量相等，杆长 1.6 m，杆与圆球间的恢复因数为 0.5，球与平面间的摩擦因数为 0.25．问经过多少时间后，圆球在平面上作纯滚动？

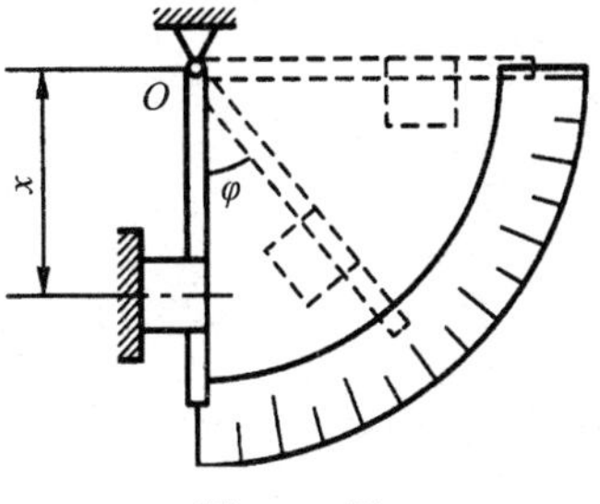

题 10.50 图

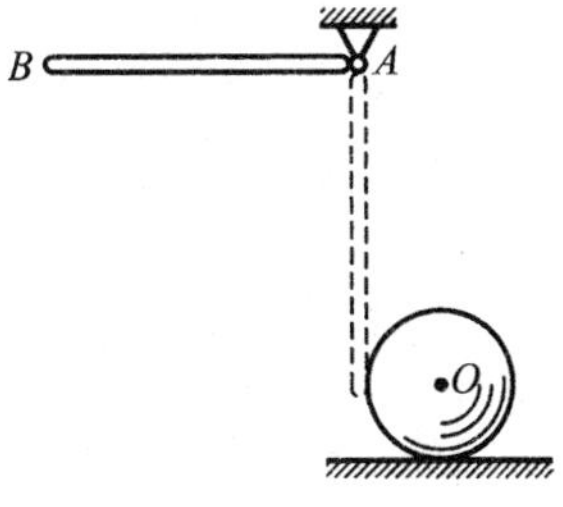

题 10.51 图

10.52　质量均为 $m=3.6$ kg 的均质杆 AB、BO 彼此用铰链连接，开始时两杆均位于铅垂平衡位置，若在 A 端受有一水平向右的冲量 $I=14\ \mathrm{N\cdot s}$ 的作用，如图所示，求碰撞后两杆角速度及铰链 B 处的碰撞冲量．

10.53　两均质杆 OA 和 O_1B 的上端铰支固定，下端与杆 AB 用铰链连接，使杆 OA 和 O_1B 铅垂，而 AB 水平，并都在同一铅垂面内，如图所示．如果在铰链 A 处作用一水平向右的冲量 I，并设各铰链均光滑，三个杆的质量皆为 m，且 $OA=O_1B=AB=l$．求撞击后杆 OA 的最大偏角.

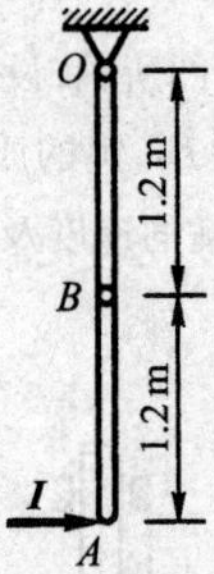

题 10.52 图

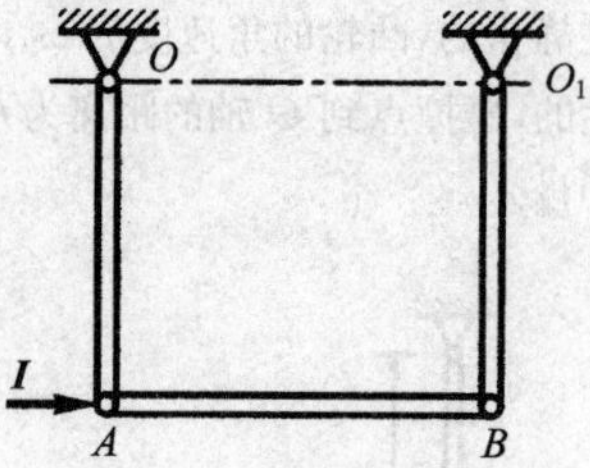

题 10.53 图

附录1　简单均质形体重心表

图　形	重心位置	图　形	重心位置
三角形 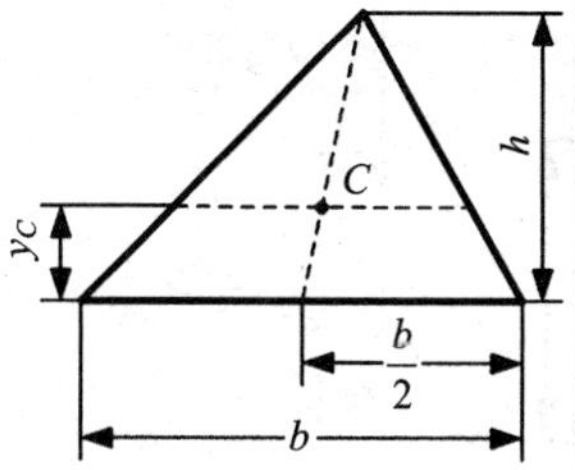	在中线的交点 $y_C = \frac{1}{3}h$	梯形 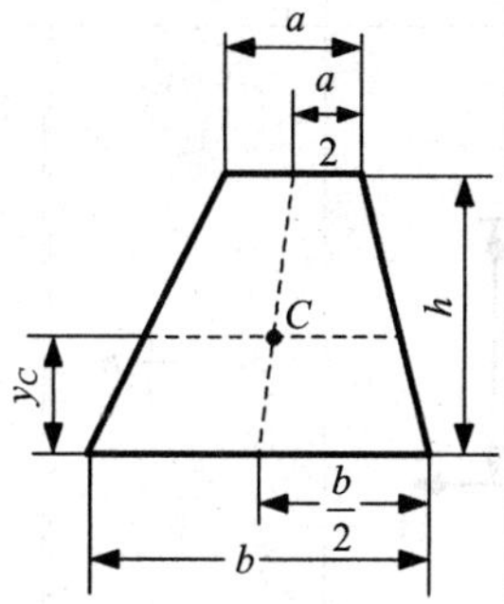	$y_C = \frac{h(2a+b)}{3(a+b)}$
圆弧 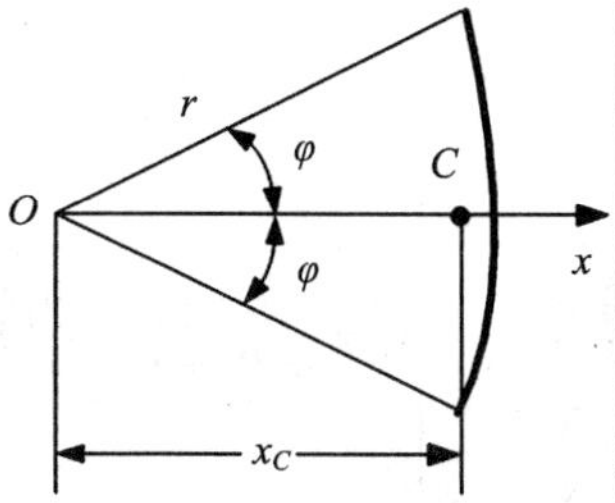	$x_C = \frac{r\sin\varphi}{\varphi}$ 对于半圆弧 $x_C = \frac{2r}{\pi}$	弓形 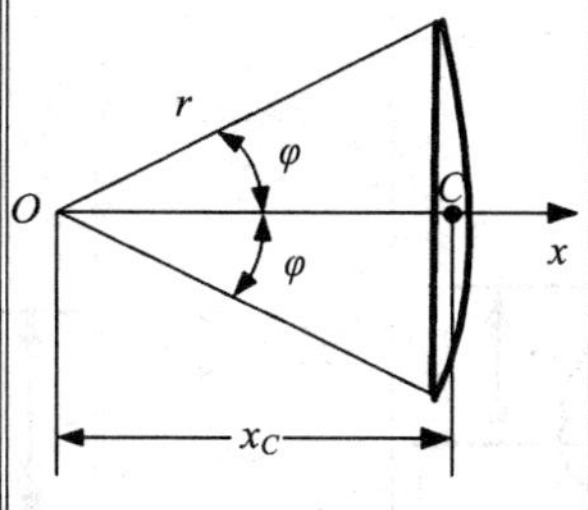	$x_C = \frac{2}{3}\frac{r^3\sin^3\varphi}{A}$，面积 $A = r^2\left(\varphi - \frac{\sin 2\varphi}{2}\right)$
扇形 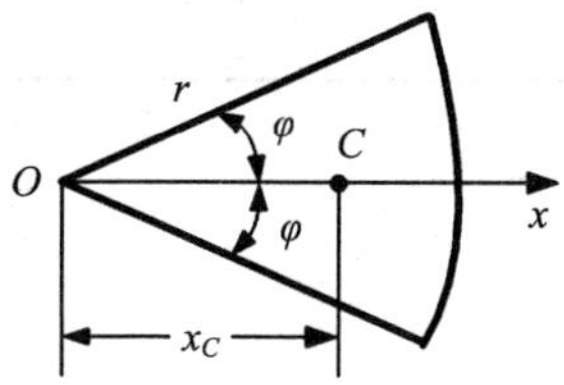	$x_C = \frac{2}{3}\frac{r\sin\varphi}{\varphi}$ 对于半圆 $x_C = \frac{4r}{3\pi}$	部分圆环 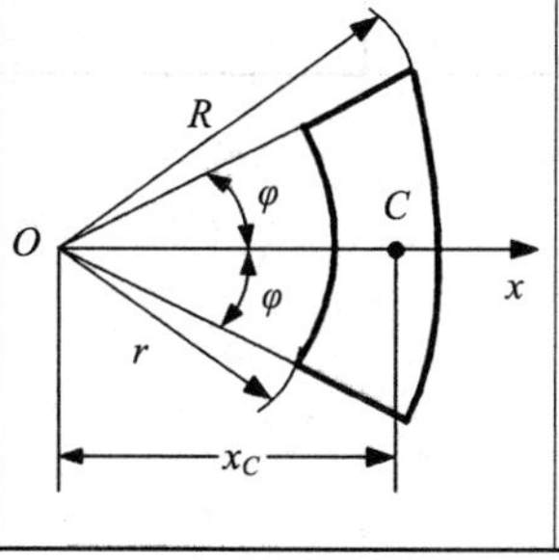	$x_C = \frac{2(R^3 - r^3)\sin\varphi}{3(R^2 - r^2)\varphi}$

续表

图　形	重心位置	图　形	重心位置
二次抛物线面 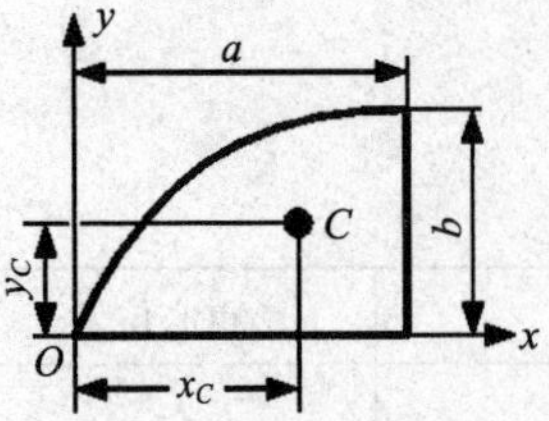	$x_C=\frac{5}{8}a$ $y_C=\frac{2}{5}b$	二次抛物线面 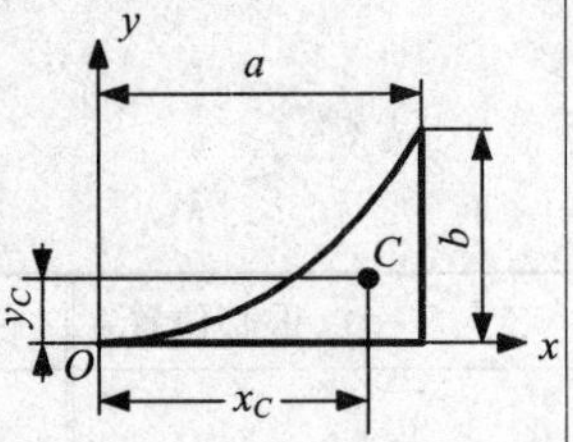	$x_C=\frac{3}{4}a$ $y_C=\frac{3}{10}b$
正圆锥体 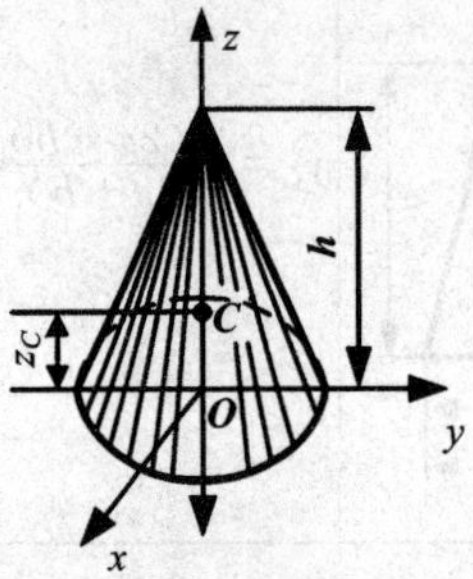	$z_C=\frac{1}{4}h$	正角锥体 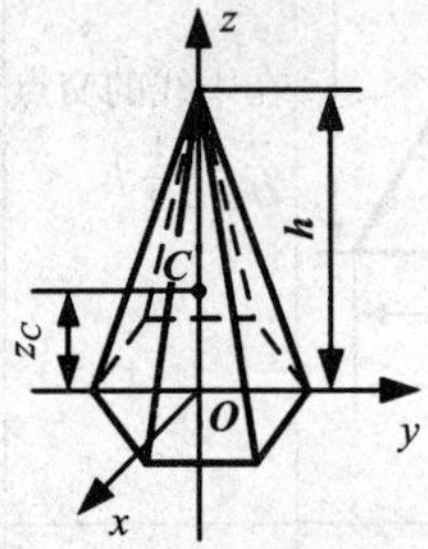	$z_C=\frac{1}{4}h$
半圆球 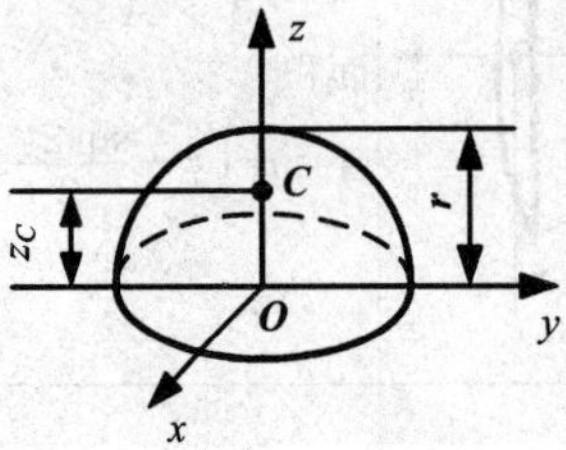	$z_C=\frac{3}{8}r$	锥形筒体 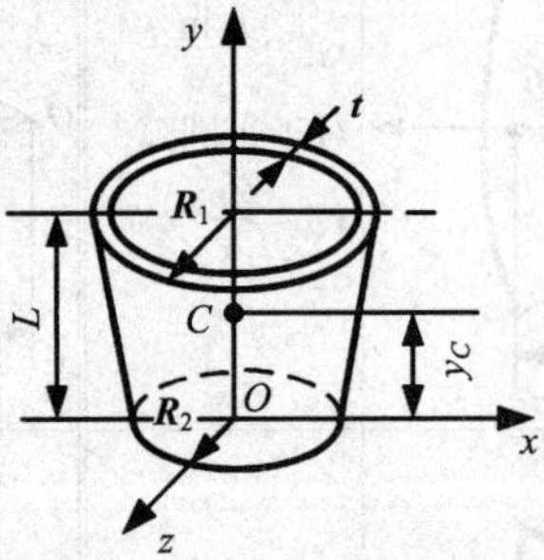	$y_C=\frac{4R_1+2R_2-3t}{6(R_1+R_2-t)}L$

附录 2　均质物体的转动惯量、体积表

物体的形状	简　图	转动惯量	惯性半径	体积
细直杆	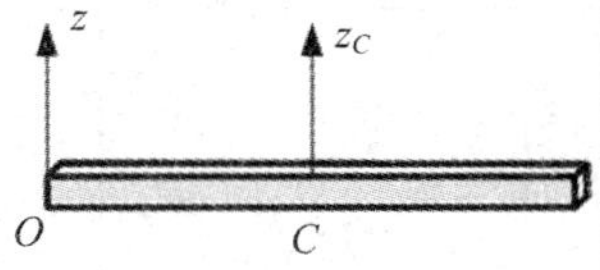	$J_{z_C} = \frac{m}{12}l^2$ $J_z = \frac{m}{3}l^2$	$\rho_{z_C} = \frac{l}{2\sqrt{3}}$ $\rho_z = \frac{l}{\sqrt{3}}$	lA， l 为杆长， A 为横截面积
薄壁圆筒	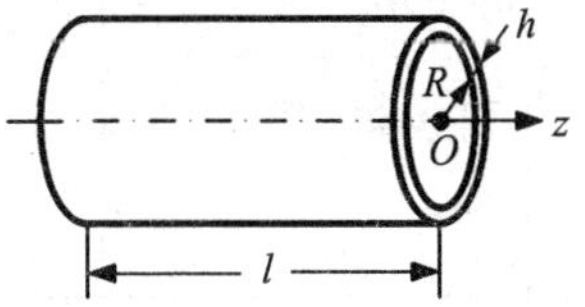	$J_z = mR^2$	$\rho_z = R$	$2\pi Rlh$
圆柱	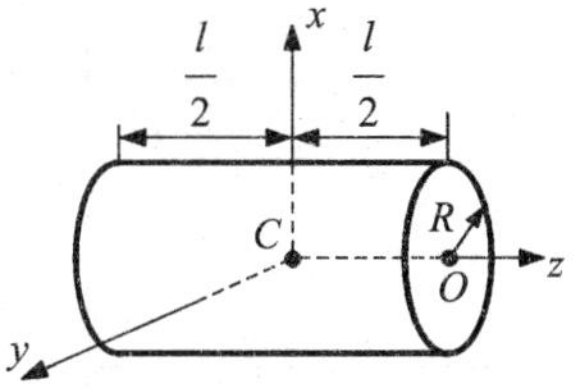	$J_z = \frac{1}{2}mR^2$ $J_x = J_y$ $= \frac{m}{12}(3R^2 + l^2)$	$\rho_z = \frac{R}{\sqrt{2}}$ $\rho_x = \rho_y$ $= \sqrt{\frac{1}{12}(3R^2 + l^2)}$	$\pi R^2 l$
空心圆柱	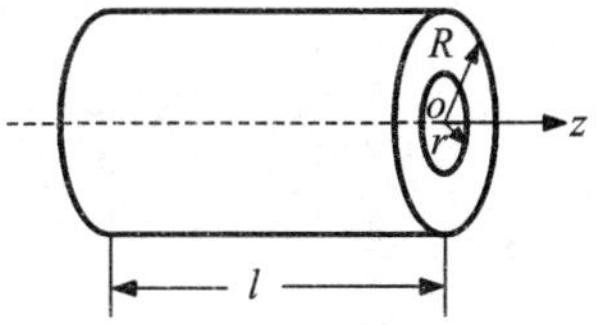	$J_z = \frac{m}{2}(R^2 + r^2)$	$\rho_z = \sqrt{\frac{1}{2}(R^2 + r^2)}$	$\pi l(R^2 - r^2)$
薄壁空心球	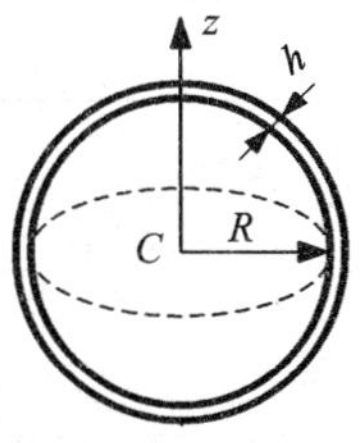	$J_z = \frac{2}{3}mR^2$	$\rho_z = \sqrt{\frac{2}{3}}R$	$\frac{3}{2}\pi Rh$

续表

物体的形状	简　图	转动惯量	惯性半径	体积
实心球	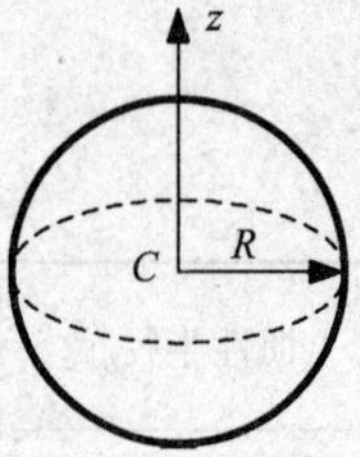	$J_z=\frac{2}{5}mR^2$	$\rho_z=\sqrt{\frac{2}{5}}R$	$\frac{4}{3}\pi R^3$
圆锥体	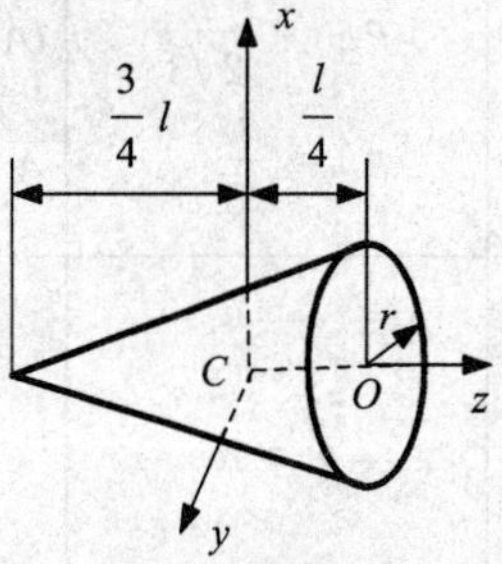	$J_z=\frac{3}{10}mr^2$ $J_x=J_y$ $=\frac{3}{80}m(4r^2+l^2)$	$\rho_z=\sqrt{\frac{3}{10}}r$ $\rho_x=\rho_y$ $=\sqrt{\frac{3}{80}(4r^2+l^2)}$	$\frac{\pi}{3}r^2l$
圆环	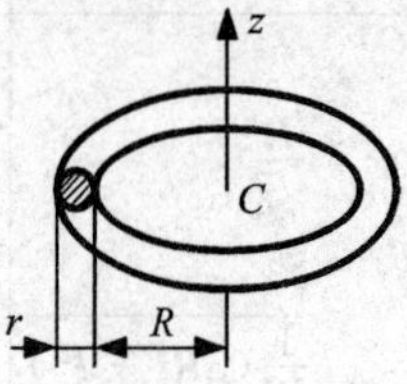	$J_z=m\left(R^2+\frac{3}{4}r^2\right)$	$\rho_z=\sqrt{R^2+\frac{3}{4}r^2}$	$2\pi^2r^2R$
椭圆形薄板	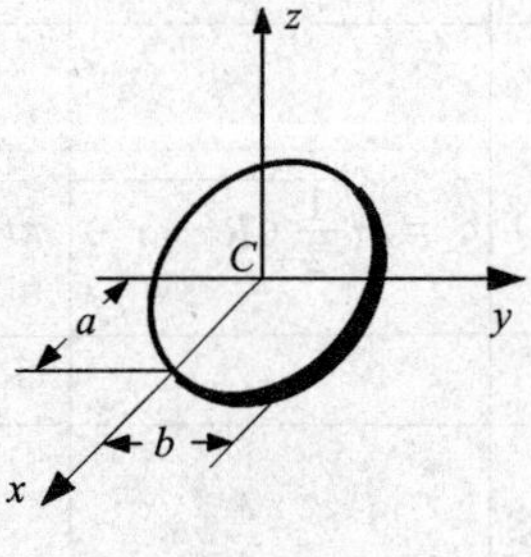	$J_z=\frac{m}{4}(a^2+b^2)$ $J_y=\frac{m}{4}a^2$ $J_x=\frac{m}{4}b^2$	$\rho_z=\frac{1}{2}\sqrt{a^2+b^2}$ $\rho_y=\frac{a}{2}$ $\rho_x=\frac{b}{2}$	πabh

续表

物体的形状	简　图	转动惯量	惯性半径	体积
长方体	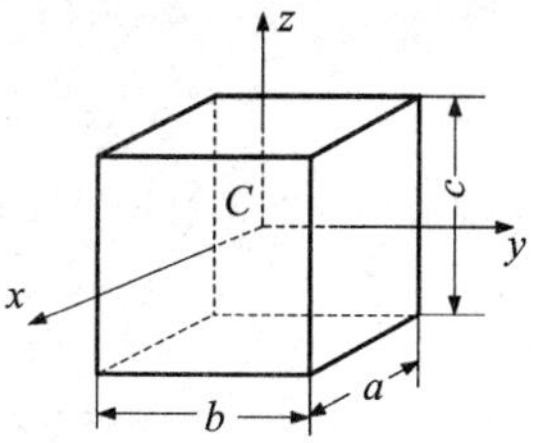	$J_z=\frac{m}{12}(a^2+b^2)$ $J_y=\frac{m}{12}(a^2+c^2)$ $J_x=\frac{m}{12}(b^2+c^2)$	$\rho_z=\sqrt{\frac{1}{12}(a^2+b^2)}$ $\rho_y=\sqrt{\frac{1}{12}(a^2+c^2)}$ $\rho_x=\sqrt{\frac{1}{12}(b^2+c^2)}$	abc
矩形薄板	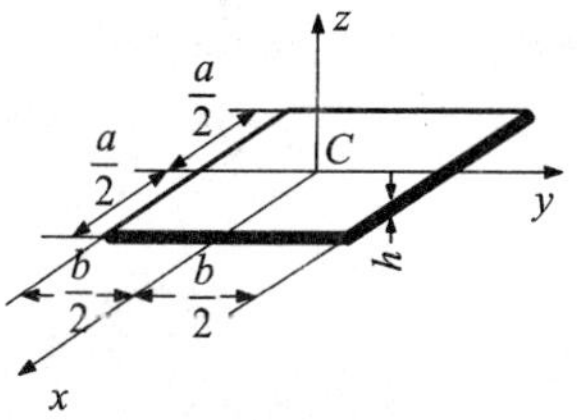	$J_z=\frac{m}{12}(a^2+b^2)$ $J_y=\frac{m}{12}a^2$ $J_x=\frac{m}{12}b^2$	$\rho_z=\sqrt{\frac{1}{12}(a^2+b^2)}$ $\rho_y=0.289a$ $\rho_x=0.289b$	abh

习 题 答 案

第 2 章

2.1　$x_C=0$，　$y_C=\frac{14R}{9\pi}\approx 0.495R$

2.2　$x_C=0$，　$y_C=40.2\ \text{mm}$

2.3　$x_C=1.47\ \text{m}$，　$y_C=0.94\ \text{m}$

2.4　$y_{\max}=0.63a$

2.5　$x_C=0$，　$y_C=544\ \text{mm}$

2.6　$x_C=0$，　$y_C=826\ \text{mm}$

2.7　$x_C=2.02\ \text{m}$，　$y_C=1.16\ \text{m}$，　$z_C=0.716\ \text{m}$

2.8　$x_C=-14.7\ \text{mm}$，　$y_C=0$，　$z_C=15.2\ \text{mm}$

2.9　$J_O=10.09\ \text{kg}\cdot\text{m}^2$

2.10　$J_A=2.7\ \text{kg}\cdot\text{m}^2$

2.11　$J_O=1.38\times 10^4\ \text{kg}\cdot\text{mm}^2$

2.12　$\rho=109\ \text{mm}$

2.13　(略)

2.14　(略)

2.15　(略)

2.16　(略)

2.17　(略)

2.18　向 O 简化 $F_R=214.55\ \text{kN}$，　$M_O=81\,300\ \text{kN}\cdot\text{mm}$；合力 $F_R=214.55\ \text{kN}$，合力作用线方程为 $-153.4x-150y=81\,300$

2.19　向 A 简化 $F_R=2\sqrt{2}F$，　$M_A=0$；向 B 简化 $F_R=2\sqrt{2}F$，　$M_B=2aF$(逆时针)

2.20　$F_R=\rho gab\left(c+\frac{a}{2}\right)$，　$H=\frac{2}{3}\cdot\frac{a^2+3ac+3c^2}{a+2c}$

2.21　简化结果为一力偶 $M=17.32\ \text{N}\cdot\text{m}$(顺时针)

2.22　$F_4=1200\ \text{N}$，　$F_R=400\ \text{N}$，　$d=1.5\ \text{m}$

2.23　$\frac{b}{h}>\sqrt{\frac{\gamma}{3q}}$

2.24　(1) $F_R=104.2\ \text{N}$，合力作用线方程为 $-50x+91.42y=13\,284.27$(以 B 为原点)；

(2) 在 AB 线上距 B 点 265.69 mm；

(3) 在 BC 线上距 B 点 145.31 mm

2.25　$F_R=20\ \text{N}$，沿 z 轴正向，作用线位置由 $x_C=6\ \text{mm}$ 和 $y_C=3.25\ \text{mm}$ 确定

2.26 $\boldsymbol{F}_R = -228\boldsymbol{i} + 652\boldsymbol{j} + 485\,\boldsymbol{k}$(N)，通过汇交点 O

2.27 $\boldsymbol{F}_R = -100\boldsymbol{k}$ kN，$\boldsymbol{M}_C = -12.5\boldsymbol{i} - 5\boldsymbol{j}$(kN·m)

2.28 $\boldsymbol{F}_R = -1439\boldsymbol{i} + 10106\boldsymbol{j} + 5170\boldsymbol{k}$(N)，$\boldsymbol{M}_O = -479.9\boldsymbol{i} - 210.7\boldsymbol{j} + 194.0\boldsymbol{k}$(N·m)

2.29 $\boldsymbol{F}_R = -120\boldsymbol{i} - 160\boldsymbol{k}$(N)，$\boldsymbol{M}_O = -7\boldsymbol{i} + 9\boldsymbol{j} + 24\boldsymbol{k}$(N·m)

2.30 $M_{AB}(\boldsymbol{F}) = aF\sin\beta\sin\theta$

2.31 $M_z(\boldsymbol{F}) = -101.4$ N·m

2.32 $M_x = -36$ kN·m，$M_y = 30$ kN·m，$M_z = -15$ kN·m

2.33 $\boldsymbol{M}_O = -259.8\boldsymbol{i} + 327.8\boldsymbol{j} + 87.8\boldsymbol{k}$(N·m)

2.34 $M = 266$ N·m，$\cos\alpha = -0.6$，$\cos\beta = 0$，$\cos\gamma = 0.8$

2.35 $M = 330$ N·m，$\cos\alpha = -0.97$

第 3 章

3.1 轨迹为直线 $y = \frac{3}{4}x$；$t = 0$ 时动点位于原点，然后沿直线作匀减速运动；$t = 1$ s 时动点位于点(2,1.5)，速度为零；然后折转作匀加速运动，直至无穷远

3.2 $s = 25$ cm

3.3 $v = 62.8$ mm/s，　$a = 39.5$ mm/s^2

3.4 运动方程：$x = (l+b)\sin\omega t$，　$y = (l-b)\cos\omega t$；轨迹：$\frac{x^2}{(l+b)^2} + \frac{y^2}{(l-b)^2} = 1$

3.5 $x = \frac{rl\sin\omega t}{\sqrt{a^2 + r^2 + 2ar\cos\omega t}}$

3.6 $t = \frac{l}{c} + \frac{c}{2a} + \frac{c}{2b}$

3.7 $l = 14.64$ m

3.8 $v_M = \frac{ahv}{(y-h)^2}$，　$a_M = \frac{2ahv^2}{(y-h)^3}$

3.9 半径为 300 mm 的圆周

3.10 运动方程：$s = 30\pi t$(mm)

速度：$v = 30\pi$(mm/s)，垂直于 O_2B

加速度：$a = 3.75\pi^2$(mm/s^2)，指向 O_2

3.11 $a = 4k^2b$，方向由 A 点指向 O_1 点

3.12 $v_{max} = \frac{1}{2}a_0t_1$.　$H = \frac{1}{3}a_0t_1^2$

3.13 $t = 50$ s；　$a_1 = 0.433$ m/s^2；　$a_2 = 1.194$ m/s^2

3.14 $v = \frac{v_0R}{R - v_0t}$

3.15 $v_0 = 707$ mm/s，　$a_0 = 3330$ mm/s^2

3.16 $\omega_2 = 0$，　$\alpha_2 = -\frac{lb\omega^2}{r_2}$

3.17 $\omega = 50t$ rad/s，　$\alpha = 50$ rad/s^2，　$a = 10\sqrt{1 + 2\,500t^4}$ m/s^2

3.18 $\varphi=\frac{\sqrt{3}}{3}\ln\left(\frac{1}{1-\sqrt{3}\omega_0 t}\right)$， $\omega=\omega_0 e^{\sqrt{3}\varphi}$

3.19 $\theta=\arctan\left(\frac{v_0 t}{b}\right)$， $\omega=\frac{bv_0}{b^2+v_0^2 t^2}$

3.20 $\frac{d\theta}{dt}=-\frac{v_0}{b}\sin^2\theta$

3.21 $\omega_{Ⅲ}=\frac{\pi}{3}$ rad/s

3.22 $\varphi=4$ rad

3.23 $\omega_3=0.4\pi$(rad/s),与 ω_1 转向相反

3.24 $i_{12}=\frac{\omega_1}{\omega_2}=35$

3.25 $a=4r\omega_0^2$,方向指向轮Ⅰ的轮心

3.26 $v=16$ mm/s

3.27 轨迹为一半径为 250 mm 的圆;$v_C=v_A=9.94$ m/s

3.28 $n_3=700$ r/min

第 4 章

4.1 $v_B=1.58$ m/s,$\tan\angle(\boldsymbol{v}_B,\boldsymbol{v}_r)=3$

4.2 (a) $\omega_2=3.09$ rad/s;(b) $\omega_2=1.82$ rad/s

4.3 $\omega_1=2.67$ rad/s

4.4 $v_r=10.06$ m/s,$\angle(\boldsymbol{v}_r,\boldsymbol{R})=41^\circ48'$

4.5 $v_r=63.6$ mm/s,$\angle(\boldsymbol{v}_r,\boldsymbol{v})=80^\circ57'$

4.6 $v_{AC}=v_e=400$ mm/s， $a_{AC}=a_e=3171$ mm/s^2

4.7 $a_C=a_e=136.6$ mm/s^2,$a_r=36.6$ mm/s^2

4.8 $v_{CD}=\frac{2}{3}r\omega$， $a_{CD}=\frac{10}{9}\sqrt{3}r\omega^2$

4.9 $v_A=v_B=R\omega_1$， $a_A=a_B=R\omega_1\sqrt{\omega_1^2+4\omega_2^2}$

4.10 $v=325$ mm/s(→);$a=655$ mm/s^2(←)

4.11 $v_A=\frac{\sqrt{10}e\omega}{3}$(↑)， $a_A=\frac{\sqrt{10}e\omega^2}{81}$(↓)

4.12 $v=80$ mm/s， $a=11.55$ mm/s^2

4.13 $\rho=662.9$ mm,曲率中心在 D 点下方 650 mm,左方 130 mm 的左下方

4.14 $v_r=0.052$ m/s， $a_r=0.00527$ m/s^2， $\omega=0.175$ rad/s， $\alpha=0.0352$ rad/s^2

4.15 $v=529$ mm/s， $a=6359$ mm/s^2

4.16 (1) $\boldsymbol{v}^{(0)}=0.325\boldsymbol{i}+0.487\boldsymbol{j}+0.812\boldsymbol{k}$;(2) 曲线;(3) $a_n=0.019$ m/s^2,$a_\tau=0.011$ m/s^2,(4) $\rho=20$ m

4.17 $x_C=r\cos\omega_0 t$,$y_C=r\sin\omega_0 t$,$\varphi=-\omega_0 t$

4.18 $x_A=(R+r)\cos\frac{\alpha t^2}{2}$,$y_A=(R+r)\sin\frac{\alpha t^2}{2}$,$\varphi_A=\frac{1}{2r}(R+r)\alpha t^2$

4.19 $\omega_{\mathrm{IV}}=\frac{r_2r_4-r_1r_3}{r_2r_4}\omega_0$，正值为逆时针方向

4.20 （a）$\omega_2=\frac{r_1+r_2}{r_2}\omega_3$，$\omega_{23}=\frac{r_1}{r_2}\omega_3$ 均为逆时针方向；

（b）$\omega_2=\frac{r_1-r_2}{r_2}\omega_3$，$\omega_{23}=\frac{r_1}{r_2}\omega_3$ 均为顺时针方向

4.21 $r_1=\frac{r_3}{11}$

4.22 $v_M=\sqrt{10}R\omega_0$，$a_M=\sqrt{10}R\omega_0^2$

4.23 $i_{\mathrm{IV}H}=0.09$

4.24 $\boldsymbol{\omega}=2\pi\boldsymbol{i}-3\pi\boldsymbol{j}(\mathrm{rad/s})$

4.25 $\omega=\frac{\omega_0}{r}\sqrt{R^2+r^2+2Rr\cos\theta}$

4.26 $\omega_4=4\ \mathrm{rad/s}$，$\omega_{34}=3.5\ \mathrm{rad/s}$，$v_A=280\ \mathrm{mm/s}$

4.27 $\omega_3=7\ \mathrm{rad/s}$，$\omega_{43}=5\ \mathrm{rad/s}$

4.28 $\omega=\frac{v_1-v_2}{2r}$，$v_0=\frac{v_1+v_2}{2}$

4.29 $\omega_{AD}=\frac{v_A}{R}\sin\theta\tan\theta$

4.30 $\omega_B=5\ \mathrm{rad/s}$，$\omega_A=4.93\ \mathrm{rad/s}$，$\omega=0.194\ \mathrm{rad/s}$

4.31 $\omega_{AB}=1.07\ \mathrm{rad/s}$，$v_D=254\ \mathrm{mm/s}$

4.32 $v_{BC}=2.5\ \mathrm{m/s}$

4.33 $\omega_{OD}=10\sqrt{3}\ \mathrm{rad/s}$，$\omega_{DE}=\frac{10}{3}\sqrt{3}\ \mathrm{rad/s}$

4.34 $v_B=\sqrt{13}v$，$a_B=\sqrt{37}\frac{v^2}{r}$

4.35 $\omega_{OB}=3.75\ \mathrm{rad/s}$，$\omega_{\mathrm{I}}=6\ \mathrm{rad/s}$

4.36 $v_F=462\ \mathrm{mm/s}$，$\omega_{EF}=1.33\ \mathrm{rad/s}$

4.37 $\omega_{AB}=1.85\ \mathrm{rad/s}$

4.38 $v_F=1295\ \mathrm{mm/s}$

4.39 $a_C=2r\omega_0^2$

4.40 $v_0=\frac{R}{R-r}v$，$a_0=\frac{R}{R-r}a$

4.41 $\omega_B=3.62\ \mathrm{rad/s}$，$\alpha_B=2.2\ \mathrm{rad/s^2}$

4.42 $a_C=\frac{2\sqrt{3}}{9l}v^2$

4.43 $a_C=107.5\ \mathrm{mm/s^2}$

4.44 $a_B^{\mathrm{n}}=2a\omega_0^2$，$a_B^{\tau}=(2\alpha_0-\sqrt{3}\omega_0^2)a$

4.45 $\omega_O=0.21\frac{v_C}{R}$，顺时针方向；$\alpha_O=0.57\frac{v_C^2}{R^2}+0.21\frac{a_C^{\mathrm{t}}}{R}$，顺时针方向

4.46 $v_{AB}=v\tan\theta(\downarrow)$，$a_{AB}=-a\tan\theta-\frac{v^2}{R\cos^3\theta}(\uparrow)$，$v_{\mathrm{r}}=v\tan\theta\tan\frac{\theta}{2}$

4.47　$\omega_{O_1C}=6.19$ rad/s，顺时针方向

4.48　$\omega=2$ rad/s，顺时针方向

4.49　$v_D=\frac{1}{2}\omega_0 l(\leftarrow)$

4.50　(1) $\omega_2=\frac{1}{2}\omega_1$，顺时针；(2) $\omega_{AB}=\frac{1}{3}\omega_1$，逆时针；(3) $v_D=\frac{2}{3}h\omega_1(\leftarrow)$

4.51　$\omega_4=\frac{v_1 y-v_2 x}{x^2+y^2}$，$v_3=v_1\frac{ay}{x^2}-v_2\frac{a-x}{x}$

4.52　$\omega_1=\frac{\sqrt{3}v}{2r}$，顺时针；$\omega=\frac{\sqrt{3}v}{6r}$，逆时针

4.53　(a) $v=\frac{\sqrt{3}}{3}a\omega(\leftarrow)$；(b) $v=\sqrt{3}a\omega(\leftarrow)$；(c) $v=\frac{16-3\sqrt{3}}{3}a\omega(\leftarrow)$

4.54　$v_{MN}=v_D=1.05r\omega_0(\leftarrow)$，$a_{MN}=a_D=0.754r\omega_0^2(\leftarrow)$

4.55　$a_A=3.572\ \text{m/s}^2$

4.56　$\omega_E=0.5$ rad/s顺时针方向；$\alpha_E=0.289\ \text{rad/s}^2$逆时针方向

4.57　$v_{ED}=r\omega$，$a_{ED}=\frac{\sqrt{3}}{2}r\omega^2$

4.58　$\omega=\frac{\sqrt{3}}{4}\omega_0$，$\alpha=\frac{1+\sqrt{3}}{8}\omega_0^2$

4.59　$v_B=r\omega_2(\leftarrow)$，$a_B=r\omega_1(2\omega_2-\omega_1)(\downarrow)$

4.60　$\omega_{DC}=2\omega$ 顺时针方向；$\alpha_{DC}=2\omega^2$逆时针方向

4.61　$\omega_{AB}=\frac{3\sqrt{3}v_1}{4l}-\frac{\omega_0}{2}$正值为顺时针；$\alpha_{AB}=\frac{3\sqrt{3}}{4l}\left(a_1+\frac{v_1^2}{2l}\right)+\sqrt{3}\omega_0\left(\sqrt{3}\frac{v_1}{l}-\omega_0\right)$正值为顺时针

4.62　$\omega_{AB}=\omega$ 逆时针方向；$\alpha_{AB}=\frac{5}{2}\omega^2$ 逆时针方向

4.63　(1) $v_r=77.2$ mm/s，$a_r=207\ \text{mm/s}^2$；(2) $\dot{\varphi}=0.559$ rad/s(逆时针方向)

第 5 章

5.1　(略)

5.2　(略)

5.3　(略)

5.4　$H>0.6$ m

5.5　$\theta<26.57^\circ$

5.6　(a) $F=140$ N；(b) $F=265$ N

5.7　(略)

5.8　(略)

5.9　(略)

5.10　(略)

第 6 章

6.1 $F_{\text{Ie}}=ma\omega_0^2\sin\omega_0 t$

6.2 $F_{\text{Ie}}=ms\omega^2\sin\theta, F_{\text{IC}}=2mv\omega\sin\theta$

6.3 $F_{\text{Ie}}=m\omega^2(a+l\sin\varphi), F_{\text{IC}}=2ml\dot{\varphi}\omega\cos\varphi$

6.4 $F_{\text{Ie}}=2mr\omega^2\cos\dfrac{\theta}{2}, F_{\text{IC}}=2mr\omega\dot{\theta}$

6.5 在 C 点：$F_{\text{Ie}}=m\omega^2R, F_{\text{IC}}=0$；在 O 点：$F_{\text{Ie}}=0, F_{\text{IC}}=2mv\omega\cos\varphi$

6.6 （图略），$F_{\text{Ie}A}^{\text{n}}=F_{\text{Ie}B}^{\text{n}}=m\omega^2R, F_{\text{Ie}A}^{\tau}=F_{\text{Ie}B}^{\tau}=m\alpha R, F_{\text{Ie}O}=ma, F_{\text{IC}A}=F_{\text{IC}B}=F_{\text{IC}O}=2mv\omega$

6.7 （略）

6.8 （图略）$F_{\text{I}A}=m_Aa, F_{\text{I}B}=2m_Ba, F_{\text{I}D}=ma, M_{\text{I}D}=\dfrac{1}{2}mRa, M_{\text{IC}}=mRa$

6.9 (a) $F_{\text{IR}}=0, M_{\text{I}O}=0$；

(b) $F_{\text{IR}}=m\omega^2e, M_{\text{I}O}=0$；

(c) $F_{\text{IR}}=0, M_{\text{I}O}=m\rho^2\alpha$；

(d) $F_{\text{IR}}^{\text{n}}=m\omega^2e, F_{\text{IR}}^{\tau}=m\alpha e, M_{\text{I}O}=m(\rho^2+e^2)\alpha$

6.10 只有在 $\boldsymbol{a}_A=0$ 或 $\boldsymbol{a}_A$ 沿直线 AC 时，图示结果才是正确的.

6.11 （略）

6.12 (a) $F_{\text{IR}}^{\text{n}}=m\omega^2l, F_{\text{IR}}^{\tau}=m\alpha l, M_{\text{IC}}=0$；

(b) $F_{\text{IR}}^{\text{n}}=m\omega^2(R+l), F_{\text{IR}}^{\tau}=m\alpha(R+l), M_{\text{IC}}=\dfrac{mR^2\alpha}{2}$；

(c) $F_{\text{I1}}=mR\alpha, F_{\text{I2}}=ma_A, M_{\text{IC}}=\dfrac{mR^2\alpha}{2}$

6.13 $F_{\text{I}}=mR\alpha, M_{\text{I}O}=\dfrac{3}{2}mR^2\alpha$

6.14 （图略），斜面：$F_{\text{I1}}=m_1a$；轮 O：$F_{\text{I2}}=m_2a\tan\theta, M_{\text{I}O}=\dfrac{m_2Ra}{2\cos\theta}$；$OA$ 杆：$F_{\text{I3}}=m_3a\tan\theta$

6.15 $M_{\text{I}}=\dfrac{p\omega^2l^2}{6g}\sin2\theta$

6.16 $F_{\text{IR}}=\dfrac{1}{2}\rho\omega^2r^2, M_{\text{I}O}=0$

6.17 （图略），OA 杆：$F_{\text{IR}}=\dfrac{1}{2}m\omega_0^2r$；$AB$ 杆：$F_{\text{IR}}=\dfrac{2\sqrt{3}}{3}m\omega_0^2r, M_{\text{IC}}=\dfrac{2\sqrt{3}}{9}m\omega_0^2r^2$（顺时针）；

滑块 B：$F_{\text{I}}=\dfrac{\sqrt{3}}{3}m\omega_0^2r$

6.18 （图略），AB 杆：$F_{\text{IR}}=\dfrac{5}{2}m\omega^2r^2, M_{\text{IC}_1}=0$，$C_1$ 是 AB 杆的质心；BC 杆：$F_{\text{IR}}=\dfrac{3}{4}m\omega^2r^2$，

$M_{\text{IC}}=\dfrac{1}{2}m\omega^2r^3$

第 7 章

7.1 $F_A=2000\ \text{N}(\rightarrow), F_{\text{T}}=2236\ \text{N}$

7.2 $F_T=\frac{r}{b}P, l_{min}=12.62$ m

7.3 $\theta=60^\circ, F_N=173.2$ N

7.4 $F_{CA}=F_{BC}=95.7$ kN, $F_{CAD}=7.91$ kN

7.5 $F_{AB}=0, F_{AC}=-34.6$ kN(压力)

7.6 $F_A=5$ kN, $F_{CH}=1$ kN(拉力), $F_{EG}=-5.66$ kN(压力)

7.7 $F_D=\frac{Fl}{2h}$

7.8 $M_2=1000$ N·m

7.9 $F_{CD}=\frac{M}{a\sin\theta}, F_E=F_F=\frac{M}{h}$

7.10 (a) $F_{Ax}=0, F_{Ay}=-\frac{1}{2}\left(F+\frac{M}{a}\right), F_B=\frac{1}{2}\left(3F+\frac{M}{a}\right)$;

(b) $F_{Ax}=0, F_{Ay}=-\frac{1}{2}\left(F+\frac{M}{a}-\frac{5}{2}qa\right), F_B=\frac{1}{2}\left(3F+\frac{M}{a}-\frac{1}{2}qa\right)$

7.11 $P_2>60$ kN

7.12 $F_{Ax}=-62.5$ N, $F_{Ay}=150$ N, $F_{Dx}=-297.5$ N, $F_{Dy}=-150$ N

7.13 $F_{Ax}=0, F_{Ay}=0, F_B=0, F_D=F$

7.14 3.39 m$\leqslant x\leqslant$3.77 m

7.15 $F_{Ax}=0, F_{Ay}=-2.5$ kN, $F_B=15$ kN, $F_E=2.5$ kN

7.16 $F_{NC}=\frac{P_2}{2}\cot\theta, F_{Ax}=-\frac{P_2}{2}\cot\theta, F_{Ay}=P_1+P_2, M_A=(P_1+2P_2)a$

7.17 静定:(a),(b),(e);一次超静定:(c),(d),(f),(g),(h),(i);三次超静定:(j)

7.18 $F_{BC}=-1206$ N(压力), $F_{Ax}=-120$ N, $F_{Ay}=-1000$ N, $F_2=1200$ N

7.19 $F_{DE}=F_{FG}=-14.14$ kN(压力), $F_{Cx}=10$ kN, $F_{Cy}=-5$ kN

7.20 $F_{Ax}=-32.7$ kN, $F_{Ay}=28$ kN, $F_B=32.7$ kN, $F_1=32.7$ kN, $F_2=-46.2$ kN, $F_3=-32.7$ kN

7.21 $F_{Ax}=0, F_{Ay}=6$ kN, $M_A=4$ kN·m, $F_B=2$ kN

7.22 $F_{Ex}=F, F_{Ey}=-\frac{1}{3}F$

7.23 $M=\frac{3}{4}M_1$

7.24 $F_A=5\sqrt{2}$ kN(沿 AO), $F_{NB}=30$ kN, $F_{NC}=-30$ kN, $F_D=15\sqrt{2}$ kN(沿 DG)

7.25 $F_1=F_5=0, F_2=F_3=-F, F_4=1.414F$

7.26 (a) $F_1=F_4=F_7=F_9=F_{13}=0$;

(b) $F_{15}=F_{16}=F_{17}=F_{18}=F_{19}=F_{20}=F_{21}=F_{22}=0$

7.27 $F_1=47.1$ kN, $F_2=-6.7$ kN, $F_3=0$

7.28 $F_{AB}=-580$ N, $F_{AC}=320$ N, $F_{AD}=240$ N

7.29 $F_{AB}=-1.41P\cos\theta, F_{DB}=P(\cos\theta-\sin\theta), F_{EB}=P(\sin\theta+\cos\theta), F_{AC}=-1.41P$

7.30 $F_{BD}=F_1, F_{BC}=-\sqrt{2}F_1, F_{CD}=-\sqrt{2}F_1, F_{CL}=\sqrt{6}F_1, F_{CH}=-F_2-\sqrt{2}F_1, F_{DH}=F_1$, $F_{NL}=\sqrt{6}F_1, F_{Bx}=\frac{\sqrt{2}}{2}F_1, F_{By}=\frac{\sqrt{2}}{2}F_1, F_{Hx}=\frac{\sqrt{2}}{2}F_1, F_{Hz}=F_2+\frac{\sqrt{2}}{2}F_1$

7.31 $F_1=-5\text{ kN}, F_2=-5\text{ kN}, F_3=-7.07\text{ kN}, F_4=5\text{ kN}, F_5=5\text{ kN}, F_6=-10\text{ kN}$

7.32 $F_{CE}=\dfrac{a}{b}F, F_A=\dfrac{a}{b}F\left[1+\dfrac{c}{d}\left(1-\dfrac{b}{a}\right)\right], F_B=F\left[1+\dfrac{c}{d}\left(1-\dfrac{a}{b}\right)\right]$

7.33 $M_1=\dfrac{c}{a}M_3+\dfrac{b}{a}M_2, F_{Ay}=\dfrac{M_3}{a}, F_{Az}=\dfrac{M_2}{a}, F_{Dx}=0, F_{Dy}=-\dfrac{M_3}{a}, F_{Dz}=-\dfrac{M_2}{a}$

7.34 $F_{Ax}=F_{Bx}=50\text{ N}, F_{Az}=F_{Bz}=2000\text{ N}$

7.35 $F_{Ox}=150\text{ N}, F_{Oy}=75\text{ N}, F_{Oz}=500\text{ N}, M_x=100\text{ N}\cdot\text{m}, M_y=-3.75\text{ N}\cdot\text{m}, M_z=-29.4\text{ N}\cdot\text{m}$

7.36 $F_{Ax}=250\text{ N}, F_{Ay}=0, F_{Az}=300\text{ N}, M_x=0, M_y=-35.5\text{ N}\cdot\text{m}, M_z=19\text{ N}\cdot\text{m}$

7.37 $F=70.9\text{ N}, F_{Ax}=-47.6\text{ N}, F_{Az}=-68.8\text{ N}, F_{Bx}=-19\text{ N}, F_{Bz}=-207\text{ N}$

7.38 $F=13\text{ kN}, F_{Ax}=-7\text{ kN}, F_{Ay}=22.5\text{ kN}, F_{Az}=-28.6\text{ kN}, F_{Bx}=-122.5\text{ kN}, F_{Bz}=44.6\text{ kN}$

7.39 $\varphi=\arctan\left(2+\dfrac{1}{f_S}\right)$

7.40 $b=2.83r$

7.41 $F\geqslant\dfrac{Ma}{f_S lr}$

7.42 $b\leqslant 7.48\text{ mm}$

7.43 $x_{\max}=\dfrac{b}{2\tan\varphi}$

7.44 $b\leqslant 110\text{ mm}$

7.45 $49.6\text{ N}\cdot\text{m}\leqslant M_C\leqslant 70.4\text{ N}\cdot\text{m}$

7.46 $370\text{ N}\leqslant F\leqslant 831.8\text{ N}$

7.47 $M=1440\text{ N}\cdot\text{m}, f_{SB}=0.63$

7.48 $\tan\theta=\dfrac{f_S a}{\sqrt{l^2-a^2}}$

7.49 $M=122.5\text{ N}\cdot\text{m}$

7.50 $F_{\min}=266.6\text{ N}$

7.51 $f_S\geqslant\dfrac{\delta}{2R}$

7.52 (1) $F=\dfrac{P\delta}{r}$;(2) $\theta=\arctan\dfrac{\delta}{r}, F_{\min}=P\sin\theta$

7.53 $M=P_2(R\sin\theta-r), F_{SC}=P_2\sin\theta, F_{NC}=P_1-P_2\cos\theta$

7.54 $F_{NA}=m\dfrac{bg-ha}{c+b}, F_{NB}=m\dfrac{cg+ha}{c+b}$;当 $a=\dfrac{b-c}{2h}g$ 时,$F_{NA}=F_{NB}$

7.55 (1) $F_{N1}=\dfrac{m_1 g(m_1\sin\theta-m_2)}{m_1+m_2}\cos\theta$;(2) $F_{N2}=\dfrac{m_1 g(m_1\sin\theta-m_2)}{m_1+m_2+\dfrac{m_3}{2}}\cos\theta$

7.56 $m_3=50\text{ kg}, a=2.45\text{ m/s}^2$

7.57 $F_{\max}=G+2G_0+\dfrac{2G_0}{g}\omega^2 e$

7.58 (1) $\omega^2=\dfrac{2[m_1gl\sin\theta+k(l_1\sin\theta-l_0)l_1\cos\theta]}{m_1l^2\sin2\theta}$;

(2) $\omega^2=\dfrac{3[(m_2+2m_1)gl\sin\theta+2k(l_1\sin\theta-l_0)l_1\cos\theta]}{(m_2+3m_1)l^2\sin2\theta}$

7.59 $M=\dfrac{\sqrt{3}}{4}(m_1+2m_2)gr-\dfrac{\sqrt{3}}{4}m_2r^2\omega^2$

$F_{Ox}=-\dfrac{\sqrt{3}}{4}m_1r\omega^2$, $F_{Oy}=(m_1+m_2)g-\dfrac{1}{4}(m_1+2m_2)r\omega^2$

7.60 $a=\dfrac{M-FR}{J+mR^2}R$, $F_{Ox}=-\dfrac{MmR+FJ}{J+mR^2}$

7.61 $F_B=9.8$ kN

7.62 $F_{Ax}=-3.53$ kN, $F_{Ay}=19.33$ kN; $F_{NB}=13.82$ kN

7.63 $F_A=73.2$ N, $F_B=273.2$ N

7.64 (1) $\alpha=47$ rad/s^2; (2) $F_{Ax}=-95$ N, $F_{Ay}=138$ N

7.65 $F_{Ax}=0$, $F_{Ay}=93.72$ N; $F_{Bx}=0$, $F_{By}=62.48$ N

7.66 $y_B=-120$ mm, $y_C=60$ mm

7.67 $a=2.53$ m/s^2, $\alpha=-10.79$ rad/s^2

7.68 (1) $\alpha=1.85$ rad/s^2，逆时针；(2) $F=64$ N；(3) $F_T=321$ N

7.69 (1) $\alpha=\dfrac{2g(M-P_1R\sin\theta)}{R^2(3P_1+P_2)}$；(2) $F_{Ox}=\dfrac{P_1}{R(3P_1+P_2)}\left(3M\cos\theta+\dfrac{P_2R}{2}\sin2\theta\right)$

7.70 $a=\dfrac{8F}{11m}$

7.71 (a) $F_I=0$, $M_{IO}=2mr^2\alpha$，动平衡；

(b) $F_I=0$, $M_{IO}=mr\sqrt{h^2\omega^4+4r^2\alpha^2+h^2\alpha^2}$，静平衡；

(c) $F_I=mr\sqrt{\alpha^2+\omega^4}$, $M_{IO}=5mr^2\alpha$，不平衡；

(d) $F_I=0$, $M_{IO}=2mr^2\sin\theta\sqrt{\alpha^2+\omega^4\cos^2\theta}$，静平衡

7.72 (1) $y=\dfrac{\omega^2x^2}{2g}$；(2) $H=h-\dfrac{\omega^2R^2}{4g}$

7.73 $x'=a\cosh(\omega t)$, $F_N=2m\omega^2a\sinh(\omega t)$

7.74 (1) $a_r=g\sin\theta\left(\dfrac{f}{\tan\theta}-1\right)$, $v_r=v-gt\sin\theta\left(\dfrac{f}{\tan\theta}-1\right)$, $t=\dfrac{v}{g\sin\theta}\left(\dfrac{f}{\tan\theta}-1\right)^{-1}$;

(2) $v_r=v+gt\sin\theta\left(1-\dfrac{f}{\tan\theta}\right)$

7.75 (1) $F_T=mr\omega_{AO}^2$, $F_N=2mb\omega_{AO}^2$；(2) $F_T=40.5$ N, $F_N=5.4$ N；(3) $\dfrac{r}{b}=2$

第 8 章

8.1 (a) $\dfrac{1}{2}ml\omega$；(b) 0；(c) $mR\omega$；(d) mv；(e) mv

8.2 (1) 0；(2) $p=\dfrac{1}{2}r\omega(m_1+m_2)(\uparrow)$, $p=\dfrac{1}{2}r\omega(m_1+2m_2+2m_3)(\leftarrow)$;

(3) $p_x = -l\omega\left(\frac{5}{4}m_1 + m_2\right)$, $p_y = \sqrt{3}l\omega\left(\frac{5}{4}m_1 + m_2\right)$, $p = 2l\omega\left(\frac{5}{4}m_1 + m_2\right)$, $\boldsymbol{p} \perp OC$,指向左上方

8.3　$\Delta m = 1572\ \text{kg}$

8.4　$x = \frac{a-b}{4}$,向左移动

8.5　$l = 0.266\ \text{m}$

8.6　$F_x = 30\ \text{N}$

8.7　$F_N = 248.5\ \text{N}, \varphi = 30^\circ$

8.8　椭圆:$4x^2 + y^2 = l^2$

8.9　$M_O(mv) = 2abpm\cos^3 pt$

8.10　(a) $\frac{1}{3}ml^2\omega$;(b) $\frac{1}{2}mR^2\omega$;(c) $\frac{3}{2}mR^2\omega$;(d) $\frac{1}{2}mRv$

8.11　(1) 相同,均为 $L_O = \left(\frac{m}{2} + 2m_1\right)rv$;(2) $L_{AB} = \left(\frac{m_1}{3} + 2m\right)\omega\, l^2 \sin^2\theta$

8.12　(a) $L_O = 18\ \text{kg} \cdot \text{m}^2/\text{s}$;(b) $L_O = 20\ \text{kg} \cdot \text{m}^2/\text{s}$;(c) $L_O = 16\ \text{kg} \cdot \text{m}^2/\text{s}$

8.13　(1) $p = \frac{R+e}{R}mv_A$, $L_B = [J_A \quad me^2 + m(R+e)^2]\frac{v_A}{R}$;

(2) $p = m(v_A + e\omega)$, $L_B = (J_A + meR)\omega + m(R+e)v_A$

8.14　$L_x = 0$, $L_y = -\frac{1}{3}ml^2\omega\sin\theta\cos\theta$, $L_z = \frac{1}{3}ml^2\omega\sin^2\theta$, $|L_O| = \frac{1}{3}ml^2\omega\sin\theta$

8.15　$\omega = \frac{J + ma^2}{J + mx^2}\omega_0$

8.16　$\omega = \frac{2mart}{m_1R^2 + 2mr^2}$, $\alpha = \frac{2mar}{m_1R^2 + 2mr^2}$

8.17　$\omega = 4.56\ \text{rad/s}$

8.18　$n = 167.5\ \text{r/min}$

8.19　$M = 77\ \text{N} \cdot \text{m}$

8.20　(1) $n = 2.94\ \text{r/min}$,与主桨叶转向相反;(2) $F = 186.6\ \text{N}$

8.21　$W = 109.7\ \text{J}$

8.22　$W = 6.29\ \text{J}$

8.23　$T = \frac{1}{2}(3m_1 + 2m)v^2$

8.24　$T = \frac{1}{6}ml^2\omega^2\sin^2\theta$

8.25　$T = \frac{1}{8}m\omega^2(6R^2 + r^2)$

8.26　$T = \frac{1}{3}r^2\omega^2(33m_1 + 8m_2)$

8.27　$\sqrt{\frac{(l^2 - h^2)}{l}g}$

8.28　1.146 m/s

8.29　2.35 转

8.30 $v_C = \sqrt{3gh}$

8.31 $\omega = \frac{2}{r_1 + r_2}\sqrt{\frac{3M_O\varphi}{2m + 9m_1}}$

8.32 $v_0 = h\sqrt{\frac{2k}{15m}}$

8.33 $a_C = \frac{mg\tan\theta}{m\tan^2\theta + m_C}, a_{AB} = \frac{mg\tan^2\theta}{m\tan^2\theta + m_C}$

8.34 $v_0 = 0.508\ \text{m/s}, a_0 = 4.7\ \text{m/s}^2$

8.35 (1) $k = 2.532\ \text{N/mm}$;(2) $v = 1.028\ \text{m/s}$

8.36 变速阶段:$P = at\left[\left(\frac{P_1 + P_2 + ql}{g} + \frac{J_1}{r_1^2} + \frac{J_2}{r_2^2} + \frac{J_3}{r_3^2}\right)a + P_1 - P_2\right]$;

匀速阶段:$P = v_{\max}(P_1 - P_2)$

8.37 $P_{\max} = 0.37\ \text{kW}$

8.38 $P_{\max} = 8.08\ \text{kW}$

第 9 章

9.1 1,2,2(设圆轮不可离开地面)

9.2 (a)和(d)正确

9.3 $\delta r_C = -\frac{a}{l}\cos^2\varphi\,\delta r_B$

9.4 $\delta r_D = -a\tan 2\theta\delta\varphi$

9.5 $\delta r_B = 2l_1\sin\theta\delta\theta$,与 $\boldsymbol{F}_2$同向;$\delta\boldsymbol{r}_A = \delta\boldsymbol{r}_B + \delta\boldsymbol{r}_{AB}$,$\delta r_{AB} = (l_1 + l_2)\delta\theta$,与 $\boldsymbol{F}_1$反向

9.6 $\frac{P_1}{P_2} = \frac{a}{b}$

9.7 $F = \frac{pa\pi D^2}{8b}\tan\theta$

9.8 $AC = x = a + \frac{F}{k}\left(\frac{l}{b}\right)^2$

9.9 $F = 125\ \text{N}$

9.10 $\frac{\cos 2\theta}{\cos\theta} = \frac{l}{2R}$

9.11 $F_T = 3P$

9.12 $F_{BD} = \frac{\sqrt{3}}{\sqrt{3} - 1}P$

9.13 $F_1 = -\frac{2\sqrt{3}}{3}P, F_2 = 0$

9.14 $M_A = 7\ \text{kN}\cdot\text{m}$

9.15 $F_{Dx} = -\frac{\sqrt{3}}{8}F_1 - F_2, F_{Dy} = \frac{5}{8}F_1, M_D = \frac{a}{8}(\sqrt{3}F_1 + 4F_2)$

9.16 $\theta_1 = \arccos\frac{2M}{3mgl}, \theta_2 = \arccos\frac{2M}{mgl}$

9.17 $P_B = 5P_A$

9.18 $a = \dfrac{(m_1 - m_2)g + \dfrac{M}{r}}{m + m_1 + m_2}$

9.19 $a = \dfrac{m_1 g\sin 2\theta}{3m + m_1 + 2m_1 \sin^2\theta}$

9.20 $a_3 = \dfrac{2(M + FR - m_2 gfR)}{(3m_1 + 2m_2)R}, \alpha_2 = \dfrac{2gf}{R}$

9.21 $a_M = \dfrac{27}{29}g$

9.22 $a_1 = \dfrac{m_1 + 2m_2 - fm_2}{m_1 + 3m_2}g, a_2 = \dfrac{m_1 - 3fm_2}{m_1 + 3m_2}g$

第 10 章

10.1 $F_x = -(m + m_1)e\omega^2\cos\omega t, F_y = -m_1 e\omega^2\sin\omega t$

10.2 $\ddot{x} + \dfrac{k}{m_1 + m_2}x = \dfrac{m_2}{m_1 + m_2}l\omega^2\sin\omega t$

10.3 $F_1 = 13.6\ \text{N}, F_2 = 41.9\ \text{N}, \alpha = 20\ \text{rad/s}^2$

10.4 $F_{Bx} = 143.6\ \text{N}, F_{By} = 445.5\ \text{N}$

10.5 $a_O = \dfrac{(F_1 - F_2)R + (F_1 + F_2)r}{J + mR^2}R$

10.6 $a = \dfrac{4}{7}g\sin\theta, F = -\dfrac{1}{7}mg\sin\theta$(压力)

10.7 $a = \dfrac{F - f(P_1 + P_2)}{P_1 + \dfrac{1}{3}P_2}g$

10.8 $F = (m_1 + m_2)g\cos\theta - \dfrac{1}{2}m_2 a\sin 2\theta, F_N = m_2(g - a\sin\theta)$

10.9 (1) $F_T = 1722\ \text{N}$;(2) $a_0 = 1.67\ \text{m/s}^2(\leftarrow), \alpha_0 = 2.78\ \text{rad/s}^2, \varphi = 5.53$ 圈

10.10 $a_{Cx} = g\cos\varphi, a_{Cy} = -\dfrac{12gd^2\sin\varphi}{l^2 + 12d^2}, F_N = \dfrac{mgl^2\sin\varphi}{l^2 + 12d^2}$

10.11 $\alpha_{AB} = \dfrac{6F}{7ml}$,顺时针;$\alpha_{BD} = \dfrac{30F}{7ml}$,逆时针

10.12 $\alpha = \dfrac{18g}{13l}, F_N = 0.266P$

10.13 $F = 1.111\times 10^{-4}\ \text{N}$

10.14 $\alpha = \dfrac{M_0}{(3m_1 + 4m_2)l^2}$

10.15 $d = \dfrac{2}{3}l$

10.16 $f = \left(1 + \dfrac{36a^2}{l^2}\right)\tan\theta_0$

10.17 $F_O=\frac{\sqrt{17}}{3}mg$

10.18 $\alpha=20\ \text{rad/s}^2$,加速转动

10.19 $a=\frac{m(R+r)^2g}{m_1(\rho^2+R^2)+m(R+r)^2}$,$F_{Dx}=F_{Dy}=\frac{mm_1(R^2+\rho^2)g}{m_1(\rho^2+R^2)+m(R+r)^2}$,

$F_S=\frac{mm_1(\rho^2-Rr)g}{m_1(\rho^2+R^2)+m(R+r)^2}$,正值时向左

10.20 $v=\sqrt{\frac{fgbs}{b-fh}}$

10.21 $F_N=36.38\ \text{N}$

10.22 $\alpha_{AB}=\frac{24\sqrt{2}g}{23l}$,$\alpha_{OA}=\frac{9g}{23l}$

10.23 $\omega=6.24\ \text{rad/s}$,$\alpha=23.69\ \text{rad/s}^2$,$F_N=3.95\ \text{N}$

10.24 释放瞬时:$\alpha_{AB}=\frac{3\sqrt{2}g}{26r}$(逆时针),$F_s=\frac{3}{26}mg$,$F_N=\frac{35}{26}mg$;

杆 AB 铅直时:$\alpha_{AB}=-\frac{27}{169r}(\sqrt{2}-1)g$(顺时针),$F_s=\frac{6}{169}(2-\sqrt{2})mg$,$F_N=mg$

10.25 (1) $a_A=\frac{1}{6}g$;(2) $F=\frac{4}{3}mg$;(3) $F_{Kx}=0$,$F_{Ky}=4.5mg$,$M_K=13.5mgR$

10.26 $x=0.138\ \text{m}$

10.27 $5\ \text{kg}\leqslant m_B\leqslant 15.6\ \text{kg}$

10.28 (1) $\alpha_{AB}=\frac{3g}{2l}$;(2) $F_{By}=\frac{P_1}{4}$

10.29 $t=\frac{r\omega_0(1+f^2)}{2gf(1+f)}$

10.30 $v_B=1.55\ \text{m/s}$,$x_{\max}=1.6\ \text{m}$

10.31 $\varphi=\frac{r\omega^2}{4gf}$

10.32 $n=385\ \text{r/min}$

10.33 $\omega_{AB}=3.28\ \text{rad/s}$

10.34 $v=\sqrt{\frac{2ghJ_z}{J_z+mr^2}}$,$\omega=mr\sqrt{\frac{2gh}{J_z(J_z+mr^2)}}$

10.35 (1) $v=2.09\ \text{m/s}$,$\beta=45.8°$;(2) $\Delta T=0.104\ \text{J}$

10.36 $v_1'=6.80\ \text{m/s}$,$v_2'=0.67\ \text{m/s}$

10.37 $t=0.27\ \text{s}$,$l=0.19\ \text{m}$

10.38 $k=\frac{2\sin\frac{\theta}{2}}{\sin\frac{\beta}{2}}-1$

10.39 $\delta_m=47.2\ \text{mm}$

10.40 $\omega=0.57\ \text{rad/s}$

10.41 $\omega = \frac{1}{7}\omega_0$

10.42 $v'_A = 0, v'_B = 3\ \text{m/s}$

10.43 (1) $m_1 = 1111\ \text{kg}, m_2 = 4444\ \text{kg}$;(2) $T_1 = 20\ \text{kJ}, T_2 = 5\ \text{kJ}$

10.44 $d = \frac{l}{\sqrt{3}}$

10.45 $\theta = 22.3^\circ$

10.46 $\frac{37I^2}{40m}$

10.47 (1) $v' = 2.53\ \text{m/s}$;(2) $I_x = -2.02\ \text{N} \cdot \text{s}, I_y = 7.07\ \text{N} \cdot \text{s}$;(3) 16.1 J

10.48 $\frac{3}{28}$

10.49 $\omega = \frac{J_0\omega_0}{J_0 + mr^2}, v' = r\omega, I = \frac{J_0 mr\omega_0}{J_0 + mr^2}$

10.50 $k = \sqrt{2}\sin\frac{\varphi}{2}, x = \frac{2}{3}l$

10.51 0.30 s

10.52 $\omega_{OB} = 2.78\ \text{rad/s}$(顺时针),$\omega_{AB} = 13.89\ \text{rad/s}$(逆时针),$I_{Bx} - 4\ \text{N} \cdot \text{s}, I_{By} = 0$

10.53 $\sin\frac{\varphi}{2} = \frac{\sqrt{3}I}{2m\sqrt{10gl}}$

参 考 文 献

[1] 哈尔滨工业大学理论力学教研室.理论力学[M].6版.北京:高等教育出版社,2002.

[2] 范钦珊.工程力学教程[M].北京:高等教育出版社,1998.

[3] 郝桐生.理论力学[M].北京:高等教育出版社,1984.

[4] 洪嘉振,杨长俊.理论力学[M].2版.北京:高等教育出版社,2002.

[5] 刘又文,彭献.理论力学[M].北京:高等教育出版社,2006.

[6] 王铎,程靳.理论力学解题指导及习题集[M].北京:高等教育出版社,2005.